中国液化天然气工程建设与运维技术交流大会论文集

中国石油工程建设协会◎编

中国石化出版社
·北京·

图书在版编目(CIP)数据

中国液化天然气工程建设与运维技术交流大会论文集/
中国石油工程建设协会编．—北京：中国石化出版社，
2024.6.
ISBN 978-7-5114-7561-9

Ⅰ．TE64-53

中国国家版本馆 CIP 数据核字第 2024LB6066 号

中国石化出版社出版发行
地址:北京市东城区安定门外大街 58 号
邮编:100011 电话:(010)57512500
发行部电话:(010)57512575
http://www.sinopec-press.com
E-mail:press@sinopec.com
北京鑫益晖印刷有限公司印刷
全国各地新华书店经销
*
880 毫米×1230 毫米 16 开本 27.5 印张 821 千字
2024 年 6 月第 1 版　2024 年 6 月第 1 次印刷
定价:158.00 元

前　言

在“碳达峰、碳中和”(简称“双碳”)目标的推动下，天然气逐步成为我国现代清洁能源体系的主体能源之一。液化天然气(Liquefied Natural Gas，LNG)是海外进口天然气的主要形式，2023年我国海运LNG进口量达到了984.2亿m^3，约7132万t，占天然气进口总量59.4%。LNG在保障和改善民生福祉、推动经济社会发展方面发挥了重要作用。

中国LNG产业历经近20年的快速发展，在设计技术、装备制造、站场建造和安全运维等方面取得了巨大的进步。2022年1月，国家发展和改革委员会、国家能源局发布的《“十四五”现代能源体系规划》指出，要优先推进重要港址已建、在建和规划的LNG接收站项目；加快天然气长输管道及区域天然气管网建设，推进管网互联互通，完善LNG储运体系。为应对日趋复杂的国际形势、新一轮科技革命和产业变革加速演进带来的全新挑战，我国亟需提升LNG储运设施的设计、建设和运行管理的技术水平。

为全面总结我国LNG行业近年来取得的新成就、新业绩、新技术，加快新技术的研究与应用、推动国产设备和材料的研发及工业化推广，提高LNG储运设施的智能化运维水平，助力我国LNG储运技术再上新台阶和“双碳”目标的实现，中国石油工程建设协会、中国石油、中国石化、中国海油、国家管网等单位联合，定于2024年6月19日-21日在青岛市召开“中国液化天然气工程建设与运维技术交流大会暨LNG设备与材料推广展示会”。

此次会议以“开启工程建设领先之先河，注重运维安全之深入，LNG产业高质快速之发展”为主题，搭建LNG行业科技交流平台，分享行业最佳实践，共同探讨面临的新问题、新挑战和解决办法。大会共征集150余篇学术论文，优选69篇论文公开出版论文集。主要涵盖LNG相关产业政策、商务模式的创新与发展、LNG全产业链创新技术进展及工程应用、LNG站场工程设计技术及工程应用、大型LNG储罐设计建造技术及工程应用、LNG冷能利用技术创新进展及实际应用、FLNG、FSRU、

GBS 模块化建设技术及应用、LNG 运输、加注及船舶设计建造技术、LNG 工程安全高效及智能化运维管理实践及进展、LNG 工程数字化技术等。

本论文集内容丰富且系统，注重理论联系实际和多学科交叉。整体反映和代表了当前我国 LNG 储运技术的最新成果、经验总结和技术发展方向，对于从事 LNG 工程建设、运维相关工作的技术和管理人员具有重要参考和借鉴意义。

由于时间仓促及编者水平有限，论文集中难免存在不妥之处，敬请读者批评指正。

目　录

第一篇　工程建设篇

第二篇　生产运行篇

工程建设篇

第一章

电气化 LNG 蒸汽重整制氢系统集成与优化

宋虎潮　冯景灏　王舒曼　席宇航　马茜睿　刘银河

（西安交通大学动力工程多相流国家重点实验室）

摘　要　全球对清洁氢能需求与日俱增，甲烷蒸汽重整工艺因排放高无法满足未来社会对清洁氢能的需求，可再生能源电解水技术成本高效率低限制了其发展。针对上述问题，本文将可再生电能加热引入甲烷重整制氢工艺，同时高效集成碳捕集工艺与液化天然气(LNG)冷能回收系统，提出了电气化 LNG 蒸汽重整制氢系统。本文建立电气化 LNG 蒸汽重整制氢系统模型并进行热力学性能分析，研究了关键参数对系统㶲效率、电效率的影响。研究表明新型制氢系统的㶲效率与电效率分别高达 83.2%与 89.5%，电效率相比主流电解水制氢效率提升 12.3 个百分点。新型制氢系统可实现高效、清洁的氢能供应，为实现可再生电能制氢提供新思路和与新方法。

关键词　电气化甲烷重整制氢；高效碳捕集；LNG 冷能利用；热力学性能分析

目前，可再生能源蓬勃发展，由于可再生能源存在间歇性、波动性和不稳定性的固有缺点，其发展受到消纳能力的制约。氢气是清洁能源的理想载体，利用可再生电能制氢是未来获得氢能的主要来源，同时完成可再生能源富余电力的转化和利用。《氢能产业发展中长期规划(2021—2035年)》中指出氢是未来国际能源体系的组成部分。国际能源署(IEA)预测 2030 年全球氢气需求将达到 1.8×10^8t，约为 2021 年全球氢气产量的 2 倍，中国氢能联盟预测中国在 2060 年碳达峰之际氢需求量达 1.3×10^8t，接近 2021 年中国氢产量的 4 倍。根据现有技术水平，将可再生能源的富余电力用于制氢储能如电解水技术仍没有高效的系统解决方案，其发展主要受电解槽制氢效率低、成本高，规模小等缺陷的制约。

全球主流制氢方式为化石能源制氢，其中采用甲烷蒸汽重整(SMR)工艺的制氢量占 2020 年全球制氢总量 48%。甲烷蒸汽重整是一种强吸热反应，如式(1)所示。此外还包括放热的水气变换反应(式(2))。

$$CH_4+H_2O \rightleftharpoons CO+3H_2 \quad \Delta H_{298}^{\ominus}=+206\text{kJ/mol} \tag{1}$$

$$CO+H_2O \rightleftharpoons CO_2+H_2 \quad \Delta H_{298}^{\ominus}=-41\text{kJ/mol} \tag{2}$$

SMR 工艺中，甲烷蒸汽重整及变换反应本身会产生 CO_2；另一方面，由于甲烷蒸汽重整反应为强吸热反应，需要燃烧占总量约 30%的甲烷为反应提供热量，也会导致 CO_2 排放。因此，SMR 技术制氢的 CO_2 排放强度高，达 9.4～11.4kg/kg H_2。采用 SMR 工艺产生的 CO_2 排放约占全球碳排放总量的 3%，该工艺难以满足未来氢能生产碳中和的要求。Liu 等提出的电气化甲烷重整制氢(E-SMR)通过用电加热代替甲烷燃烧为重整反应可消除燃烧带来排放，但并不能消除反应带来的排放，重整反应带来的碳排放为 5.5kgCO_2/kg H_2。根据中国氢能联盟提出的《低碳氢、清洁氢与可再生能源氢气标准及认定》标准，E-SMR 只满足低碳氢的阈值(<14.51 kgCO_2/kgH_2)，不能满足清洁氢与可再生氢的阈值(<4.9kgCO_2/kgH_2)。为实现 E-SMR 清洁氢能生产，反应产生的 CO_2 通常在合成气出口设置例如胺基吸收(MEA)等碳捕集与封存(CCS)工艺对 CO_2 进行吸收，但 MEA 工艺在脱附时需要大量的热能输入，严重影响系统能效，需要集成高效加热方案来降低该能耗。此外，CO_2 封存时压缩电耗高，需要设置多级间冷以降低压缩 CO_2 能耗。

针对以上两项问题，本文面向沿海地区资源禀赋，利用沿海地区便捷获取的 LNG 与丰富可再生电能，对 E-SMR、CCS 与 LNG 冷能利用系统集成优化设计，提出电气化 LNG 重整制氢系统

(E-SLR)。首先，LNG冷能可以为CO_2多级压缩提供间冷冷源，有望降低CO_2压缩电耗同时回收LNG冷能。Haider等在CCS和LNG冷能利用之间耦合有机朗肯循环(ORC)，将CCS系统造成的能源损失从6.1%降低到4.8%。Liu等分析了CO_2压缩热能与LNG冷能间耦合换热器、跨临界CO_2朗肯循环和N_2布雷顿循环三种系统的性能，发现耦合N_2布雷顿循环的系统可回收更多的LNG冷能。其次，在E-SLR中使用高效电热设备为MEA设备供热实现CO_2的高效捕集。

本文通过对E-SLR系统建模，研究了重整反应温度、水碳比(甲烷与水蒸气摩尔比)等参数对E-SLR系统㶲效率与电效率的影响，并以㶲效率、电效率和CCS能耗作为评估指标，揭示了新系统在效率和碳捕集能耗方面的显著优势。本项工作为高效可再生电能制氢与甲烷低碳制氢系统的构建提供了一定的理论依据。

1 系统描述

1.1 E-SMR系统

电气化甲烷重整系统如图1所示。E-SMR在SMR工艺的基础上在重整反应器中引入电能提供热量。系统引入高温热泵来实现产物余热的提质利用并与水蒸气制备过程匹配，利用变换反应器来利用反应释放的热量来预热天然气。反应产生的合成气通过胺基吸附(MEA)工艺与变压吸附(PSA)工艺分别完成CO_2和H_2的分离。PSA分离氢气后剩余的CH_4与CO返回系统再次反应。受限于高温热泵性能，水蒸发温度为150℃，饱和温度对应压力为4.5bar，为满足反应压力，E-SMR设置有蒸汽压缩机将水蒸气进一步加压到反应设定压力10bar。MEA中胺基溶液分离CO_2温度110℃，根据目前研究表明改性后MEA分离能耗为0.89~2.13GJ/t CO_2。

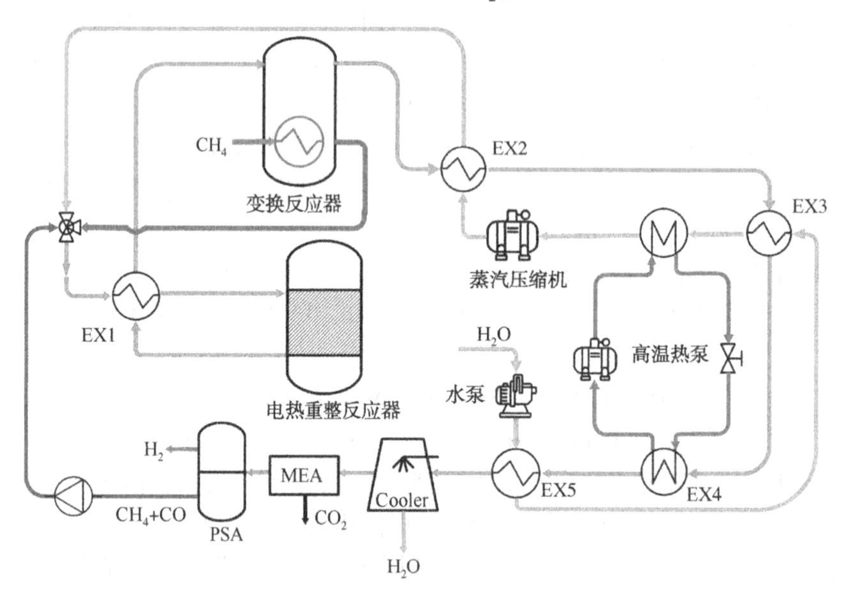

图1 E-SMR系统示意图

1.2 E-SLR系统

1.2.1 E-SLR-1系统

如图2所示，E-SLR-1系统中MEA中CO_2分离热能由电能直接提供，LNG汽化热能主要来自海水换热。相比E-SMR系统，E-SLR-1系统引入了LNG汽化器，可利用液化天然气作为反应的原料。此外，E-SLR-1还在E-SMR系统的基础上引入了CO_2压缩机以便于CO_2的储存。

1.2.2 E-SLR-2系统

E-SLR-1中未能充分利用LNG冷能，且MEA所需热量均由电加热提供，系统能量利用效率较低。E-SLR-2系统进一步设置氮气作为工质的布雷顿循环，利用LNG作为冷源使绝热膨胀过后的

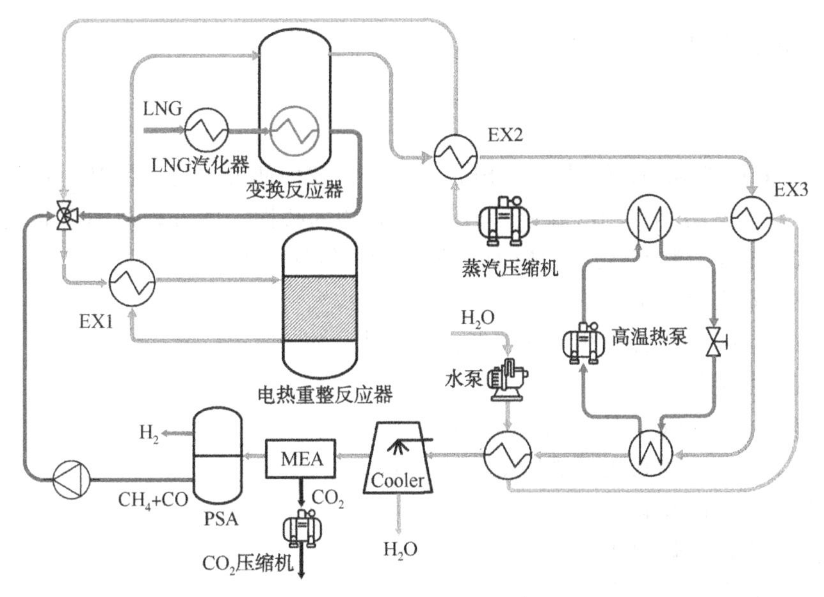

图 2　E-SLR-1 系统示意图

循环工质放热冷凝，工质通过氮气压缩机绝热压缩后逐级吸收 CO_2压缩热，完成布雷顿循环。汽化后的天然气经逐级压缩过后的 CO_2预热作为电气化甲烷重整制氢系统的原料。E-SLR-2 系统通过 N_2布雷顿循环将 LNG 冷能与 CCS 系统产生的热能间接耦合起来，利用 LNG 汽化潜热实现 CO_2的多级降温压缩，降低了 CO_2压缩储存能耗，且 LNG 得到回收，降低了工艺中的能量损耗。E-SLR-2 系统设置低温热泵对反应产物余热进一步回收以满足 MEA 用热需求。

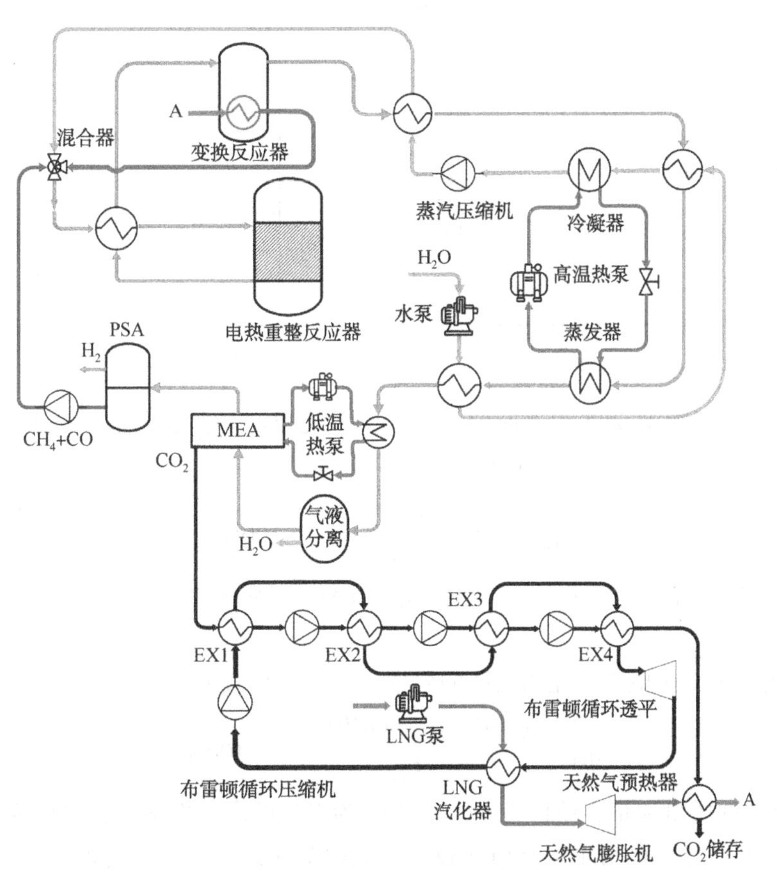

图 3　E-SLR-2 系统示意图

2 系统模拟与模型验证

2.1 系统模拟

本文使用 Ebsilon Professional 软件对 E-SLR 系统进行建模研究。反应器基于化学平衡理论使用吉布斯反应模型。建模采用 Peng-Robinson 方程来计算物理特性，此方程适用于非极性或轻度极性成分和混合物，如碳氢化合物和轻质气体(如碳氧化物、氢气、甲烷等)。

为了简化模型，本文提出了以下假设：

(1) 系统边界的热损失与管道和装置压降忽略不计。

(2) 模拟过程为稳定状态。

(3) 参考环境温度为 25℃，压力为 1.013bar。

(4) 压缩机的等熵效率为 0.83，机械效率为 0.98。

(5) 不考虑反应器中的积碳。

(6) 天然气假设全由甲烷组成。

(7) 重整反应器选用平衡反应器模型。

本文探究了重整温度和水碳比对系统热力性能的影响以找到 E-SLR 系统的最佳运行条件。模拟主要参数如表 1 所示。

表 1 建模主要参数表

参数	数值	单位
反应器压力	10	bar
反应器温度	650~900	℃
水碳比	2.5~3.5	—
PSA 的分离率	90.9	%
MEA 分离率	91	%
MEA 分离能耗	0.89	GJ/t CO_2
LNG(液化天然气)进口温度	-162	℃
LNG(液化天然气)进口压力	10	bar
二氧化碳储存压力	200	bar
氢气产量	20	t/h

2.2 性能评估指标

本文以㶲效率与电效率作为热力性能评价指标，系统㶲效率表示为系统输出㶲与输入㶲燃料的比值。㶲效率被定义为 η_{EX}，如公式(3)所示。

$$\eta_{EX}=\frac{E_{H_2}}{E_{LNG_{phy}}+E_{LNG_{che}}+E_{EL}}\times 100\% \tag{3}$$

式中，E_{H_2}为产生氢气的化学㶲，$E_{LNG\,phy}$为输入 LNG 的物理㶲，$E_{LNG\,che}$为输入 LNG 的化学㶲，E_{EL}为输入的电能。

电效率用于衡量可再生电能转化为氢能的效率，其计算公式如下：

$$\eta_{EL}=\frac{(qHHV)_{H_2,out}-(qHHV)_{LNG}}{E_{EL}}\times 100\% \tag{4}$$

式中，q 为燃气的质量流量，单位为 kg/s；HHV 为燃气的高位发热量，单位为 kJ/kg。

本文以单位碳捕集与封存能耗作为 CCS 技术的能耗指标，其计算公式如下：

$$E_{CO_2}=\frac{E_{CO_2comp}+E_{LTHP}}{Q_{CO_2}} \tag{5}$$

式中，E_{CO_2comp}是 CO_2压缩机的净电耗，是 CO_2压缩机输入功减去氮气布雷顿循环与天然气膨胀机输出功后的电耗，单位为 kW · h；E_{LTHP}是低温热泵的电耗，单位是 kW · h；Q_{CO_2}为捕集的 CO_2流量，单位为 t/h。

2.3 模型验证

如表 2 所示，平衡反应器模型的 CH_4转化率和 H_2产量的计算结果与参考文献 21 中实验结构进行了比较，结果表明重整反应器模型误差低于 2%。

表 2 平衡反应器模型计算结果误差表

温度/℃	CH_4转化率			H_2产率		
	参考	模拟	误差/%	参考	模拟	误差/%
860	99.99	99.87	-0.12	82.56	82.75	+0.23
830	99.93	99.87	-0.06	82.92	83.28	+0.44
800	99.74	99.82	+0.07	83.16	83.62	+0.55
770	99.73	99.77	+0.04	83.15	83.97	+0.99
740	99.21	99.21	0.00	83.01	84.06	+1.26
710	97.98	97.97	-0.01	82.78	83.81	+1.24

3 热力性能分析

3.1 参数分析

3.1.1 重整温度对系统性能的影响

固定输入水碳比为 3/1，两种系统在不同重整温度下的㶲效率变化如图 4 所示。得益于 E-SLR-2 中低温热泵为 MEA 供热的设置以及 LNG 冷能的充分利用，㶲效率较 E-SLR-1 系统高约 2%。随重整温度的升高，两系统㶲效率先升高后降低，初始增加的原因在于温度升高使重整反应更充分，系统内部循环的 CH_4与 CO 下降，降低了重整反应器热负荷，导致效率上升。后续效率下降原因在于重整反应已足够充分，过高温度使得电耗量过大进而降低㶲效率。重整温度为 850℃时两系统均达到最大㶲效率，E-SLR-2 系统的㶲效率可达 83.23%。

两种系统在不同重整温度下的电效率的变化情况如图 5 所示。E-SLR-2 系统的电效率较 E-SLR-1系统高约 8%。两系统的电效率均随着重整温度的升高先升高后下降，变化原因与㶲效率变化原因基本一致。在重整温度为 850℃时两系统均达到最大电效率，E-SLR-2 系统的电效率可达 89.50%。

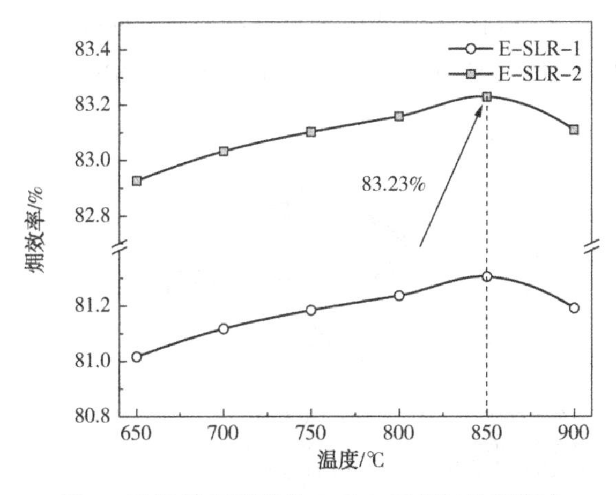

图 4 重整反应温度对 E-SLR 系统㶲效率影响

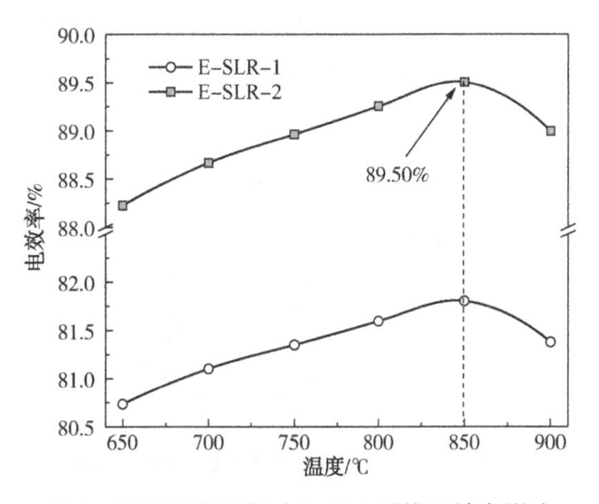

图 5 重整反应温度对 E-SLR 系统电效率影响

3.1.2 水碳比对系统性能的影响

基于上述系统烟效率与电效率随甲烷蒸汽重整温度的变化规律，本节固定重整温度为840℃，探究两种系统在不同水碳比下的烟效率的变化情况，结果如图6所示。由图可知，初始两系统烟效率基本不随水碳比变化而变化。主要原因在于：一方面，水碳比上升使得重整反应愈加充分，系统内循环的反应物减少使得重整反应器的能耗下降；另一方面，水碳比的上升导致蒸汽压缩机与高温热泵能耗的上升，而在水碳比2.50~2.90时用于水蒸气制备的电能能耗上升幅度与重整反应器能耗下降幅度基本持平，表现出烟效率保持不变。在水碳比2.90~3.50时，两系统烟效率均随着水碳比的升高而减小，原因在于水碳比大于2.90之后甲烷重整反应比较充分，重整反应器能耗基本不变，而蒸汽压缩机与高温热泵能耗仍在持续上升，导致烟效率下降。E-SLR-2系统的烟效率始终较E-SLR-1系统高约2%，E-SLR-2系统的烟效率在水碳比2.90下可达83.23%。

两种系统在不同水碳比下的电效率如图7所示。在水碳比2.50~2.90时，两系统电效率均基本不变；在水碳比2.90~3.50时，两系统电效率均随着水碳比的升高而减小。发生变化原因与烟效率变化原因相同。E-SLR-2系统的电效率在水碳比2.90下可达89.51%。

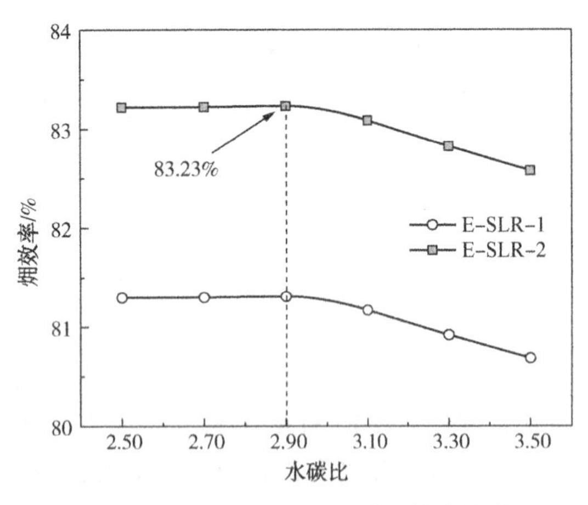

图6 水碳比对E-SLR系统烟效率影响

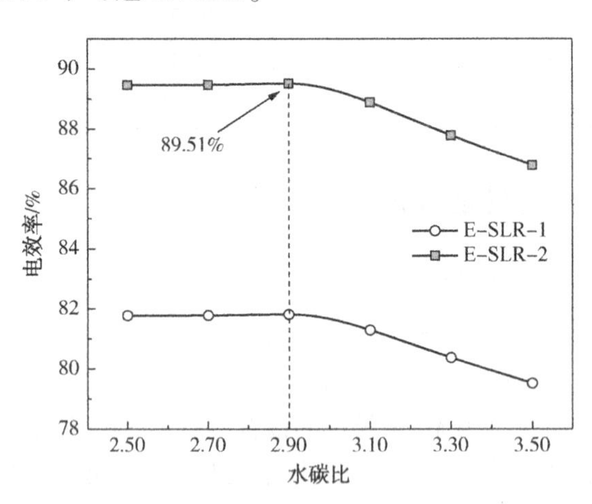

图7 水碳比对E-SLR系统电效率影响

3.2 热力学性能分析

系统重整温度在840℃，水碳比为2.9时，E-SLR-2中各部分输入烟的占比如图8所示，其中LNG化学烟占比最高，为73%，是制取氢气能量的主要来源。LNG物理烟占比为2%，对该部分烟的有效利用是E-SLR-2系统烟效率相比E-SLR-1系统提升因素之一。电能占总输入烟的25%，其中电热重整反应器的输入烟占比最大。因此，系统制取的氢气中的25%是可再生电能制取的“绿氢”，相比于甲烷重整集成碳捕集工艺制取的氢气更加清洁。E-SLR-2的碳捕集与封存能耗由低温热泵与CO_2压缩机能耗组成，为101kWh/tCO_2，相比E-SLR-1的碳捕集能耗271kW·h/tCO_2下降62%。

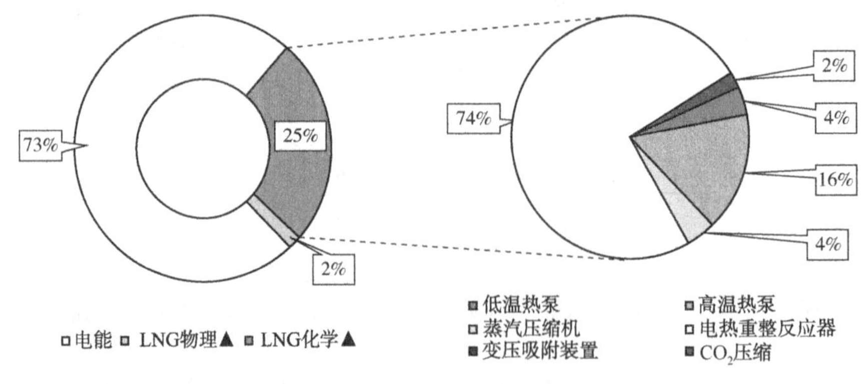

图8 E-SLR-2系统输入烟分析示意图

3.3 系统对比分析

本文提出的 E-SLR 系统具有较高的电效率，为说明提出系统将可再生电能转化为氢能的效率优势，将电效率作为对比指标，提出系统与主流电解水制氢工艺，即碱性电解槽与质子交换膜电解槽工艺的对比结果如图 9 所示，性能最优的 E-SLR-2 系统电效率相比碱性电解槽与质子交换膜电解槽分别提升 17.31 和 12.31 个百分点，相较于电制氢技术，本文提出的系统展现出突出的能效优势。

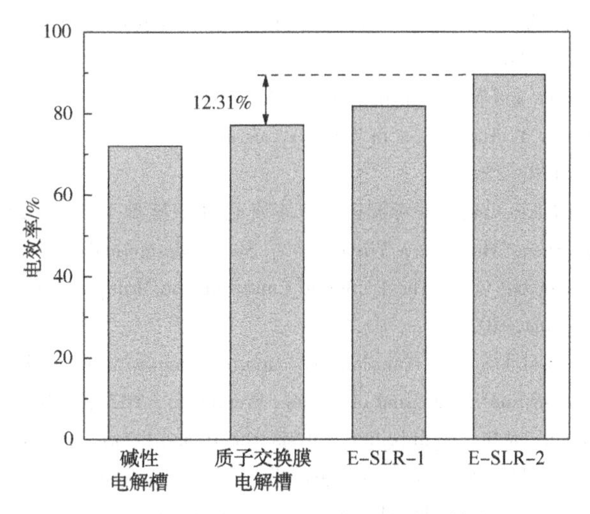

图 9　E-SLR 系统与主流电解水工艺的电效率对比图

4 结论

本文提出并构建电气化甲烷重整制氢系统、CCS 系统、LNG 冷能利用系统一体化的低碳高效制氢系统，即电气化 LNG 重整制氢系统，并建立模型分析其热力学性能，主要结论如下：

（1）低温热泵与 MEA 集成，可实现反应产物余热提质利用和低能耗的 CO_2 分离，研究表明反应产物余热经过低温热泵提质利用后可以满足 MEA 分离 CO_2 用热需求。

（2）通过重整温度与水碳比关键参数的优化，本文提出的 E-SLR-2 系统碳捕集能耗低至 101kW・h/kgCO_2，E-SLR-1 系统电效率达 89.51%，㶲效率达 83.23%，相比对照 E-SLR-1 系统分别提升 7.7 和 1.9 个百分点。

（3）本研究提出的制氢工艺相对电解水制氢工艺的电效率提升 12.31 个百分点，大幅提升了可再生电能制氢的效率。

参 考 文 献

[1] Li X, Mulder M. Value of power-to-gas as a flexibility option in integrated electricity and hydrogen markets[J]. Applied Energy, 2021, 304: 117863.

[2] 国家发展改革委、国家能源局．氢能产业发展中长期规划(2021-2035 年)，2022. http://www. gov. cn/xinwen/2022-03/24/content_5680973. htm.

[3] Agency(2022) I E, 'Hydrogen Supply'2022) https://www. iea. org/reports/hydrogen-supply.

[4] 财联社，新能源日报，智慧芽创新研究中心．2022 年中国氢能行业技术发展洞察报告，2022.

[5] Mehrpooya M, Habibi R. A review on hydrogen production thermochemical water-splitting cycles[J]. Journal of Cleaner Production, 2020, 275: 123836.

[6] Rostrup-Nielsen J R, Sehested J, Nørskov J K. Hydrogen and synthesis gas by steam-and C02 reforming[J]. 2002,

[7] Xu J, Froment G F J A j. Methane steam reforming, methanation and water - gas shift: I. Intrinsic kinetics[J]. 1989, 35(1): 88-96.

[8] 金红光，林汝谋．能的综合梯级利用与燃气轮机总能系统[M]．北京：科学出版社，2008.

[9] Wismann S, Engbæk J, Vendelbo S, et al. Electrified methane reforming: A compact approach to greener industrial hydrogen production[J]. Science, 2019, 364(6442): 756-759.

[10] Song H, Liu Y, Bian H, et al. Energy, environment, and economic analyses on a novel hydrogen production method by electrified steam methane reforming with renewable energy accommodation[J]. Energy Conversion and Management, 2022, 258.

[11] 中国氢能联盟.《低碳氢、清洁氢与可再生能源氢气标准及认定》2022.

[12] Sultan H, Muhammad H A, Bhatti U H, et al. Reducing the efficiency penalty of carbon dioxide capture and compression process in a natural gas combined cycle power plant by process modification and liquefied natural gas cold energy integration[J]. Energy Conversion and Management, 2021, 244.

[13] Pfoser S, Schauer O, Costa Y. Acceptance of LNG as an alternative fuel: Determinants and policy implications [J]. Energy Policy, 2018, 120: 259-267.

[14] 高阳郭，李琪等．浙江沿海地区可再生能源制氢的成本研究[J]．能源工程，2022，42(03)：45-49.

[15] Huchao Song X L, Mengfei Shen, Hao Bian, Yinhe Liu*, System design and integration for electrified steam methane reforming with LNG cold utilization[C]. //The 1st World Conference on Multiphase Transportation, Conversion & Utilization of Energy, Xi'an, China, 2022.

[16] Lee J W, Ahn H, Kim S, et al. Low-concentration CO_2 capture system with liquid-like adsorbent based on monoethanolamine for low energy consumption[J]. Journal of Cleaner Production, 2023, 390.

[17] Smith W, Missen R. Chemical reaction equilibrium analysis Theory and lagorithms: NY Wiley[J]. 1982,

[18] Faheem H H, Tanveer H U, Abbas S Z, et al. Comparative study of conventional steam-methane-reforming (SMR) and auto-thermal-reforming (ATR) with their hybrid sorption enhanced (SE-SMR & SE-ATR) and environmentally benign process models for the hydrogen production[J]. Fuel, 2021, 297: 120769.

[19] Zhu L, Li L, Fan J. A modified process for overcoming the drawbacks of conventional steam methane reforming for hydrogen production: Thermodynamic investigation [J]. Chemical Engineering Research and Design, 2015, 104: 792-806.

[20] Antzara A, Heracleous E, Bukur D B, et al. Thermodynamic Analysis of Hydrogen Production via Chemical Looping Steam Methane Reforming Coupled with in Situ CO_2 Capture[J]. Energy Procedia, 2014, 63: 6576-6589.

[21] Frate G F, Ferrari L, Desideri U. Analysis of suitability ranges of high temperature heat pump working fluids[J]. Applied Thermal Engineering, 2019, 150: 628-640.

SQE 急冷换热器维修

尹发源　刘亚东

（中国石油兰州石化公司）

摘　要　介绍了第二急冷换热器的结构，对其运行环境及制造要求进行了分析。为保证产品顺利按期交付并使质量达到各项指标要求，针对第二急冷换热器的修理进行了工艺设计，包括焊接工艺、热处理、检验检测等过程。该设备的制造为生产同类设备积累了经验，为同类材料的焊接提供了参考。

关键词　高压换热器维修；13MnNiMoR 钢；制造工艺设计；焊接工艺评定

1　前言

SQE 急冷换热器是乙烯装置核心设备，其作用是把裂解炉出来的裂解气进行急冷，以防过度裂解和二次反应发生，同时将裂解气的显热回收，副产高压蒸汽，该设备形式见图 1，其特性参数见表 1。兰州石化公司第二急冷换热器于 2006 年 4 月制造完成，2006 年 11 月投产使用至今，累计使用 10 年。使用过程中，曾因换热管与管板连接的焊缝及管桥等出现裂纹发生泄漏，共维修过 3 次。今年 5 月份在运行过程中，壳体出现开裂泄漏故障，乙烯厂委托我公司对其进行维修。

表 1　SQE 急冷换热器性能参数表

设备名称		第二急冷换热器
规格参数		*DN*1600×11200×68/48/26
容器类别		三类/A1
介质	壳程	锅炉水
	管程	裂解炉流出物
设计压力/操作压力/MPa	壳程	13.7/12.1
	管程	0.85/0.075
设计温度/℃	壳程	-15~360/329
	管程	进口管箱 482， 进口管板 468， 出口管箱及管板 360
壳体材质		13MnNiMoR
换热管材质		SA213T11
管板材质		上：SA336F11Ⅳ，下：20MnMoNb Ⅳ
焊接接头检测要求		A、B 类：100%RTⅡ附加 UT100% C、D、E 类：100%MTⅠ
水压试验/MPa		壳程：17.15　　管程：1.95
设备净重/t		50.6
热处理		焊后热处理

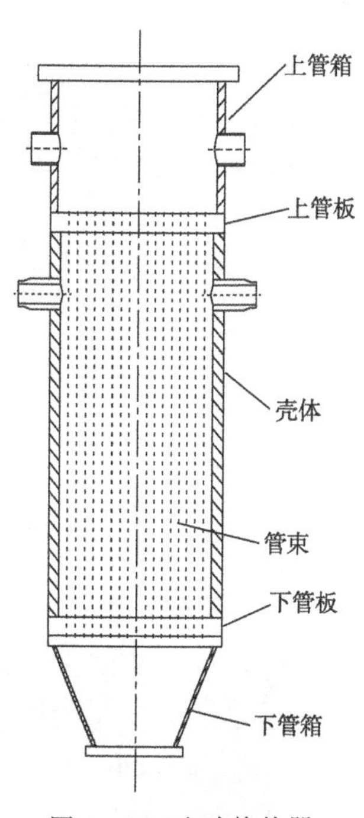

图 1　SQE 急冷换热器

2 壳体缺陷情况及产生原因分析

2.1 缺陷情况

宏观检查：筒体内外壁无明显腐蚀坑，存在一条台阶状主裂纹和两条二次裂纹，裂纹已沿厚度方向完全开裂。断口表面凹凸不平，附着大量腐蚀产物，无明显塑性变形。裂纹缺陷位置及形状见图2、图3。

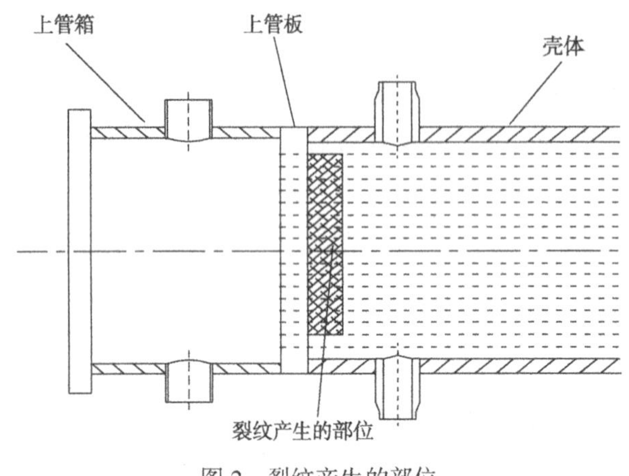

图2 裂纹产生的部位

壳体缺陷位置

图3 壳体缺陷位置

2.2 缺陷产生原因分析

对缺陷部位取样分别(筒体宏观形貌及取样位置见图4)进行光谱分析、金相检测和扫描电镜分析。

换热器筒体宏观形貌及取样位置：

(a)筒体开裂部位

(b)取样位置

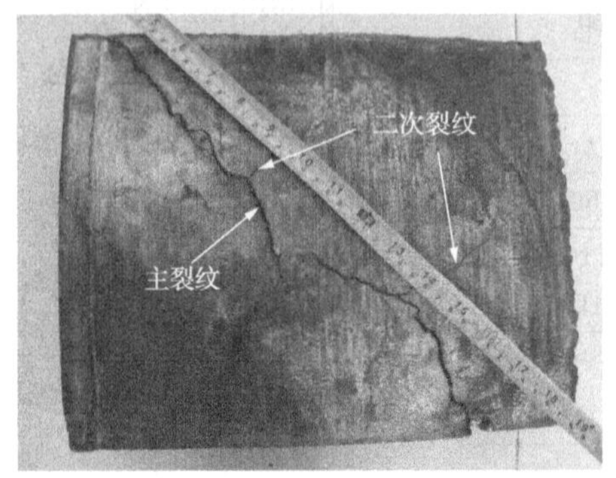

(c)外壁裂纹形貌

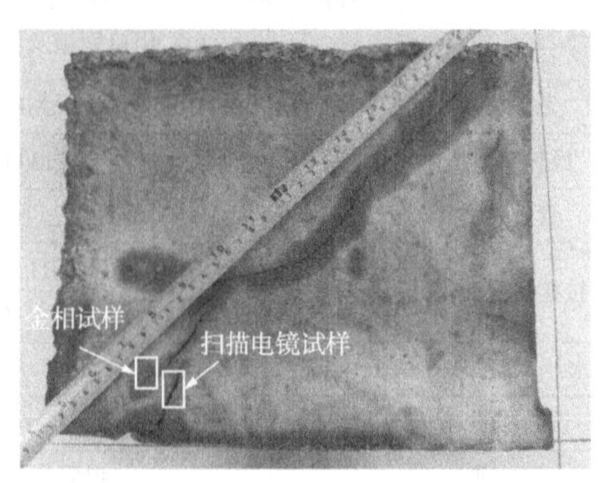

(d)内壁裂纹形貌及取样位置

图4 换热器筒体宏观形貌及取样位置

光谱分析表明筒体材料化学成分符合 GB/T 713.2—2023 对 13MnNiMoR 的要求。

通过金相检测，筒体金相组织为贝氏体，存在由内壁向外壁沿晶扩展的裂纹，组织正常，在使用过程中未发生明显变化。

扫描电镜分析表明：原始断口表面存在大量腐蚀产物。清洗后断口呈现沿晶开裂的特征，存在大量的沿晶二次裂纹，断口存在少量腐蚀坑，为碱致应力腐蚀开裂的典型特点；腐蚀产物能谱分析结果显示，氧化物含量较高，未发现有害元素。

综合分析，筒体开裂失效的机理为碱应力腐蚀开裂。急冷换热器壳体长期运行于高温高压、pH 值为 9~10.5 的碱性锅炉水环境，同时，壳体选用 13MnNiMoNbR 材料，该材质对碱应力腐蚀开裂较敏感，而位于气液交界区的壳体内壁会形成浓缩碱环境，易引发碱腐蚀，在应力的作用下沿厚度方向扩展，最终发生开裂。

2.3 应力产生原因分析

从宏观检查和检测结果分析，裂纹缺陷产生的源头均来自壳体与上管板的环向对接焊缝，对焊缝外观检查发现，存在较大范围的超标错边量(5~7mm)和多处多次返修补焊的痕迹，表明该道焊缝组对焊接质量较差，可能存在强力组对的情况，再加上较大范围的补焊多次补焊，造成焊缝应力集中，在焊后热处理不彻底的情况下，焊缝内部存在较大的残余应力。

3 维修方案的确定

根据压力容器检验部门的检验报告，缺陷为裂纹，大部分为贯穿性裂纹，裂纹长度较长，再加上本设备为固定管板换热器，无法进入设备内施工，故局部清除裂纹缺陷后补焊的方法不可行。经与业主、天华设计院及质量监督部门共同协商，确定将靠近上管板的 700mm 宽的壳体整体更换，由我公司编制维修方案，报业主、设计院批准后实施。

4 焊接工艺的确定

13MnNiMoR 钢属中温、中压锅炉和压力容器用低合金高强钢，具有高热强性、良好抗裂纹扩展敏感性等特性，被广泛用于制造高压锅炉汽包、核能容器及其他耐高压容器等。但是此钢具有较高的合金含量和碳当量，在容器生产焊接过程中会有较大的冷裂倾向，焊接难度大。因此一个可行的焊接工艺和合适的焊材选择在锅炉容器制造中具有重要意义。

4.1 试验材料及其焊接性分析

4.1.1 试验材料

试验材料选取 68mm 厚由兴澄特钢生产的 13MnNiMoR 钢板为实验对象，其化学成分和力学性能分别见表 2、表 3，钢板状态为正火+回火，组织为贝氏体。

表 2 化学元素(质量分数)/%

C	Si	Mn	Cr	Ni	Mo	Nb	P	S
≤0.15	0.15~0.50	1.20~1.60	0.20~0.40	0.60~1.00	0.20~0.40	0.005~0.020	≤0.020	≤0.010

表 3 力学性能

拉伸试验			冲击试验		弯曲试验
抗拉强度 R_m/(N/mm²)	屈服强度 R_{eL}/(N/mm²)	伸长率 A/%	温度/℃	V 型冲击功 A_{kv}/J	180°
	不小于			不小于	$b=2a$
520~680	310	19	20	34	$d=3a$

贝氏体是由 α-Fe 和 Fe3C 组成的复相组织，其特点是强度高，冲击韧性好，有较好的综合机械性能，形状为板条状。因此 3MnNiMoR 钢呈现出良好的综合力学性能。

4.1.2 焊接性分析

13MnNiMoR钢碳含量一般控制在0.1%~0.14%之间，但其成分中含有的Ni、Cu、Cr、Nb、Ti等其他合金元素，由于焊接区域冷却较快，此类元素的存在会导致焊接区产生应力集中，增加焊接区的冷裂纹敏感性。根据表2可知，13MnNiMoR钢的C、S及P元素的含量非常低，Mn含量较高，因此，热裂纹的倾向较小。焊接冷裂纹是焊接生产中较为普遍的一种裂纹，它是在焊后冷至低温下产生的，这种裂纹常发生在低合金钢的热影响区，主要受碳当量、氢含量以及拘束度的影响。

根据国际焊接学会(IIW)碳当量计算公式：

$$CE=C+Mn/6+(Cr+Mo+V)/5+(Ni+Cu)/15(\%)$$

13MnNiMoR钢的CE≈0.52%。

CE>0.5%，说明钢具有较大的冷裂倾向，因此在焊接时需要采取焊前预热和焊后消氢热处理等手段来消除。

4.2 焊接工艺制订

4.2.1 焊接方法及焊材选择

根据实际产品焊接工况，选择采用手工钨极氩弧焊打底，焊条电弧焊填充及埋弧焊填充盖面这3种焊接方法，参考NB/T 47015—2011《压力容器焊接规程》以及等强匹配原则，经认真分析母材及焊材的化学成分及力学性能指标，选用哈尔滨焊接研究所的J607Ni、HS09MnNiMoG/SJ16。焊接材料的化学成分见表4。

表4 焊接材料的化学成分 %

材料	C	Si	Mn	P	S	Ni	Mo
J607Ni	0.08	0.20	1.40	0.009	0.004	1.39	0.34
HS09MnNiMoG/SJ16	0.14	0.19	2.06	0.004	0.003	1.03	0.58

4.2.2 坡口形式选择

考虑到单面焊打底、旧有壳体及管板上U形坡口加工加工困难、壳体厚填充量大等因素，选用U形坡口和U形+V形组合坡口(图5)按照模拟实施焊接工况对比焊接试验。

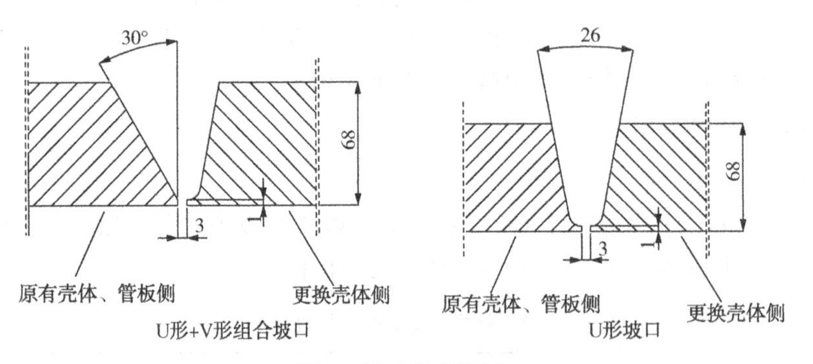

图5 坡口形式选择

试验证明由于试件厚度厚，单面焊接操作难度大等，采用组合坡口焊接效果不好(图6)，焊缝内部局部有未焊透的情况，因此，本次维修的坡口形式选择为U形坡口。

图6 组合坡口焊接效果

4.2.3　焊接工艺评定的制定

在正式施焊前，必须按照 NB/T 47014—2011《承压设备焊接工艺评定》和第二急冷换热器技术说明书进行焊接工艺评定。焊接工艺评定试板的力学性能检验项目要求如下：室温及高温拉伸试验、侧弯试验、-20℃冲击试验并对焊缝金属进行化学成分分析，检测是否具有与母材相近的化学成分。焊接工艺评定项目如表 5 所示。

表 5　焊接工艺评定项目

序号	试件材质、规格	焊接方法	焊接材料	焊件覆盖厚度范围	备注
1	13MnNiMoR δ=38mm	焊条电弧焊	J607Ni	16~200mm	焊前预热、层间温度 150~250℃；焊后消氢处理 300~350℃×2h；焊后热处理 620±20℃。
2	13MnNiMoR δ=38mm	埋弧焊	H09MnNiMoG/SJ16G	16~200mm	
3	13MnNiMoR δ=14mm	手工钨极氩弧焊	HS09MnNiMoG	14~28mm	

以上焊接工艺评定的试验结果(即焊接接头力学性能和弯曲性能)均能满足 13MnNiMoR 钢的母材要求。可以应用到实际生产中。

5　组装工艺

5.1　壳程缺陷部位拆除与加工

5.1.1　缺陷壳体拆除

将壳程筒体包括焊缝热影响区切除带有裂纹的整个筒节，筒节长度为 700mm。气割时对割缝两侧不小于 200mm 的全厚度区域进行预热，预热温度为 150~200℃。预热后用自动磁力氧乙炔气割机对需要更换的筒节进行割除，切割时，换热器壳体不应转动。切割完成后，对换热管上的氧化铁等杂质进行清理。

5.1.2　拆除后的换热器加固

缺陷壳体拆除后的坡口加工、组焊工作存在大量的转动作业，转动作业的支点位于拆除壳体的左右两侧的滚轮架上(图 7)，在转动时由于滚轮架主、从动轮的受力差异，使得管束长时间反复受力，由于本设备重达 50 余吨，长期运转受力势必造成管束变形或管头焊缝开裂。因此，在缺陷壳体拆除后，用 6 块 900×200×30 壳体加固连接板将上管板与就有壳体加固连接，同时，用 6 块 300×150×20 连接板将壳体加固板与管束折流板连接(图 8)，壳体加固连接板材质选用 13MnNiMoR，管束加固连接板材质选用 Q345R，加固板与壳体、折流板间采用焊接连接。

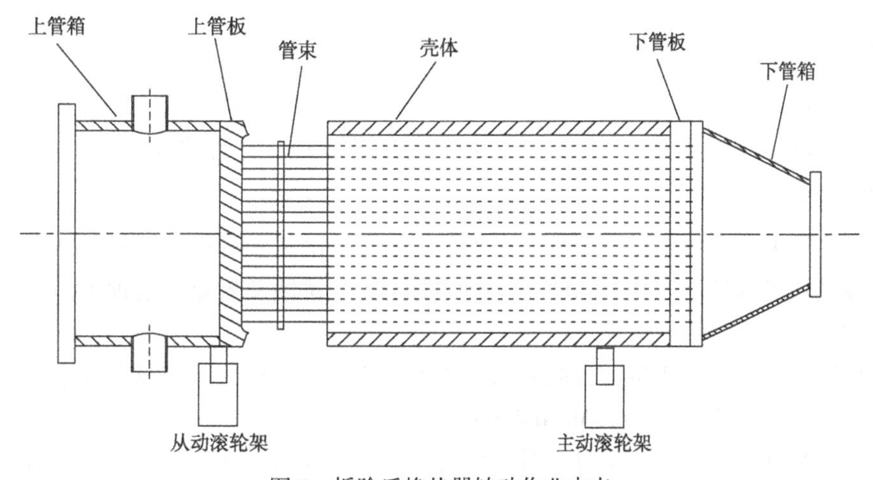

图 7　拆除后换热器转动作业支点

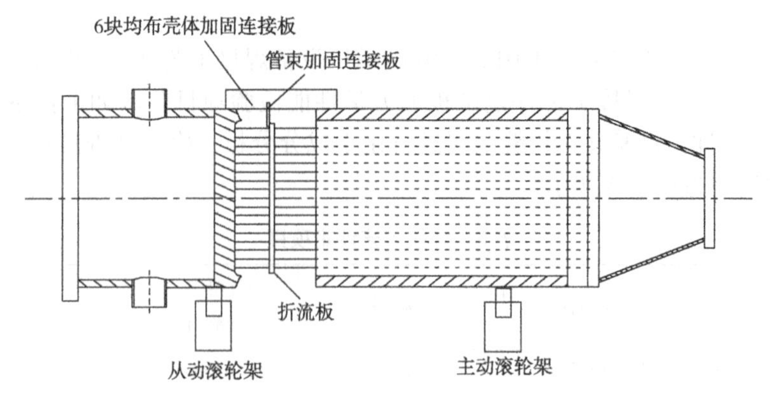

图 8 拆除后换热器加固

5.1.3 坡口加工

割除后的旧有管板和壳体表面应将原焊缝剔除干净，然后在管板和旧壳体侧加工坡口。首先用碳弧气刨刨出 U 形坡口底部圆弧形状，然后用砂轮机打磨出如图 9 所示坡口形状，用样板检查，弧度间隙小于 0.5mm，角度偏差小于 1°。对坡口表面进行 100%PT 检测，确认坡口表面有无缺陷。

5.2 更换筒节预制

对更换筒节进行排版、下料、坡口加工、卷圆、焊接、校圆等工序。校圆完成后，对筒节进行消除应力热处理，防止筒节分瓣时变形而增加组对难度。在消除应力处理前，应对筒节采取防变形措施，防变形工装如图 10 所示。

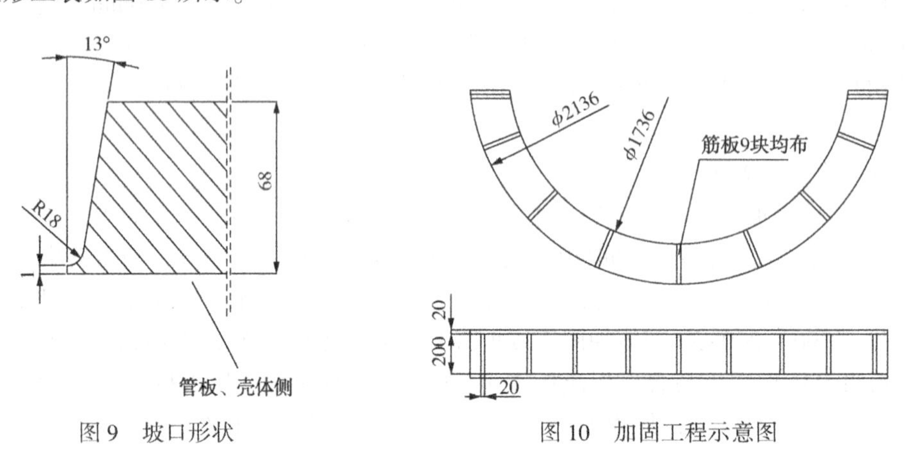

图 9 坡口形状

图 10 加固工程示意图

5.3 筒节分片

筒节热处理完成后，将筒节均分为两瓣，一道切口为原焊缝位置，另一道为 180°方向，切割前对割缝及两侧各 200mm 进行预热，切割后对割缝两侧进行处理，打磨坡口。

5.4 更换筒节组装

（1）在校圆合格的筒节焊接吊装卡具，用于组装吊装。吊装卡具材质为 13MnNiMoR；焊件在组装前应将坡口及其边缘内外壁两侧各 20mm 范围内的油污、锈蚀及氧化物清理干净，并打磨出金属光泽去除淬硬层；

（2）为了保证设备组对错边量，在筒节两侧各焊接两块定位板，保证设备外平齐；组对时用球罐卡具组对，卡具用定位块材质为 13MnNiMoR；

（3）焊口组对局部间隙及错边量过大时，应及时修整到规定尺寸，禁止强力组对。定位焊焊缝应均匀分布，定位焊缝应按正式焊接相同的要求预热，且取预热温度的上限，预热范围为从焊缝中心向两侧各不小于 3 倍壁厚且不小于 50mm；

（4）工卡具材料应与相焊的母材化学成分相同或相近，并有合格的焊接工艺。工卡具焊接也应预热，预热温度取正式焊接时预热温度的上限，预热范围为从焊缝中心向两侧各不小于 3 倍壁厚且不小于 50mm；

（5）用于吊装及组对的卡具组对完应进行拆除，拆除后应在原焊接位置进行 PT 检测。

5.5 焊接

筒体组对完成后，对设备 A、B 焊缝按照前期制定的工艺评定进行焊接。焊接过程中严格控制焊前预热温度、层间温度、焊后焊接接头在不低于预热温度下消氢及最终热处理升、降温温度等措施，保证焊接质量。

5.6 无损检测

焊接完成 24h 后进行无损检测，由于设备为 AEM 规定管板换热器，无法完成射线检测，因此对焊接接头进行 100%UT+MT 检测，对其中一条环缝及两条纵缝附加 100TOFD 检测。该设备检测未发现裂纹及其他缺陷。设备热处理和水压试验后分别进行 100%UT+MT，均未发现超标缺陷。

5.7 热处理

该设备除需严格控制焊前预热、层间温度及后热处理，最终需进行焊后消除应力热处理。按照 NB/T 47015—2011《压力容器焊接规程》确定产品最终热处理温度为 620±20℃，保温时间为 2.5~3h。

6 检验

壳体更换后，设备几何外观尺寸符合图纸要求，圆度，对口错边量和焊缝棱角度满足规范要求。经消应力处理，产品工艺试板各项机械性能指标符合设计要求容器 A，B 类焊接接头按设计要求进行 UT 及 TOFD 检测，检测合格。整体热处理后所有焊缝经 100%超声波+100%磁粉检测合格。水压试验后容器 A、B 类焊接接头经 100%超声波合格，所有焊缝表面经 100%磁粉合格。

7 结语

（1）在焊接 13MnMoMbR 钢的过程中要求控制好预热和层间温度，范围 150~300℃，焊后立即采取消氢处理措施，同时尽量保持焊接接头缓冷，缓冷时间越长，其热影响区淬火倾向越弱，同时有利于氢的逸出，降低了冷裂纹倾向。

（2）通过对第二急冷换热器用 13MnNiMoR 钢的焊接性分析和焊接工艺评定试验，制订了合理的、符合生产实际的焊接工艺，很好的完成了该设备的修理任务。

（3）13MnNiMoR 钢焊接工艺在生产实践中得到了成功应用，获得了优质的焊接接头，为今后同类产品焊接生产奠定了基础，为同类材料高压设备的制造积累了经验。

参 考 文 献

[1] 全国锅炉压力容器标准化技术委员会压力容器焊接规程：NB/T 47015—2011[S]．北京：原子能出版社，2011.

[2] 全国锅炉压力容器标准化技术委员会承压设备焊接工艺评定：NB/T 47014—2011[S]．北京：原子能出版社，2011.

[3] 第二急冷换热器技术说明书．

[4] 李克勇．13MnNiMoR 钢焊接工艺[J]．电焊机，2010，40(09)．

STT根焊配合金属粉芯焊丝在管道工厂化预制中的焊接应用

宋满堂　董进元　李晓海

（中国石油兰州石化公司）

摘　要　STT是“Surface Tension Transfer”的英文缩写，即“表面张力过渡”，是一种控制熔敷金属过渡方式的熔化极气体保护焊技术，它具有焊接速度快、焊缝成形好、焊接缺陷易控制、缺陷少等特点。新型金属粉末药芯焊丝是一种极有发展前途的焊接材料及高新技术产品，既具有药皮焊条的配方可调性，同时又具有实芯焊丝连续焊接的特点，在焊接材料中所占的比例越来越大。STT技术配合金属粉芯焊丝在长输管道焊接施工中已较早应用，结合STT封底焊技术配合新型金属粉末药芯焊丝两者优势和TIG封底焊进行对比，通过焊接试验制定合理的焊接工艺，可在大管径压力管道工厂化预制焊接中进行应用。

关键词　表面张力过渡；新型金属粉末药芯焊丝；大管径压力管道；封底焊

1　前言

随着社会经济的发展，传统建设模式已经失去优势，由于设计变更多、现场施工作业量大、安全风险点多等原因，导致工程进度、质量及安全难以受控，迫使企业从过去依靠成本优势和投资转变为依靠新技术、新模式、高品质拉动发展。目前石油及化工装置的工程项目逐步向一体化、集群化方向发展，对承包商的技术、管理和服务水平提出了更大挑战。工程建设企业须降低成本、提高效率，主动为业主降低工程造价，提供优质的服务，来获得更好的生存、发展空间。所以工程建设企业以“六化”为发力点，占领产业升级前沿阵地，方能在革命浪潮中立于不败之地。

相对于传统的管道工程施工方式，工厂化预制优势明显，主要有以下几方面：

（1）有利于缩短工期。管道工厂化预制由于场地固定，实现了流水线生产，不受施工场地和气象条件的约束，也不受土建和设备条件的限制，可以实现与土建同步施工，最大限度的缩短施工工期。

（2）有利于质量控制。采用先进的焊接设备，焊接质量控制更加标准化，保证了焊接质量的稳定性。

（3）降低施工现场安全风险。实现工厂生产的文明管理，减少施工现场工作及人员，改变高空及交叉作业模式，避免天气因素的影响。

（4）避免恶劣环境对施工人员的影响。工厂化施工，避免了粉尘及噪声，大幅度改善了作业环境，体现了“以人为本”的管理理念，提升了职业满意度。

通过数据分析，目前管道工厂化预制率基本达到工艺管道总量的40%左右，焊接合格率达到98%。目前我公司内部压力管道焊接大多是以TIG封底焊为主，但是在大管径压力管道预制焊接中就会暴露出工作量大、焊接速度慢、焊接成本高、作业时间长等缺点。通过在焊接设备的选用和焊材的更新上，来进一步提高管道焊接效率，降低管道焊接成本，将工厂化预制的意义和优势发挥到极致。

2　管道自动焊 STT 焊接设备改造

采用南京奥特管道自动焊接设备(图 1)，配备的是美国林肯公司 STT 封底焊接设备，该设备具备半自动和全自动功能切换，具有自动化焊接效率高、质量好的优势。但在大管径(≥*DN*400mm)压力管道的预制焊接中，设备受夹具规格尺寸限制不能应用自动焊接设备，将设备从自动焊系统拆解出，成为机动灵活的半自动焊接设备，配合新型金属粉末药芯焊丝从而满足大管径压力管道预制封底焊接。

图 1　南京奥特管道自动焊接设备

林肯公司 INVERTEC STTII 型焊接设备具备 STT 焊接模式，是一种对短路过度精确控制技术，能通过检测短路电流发生时间来及时改变焊接电流和电压，成为一种动态控制技术(图 2)。在大管径压力管道焊接中，通过 STT 焊接技术取代传统的 TIG 封底焊，能够更有效发挥出新型金属粉末药芯焊丝的优越性。原设备电动机控制采用切换控制，使得两套设备可分别切换，STT 打底时采用独立系统，填充和盖面还是用原操作系统。从电路系统将联动部分拆除，加装移动平板小车使之可机动灵活进行半自动作业(图 3)。

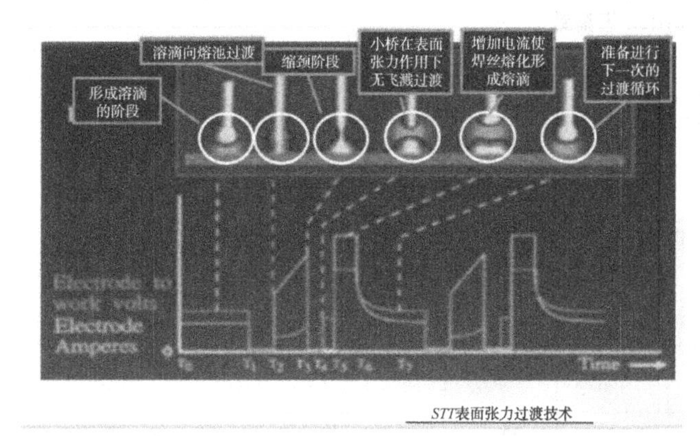

图 2　STT 熔滴过渡电流控制图

图 3　拆除后的 STT 焊接电源及送丝机头

3　新型金属粉末药芯焊丝的半自动焊接试验特性

3.1　新型金属粉末药芯焊丝特点

金属粉芯型药芯焊丝的药芯部分主要是金属粉，占比高达 80%~90%。根据使用的目的不同金属粉芯成分会有一些变化，但主要为铁粉、合金粉、脱氧剂，同时含有少量的造渣剂、稳弧剂等。金属粉芯型药芯焊丝兼具实芯焊丝与熔渣型药芯焊丝的优点。由于在焊芯中添加了传统熔渣型药芯焊丝中的稳弧剂，所以电弧较实芯焊丝更稳定，飞溅更少，对改善焊接环境、提高熔敷率有较为明显的作用；焊缝中的含氢量将直接关系到焊缝冷裂纹的开裂风险，在药芯中添加氟化物，可以显著降低焊缝中的含氢量，从而降低焊缝开裂风险；药芯中含有大量的铁粉、金属粉，因此比实芯焊丝具有更高的熔敷速度，可达13.6kg/h，且熔敷效率达到97%，显著提高焊接速度；焊缝表面渣量很少，不但能够减少脱渣的时间和提高劳动效率，而且能够避免夹渣等缺陷，所以更适合于大管径压力管道的封底焊。

3.2 半自动焊接工艺试验

3.2.1 试验方案

（1）选用20#碳钢管道分别进行金属粉芯焊丝气保焊封底焊+焊条电弧焊填充盖面和金属粉芯焊丝气保焊封底焊+熔化极药芯焊丝气体保护焊填充、盖面两种工艺进行试验，并对焊接接头进行力学性能试验，检验金属粉芯焊丝气保焊应用于压力管道的可行性；

（2）将金属粉芯焊丝气保焊封底焊与传统的手工钨极氩弧焊封底焊在工业压力管道焊接中的焊接效率和经济性方面进行对比试验和分析，进一步检验金属粉芯焊丝气保焊应用于工业压力管道的经济性。

3.2.2 试验材料

试验用母材：选用20#，规格ϕ219×8mm。试验用焊接材料：焊条选用E4315(J427)，直径为ϕ3.2mm，金属粉芯焊丝选用E70C-6M-H4，药芯焊丝选用T492T1-1，焊丝直径均为ϕ1.2mm。

3.2.3 金属粉芯气保焊封底焊工艺试验

（1）坡口组对及焊前准备：试件坡口角度α=60°±2°，组对间隙b=3.0~4.0mm，坡口钝边p=0.5~1.5mm。焊接前去除焊件坡口及两侧20~50mm范围的铁锈、氧化皮及油污等。

（2）焊接工艺参数：分别进行了金属粉芯焊丝气保焊封底焊+焊条电弧焊或熔化极药芯焊丝气体保护焊填充、盖面两种工艺试验，金属粉芯焊丝气保焊的保护气为20%的CO_2和80%的Ar混合气体(其中CO_2的纯度超过99.5%，Ar的纯度超过99.99%)，药芯焊丝气保焊的保护气体为100%的CO_2，焊接工艺参数见表3。

表1 焊接工艺参数

试件编号	焊接方法	焊接方向	电源及极性	填充金属		焊接电流/A	焊接电压/V	焊接速度/(cm/min)	层间温度/℃	线能量/(kJ/cm)	备注
				型号	直径/mm						
PE2019018	GMAW	向下焊	DCEP	E70C-6M-H4	1.2	145	16.3	17.5	10	8.10	封底焊
	SMAW	向上焊	DCEP	E4315	3.2	105	22	6.5	43	21.32	填充
	SMAW	向上焊	DCEP	E4315	3.2	110	22	8.0	84	18.15	盖面
PE2019019	GMAW	向下焊	DCEP	E70C-6M-H4	1.2	145	16.3	17.5	10	8.10	封底焊
	FCAW	向上焊	DCEP	T492T1-1	1.2	150	22.3	8.0	51	25.09	填充盖面

（3）试验结果分析：通过试验检测项目(表2)，焊接接头力学性能(表3)全部满足工艺评定标准的要求，证明金属粉芯焊丝气保焊可用于碳钢工业压力管道的焊接。

表2 每组试验分析项目表

序号	检验项目	检验数量及合格标准
1	射线检测	试件进行100% RT检测(执行标准：JB/T 4730.2—2005)
2	拉伸试验	2件(执行标准：NB/T 47014—2011)
3	弯曲试验	4件(执行标准：NB/T 47014—2011)
4	-20℃、常温冲击试验(Q345R、Q245R)	6件，焊缝区3件、热影响区3件(执行标准：NB/T 47014—2011)

表 3　焊接接头的力学性能

试件编号	材料牌号	规格/mm	抗拉强度 Rm/MPa	弯曲试验（面背弯各 2 件）	冲击功 Akv/J		
					温度/℃	实测值(10×5×55)	
PE2019018	20	219×8	488	合格	-20	焊缝区	50、56、44
			482			热影响区	60、42、64
PE2019019	20	219×8	500	合格	-20	焊缝区	52、56、50
			482			热影响区	44、50、58

3.3　金属粉芯焊丝 STT 封底焊和 TIG 封底焊对比

3.3.1　时间对比

以 20#钢 ϕ219×8 试件焊接为例进行对比，金属粉芯 STT 封底焊时间为 3.5min，而 TIG 封底焊时间为 14min，提高了焊接效率 75%。

3.3.2　成本对比

以 20#钢 ϕ219×8 试件焊接为例进行对比，金属粉芯 STT 封底焊综合成本 3.5 元，而 TIG 封底焊综合成本 8.6 元，降低了焊接成本 60%。

4　实际应用

在兰州石化公司 46×10^4t/a 乙烯装置烧焦尾气达标排放隐患治理项目管道部分预制焊接中采用此种焊接技术(图 4)，焊接一次合格率达到 98%，经测算节约施工成本 2.6 万元，取得了良好的效果。

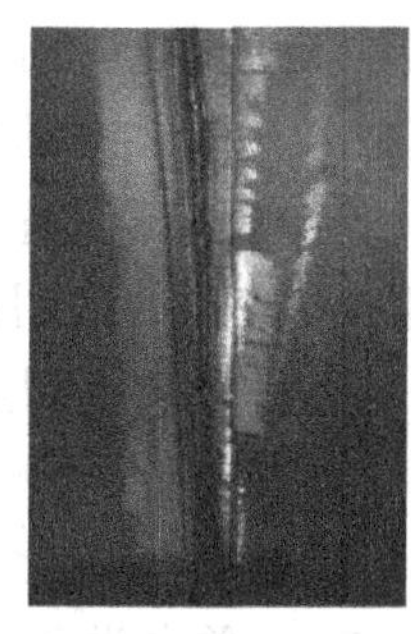

图 4　厂房预制焊接过程

5　结论

通过焊接试验及焊接工艺评定，金属粉芯焊丝气保焊完全可应用于碳钢工业管道的封底焊中。焊缝金属熔敷效率及焊速都远高于 TIG 封底焊，封底焊时间仅为手工钨极氩弧焊的 25%，焊接材料成本降低了 60%，提高了生产效率，降低了焊接成本，在管道工厂化预制焊接中值得推广。

参 考 文 献

[1] 刘奔，徐勤官，王先锋. 金属粉芯型药芯焊丝开发与应用现状[J]. 焊接与切割，2020，(3)：28-29.

[2] 中国机械工程学会焊接学会. 焊接手册(3 版)[M]. 北京：机械工业出版社，2008.

[3] 全国锅炉压力容器标准化技术委员会承压设备焊接工艺评定：NB/T 47014—2011[S]；北京：原子能出版社，2011.

[4] 李睿尧，史学材. 预热温度对金属管线自动 STT 封底焊接质量的影响[M]. 中国金属通报，2019(8)：231-231，233.

[5] 邵国庆，孟秀文，李军，等. GMAW(STT)和 AUTO-FCAW 组合焊接与 GTAW+FCAW 组合焊接对比试验[J]. 船电技术，2022(4)：53-55，60.

高温取热炉集箱接管角焊缝射线检测分析

石小刚　孟永康

（中石油第二建设有限公司）

摘　要　本文主要是针对高温取热炉集箱接管角焊缝的射线检测（是小筒体大接管的极限）。该集箱接管角焊缝为安放式接管，其坡口角度从−20°～+45°连续变化，焊缝宽度从21～55mm变化，焊缝厚度从27～40mm变化，与对接焊缝的射线检测相比，难度明显增大。检测过程中需要针对不同的位置、角度制定不同的检测工艺。本文从透照方式、射线能量、曝光量、焦距、一次透照长度、定位标记、底片评定及检测效果等方面对高温取热炉集箱接管的角焊缝射线检测进行了全面的分析，从而总结出了该规格安放式接管角焊缝的射线检测工艺。

关键词　角焊缝；射线检测；偏心透照；黑度评定

1　背景介绍

在NB/T 47013—2015《承压设备无损检测》颁布以前，角焊缝射线检测未列入标准正文中，角焊缝内部主要以超声波检测为主，且安放式角接接头的使用范围为“筒体（或封头）检测面曲率半径大于等于100mm”。而NB/T 47013—2015《承压设备无损检测》颁布以后，角焊缝射线检测就列入标准正文中，而安放式角接接头超声波检测的使用范围调整为“筒体（或封头）检测面曲率半径大于等于150mm”。因此近几年特别是在特种设备制造过程中角焊缝射线检测的设计要求明显增加。

2022年，兰州石化公司炼油运行一部120×10^4t/a催化裂化装置两台高温取热炉管束材质分别为20G和12Cr1MoVG，管束单根长度为17.7m，单台设备净重为68.2t。根据设计要求，集箱接管（规格均为$\Phi273\times25$mm）角焊缝应进行100%RT检测，执行NB/T 47013—2015标准。小简体大接管角焊缝射线检测我们单位从来没有进行过，无任何可借鉴的经验。

2　集箱接管角焊缝的特点分析

角焊缝组对完成后的照片如图1所示，焊接完成后的照片如图2所示。

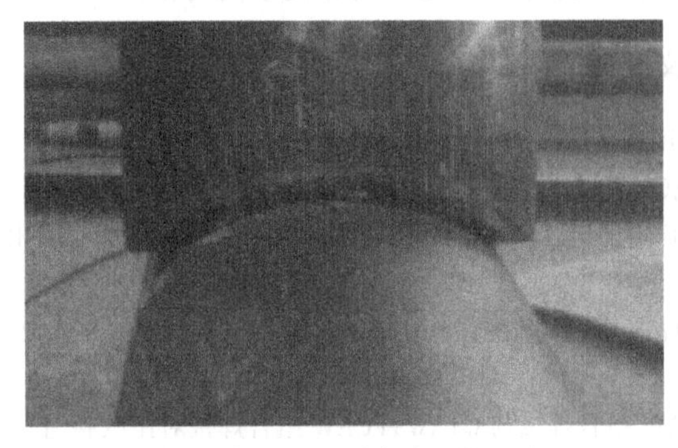

图1　角焊缝组对完成后的照片

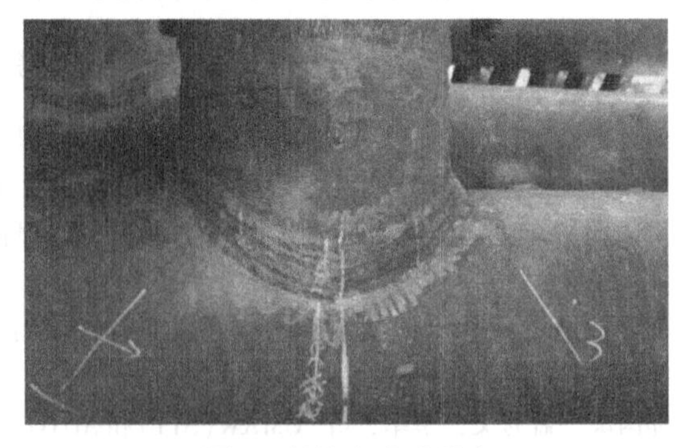

图2　焊接完成后照片

2.1 对角焊缝按时钟式定位

由于角焊缝的坡口角度为-20°~+45°，焊缝宽度为21~55mm，焊缝厚度为27~40mm，从图1可以看出该焊缝是呈对称性的，因此我们按时钟式对角焊缝进行定位，如图3所示。

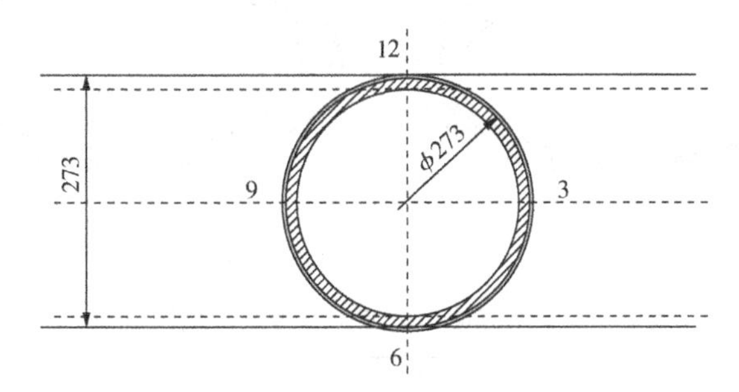

图3 集箱接管钟式定位图

2.2 6点及12点处角焊缝的结构形式

6点12点焊缝坡口及焊缝剖面图，如图4所示。

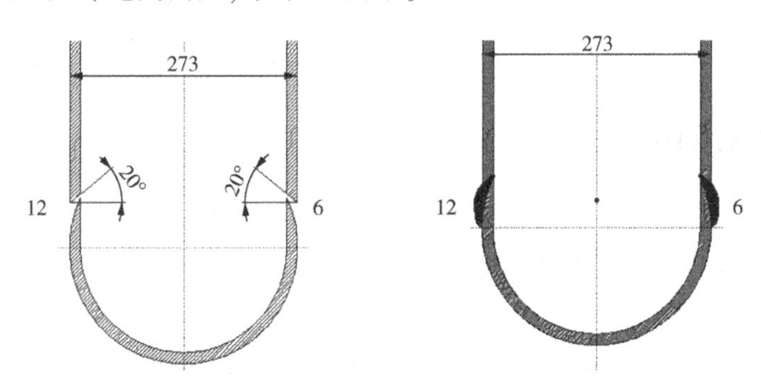

图4 6点12点焊缝坡口及焊缝剖面图

从图4可以看出，6点及12点处的焊缝坡口角度为负值、焊缝宽度较宽、焊缝厚度与接管厚度差不多，仅多了两侧余高。经过现场测量，该部位的焊缝角度、宽度及厚度(平均值)如表1所示。

2.3 3点及9点处角焊缝的结构形式

3点9点焊缝坡口及焊缝剖面图，如图5所示。

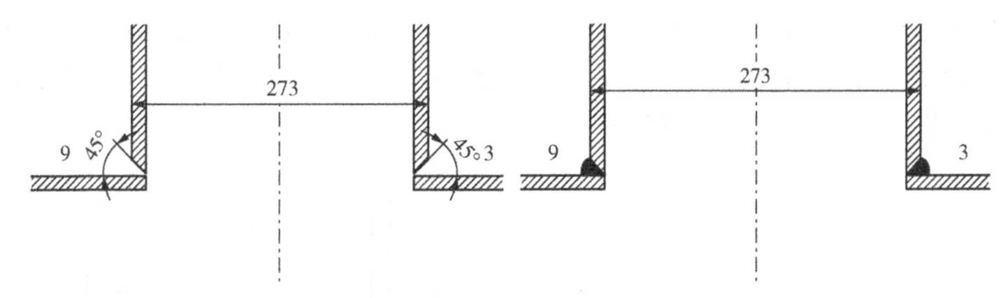

图5 3点9点焊缝坡口及焊缝剖面图

从图5可以看出，3点及9点处的焊缝坡口角度为45°、焊缝宽度较窄、焊缝厚度与接管厚度相差较大。经过现场测量，该部位的焊缝角度、宽度及厚度(平均值)如表1所示。

2.4 其他部位角焊缝的结构形式

1点7点焊缝坡口及焊缝剖面图，如图6所示。

图6为1点和7点的焊缝坡口图及焊缝剖面图，其位置接管的坡口角度为0°。其余点的坡口1点前面的为负的，1点后面的为正的，整体是一个渐变过程。经过现场测量，该部位及其他部位的焊缝角度、宽度及厚度(平均值)如表1所示。

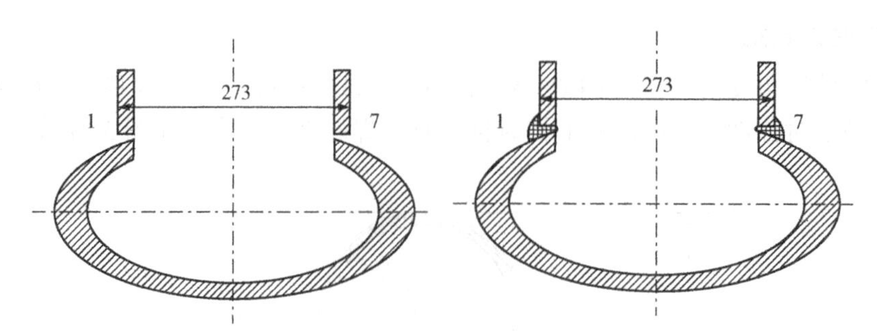

图6　1点7点焊缝坡口及焊缝剖面图

表1　各点焊缝坡口角度、宽度及厚度统计表

项目 \ 位置	1点	2点	3点	4点	5点	6点	7点	8点	9点	10点	11点	12点	备注
坡口角度/°	0	22	45	20	0	-20	0	21	45	21	0	-20	
焊缝宽度/mm	40	32	21	32	41	55	43	31	22	33	42	55	
焊缝厚度/mm	30	36	40	35	30	27	31	36	40	37	32	27	

3　射线检测工艺参数的选择

针对集箱接管角焊缝的特点，从透照方式、射线能量、曝光量、焦距、一次透照长度、定位标记、底片评定及检测效果等方面对检测工艺进行分析确认。

3.1　透照方式的选择

根据NB/T 47013.2—2015标准要求，可以查出集箱接管角焊缝允许的透照方式有三种，分别是：单壁中心透照法、单壁偏心透照法和单壁外透法。

3.1.1　单壁中心透照法

单壁中心透照法是指源在接管中心的一种透照方式，透照时射线能量允许的透照范围以及f值的选择均可减少下限的一半，如图7所示。

3.1.2　单壁偏心透照法

单壁偏心透照法，是由于管径较小，中心透照时焦距不能满足检测要求而采用的一种方法，把源偏移中心一定的距离以满足焦距的要求，透照时射线能量允许的透照范围以及f值的选择均可减少，但不能超过规定值的20%，如图8所示。

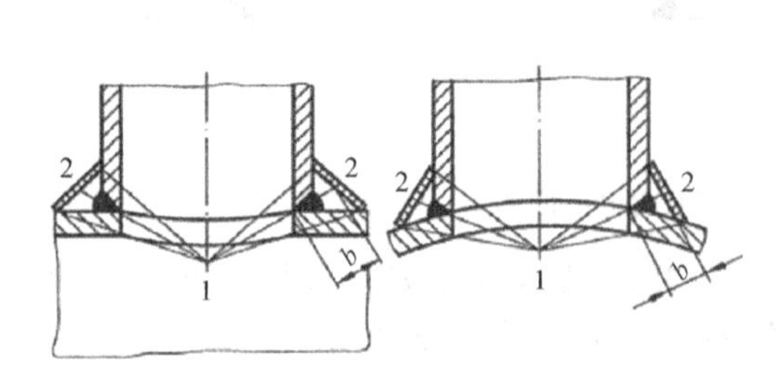

图7　安放式管座角焊缝单壁中心透照

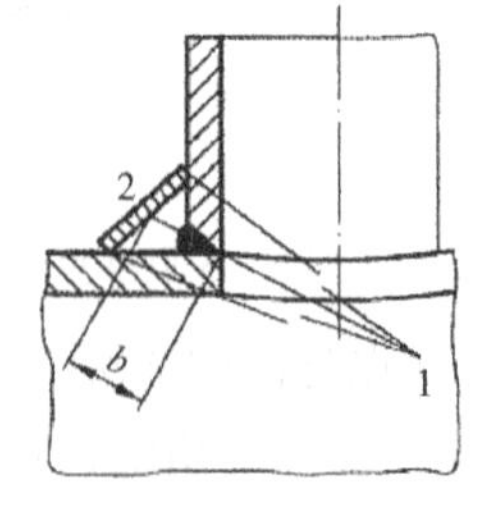

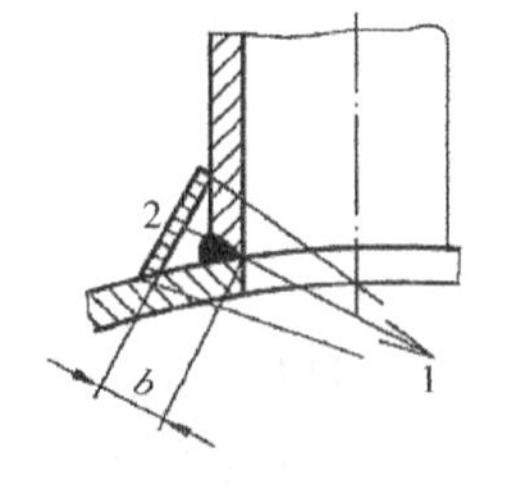

图8　安放式管座角焊缝单壁偏心透照

3.1.3　单壁外透法

单壁外透法是源在管子外侧的一种检测方法，将胶片置于管线内侧的一种检测方法，如图9所示。

根据标准要求，对上述三种透照方法的优缺点总结如表2所示。

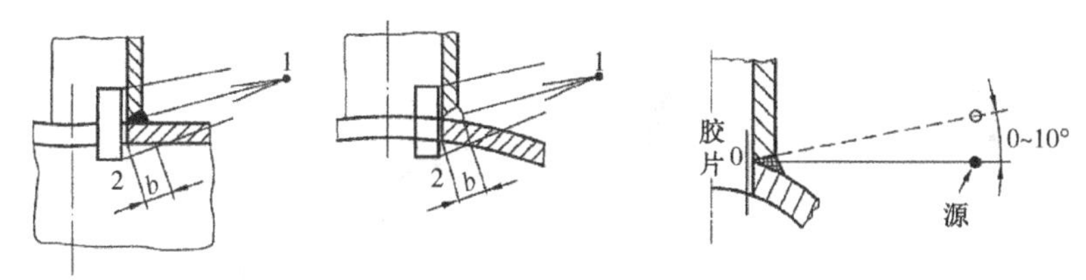

注:射线源应放在管外侧焊缝坡口的轴线上，偏差在0~+10°以内。

图 9　安放式管座角焊缝单壁外透照

表 2　中心透照、偏心透照及单壁外透三种透照方式的优缺点对比表

项目 / 透照方式	优点	缺点	备注
中心透照	一次可以透照多张，效率高	b 值较大，对几何不清晰度影响较大	只能用 γ 源透照
偏心透照	焦距可调节、胶片容易布置	b 值较大，对几何不清晰度影响较大	只能用 γ 源透照
单壁外透	b 值较小，对几何不清晰度影响较小	效率较低，角度不易控制、贴片不易	γ 源和射线机

3.2　射线能量的选择

射线检测时，对于大厚度差工件的射线能量的选择原则是：采用“高能量、短时间”的工艺，获得更大的透照厚度宽容度。集箱接管的安放式管座角焊缝的射线检测可以选择 X 射线(只能选择单壁外透法)或 Ir192γ 源进行透照。

3.2.1　X 射线

公司现有 X 射线机的最高能量为 300kV，对于钢来说，其最大的穿透厚度为 50mm 左右。而集箱接管的角焊缝的厚度为 27~40mm。可以选用 300kV 的 X 射线机采用单壁外透法进行透照。但透照时使用的管电压较高，长时间、高负荷的曝光极易损坏 X 射线机。另外，由于集箱接管角焊缝厚度变化也会使得一次透照长度变短，降低检测效率。

3.2.2　Ir192γ 源

透照安放式管座角焊缝选用 Ir192γ 源，一是 Ir192γ 源的平均能量大于 300kV，有利于增大透照宽容度；二是 γ 源可长时间的曝光而不用担心设备的损坏；三是采用 Ir192γ 源透照时可以选用中心透照或者偏心透照法。

3.2.3　射线选择

通过以 30mm 的工件为例，用 X 射线和 Ir192γ 源透照时，两者的像质计灵敏度基本相同。因此，通过综合考虑，集箱接管角焊缝选用 Ir192γ 源进行透照。

3.3　焦距的确定

射线源至工件表面最小距离 f 值对射线照相灵敏度的影响主要表现在几何不清晰度上。NB/T 47013.2—2015 标准规定，AB 级技术等级必须满足：$f \geqslant 10 d_f b^{2/3}$。因此，$f$ 值的确定为：

Ir192γ 源的 $d_f = 3$mm，集箱接管角焊缝 $b = 27 \sim 40$mm：

$b = 27$mm 时，$f \geqslant 270$mm；

$b = 40$mm 时，$f \geqslant 351$mm。

根据 NB/T 47013.2—2015 中 5.7.4 安放式和插入式管座角焊缝采用源在内单壁中心透照方式时，只要得到的底片质量符合 5.16.1 和 5.16.2 的要求，f 值可以减小，但减小值不应超过规定值的 50%。

则　$b = 27$mm 时，$f \geqslant 270 \sim 270 * 0.5 = 135$mm

　　$b = 40$mm 时，$f \geqslant 351 \sim 351 * 0.5 = 175.5$mm

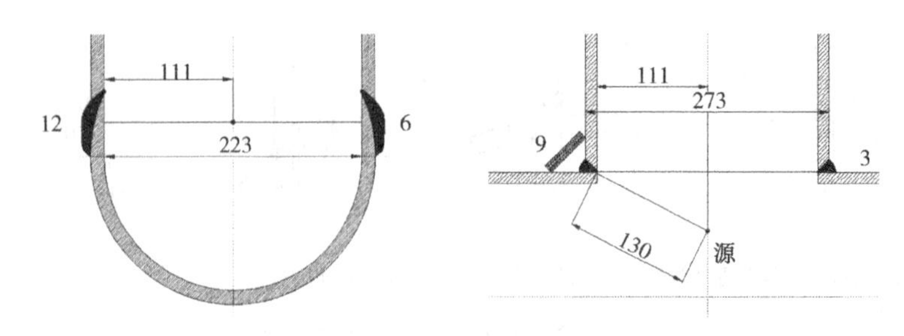

图 10　12 点、6 点、3 点、9 点中心透照时的最小 f 值

由图 10 可以看出，12 点和 6 点进行中心透照时焦距为 111mm≤135mm，故不可行；3 点和 9 点进行中心透照时焦距为 130mm≤175.5mm，故也不可行。

根据 NB/T 47013.2—2015 中 5.7.5 安放式和插入式管座角焊缝采用源在内单壁偏心透照方式(附录 E 中图 E.10 和图 E.14)时，只要得到的底片质量符合 5.16.1 和 5.16.2 的要求，f 值可以减小，但减小值不应超过规定值的 20%。

则　$b=27$mm 时，$f \geqslant 270-270*0.2=216$mm

　　$b=40$mm 时，$f \geqslant 351-351*0.2=281$mm

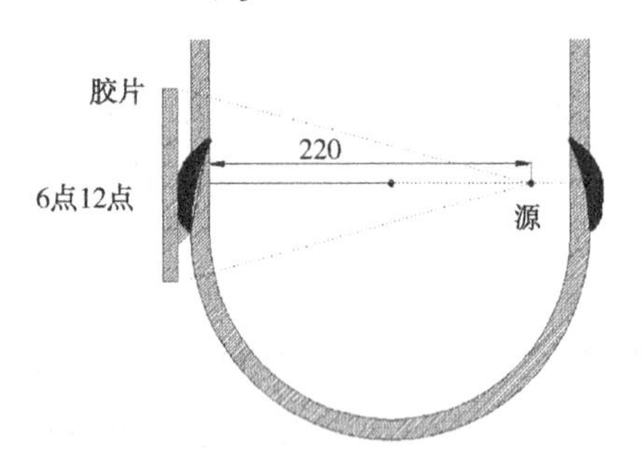

图 11　12 点、6 点采用偏心透照图

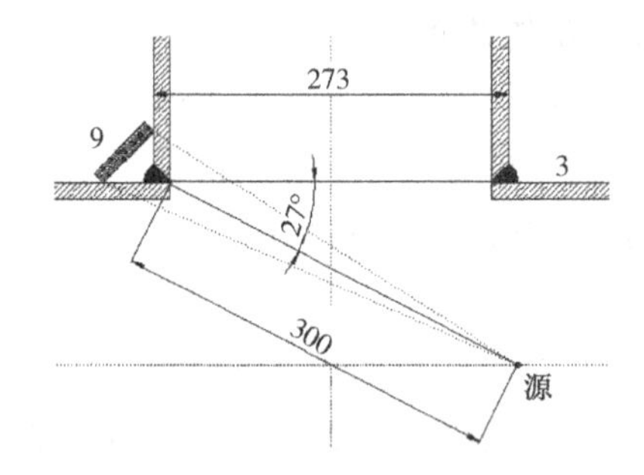

图 12　3 点、9 点采用偏心透照图

图 11 为 6 点、12 点位置透照时的胶片布置及焦距图；图 12 为 6 点、12 点位置透照时的胶片布置及焦距图。对于 1 点、2 点、4 点、5 点、7 点、8 点、10 点、11 点的透照，由于要选择透照角度垂直于焊缝，其透照位置如图 13 所示。

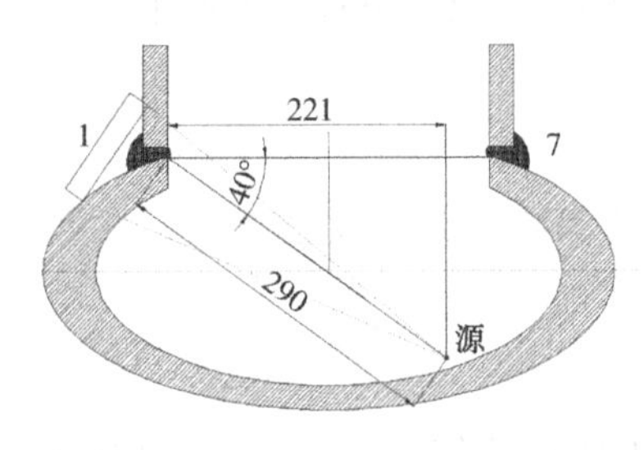

图 13　其余点采用偏心透照图

图 13 为 1 点及 7 点的胶片及焦距图，但 5 点和 11 点与其布置方式一样，对于 2 点、4 点、8 点、10 点透照方式与其稍有差别，但差别不大，故不再详细画图。

3.4　曝光量的选择

由于在不同点位的坡口形式、焊接位置均不相同，造成射线检测的透照厚度不均匀，从而导致各点位的曝光量不同，需要对每个位置工艺参数进行验证。通过试验，确定各位置的曝光量如表 3 所示。

表 3　不同点的厚度、焦距及曝光时间统计表

序号	位置	厚度/mm	焦距/mm	源活度	时间/s	备注
1	3 点、9 点	40	300	50Ci	440	
2	6 点、12 点	27	220	50Ci	260	
3	1 点、11 点、5 点、7 点	30~38	290	50Ci	350	
4	4 点、8 点、2 点、10 点	30~38	290	50Ci	350	

3.5 胶片的选择

根据标准规定，采用 γ 源进行射线检测时，应采用 C4 类或更高类别的胶片，所以本次采用 Ir192γ 源检测时，应采用柯达 T200 或柯达 MX125 的胶片。虽然两种胶片的曝光量存在一定的差距，但是考虑两台设备中有一台的材质是 12Cr1MoVG，为裂纹敏感性材料。同时考虑即使曝光量有差距，受中心透照、焦距较短、γ 源强度较大等因素影响，其总的曝光量差距不是很大，最终决定采用柯达 MX125 胶片，确保检测灵敏度。

受焊缝结构影响，焊缝宽度明显较大(尤其是 6 点和 12 点部位)，再加上被检角焊缝的曲率很大，因此，胶片选用 100×150mm 的规格，即保证透照的宽度，又不浪费透照的长度。

3.6 一次透照长度的确定

一次透照长度是指符合标准的单次曝光有效检测的长度。一次透照长度的长短对于透照质量和工作效率都会产生影响，选择较大的一次透照长度可以提高工作效率，但随着一次透照长度增大，透照厚度比增大，横向缺陷检出角增大，这对射线照相质量又是不利的。一次透照的长度一般以透照厚度比 K 进行控制，通过 K 值查相应曲线图确定一次透照长度。

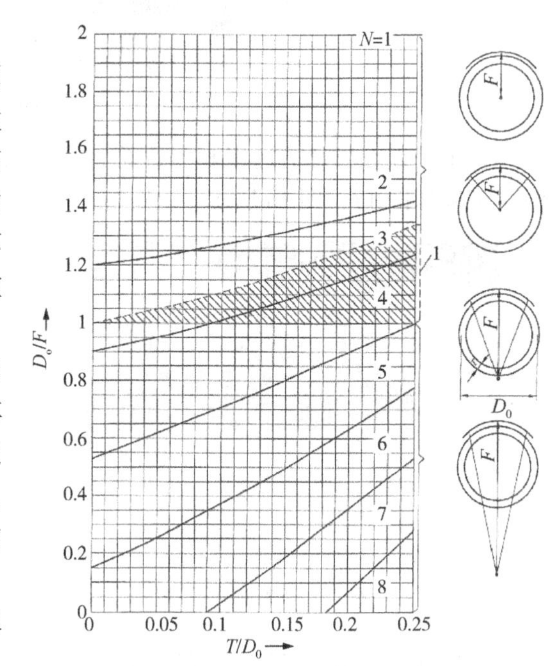

图 14 根据 K 值确定透照次数

根据 NB/T 47013.2—2015 的要求，对于管座角焊缝、椭圆形封头、碟形封头小 r 区的焊缝，以及其他曲率连续变化的焊缝可不采用以 K 值确定一次透照长度的方法，允许用黑度范围来确定一次透照长度，底片黑度满足 AB 级：$2.0 \leqslant D \leqslant 4.5$ 即为允许采用的一次透照长度。

实践证明，集箱接管角焊缝和一次透照长度取 100~120mm 效果较好。

3.7 定位标记的放置

安放式管座角焊缝的定位标记应放置在接管侧检验区的边缘，相对于焊缝边缘至少 5mm 的相邻母材区域。搭接标记的布置方法如下。

(1) 采用固定式搭接标记，因为透照方向不同，导致焊缝在底片上的影像有所偏差，通过固定搭接标记能够准确的找到搭接位置，而不致于造成漏检。

(2) 固定式搭接标记布置方法如图 15 所示。

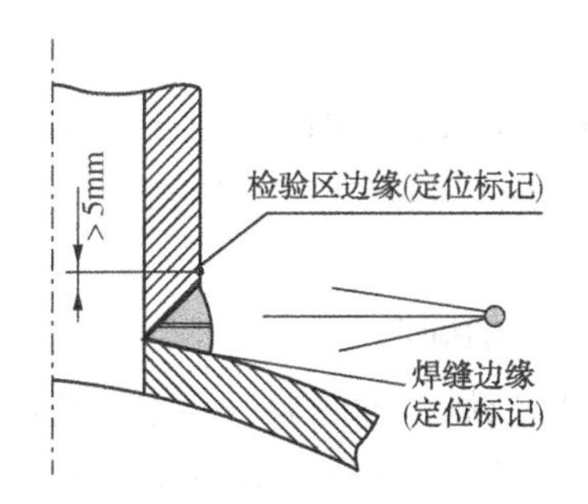

图 15 定位标记布置要求及样图

3.8 像质计的选用和布置

根据标准要求，管座角焊缝推荐采用线型像质计，根据像质计能够投影到被检区的位置而放置。如果允许，像质计尽可能置于黑度最小的区域(图 16)。

图 16　像质计布置图

为了保证像质计的选用和布置符合标准要求并选择效果最好，我们进行了像质计指数对比试验，结果如图 17，图 18 所示。

图 17　射源侧像质计指数

图 18　胶片侧像质计指数(朝 5 点)

根据标准要求，线型像质计单壁透照时公称厚度为 25 时，要求应识别丝为 10 号，而对于角焊缝的灵敏度可降低一个等级，故应识别丝为 9 号即可满足要求，胶片侧和射源侧的像质计指数都符合要求，因此像质计置于胶片侧

4　底片评定及返修位置的确定

由于焊缝厚度的渐变，曝光时间相同的情况下同一张照片的黑度也是不一样的，在评片的过程中要对黑度进行验证，并注意定位标记的位置，保证所有的焊缝都检测到防止造成漏检。

4.1　底片的评定

底片评定时，底片有效评定区以底片黑度符合 NB/T 47013.2—2015 标准要求来确定，底片纵向、横向均存在黑度差，需要左右、上下分别确定(图 19)。

图 19　底片效果图

4.2　返修位置的确定

出具缺陷返修位置图时，一定要给返修焊工当面交代清楚，尤其 12 点位和 6 点位，根部缺陷影像在底片的焊缝边缘位置，更要给焊工明确位置，必要时由评片和现场检测人员共同到工件上划定返修位置。如图 20 所示，焊缝的缺陷位置不在表面焊缝位置，而在坡口内侧。

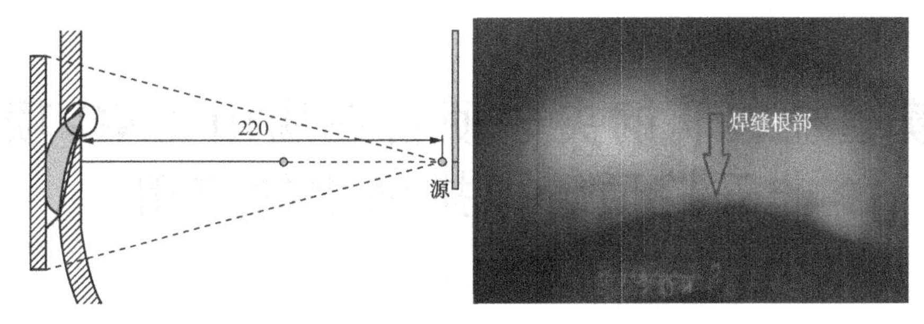

图 20　焊缝根部位置与胶片位置对比图

5　检测效果检验

通过采用上述检测工艺，我单位顺利完成了高温取热炉角焊缝的射线检测工作。共计检测 16 道口，透照底片 265 张，其中，一次底片 224 多张，返修 9 张、表修 32 张。检测过程中，任意抽取了不同位置不同焊口的 20 张底片进行了黑度和灵敏度验证，如表 4 所示。

表 4　集箱接管角焊缝底片灵灵敏度及黑度测试表

序号	片号	L_{eff}/mm	D_{min}/mm	D_{max}/mm	应识别丝号	序号	片号	L_{eff}/mm	D_{min}/mm	D_{max}/mm	应识别丝号
1	1-1JD-1	120	2.11	3.83	10	11	1-1JD-2	120	2.33	3.81	10
2	1-2JD-4	120	2.23	3.71	10	12	1-2JD-3	120	2.56	3.60	10
3	2-1JD-6	120	2.22	3.81	10	13	2-1JD-4	120	2.27	3.83	10
4	2-2JD-8	120	2.33	3.62	10	14	2-2JD-5	120	2.26	3.81	10
5	3-1JD-10	120	2.37	3.90	10	15	3-1JD-6	120	2.37	3.90	10
6	3-2JD-3	120	2.23	3.81	10	16	3-2JD-7	120	2.22	3.81	10
7	4-1JD-2	120	2.46	3.60	10	17	4-1JD-8	120	2.33	3.62	10
8	4-1JD-5	120	2.27	3.83	10	18	4-1JD-9	120	2.37	3.90	10
9	4-2JD-3	120	2.36	3.81	10	19	4-2JD-10	120	2.34	3.84	10
10	4-2JD-7	120	2.45	3.90	10	20	4-2JD-1	120	2.43	3.80	10

注：1~10 号为 20G 材质，11~20 为 12Cr1MoVG

通过上表可以看出 20 张底片进行了黑度和灵敏度验证，均达到了 NB/T 47013.2—2015 标准的要求。

6　结束语

高温取热炉集箱接管角焊缝射线检测在实际工作中应用的成功，不仅弥补了我公司自 NB/T 47013—2015 标准施行后对于角焊缝检测方面的空白，同时也证明了我单位完全具备角焊缝射线检测的能力，更重要的是通过角焊缝射线检测技术，解决了以前角焊缝检测只能通过渗透检测和磁粉检测找出表面缺陷的缺点，能够全面的保证焊缝的质量，排除了焊缝内部的缺陷，保证了特种设备制造过程中的焊接质量。

本文中的参数数据只针对角焊缝的射线检测，对于其他规格的工件要根据工作的具体数据等进行综合考虑，必要是仍需要对检测数据进行试验。

参 考 文 献

[1] 全国锅炉压力容器标准化技术委员会承压设备无损检测：NB/T 47013—2015[S]. 北京：新华出版社 .

[2] 李富春 . 换热器安放式管座角焊缝射线检测[J]. 设备与技术，2018.

[3] 李俊，华雄飞，王全 . 核电站全焊透角焊缝的射线检测工艺[J]. 无损检测，2018.

[4] 齐战勇，韩春龙 . 环形角焊缝的射线照相检测[J]. 葛洲坝集团科技，2017.

连续缠绕玻璃钢夹砂顶管在唐山 LNG 项目非开挖顶管取排海水的应用

高　雁

（福建路通管业科技股份有限公司）

摘　要　唐山 LNG 项目接收站一阶段工程海底取排海水（双机头）采用连续缠绕玻璃钢夹砂顶管。该工程的实施为今后连续缠绕玻璃钢夹砂顶管在 LNG 项目取排海水中应用提供了一定经验。

关键词　LNG 项目；取海水；排海水；连续缠绕玻璃钢夹砂顶管；设计；施工

1　唐山 LNG 项目简介

1.1　项目概况

曹妃甸港区位于唐山市南部曹妃甸区境内青龙河口与双龙河口之间。唐山 LNG 项目位于曹妃甸工业区南部，接收站规模整体按 2000×10^4t/a 规划。

1.2　项目设计要求

工程 LNG 液化天然气气化加热用的海水由取水头进入海水泵房，经海水泵房提升输送至开架式气化器，换冷降温后的海水由排水口直接排放大海。

海水通过两个直径为 6m 的钢结构取水头取水，取水头与连续缠绕玻璃钢夹砂管（简称 CWFP 管）采用钢沉管和哈夫接头连接。海水经 2 根 *DN*2200 的 CWFP 管自流引入海水泵房，每根引水管长 820m，顶管完成后对外壁进行水泥浆置换加固。每根引水管设置 6 个中继间，CWFP 引水管内部设置加氯管道，加氯管道范围为海水泵房前池入口至取水头。

CWFP 顶管穿越护岸段的管节连接处，在管内壁做防渗处理。CWFP 顶管取机头时与机头连接段做加强，取机头过程中保证管道不会发生破坏。

在 2 根引水管出口各配置切换用钢闸门共 2 块（卷扬式启闭机+液压顶升止水），取水泵站所需钢闸门及闸门槽安装于泵站进水前池中，潜孔布置，当需要排空泵站流道进行检修时，可以切断海水水源。

1.3　项目 CWFP 顶管基本规格和数量

（1）材料名称：唐山 LNG 项目接收站一阶段工程海底取排海水顶管采用福建路通管业科技股份有限公司生产的连续缠绕玻璃纤维增强塑料顶管，*DN*2200/*PN*1.0MPA/*SN*40000/最大顶力不少于 10000kN，4.5m/节，1.64km。2023 年 6 月工程顺利通水。

（2）顶管密封型式：连续缠绕玻璃纤维增强塑料顶管采用整体橡胶密封圈套筒接头，其结构为不锈钢——橡胶复合结构；内层为整体单侧三道唇形橡胶密封圈、外层粘接不锈钢增强，密封圈采用三元乙丙橡胶（图 1）。

（3）CWFP 管运行条件

进水温度变幅约-2.5～37.8℃，输送介质为海水。

1.4　项目顶管施工

单根引水管长 820m，两条管线中心距离 10m。

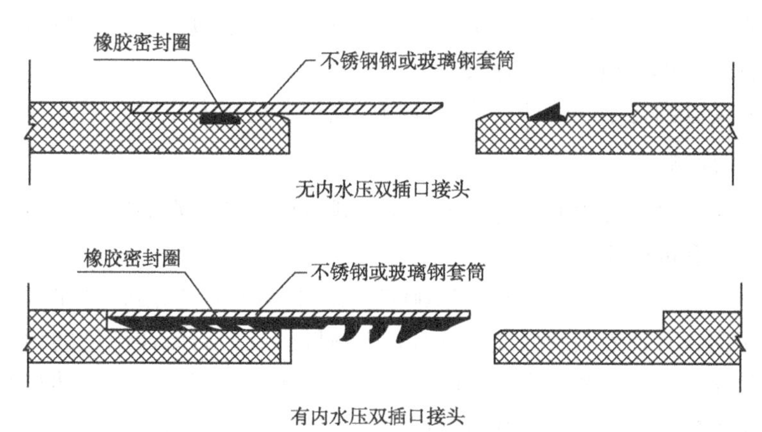

图 1　顶管密封型式

表 1　顶管始发处和终管标高　　m

位置	管道中心标高	地面标高	顶管中心到地面深度
始发处	-9.8	+5.5	15.3
终管	-12.44	+7.2	19.6

始发井为取水泵房沉井结构，顶进仓尺寸长 11.8m×8.8m，顶管采用无接收井施工，采用 2 套顶管机前后错开 50m 进行施工，顶进到海底设计位置后，完成顶进管道内部的泥水管路拆除，加氯管安装等施工内容后，封闭井内管口后对管内进行回灌，然后对顶管外端的海底进行开挖，利用海上方驳吊机将顶管机头从管端拆除吊出。

图 2　项目顶管施工

2　选择玻璃钢顶管的说明

2.1　顶管选择的原则

在 CECS 246—2008《给水排水工程顶管技术规程》第 4 条中，顶管管材应根据管道用途、管材特性及当地具体情况确定。

（1）给水工程管道宜选用钢管或玻璃纤维增强塑料夹砂管。

（2）排水工程管道宜选用玻璃纤维增强塑料夹砂管或钢筋混凝土管。

（3）输送腐蚀性水体及管外水土有腐蚀性时，应优先选用玻璃纤维增强塑料夹砂管。

2.2　传统顶管的常见问题

（1）传统管材（如混凝土管）自重很重，对管基要求高，在软土地基施工时容易发生栽头等问题，且纠偏困难。

（2）传统管材因自重较重，对吊装设备要求高，而对大吨位的起重设备而言在狭小的施工空间里受限制。

（3）传统管材在遇障碍物停顿时，土壤因内聚力因素会发生抱管，这使顶力成倍增加，在管材承受压力确定的条件下，单次顶进长度有限。

（4）传统管材易受管内污水和管外土壤酸性物质腐蚀，使用寿命短。

2.3 钢制顶管的常见问题

（1）钢管输送海水焊缝内外表面的防腐蚀困难。排放腐蚀性污水的管道防腐措施可采取三种形式：外涂层、阴极保护和内防腐。

（2）在进行管道系统涂层时，应按SY/T 10037—2018《海底管道系统》中的要求进行。涂层材料应满足环保要求，不应含有强烈刺激性气味及有害人体健康或污染海洋环境的物质，应具有较强的粘结力，持久性及抗化学、物理和海洋生物破坏能力；适用温度范围广，延伸与柔性好，并应具有与混凝土加重层的相容性，现场接头或补口的适用性，被损坏涂层的可修补性。

（3）防腐工程的设计与选择应满足管道在使用期限内的可靠性和经济性。

（4）排海管道应采取相应的内防腐措施。确定内防腐方案时应考虑污水的性质及成分：盐度、细菌含量、pH值、硫化物、溶解氧、泥沙含量、温度和压力等，并应考虑内腐蚀与时间的关系。

（5）为了减小环境影响，顶管一般要求采用尽量小的顶管井，因此顶管管节常用长度一般为2~3m；而采用钢管顶管时，由于钢管焊接、焊缝检测及焊缝防腐蚀施工的时间周期较长，为了尽量减少焊缝数量，钢管顶管一般采用较长的管节长度。例如，大中直径钢管顶管的管节一般采用6m以上的长度。所以采用钢顶管较小的顶管井和较长的管节是矛盾的。

2.4 玻璃钢顶管的优势

（1）玻璃钢顶管重量轻，对吊装下管机具要求低，施工方便，且管道纠偏容易。

（2）内壁光滑，流量大，在流量确定情况下，可选用较小管径，这可降低材料成本费用。

（3）外表光滑，土壤的内聚力对玻璃钢夹砂管道不起作用，不存在抱管、死管现象，单次顶进长度长，对顶进设备要求低。

（4）耐腐蚀，使用寿命长，可达50年，管道维护费用低，长期效益高。

（5）玻璃钢顶管压缩强度高，管道不易破坏，CWFP顶管管端的压缩强度100MPa，特殊设计可达120~130MPa。

2.5 不同材质顶管的综合比较

不同材质顶管的综合比较见表2。

表2 不同材质顶管的综合比较

序号	项目	CWFP顶管	混凝土顶管	钢管顶管
1	耐腐蚀能力	最强，管道使用寿命最长	一般	必须防腐处理
2	流通能力	最高	一般	较高
3	外表光滑度	最光滑、摩阻力最小	一般	一般
4	管道重量	最轻	重	较轻
5	管基要求	低	高	较高
6	管道纠偏能力	重量轻、易纠偏	较难	轴向刚度大，纠偏困难
7	土壤对管道的附着力	少	大	一般
8	防扭转能力	最好	好	差
9	顶进载头现象	少	多	较少

续表

序号	项目	CWFP 顶管	混凝土顶管	钢管顶管
10	抗不均匀沉降能力	最强	差	一般
11	顶力大小	小	大	较大
12	顶进长度(单次)	较长	短	长
13	运输吊装能力	功率小	功率大	功率较大
14	维护费用	最低	高	一般
15	施工时间	最短	长	长
16	出土量	少	最大，施工中废土、废泥浆处置的外运量大	少

(6) 海边地下水腐蚀较强，取排海水管内外腐蚀都比较严重。管道的防腐措施对工程的安全和使用寿命起到很关建的作用。钢管抗腐蚀性最差，内外壁都需要做防腐，工程上还需要考虑加大腐蚀余量及阴级保护等措施来加强防腐效果。混凝土抗腐蚀性略优于钢管，但接头及特殊地段需要考虑防腐措施。连续缠绕玻璃钢夹砂管能有效抵抗酸、碱、盐等介质的腐蚀，无需防腐，优势显著。可以节省管材的内外防腐费用，节省工程投资。

3 选择连续缠绕工艺的说明

3.1 玻璃钢管的 3 种成型工艺比较

目前国内大口径埋地玻璃钢管有定长缠绕、离心浇铸、连续缠绕 3 种生产工艺。

定长缠绕工艺：连续纤维增强，间歇法，多工位，低自动化生产，是最早出现的玻璃钢管道成型工艺，间歇式生产，其生产线属于半自动化生产设备，单根管道可以达到 12m，产品质量的稳定性主要取决于操作工的熟练程度，而且生产效率低。结构承力层为连续纤维，无短切纤维，可以承受较高内压，但层间强度低，外压易分层。

离心浇铸工艺：短切纤维增强，间歇法，单工位，较高自动化生产。结构承力层为短切纤维，无连续纤维，层间强度较高，一体性强，可以承受较高外压，因无连续纤维，在非预期损伤时易于爆管，引发次生灾害。国际上主要应用于无压顶管领域。

连续缠绕工艺：连续纤维+短切纤维双增强，连续法，高自动化信息化生产，是第三代玻璃钢管道成型工艺，其为连续式生产，生产线是全自动化生产设备，生产效率高，产品质量稳定，应用承载材料为连续纤维和短切纤维，连续纤维实现高抗拉强度，短切纤维联系整体，管壁一体性强，管道承受内外压能力均衡。国际上发展迅速，得到广泛应用。目前国际上大型玻璃钢管道公司均采用连续缠绕工艺制造玻璃钢夹砂管，如 AMIANTIT、FPI、FLOWTITE 等公司。但在国内发展缓慢，主要是由于设备价格及定长缠绕的冲击，近几年连续缠绕工艺玻璃钢夹砂管逐渐得到重视。

3.2 CWFP 管在国内外的使用情况

欧美发达国家在输水工程中已大量安装 CWFP 管，使用效果良好并且安全可靠。连续缠绕玻璃钢管道设备和工艺已经成为发达国家和海湾地区(全球最大玻璃钢管道市场)的主流。

当前，随着项目建设对产品质量和寿命的要求越来越高，对建材产品的能耗和环保要求也越来越严，CWFP 管凭借其自动化的生产工艺，优异稳定的产品质量，成为我国玻璃钢管道行业发展的新宠。在我国沿海和西部地区，CWFP 管正被越来越多的工程使用，且取得良好效果。

2018 年 11 月 12 日中国复合材料工业协会“关于在输水管道工程中推荐使用连续缠绕玻璃钢管道的建议”文件中介绍：与传统的定长缠绕玻璃钢管道相比，连续绕缠玻璃钢管道有以下优势：

① 设备自动化度高，人为因素少，产品质量稳定；

② 设备生产效率高，供货能力强；

③ 管道接头为套筒式连接，不产生接头水阻；

④ 管道结构致密且布局合理，主要力学性能指标明显更优；

⑤ 生产过程安全环保。

在满足输水管道工程各项要求的前提下推荐使用连续缠绕玻璃钢管道。

3.3 CWFP 管工程地质条件适用性分析

沿海 LNG 顶目海水取排水地质条件差，场地多为海积土和剥蚀残丘地。连续缠绕玻璃钢夹砂管重量最轻，沉降相对较小，基础处相要求最低。连续缠绕工艺制成的玻璃钢夹砂管和整体橡胶密封圈套筒接头组成的输水管对地质不均沉降的适应性较强。

3.4 海水取水管水力特性分析

常用输水管道水力学参数比较见表 3。

表 3 常用输水管道水力学参数比较

项目	连续缠绕玻璃钢夹砂管	球墨铸铁管	钢管	钢筒混凝土管
		水泥砂浆内衬		
糙率系数	0.0085~0.01	0.012	0.012	0.013~0.014
海曾-威廉系数	150	120~130	120~130	110~120

图 3 CWEP 管内表面

CWFP 管内表面洁净光滑，其特殊的惰性性质不易被菌类等生物玷污蛀腐，CWFP 管道在避光情况下不会产生微生物，因此对水质无污染，长期使用洁净如初(图 3)。相比之下，钢管、铸铁或钢筋混凝土管道表面易被微生物附蛀而且难以清除，以致增大糙率，减少过水断面。

3.5 CWFP 管标准

JC/T 2538—2019《玻璃纤维增强塑料连续缠绕夹砂管》标准已于 2020 年 1 月 1 日开始实施。标准编制时引用了 ISO 国际标准化组织的有关标准，从原材料性能、力学性能指标、挠曲性指标方面对 CWFP 管进行了专门的规定，是对 GB/T 21238—2016《玻璃纤维增强塑料夹砂管》的完善和指标提升，体现了连续缠绕管道的高性能，发挥标准的行业技术引领作用。

(1) 确定连续缠绕工艺的定义和统一英文缩写(CONTINUOUS ADVANCING MANDREL WINDING FIBERGLASS MORTAR PIPE 简称 CWFP 管)。

(2) 明确 CWFP 管的核心特征是管壁均匀分散的大量短切纤维(不低于管道质量的 9%)。

(3) 轴向拉伸强度要求比国标大幅提高 50%。

(4) 环向弯曲挠曲水平 B 提高 20%。

3.6 玻璃钢顶管标准介绍

JC/T 2538—2019《玻璃纤维增强塑料连续缠绕夹砂管》标准发布后，GB/T 21492《玻璃纤维增强塑料顶管》随之进行升版。唐山 LNG 项目接收站一阶段工程海水取排水工程海底顶管采用连续缠绕玻璃纤维增强塑料顶管。

4 国家海洋局对连续缠绕玻璃钢管在排海管道工程中应用推广

由国家海洋局提出的 GB/T 19570—2017《污水排海管道工程技术规范》升版时，专门增加了第 6.2.9 条规定排海管材料应根据污水特性、使用期限、水温、冰冻状况、管径、管内外承受的压力、土质、水动力条件对其冲蚀进行选技，应采用优质材料及工艺环保的连续缠绕玻璃钢管（图 4）。

排海管沉管安装

排海管铺管船安装

图 4 排海管道工程

5 国家水利部对连续缠绕玻璃钢夹砂管的应用推广（包括海水取排水）

水利部科技推广中心发布“2022 年度水利先进实用技术重点推广指导目录”（表 4），路通连续缠绕玻璃钢夹砂输水管技术列入其中。适用于水利引调水、城市给排水、海水取排水等领域，包括直埋、非开挖顶管和混凝土管或盾构管片或输水隧洞的现场内衬管。

表 4 2022 年度水利先进实用技术重点推广指导目录

编号	技术名称	技术简介	主要性能指标	适用范围	完成人	持有单位
TZ2022180	路通连续缠绕玻璃钢夹砂输水管技术	该技术是由连续缠绕工艺制成的玻璃钢夹砂管道和整体橡胶圈套筒接头组成的输水管。连续缠绕工艺是在循环钢带组成的连续输出模具上，把热固性树脂、连续纤维、短切纤维和石英砂按逐层叠加以“3D 打印”的方式连续铺层，形成致密一体管壁的管材生产方法。整体橡胶圈套筒接头是以全宽橡胶倒顺牙式唇形密封结构作为密封体，外部玻璃钢结构增强，是橡胶压缩密封和水力密封双密封体	1. 直径 250～4000mm，压力等级 *PN*0.1～3.2MPa，刚度等级 *SN*1250～100000N/m²； 2. 直埋管性能符合 JC/T 2538—2019 和 GB/T 21238—2016 要求。 3. 顶管符合 GB/T 21492—2019 要求。 4. 巴氏硬度≥40	适用于水利引调水、城市给排水、海水取排水等领域包括直埋、非开挖顶管和混凝土管或盾构管片或输水隧洞的现场内衬管	吴文露 王　磊 吴琪琪 张秀英 郭文真	福建路通管业科技股份有限公司

6 CWFP 管在 LNG 其他工况的应用前景

CWFP 管在 LNG 项目建设中，不仅可用于海底非开挖顶管取海水，而且还可用于取水泵后海水管输送、雨水管网、污水管网、消防水管网（厂外埋地取水）。

对于 LNG 项目长输管道，CWFP 顶管还可适用于穿越工程顶管套管。适用于短距离开放型手掘式人工土顶的顶管；长距离机械挖掘机械顶进顶管；混凝土管或盾构管片或输水隧洞的现场内衬管，作为油气输送穿越工程的顶管套管(图 5)。

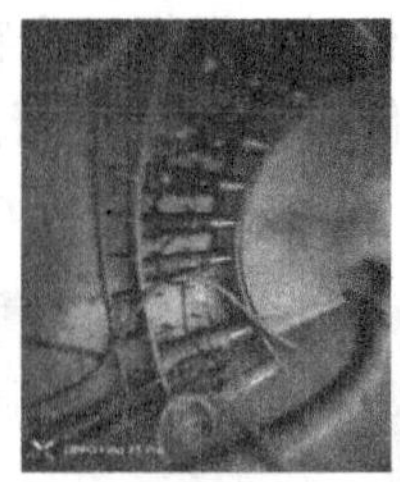
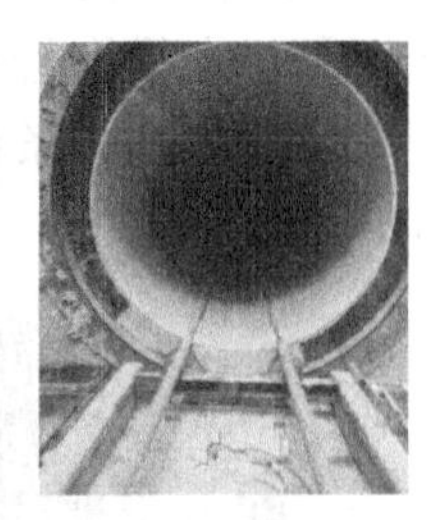

图 5　CWFP 管在 LNG 其他工况的应用情况

7　结语

沿海 LNG 项目地质条件复杂，管道内外均处于强腐蚀性环境中，而 CWFP 管具有水力性能优良，耐腐蚀、管道质量、施工质量容易控制，重量轻，施工难度相对较低等优点，又具有顶管施工所期望的管壁摩阻力小、运输方便，顶力大的优点，管道顶进施工速度快，节省工程费用加快工程进度，较适合 LNG 项目管道较大，腐蚀严重的取排海水工况，而且还适用于取水泵后海水输送，厂外消防水输送、雨污水管、LNG 长输管道穿越工程顶管套管，具有很好的推广借鉴意义。

大型LNG薄膜罐气流组织设计

赖建波[1]　常旭宁[1]　侯谨城[1]　丁　研[2]　沈　雄[2]　王佩广[1]　郭保玲[1]

（1. 北京市燃气集团研究院；2. 天津大学）

摘　要　薄膜罐内壁面施工要求在一定的温湿度环境下进行，因此在施工期间要建设一套空调工程以提供施工环境条件。罐内气流组织尤为重要，采用传统的置换通风和分层空调两种空调方式，模拟结果表明上述两种空调方式不适用于薄膜罐，而采用竖直风管孔口送风具有较好的送风效果。以储罐容积为$22\times10^4m^3$地上的LNG薄膜罐为例，建了一套空调工程，主要设施包括屋顶式空调机组、环形风管、静压箱和竖直风管。空调机组的室内机布置在储罐内部，室外机布置在储罐外部。为监测罐内壁面温湿度，在储罐内壁面和空调机组的关键位置安装有温湿度检测仪器。

关键词　薄膜罐；高大空间；气流组织；竖直风管；空调工程

国内各LNG接收站已建并投运的LNG储罐类型可分为单容罐、双容罐和全容罐三种。LNG全容罐可分为9%镍钢全容罐和薄膜型全容罐(简称薄膜罐)。我国9%镍钢全容罐的建造技术已比较成熟，但薄膜罐还处在技术引进消化阶段。LNG薄膜罐与9%镍钢全容罐的结构不同，其是由外罐和内罐组成，外罐为预应力混凝土罐，内罐包括了绝热系统和不锈钢薄膜。外罐内壁面防潮层的涂刷和内罐绝热板的安装均要求在一定的温度、湿度环境条件下进行，因此，LNG薄膜罐在内罐施工期间要求建设一套空调系统工程以提供满足施工所要求的环境条件。

1　大型地上LNG薄膜罐介绍

截至目前，全球已建和在建的LNG薄膜罐共有100多座，其中地上约有40座。日本的IHI公司、MHI公司、KHI公司和韩国的KOGAS公司都拥有自己的薄膜专利技术，它们与法国GTT公司的薄膜专利技术相比，主要区别在于不锈钢薄膜的厚度和波纹形式。LNG薄膜罐与9%镍钢全容罐的最大差异在于保温层和内罐。LNG薄膜罐的保温层是由防潮层和绝热板组成，内罐为厚度约1.2mm的不锈钢波纹板。而9%镍钢全容罐的保温层包括衬板、膨胀珍珠岩、弹性棉毡等，内罐为9%镍钢板。

LNG薄膜罐是由混凝土外罐、保温层、内罐、吊顶和穹顶组成，见图1。以储罐容积为$22\times10^4m^3$地上LNG薄膜罐为例，外罐内壁为正56边形，外罐内切圆直径为86.7m，外罐顶最大高度为57.2m，内罐外接圆的直径为86.1m，吊顶高度为43.5m，保温层厚度约310mm。

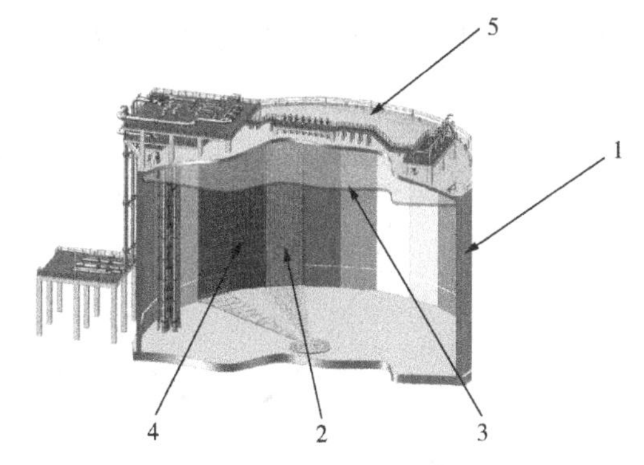

图1　LNG薄膜罐结构示意图

1—混凝土外罐；2—保温层；3—吊顶；4—内罐；5—穹顶

LNG薄膜罐绝热板的主要功能是限制混凝土外罐与罐内LNG之间的热量交换，以确保储罐的热蒸发率满足设计要求。绝热板除了要限制储罐外部热量进入罐内，还要将罐内LNG载荷传递到外罐。因此对绝热板材料的选择主要根据热阻性能和力学性能，通常选用可承受压缩载荷的增强聚氨酯泡沫。LNG薄膜罐外罐内壁面的防潮层涂刷和绝热板安装要求的环境温度范围为15~30℃，湿度小于70%。

2 薄膜罐内冷热负荷计算

外界热量通过LNG薄膜罐的侧壁、罐顶和罐底传入罐内。将LNG薄膜罐的围护结构视作一维稳态传热。外界热量经罐体围护结构传入罐内的冷热负荷按下式计算：

$$CL=KF(t_{w1}-t_n) \tag{1}$$

式中，CL为罐外传入罐内的逐时冷热负荷，W；K为传热系数，W/(m^2·℃)；F为传热面积，m^2；t_{w1}为储罐外的逐时冷热负荷计算温度,℃；t_n为冬夏季罐内设计温度，冬季和夏季分别为20℃和26℃。薄膜罐内最大冷热负荷计算结果，见表1。

表1 薄膜罐内最大冷热负荷计算结果

壁面区域	面积/m^2	传热系数/(W/(m^2·K))	夏季		冬季	
			冷负荷/W	热通量/(W/m^2)	热负荷/W	热通量/(W/m^2)
东北面	3002.3	3.87	98895.6	32.9	-366459.5	-122.1
东南面	3002.3	3.87	120872.4	40.3	-347172.2	-115.6
西北面	3002.3	3.87	98895.6	32.9	-366459.5	-122.1
西南面	3002.3	3.87	120872.4	40.3	-347172.2	-115.6
底部	5905.5	0.48	129685.2	22.0	-94110.4	-15.9
顶部	5905.5	0.48	11622.1	2.0	-33879.7	-5.7
最大值	5905.5	3.87	129685.2	40.3	-366459.5	-122.1

3 薄膜罐内气流组织研究

3.1 传统气流组织方案

传统的高大空间建筑如体育馆、影剧院等采用的空调方式主要有置换通风和分层空调。置换通风是依靠空气的密度差为动力来实现室内空气的置换。分层空调是以送风口为分层面，将高大空间建筑沿垂直方向分为空调区域和非空调区域。将LNG薄膜罐的内罐空间简化为圆柱体，置换通风的物理模型见图2，将送风口布置在储罐顶部，回风口布置在储罐底部。分层空调的物理模型见图3，送风口布置在储罐中部，回风口布置在储罐底部。上述两种空调方式的回风口、送风口和空调机组相关参数见表2。使用PRO/E软件对上述两种物理模型进行建模，并对其进行网格划分，置换通风模型的网格划分结果见图4，分层空调模型的网格划分结果见图5。由于罐壁和送风口附近流场存在较大变化梯度，为了充分计算该区域的流场特征，对罐壁和送风口附近进行了加密，其中壁面最小网格尺寸为0.05m，风口最小网格尺寸为0.1m。通过局部加密后，最终置换通风的网格数为789，491个，分层空调的网格数为565，208个。

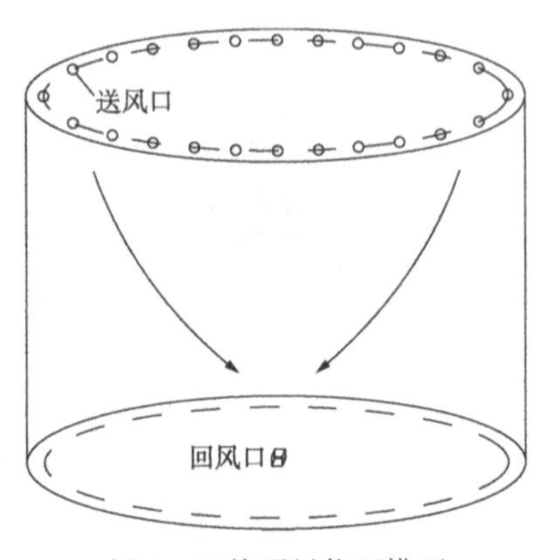

图2 置换通风物理模型

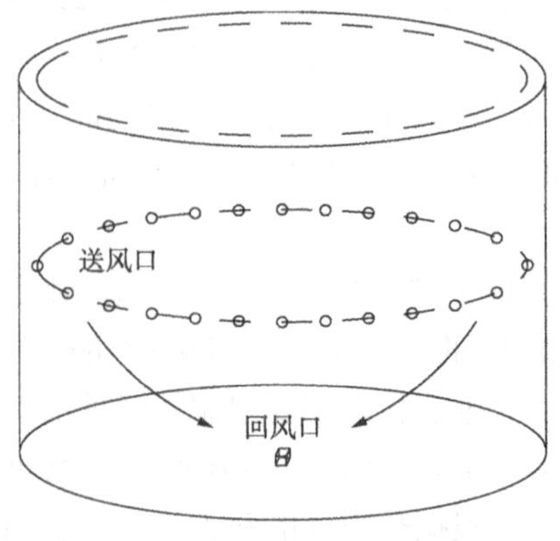

图3 分层空调物理模型

表 2　置换通风和分层空调的送风参数

项目	参数	数值
回风口	长/m	3.6
	宽/m	2.5
	高/m	2.4
	风速/(m/s)	3.4
送风口	面积/m^2	1.28
	风速/(m/s)	1.0
	风量/(m^3/h)	4608
	数量/个	24
空调机组	总送风量/(m^3/h)	110592

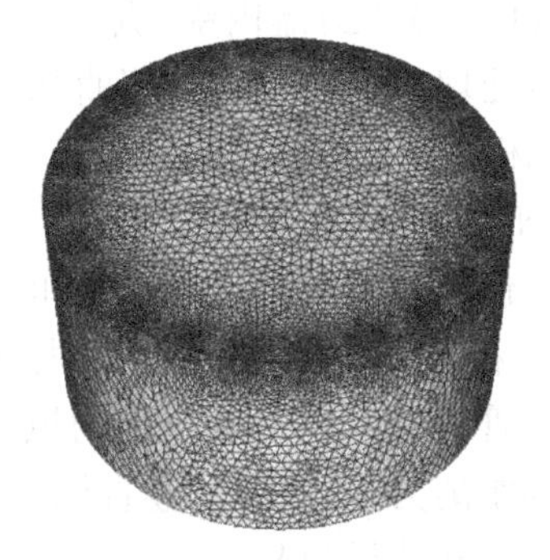

图 4　置换通风模型网格划分

图 5　分层空调模型网格划分

采用 ANSYSFLUENT 19.0 商业计算流体力学求解器，模拟计算冬季环境条件下薄膜罐内温湿度的变化情况，计算设置送风温度为 26℃，湿度为 60%，模拟计算结果见表 3，具体计算方法不在此赘述，可参看文献[7]。

表 3　置换通风和分层空调罐内气流组织模拟结果

送风方式	温度场	湿度场
	Temperature Contour 2 [C] 15.0 16.2 17.5 18.7 20.0 21.2 22.5 23.7 25.0 26.2 27.5 28.7 30.0	Relative Humidity Contour 2 0.0 10.0 20.0 30.0 40.0 50.0 60.0 70.0 80.0 90.0 100.0
置换通风		
分层空调		

根据表3，由计算得到的罐内空间温度分布云图可见，采用置换通风罐内空气温度基本是在15℃，而分层空调的送风口附近空气温度较接近于26℃，其他区域的空气温度却只有15℃。根据罐内空间湿度分布，采用分层空调罐内空气湿度分布很不均匀，湿度变化范围为0~100%，无法满足施工所要求湿度条件。结合整个罐内空间的温度和湿度分布情况，采用置换通风时罐内温湿度分布要比分层空调显得更为均匀，但置换通风采用的是罐顶送风罐底回风，处理了整个罐内空间的温湿度，因此空调机组能耗很大。

3.2 罐内气流组织优化

由于置换通风和分层空调处理的是整个储罐内部空间的温度和湿度，从而使空调机组能耗较大。而薄膜罐内罐施工要求的是外罐内壁面满足一定的温度和湿度。因此，如何使外罐内壁面的温湿度满足施工环境要求是空调工程要解决的关键问题。为此，我们考虑在外罐内壁面附近设置竖直风管，将空调机组处理后的空气通过竖直风管送至外罐内壁面。空调机组选用屋顶式空调机组，包括室内机和室外机。LNG薄膜罐空调工程示意图，见图6。

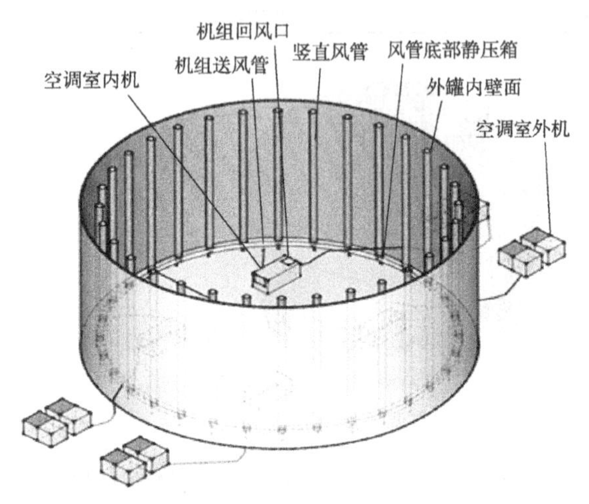

图6　薄膜罐空调工程示意图

为确保竖直风管送至内壁面的风速比较均匀，竖直风管采用孔口送风。沿外罐内壁面均匀布置48根竖直风管。竖直风管采用织物风管，与外罐内壁面之间的距离为4m。单根竖直风管上分布有49375个小孔，小孔孔径为8mm。回风口位于空调室内机的顶部，每台空调室内机上均设有1个回风口。研究表明薄膜罐空调工程采用竖直风管送风，能获得比较好的送风效果。

4 薄膜罐空调工程

结合薄膜罐内冷热负荷需求，选用4套屋顶式空调机组，为风冷冷(热)风型空调机组。空调机组配置了4台室内机，每台室内机对应2台室外机。室内机布置在储罐内部，室外机布置在储罐外部。室内机具有过滤、混合、加热、加湿、送风等空气处理功能。4台室内机分别与4段环形风管相连，每段环形风管连接12根竖直风管。室内机处理后的空气通过静压箱送入环形风管，再由环形风管分配到竖直风管，见图7。

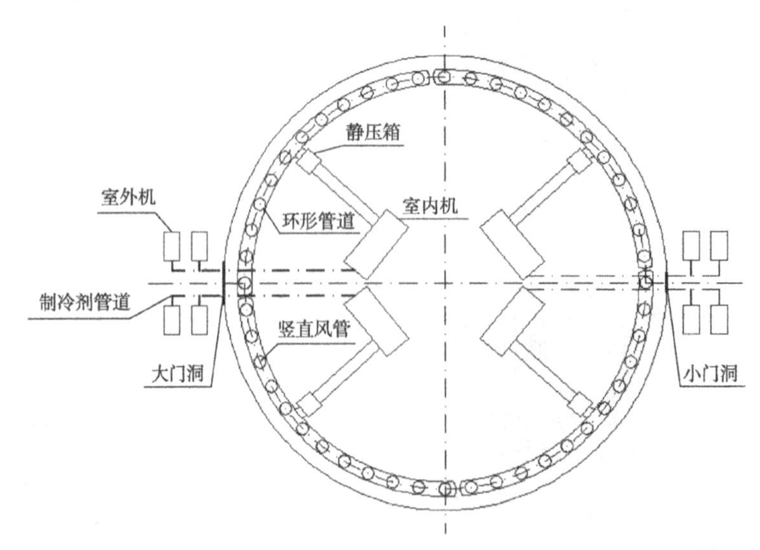

图7　LNG薄膜罐空调工程布置图

为缩短室内机与室外机之间的制冷剂管道长度，将室外机布置在储罐大小门洞的两侧。室外机是以空气作为冷源或热源，其制冷剂管道从大门洞或小门洞进入与室内机相连接。大门洞和小门洞分别设置两个新风入口，并由新风管道送至室内机与回风混合，并进行二次回风处理，处理至送风温湿度要求后，由与室内机连接的送风管道送入静压箱再进环形风管。四段环形风管也可起到静压箱的作用，保证了竖直风管送风的均匀性。每根竖直风管顶部设置吊点和钢丝绳进行固定，朝向壁面的一侧为竖直风管的送风面。竖直风管的安装示意图，见图 8。竖直风管顶部吊点固定在角钢上，角钢与预埋在储罐吊顶的螺栓连接在一起。竖直风管底部与环形风管连接。

为了监控外罐内壁面的温湿度并适时调节空调机组运行状态，除了在空调机组室内机的出风口、回风口设置温湿度变送器外，在内壁面分区域关键部位也设置了温湿度检测仪器。所有的检测仪器具备远程功能，在罐内地面工作区设置集中控制盘柜，可显示各个区域的温湿度数据。

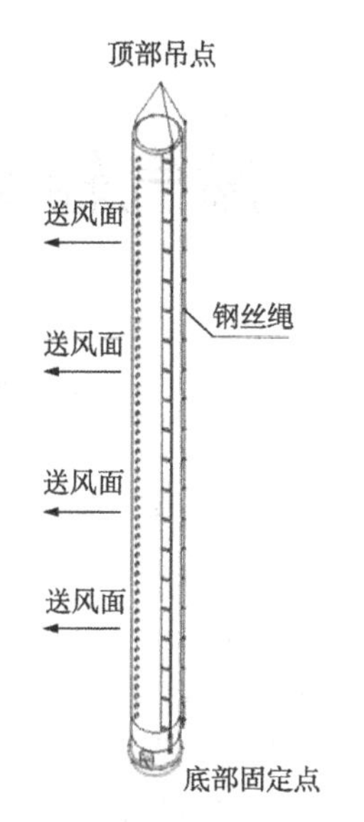

图 8　竖直风管安装示意图

5　结论

LNG 薄膜罐内壁面施工要求在一定的温湿度环境下进行，因此，在施工期间要建设一套空调工程以满足施工所要求的环境条件。罐内气流组织对薄膜罐空调系统尤为重要，采用传统的置换通风和分层空调两种空调方式，模拟结果表明上述两种空调方式无法解决内壁面施工所要求的温湿度环境。为此在内壁面附近布置竖直风管，采用竖直风管的孔口送风，竖直风管具有较好的送风效果。根据理论研究成果，建了一套空调工程。该工程包括屋顶式空调机组、环形风管、静压箱和竖直风管等主要设施。空调机组的室内机布置在储罐内部，室外机布置在储罐外部。在室内机的出风口、回风口及储罐内壁面关键区域布置温湿度检测仪器，可实时采集储罐内壁面的温湿度数据，并根据需要调整空调机组运行状态。

参 考 文 献

[1] 张奕，王放，刘中河，等 . LNG 薄膜罐结构与氮气系统运行模式[J]. 煤气与热力，2022，42(6)：B15-B17.

[2] 常旭宁，赖建波，郭保玲，等 . 日本 LNG 薄膜罐技术发展[J]. 煤气与热力，2022，42(3)：B43-B46.

[3] 常旭宁，郭保玲，赖建波，等 . 韩国 LNG 薄膜储罐技术的发展[J]. 石油工程建设，2022，48(2)：68-72.

[4] 季超，杨琴 . 我国建造 LNG 薄膜罐可行性分析[J]. 石油规划设计，2016，27(3)：24-26.

[5] 中华人民共和国住房和城乡建设部工业建筑供暖通风与空气调节设计规范：GB 50019—2015[S]. 北京：中国计划出版社 .

[6] 李琳，杨洪海 . 高大空间四种气流组织的比较[J]. 建筑热能通风空调，2012，31(3)：60-62.

[7] 赖建波，詹一鸣，程韦豪，等 . LNG 薄膜罐施工期空调系统送风效果模拟[J]. 煤气与热力，2022，42(7)：B11-B14.

燃气输配管网数字化智能化建设及其应用

苌子雨[1,2]　廖柯熹[1]

（1. 西南石油大学石油与天然气工程学院；2. 南京华润燃气有限公司）

摘　要　随着城市燃气输配管网的发展，燃气运行能力目前出现了多样性的变化和需求，了解城市燃气管道的地理布局、运行状态，分析导致燃气管道事故的风险因素，并合理管理施工，对于城市燃气管道的优化性建设日益紧迫。城市地下天然气管道的大量使用是由于天然气的大量使用，因此必须适当地进行城市管道的设计和规划。在建设城市燃气管网时，要确保其实用性和安全性，积极运用先进的智能技术，解决城市燃气管网发展中存在的问题，保障城市燃气的安全。伴随着当前"互联网+智慧燃气"的普及，燃气企业智能化数字化转型到了关键期，如何转变思维将数字化思维运用到燃气输配管网系统中显得尤为重要，本文根据目前燃气输配管网系统的发展现状，对于城市燃气管道输配过程中的部分代表性问题并进行了分析，针对几类问题，引出了几类如GIS系统、SCADA系统等现存的较为成熟、使用较为广泛的信息化系统的介绍和应用情况，以及具有创新性的城市燃气管网泄满灾害预警系统等智能化建设在城市天然气管道中的应用。通过对各个应用于燃气管网智能化系统的独特性功能进行介绍分析，展现出其解决现存的燃气管网各类痛点难点的优秀之处，从而达到推动燃气管网在智能输配，远调远传方面技术普及发展的目的，并对城市燃气输配管网系统智能化数字化转型进行探讨，展现出未来智能化设备、数字化技术对城市燃气输配的重要意义。

关键词　燃气输配管网；智能化；数字化转型；系统建设

目前，燃气企业正在经历一个复杂的变革时期，过去飞速发展的黄金十年已过，现在燃气市场受上游三桶油供应及结算方式变化以及国家管网公司成立带来的输气结构影响，燃气企业有了更多的选择，同时也面临来自其他方面的气源竞争。燃气供给架构的变化既带来的机会也带来了挑战，在这样的背景下，伴随着各燃气企业的不断发展，对内部管理的精细化、规范化要求不断提高，通过数字化智能化手段提升管理水平势在必行。

同时，结合国家"十四五"规划中关于数字强国，科技强国及高质量发展要求。企业需要开展数字化转型、打造智慧数字企业，因此各燃气企业要通过对各类信息资源的整合分析，加强对各子公司关键业务控制力度，便于管理和快速响应外部市场环境的变化。以数据驱动与云平台、5G、物联网等新技术、新平台为依托，对信息化建设未来进行整体的规划和部署，建设一套充分适应未来发展需要的信息化管理体系，实现统一化、规范化的管理，增强自身竞争力。

1　燃气输配管网现状与问题

1.1　输配管网现状分析

城市燃气地下管网是城市重要的基础设施，是一个纵横交错的巨大网络，具有复杂的空间和非空间属性，它最大的特点是隐蔽性大，同时地下管网纵横交错，各类管线间的空间关系较为复杂，随着城市化进程的加快，城市规范不断扩大，城市燃气地下管网体系越来越庞大。随着使用年限的增长，管线的腐蚀也日益严重，腐蚀穿孔现象时有发生，同时第三方破坏造成的燃气泄漏事故也时有发生。加强城市管网技防升级改造迫在眉睫，城市安全风险管控能力也处于急需提升的状态。然而，长期以来，城市燃气管网运行监测仍然停留在人工巡检监测阶段，对管网运行管理及安全管控产生了极大的制约，无法满足城市发展的安全要求。

依靠人力读取管网数据，信息反馈时效性差。燃气生产运营的过程中，调度负责反馈用户的用气需求，其职能与统计数据实时关联，并为管网输配提供参考。各燃气相关场站如生产厂、储配站、高中压调压站等，它们的供气压力、流量和温度等数据的传统采集模式为人员报数，即需要事先沟通所在场所的工作人员进行读表等操作获取相关数据。此方法不仅费时费力，且极易收到如人员协调沟通、表具损坏却未被发现影响实际读数等诸多意外因素的影响，在遇到需多种参数同时采集的节点，因为燃气相关数据多为时刻变化的动态数据，此方法也会影响数据时效性。巡线员工作模式有限，效率达到瓶颈。燃气管道巡线员的主要工作是对燃气管道的运行与维护，调压设备的日常检修保养，以及燃气管道周边危险源排除，对调压柜、阀井，并进行验漏、维护，保护燃气管道设施，使燃气输送能安全进行。城市燃气管道多分支、多节点，造成管道运行维护与安全管控困难；城市燃气管道穿越城市存在诸多人工障碍物，给巡检工作带来了不便。且高压的燃气管道具有距离长、范围广、途经地貌复杂的特点，许多管段受到环境恶劣、交通不便、人文复杂等不利因素制约，一定程度上给管道定期巡检带来困难，导致许多隐患不能及时被发现和治理，进而引发事故。

随着燃气企业对安全运营的要求日益提高，传统燃气设施需要步入技术更新和产业升级转型之路。加强城市燃气管网的安全管控能力，提高事故应急响应速度，燃气行业需要以智能管网建设为基础，利用先进的通信、传输、数据优化管理和智能控制等技术，进入智能化燃气阶段。

1.2 输配管网现存问题

(1) 类施工对燃气管道的损坏

燃气输配管网系统是城市燃气输送过程中非常重要的环节之一，目前，我国城市的地下管线错综复杂，且燃气管道具有很强的隐蔽性，同时地下管线也缺少较为明显的标记，导致对地下管线维护缺乏准确的信息。因此在今后“互联网+智慧燃气”的发展过程中，我们应当更加准确的完善好燃气地下管线的基础信息，避免各类施工单位对地下未知的管线造成破坏。

(2) 数字化、智能化应用不足

目前燃气行业数字化智能化发展仍处于信息化发展(实现实物资产、运行状态、业务流程可视化)到自动化发展(结合大量数据采集分析结果实现远程调控)的过渡发展时期。未来智能化发展将实现设备智能分析和预判，设备自动调控，故障预判到智慧化发展，实现自感知、自学习、自决策、自执行、自适应阶段回。

(3) 管理维护机制效率不高

城市地下输配管网系统错综复杂，整个城市燃气输配管网系统这一庞大的网络系统，其中一节发生故障后，很有可能会对下游管道和设备造成影响，其影响不单单仅限于管道本身，对周边设备设施乃至下游用户端也有着非常大的隐患。

同时，在日常一线工作人员对输配管网及设备设施的维护保养中，企业无法充分对其工作质量进行有效的监督，未来能通过数字化，智能化的方式去解决相关的问题。

2 燃气输配管网数字化转型分析

2.1 数字化转型的意义

在计算机及互联网应用的初级阶段，企业先进的管理理念是：信息化，利用信息化工具提高管理能力。但随着时代的发展，特别是移动互联网、物联网、云存储、云计算、大数据、人工智能等信息技术升级以及数字化的广泛普及，涌现出大量的数据，其增速呈现爆发性指数增长。未来的时代是属于数字化的时代，传统企业即便是先进企业在这个转型关键期，如何将以前信息化思维转向数字化思维，如何通过数字化驱动在激烈的市场竞争中占据优势，是企业管理者特别是企业高层领导需要重点关注的。在能源行业里，燃气行业有着举足轻重的地位，但在数字化转型上起步较晚，如今已经实现的和未来可能实现的数字化方向总结有 4 点意义。

（1）规范企业的制度流程

例如是否能对一线职工的外勤工作进行有效监控管理；有无各种后补资料的情况；有无跨流程的情况；有无突发事件后无法追责的情况等等。让人管变成制度管理，让制度和流程来落实到位，有据可查，企业才能在一个规范的健康的道路上进行长久的发展。

（2）在企业发展过程中使各类信息数据能够变成数据资产

通过各类信息数据，能扩宽我们业务发展，让各类信息数据变成数据资产，进行有效梳理，从而形成有效的数据模型，这些数据如不依靠数字化智能化，单凭人力是无法完成的。

（3）减少繁琐的整理数据信息工作

数据整理工作目前是燃气企业工作的一大重点，通过数字化转型，从而提高人员的工作效率。

（4）降低管理成本

通过数字化技术的应用，燃气企业可以实现生产过程的精细化管理，从而降低生产成本。同时，通过数字化技术的应用，可以实现服务流程的自动化和智能化，从而提高服务水平。

2.2 数字化转型路线计划

一般来说，对于全新建设的数字化转型路线计划应该分为三个阶段：

（1）基础化建设

在基础建设阶段，燃气企业主要是要建设自己的内部管理系统，如 ERP 系统审计类系统；建设生产经营类系统，如 SCADA、GIS、巡检系统、热线系统、SRM、CRM 等基础系统，在这个阶段要确保各类数据具备收集的条件，并具有未来汇集的能力，初步实现企业管理需要。

（2）数字化建设

在基础建设好的基础上，就是最主要数字化建设阶段，主要是对各类数据的融合及初步分析，需要建设的系统，如数据中台，BI、安全系统等需要数据汇总融合的系统，可以给燃气企业提供辅助的决策分析功能。在这个阶段，最重要的是对各类数据的梳理，确保各类数据可以拿得到、用得上。

（3）智慧化建设

在这个阶段，最重要的就是数据中心的建设，数据中心里要将企业管理数据和生产经营数据充分的融合，并充分应用。通过大数据的分析及应用，改变原来以人为主的阶段，变成以机器管理学习为主，人员管理为辅的模式，由智能经营变成智慧经营。

3 数字化智能化技术在燃气输配管网的应用

3.1 数据采集与设备监控系统

调度为燃气企业生产运行的中心环节，起着匹配燃气供需、保障燃气输配系统安全运行及满足居民、商业和工业用户等用气需求的作用。调度的原则是确保安全、稳定供气，实时监控燃气输配管网的压力和流量，具有处理紧急事故的能力。

基于以上原则，建设数据采集与监控系统（SCADA 系统），为城镇燃气数字化建设、综合调度中心建设提供强有力的管理、流程、数据支撑。SCADA 系统具备精准管网图查看、监控概览、报警管理、用气量与压力分析等功能。

（1）城市燃气 SCADA 监控调度系统概况

城市燃气 SCADA 监控调度系统能够在调度中心统一、集中、监控、监测公司各个调压站、门站等场站的运行状态和数据，获得数据后，通过对此类数据进行计算并分析，利用内建调控策略对公司整体管网进行统一调度和分配，为此获得公司管网最优、最佳的调度控制。本系统利用多样化的较为先进的通信技术，能够快速、高效、准确、可靠的实时采集场站运行状态参数并压缩存储进行分析，从而确保在安全的前提下，实现管网合理调度，能够保证SCADA系统安全、可靠地胜任城市燃气输配系统的管网监测及调度管理任务。

（2）SCADA系统组成及应用

SCADA系统主要由调度中心（中心站）、场站站控系统及通信系统组成。常用的硬件主要有SCADA服务器、路由器、通讯服务器、调度控制中心大型投影屏幕、UPS备用电源、SCADA工作站等。调度中心即为保证公司正常工作、平稳运行的生产调度指挥中心，主要由机房服务器、监控室、网络设备、存储硬件、分析系统等组成。调度中心日常工作主要有及时准确记录统计公司各门站、调压站、分公司及子公司的运行数据、压力流量、结算量，监测市区压力最低点，保证管网供气区域的最低点压力符合管网运行标准，监测各级中高压管网运行参数的趋势图有无异常，通过调节管网运行的压力、瞬时流量等参数保证高峰用气需求。调度员要认真梳理统计报表，通过前日实际用量对当日用量做出预测，有计划地调节控制气源输送及计划变更，通过计算管存、实际用量、大用户瞬时用量环比数据的波动上报次日计划，确保燃气企业管网安全平稳运行。

站控系统控制仪表的功能主要有压力控制系统通过调器控制各级管网进出口运行压力，电气动执行机构控制门站、调压站的阀门开关，流量切换系统针对高峰期用量较大进行流量大小的切换，切断阀远程控制无人值守站阀门开关及运行压力调节。站控系统可以准确有效地对各场站、调压站进行精准控制，有利于公司各级管网的高效运行，为公司降低运营成本，减少人力成本、时间成本从而提高工作效率，对公司各级中高压管网高效平稳运行起到至关重要作用，是SCADA系统不可或缺的一部分，是对燃气管网场站控制的一种有效途径。

通信网络系统主要有两种方式，有线方式和无线方式。有线方式的通讯方式主要有专线APN、VPN等，其主要优点是投入成本、建设费用较低，速度比较快，但是具有非市区不可获得的缺点，光纤通讯方式在市区和非市区都具有速度较快的优点，但同时也具有运行成本的费用和建设费用都比较高的缺点。无线方式有无线数传电台、卫星网、GPRS/CDMA等方式，无线数传电台的优点是专用，但传输速度比较慢，成本比较高，而且受天气、地形、地貌等影响比较大；卫星网具有随处可得的优点，但是运行成本费用较高、建设成本投资较大而且受恶劣天气影响很大；GPRS/CDMA具有建设费用、运营成本较低的优点，但信号受限于运营商控制，具有连接不可靠的优点，但这一方式现已广泛用于工业通信。

（3）SACDA系统功能及特点

SCADA系统具有遥测、遥信、遥控、遥调等特点，当管网压力、流量超过设定的规定值时，会出现燃气管网超压预警。系统会自动检测地下阀井室、调压站、门站的浓度，当超过设定的标准值会出现管网泄漏预警。当管网出现紧急故障时，可远程控制关闭故障点上下游阀门，后期可以和GIS、TCIS联动；可以通过管网调峰、调流、调压、调温进行管网安全调度。

SCADA系统主界面示意图如图1所示。

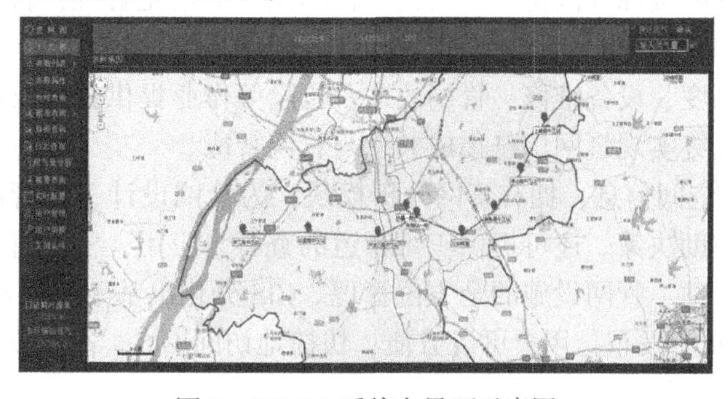

图1　SCADA系统主界面示意图

SCADA系统的普及应用，真正做到气源动态精准调度，数据采集操作，极大地提升了燃气调度管控的灵活性和工作效率。

3.2 燃气管网巡检系统

受城区改造、野蛮施工、违章占压、管材管件、地质条件等因素影响，时刻都有可能在危及燃气管网及设施的安全。加强管网巡检，及时发现隐患是保障燃气管网安全运行的必要手段。

基于华润燃气总部安全管理部、智能信息化部、润智科技自主设计研发而成研发的易作业巡检系统，是汇聚众多华润燃气成员企业业务和技术专家共同设计打磨的一款解决巡检痛点的产品。系统贴合燃气管网巡检业务，内嵌标准作业流程，可有效提升管理效率，优化传统工作流程，提升了燃气管网的运行安全保障。该系统以移动通讯技术为手段，实现安全巡检数据的现场录入、上传、保存等功能，确保现场安全巡检工作的真实性和及时性。

易作业巡检系统的主要亮点在于可结合巡检业务分离将原有单一巡线员片区管理模式转换为系统管理，实现作业计划、员工状态实时管理；作业记录可追述、隐患闭环管理。在大幅度提高劳动生产率的同时，也解决燃气企业普遍存在的安检巡检业务不易管理、纸质档案管理困难等问题，平台均采用云化部署，具备支撑集团型规模化应用与管理能力。

易作业巡检系统优势特点表见表1，系统主界面示意图见图2，安检系统示意图见图3。

表1 易作业巡检系统优势特点表

序号	优势	特点
1	智慧巡检计划	高度可自定义巡检计划自动生成巡检任务
2	智能工单模版	自定义工单模版，提高临时任务执行效率
3	电子化巡检点	设备、巡检点信息同一维护，扫码即可查看
4	实时自动数据分析与预警	帮助企业管控巡检过程

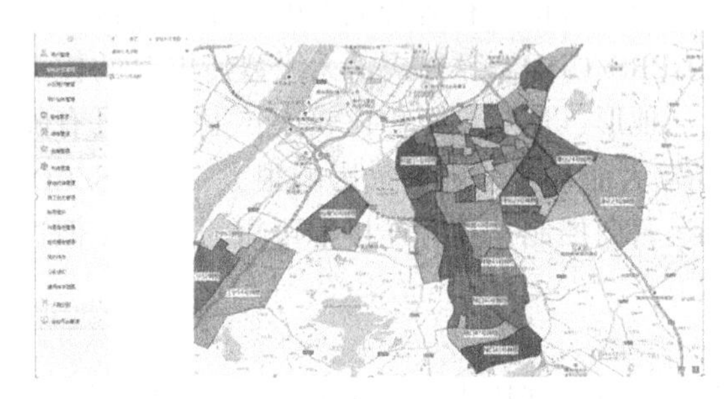

图2 易作业巡查系统主界面示意图

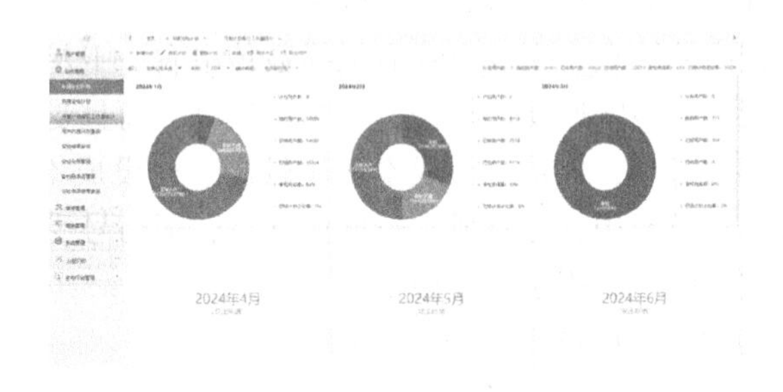

图3 易作业巡查系统安检计划示意图

3.3 燃气管网地理信息系统

纸质记录存在测绘及地理信息偏差、缺失问题，使用GPS技术、物联网技术、数据仓库技术、传感器技术，进行地下管网资源规范化、网络化、自动化、可视化管理，打造智慧管网，是城市燃气管网管理的必然趋势和发展方向。建立燃气管网地理信息系统(GIS)，不仅可以为城市管网规划、设计、施工、安全生产调度、设备维修、管网改造及抢险等作业提供技术支持，而且可以辅助进行管网高级决策和分析，最终实现管网信息集成共享与管网智能。

GIS可显示各种地理空间信息，拥有管网分析模块，为管网设计、爆管后停气、抢险及管道接驳等相关生产业务提供辅助决策。还可提供三维管道的查看与应用，实现管网立体化，完成以往在二维GIS中很难实现的厂站、管网设施的全方位管理。GIS分化出基于Internet的地理信息系统，把燃气管网信息在Web页面上发布，用户可以方便、快捷地访问GIS，各业务部门可以共享燃气管网信息。

GIS的移动端应用运行在手机或者平板电脑上，方便外业工作人员现场查图以及对管网设施属性进行查询，及时了解掌握抢修现场周边地下管网的情况，辅助制定关阀方案、抢修方案并生成停气区域，缩短管网抢修时间，提高供气服务水平。

GIS 系统在城市燃气输差管理方面更多用于调压输配站、燃气管网(高压、中压、低压)、用户调压柜、用户调压箱等燃气设施的巡查，管理人员通过计算机系统可以了解当前的燃气设备、管网巡查状态，工作人员可以通过手持设备逐一巡查设备、管网。GIS 系统的采用，使燃气设施的巡查管理更加科学化、数字化，巡查工作更加精准、到位。

CIS 系统功能优势表见表 2。

表 2　CIS 系统功能优势表

序号	功能优势
1	利用计算机强大的运算功能可实现比较复杂的信息处理
2	解决燃气管网位置全靠人脑记忆、口口相传以及解决图纸不完善的局面
3	实现了管网坐标精准对位，便于管网巡查和施工监护
4	通过对管网开展普查和数据导入，实现燃气管网数字化转型

在城镇燃气工作中，管网和设备位置信息是输配管理工作的核心，以前管网位置管理有用 GIS 系统的、有用 CAD 图管理的、有用竣工资料管理的，还有靠记忆管理的。管网位置不准、管理薄弱成为行业痛点，也严重影响日常运行。

IGIS 系统引入北斗定位技术，同时配套开发快速成图工具，新建工程见管测量保证了管道和设备位置准确性；同时考虑到历史数据的收集和校准需要一个过程，对入库数据的准确性进行了分级管理。

IGIS 系统研发了外业快速成图 APP，通过自动连线、属性继承等便捷工具，使成图效率大大提升。测量人员在见管测量时直接收集全面基础属性，获得第一手资料(图 4)。同时系统的自动校核工具能及时发现测量错误，保障数据质量。

常规测量与 IMT 测量效果对比图见图 5。

图 4　新建工程和见管测量全面启用 RTK 设备+IMT

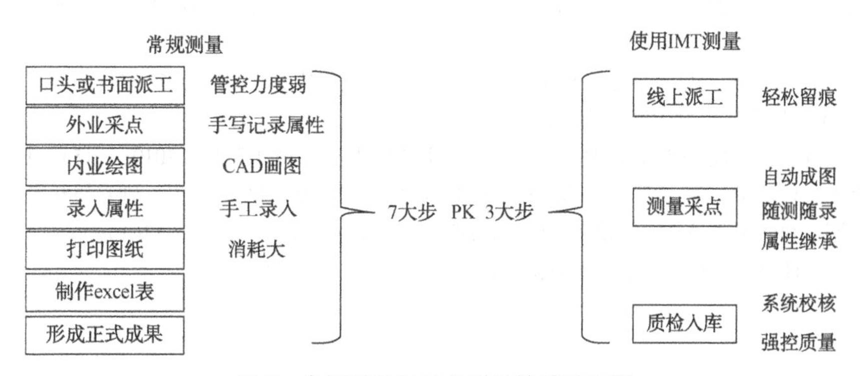

图 5　常规测量与 IMT 测量效果对比图

从安全管理来看，事后控制不如事前控制，应该将事故消灭在萌芽阶段，防患于未然。城市燃气输配管网复杂，区域面积广阔，对班组巡检人员的日常工作效率很难管理，经常出现效率低下和运行质量不高的情况，缺少有效的监督和检查。燃气管网地理信息系统对燃气输配日常一线巡线管理的监管工作能起到很大帮助，通过智能化数字化系统实现对相关管网对象，管网运行任务的可视化操作和查询，能实现及时上报事故，精准定位，实现管网运行考核体系，辅助一线运维人员快速完成运行工作，提高工作效率，提供燃气管理人员高效监管监控，真正运用数字化，智能化提高工作效率。

3.4 燃气管网仿真系统

根据实际燃气管网中的场站位置、对地下管网管径、管长、燃气调压站位置、设备属性、管网工作信息、气体属性、操作特点等建立数字化仿真模型，这项技术对管网某处进行检测，能够时刻检测各种不同状态下压力数据，基于数据支撑，能够对管网仿真系统进行操作，工作人员能够明确故障位置和问题的发生，同时能够更加准确地对管道内部各项数据进行检测，方便对各项数据进行分析，能迅速制定解决方案。目前国内天然气管道仿真软件已被四川石油设计院、广东天然气公司等多家企业引进使用。

4 结论与展望

（1）构建 SCADA 系统、GIS 系统、燃气计量销售管理系统。对于有条件的城镇燃气企业，可以同时构建燃气物联网平台，实现 SCADA 系统与物联网技术的应用结合，直至实现管网监控一体化。物联网平台可顺序覆盖涵盖燃气生产与营销、工程、安全等业务领域。

（2）构建应急指挥系统、构建生产运行系统、构建燃气规划发展管理系统。

（3）构建生产运营分析系统。随着条件的改善，可从以下不同阶段入手开展建设，即基于各生产类系统建成可独立提供分析结果的分析系统、以 SCADA 与物联网平台为数据源构建一体化分析系统、建成与所有生产系统对接的具备丰富数据源的分析系统。对于有条件的城镇燃气企业，也可以同时构建通用大数据分析平台。

参 考 文 献

[1] 陈雅营．关于城市燃气管网的数字化技术应用研究工艺技术，2022(9)．

[2] 王耀生，潘良，朱绍光，等．城市燃气管网运行能力分析与解决方案[J]．煤气与热力，2019(8)．

[3] 魏东，杨键．燃气企业数字化转型战略探讨[J]．中国计量，2019.

[4] 王尚刚，程江峰，高顺利，等．数字孪生智慧燃气系统：概念、架构与应用[J]．计算机集成制造系统，2022，28(08)：2302-2317.

[5] 李军，玉建军，严铭卿，等．城市燃气输配管网可靠性的多视角分析[J]．煤气与热力，2021，41(01)：32-35+43-44.

[6] 张江波，曹建业．地下管线信息化管理对燃气管网安全建设和运行的重要性[J]．计算机产品与流通，2020(11)：158.

[7] 郭超，刑信涛．基于 GIS 的燃气输配管网综合管理系统[J]．石化技术，2018，25(07)：311.

[8] 高媛．智能技术在城市燃气输配管网系统的应用研究[D]．北京建筑大学，2017.

[9] 张晓烨，郭东，许明．智能化控制在大型天然气场站中的应用[J]．化工管理，2019，(15)：130-131.

[10] 贾婧媛，李宁，杨梦馨，等．基于北斗时空信息的城市燃气工业互联网平台[J]．研究与开发，2022.

[11] 高宇，李建军．智能调压站的功能及在中低压管网中的应用[J]．上海煤气，2017(1)．

[12] 徐箭，张飞飞，潘良．区域调压站的智能化实践[J]．上海煤气，2016(5)．

LNG储罐基础模板支撑体系结构设计与应用分析

李 安 石 磊

（中国石油西南油气田分公司）

摘 要 LNG作为低碳、清洁的化石能源，越来越广泛应用于用于轮船、汽车清洁燃料，工业燃料以及城市燃料的供应和调峰。目前用于储存LNG的容器主要有单容罐、双容罐、全容罐等形式，本文以某工程10000m³LNG双金属全容罐为例，系统分析储罐高架板式基础模板支撑体系的选型、验算与实施，为LNG储罐基础施工提供参考。

关键词 LNG；双金属；模板支撑；体系；基础

LNG被公认是地球上最干净的化石能源，近年来，国家相继出台和发布了一系列政策和规划，支持和促进LNG产业发展，我国碳达峰、节能减排、能源转型等政策中均能看见引导天然气消费的导向。作为储存效率高、占地面积小LNG储罐，在相应的LNG产业建设中得到极其广泛的应用。储罐基础作为支撑LNG储罐的关键结构，对其质量进行严格把控，对LNG的顺利使用有着重要作用。目前国内采用高架板式基础的储罐，其模板支撑体系需按超过一定规模的危险性较大的分部分项工程进行专项验证，以确保整个板式基础质量达标。

本文以某工程10000m³LNG双金属全容罐高架板式基础施工为例，从材料选择、系统建模等方面，系统分析储罐基础模板支撑体系选型、验算与实施中的难点，同时得到合适的结果，为后续LNG储罐施工提供可借鉴的参考。

1 工程概况

本工程为四川某处理厂工程项目，LNG储罐采用高架板式基础，基础底板置于⑤-2中等风化砂岩层，持力层地基承载力特征值1000kPa，基础直径30.2m，底板及顶板厚0.9m，间距2.7m，主要结构见图1、图2。

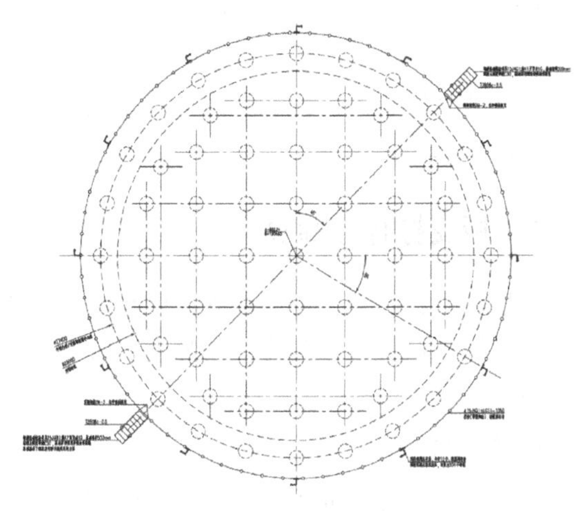

图1 基础顶板图

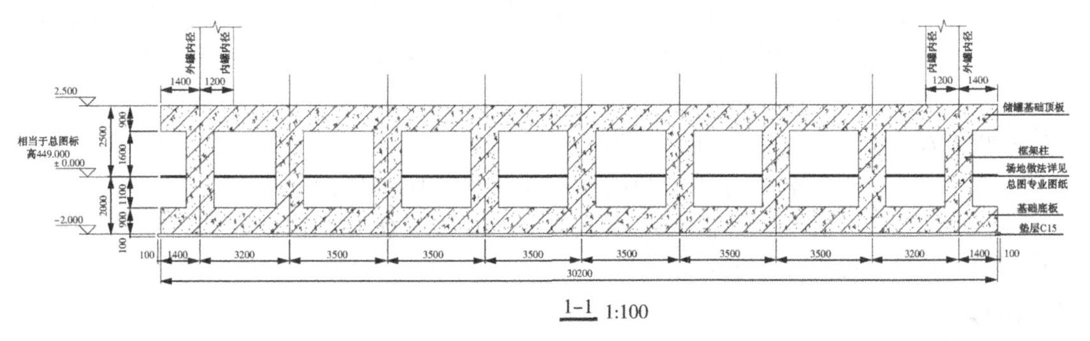

图2 基础尺寸图

基础顶板设计采用C30混凝土，抗冻等级F200，抗渗等级P8。钢筋采用HRB400E，最外层钢保护层厚度40mm。顶板设置两道膨胀加强带，宽度1.5m，混凝土强度C35，限制膨胀率≥

0.025%，顶板总重量约1500t。

2 工艺条件

基础顶板在施工前，需进行模板支撑，模板支撑体系载荷参数取值见表1。

表1 载荷参数表

参数名称	取值	取值依据	参数名称	取值	取值依据
模板面板自重标准值 G_{1k}/(kN/m^2)	0.5	JGJ 162—2008 表4.1.楼板木模板0.5kN/m^2	新浇筑混凝土自重标准值 G_{2k}/(kN/m^3)	25	JGJ 162—2008 表B钢筋混凝土 24~25kN/m^3
钢筋自重标准值 G_{3k}/(kN/m^3)	1.5	图纸钢筋重量计算约92t，换算后为1.4kN/m^3，放大至梁钢筋自重标准值取值	施工荷载标准值 Q_k/(kN/m^2)	3	JGJ 130—2011 表4.2.2混凝土、砌筑结构脚手架3.0kN/m^2
脚手架上震动、冲击物体自重 Q_{DK}/(kN/m^2)	1	以一个工人在浇筑时手持机械进行振捣	计算震动、冲击荷载时的动力系数κ	1.35	GB 51210—2016 5.1.6条动力系数可取值1.35
是否考虑风荷载	是		省份、城市	四川绵阳	
地面粗糙度类型	B类	《建筑结构载荷规范》GB 50009—2012	基本风压值 W_o/(kN/m^2)	0.2	
模板荷载传递方式	可调托座				
可变荷载控制，永久荷载分项系数 γ_{G1}	1.2	JGJ 162—2008 表4.2.3	可变荷载控制，可变荷载分项系数 γ_{Q1}	1.4	JGJ 162—2008 表4.2.3
永久荷载控制，永久荷载分项系数 γ_{G2}	1.35	JGJ 162—2008 表4.2.3	永久荷载控制，可变荷载分项系数 γ_{Q2}	1.4	JGJ 162—2008 表4.2.3

3 模板支撑体系验算

根据工程经验，对模板支撑体系所用面板、主楞、次楞、立杆进行材料选型，并通过验算确定材料具体规格型号，验算包括强度、抗弯、抗剪、扰度、支座反力、稳定性、支架自重、抗倾覆等方面。

3.1 强度验算

模板支撑体系面板、主楞、次楞均需进行强度验算。强度 q 按下列公式计算：

$$q=\gamma_{G1}[G_{1k}+(G_{2k}+G_{3k})h]b+\gamma_{Q1}Q_1b \tag{1}$$

式中，G_{1k}为模板面板自重标准值，kN/m^2；G_{2k}为新浇筑混凝土自重标准值，kN/m^3；G_{3k}为钢筋自重标准值，kN/m^3；γ_{G1}为可变荷载控制，永久荷载分项系数；γ_{Q1}为可变荷载控制，可变荷载分项系数。

验算期间还需考虑可变荷载 q_1 与永久载荷 q_2

$$q_1=\gamma_{G1}[G_{1k}+(G_{2k}+G_{3k})h]b+\gamma_{Q1}(Q_k+\kappa Q_{DK})b \tag{2}$$

$$q_2=\gamma_{G2}[G_{1k}+(G_{2k}+G_{3k})h]b+\gamma_{Q1}\times0.7(Q_k+\kappa Q_{DK})b \tag{3}$$

验算期间，取最不利载荷进行验算。

3.2 抗弯验算

支撑体系材料弯矩按下列公式计算：

$$\sigma=\gamma_0M_{max}/W \tag{4}$$

式中，M_{max}根据相关参数由结构力学求解器求出。面板强度验算时，取 b=1m 宽板为计算单元。

此处以主楞验算为例：

$\sigma=\gamma_0\times M_{max}/W=1.1\times0.996\times10^6/(8.24\times1000)=132.937\text{N/mm}^2\leqslant[f]=205\text{N/mm}^2$确定主楞选择圆钢管，尺寸为$\varphi48\times2.7$，其受力如图 3 所示。

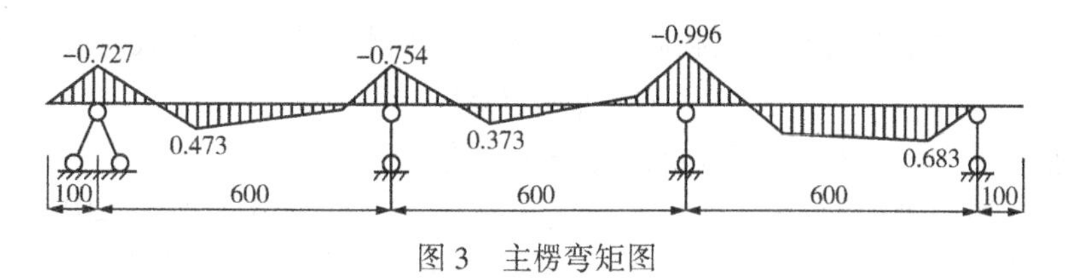

图 3　主楞弯矩图

3.3　抗剪验算

支撑体系材料抗剪验算按下列公式计算：

$$\varphi_{max}=\gamma_0 V_{max}S/(Ib) \tag{5}$$

式中，V_{max}根据相关参数由结构力学求解器求出。

此处以前文选择的$\varphi48\times2.7$圆钢管主楞为例进行验算

$$\varphi_{max}=\gamma_0 V_{max}S/(Ib)=25.401\text{N/mm}^2\leqslant[\tau]=120\text{N/mm}^2$$

通过验算，该型号主楞满足要求，其受力如图 4 所示。

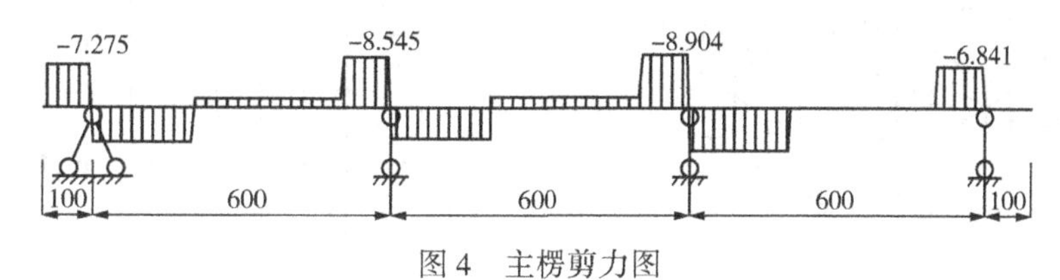

图 4　主楞剪力图

3.4　扰度验算

支撑体系材料扰度验算按下列公式计算：

$$q_k=\gamma_{G2}[G_{1k}+(G_{2k}+G_{3k})h]b \tag{6}$$

同样，以主楞为例进行验算

$$\nu_{max}=0.343\text{mm}\leqslant[\nu]=0.6\times10^3/250=2.4\text{mm}$$

通过验算，该型号主楞满足要求，其受力如图 5 所示。

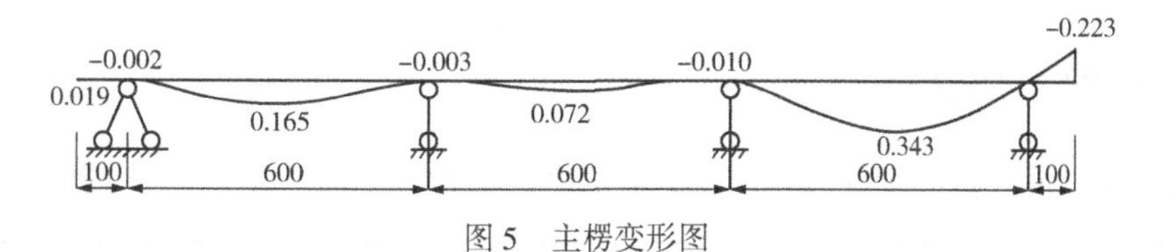

图 5　主楞变形图

3.5　支座反力验算

支座反力需验算基本组合和标准组合两种情况，根据验算结果判定支座符合情况。

3.6　稳定性系数验算

支撑体系立杆还需进行稳定性系数验算，稳定性系数按下列公式计算：

$$\lambda=l_0/i \tag{7}$$

式中，l_0为支架立杆计算长度最大值。

3.7　支架自重计算

立杆存在自重，需进行自重验算。目前工程用立杆基本为标准件，支模架搭设高度为层高。如需计算使用几根立杆搭接而成，还需将楼板厚度、模板厚度、主次楞厚度、托座调节高度、底座调节高度确定后，再计算立杆根数。为便于计算，按下列公式进行计算：

$$G_{1k}=\text{模板次楞自重面荷载标准值}+\text{单位长度主楞自重}/\text{主楞间距}+G_Z/(l_a \times l_b) \tag{8}$$

式中，G_Z为水平斜杆、竖向斜杆、可调托座、底座总重；l_a为纵距；l_b为横距。

3.8 立杆稳定性验算

稳定性验算时，需考虑是否存在风载荷情况，不考虑风载荷时，立杆载荷按下列公式计算：

$$Q=\gamma_0 N_1/(\varphi A) \tag{9}$$

式中，$N_1=\gamma_{G1}[G_{1k}+(G_{2k}+G_{3k})h]l_a l_b+\gamma_{Q1}(Q_1+Q_2)l_a l_b$

考虑风载荷时，需根据《建筑施工脚手架安全技术统一标准》GB 51210—2016、《建筑结构荷载规范》GB 50009—2012 计算作业层竖向封闭栏杆(含安全网)水平力标准值和计算作业层侧模水平力标准值。风载荷示意图如图 6 所示。

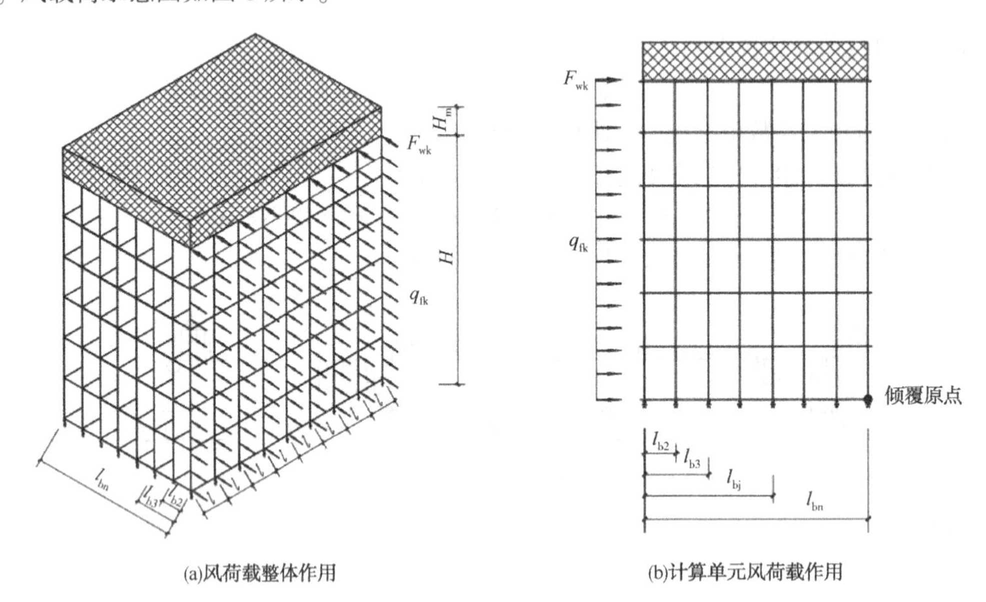

(a)风荷载整体作用　　(b)计算单元风荷载作用

图 6　风载荷示意图

3.9 支撑体系抗倾覆验算

支撑体系载荷验算完成后，对整个支撑体系进行抗倾覆验算，验算按下列公式计算：

$$M_{ok}=0.5H^2 q_{wk}+HF_{wk} \tag{10}$$

4 模板支撑体系验算结果

根据上文公式，带入相应参数计算得出以下结论，见表 2。

序号	验算项目	计算内容	计算值	允许值	结论
1	面板	抗弯强度	$\sigma_{max}=12.255$N/mm^2	$[f]=30$N/mm^2	满足要求
2	面板	挠度	$\nu_{max}=0.794$mm	$[\nu]=1.2$mm	满足要求
3	次楞	抗弯强度	$\sigma_{max}=104.487$N/mm^2	$[f]=240$N/mm^2	满足要求
4	次楞	抗剪强度	$\varphi_{max}=22.328$N/mm^2	$[\varphi]=140$N/mm^2	满足要求
5	次楞	挠度	$\nu_{max}=0.282$mm	$[\nu]=2.4$mm	满足要求
6	主楞	抗弯强度	$\sigma_{max}=132.937$N/mm^2	$[f]=205$N/mm^2	满足要求
7	主楞	抗剪强度	$\varphi_{max}=25.401$N/mm^2	$[\varphi]=120$N/mm^2	满足要求
8	主楞	挠度	$\nu_{max}=0.343$mm	$[\nu]=2.4$mm	满足要求
9	可调托座	承载力	$R_{zmax}=16.642$kN	$[N]=100$kN	满足要求
10	立杆顶部稳定应力	无风	$f_{max}=199.836$N/mm^2	$f=205$N/mm^2	满足要求

续表

序号	验算项目	计算内容	计算值	允许值	结论
11	立杆非顶部稳定应力	无风	$f_{max}=195.586\text{N/mm}^2$	$f=205\text{N/mm}^2$	满足要求
12	立杆非顶部稳定应力	有风	$f_{max}=195.713\text{N/mm}^2$	$f=205\text{N/mm}^2$	满足要求
13	架体抗倾覆	抗倾覆验算	抗倾覆力矩 $M=1.335\text{kN}\cdot\text{m}$	倾覆力矩 $M_{\Phi K}=4.406\text{kN}\cdot\text{m}$	满足要求

从结论可知，本工程模板支撑体系选型合理，满足要求，各材料具体参数见表 3，其平面布置、剖面示意见图 7、图 8。

表 3 材料具体参数

覆面木胶合板参数			
面板类型	覆面木胶合板	面板厚度/mm	15
面板抗弯强度设计值[f]/(N/mm²)	30	面板计算模型	简支梁
模板截面抵抗矩 W_m/mm³	37500	模板截面惯性矩 I/mm⁴	281250
面板弹性模量 E/(N/mm²)	11500	次楞间距 a/mm	300
次楞参数			
次楞类型	圆钢管	次楞规格	Φ48×2.7
次楞悬挑长度 a_1/mm	100	次楞计算模型	三等跨连续梁
次楞间距 a/mm	300	次楞抗弯强度设计值[f]/(N/mm²)	240
次楞抗剪强度设计值[φ]/(N/mm²)	140	次楞截面惯性矩 I/cm⁴	9.89
次楞截面抵抗矩 W/cm³	4.12	次楞弹性模量 E/(N/mm²)	210000
主楞参数			
主楞类型	圆钢管	主楞规格	Φ48×2.7
主楞悬挑长度 b_1/mm	100	主楞计算模型	三等跨连续梁
次楞间距 a/mm	300	主楞抗剪强度设计值[φ]/(N/mm²)	120
主楞抗弯强度设计值[f]/(N/mm²)	205	主楞弹性模量 E/(N/mm²)	210000
主楞截面抵抗矩 W/cm³	8.24	主楞合并根数	2
主楞截面惯性矩 I/cm⁴	19.78		
立杆参数			
钢材名称	Q235	钢管规格	Φ48×2.7
抗压强度设计值[f]/(N/mm²)	205	立杆钢管截面抵抗矩 W/cm³	4.12
立杆钢管截面回转半径 i/cm	1.604	立杆钢管截面面积 A/cm²	3.84

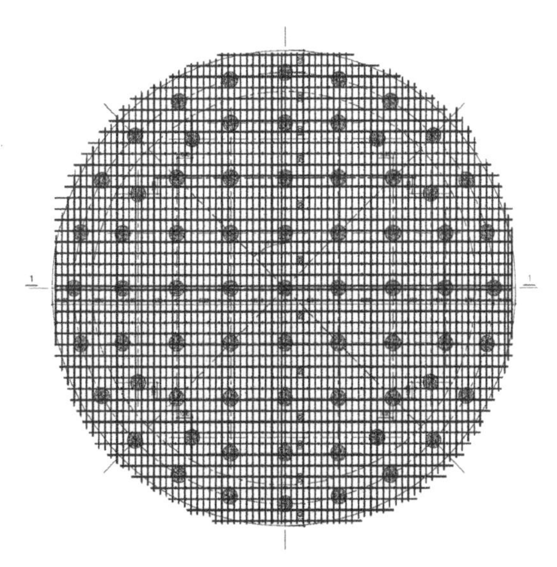

图 7 模板支撑体系平面示意图

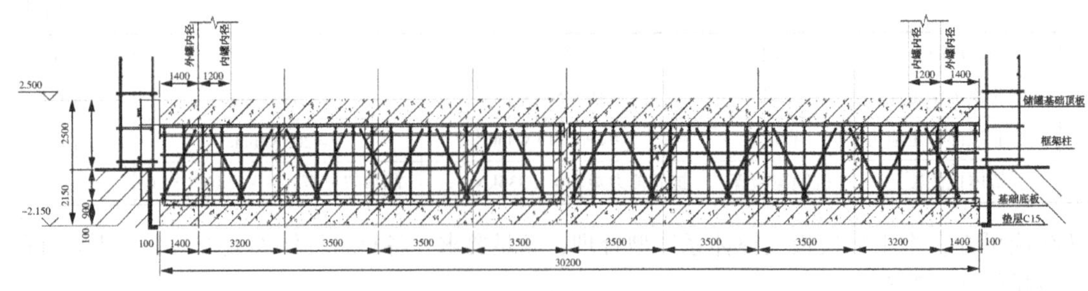

图 8　模板支撑剖面示意图

5　结论

本文对 10000m^{3}LNG 储罐基础模板支撑体系进行选型、验算，并通过现场实际验证，得出以下结论：

（1）模板支撑体系选型需提前确定相关材料规格型号，通过选定的规格型号进行力学验算，合格后现场实施。若不合格，则提高相应材料标号，重新验算，直至合格后使用。

（2）力学验算期间，需选取最不利载荷进行验算，以确保整体支撑体系力学性能达标。

（3）工程所在地季节气候变化较大，尤其风力因素影响时，力学验算必须考虑风荷载。

（4）扣件式脚手架质量控制难度高，基础结构设计需考虑采用盘扣式脚手架的模数进行尺寸设计，进一步保证支撑体系安全可靠性。

LNG 模块建造可视化加工设计技术应用分析

李文胜　钱洪飞　乔向国　宋　春

（中国石油集团海洋工程有限公司海工事业部）

摘　要　本文针对 AVEVA 三维设计软件在 LNG 模块建造中的关键作用及其优势，介绍了中国石油海洋工程有限公司基于 AVEVA NET 数字化交付平台进行的可视化加工设计方案。通过对数据的基础信息定义、工程信息编码规则、资料收集及整理方案、工程信息集成方案进行分析，提供了 LNG 模块可视化加工设计数据基础。本文介绍了 LNG 模块建造具体的可视化应用方案，并对海工建造未来应用提出了拓展应用范围、加强数据集成、提供定制化服务等期待与建议，未来 AVEVA 三维设计软件将推动可视化加工设计在更广泛领域的应用与发展。

关键词　LNG；模块建造；可视化；加工设计；AVEVA NET

1　前言

LNG 模块建造过程中借助先进的数字化工具进行可视化加工设计，针对制造过程进行精细化管理，提高生产效率，并有效降低了生产成本，提升了整体的经济效益。在资源配置方面，可视化加工设计通过精确的数据分析和模拟，实现了材料、设备、人力等资源的优化配置，提高资源利用效率。可视化加工设计通过直观的设计表达和精确的数据控制，可以有效减少人为错误和误差，确保产品质量的稳定性和可靠性。

借助互联网、新能源、大数据等技术，LNG 模块建造技术进步迅速，主要体现在数字化及智能化上，LNG 模块总承包商通过结构优化设计，打造自动化、智能化的建造管理平台，实现了整个工艺的人工智能化，大大提高了 LNG 建造效率、质量及项目管理水平。依托于国家“智能制造 2025”政策及互联网、新能源、大数据等技术的迅猛发展，目前模块化、集成化、一体化及可视化智能化建造已经成为国内 LNG 模块建造技术的发展趋势。

中国石油海洋工程有限公司基于 AVEVA NET 数字化交付平台，依托 LNG 项目模块建造设计阶段的交付成果，通过 AVEVA NET 各种数据处理接口，对交付成果进行系统性分析和关联整合，并定制开发 LNG 模块建造可视化加工设计功能，最终完成 LNG 模块建造可视化加工设计技术研究，为今后项目提供技术支撑。

基于项目需求及软硬件分析，形成了以 AVEVA NET 软件为依托，能够集成结构(TEKLA)、电仪(PDMS)、管线(SPOOLGEN)及计划管理软件 P6 等各专业软件的加工设计可视化解决方案，目标是将模型、属性等数据导入到 AVEVA. NET 软件，实现图纸、方案、模型等二三维数据集成及可视化浏览。

2　可视化加工设计数据方案

针对数字化交付平台所需要数据的基础信息定义、工程信息编码规则、资料收集及整理方案、工程信息集成方案进行分析阐述，上述信息为实现 LNG 模块可视化加工设计提供了数据基础。

2.1　基础信息定义

数据收集和整理人员应对收集的文档按阶段、专业和文档类型归档，之后提交给数字化交付平台系统管理员统一处理。基础信息分为设计阶段、专业、文档类型、工程位号等基础信息定义。以文档类型定义为例，具体定义信息详见表1。

表1 文档类型定义表

序号	文档类型ID	文档类型名称	序号	文档类型ID	文档类型名称
1	CAL	计算书	13	CRT	证书
2	DWG	图纸	14	DSS	文件包/卷宗
3	DTS	数据一览表	15	LST	清单
4	MAL	料单(采办/施工)	16	PLN	计划文件
5	BOM	下料单	17	REG	登记表
6	PLN	计划	18	MN	修改通知单
7	PRO	程序	19	TQ	技术疑问单
8	REP	报告	20	SQ	现场疑问单
9	REQ	申请	21	WCR	重量控制报告
10	SPE	规格书	22	MTO	领料单
11	DLT	文档列表	23	DOP	程序
12	MR	材料申请表			

2.2 工程信息编码规则

针对电气仪表、管线及结构专业位号及图文文件，编制标准化编码规则。在编制位号编码规则过程中发现如下问题：①位号编码不规范，无统一的编码规则；②无编码程序文件指导设计。针对上述问题，为提升平台位号信息完整度和关联性，采取了如下措施：①使用“位号对照表”，人工整理位号类型；②对于资料的关联性，则填写非结构化文档Mapping，使位号与交付资料进行关联。以仪表位号编码规则为例，具体规则信息详见表2。

表2 仪表位号编码规则

编码条目	描　述
编码规则	XXXX-XX-XXXX
举例	XXRD-H15-PI-4101
第1码段	项目名称，如：XXRD-H15
第2码段	仪表类别： PI-压力表 PIT-压力变送器 LIT-液位变送器
第3码段	顺序号，如：4001A，4101

2.3 资料收集及整理方案

LNG模块建造可视化加工设计项目的文档资料将依据专业划分进行收集和整理，最后通过数据处理中心上传并发布到系统平台(图1)。

在数据收集和整理的过程中，需要遵循以下要求：

① 文档命名规范：文档的命名规范应当符合项目统一规定，对于不符合规定的文档命名应当重命名，这样有利于图文档的组织，查看及检索，提升数字化交付平台的应用效率和效果，并为未来数字化交付平台建设与应用打下坚实的基础。

② 数据质量规范：提交的图文档应保证数字化交付平台数据质量的要求，其中包括位号命名规范、dwg图纸要求、3D模型文件要求、Word&Excel文档要求等。对于不符合要求的数据应当进

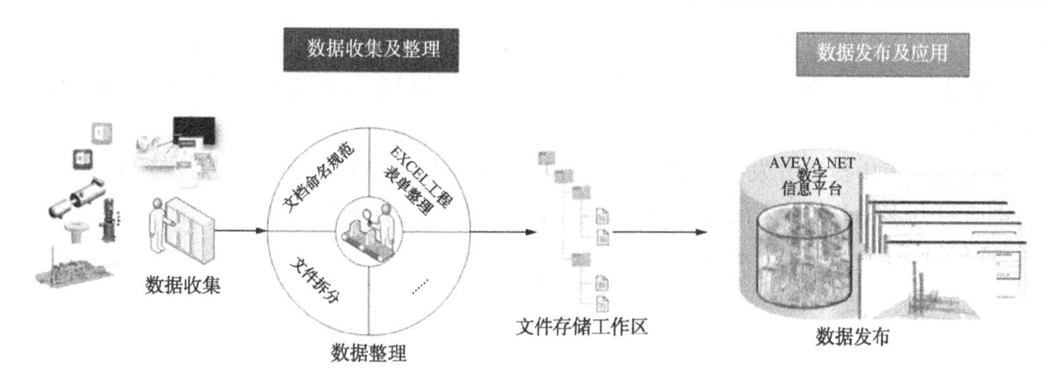

图 1　资料收集及整理流程

行相应修正后，再进行提交。

针对提交的扫描版文件、设备资料等不能获取位号信息的文档，编制了《CPOE_LNG 模块建造可视化加工设计技术研究_ 非结构化文档 MAPPING 表》进行对应。

2.4　工程信息集成方案

AVEVA NET 平台对于三维模型集成，需要同时导入 RVM 模型文件和信息描述 XML 文件，以便于三维模型中的对象在 AVEVA NET 平台建立相应的层级关系并形成热点(图 2)。

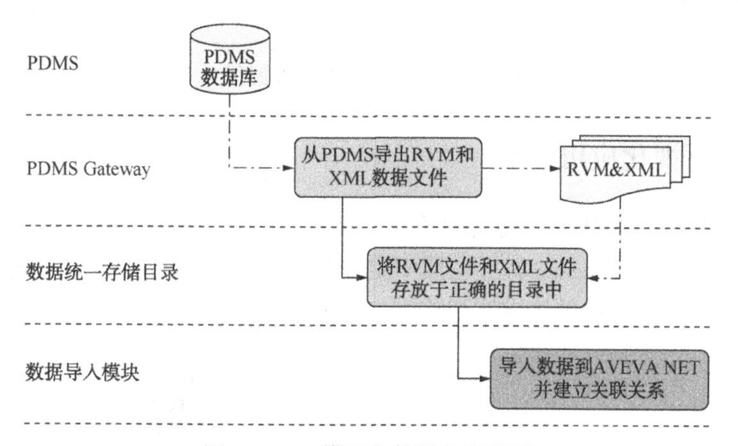

图 2　RVM 模型文件导入流程图

针对项目中图文档涉及的电子文件格式，采用相应的 AVEVA NET 数据处理接口对图文档进行处理，以抽取可视化文件和工程信息 XML 文件(图 3)。电子文件名称应遵循项目统一规定，其中 DWG 文件接口为 GCT(AVEVA NET Gateway For AutoCAD 2D)，PDF、DOCX、XLS 等文件接口为 DIG(AVEVA NET Document Indexing Gateway)。

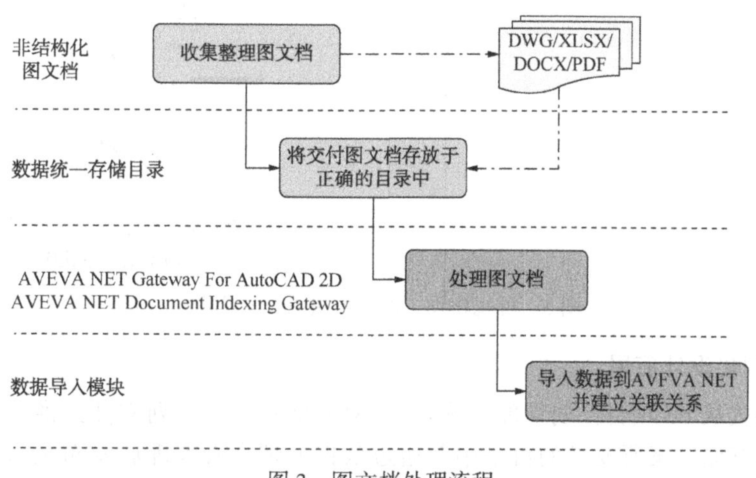

图 3　图文档处理流程

通过《CPOE_LNG 模块建造可视化加工设计技术研究_ 非结构化文档 MAPPING 表》整理数据时，应对工程表单进行检查，确保严格按照统一规定提供的模版进行整理，从而保证其能够被接口工具正确处理。

通过从工程表单中提取并发布信息，可以直接在 AVEVA NET 系统中查看位号和图文档的属性信息，而不必打开 Excel 文件来浏览。同时，也可以实现按属性来搜索信息。在处理工程表单文件时，通过 AVEVA NET Data Processor(ADP)来提取信息(图 4)。

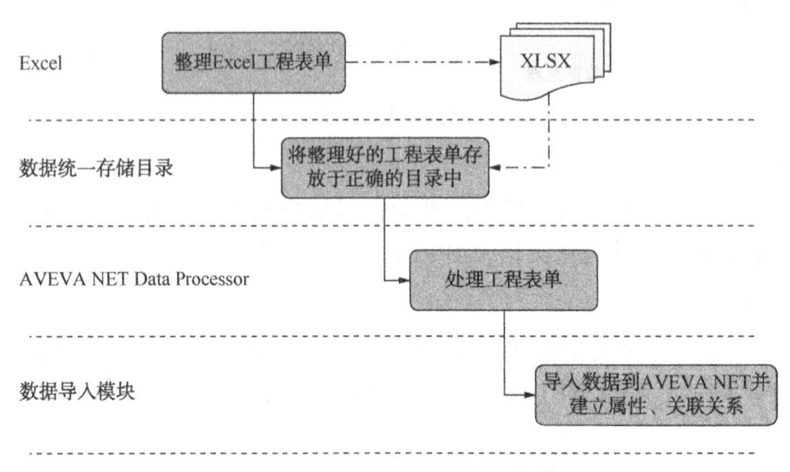

图 4　工程表单数据处理流程

3　LNG 模块建造可视化应用方案

LNG 模块建造项目加工设计可视化解决方案，依托于 AVEVANET 数字化交付平台，按照项目制定的施工计划，在 AVEVA Engage 触屏应用中定制开发解决方案，模拟施工过程，并以不同颜色标识建造状态。可视化加工设计解决方案架构图如图 5 所示。

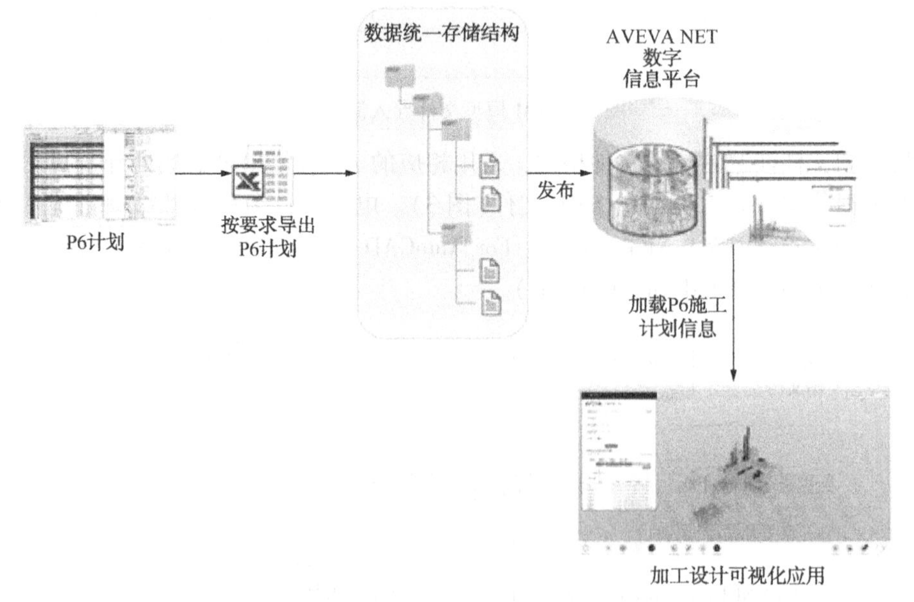

图 5　可视化加工设计解决方案架构图

3.1　施工计划可视化设计应用

按照预定的格式从 P6 项目计划管理系统导出 .xlsx 格式施工计划文件，将导出的 .xlsx 施工计划文件放置到数据存储方案所要求的目录中并通过数据处理中心处理后发布至 AVEVANET 数字化交付平台。

可视化加工设计应用加载发布到 AVEVANET 平台中的 P6 施工计划，按照时间顺序显示相关联的模型，并且以不同颜色标识相关的建造状态。如图 6 所示。

3.2 可视化报表应用

在 AVEVA Engage 触屏应用程序中，可以通过可视化报表，直观的展示各种业务可视化应用，如类型设备可视化应用等。如图 7 所示，展示了各供应商提供设备的可视化应用。

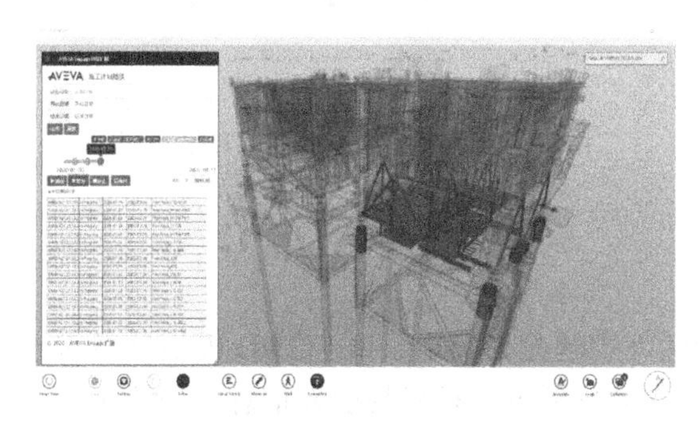

图 6 施工计划可视化设计应用图

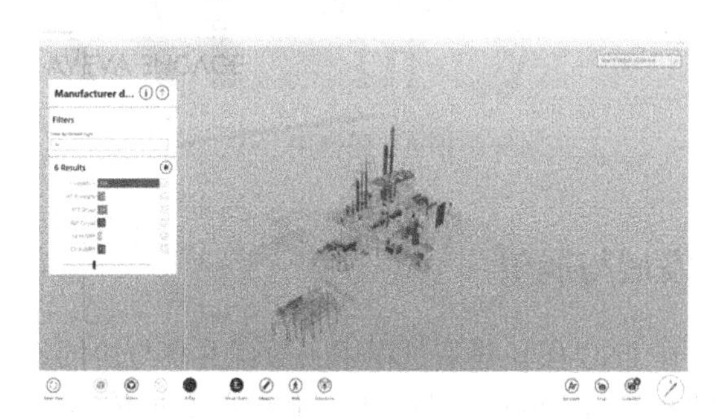

图 7 可视化报表应用图

3.3 三维设计数据处理及结构搭建

将 TEKLA 结构模型导入 PDMS 软件并完善电气、管线、舾装、暖通等各专业模型后，以杆件位号为关联核心，将图纸(CAD、pdf)、方案(word、excel)、领料单、采购单、模型、质量文件及管理文件组成有序结构化的数据网络，在平台中进行可视化浏览(图 8)。

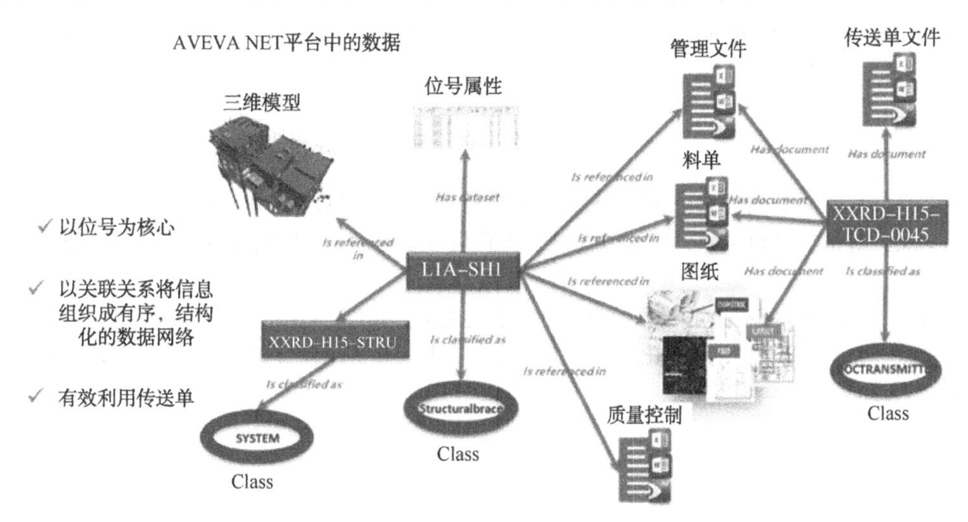

图 8 AVEVA NET 数据结构图

三维模型发布至 AVEVA NET 后，可通过工程信息结构三维模型导航查看模型。在三维模型浏览界面，通过点击文档内容卡中的链接按钮，可以查看当前三维模型中关联的所有位号信息。点击三维模型中的热点，可以查看位号的属性(图 9)。

3.4 AVEVA NET 与其他软件的数据接口搭建

通过二次开发数据处理接口将各阶段、各种来源、各种格式的数据进行处理集成，具备对接计划 P6 及材料管理等系统接口功能，实现设计 2D 图纸、3D 模型、材料属性、计划等生产数据集成可视化展示及 4D 方案演示功能成。

基于形成的 AVEVA Engage 平台，实现了数据集成的基于浏览器、手机客户端的可视化浏览功能的拓展匹配，实现了进度报表可视化、三维图纸文档的可视化功能(图 10)。

图 9　属性图

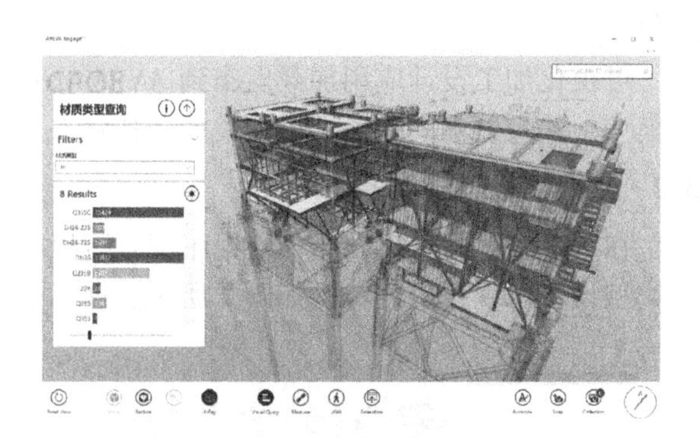

图 10　可视化平台材料属性显示示意图

4　发展与展望

在 LNG 模块建造过程中，数据共享与协同设计两大难题尤为突出。由于 LNG 模块涉及多专业领域和部门之间的复杂交互，传统的数据传递方式显得效率低下，且极易引发信息丢失或不一致等问题。在建造过程中，从材料采购、结构设计到生产流程，各个环节都需确保数据的一致性和实时性，这对数据共享提出了更高要求。为了有效解决这些难题，中国石油海洋工程有限公司基于 AVEVA NET 数字化交付平台，实现了各专业部门之间的数据实时共享与更新。各参与方可以实时访问和修改数据，确保信息的准确性和一致性。

未来将继续依托 AVEVA NET 平台，实现以 AVEVA NET 平台为核心的数据关联及互联互通，实现设计数据、生产数据、计划管理、材料管理在 AVEVA NET 软件中的集成，打造海洋平台智能制造管理平台，搭建制造数据的管理体系、智能采集整理、可视化、数字交付的全过程智能化管理。

参　考　文　献

[1] 王焱，罗智平．基于 AVEVA 平台的协同设计模式的应用[J]．化工设计，2018，28(4)：14-32.

[2] 李宁，昌兴文，刘春阳．AVEVA 智能 P&ID 系统在工程设计中的标准化实施及应用[J]．化工设计，2016，26(5)：41-45.

[3] 宫赫乾．AVEVA NET 平台在发电设计中的应用[J]．吉林电力，2017，45(1)：37-39.

[4] 孙冠华，贺永金，姜继鼎，孙建斌．化工数字化交付项目中三维协同设计的应用及优化[J]．河北工业科技，2021，38(4)：300-307.

加油加气站建设太阳能光伏发电可行性及经济性

任治中

（中石油海南销售有限公司）

摘　要　在节能减排的大时代背景下，各国及各大企业对碳排放及绿色能源的研究方向及要求各不相同。为达到碳平衡及绿色的地球的发展模板，太阳能一直以来备受瞩目，并被誉为“人类的终极能源”。论者认为，太阳能的利用是绿色发展不可忽视的一环，将加油加气站所余空间的利用，可助国家早日实现环保节能目标，可为国家减少电力负担，同时更可使企业降低生产成本。本文以加油加气站建设光伏发电项目为研究对象，分析了加油加气站建设光伏发电的可行性、经济性能、国家政策调整相关问题。光伏发电及加油加气站光伏建设项目自推行以来，所遇到的问题很多，本文就光伏发电及加油加气站建设光伏项目相关问题进行了讨论，以期对今后加油加气站建设光伏发电的运营有所借鉴。

关键词　光伏发电；加油加气站建设要求；经济性；可行性；碳排放

1　绪论

1.1　研究背景

碳排放概念于1997年《联合国气候变化框架公约京都议定书》提出，明确了控制含碳气体及温室气体的削减原因与要求。随着时代的发展与环境的不断变化，国际各国愈发重视碳排放概念。2015年《巴黎协定》的通过，延续了《京都协定书》的要求与目标，并确定了2020年后各国应对气候变化机制的安排，我国跟进相关协议，并承诺力争2030年前达到碳碳达峰，2060年前达到碳中和。在此为前提下，我国开始大力发展新能源发展，其中包括：风能、太阳能、水能、核能、生物质能等。其中，太阳能为我国重点发展对象，并在不断地政策扶持及大力宣传，我国在光伏发电领域的发展及研究，处于世界领先地位，并随着技术的不断发展，将成本不断压缩的同时并能将发电量提高。

1.2　研究意义

太阳能作为新能源赛道的至关重要一环，存在巨大的经济效益与环保意义。能源企业也正在逐步脱离对传统的化石能源的依赖，逐渐将技术开发与项目建设重心落于新能源赛道。光伏发电的设备在现有技术支撑下，可在加油加气站发电系统中，为企业达到节能减排的目的提供有力支持。

加油加气站在建设时，罩棚、站房屋顶等地存在大量空间可建设光伏发电相关设备，在发电量较多时不仅可满足场站日常生产所需用电，更可在发电峰值时将多余电量储存或并入电网。

本文以现有加油加气站建设光伏为例，对建设光伏发电项目进行调查和分析，对其经济性及可行性的现状进行了深入的剖析，并对其潜在的危险因素和维护成本进行了深入的剖析；本文对加油加气站建设光伏发电项目的现状及未来经济前景具有重要的参考意义。

2　光伏发电简介

2.1　光伏发电概念

光伏发电是利用光能产生电能的过程。它利用光电效应将太阳能转化为电能。光电效应是指当光线照射到半导体材料（如硅）表面时，会激发材料内的电子，电子会被激发并离开原位，在电池内部形成电子-空穴对。通过电池正负极连接电路，电子就可以在外部电路中流动，进而为负载供电。在光伏发电中，太阳能通过光伏电池板吸收，激发电子流动，从而产生直流电。这种直流电可以直接供给家庭、企业或注入电网供其他地方使用，也可以通过逆变器转换成交流电以适应不同用途。

现阶段，光伏发电已发展至分布式光伏发电，可在屋顶、罩棚、绿化区、墙壁等各种室外场合安装。光伏发电主要设备光伏组件可采用模块化设计，按需求扩容或缩小规模，能够有效提高光伏发电的适用性和效率。

2.2 光伏发电优缺点

光伏发电作为一种可再生能源利用技术，同样具有显著的优点和缺点。

2.2.1 优点

（1）清洁无污染：光伏发电的能量来源为太阳，仅需太阳的光照即可获得电量。在运用期间，不会产生污染物。真正意义实现了零排放及绿色能源。

（2）能源来源广泛：有太阳光照的地方即可进行光伏发电，不受资源分布制约。

（3）发电方式灵活：分布式光伏发电极大的提高了光伏发电的适用性及实用性，可使光伏发电走进千家万户。现阶段，用电较少的小型设备及带有电池设备已使用商用便携式光伏发电设施。

（4）无噪音污染：光伏发电系统运行时静音无噪，不产生噪音污染。

（5）系统寿命长：光伏电池使用寿命长，一般为20-30年，运行维护费用低。

2.2.2 缺点

（1）发电效率较低：当前普通商用光伏电池的效率约为15%~22%，尚无法与传统发电方式相媲美。

（2）受环境影响较大：光伏发电受日照条件、天气、温度和地理位置等环境因素影响较大，不确定发电量因素较多。例：我国西北地区太阳能发电效率较东部地区，效率较高。冬天较夏天相比，同等时间，夏天则会发较多电量。

（3）占地面积大：与常规发电技术相比，光伏发电站占地面积较大。光伏发电可想象为用碗接雨水，发电量的多少取决于太阳能板组件大小。

（4）初始投资及建设有一定困难：光伏发电组件需经过专业团队安装及制定具体方案，相对建设成本较高。作为加油加气站附属项目，未来收益无法确定，成本回收周期较长。建设当地政策可能无法支持。

（5）电池制造污染：光伏发电虽无污染产生，但制造光伏设备尤其电池会产生较多污染。

光伏发电存在的明显优势，使其不断吸引企业及人才投入和研究。但光伏发电的显而易见的短板，同样制约了光伏发电的全面普及。随着研究的不断深入，光伏发电的技术的更新换代而得到逐步的解决与改善。

3 加油加气站光伏发电项目经济性

作为加油加气站企业，在考虑建设光伏发电项目的经济性时，需要根据具体项目情况，全面评估建设和长期运营所需的成本和预期收益。对比项目的投资成本、运营维护费用与发电收入、政策补贴、碳排放交易收益以及其他附加价值等，由于光伏发电项目具有无燃料消耗、运营成本低、发电收益稳定等独特性质，其整体经济性正在不断提高。随着技术进步降低投资成本、补贴政策加码和碳排放交易市场的推广，光伏发电项目将为加油加气站企业带来可观的经济回报。因此，企业需要审慎规划，准确评估项目的成本收益平衡点，把握有利时机实施光伏发电项目。

3.1 光伏发电成本

在加油加气站建设光伏发电系统的成本主要包括以下几个方面：

（1）光伏组件成本：这是整个系统的主要投资部分，通常占总投资的50%~60%。每瓦峰值成本视光伏组件类型和规模而有所不同，较高水平在3~4元人民币/瓦峰值，较低水平在2~3元人民币/瓦峰值。

（2）逆变器及并网设备成本：逆变器用于将光伏阵列产生的直流电转换为并网交流电，约占总投资的8%~12%。每千瓦成本在0.2~0.4万元人民币。

（3）支架结构成本：光伏支架一般约占总投资的10%左右。

（4）电缆及其他辅材成本包括直流及交流电缆、接线盒等，约占5%~8%。

（5）工程施工及运维成本包括场地平整、安装人工等，约占10%~15%。

（6）并网费及其他费用如并网审查费、设计及监理费等，约占3%~5%。

以一个20kW的加气站屋顶光伏系统为例，按目前的市场价格，总投资大约在8~12万元人民币。具体成本根据光伏组件品牌、规模、施工难易程度等因素会有所差异。

除了初始投资成本外，后续还需考虑系统的运维费用、清洁维护费用等。总的来说，加气站配置一定规模的光伏发电系统，补充站内的部分用电需求是可行的，初期投资较高，但长期运营成本较低。

3.2 光伏发电效益

加油加气站建设光伏发电系统具有以下主要效益：

（1）节约电费支出：加油加气站日常运营需要消耗一定电量，安装光伏发电系统可以自行发电满足部分用电需求，从而节约购买外部电网电费的支出。通过自发自用，可在10年左右回收光伏系统的初始投资。

（2）减少碳排放：光伏发电是清洁的可再生能源，与传统的火电相比，可以大幅减少二氧化碳等温室气体的排放，减轻环境压力，符合国家节能减排的政策导向。

（3）提升企业形象：建设光伏发电系统体现了企业的环保理念和社会责任感，有利于加油加气站树立良好的环保形象，赢得社会认同和口碑。

（4）提高能源自给能力：光伏系统虽然无法完全满足加气站全部用电需求，但可以提高站内的能源自给能力，降低对外部电网的依赖程度，提高应急状态下的持续运营能力。

（5）创收机会：除满足自身用电需求外，光伏系统还可将剩余电量并网上传，获得一定的上网电价补贴收益。根据地区政策，企业还可以申请相关的补贴和税费减免。

（6）利用场地资源：加油加气站通常场地较大，屋顶、车棚和空地都可以用于安装光伏组件，充分利用了现有的场地资源。

加油加气站建设适度规模的光伏发电系统，可以实现经济效益和环保效益的双赢，对企业的长远可持续发展具有积极意义。除经济收益外，建设光伏发电还可提高加油加气站环保形象，符合社会发展理念，具有一定无形效益。

加油加气站建光伏需要一定前期投资，但通过电费节省、发电收益等，预计10年内可收回成本，之后便可持续获利。具体收益情况需根据项目实际规模、当地政策、电费水平等因素测算分析。光伏发电项目因其特性，在经济角度考虑存在多种不确定因素。但随着技术的发展，其成本在不断降低，效益在不断提高。目前，光伏发电的收益仅能靠节省外网用电及将余电上网售卖的形式获得收益。日后，随着碳排放的要求的不断提供，中国政府将不断出台新政策来限制企业的碳排放指标。而光伏发电项目因其绿色特性，可产生绿碳指标来抵消企业碳排放指标，可使企业在碳排放方面获得深远意义。

4 加油加气站光伏发电项目可行性

加油加气站建设光伏发电项目需要考虑到易燃易爆场所的特殊性以及投资回报的问题。光伏发电项目对于加油加气站来说可能存在一些风险和挑战，例如安全风险、技术适配性、投资回收周期等方面。因此，在考虑光伏发电项目之前，需要进行充分的评估和论证。

在光伏发电项目的规划和建设阶段，应该充分考虑到加油加气站的实际情况，包括场地条件、安全要求、电力需求等因素。可能需要进行安全评估和技术可行性分析，确保光伏发电系统的安全性和稳定性，以及与加油加气站业务的协调性。同时，还需要进行经济性评估，分析投资成本、运营成本以及预期收益，确定项目的可行性和回报周期。

在实际决策过程中，需要综合考虑各种因素，并根据具体情况做出相应的决策。可能需要与专业机构或顾问进行合作，共同制定出适合加油加气站的光伏发电解决方案，实现安全、可靠和经济的能源供应。

4.1 相关政策

中国政府出台了多项政策支持和鼓励加油加气站建设光伏发电系统：

（1）财政补贴政策：《可再生能源发展基金征收使用管理暂行办法》明确，太阳能光伏发电项目可享受国家可再生能源发展基金的补贴。不同地区补贴标准有所差异。如北京地区，建筑光伏可获得0.05元/(kW·h)的发电补贴。

（2）电价政策：《可再生能源发电全额保障性收购管理办法》规定，电网企业须全额收购光伏发电项目上网售电量，执行国家统一的上网电价。目前光伏发电上网电价约为0.5~0.6元/(kW·h)。

（3）税费减免政策：多地出台优惠政策，对光伏发电项目给予企业所得税、增值税、房产税等税费减免。如山东免征光伏项目房产税和城镇土地使用税。

（4）技术支持政策：鼓励开展光伏发电系统集成技术、智能化运维等关键技术攻关。各地出台相关扶持政策，资金补助、奖励等。

（5）碳排放政策：正在推行全国碳排放权交易市场，光伏发电可获得碳排放配额核证收益。部分地区还探索实施"可再生能源绿色电力交易"政策。

（6）金融支持政策：鼓励银行开发适合加油加气站光伏业务的融资产品。一些地方政府出台相关扶持政策，贷款贴息等。

（7）并网服务政策：多地要求电网企业为加油加气站等建设光伏发电项目简化并网审核手续，优先保障并网服务。

中国从财税补贴、绿证收益、金融支持等多方面为加油加气站建设光伏发电创造了良好的政策环境和激励措施，有利于推动该领域健康可持续发展。

4.2 技术支持

加油加气站建设光伏发电系统需要以下几方面的技术支持：

（1）光伏系统设计：需要专业的光伏系统设计人员，根据加油加气站场地条件、预期发电规模等，合理设计光伏阵列布局、支架角度、电缆走向等，同时选择合适的光伏组件、逆变器等设备，确保系统高效运行。

（2）并网技术支持：加油加气站光伏系统需要与当地电网实现并网，需要相关并网技术支持，包括并网保护设置、无功功率补偿、远程监控等，确保系统安全稳定并网运行。

（3）智能化运维技术：现代光伏电站需要智能化的运维管理系统，通过自动化监控及故障诊断等技术，提高运维效率、降低运营成本。需要相关的软硬件技术支持。

（4）储能技术：加油加气站常需应对临时断电情况，可考虑配套储能系统，需要储能变流技术、储能管理系统等支持，实现光伏发电与储能的高效耦合。

（5）清洁技术：加油加气站环境容易导致光伏组件受污染，需要相关清洁技术及设备支持，如自动清洁系统、无水清洁等，保证光伏组件清洁度。

（6）电气防护技术：加油加气站属于该防爆区域，对光伏系统电气部分需要严格的防爆、防雷等安全防护技术。

（7）现场施工技术：加油加气站场地条件特殊，对光伏系统现场安装、并网并机等施工作业有较高要求，需要专业的施工技术支持。

（8）绿色技术认证：部分地区或企业对光伏发电项目有绿色技术、产品认证要求，需要提供相应的技术支持和认证服务。

加油加气站光伏发电涉及专业环节较多，需要系统设计、智能运维、电力并网、安全防护、认证等多方面的技术支持，确保系统高效、安全、可靠运行。

4.3 相关案例

近年来，越来越多的加油加气站开始建设光伏发电系统，以下是一些成功的案例：

（1）中石化广东惠州站 2020 年，中国石化在广东惠州加油加气站安装了 60kW 的光伏发电系统，该系统年发电量可达 7.2×10^4kW · h 时，预计 10 年内可收回投资。该站还配有储能系统，可在停电时继续为加油设备供电。

（2）中石油河北保定站 2019 年，中国石油在河北保定的一座加油加气站建成 120kW 的光伏发电系统。屋顶和车棚安装光伏组件，预计每年可节省电费 10 余万元，5 年内回收成本。

4.4 维护保养需求

加油加气站建设的光伏发电系统需要定期维护，以确保系统高效稳定运行，主要维护工作包括：

（1）光伏组件清洁：加油加气站环境中，光伏组件容易被油污、灰尘等污染物覆盖，影响光电转换效率。需要定期清洗组件表面，建议至少每 6~12 个月进行一次专业清洁，使用无刷清洗设备或特殊清洁液。支架检查：定期检查光伏支架的固定情况，防止因风力、振动等原因导致松动或位移。及时补固支架螺丝等，确保支架稳固性。

（2）接线检查：检查光伏系统电缆线路和接线盒等，防止出现线路老化、绝缘遗失等安全隐患。必要时进行电缆更换。

（3）逆变器检修：逆变器是整个系统的核心部件，需要定期检查散热、软件升级、参数调试等，确保其良好运行状态。一般 3~5 年更换一次。智能监控系统维护：如果配置了智能运维监控系统，需要维护硬件设备，更新软件系统，处理故障报警等。

（4）防雷防护检查：检查避雷设施和接地装置的完好性，及时修复故障点，防止雷击导致系统损坏。

（5）综合检测：定期综合测试系统各参数，包括电流、电压、功率等，并分析数据，发现异常及时处理。

（6）安全检查：检查防爆、防尘、防腐蚀等安全设施，防止出现安全隐患。

加油加气站光伏系统的运维工作量较大，需要专业的维护团队定期实施，或外包给专业公司。只有保证了系统的高效安全运行，才能真正发挥其节能环保的效益。

5 结论

本文对加油加气站建设太阳能光伏发电的可行性及经济性进行了全面的分析。通过对建设成本、维护成本、收益来源以及其他相关因素的综合考量，得出以下结论：太阳能光伏发电对于加油加气站来说具有较高的可行性。随着太阳能技术的不断进步和成本的逐渐降低，光伏发电系统的建设成本已经大幅下降，使得其在加油加气站等商业用地上的应用变得更加具有吸引力。光伏发电系统能够为加油加气站带来可观的经济收益。通过将光伏发电系统产生的电力出售给电网或者自用，加油加气站可以在减少能源成本的同时获得稳定的收入来源。此外，政府的补贴和激励政策也为项目的经济性提供了有利支持。尽管光伏发电系统存在一定的建设和维护成本，但其长期的收益潜力和对环境的积极影响使得投资回报率仍然具有吸引力。特别是在可再生能源政策日益重视、能源价格波动大的情况下，光伏发电系统可以作为一种稳定的长期投资。此外，光伏发电系统的建设还有助于加油加气站提升企业形象，符合社会责任感和环保理念，可能带来额外的品牌效应和商业机会。

综上所述，加油加气站建设太阳能光伏发电是一项具有可行性和经济性的举措。然而，在实施过程中，需要充分考虑当地的政策环境、市场情况以及项目特点，进行全面的风险评估和经济分析，以确保项目的顺利实施和长期运营。

论一种进口开架式气化器(ORV)涂层的检测方法

吉 晶 李 强

(国家管网集团海南天然气有限公司)

摘 要 针对国内进口开架式气化器(ORV)涂层厚度依赖进口检测设备的弊端,提出了一种涂层检测方法,即通过电导率的原理,并通过一定方法对电导率仪进行调试,最终达到涂层测厚的目的。本文介绍了电导率仪测厚法的工作原理,详述了其控制要素。使用数学统计及分析方法,对数据进行拟合,将结果与直接测量数据进行比对,证明了其准确性与有效性。

关键词 进口;ORV;涂层;检测方法

随着备品备件国产化的推进,自主化测量开架式气化器(Open Rack Vaporizer,ORV)涂层厚度工作也变得尤为重要。绝大多数进口ORV涂层测量方式不能兼顾准确性与经济性,若不能精准测量ORV涂层厚度,任由ORV换热管裸露在海水中,ORV换热管会极易因点蚀腐蚀、剥落腐蚀或应力腐蚀开裂等局部腐蚀而被破坏。换热管腐蚀会降低ORV设备的强度性能,造成设备失效。因此探索一种新的测量进口ORV涂层厚度的方式显得十分紧迫,这对推进设备国产化进程具有重要意义。

本文制备不同基材的涂层试板,利用测试非磁性材料的电导率仪对涂层试板进行标定测量,得到涂层厚度与电导率的对应关系。利用所得涂层厚度与电导率的对应关系作为用电导率仪检测ORV涂层厚度的依据,对现役进口ORV涂层厚度进行了检测。

1 试验基材试板与仪器

1.1 基材与试板

1.1.1 基材

基材是指ORV设备选用的基础金属材质,因ORV设备特殊的运行工况,一般母材选用的材质为铝合金材质。目前国内进口ORV设备主流的试验基材试板如表1所示。

表1 试验基材试板

序号	材质	基材	数量
1	6063	翅片管	10
2	5083	集箱管	10

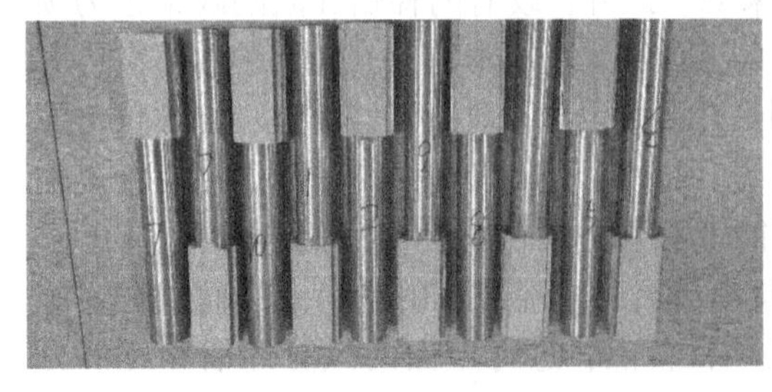

图1 试板图例

1.1.2 试板

试板是指选用ORV设备基材,并模仿ORV设备,喷涂一定厚度的Al-Zn涂层材质,并经过处理,具有标定涂层检测设备的作用,试板图例如图1所示。

1.2 仪器与测量方法

1.2.1 直接测量法

制作用于标定的涂层试板,直接测量法即使用传统的测厚工具使用千分尺等测量器具直接测量试板母材厚度尺寸、在母材上喷涂完涂层后的试板厚度等。当完成喷涂的试板厚度减去母材厚度，即可推算出涂层的厚度。

1.2.2　电导率仪测厚法

电导率仪测厚法测量为使用电导率仪测量试板喷涂面的电导率值。

其基本原理为：当载有交变电流的线圈(也称探头)接近导电材料表面时，由于线圈交变磁场的作用，在材料表面和近表面感应出旋涡状电流，此电流即为涡流。材料中的涡流又产生自己的磁场反作用于线圈，这种反作用的大小与材料表面和近表面的导电率有关。通过涡流导电仪可直接检测出非铁磁性导电材料的导电率。

本文选用 SIGMASCOPE SMP350 电导率仪。该电导率测试仪根据涡流相位法 DIN EN 2004-1 和 ASTM E 1004 测量电导率。这种方法允许无接触测量，即使隔着油漆或者厚达 500μm 的塑料涂层依然能准确测出材料电导率，此方法也几乎不受表面粗糙度的影响。

2　试验流程与操作步骤

2.1　试验流程图

试验流程如图 2 所示。

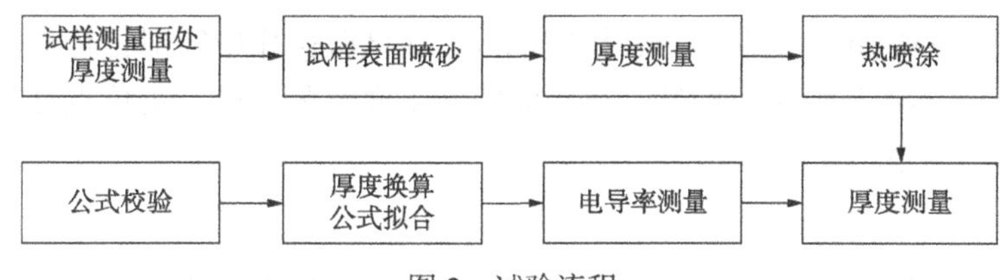

图 2　试验流程

2.2　具体步骤概况

2.2.1　仪器选型及组装

本次选用的涂层测厚仪品牌型号为 SIGMASCOPE SMP350。

2.2.2　原始试板制作及厚度测量

① 按照 ORV 材质制作相同牌号及形状的试板(板式试板)，各种材质试板数量不少于 10 件；清洁试件表面，要求无油污等杂质；明确试板喷涂加工面和标识面，并在标识面上标识试板编号；对试板标识面进行测量点标识及编号；按编号对各试板上的测量点进行厚度测量，并使用千分尺或游标卡尺记录。

② 试板表面喷砂处理：对各试板的加工面进行喷砂处理，表面粗糙度应满足 20μm≤Ra≤30μm。

③ 标记试验检测定位点：按照 50~500μm 范围设置各试板的喷涂涂层厚度要求并喷涂施工。

④ 测量喷砂后试板粗糙度、厚度、电导率：按编号对各试板上的测量点进行电导率测量，并使用电导率仪记录。按编号对各试板上的测量点进行厚度测量，并使用千分尺记录。

2.2.3　试板热喷涂

试板须进行热喷涂，以模仿 ORV 设备的真实状态。试板用于获取特定材料下涂层厚度与电导率值转换关系式，因此其喷涂厚度应进行严格控制。涂层厚度要求见表 2。

表 2　涂层厚度　　μm

第一组	试板编号	A	B	C	D	E
	涂层厚度	100	200	300	400	500
第二组	试板编号	O	P	Q	R	S
	涂层厚度	50	150	250	350	450

注：1、2 组实验均有 10 个试板，注意标记区分，涂层厚度单位 μm。

2.2.4 测量点标注

在每块试板标记检测点，测量粗糙度、厚度、电导率，记录数据变化；所获取的涂层厚度与电导率值关系转换式仅适用于与试验中所使用的电导率仪及试验材料。如电导率仪或材质发生更换，则需重新进行检测试验，获取新的转换关系式。

2.2.5 运用数学统计及分析方法，对数据进行拟合

根据涂层试验所获得数据，通过数学统计及分析方法对数据进行拟合，获得涂层厚度与电导率值的关系式，使用公式计算结果与直接测量数据进行比对。

2.2.6 注意要点

① 试板制备过程中需对试板标识面做好保护。

② 电导率仪每次使用前需按仪器使用说明书进行设置和校准。并且在使用过程中要求电导率仪相邻两次校准时间的间隔不超过30min。

③ 试验过程中需要对试板表面做好保护。

3 试验控制要素

3.1 试板标记控制要素

试板标记面为测量点定位用，该面标有相应记号，在试验操作中需对标记做好保护。试板喷涂面为标记面的背面，是本次试验进行喷砂、热喷涂的施工面及测量面。定位点尽量选靠在试板中心位置，边缘位置电导率测量易出现偏差。

3.2 喷砂控制要素

按施工工艺对试板测量表面进行喷砂处理，喷砂后每个试板喷涂面上选取至少3处位置进行粗糙度测量，且每处所测的粗糙度都应满足20μm≤Ra≤30μm要求。

3.3 电导率测量控制要素

电导率仪设置探头频率60kHz，按仪器说明书对仪器进行校准。翅片管试板组每块试板平面段测量3个点，光管段测量6个点，其他组试板每块试板测量8个点。测量时探头应平稳地置于试板表面的测量部位上，探头应与测量面紧密接触。测量时手持探头时间尽可能短，不得用手触摸探头端部、标块和试板表面。电导率仪相邻两次校准操作的时间间隔不得超过30min，且根据仪器的使用和测量情况酌情缩短仪器校准的间隔时间。

4 实验结果

4.1 翅片管(6063)试板检测结果

测量所得的翅片管金属涂层厚度与电导率值见图3。在测量涂层厚度范围内，涂层厚度与电导率近似线性关系，并可得到y坐标轴涂层厚度与X坐标轴电导率的拟合公式。

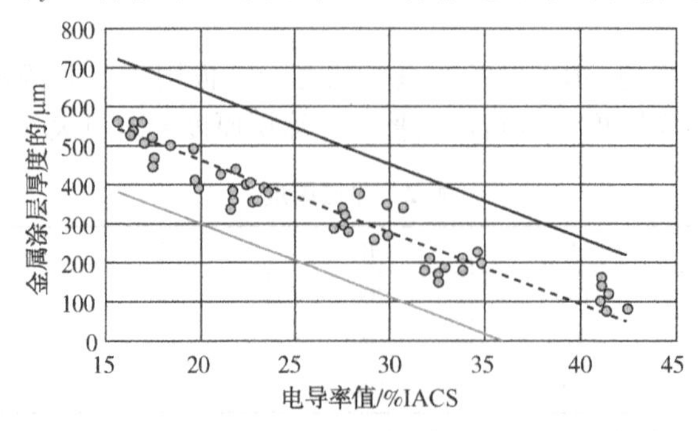

图3 翅片管电导率值与金属涂层厚度

4.2 集合管(5083)试板检测结果

测量所得的集合管金属涂层厚度与电导率值见图4。在测量涂层厚度范围内，涂层厚度与电导率近似线性关系，并可得到y坐标轴涂层厚度与X坐标轴电导率的拟合公式。

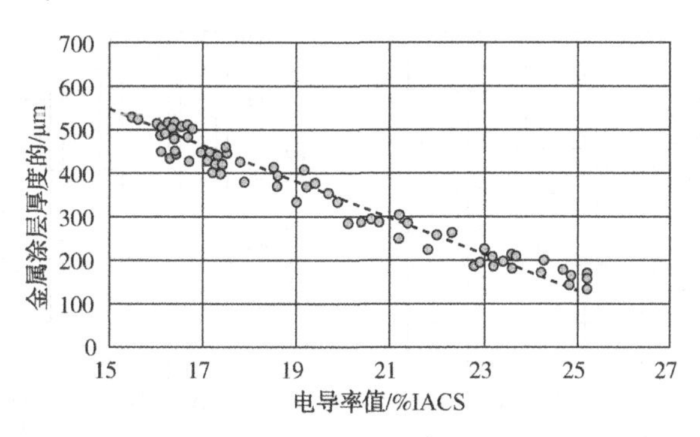

图4 集合管电导率值与金属涂层厚度

4.3 制作涂层厚度与电导率对照表

通过拟合公式，制作电导率与涂层厚度对照表，因使用电导率仪测量涂层厚度时，出来的为电导率，因此，还需通过涂层厚度对照表，方能对照出相应的实际涂层厚度值

4.4 ORV面板涂层厚度检测方式

涂层厚度检测按图5所定义的面板编号及翅片管编号进行记录。如图6所示为换热面板A侧，背面为换热面板B侧。对ORV气化器关键区域(下集合管及翅片管下端光管段)进行了涂层检测。

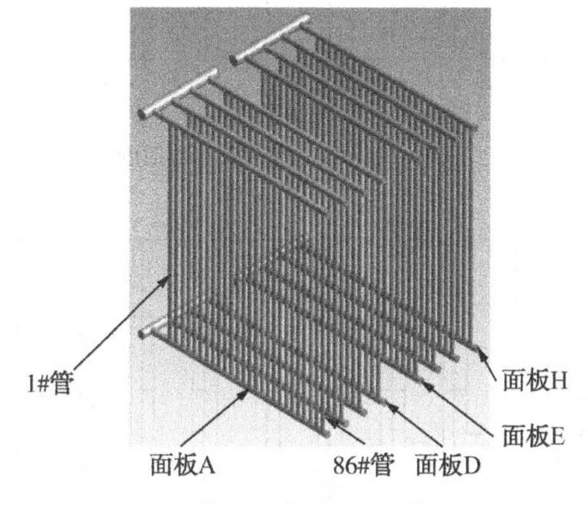

图5 ORV换热面板及翅片管编号示意

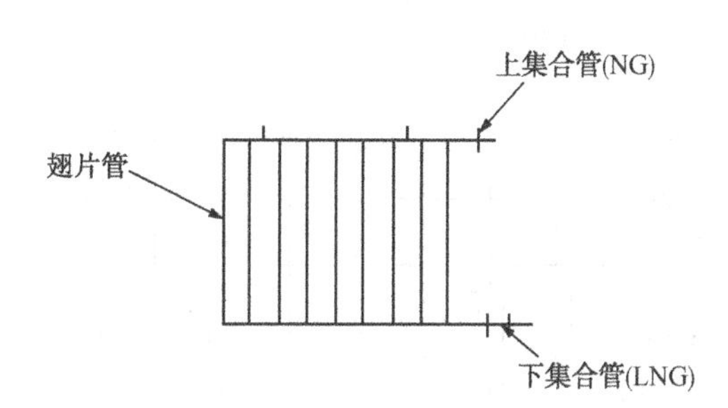

图6 换热面板A侧定义示意

4.5 实验数据及分析

如图7所示，使用调试完成的电导率仪对开架式气化器(ORV)各面板涂层进行现场涂层检测测试，并记录涂层厚度检测结果。经原涂层检测设备复核，与本次完成标定的电导率仪检测的结果一致。

5 结论

经仪器标定试验检测以及耦合曲线分析，并经现场复测，本次选用的SIGMASCOPE SMP350电导率检测仪满足ORV产品涂层厚度检测功能。具备涂层检测及修复试验所需使用条件。

目前国内测量进口ORV涂层有许多种方式，其中磁性测厚法测量精度高但容易受基材材质及其表面粗糙度和几何形状的影响；超声波测厚法一般价格昂贵、测量精度不高；放射测厚法所用仪器价格昂贵，且仅适用于一些特殊场合。而电导率检测仪则满足ORV产品涂层厚度检测功能，兼具经济性及检测的便利性。而利用电导率测厚理论，制作标量试板，选择合适的测厚仪，并使用合理的方法进行调试及涂层检测，这能很好的摆脱进口单一涂层检测品牌设备对我们ORV涂层检测工作的限制，这对推进设备国产化进程具有重要意义。

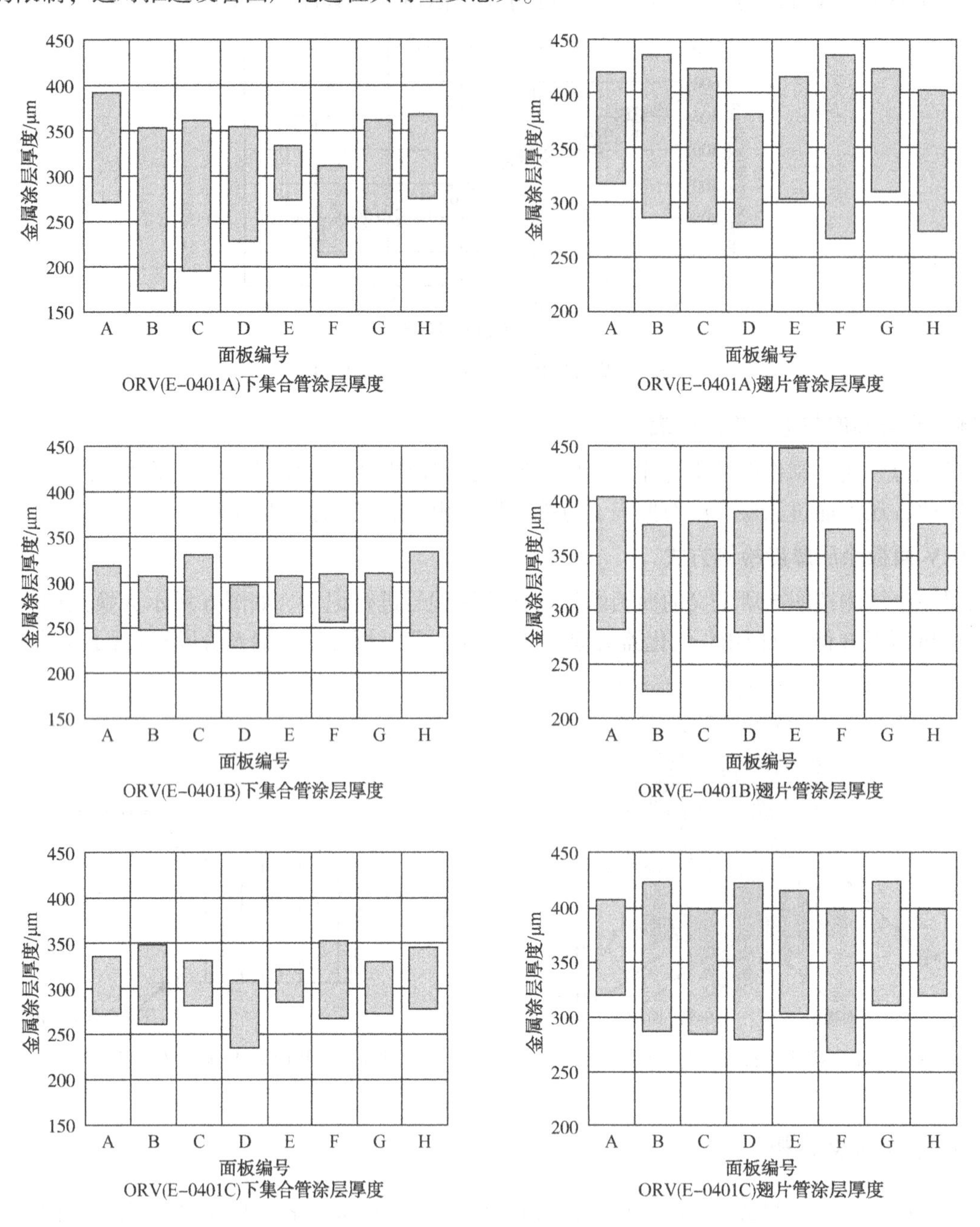

图7　现场涂层检测测试结果

参　考　文　献

[1] 沈功田，李建，潘际銮，等．基于传递函数的脉冲涡流检测方法、装置及存储介质：CN109632947B[P]. 2022-12-02.

[2] 陈兴乐，厉静雯，王兆晖．一种带包覆层铁磁管道壁厚腐蚀的脉冲涡流检测方法：CN109521087B[P]. 2022-10-04.

[3] 陈兴乐，牛航．一种不锈钢管壁厚脉冲涡流检测方法及装置：CN113310394B[P]. 2022-10-04.

[4] 徐志远．带包覆层管道壁厚减薄脉冲涡流检测理论与方法[D]. 华中科技大学，2012.

[5] 张莹，籍康．一种用于壁厚检测的脉冲涡流传感器：CN106441068A[P]. 2017-02-22.

[6] 康宜华，张继楷．一种钢管剩余壁厚磁化脉冲涡流测量方法与装置：CN106289042A[P].2017-01-04.
[7] 陈成波．油气集输站场工艺管道腐蚀剩余壁厚检测方法研究[D]．西南石油大学，2017.
[8] 李大伟．管道远场涡流检测实用技术仿真与试验研究[D]．燕山大学，2017.
[9] 张伟，师奕兵，王志刚，等．一种利用电磁涡流法检测金属管道壁厚的方法：CN108871174A[P].2018.
[10] 柯海．脉冲涡流测厚信号斜率法研究[D]．华中科技大学.2013.
[11] 李威．钢板脉冲涡流测厚信号互相关处理方法及软件开发[D]．华中科技大学，2020. DOI：10.27157/d.cnki.ghzku.2020.003866.
[12] 高辉．开架式气化器(ORV)设备振动检测与评价[J]．化工时刊，2020.34(09)：7-10. DOI：10.16597/j.cnki.issn.1002-154x.2020.09.002.
[13] 杨宏泰.LNG 接收站安全系统的设计[D]．华东理工大学，2014.
[14] 王立国.LNG 接受站工艺技术研究[D]．东北石油大学，2013.
[15] S·林德．厚度和电导率的电磁测量方法与装置：CN，CN1906458 A[P].
[16] 吴静，张敬雯，刘续扬，等．金属导体表面金属涂层的厚度及电导率检测方法及装置，CN111595232A[P].2020.
[17] 庄芳，赵世亮，李培越．大型开架式气化器的研制[C]//中国液化天然气.
[18] S·林德．用于测量测量物体的厚度和电导率的方法及装置：CN，CN1910426 A[P].
[19] 李晟，王延枝，段天应，等．开架式气化器表面防腐工程研究[J]．化工管理，2021(28)：137-138. DOI：10.19900/j.cnki.ISSN1008-4800.2021.28.063.
[20] 刘景俊，张大伟，王剑琨，等．开架式气化器换热管腐蚀影响因素分析[J]．材料开发与应用，2022，37(03)：57-60. DOI：10.19515/j.cnki.1003-1545.2022.03.001.
[21] 沈立龙，董洋，罗龙清，熊群峰．低温工况下不锈钢管壁厚的脉冲涡流检测[J]．煤气与热力，2021，41(03)：21-23+95-96.
[22] 曾伟，王良军，吴永忠，胡锦武，刘新凌．开架式海水气化器(ORV)涂层失效分析[J]．全面腐蚀控制，2015，29(04)：36-38+13. DOI：10.13726/j.cnki.11-2706/tq.2015.04.036.03.
[23] 张韶．粤东 LNG 气化器 ORV 的方案选择及技术要素的分析[J]．中国新技术新产品，2011(24)：4-5. DOI：10.13612/j.cnki.cntp.2011.24.003.
[24] 蔡勤，李继承，戚政武，陈英红，向安，黄豹．基于脉冲涡流(瞬变电磁)技术的带包覆层压力管道壁厚检测研究[J]．热加工工艺，2023，52(02)：21-26. DOI：10.14158/j.cnki.1001-3814.20212023.

27 万 m^3 LNG 储罐钢穹顶施工工艺

孙　军

（中石化第十建设有限公司）

摘　要　$27 \times 10^4 m^3$ LNG 储罐穹顶为直径 98.4m 的单层球面网壳结构，属于大跨度钢结构，共有 120 根径向梁、9 圈环向梁组成，重量为 1200t，必须在地面进行组装后采用气顶升的方法进行钢穹顶整体安装。相比传统穹 LNG 储罐钢穹顶施工方法，$27 \times 10^4 m^3$ LNG 储罐钢穹顶施工工艺，重新进行钢穹顶模块化研究、分析，优化了钢穹顶分片模式，具有提高功效，便于组织施工机具人员，降低安全风险等优点。$27 \times 10^4 m^3$ LNG 储罐穹顶气顶升，过程中依据模似曲线和报警红线及时调整偏差，确保气顶升精度；使用无线自动测量和数据传输系统，提高测量精度与传输效率；采用数字化风机调节系统，控制顶升速度。

关键词　$27 \times 10^4 m^3$ LNG 储罐；钢穹顶施工；模块化；气顶升

1　引言

目前 LNG 储罐钢穹顶预制普遍采用"大片"+"小片"的方式，但 $27 \times 10^4 m^3$ LNG 储罐穹顶片跨度增大到 46.5m，高度也增加到 13m，整体重量增加到 1218t，常用的"大片"+"小片"预制中，大片的吊装势必要选用更大吨位的吊车、吊装锁具，吊装作业风险也会相应提升，为此，对 $27 \times 10^4 m^3$ LNG 储罐钢穹顶模块化预制重新研究、分析，采用 A、B 片预制，能大大降低吊装风险，减少罐内安装作业工程量，降低罐内交叉作业风险。

2　钢穹顶施工工艺流程

钢穹顶施工工艺流程如图 1 所示。

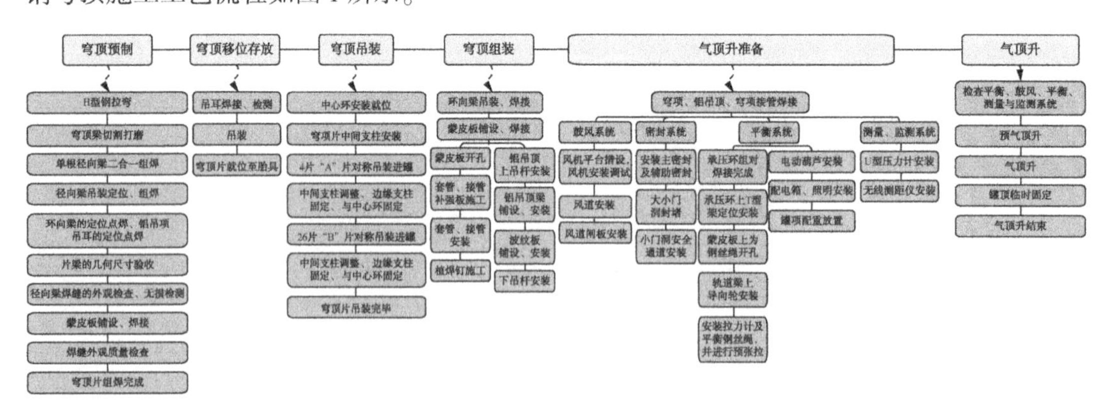

图 1　钢穹顶施工工艺流程

3　钢穹顶预制

3.1　钢制穹顶分片形式

钢制穹顶分片形式如图 2 所示。

3.2 穹顶梁预制

穹顶梁分别由径向梁、环向梁组成，顶弯采用液压冷顶弯工艺进行加工。

3.3 轨道梁的预制加工

轨道梁的弧度预制采用和穹顶梁同样的加工工艺，轨道梁的加工中心半径按相应图纸的具体要求进行预制。

3.4 顶梁切割打磨及钻孔

穹顶梁部件采用地面平台预制、切割下料，完成后必须用砂轮机打磨切割部位，去除，并在穹梁上做好标识移植。

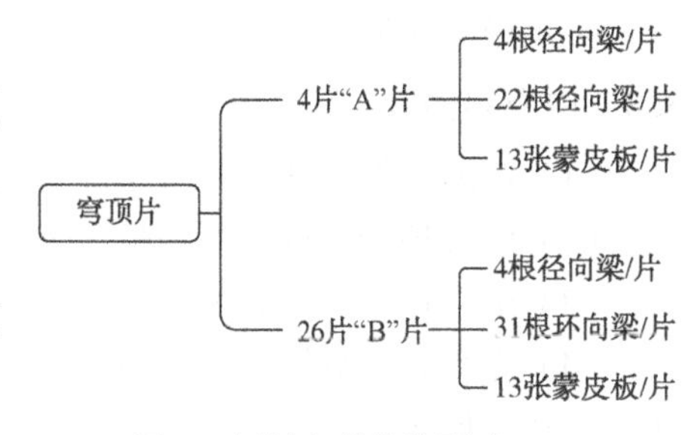

图 2　钢制穹顶分片形式

3.5 穹顶片梁组装

(1) 穹顶片梁将在预组装区内的胎具上进行组装。存放胎架宜均布在储罐四周，方便穹顶块的安装；胎具应保证片梁的球面几何尺寸。

(2) 按图纸尺寸放样，确定穹顶各构件的位置和尺寸。

(3) 把穹顶分成 30 片穹顶片进行预制，分为 4 片穹顶片 A 与 26 片穹顶片 B，见图 3、图 4。

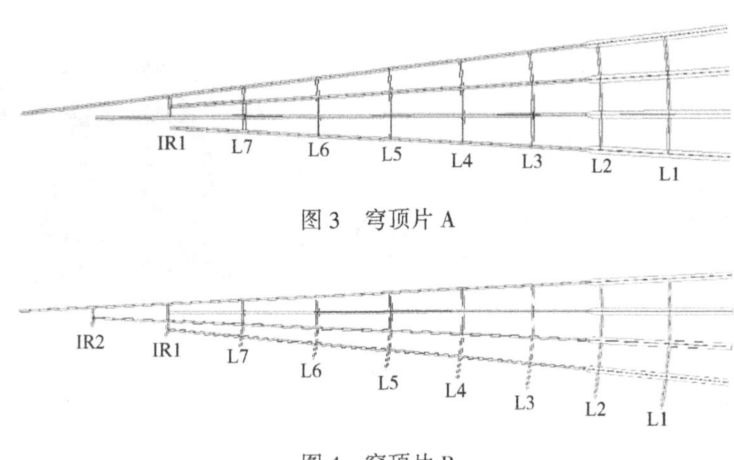

图 3　穹顶片 A

图 4　穹顶片 B

3.6 穹顶片组焊

(1) 按照设计尺寸，对型钢进行下料。

(2) 先进行径向梁组对焊接，为减少焊接过程中的变形量，径向梁对接焊缝焊接时应先上、下翼缘板的焊接，最后焊接腹板。

(3) 径向梁整体组焊完成后，方可进行环向梁的安装。环向梁的定位以每根径向梁的末端为基准。环向梁安装过程中注意校对每个环向梁所在位置的弦长，同时测量对角线保证整个穹顶片的几何尺寸符合要求。

(4) 径向梁的对接焊缝以及径向梁与环向梁上、下翼板的对接焊缝，径向梁的腹板与环向梁的腹板之间的角焊缝，焊接质量应满足图纸及规范要求。

(5) 穹顶骨架梁焊缝全部焊接并检测合格后，进行蒙皮板的铺设、焊接。

3.7 蒙皮板铺设、焊接

(1) 根据方案及图纸要求，进行蒙皮板铺设。

(2) 蒙皮板的铺设顺序从穹顶片的大端向小端进行铺设，蒙皮板与梁的搭接尺寸及焊接形式严格执行施工图纸要求。

(3) 蒙皮板铺设、组对、点焊完成后，先进行蒙皮板下表面的焊接，再进行蒙皮板上表面的焊接。从大端向小端分段对称进行爬坡焊，焊接顺序采用退步断焊的方法，焊接过程中焊工应均匀分布，防止局部变形。

3.8 中心环预制

（1）依据图纸尺寸和技术条件要求进行中心环构件的预制。

（2）中心环的组成：上缘板、下缘板、腹板、筋板、连接角钢、中心管。

（3）中心环采用反向组装法进行组装，即组装完成后中心环的上翼缘板在下方。

（4）先组装上翼缘板，然后组装筋板，再组装腹板，最后组装下翼缘板，主体组装完成后，再继续组装其他构件。

（5）下翼缘板组装前，将下翼缘板与腹板相交处的对接焊缝提前进行焊接、磨平。

（6）组装时注意控制下翼缘板的坡度。

（7）焊接时，在腹板外侧增加24块防变形板，防止焊接变形。

3.9 钢穹顶预制示意图

钢穹顶预制示意图如图5所示。

图5 钢穹顶预制示意图

4 钢穹顶移位存放

4.1 重心计算

穹顶片移位采用履带吊，此处以A型片为移位对象来进行演示。通过计算穹顶片重心位置如图6所示。

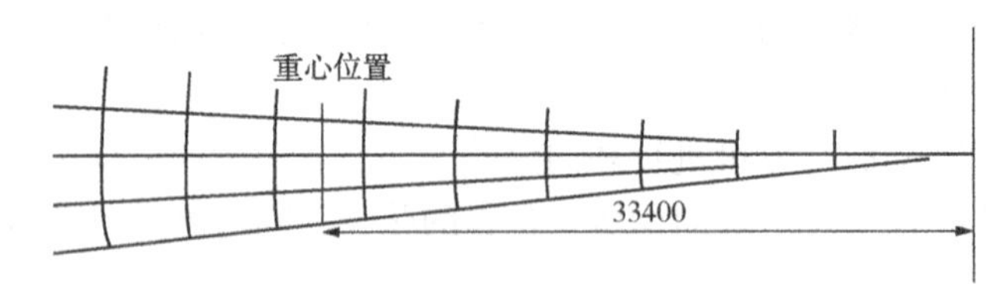

图6 穹顶重心位置

穹顶片梁移位、存放的过程中，在其四个角分别设置溜绳，以保持整个过程的平稳。

图7 吊耳样式图

4.2 吊点选择

A、B型片共设6个吊点，大端2个吊点选择在第2圈环向梁处，重心位置设置2个吊点，小端2个吊点选择在第6圈环梁处。

4.3 吊耳选择

根据《化工设备吊耳设计选用规范》HG/T 21574—2018，选择如图7所示的吊耳。

4.4 吊装工具选择

钢丝绳直径为：$\phi36$，形式 type：6×37S+FC

公称抗拉强度：1670MPa，钢丝绳共六根。

在穹顶片上设置 6 个吊点，在穹顶片大端使用 2 个 10t 的手动葫芦，用于调节其平衡。

4.5 吊装前的准备工作

（1）穹顶片移位前，应检查履带吊行走路线的地基情况，确保平整并满足使用要求。

（2）对参与此次移位、存放的所有人员进行作业前技术安全交底。

（3）对所有焊接完成后的吊耳焊接质量进行逐一检查，并进行 PT 检测，合格后方可进行吊装。

（4）对所有工装的焊接质量、履带吊的车况、吊装机具进行联合检查，合格后方可吊装。

（5）清除行走路线范围内所有影响穹顶片移位的障碍物。

（6）提前与现场施工的塔吊司机沟通，防止作业过程中吊臂相碰。

（7）现场风速达到 6 级风及以上时，禁止吊装。

（8）涉及路过地下管线的区域，要在移位前进行管线位置标记，同时在经过的地下管线上方用钢板进行覆盖，避免造成破坏。

4.6 移位、存放步骤

（1）穹顶片吊装时，当穹顶片上升，整体离开预制胎具 1m 以上时，停止升高；然后将穹顶片旋转至吊车行走方向的正前方，检查穹顶片的吊装角度；最后吊车行走进行移位，直至穹顶片存放到指定的胎具上。

（2）每个胎具均存放 5 片穹顶片，且要按规格进行分类摆放，共需要 6 个胎具。

（3）每个穹顶片在摆放时，在穹顶片之间应垫上支柱（$\Phi168*8$，$L=300$mm）进行隔离，以免吊耳被损坏，支柱摆放的位置为存放胎架立柱的正上方。

（4）穹顶片在摆放时应摆放整齐，路基应夯实平整，以防地基下陷或穹顶片倾斜滑落。

4.7 钢穹顶移位存放示意图

钢穹顶移位存放示意图如图 8 所示。

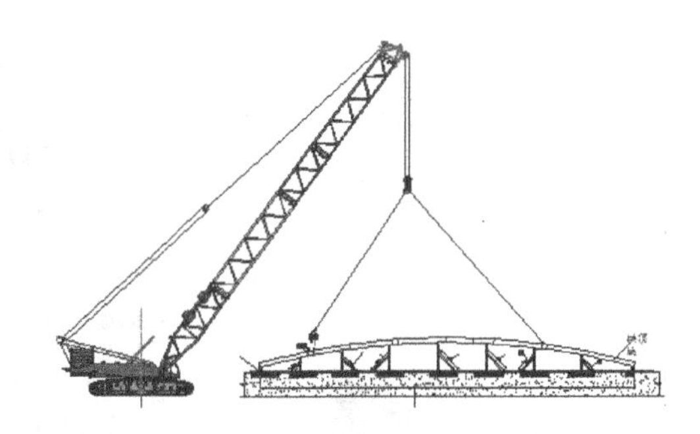

图 8　钢穹顶移位存放示意图

5 钢穹顶吊装

5.1 穹顶吊装工装安装

（1）穹顶工装由中心支柱、中间立柱、边缘立柱组成。根据图纸及现场情况，一台 $27\times10^4 m^3$ LNG 储罐穹顶吊装需要中心立柱 1 套，中间立柱 60 套，边缘立柱 120 套。

（2）穹顶吊装工装示意图如图 9 所法。

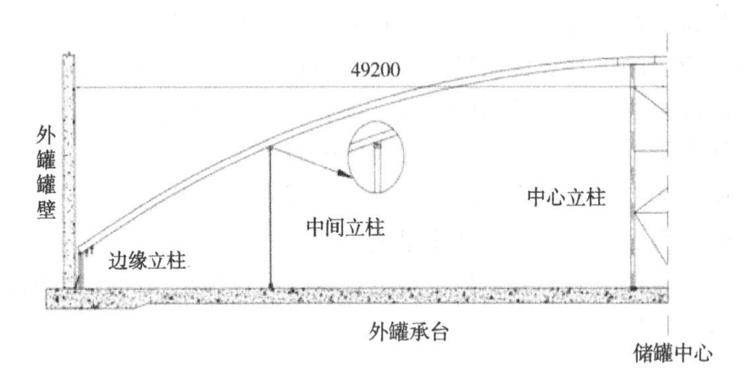

图 9 穹顶吊装工装示意图

5.2 边缘立柱安装

（1）用全站仪进行边缘立柱定位，安装边缘立柱，将边缘立柱的中心线与定位线重合，用水平尺调整校正边缘立柱的垂直度。

（2）用 H 型钢，将边缘立柱与储罐外罐壁内侧衬板预埋件焊接固定。

（3）边缘立柱安装焊接完成后，用水平仪将边缘立柱的顶标高统一找齐，确保满足图纸要求后，将边缘立柱的顶部垫板焊接在边缘立柱上。

（4）为提高边缘立柱的整体强度和稳定性，将边缘立柱连接固定。

（5）边缘立柱示意图如图 10 所示。

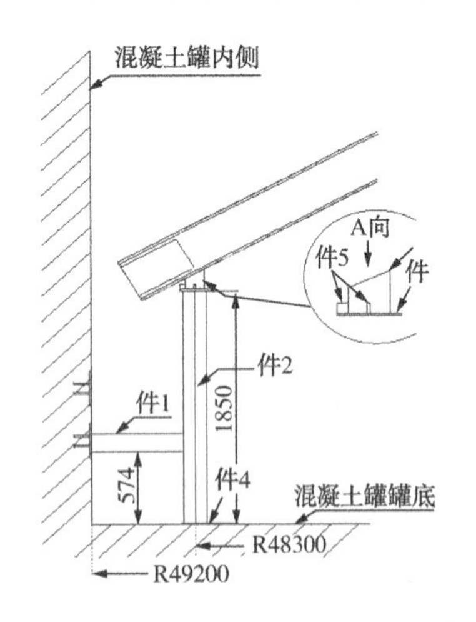

图 10 边缘立柱示意图

5.3 中间立柱安装

（1）在穹顶片吊装进罐前将中间立柱用螺栓与提前焊接在穹顶片下方的吊耳连接在一起，使中间立柱与穹顶片一起吊装就位。

（2）中间立柱示意图如图 11 所示。

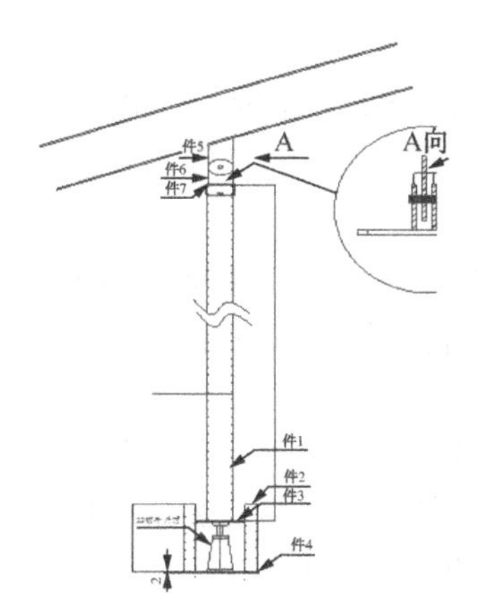

图 11　中间立柱示意图

5.4　中心立柱安装

安装中心临时立柱及平台。在罐的中心设置一个穹顶中心环梁的支撑平台，平台使用 5mm 厚钢板铺设。平台上必须设置安全门，平台下方使用∠75×8 的角钢做横梁，横梁与立柱(无缝钢管 273 * 10)采用焊接方式连接，平台板之间焊接和平台板与横梁焊接都采用分段跳焊焊接，立柱及平台形式见图 12。

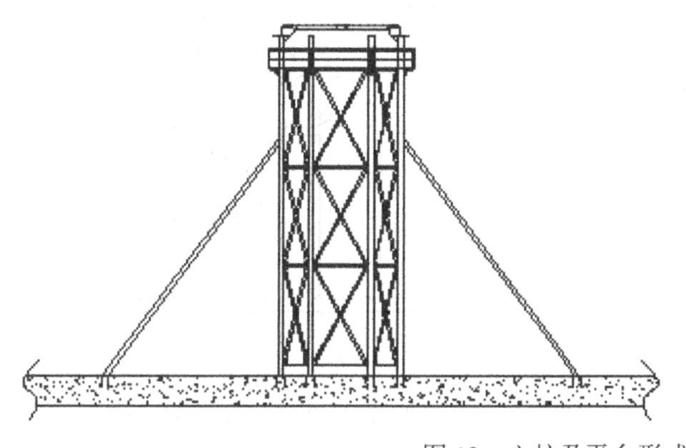
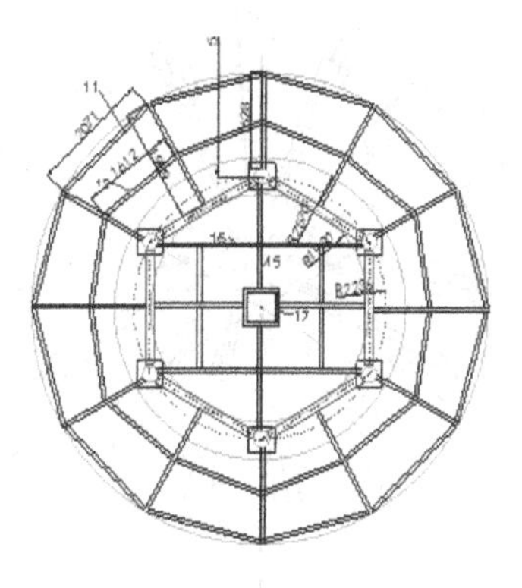

图 12　立柱及平台形式

5.5　中心环安装

(1) 进行中心环的吊装，调整中心环的位置和角度，使中心环的中心与储罐基准点中心相一致，并保证中心环上的螺栓孔与径向梁上的螺栓孔方位一致。

(2) 用水平尺将中心环上表面调整校验水平后，将中心环与中心支柱的立柱进行焊接固定。

(3) 中心环安装示意图如图 13 所示。

图 13　中心环安装示意图

5.6　穹顶片吊装就位

(1) 穹顶片必须对称进行吊装，待 A 型穹顶片吊装完成后，再进行 B 型穹顶片吊装。使用履带吊按照图 14 的顺序进行吊装、安装。

(2) 吊装现场拉设警戒绳设置警戒区，并安全监护人负责警戒，严禁无关人员进入吊装现场。

(3) 拴好溜尾绳，以便更好的控制吊件。做好吊装前各项检查确认。

(4) 穹顶片大端采用钢丝绳、倒链、卸扣与吊耳连接的形式(使用 $\phi32$ 的钢丝绳作为保护绳)；小端采用钢丝绳、卸扣直接与吊耳连接；中间采用钢丝绳、卸扣直接与吊耳连接。

（5）穹顶片吊装时，当穹顶片吊装高度离开存放胎具 0.5m 以上时，停止升高；然后将穹顶片旋转至履带吊行走方向的正前方，停止旋转，通过倒链调节钢丝绳的长度，调整检查穹顶片的吊装角度，然后吊车行走进行移位。

（6）吊车移动至吊装位置，提升穹顶片，当穹顶片整体高度高于罐壁墙体钢筋至少 1m 处时停止提升，旋转穹顶片至其尾端偏离罐内壁 2m 时，停止旋转，将穹顶片下落就位。当穹顶片下落低于多卡模板时，将穹顶片移动至片梁安装位置的正上方。

（7）当穹顶片移动至安装位置正上方后，吊车缓慢落钩，待穹顶片距安装位置上方 200mm 时，停止落钩。通过预先设置的 2 根遛绳（遛绳固定在两端），使穹顶片与安装角度吻合后，缓慢落钩穹顶片小端安装于中心环上，穹顶片和中心环连接时，先用螺栓临时连接，等组对时在调节螺栓，然后缓慢落钩安装穹顶片大端于边缘立柱上，重心位置处的中间立柱就位后，如图 15 所示在两槽钢之间用千斤顶将中间立柱顶升到理论的位置后，并将中间立柱与槽钢焊接固定，完成整片穹顶片的安装和固定。摘钩时小端使用液压升降机进行，大端摘钩人员至穹顶片上进行。其余穹顶块的吊装重复以上步骤。

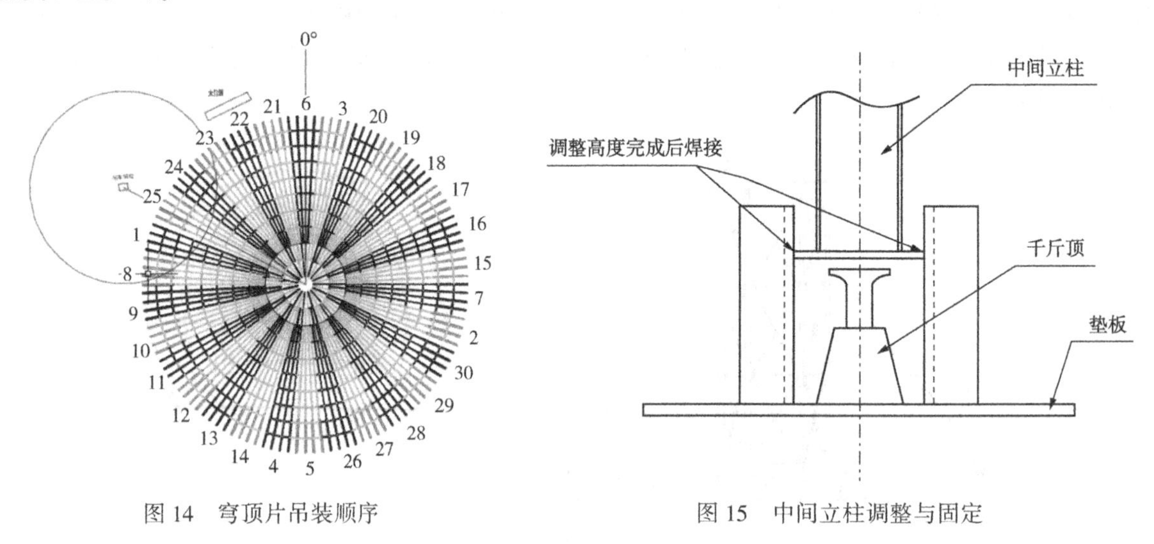

图 14　穹顶片吊装顺序　　　　图 15　中间立柱调整与固定

（8）穹顶片吊装完毕后，由储罐周边塔吊完成剩余穹顶梁的安装和蒙皮板的铺设。

（9）穹顶片吊装示意图如图 16 所示。

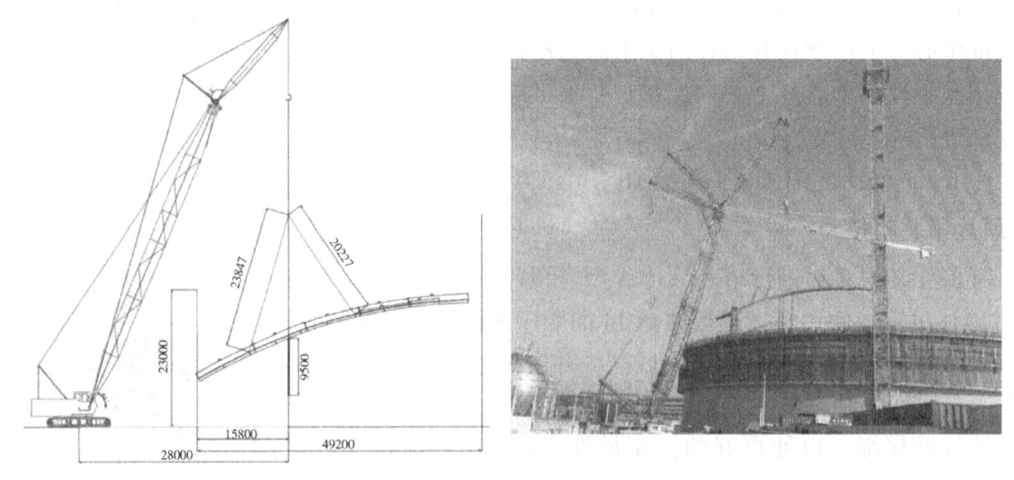

图 16　穹顶片吊装示意图

图 16　穹顶片吊装示意图(续)

6　组装式铝吊顶安装

(1) 组装式铝吊顶安装示意图如图 17 所示。

图 17　组装式铝吊顶安装示意图

(2) $27 \times 10^4 m^3$ LNG 储罐组装式铝吊顶施工能够实现传统焊接式吊顶的所有功能，充分利用梁的抗弯强度，保证了吊顶的承载能力，提高了整体安全系数；采用工厂预制+模块化安装的施工方法，提高了铝吊顶的安装精度，平整度好。新型组装式铝吊顶无需现场焊接工作，改善了工作环境，提高了工作效率，大大缩短了现场施工工期。

(3) 根据内罐吊顶布置图、内罐吊顶框架图将吊顶中心点，0°、90°、180°、270°线在罐底标注出来。

(4) 测量罐底标高，为框架安装做准备。

(5) 吊顶的加工工序在加工厂制作完毕，现场进行组装作业。组装作业主要分为四个步骤。

① 施工前的准备工作，包括罐底放线，标高测量；

② 吊杆安装；

③ 吊顶框架组装安装；

④ 吊顶波纹板安装，管道套管及通气孔、人孔等安装。

7 气顶升准备

7.1 气顶升示意图

气顶升示意图如图 18 所示。

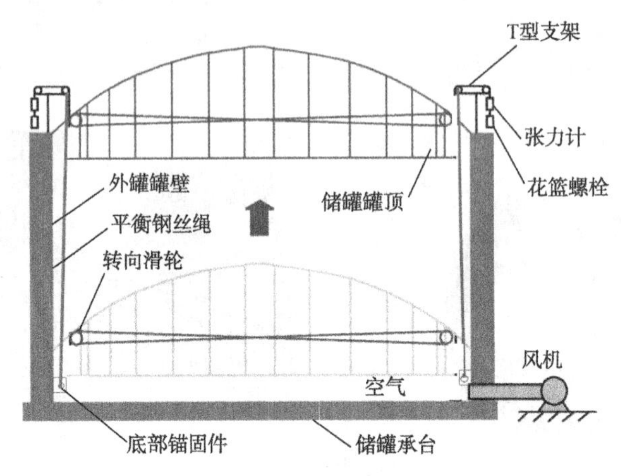

图 18　气顶升示意图

7.2 穹顶气顶升系统组成

穹顶气顶升由平衡系统、密封系统、鼓风系统、测量与监测系统四大系统组成。

7.3 平衡系统安装

平衡系统安装如图 19 所示。

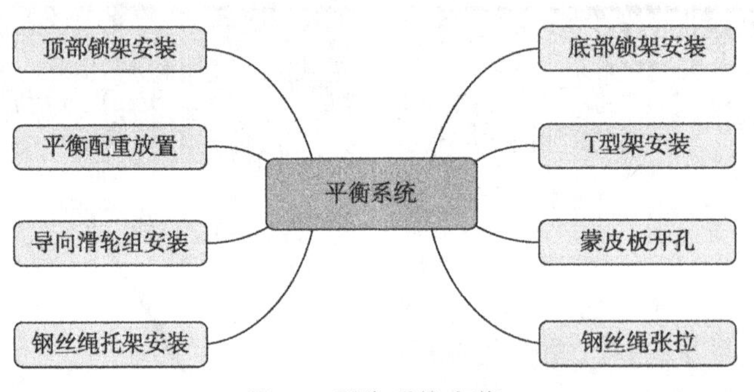

图 19　平衡系统安装

（1）将 30 个 T 型架均布组焊到承压环斜向板上，焊角高度至少 8mm；T 型架与承压环斜向板的焊缝做 100%PT 检测。

（2）从顶部 T 型架的外侧放下线坠，或用全站仪引出半径，在蒙皮板上做上标记，然后在蒙皮板上开一个直径 30mm 的长圆孔，安装焊接保护套管，套管焊角高度为 6mm，套管外沿外扩呈喇叭形，防止割伤钢丝绳。

（3）在 T 型架钢丝绳垂直承压环环板位置，使用 12mm 厚钢板焊接在承压环上形成顶部锁架锚点。

（4）在距离罐底上表面 750mm 的罐内壁位置，使用 10mm 厚钢板焊接在衬板环向预埋件上形成底部锁架锚点。

（5）安装平衡钢丝绳，从顶部锁架依次穿过蒙皮板—第一组滑轮组—对面滑轮组，最后固定到底部锁架上。

(6) 为避免平衡系统钢丝绳下沉、缠绕，在铝吊顶中心位置安装一个半径为 2.3m 的平衡系统钢丝绳的托架；托架立柱底部采取保护措施，避免直接与铝板接触。

(7) 钢丝绳全部固定完毕后使用拉力计和倒链对称安装平衡钢丝绳，将钢丝绳的初始拉力调整为 9000N，在 0°、90°、180°、270°钢丝绳位置上分别安装 1 个拉力计。

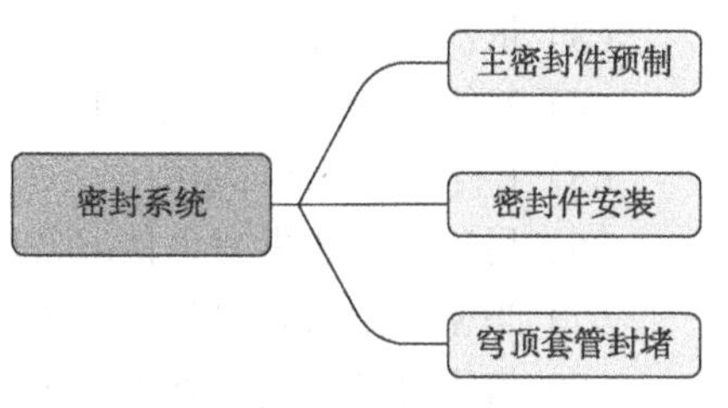

图 20　密封系统安装

7.4　密封系统安装

密封系统安装如图 20 所示。

(1) 主密封板(镀锌铁皮，厚度 0.75mm)，主密封板之间搭接量为 100mm，用临时工装(龙门板、楔子)固定在蒙皮板下表面，安装完成后防止楔子松动，将楔子点固焊在蒙皮板上。辅助密封宽度为 360mm，与主密封搭接尺寸为 160mm。

(2) 气顶升前安装套管，套管标高应预留 50~100mm，使用 E309L 焊条焊接临时盲板，顶升后，切割掉临时盲板。

7.5　鼓风系统安装

鼓风系统安装如图 21 所示。

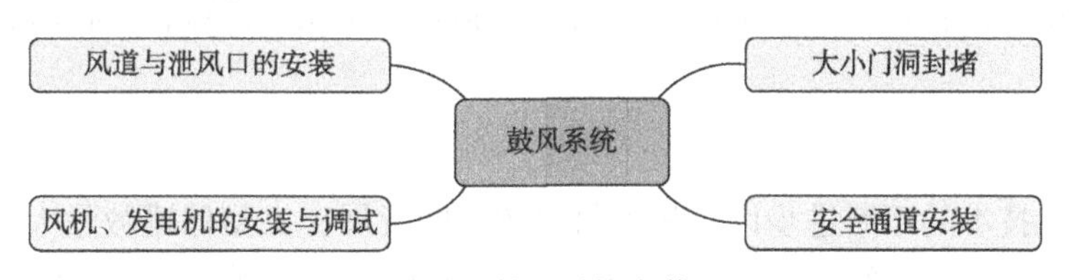

图 21　鼓风系统安装

(1) 采用厚度 12mm 的钢板与埋件之间进行焊接固定，将大小门洞进行封堵，焊接采用断续焊，焊 100mm 隔 300mm；并用 HW150 型钢和-100 * 6 的扁钢在钢板外侧焊接加固。

(2) 焊接完成后，将密封板与埋件焊缝涂抹密封胶，减少风量损失。

(3) 小门洞设置太空舱临时通道，设置两道门，出入门采用内开门，用于平衡储罐内外部的压力，门缝处安装橡胶皮密封，尽量减少风量损失。

(4) 风机下方铺设 12mm 厚钢板，在钢板上焊接临时卡具，将风机进行固定，风机与风道之间采用软连接。

(5) 对风机、发电机进行调试，试运转时间不得小于 30min。

7.6　测量与监测系统安装

测量与监测系统安装如图 22 所示。

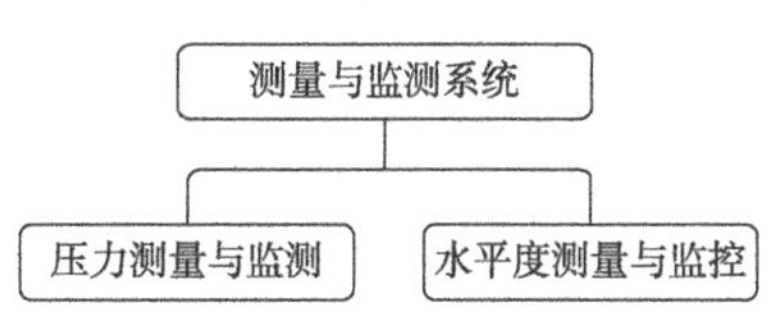

图 22　测量与监测系统安装

(1) 在罐顶指挥现场和大门洞风机操作现场附近，分别安装一台“U 型管”压力计，便于指挥人员观察压力。

(2) 使用无线自动测量传输系统，在罐顶 0°、90°、180°、270°四个位置分别设置 1 个无线测量传感器，远程电脑数据自动传输，能够高效精确地完成气顶升高度、速度等关键数据的测量、传输、计算。

8　气顶升

8.1　预顶升

(1) 依次启动 2 台发电机。

(2) 气顶升要在现场总指挥命令下开始进行。

（3）依次启动2台风机。

（4）2台风机闸板缓慢打开。

（5）1台风机做调节用。

（6）另1台风机做紧急情况备用。

（7）当密封附着在混凝土墙体上时，对照计算，检查罐内压力。

（8）检查穹顶脱离状态下，闸板的开合度。

（9）在平均速度为100mm/min的条件下，将穹顶缓慢上升到1m。

（10）将穹顶悬停，检查平衡压力、闸板开合度。

8.2 正式气顶升

（1）以100~200mm/min的速度继续吹升穹顶，上升到5m距离后进行检查，检查合格后、现场无突发情况下，继续顶升。

（2）以260~390mm/min的速度连续吹升穹顶(最大速度不超400mm/min)，直至达到最后3m。

（3）以200mm/min的速度连续吹升穹顶，直至最后500mm。

（4）以100mm/min的速度连续吹升穹顶，直至穹顶蒙皮板与承压环接触。

（5）在穹顶接触到承压环环板之前稳住穹顶。

（6）穹顶与承压环接触后，控制水柱压力185~190mm，极限不得超过200mm。

9 结束语

随着设计和施工技术的不断进步以及相关材料的不断发展，大型储罐数量大幅增加，容积在20万 m^3 以上的储罐所占比例不断增长，LNG储罐正在向大型化发展。随着LNG储罐罐容的增大，LNG储罐穹顶重量、直径、跨度等逐步增加，LNG储罐穹顶施工难度增加，风险增大，在LNG储罐钢穹顶施工中，还需要加强施工工艺、工法研究，结合现场实际情况指定完善施工方案，积极使用先进的技术和设备，提高工作效率，提升施工安全质量。

参 考 文 献

[1] 綦国新，唐凯，张剑，等．新型铝吊顶在国产大型LNG储罐的应用研究．[B]．天然气技术与经济，2017，S1：21-24.

[2] 张成伟，洪宁，吕国锋．16万 m^3 LNG储罐罐顶气顶升工艺研究[J]．石油工程建设，2010，2：32-36.

LNG 卸船管道水击分析

何建明　陈　伟　陈小宁　梁　勇　钱　芳

（国家管网集团工程技术创新公司）

摘　要　在 LNG 接收站设计中，LNG 管道在输送过程中突然停泵或阀门快速启闭时，易发生管道水击。尤其对于码头卸船管道，其操作压力相对较低，LNG 的组成较轻，极易气化，容易发生气穴水击，产生较大水击力，这不仅容易造成管道的破坏，而且还容易使支撑管道的保冷管托、管架过载而造成破坏。以某 LNG 接收站码头 *DN*1050 卸船管道操作条件为例建立 LNG 管道水击动态模型，发生气穴水击力计算结果最高可达 69t，对管托设计选型及管架设计造成相当困难。深入研究 LNG 管道水击计算，提出合理的解决方案，减小水击力的影响，尤其避免气穴水击的产生，对 LNG 接收站的安全运行具有重要意义。

LNG 接收站主要用于接卸、储存、气化外输进口的 LNG。在 LNG 接收站，LNG 管道作为连接 LNG 船、LNG 储罐、机泵、汽化器的纽带，保证 LNG 管道系统的安全运行是 LNG 接收站工程设计的重点和难点之一。深入研究水击对 LNG 管道系统危害、产生的原因及抑制措施对 LNG 接收站的安全运行十分重要。

关键词　LNG 接收站；卸船管道；水击；动态模型

1　水击产生的原因及危害

在压力管道中，液体流速发生急剧变化所引起的压强大幅度波动的现象。例如管道系统中阀门急剧启闭，输水泵突然停机，水轮机启闭导水叶，室内卫生用具关闭水龙头等，都会产生水击，因其发出的声音如锤敲击管道，因此也称之为水锤。水击可导致管道系统的强烈震动，产生噪声和气穴。它是促使管道破裂的最经常的因素。掌握水击压强的变化规律对管道的设计，对消减水击的破坏作用，有很大的实际意义。

2　LNG 管道水击特点

LNG 接收站是投资高、涉及到低温工艺及低温设备材料，设计难度大，设备管道要求高，运行工况多的大型工程项目。在整个接收站中无论是 LNG 的输送系统，还是气化加热系统都涉及到稳态的流体输送（压降和流量分配计算）和动态的流体分析（水击计算）分析的内容。

LNG 管道在-160℃温度下运行，与周围环境有近 200℃温差，此时，LNG 管道已经产生较大的内应力和位移，另外 LNG 具有较高的饱和蒸汽压，极易气化，当 LNG 管道系统有阀门关闭或开启，泵启停等操作时，会致使阀门前后泵前后出现剧烈的压力波动，特别是当瞬态压力低于 LNG 饱和压力时 LNG 会气化，导致气穴水击产生，气穴水击超压往往要比正压水击严重得多，瞬态压力可能远远高于管道设计压力，引起爆管，造成严重后果。

另一方面由于瞬态压力波动导致系统某对弯头之间压力不平衡，形成水击力瞬间冲击管道支架，可能导致支架瞬时推力过大，支架失效等严重后果。因此既要分析水击发生时瞬态压力是否超过管道设计压力，又要设计相应的抑制水击的措施，另外还应将水击力加载到 CAESARII 中进一步分析水击力对整个管道系统的影响以设置对应的防水击支架。

3 水击计算软件的选取

常用水击计算软件有 TL-NET、SPS 及 AFT Impulse 等。每个软件的使用范围有所不同，根据工程使用经验总结其相同点和不同点如下：

相同特点：

① 同样是动态模拟软件，均需要先建立管道模型，在稳态工况下满足设计条件。

② 同样是根据工艺操作情况确定瞬态分析工况，设定瞬态分析条件。

③ 同样是分析核算瞬态压力峰值是否超过设计压力。

不同特点：

① SPS：侧重于长距离输油或输气管道的水击压力分析，核算水击产生的压力是否超过设计压力，确定泄压阀定压及泄放量。缺点，软件界面不够友好，对于不熟悉或者使用频率较低的设计人员使用难度较大。通常需要在文本中调整工况的参数。

② TL-NET：侧重于长距离输油或输气管道的水击压力分析，核算水击产生的压力是否超过设计压力，确定泄压阀定压及泄放量。操作界面相对友好。

③ AFT Impulse：除分析压力管道的水击压力是否超过设计压力外，还侧重一对弯头间瞬态压差所产生的水锤力计算，分析水击对管路支架的影响，适用于 LNG 接收站站场及装置类地上液体管道。尤其适用于核算 LNG 管道在偶然工况下是否发生气穴水击，避免安全事故的发生。操作界面友好。

说明：据了解国内外 LNG 工程中，输送 LNG 管道的水击计算均选用 AFT Impulse 软件。

4 AFT Impluse 水击计算原理

4.1 水击压力求解公式为动量守恒和质量守恒方程

动量守恒方程：

$$\frac{1}{\rho}\frac{\partial P}{\partial x}+g\sin(\alpha)+\frac{fV|V|}{2D}=0$$

式中，P 为压力；V 为流速；ρ 为密度；x 为管子长度；t 为时间；g 为重力加速度；D 为管道直径；f 为摩擦系数；α 为管道倾角。

质量守恒方程：

$$\frac{a^2}{g}\frac{\partial V}{\partial x}+\frac{\partial P}{\partial t}=0$$

式中，P 为压力；V 为流速；t 为时间；g 为重力加速度；α 为压力波速度；x 为管子长度。

4.2 水击力求解公式

管道中压力的突然变化时，压力波会以接近声速的速度从起点传向终点，在直管的两侧弯头间由于瞬间的压力不同而产生的水击力如图 1 所示。

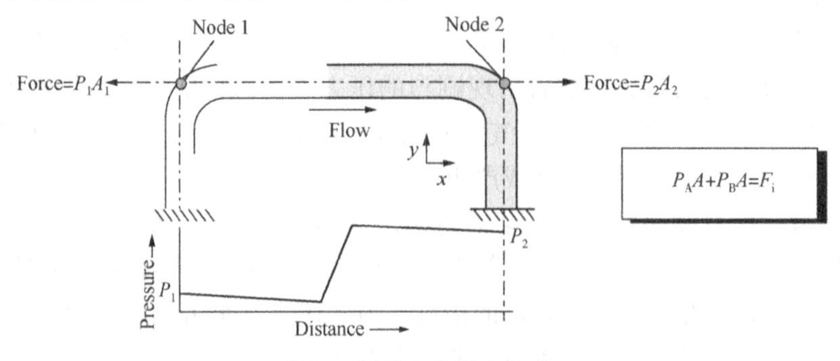

图 1　压差产生的水击力

水击力方程为：

$$[P_{1,x}A_{1,x}+P_{2,x}A_{2,x}=F_{l,x}]^{1}$$

5 建模所需资料

① 输送系统的工艺管道及仪表流程图(P&ID)。

② 输送泵的曲线，其中需包含：泵流量/扬程曲线、效率曲线、功率曲线和转动惯量(转动惯量可通过软件计算得到，需要机泵的额定工作点的流量、扬程和效率即可)。

③ 输送系统调节阀的操作参数和 Cv 值。

④ 输送系统中切断阀的 Cv 值/时间曲线。

⑤ 输送系统详细管道布置图。

6 需分析的工况

① 停泵。

② 关闭切断阀门。

③ 停泵与关闭切断阀门的组合。

7 案例分析

某接收站卸船总管设计流量为 14000m³/h，总长约 1200m，管径为 42 寸，管道材质为不锈钢，设计压力为 1.7MPa。管道在码头栈桥两侧设置两个气动紧急切断碟阀 ESDV001 和 ESDV002(最快关闭时间为 25s，可延长)，阀门 ESDV001 位于卸船总管靠近卸船泵端，阀门 ESDV002 位于卸船总管靠近 LNG 储罐附近，两阀间距约 860m。两切断阀间有 3 个“π”型补偿，最长直管长度为 180m。

利用 AFT Impluse 水击分析软件建立模型，在稳态模式下通过改变调节阀 C_v 值，在系统操作条件满足设计条件情况下，进入瞬态模拟计算模式。按照 42 寸紧急切断蝶阀关阀时间 25s、42s 和 50s 进行分析。25s 是 42 寸阀门能达到的最快关闭时间(不同厂商阀门可能略有不同)，42s 为根据工程经验一寸一秒确定，50s 是适当延长关阀时间以判断水击力的变化趋势。两个 42 寸蝶阀在 25s、42s 和 50s 内的关阀 C_v-时间曲线分别见图 2、图 3 和图 4。

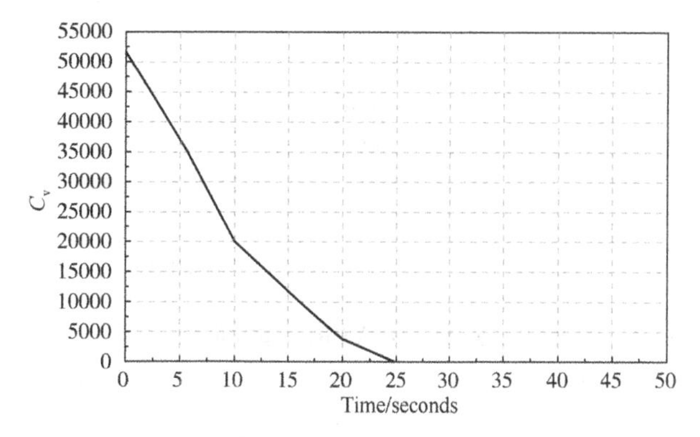

图 2 紧急切断阀在 25s 内关闭的 Cv-时间曲线

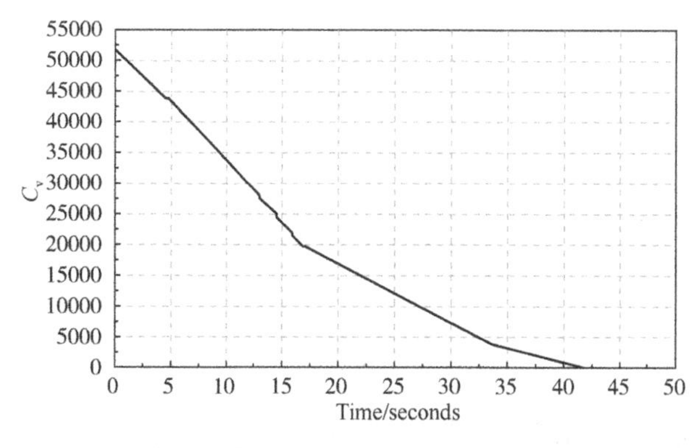

图 3 紧急切断阀在 42s 内关闭的 C_v-时间曲线

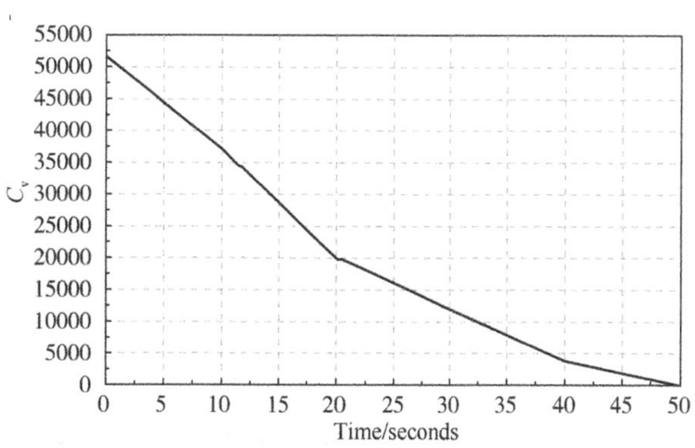

图 4 紧急切断阀在 50s 内关闭的 C_v-时间曲线

LNG 在卸船工况下(-160℃)饱和蒸汽压为 13.74KPag，密度为 422kg/m³。按照关阀的时间及阀门的组合，分 5 个工况进行水击计算动态分析，并选取紧急切断阀后三个管段，管段 P16 长 30m，管段 P18 长 85m，管段 P22 长 180m 的计算结果进行对比。

7.1 工况 1：关阀 ESDV001，时间 25s

根据计算报告显示，该工况已出现气穴水击，ESDV001 阀关闭之后，阀后管段操作压力低于 LNG 的饱和蒸汽压，产生较大水锤力。沿程最大压力如图 5 所示，此工况最大压力小于管道设计压力 1.75MPa。水锤力计算结果如图 6 所示。

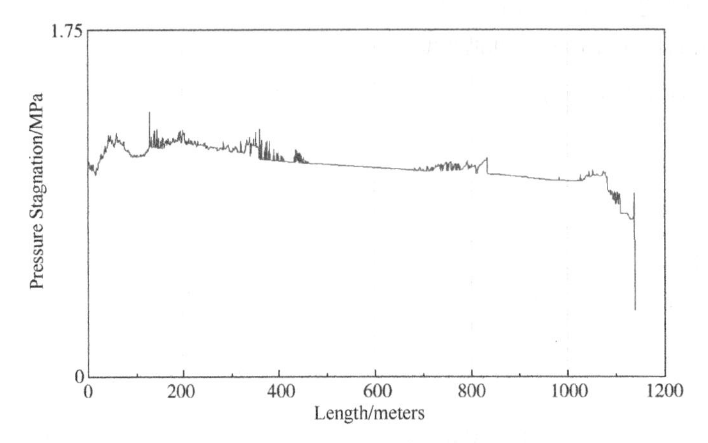

图 5　阀 ESDV001 在 25s 内关闭工况下沿程最大压力图

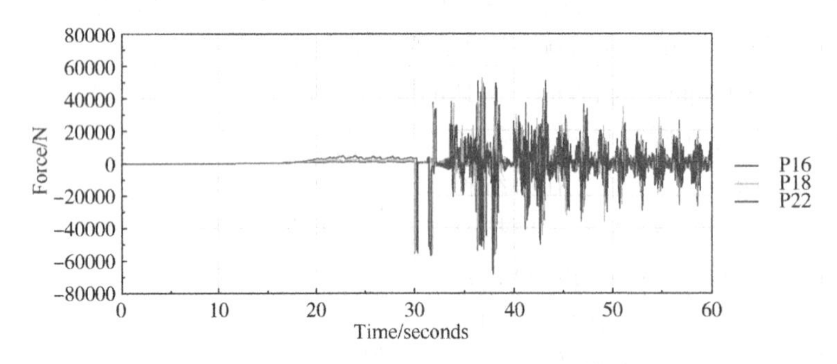

图 6　阀 ESDV001 在 25s 内关闭的管段水击力趋势图

7.2 工况 2：关阀 ESDV001，时间 42s

根据计算报告显示，该工况已出现气穴水击，ESDV001 阀关闭之后，阀后管段操作压力低于 LNG 的饱和蒸汽压，产生较大水锤力。沿程最大压力如图 7 所示，此工况最大压力小于管道设计压力 1.75MPa。水锤力计算结果如图 8 所示。

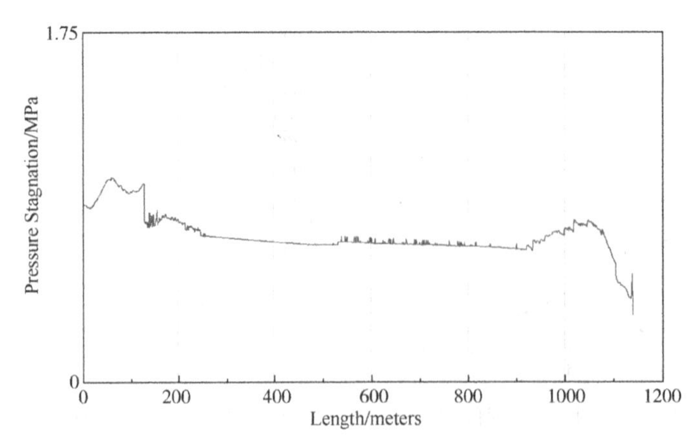

图 7　阀 ESDV001 在 42s 内关闭工况下沿程最大压力图

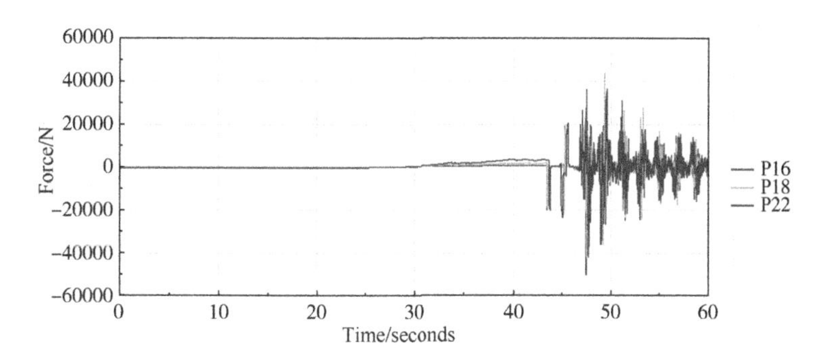

图 8　阀 ESDV001 在 42s 内关闭的管段水击力趋势图

7.3　工况 3：关阀 ESDV001，时间 50s

沿程最大压力如图 9 所示，此工况最大压力小于管道设计压力 1.75MPa。水锤力计算结果如图 10 所示。

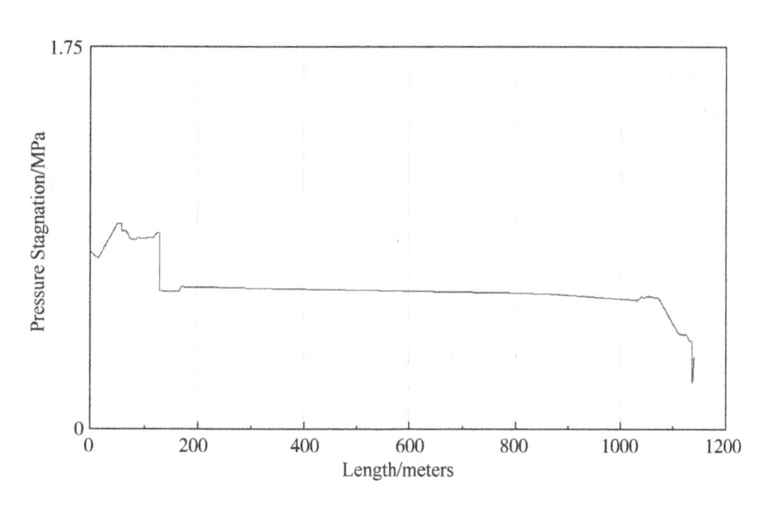

图 9　阀 ESDV001 在 50s 内关闭工况下沿程最大压力图

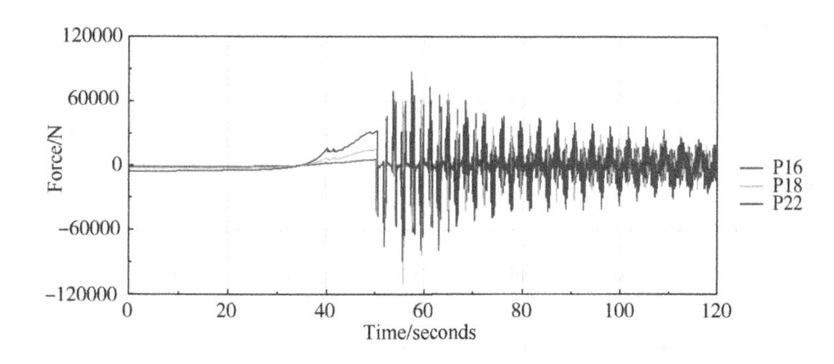

图 10　阀 ESDV001 在 50s 内关闭的管段水击力趋势图

7.4　工况 4：关阀 ESDV002，时间 25s

沿程最大压力如图 11 所示，可见最大压力小于管道设计压力 1.75MPa。水锤力计算结果如图 12 所示。

7.5　工况 5：同时关闭 ESDV001 和 ESDV002，时间 25s

沿程最大压力如图 13 所示，可见最大压力小于管道设计压力 1.75MPa。水锤力计算结果如图 14 所示。

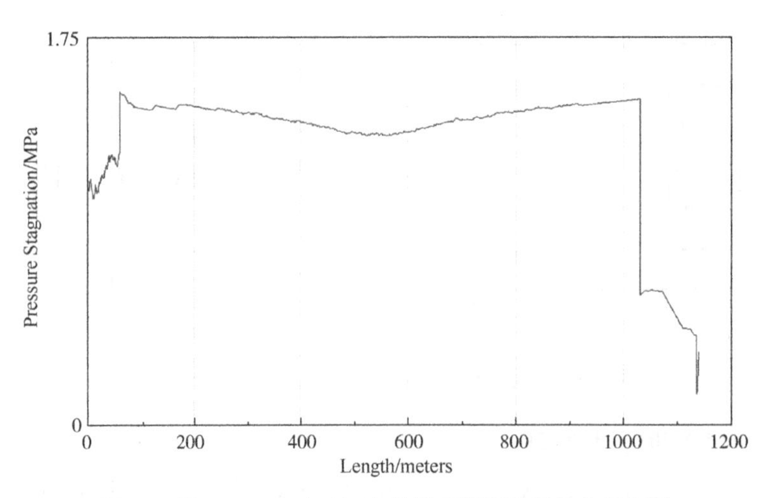

图 11　阀 ESDV002 在 25s 内关闭工况下沿程最大压力图

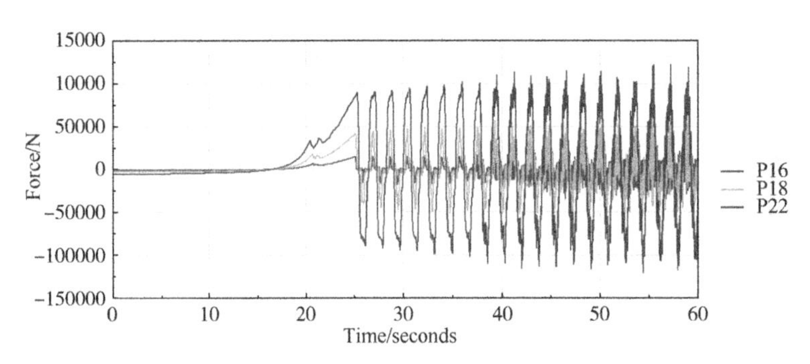

图 12　阀 ESDV002 在 25s 内关闭的管段水击力趋势图

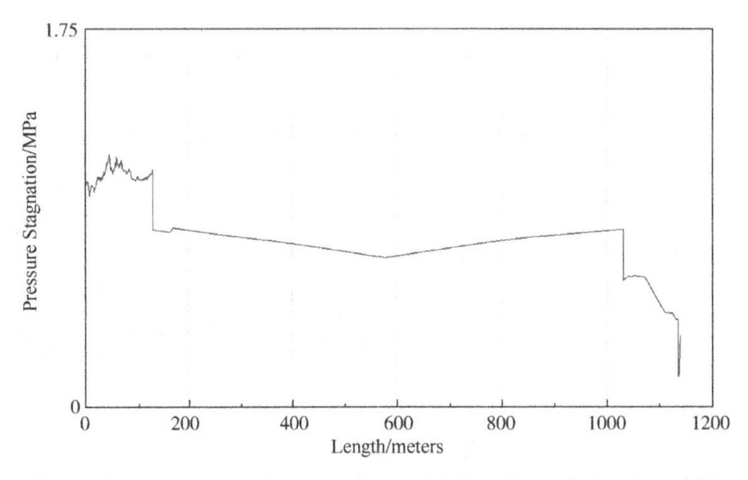

图 13　阀 ESDV001 和 ESDV002 在 25s 内关闭工况下沿程最大压力图

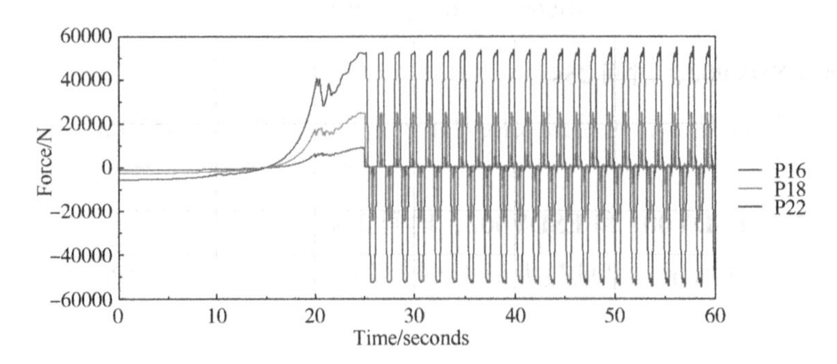

图 14　阀 ESDV001 和 ESDV002 在 25s 内关闭的管段水击力趋势图

7.6 结果对比

5 个工况水击力计算结果对比表详见表 1。

表 1 水击计算结果对比表

参数	工况 1 关闭 ESDV001			工况 2 关闭 ESDV001			工况 3 关闭 ESDV001			工况 4 关闭 ESDV002			工况 5 关闭 ESDV001/002		
公称直径/mm	DN1050			DN1050			DN1050			DN1050			DN1050		
压力/MPa(g)	0.62			0.62			0.62			0.62			0.62		
流速/(m/s)	4.5			4.5			4.5			4.5			4.5		
关阀时间/s	25			42			50			25			25		
计算管段序号	16	18	22	16	18	22	16	18	22	16	18	22	16	18	22
管段长度/m	30	85	180	30	85	180	30	85	180	30	85	180	30	85	180
最大水击时刻/s	30	38	38	47	49	47	55	55	55	57	57	57	25	25	25
最大水击/10^4N	55	57	69	50	44	42	7	8	9	5	6	12	0.8	2.4	5.2

对比 5 个工况的结果，所有工况最大瞬态压力不超过设计压力，均有水击力产生，简要归纳如下：

(1) 在工况 1、工况 2 和工况 3 中只关闭前端阀门 ESDV001，关阀时间越长，产生的最大压力越小；工况 4 仅关闭后端阀门产生的最大压力较大；工况 5 中同时在 25s 内关闭阀门 ESDV001 和 ESDV002 产生最大压力并不太高；所有工况最大压力均小于设计压力 1.75MPa。

(2) 工况 1 和工况 4 在关阀时间相同情况下，工况 1 发生气穴水击，产生较大水击力，工况 4 仅发生正压水击，水击力相对较小。表明关闭管线前端阀门比关闭后端阀门产生的水击力要大。

(3) 工况 1、工况 2 和工况 3 均是关闭管系前端阀门，工况 1 和工况 2 均发生气穴水击，产生较大水击力，关闭时间越短，气穴水击力越大。工况 3 因为关阀的继续延长而避免了发生气穴水击，产生水击力相对较小。表明适当延长关阀时间可避免气穴水击产生，有效减小水击力对关系的影响。

(4) 对于关闭管系后端阀门，不容易发生气穴水击，产生的正压水击力较小。

(5) 工况 1 和工况 2 发生气穴水击后，同一工况下不同管段最大水击力发生时刻差别相对较大，并不随管段长度增加而增大。

(6) 工况 3、工况 4 和工况 5 发生正压水击，对于此卸船系统同一工况下不同管段最大水击力发生时刻看似相同(原因：压力波传播速度较快，管段长度相对较短)，水击力随管段长度增加而增大。

(7) 工况 5 中同时快速关闭前后切断阀，产生较小水击力，对管系影响不大。

通过以上工况分析总结，对接收站卸船操作提出如下建议：

① 在卸船操作结束时，应先停卸船泵，后关 LNG 罐区阀门，最后关码头根部阀门。

② 卸船总管的 ESDV 关阀逻辑中应考虑同时关闭。

进一步对停泵工况进行研究发现，泵的转动惯量会在停泵后继续对管系补充一部分 LNG，所产生的水击力较关阀气穴水击工况要小。

8 结论

经过对 LNG 接收站内 LNG 卸船管道的水击计算，初步判断 LNG 卸船管道发生正压水击对管道系统影响较小，发生气穴水击影响较大，所以在接收站工程的设计及运营操作过程中，应该着重关注操作压力相对较低、管径较大的LNG卸船管道系统，避免发生气穴水击。在不能降低LNG介质饱和蒸汽压及提高管道操作压力的条件下，优化关阀组合及阀门关闭时间，能有效的避免气穴水击，减小水击力对管托、管架的冲击，增加LNG管道系统的安全性。

参 考 文 献

[1] 李穗生. 浅谈水击及保护[J]. 西部探矿工程，2003(8)：106-107.
[2] 杜光能. LNG终端接收站工艺及设备[J]. 天然气工业，1999，19(5)：82-86.
[3] AFT Impluse软件帮助文件。

LNG 薄膜罐各组件的试验技术和有限元分析

黄忠宏[1,2]　余晓峰[1]　王义祥[1]　董　艳[1]　龚文政[1]

［1. 国家管网集团工程技术创新有限公司；2. 中国石油大学(北京)安全与海洋工程学院］

摘　要　在世界各地已经有 100 多座 LNG 薄膜罐，LNG 薄膜罐具有空间大、施工速度快和造价低等特点，能够满足地下 LNG 储罐、洞穴 LNG 储罐和超大型 LNG 储罐的要求。本文依据国家管网集团在薄膜罐方面的研究，首先对比了 LNG 薄膜罐与 9%NI 钢储罐的异同点，然后重点介绍了 LNG 薄膜罐不同组件的技术特性、相关试验以及有限元建模和分析方法。最后结合其优点和产业链布局情况，指出 LNG 薄膜罐能够取得较大发展。

关键词　薄膜罐；试验；304L 薄膜；保冷隔热层；有限元分析

1　前言

近些年，中国的 LNG 接收站建设如火如荼的进行，2022 年河间 2.9 万 m^3LNG 薄膜罐完成建设，投运后运行良好；2023 年北燃天津 22 万 m^3LNG 薄膜罐投运，也是世界最大的 LNG 薄膜罐，目前运行良好。国内已建成投产的储罐罐型绝大部分是 9%镍钢 LNG 全容罐。得益于 LNG 薄膜船的概念，LNG 薄膜罐的设计被提出，其示意图如图 1 所示。

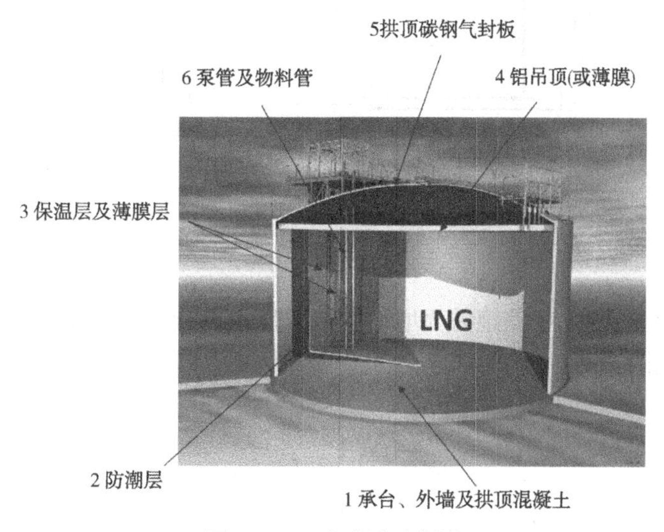

图 1　LNG 薄膜罐示意图

2006 年，欧洲标准《用于储存操作温度介于 0～－165℃的低温液化气体的现场建造立式圆筒型平底钢制储罐的设计和建造》(EN14620)认定 LNG 薄膜罐与 9%NI 钢储罐具有等同的安全性。目前，全球掌握 LNG 薄膜罐中薄膜系统专利技术的有法国 GTT、日本 KHI(川崎重工)、IHI(石川岛播磨重工)、MHI(三菱重工)以及韩国 KOREA GAS。全球已经有约 100 个薄膜储罐在运行，储量从 8000m^3 到 250，000m^3 不等。所有 LNG 薄膜罐大约累计具有 2500 年的运行时长。

本文从设计理念、几何参数、抗震特性、施工、造价、材料兼容性等角度对比了 LNG 薄膜罐与 9%镍钢储罐的差异，并介绍了 LNG 薄膜罐各个构件的试验及有限元分析，旨在进一步引领和推动薄膜罐在 LNG 行业的技术应用和创新发展。

2 LNG 薄膜罐与 9%NI 钢储罐的对比

2.1 设计理念的对比

9%NI 钢储罐密封层和结构的功能没有分开，内罐考虑液密性的同时也考虑结构承受荷载的作用，这限制了 9%NI 罐在超大型罐中的应用。

而 LNG 薄膜罐的设计理念是将结构、绝缘和气密性作用明确分离，使得每个部分得以优化，有效避免事故的发生。并且这样一种设计也使得焊接应力趋于零，薄膜材料不会出现裂纹扩展，即使在循环加载的情况下也不会出现裂纹扩展。

所以 LNG 薄膜罐不仅适用于大型和超大型 LNG 储罐，在半地下 LNG 储罐、地下 LNG 储罐和洞穴 LNG 储罐也基本采用薄膜罐的形式。

2.2 几何参数对比

LNG 薄膜罐采用金属薄膜内罐，LNG 薄膜罐更加紧凑，吊板和罐壁内表面顶的距离也大大减小，内罐容积没有理论极限，在混凝土外罐尺寸相同的情况下增大了 LNG 薄膜罐的有效容积，平均净储存量多出 8%左右，如图 2 所示。

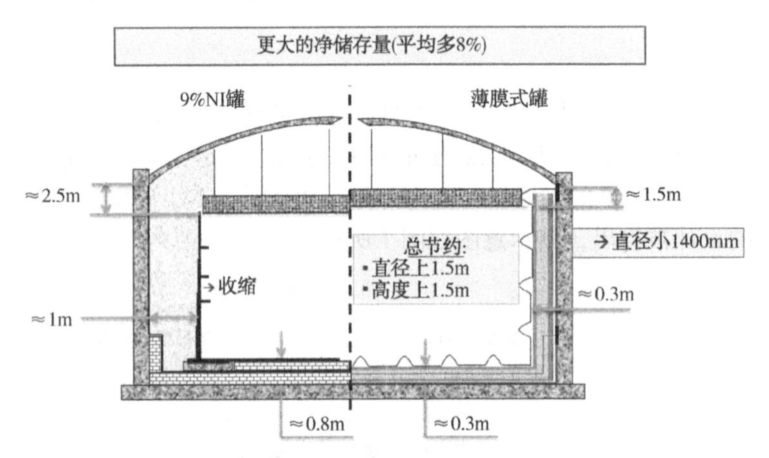

图 2 薄膜罐与 9%NI 罐的几何参数对比

2.3 抗震特性对比

在地震烈度大的地方，9%NI 储罐需要增加锚带，带来设计和施工上的困难。而薄膜罐不需要增加锚带，具体对比见图 3。

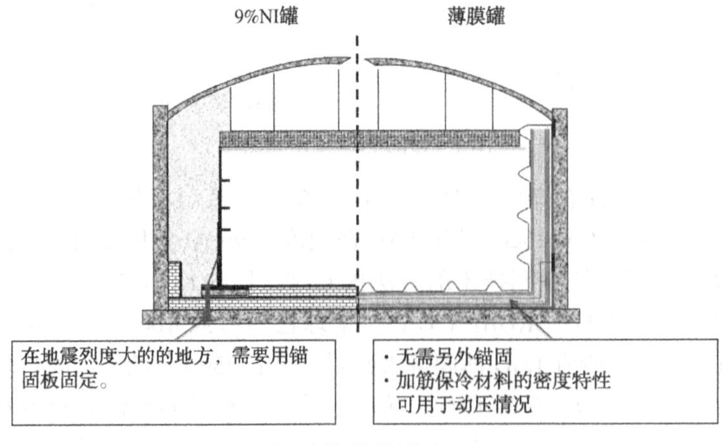

图 3 抗震特性对比

2.4 施工建造对比

由于薄膜的整体性，几乎所有的部件均可以预制。与 9%NI 罐相比，减少了 40%的焊接时间；较少起吊搬运设备(储罐内部无须吊车)。

2.5 造价对比

同样占地情况，薄膜罐整体造价较 9%镍钢全容罐造价成本节省 5%～15%。

2.6 存储介质兼容性对比

目前液氨是新型绿色能源，也是氢能源的间接利用，且液氨气化潜热约是 LNG 的 3 倍，不易汽化，因此在日本、韩国、德国等国家备受关注。目前，液氨的存储存在诸多挑战：①对某些金属材料、铜合金和钢镍合金具有腐蚀性；②密度比 LNG 大，容器承受荷载增加；③降低绝热材料保冷性能等。

以上的不足限制了 9%镍钢储罐对氨的兼容性，而薄膜罐所采用的 304L 不锈钢可解决以上问题，且薄膜罐具有的良好气密性。此外，LNG 薄膜围护系统，还可以储存丙烷、乙烷、乙烯和丙烷等各类化工产品，具有独特优势，表明薄膜罐对以上介质均可兼容，薄膜罐的利用效率高。

3 组件部分试验和分析

LNG 薄膜罐组成的各个构件物理性质迥异，所受的荷载也大不相同，所以不同的部分采取不同的试验和分析方法。

3.1 304L 薄膜

304L 不锈钢薄膜约 1.2mm 厚，仅起屏蔽 LNG 的作用，承受力很小。

304L 薄膜的局部构造如图 4、图 5 所示。

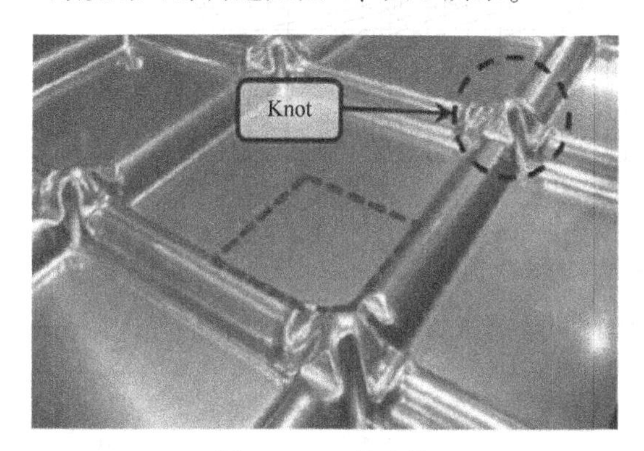

图 4 304L 的波纹

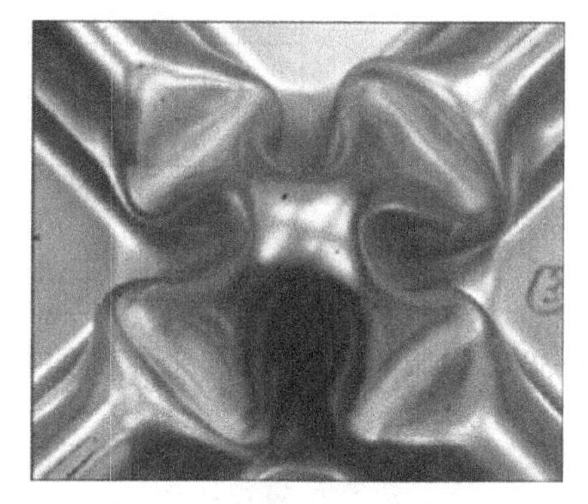

图 5 大小波纹的交叉部位

304L 的材料特性要满足表 1 的要求。

表 1 304L 材料特性

序号	名称	特性	序号	名称	特性
1	屈服强度	170MPa 在室温 200MPa 在-30℃ 277MPa 在-160℃	3	弹性模量	193GPa
			4	泊松比	0.3
			5	热膨胀系数	16.8×10^{-6}/℃
2	抗拉强度	485MPa 在室温	6	参考温度	20℃

在冲击成型的过程中，最好是先做有限元分析。同时可以得到不锈钢薄膜的有效应力和有效应变(图 6)，防止出现撕裂等破坏。通过有限元分析可以观察到，波纹处应力最大，该处为波纹板的薄弱位置。

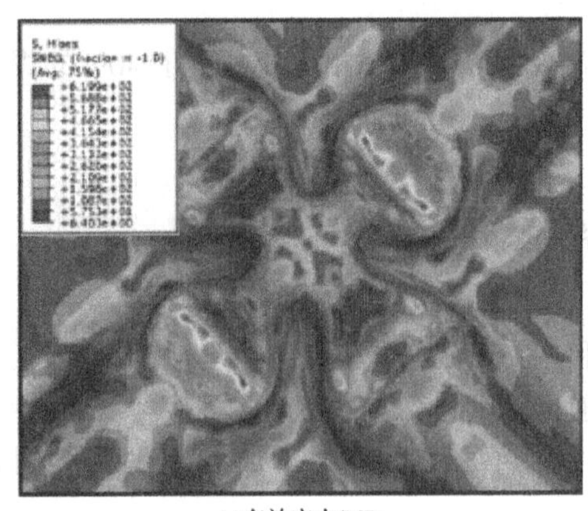

(a)有效应力/MPa

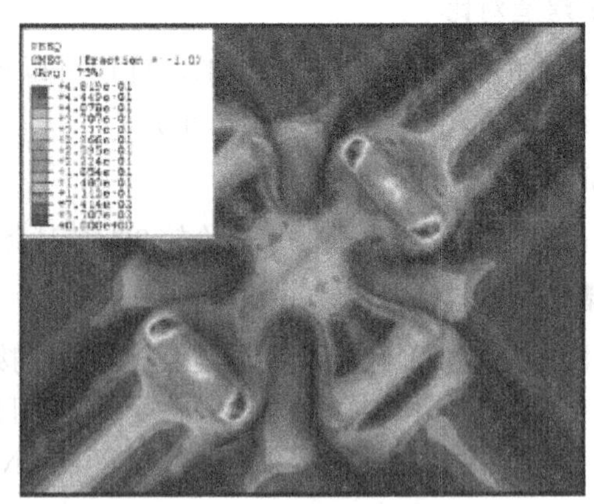

(b)有效应变

图 6　十字交叉波纹形的分析

304L 薄膜依据欧标 EN14620 需要进行疲劳试验，美国船级社 ABS、挪威船级社 DNV 都有关于不锈钢材料的疲劳分析的 S-N 曲线，见图 7。

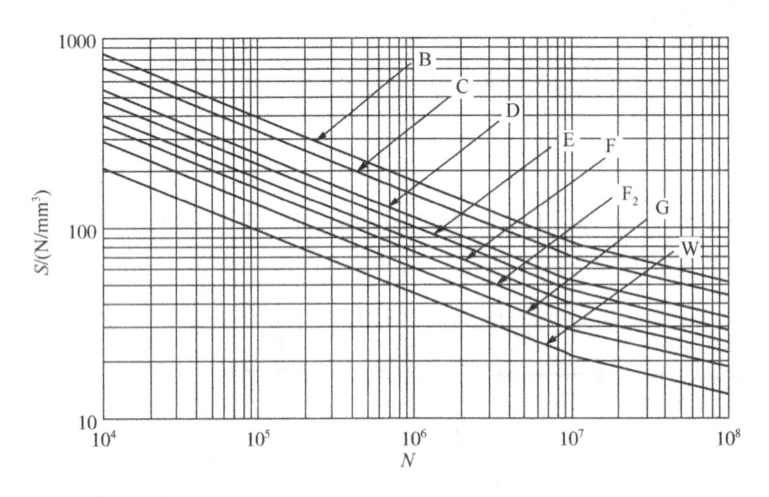

图 7　CSS 推荐的 S-N 曲线

除了 304L 薄膜的疲劳试验，还需要进行 304L 的跌落试验(图 8)，验证它的强度。

图 8　304L 薄膜的跌落试验装置

3.2　保冷隔热层

保冷隔热层是模块化生产，厚度约为 200~400mm，宽 1m×长 3m(质量小于 150kg)。使用标准件，便于大规模生产。图 9 是不同样式的保冷隔热板。

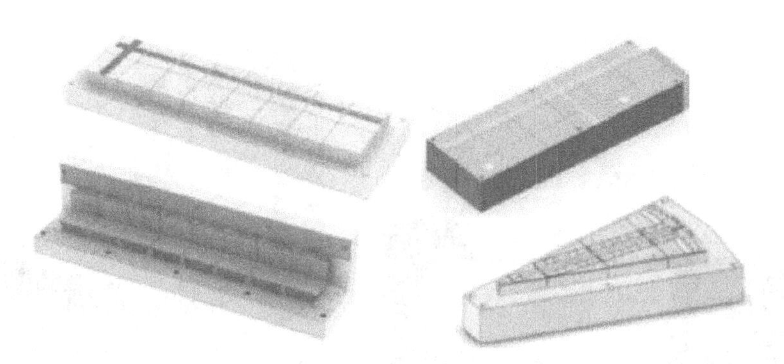

图 9 保冷隔热层

保冷隔热层的物理力学性质见表 2。

表 2 保冷隔热材料特性

	木材	加劲保温材料	第二屏蔽层	玛蹄脂
E_n	8900	142	13.133	2934
E_s	7500	142	-	-
E_r	520	84	-	-
n_{ns}	0.17	0.24	0.3	0.3
n_{nt}	0.17	0.18	-	-
n_{st}	0.17	0.18	-	-
G_{ns}	196	12.2	-	-
G_{nt}	196	12.2	-	-
G_{st}	196	12.2	-	-

其中，E 是弹性模量；n 是泊松比；G 是剪切模量。

基于上述，保冷隔热层需要的试验还是比较多的，有静载试验、疲劳试验、弯曲性能试验、冲击试验、材料物理性能试验、有限元分析研究等等，其中疲劳试验最为关键。具体见图 10~图 13。

目前，国内天津大学建设有低温试验室，其与国家管网集团工程技术创新公司以及寰球公司合作，完成了低温强度试验等，获得了一手试验数据。但该试验室较小，后续研究仍需开展大量工作。

图 10 静载试验

图 11　破坏模式试验

图 12　冲击试验

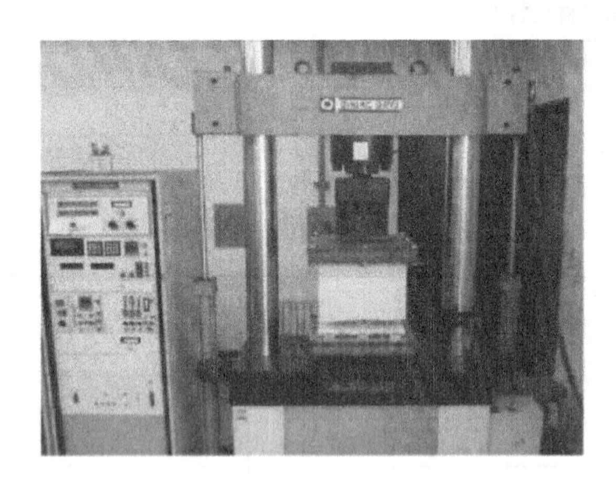

图 13　疲劳试验

3.3　LNG 流体晃荡试验

在 LNG 船舶中，主要是高频的冲击作用；而在 LNG 储罐中，则是低频的液体冲击作用，两者有较大的不同。需根据薄膜所处不同环境，进行试验和分析研究。在动力作用的激励下，LNG 液体将产生晃荡，这也是 LNG 储罐设计中比较特殊的问题(图 14)。

图 14　LNG 流体晃荡试验

3.4　有限元分析

对于 304L 不锈钢薄膜与保冷隔热层需要建立有限元模型进行分析研究。就保冷隔热层破坏模式而言，共有 4 种，如图 15 所示。

第一种是上部加劲保温材料受压破坏；第二种下部加劲保温材料受压破坏；第三种保冷隔热木材(含热角保护部位处)的剪切破坏；第四种保冷隔热木材(含热角保护部位处)的弯曲破坏。

有限元模型见图 16。

LNG 薄膜罐的模型按照 ABS 等的经验和建议，考虑建立外罐模型，304L 薄膜和保冷隔热层以荷载形式作用在外罐上。

此外，应使用非线性弹-塑性或弹-塑性大位移计算方法对 304L 薄膜进行有限元分析，同时薄膜在不同的工况可能会受不同的载荷影响，因此需考虑所有可能存在的静态和动态荷载，薄膜上的荷载见表 3。

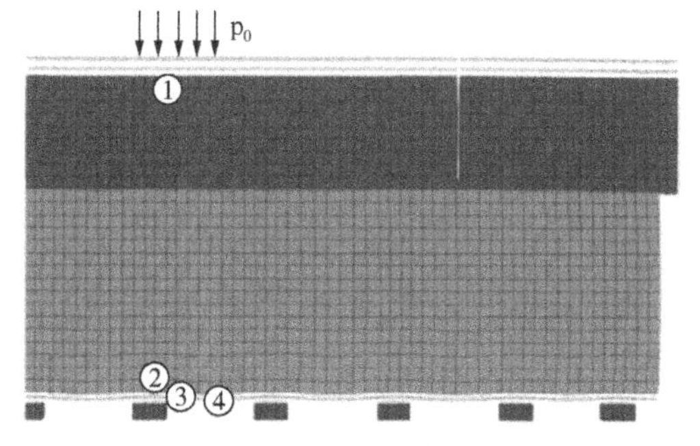

图 15　保冷隔热层的破坏模式

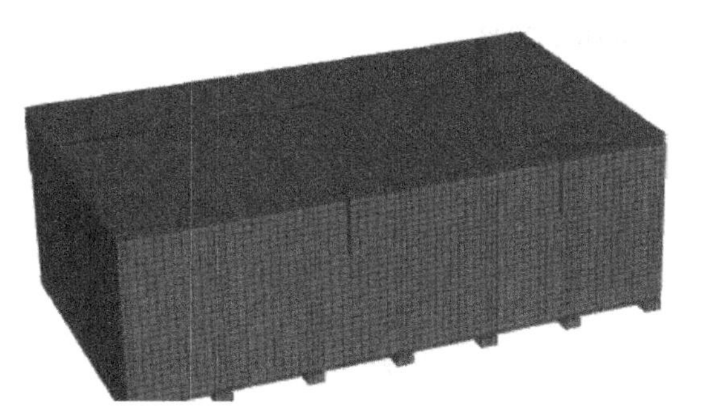
图 16　有限元模型

表 3　薄膜上受到的载荷

静荷载	设计压力	设计液体压力+设计气体压力	
	热荷载	温度差异所导致的荷载	
	机械荷载	因外力，例如自重、预应力墙体、混凝土收缩等所导致的荷载。(除温度和压力变化的所有机械荷载外)	
偶然荷载	地震荷载(不考虑疲劳)	OBE SSE	
周期荷载	液体压力	最大液体高度与最小液体高度之差	根据罐体设计使用年限和预计的操作条件确定的周期数
	热荷载	在冷却过程中的温度变化 因为装载和卸载而导致的温度变化	根据罐体设计使用年限和预计的操作条件确定的周期数

4　优势和展望

4.1　LNG 薄膜罐的优势

基于薄膜概念的设计，薄膜在循环加载的情况下具有无裂纹扩展的特性，从而防止了泄漏扩大。此外，焊接处应力接近于零，所以裂纹扩展的可能性极小；薄膜型储罐与 9%镍钢全包容储罐相比可减少 10%~35%的投资，并且建设周期短，具有一定优势。

4.2　展望

目前随着北燃 22 万 m^3 薄膜罐与河间 2.9 万 m^3 薄膜罐的顺利投产以及以及 LNG 薄膜罐的产业链的基本成熟，以及薄膜罐可以进行液氨、乙烯等多元化介质储存，薄膜构型适合液氢储存。LNG 薄膜罐将会在中国陆上 LNG 储罐、超大型 LNG 储罐、半地下 LNG 储罐、地下 LNG 储罐和洞穴 LNG 储罐具有广阔的应用前景，有效促进 LNG 储罐技术多元化发展。

参 考 文 献

[1] 张奕，王放，刘中河，等. LNG 薄膜罐结构与氮气系统运行模式[J]. 煤气与热力，2022，42(06)：58-61.
[2] 章泽华，张奕，艾绍平. 薄膜型 LNG 储罐[J]. 石油工程建设，2013，39(03)：1-3+23.
[3] 孙剑，鲍星龙. 超大型 LNG 薄膜型陆地储罐内罐划线关键因素分析与方案优化[J]. 天然气工业，2022，42(12)：117-124.
[4] 张帆. 基于简化方法的薄膜型 LNG 船疲劳特性研究[D]. 华中科技大学，2010.
[5] Lee H. Leading Technology for Next Generation of LNG Carriers[J]. American Bureau of Shipping，2006.
[6] Det Norske，SLOSHING ANALYSIS OF LNG MEMBRANE TANKS[J]. DNV，2006
[7] Deybach F，Gavory T. Very Large LNG Carriers：A Demonstration of Membrane Systems Adaptability[J]. GASTECH BANGKOK，2008.

LNG 接收站新型低温管材的应用探索

陈小宁[1]　李增材[2]　陈　伟[1]　李　简[1]　左晓丽[1]　王义祥[1]　董　艳[1]

（1. 国家管网集团工程技术创新有限公司；2. 国家石油天然气集团有限公司）

摘　要　论述了 LNG 接收站新型低温管材的结构组成、绝热机理、优缺点，并从关键技术方面与传统绝热管材和保冷进行了对比，并对推广应用提出了建议。

关键词　LNG 接收站；低温管材；技术对比；应用探索

1　引言

从上个世纪 60 年代开始，英国和美国液化天然气（LNG）技术逐步成熟，开始由工厂实验转向量产，随着 LNG 远洋运输技术也逐步成熟。以日本和韩国为代表的能源匮乏国，也开始加紧 LNG 的相关建设和应用。从第一个 LNG 接收站投入使用，到现在也已经有近 50 年。中国第一座 LNG 接收站——广东大鹏 LNG 接收站 2006 年 6 月投产供气，已运行 18 年。世界 LNG 接收站工程技术也趋于成熟并不断进步，低温管材做为 LNG 接收站的关键材料之一，也有了新的形式和应用。

2　在役 LNG 接收站管材及保冷应用现状

目前在役接收站应用的管材和保冷材料基本固定。接收站的低温管材采用双证奥氏体不锈钢（既满足 304 的物理性能又满足 304L 的化学性能），管材主要牌号为 ASTM A312 TP304/304L 和 ASTM A358 TP304/304L，管材经过固溶处理并酸洗后交货。

管道保冷材料和保冷形式基本固定，基本遵照 CINI 的标准要求。常见的保冷材料有 PIR（聚异氰尿酸酯），CG（泡沫玻璃）。保冷的形式通常为不锈钢管外包裹保冷材料。常见的保冷结构形式有：①多层 PIR 保冷材料及辅材构成的保冷层；②内层 PIR+外层 CG 保冷材料及辅材构成的保冷层；③多层 CG 保冷材料及辅材构成的保冷层。这几种组合形式都比较常见，典型管道保冷结构图见图 1。目前，柔性保冷也开始试点应用，特别是异形件上的保冷应用，但尚未大范围推广应用。

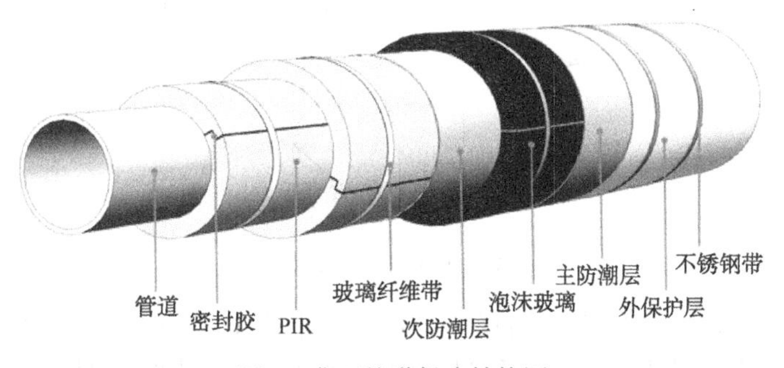

图 1　典型管道保冷结构图

3　新型管材技术介绍

近几年来，国外厂家和工程公司致力于新型低温管材技术的研究和应用。目前有 2 种主要的新型管材的应用，原理基本一致，都是采用的管中管技术，但是材料和结构形式不同。

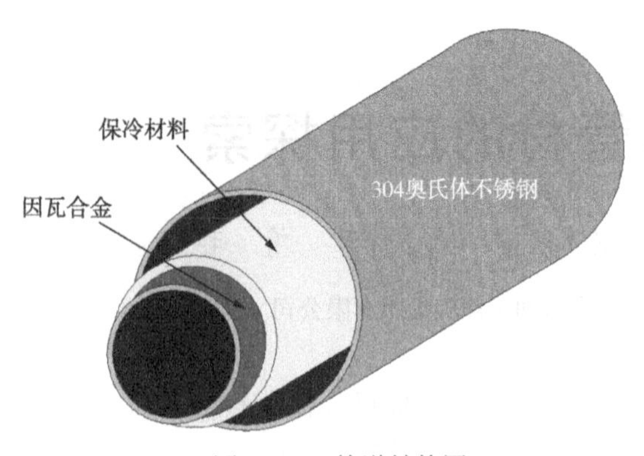

图2　PIP 管道结构图

3.1　因瓦合金管中管(Pipe-in-Pipe)

第一种新型管材为因瓦合金管中管(Pipe-in-Pipe),管中管是由内管、保冷材料和外管组成。保冷材料和外管之间有连续的环形空间,PIP 管道结构图见图2。内管是由36%镍和64%铁构成的合金材料(UNS K93603),通常称这种合金为因瓦合金。因瓦合金热膨胀系数为 $0.8x10^{-6}$/℃,大约是不锈钢的十分之一,因为其膨胀系数低被称为不膨胀钢,通常用作液化天然气运输船储罐的内膜。此外,高镍含量也有助于材料在低温时的柔性,防止脆性失效,并减少断裂扩展。保冷材料可以采用二烯烃或气凝胶等柔性材料。外管材料采用304奥氏体不锈钢,一方面防止内管泄漏的情况发生,另一方面可以承受由于泄漏导致外管迅速进入低温工作环境产生的热变形。304不锈钢由于其良好的柔性,被广泛应用在深冷工况下,避免低温冷脆破坏。外管的设计保证在 LNG 输送时,当内管发生泄漏,可以提供一个"完全封闭"的空间,保护 LNG 和蒸发气不泄漏。保冷材料和外管之间的环形空间和保冷材料保证热量散失维持在设计可接受的水平。

对于管道泄漏检测,沿整个管道在管道外或环状空间设置光纤实现温度检测,同时在环型空间内进行连续烃类监测系统和压力检测。

3.2　真空夹套管(Vacuum Insulated Pipe)

第二种是真空夹套管(Vacuum Insulated Pipe),真空夹套管是由内管、真空环隙空间和外管组成,内管和外管之间有连续的环形空间,该空间为真空,真空夹套管结构图见图3。内管,即载体管,是 ASTMA312 304/304L 不锈钢管,内管上设计有波纹管,可以满足管道系统的热胀和收缩要求,带有波纹管设计的真空绝缘管解决了系统膨胀的要求,也解决了内外管变形量不一致的问题。外管通常由碳钢或不锈钢制成,如果用不锈钢可以做为二次容器。外管的设计保证在 LNG 输送时,当内管发生泄漏,可以提供一个"完全封闭"的空间,保护 LNG 和蒸发气不泄漏。

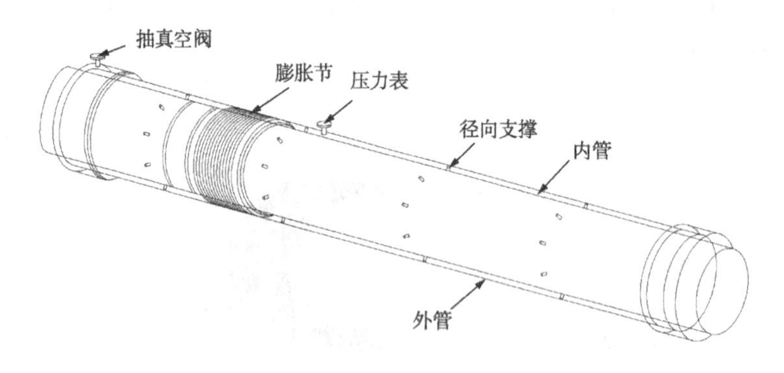

图3　真空夹套管结构图

内外管之间的环隙空间在工厂中被抽真空,真空水平为 10^{-3}Torr。一旦达到所需的真空度,管子就被密封,保持静态真空状态。项目运行过程中通过大量排气获取高度真空并通过持续化学除气维持真空。经过一段时间,氢气将从不锈钢内管以及碳钢外管中脱气。吸气材料用于将氢分子转变成水,然后水被安装在真空绝缘管道系统各个线轴内部中的分子筛吸收。通过对环形空间抽真空,它几乎消除了液化天然气管道的对流和热传导。除了所需的真空度,内管也用多层绝热材料包裹,大降低了与介质间的传递。真空、多层绝热和化学防护的组合使用确保了真空夹套管生命周期内零维护要求。

4 新型管材技术和传统的管材和保冷技术的对比

新型管材和传统保冷技术对比见表 1。根据对比，新型管材和传统保冷技术相比，无论从安全、性能、施工和投资都具有很大优势。

表 1 新型管材和传统保冷技术对比

主要参数	新型管材技术	传统保冷技术	备注
导热系数	k=0.0001W/mK	k=0.04W/mK	
管道日蒸发率	0.1%/天	1%/天	
来船间隙管道保冷	LNG 温度维持 30d，不需要保冷循环	LNG 温度维持 3d，需保冷循环	
设计寿命	40 年	金属管道设计寿命 25 年， 保冷层 10~15 年	
工厂无损检测	100%RT 100%UT 100%夏比冲击试验 100%泄漏检测 ASME B31.3—2016(Chapter VI 所有检验和检测)	管道： 100%RT 100%UT 100%夏比冲击试验 保冷层： 无整体工厂检测	
绝热层厚度	30mm 或无	200~300mm	
占用空间	占用空间小 2.9m(W)×2m(H)	保冷层厚度大，占用空间大 3.8m(W)×2.5m(H)	以 1 根 *DN*1050， 1 根 *DN*700 和 1 根 *DN*200 举例，见图 4
腐蚀	内管完全密闭无腐蚀	易产生保冷层下腐蚀	见图 5
维修和维护	免维护	需要定期更换绝热层 (有机保冷材料使用寿命 10~15 年)	
施工和投资	节省建设周期，工厂预制	人工成本高，施工周期长	
	管材一次投资高，可减少钢结构和土地成本，规模应用综合成本低	一次投资低，维护成本高	
橇装化和工厂预制	可以实现工厂预制及橇装化	保冷部分可以实现预制化	
泄漏检测	泄漏检测更可靠，可以采用光纤、压力表和温度检测	泄漏检测手段少，无法实现泄漏检测	

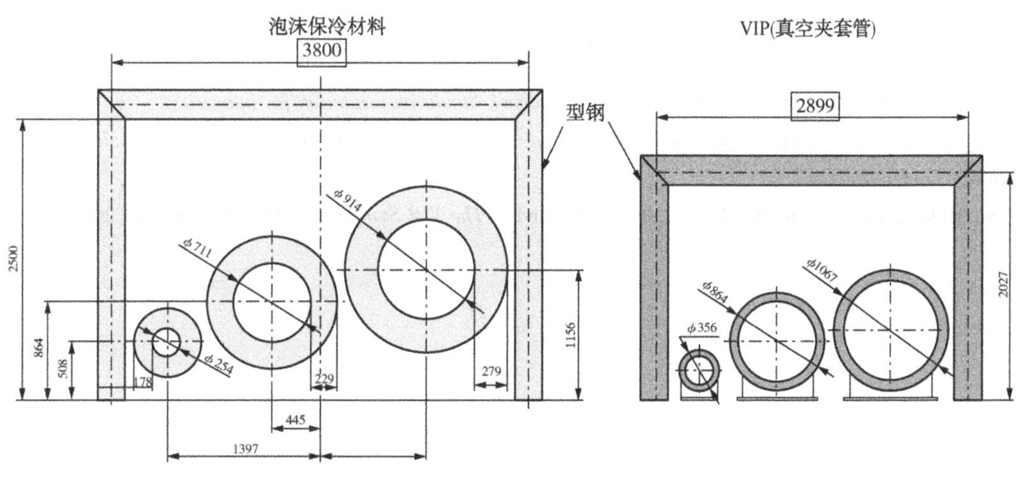

图 4 管道占用空间对比图

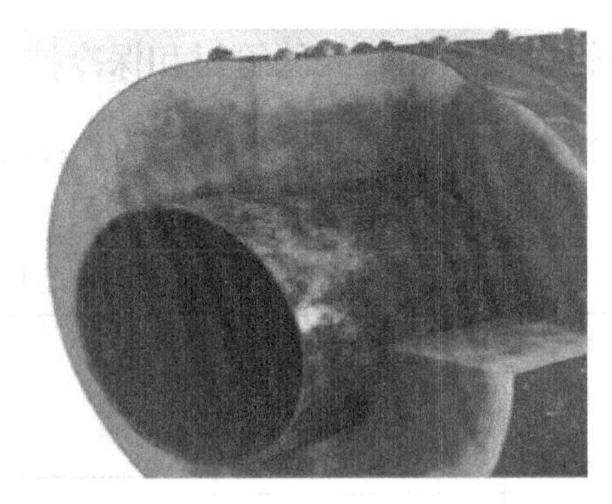

图 5　管道腐蚀对比

5　应用前景

从规范层面上，美标 NPFA 59A 允许使用 Pipe-in-Pipe 管道，并规范了基本设计要求。但是对材质和结构形式没有具体的要求。英标 EN 1473 对管材没有具体要求。

国标 GB 51156《液化天然气接收站工程设计规范》没有对管材的应用提出具体的要求。国标《GB/T 51257—2017 液化天然气低温管道设计规范》4. 1. 4 条款提出“不锈钢钢管道组成件宜选用双证奥氏体不锈钢材料(既满足 304 的物理性能又满足 304L 的化学性能)”，“在空间受限时，可以采用金属波纹管补偿器”，石化规范 SH 3012《石油化工管道布置设计通则》提出“液化烃管道应采用自然补偿”。GB/T 20368 中 8. 11 对低温管中管系统规范了基本的设计要求和结构形式要求，对于管材的材料、制造和检验检测等没有给出具体的指标和要求。JB/T 12665《真空绝热低温管》规定了设计压力在 4MPa 及以下，管径在 100mm 及以下的管道技术要求，对于大口径的真空绝热管尚未有相关的技术规范要求。因此，从规范层面上，在国内应用低温管中管建议优先推动标准规范的配套建设工作。

低温管中管技术在液氧、液氮、液氢和液氦工程中应用已经有 50 多年，近年来逐步应用在液化天然气工程中。2005 年，在澳大利亚 APLNG 液化工厂投入应用后，迅速获得市场认可，陆续在 LNG 工程中得到应用，在澳大利亚多个液化工厂均投入使用，包括 DLNG、QCLNG、APLNG 等多个液化工厂。2019 年，在美国的 Freeport LNG 和 Cameron LNG 也相继投入使用了真空管中管。2019 年，真空管中管管道系统获得了美国政府的批准，在阿拉斯加 LNG 项目中投入使用。

国内，LNG 接收站工程大口径管道尚没有使用低温管中管的案例。低温管中管仅在空分工程、小型液化工厂工程和 LNG 装车橇等小管径的工况进行应用。建议开展相关研究并完善相关标准后在码头、栈桥及管廊等大口径长直管中进行试点后逐步推广应用。

参 考 文 献

[1] CINI(Committee Industrial Insulation Standards), *Handbook handbook insulation for industries.*

[2] Janson J. Curtis, Chart Energry&Chemicals Inc. *Vacuum-Insulated Pipe vs. Conventional Foam-Insulated Pipe.* Offshore Technology Conference 2007.

[3] Maurice Dekker, Demaco Holland B. V. , the Netherlands, *The VIP Standard*, LNG Industry June 2020.

大容积 LNG 储罐钢穹顶稳定性分析

王义祥[1]　余晓峰[1]　黄忠宏[1,2]

[1. 国家管网集团工程技术创新有限公司；2. 中国石油大学(北京)安全与海洋工程学院]

摘　要　随着 LNG 储罐向大型化发展，钢穹顶跨度不断增加，其在罐顶混凝土浇筑施工过程中的稳定性问题是重中之重。本文基于屈曲理论，建立了大容积 LNG 储罐钢穹顶精细化模型，充分考虑了复杂的载荷工况和几何非线性，重点研究了钢穹顶在罐顶混凝土浇筑施工过程的受力性能和非线性屈曲稳定性。研究结果表明，钢穹顶未发生非线性屈曲失稳，采用分阶段保压混凝土分环一次连续浇筑方案是安全的，对指导 LNG 储罐安全建设具有重要意义。

关键词　大容积 LNG 储罐；钢穹顶；稳定性分析；初始缺陷；非线性屈曲

LNG 储罐向大型化发展将是我国 LNG 接收站储罐技术的主要发展趋势，容积的增加对储罐建设的技术水平提出了更高的挑战和要求。目前国内已建 LNG 储罐最大罐容为 27 万 m^3，27 万 m^3LNG 储罐相对于 16~22 万 m^3 储罐，在占地面积、总投资和单位罐容投资方面都具有明显优势，将成为新建接收站的主力罐型。

LNG 储罐钢穹顶混凝土浇筑施工是 LNG 储罐建设过程中的关键工序之一。LNG 储罐穹顶由内衬钢板和钢网壳组合而成，在穹顶混凝土浇筑施工过程中内衬钢板主要起到浇筑模板作用，钢网壳主要起支撑作用，混凝土浇筑完成后内衬钢板通过栓钉和混凝土共同作用，组成罐顶结构。随着罐容的增大，钢穹顶跨度增加，施工过程中容易造成钢穹顶的屈曲失稳。因此，对钢穹顶施工过程中的稳定性进行分析，对指导 LNG 储罐安全建设具有重要意义。

1　计算模型建立

LNG 储罐钢网壳施工采用分环一次连续浇筑混凝土施工方案，即将穹顶混凝土分为多环浇筑，每环混凝土一次性连续浇筑完成，并在储罐内部进行分阶段保压，考虑蒙皮的侧向支撑作用，建立精细的有限元分析模型如图 1 所示。储罐穹顶钢网壳除中心环外共八道环梁，环向梁截面尺寸为 HN400×200×8×13，最外两圈径向梁截面尺寸为 HW400×400×13×21，其余径向梁为 HN400×200×8×13，蒙皮厚度 6mm。

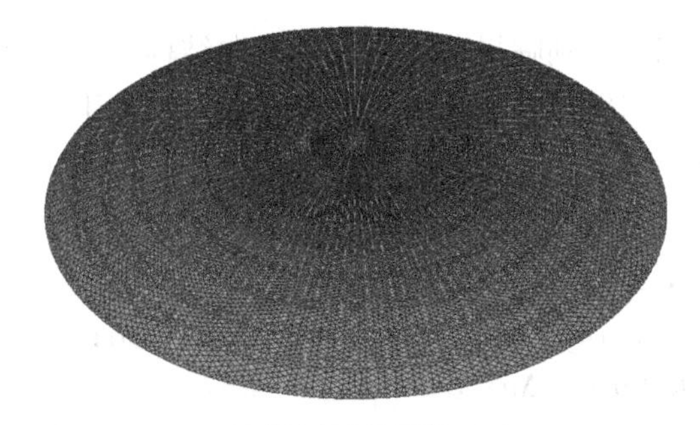

(a)带有蒙皮的模型

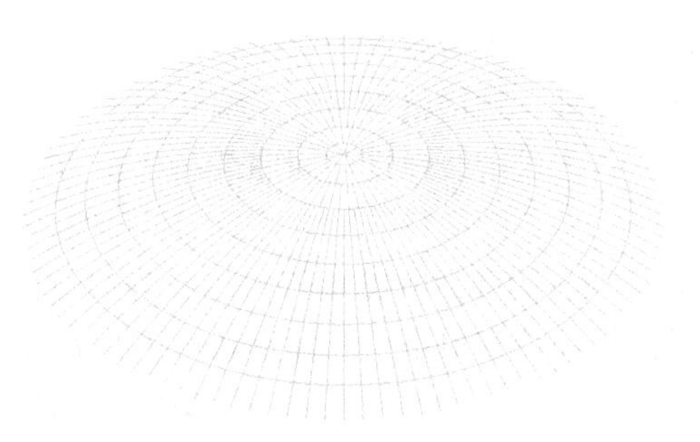

(b)钢网壳模型

图 1　网壳结构模型

径向梁和环向梁为 Beam44 单元。Beam44 单元是 3D 不对称变截面弹性梁单元，具有轴向拉压、弯曲及扭转功能，每个节点有 6 个自由度。单元两端截面可不相同，且截面也可不对称，也允许截面偏置(即节点不在质心)，该单元可创建任何形式的横截面而无需实常数。也比较方便的施加面荷载。蒙皮采用SHELL181单元，SHELL181单元是4节点有限应变壳单元，适用于模拟薄壳至中等厚度壳结构。该单元每个节点有6个自由度，非常适用于线性分析及大转动、大应变的非线性分析，并且在非线性分析中计入壳体厚度的变化。

本次研发和计算根据(JGJ 7—2010)《空间网格技术规程》，只考虑几何非线性不考虑材料非线性，安全系数4.2。所以选取的钢材16MnDr和Q345均是弹性材料，泊松比为0.3，密度7.8t/m^3，弹性模量2.06×10^{11}，屈服强度均取为345MPa，切线模量同弹性模量。充分考虑包括穹顶自重SW、吊顶荷载DECK、气体保压荷载INPRESS(分阶段施加)、钢筋重RB、穹顶活荷载RLL、混凝土沿穹顶每圈浇筑的荷载，对屈曲敏感的第五圈，考虑额外荷载。

2 弹性荷载下的受力变形

由图2可知，单层网壳结构在混凝土浇筑过程中最大位移出现在第5环梁处，最大位移为54.8822mm，根据GB 50341—2014《立式圆筒形钢制焊接油罐设计规范》，网壳最大位移不能超过储罐直径的1/300，LNG储罐直径为92.4m，单层网壳结构最大位移不能超过308mm。混凝土浇筑过程中，钢网壳符合刚度要求。

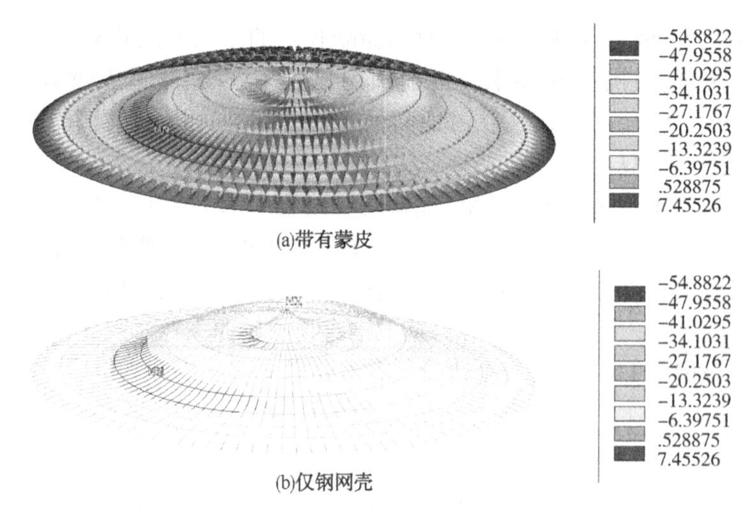

图2 弹性荷载下的受力变形

3 线性屈曲分析

3.1 线性屈曲分析理论

结构在达到临界荷载之前，一直保持在稳定状态，达到临界荷载时，如果向结构施加一个极其微小的外界荷载，结构就会离开平衡状态，这种现象叫做结构的屈曲。线性屈曲分析基于经典的特征值问题，首先求解线弹性前屈曲载荷状态$\{P_0\}$的载荷-位移关系：

$$\{P_0\}=[K_e]\{u_0\} \tag{1}$$

式中，$[K_e]$为弹性刚度矩阵，$\{u_0\}$为节点位移，$\{P_0\}$为节点荷载向量。

假设前屈曲位移很小，在任意状态下($\{P\}$，$\{u\}$，$\{\sigma\}$)增量平衡方程由式(2)给出：

$$\{\Delta P\}=[[K_e]+K_\sigma(\sigma)]\{\Delta u\} \tag{2}$$

式中，$K_\sigma(\sigma)$为某应力状态$\{\sigma\}$下计算的初始应力矩阵，假设前屈曲行为是一个外加载荷$\{P_0\}$的线性函数：

$$\{P\}=\lambda\{P_0\} \tag{3}$$

$$\{u\}=\lambda\{u_0\} \tag{4}$$

$$\{\sigma\}=\lambda\{\sigma_0\} \tag{5}$$

可得：

$$[K_\sigma(\sigma)]=\lambda[K_\sigma(\sigma_0)] \tag{6}$$

因此，整个前屈曲范围内的增量平衡方程变为：

$$\{\Delta P\}=[[K_e]+\lambda[K_\sigma(\sigma_0)]]\{\Delta u\} \tag{7}$$

在不稳定性开始时(屈曲载荷$\{P_{cr}\}$)，在$\{\Delta P\}\approx 0$的情况下，结构会出现一个变形$\{\Delta u\}$，把$\{\Delta P\}\approx 0$代入式(7)，可得：

$$[[K_e]+\lambda[K_\sigma(\sigma_0)]]\{\Delta u\}=\{0\} \tag{8}$$

上述关系则代表经典的特征值问题，为满足前面的关系，则必须有：

$$|[K_e]+\lambda[K_\sigma(\sigma_0)]|=0 \tag{9}$$

在n个自由度的有限元模型中，上述方程产生λ(特征值)的n阶多项式，这种情况下特征向量$\{\Delta u\}_n$表示屈曲时叠加到系统上的变形，由计算出的λ最小值给定弹性临界载荷$\{P_{cr}\}$。

3.2 线性屈曲分析结果

国内外一些实例表明，网壳结构大多是由于网壳局部或者整体发生失稳。对钢穹顶进行线性屈曲分析，如图3～图5所示为储罐钢穹顶典型阶数屈曲模态，从分析结果可得，大部分屈曲模态为蒙皮板局部屈曲(图4和图5)，少量模态为穹顶整体失稳模态(图3)。

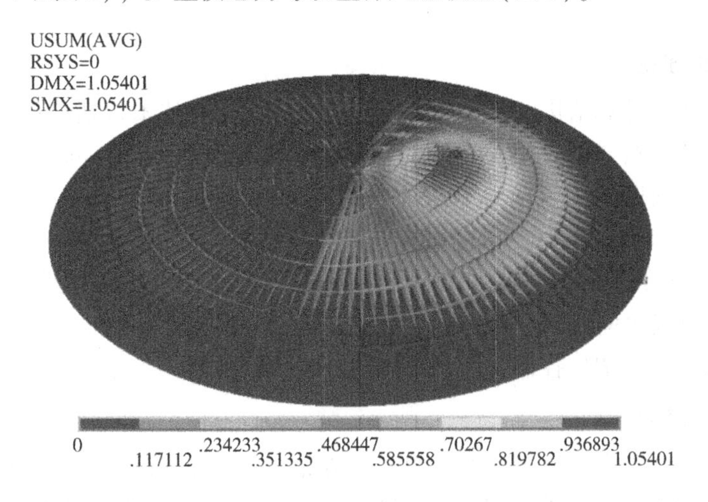

图3　第1阶屈曲模态

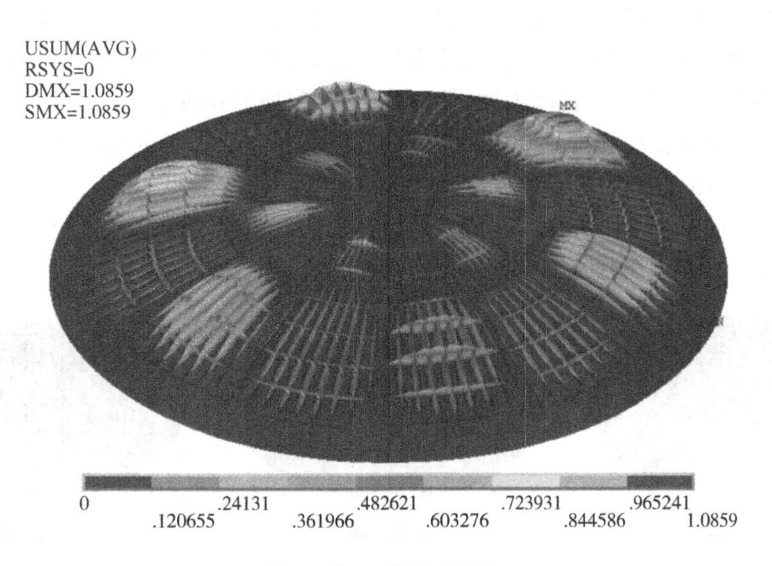

图4　第20阶屈曲模态

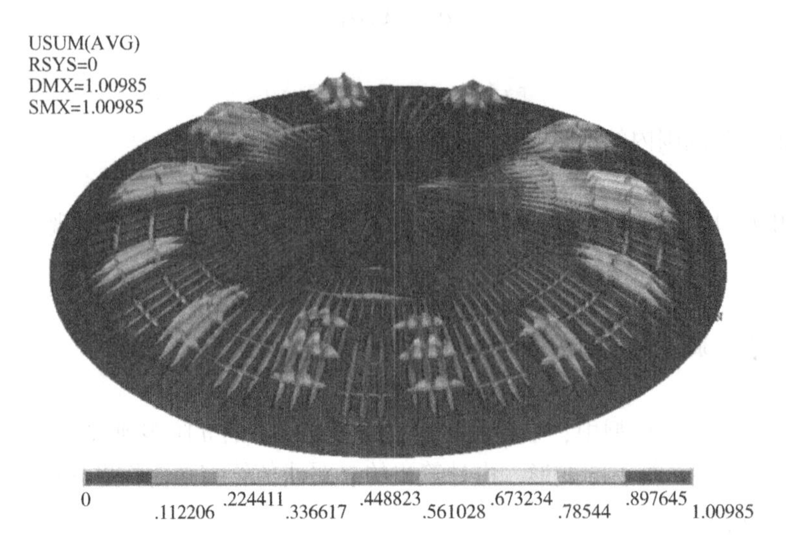

图5　第88阶屈曲模态

4　非线性屈曲分析

4.1　非线性屈曲分析理论

有几种分析技术用于计算结构的非线性静力变形响应，这些技术包括载荷控制、位移控制和弧长法，本文采用弧长法进行求解。弧长法同时求解载荷和位移，与 Newton-Raphson 法相似，引入了一个附加的未知项载荷因子 $\lambda(-1<\lambda<1)$，平衡方程可重写为：

$$[K^T]\{\Delta u\}=\lambda\{F^a\}-\{F^{nr}\} \tag{10}$$

其中，$[K^T]$为网壳结构刚度矩阵，$\{\Delta u\}$为结构位移增量，$\{F^a\}$为结构所受外部荷载，$\{F^{nr}\}$为结构内部应力，λ 为荷载比例因子。

通过迭代，使 $\lambda\{F^a\}-\{F^{nr}\}$控制在合理范围内，得到收敛解。

4.2　非线性屈曲分析结果

非线性屈曲需要结合在穹顶浇筑混凝土的实际情况，进行加载计算。根据环梁的圈数，共就考虑浇筑10圈(首先施加钢网壳自重+吊顶重+钢筋重+穹顶活荷载，然后施加浇筑每圈混凝土荷载。按照(JGJ 7—2010)《空间网格技术规程》只考虑几何非线性，所以安全系数为4.2。

将屈曲分析得到的最低阶整体失稳模态放大作为初始缺陷，即按最大位移放大至跨度92.4m的1/300即0.308m作等比例放大。具体施加每圈混凝土过程如图6所示。

整体稳定分析采用弧长法分析，该方法可以捕捉荷载位移曲线中的荷载下降段。典型变形图与荷载位移曲线如图7~图12所示。混凝土浇筑过程非线性安全子数见表1。

经过计算分析，通过分阶段施加不同的保压值，而且混凝土一次浇筑不分层浇筑，能够保证钢网壳不发生非线性屈曲失稳，另外缩短了施工周期，提高了效率。

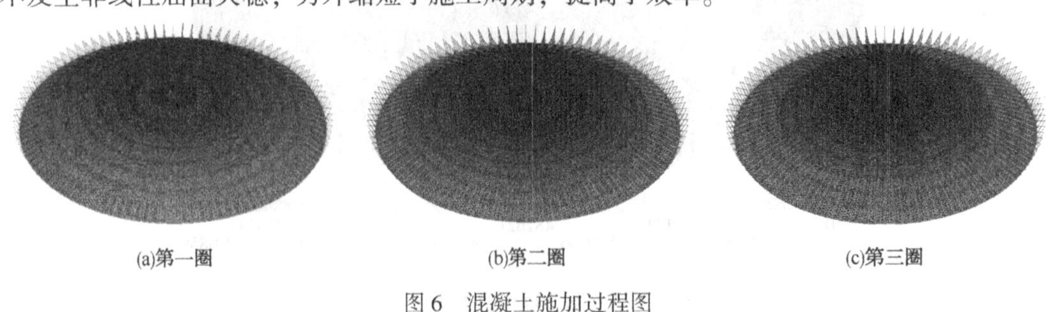

(a)第一圈　　(b)第二圈　　(c)第三圈

图6　混凝土施加过程图

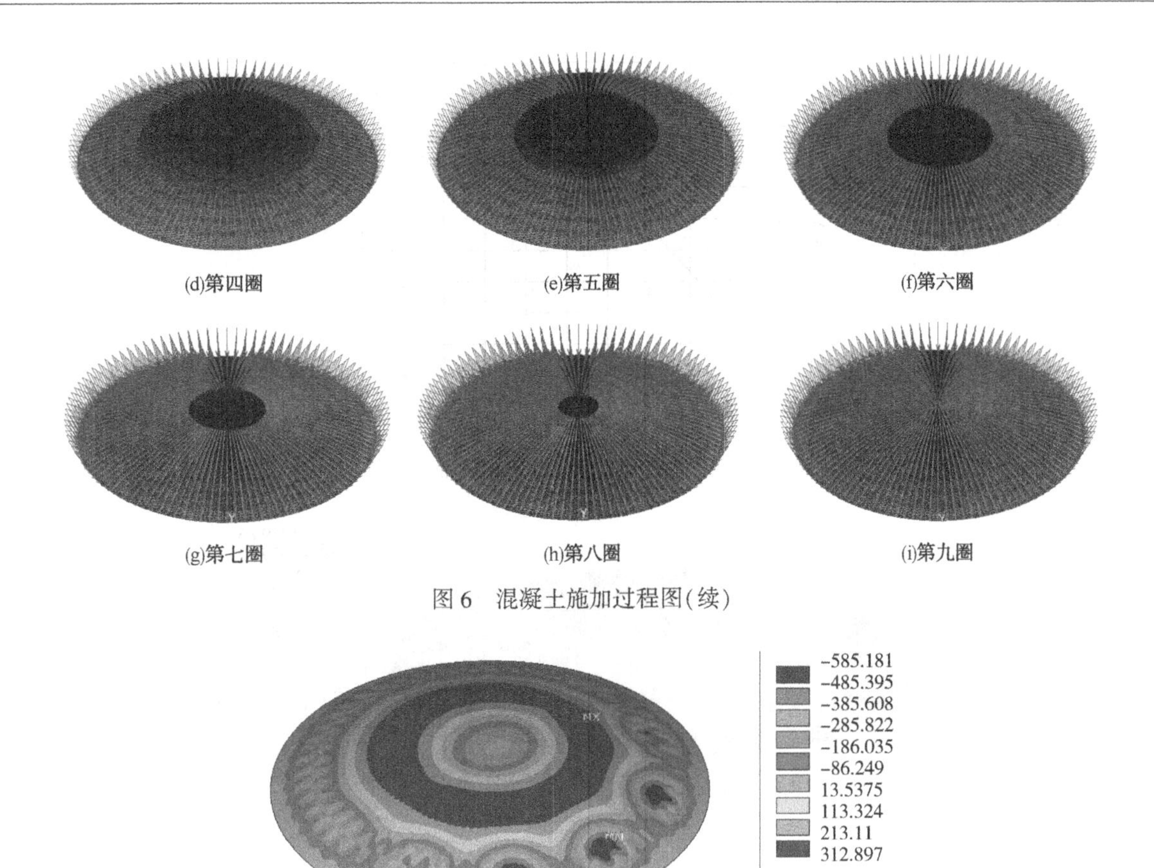

图 6　混凝土施加过程图(续)

图 7　混凝土浇筑到第三圈时的变形图

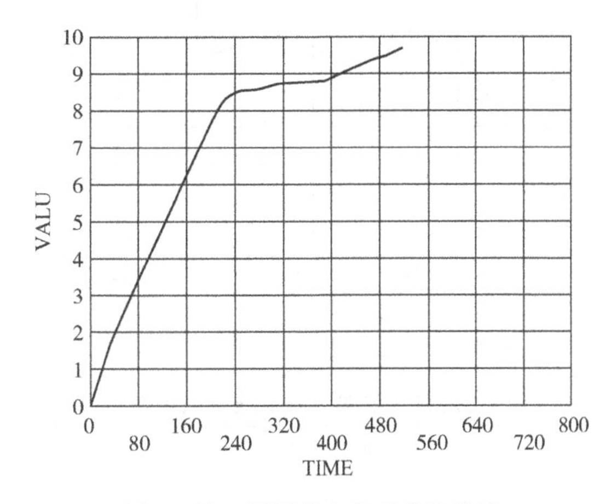

图 8　第三圈混凝土荷载位移曲线

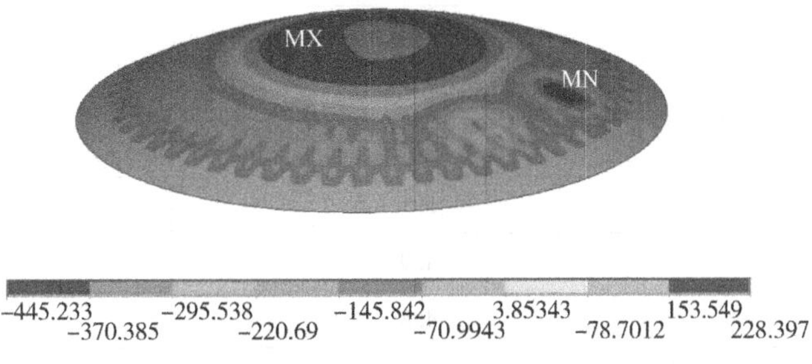

图 9　混凝土浇筑到第五圈时的变形图

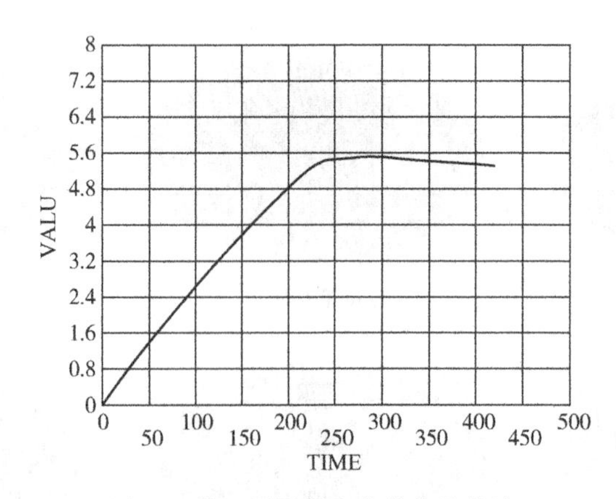

图 10　第五圈混凝土荷载位移曲线

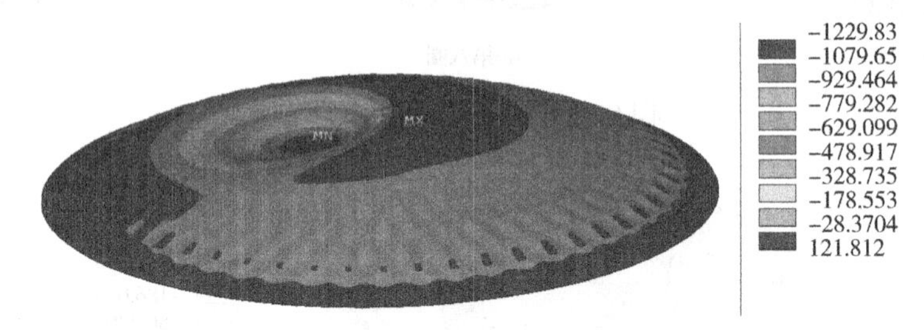

图 11　混凝土浇筑到第九圈时的变形图

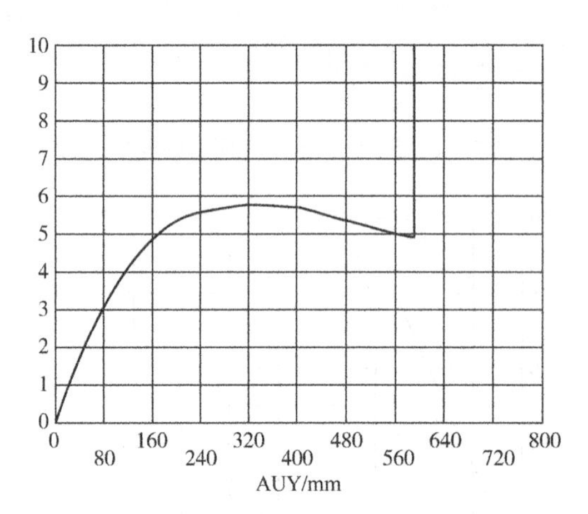

图 12　第九圈混凝土荷载位移曲线

表 1　混凝土浇筑过程非线性安全系数

混凝土圈数	几何非线性安全系数	是否几何屈曲失稳
1	>8	否
2	>8	否
3	>8	否
4	>8	否
5	5.3	否
6	5.1	否
7	4.9	否
8	4.8	否
9	4.3	否

5 结论

本文通过开展大型 LNG 储罐钢穹顶混凝土浇筑稳定性分析，得出该大型 LNG 储罐在此混凝土施工及保压方案下，未发生非线性屈曲失稳，证明了该施工方案是安全的，可指导大容积 LNG 储罐钢穹顶混凝土浇筑工程施工。

参 考 文 献

[1] 苏靖伟，李文杰，朱光辉，等．考虑初始缺陷的 LNG 内罐稳定性分析[J]．石油和化工设备，2023，26(12)：129-133.

[2] 温生亮．LNG 全包容储罐钢拱顶施工过程中稳定性问题的研究[J]．石油和化工设备，2023，26(06)：63-67.

[3] Zhang C. A design algorithm used for the roof frame and liner system of extra-large LNG storage tanks[C]．Natural Gas Industry B. 2018 Jun 1；5(3)：276-81.

[4] 翟希梅，王恒．LNG 储罐穹顶带钢板网壳施工全过程稳定性分析[J]．哈尔滨工业大学学报，2015，47(04)：31-36.

[5] 付裕，苏娟．大型 LNG 储罐穹顶钢结构施工阶段受力分析[J]．低温建筑技术，2024，46(02)：91-95.

[6] Cheng X，Wu Z，Zhen C，Li W，Ma C. A novel stability analysis method of single-layer ribbed reticulated shells with roof plates[C]．Thin-Walled Structures. 2024：111902.

[7] 范嘉堃，毕晓星，陈团海，等．LNG 储罐穹顶分层浇筑和分环浇筑方案对比研究[J]．石油和化工设备，2020，23(04)：49-55.

[8] 赵铭睿，扬帆，陈团海．超大容积 LNG 储罐顶梁框架施工阶段受力性能及稳定性分析[J]．化工管理，2022，(14)：165-168.

[9] 蔡健，贺盛，姜正荣，等．单层网壳结构稳定性分析方法研究[J]．工程力学，2015，32(07)：103-110.

[10] 李斌，王文焘，李明．大型储罐钢穹顶稳定性分析研究[J]．石油化工安全环保技术，2019，35(04)：31-32+70.

[11] Barathan V，Rajamohan V. Nonlinear buckling analysis of a semi-elliptical dome：Numerical and experimental investigations[C]．Thin-Walled Structures. 2022 Feb 1；171：108708.

$29000m^3$ LNG 双金属全容罐温度场参数化计算与分析

马树辉　刘清华　徐　敬　赵国锋　刘武善

（中国石油工程建设有限公司华北分公司）

摘　要　为保证天然气（Liquefied Natural Gas，LNG）双金属全容罐绝热结构设计的合理性及提高分析计算效率，有必要对 LNG 双金属全容罐进行温度场计算及分析。以某项目已建 $29000m^3$LNG 双金属全容罐为例，基于有限元理论对 LNG 双金属全容罐进行温度场计算及分析，通过对比漏热量计算结果排除网格数量及边界条件对 LNG 双金属全容罐模型的影响，验证 LNG 双金属全容罐在操作工况绝热系统合理性及事故工况下热角结构稳定性，按照“建模、边界条件加载、求解及结果后处理”框架对温度场计算命令流进行参数化设计，实现了 LNG 双金属全容罐温度场参数化设计目标，提高储罐温度场分析计算效率，可为 LNG 双金属全容罐绝热结构设计提供指导。

关键词　LNG；双金属全容罐；绝热系统；温度场分析；参数化设计

“双碳”目标制定将加快中国能源体系革命性重塑进程，未来 15～20 年天然气需求将保持快速增长，为满足天然气使用需求，天然气（Liquefied Natural Gas，LNG）储罐也将广泛应用。目前所采用的储罐结构型式以全容罐为主，优点是用地面积少及储罐安全可靠性高等。全容罐类型有双金属全容罐和预应力混凝土全容罐，两类全容罐主容器均为金属材料，差别在于外容器为金属材料或混凝土。同等容积下 LNG 双金属全容罐施工难度低、施工周期短且费用低，因此在 5000～$50000m^3$LNG 双金属全容罐应用广泛。

合理绝热结构对于双金属全容罐稳定运行有着重要作用，而温度场计算及分析可验证储罐绝热结构合理性及优化设计。国内外学者针对 LNG 全容罐温度场计算、分析及其影响因素做了大量研究工作。李兆慈等以 $16\times10^4m^3$ 预应力混凝土全容罐为例，建立二维及三维整体模型，重点关注全容罐整体温度分布结果及液位高度、环境风速等对温度场计算结果的影响；陈威威应用 ANSYS WORKBENCH 软件对 $16\times10^4m^3$ 预应力混凝土全容罐进行温度场计算及分析，重点关注罐顶、罐壁及罐底区域漏热情况；万里平等为避免重复建模、提高计算工作效率，以预应力混凝土全容罐为例对操作工况及泄漏进行参数化建模及计算。

综上所述，目前研究工作主要集中于预应力混凝土全容罐运行及泄漏工况下温度场计算及分析，对于双金属全容罐的研究内容涉及较少。本文基于有限元理论采用 APDL 语言，按照“建模、边界条件加载、求解及结果后处理”框架对温度场计算命令流进行参数化设计，对各工况下 LNG 双金属全容罐温度场进行参数化计算及分析，以期指导 LNG 双金属全容罐绝热系统设计，缩短分析设计周期。

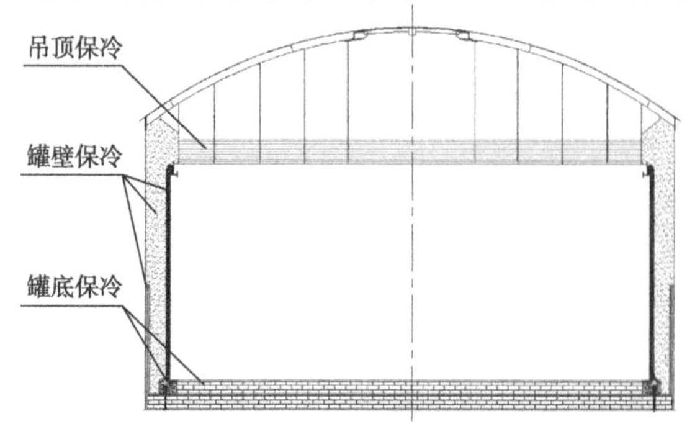

图 1　LNG 双金属全容罐绝热系统示意图

1　LNG 双金属全容罐温度场计算及分析

1.1　LNG 双金属全容罐绝热系统

全容罐绝热系统布置于内罐与外罐之间，包括罐底保冷、罐壁保冷以及吊顶保冷三部分构成储罐的绝热系统，形成封闭绝热空间，见图 1。

1.2 LNG 双金属全容罐温度场参数化计算流程

在参数化计算过程中，通过修改计算命令流文件中参数达到重复计算的效果，可极大提高效率。综合前述研究成果，对于 LNG 双金属全容罐温度场计算及分析主要分为“模型建立”“边界条件加载”“求解及后处理”三部分。本文基于已有研究成果，结合工程实例，在保证 LNG 双金属全容罐模型及工况合理性、模拟结果准确性的基础上实现储罐参数化计算，计算逻辑流程见图 2。

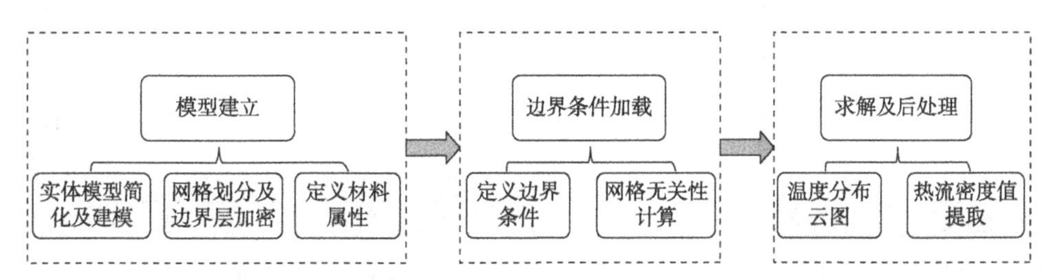

图 2　LNG 双金属全容罐温度场参数化计算逻辑流程图

APDL 为 ANSYS 参数化设计语言，可实现参数化建模、施加参数化载荷与求解及参数化后处理结果的显示，应用 APDL 命令流可实现不同规格 LNG 双金属全容罐温度场分析命令流参数化设计。下面以某工程项目已建 29000m^{3}LNG 双金属全容罐为例，进一步说明储罐温度场参数化计算及分析过程。

1.3 29000m^{3}LNG 双金属全容罐储罐温度场计算

1.3.1 模型建立

依据工程经验，采用 8 节点平面温度场单元 PLANE77（打开轴对称选项）来对储罐保冷结构进行建模，模型中主要考虑这些几何结构：承台、罐底绝热结构（各层不同材料）、热角保护系统、罐壁绝热结构、外罐壁、吊顶绝热结构、吊顶与 LNG 液面之间的甲烷蒸汽（不考虑对流而只考虑热量的传递）、吊顶保冷层上表面与罐顶之间的甲烷蒸汽（不考虑对流而只考虑热量传递）及罐顶。储罐主体结构尺寸为内罐直径 40m，外罐直径 42m，罐壁高度为 26.9m，罐顶曲率半径为 33.6m。其他绝热结构厚度及材料属性值见表 1。

表 1　绝热结构材料属性值

名称	导热系数/（W/m·K）	比热/（J/kg·K）
玻璃棉	0.029	1340
弹性毡	0.025	792
膨胀珍珠岩	0.038	753.74
混凝土圈梁	0.16	-
玻璃砖	0.034	837.5
S30408	24	500

平面轴对称温度场分析的几何模型如图 3、图 4 所示（不同颜色表示不同材料）。

1.3.2 边界条件加载

（1）定义边界条件

环境条件即为环境温度工况，根据温度变化可分为年平均气温条件、夏季条件和冬季条件，同时考虑太阳辐射所引起温升，罐顶及罐壁取环境温度最高/最低值，罐底区域无需考虑太阳辐射，其值较环境温度低 5℃。环境风速对储罐漏热影响很小，可忽略不计，采用对流边界，对流换热系数取 25W·m^{-2}·K^{-1}，参考储罐所建地的气候条件，则三类温度边界条件见表 2。

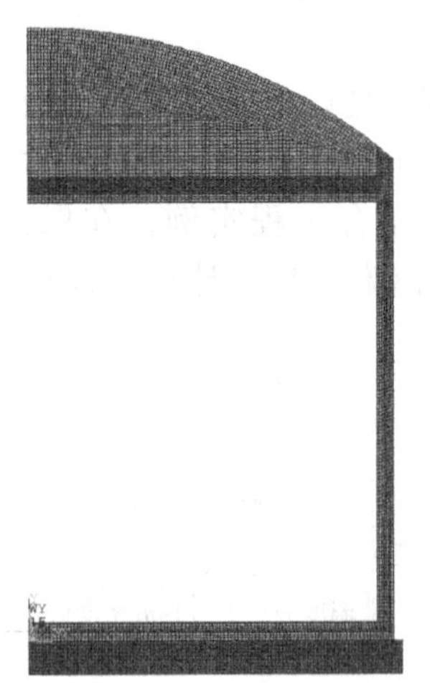

图 3　储罐保冷结构网格图

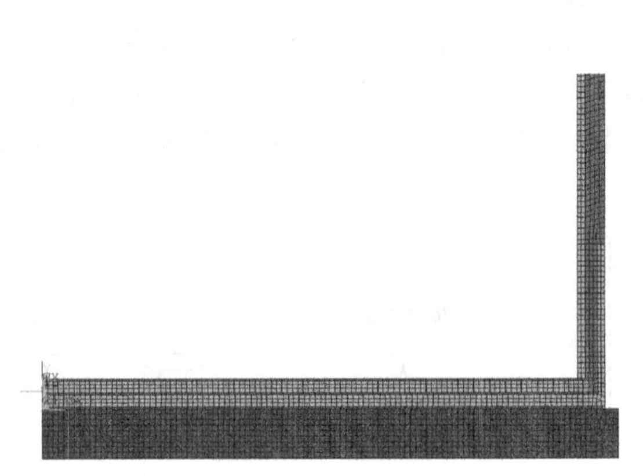

图 4　储罐绝热结构局部网格图

表 2　温度边界条件输入

温度条件	罐顶温度/℃	罐壁温度/℃	罐底温度/℃	对流换热系数/$W \cdot m^{-2} \cdot K^{-1}$	介质温度/℃
夏季	50	36	31	25	-165
冬季	9	-5	-10	25	-165
年平均温度	32	18	13	25	-165

储罐泄漏状态分为无泄漏(正常工作)、轻微泄漏、中等泄漏及完全泄漏四类。其中无泄漏是，LNG 液体边界为内罐壁面及顶部液面所在位置；轻微泄漏时，TCP(热角保护区域)处及以下为低温液体区域；中等泄漏时，TCP 以上 6m 处为低温液体区域；完全泄漏时，依照内外液面平衡的准则，根据项目参数计算得出泄漏液体位置为 TCP 以上 16m 处为低温液体区域。

GB/T 26978 中指出应考虑储罐绝热系统在正常工况和事故工况下热阻性能，故综合考虑温度边界及泄漏情况影响，储罐共 12 种边界工况，如下表 3 所示。

表 3　边界工况设置情况

工况编号	气温状态	泄漏状态
1	夏季均气温	无泄漏(正常状态)
2	冬季气温	无泄漏(正常状态)
3	年平均气温	无泄漏(正常状态)
4	夏季均气温	轻微泄漏
5	冬季气温	轻微泄漏
6	年平均气温	轻微泄漏
7	夏季均气温	中等泄漏
8	冬季气温	中等泄漏
9	年平均气温	中等泄漏
10	夏季均气温	完全泄漏
11	冬季气温	完全泄漏
12	年平均气温	完全泄漏

边界条件加载情况如图5所示。

(2) 网格无关性检测

为确保计算合理性需进行网格无关性测试。合理网格数量应该能够保证有限元的计算结果不随网格密度改变而发生明显变化，一般认为加密网格一倍后，计算值变化量在5%以内是可以接受的。本项目初始网格尺寸为200mm(网格数量为25802)，测试用网格尺寸为100mm(网格数量为77692)，分别从定性及定量角度来进行网格无关性验证。图6为不同网格下储罐温度场分布情况，可见两种网格数量下的温度场分布情况基本一致。表4给出了不同网格数量下储罐热流密度值，由表4可知，网格尺寸加密一倍后储罐各区域处热流密度值误差最大为1.13%，满足网格无关性要求，可排除网格密度的计算误差。

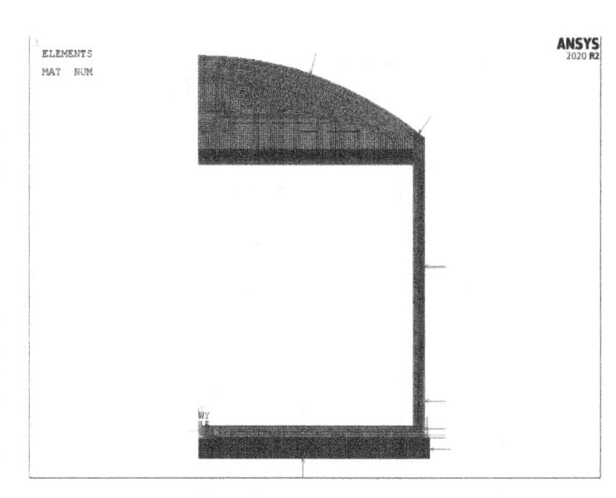

图5 边界条件加载

表4 不同网格数量下储罐的热流密度 W/m²

	网格尺寸200mm	网格尺寸100mm	相对误差
罐顶热流密度	1573.78	1591.62	1.13%
罐壁热流密度	14209.23	14242.1	0.23%
罐底热流密度	37901.44	37912.26	0.03%
储罐总热流密度	53684.45	53745.98	0.12%

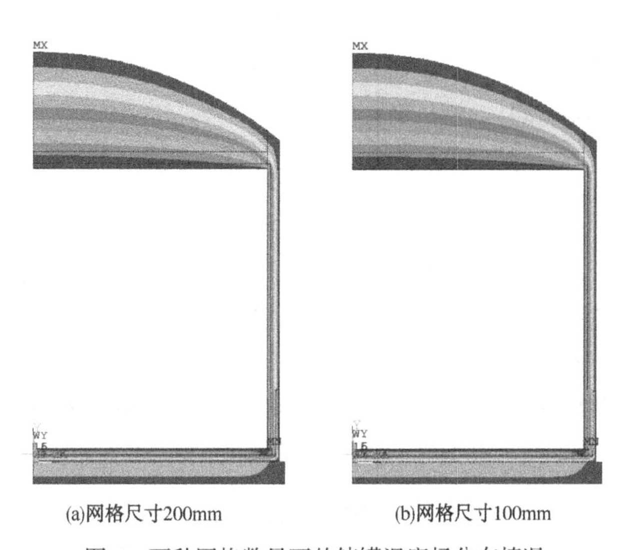

图6 两种网格数量下的储罐温度场分布情况

1.3.3 求解及结果后处理

对于29000m³LNG双金属全容罐，上述已确定其模型最优网格数量及边界条件，故对各工况进行求解，工况1~12计算及分析结果如表5所示。

表5 工况1~12下储罐温度场计算及分析结果

工况编号	最高/最低温度值/℃	所在位置	如泄漏，是否可正常运行
1	49.98	罐顶区域	-
2	8.98/-29	罐顶区域/混凝土承台	-
3	31.98	罐顶区域	-

续表

工况编号	最高/最低温度值/℃	所在位置	如泄漏，是否可正常运行
4	49.98	罐顶区域	可正常运行
5	8.98/-29	罐顶区域/混凝土承台	可正常运行
6	31.98	罐顶区域	可正常运行
7	49.98	罐顶区域	可正常运行
8	8.98/-29	罐顶区域/混凝土承台	可正常运行
9	31.98	罐顶区域	可正常运行
10	49.98	罐顶区域	可正常运行
11	8.98/-29	罐顶区域/混凝土承台	可正常运行
12	31.98	罐顶区域	可正常运行

由上表可知，设置绝热结构有效阻止储罐与外界进行热量传递，进而实现低温介质存储。对泄漏工况下储罐结构进行分析，以工况4、7及10为例，储罐温度场计算结果如图7~图9所示。当发生泄漏时储罐夹层空间内漏有LNG，储罐热角保护结构可有效阻止冷量传递，保证混凝土承台处温度正常，承台不会发生冻塌等其他事故；对承压环进行分析，当储罐发生泄漏时，夹层内介质汽化会造成膨胀珍珠岩的塌陷，轻微泄漏时珍珠岩塌陷较轻，中等泄漏至完全泄漏时珍珠岩塌陷严重，罐壁绝热结构保冷效果大大降低，严重影响承压环处温度分布，但此时夹层内传热过程复杂，需进行深入研究。

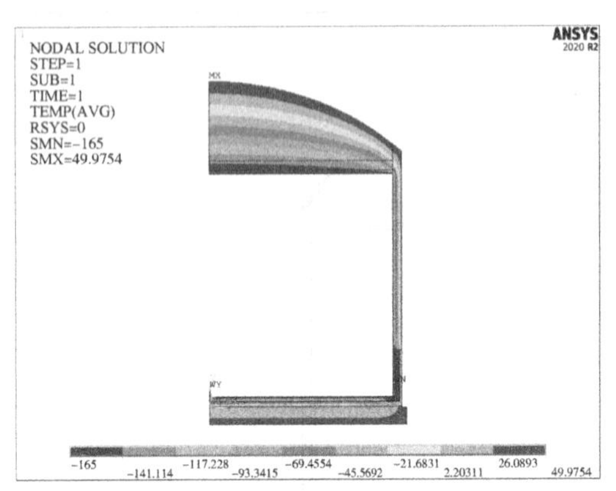

(a)整体温度分布

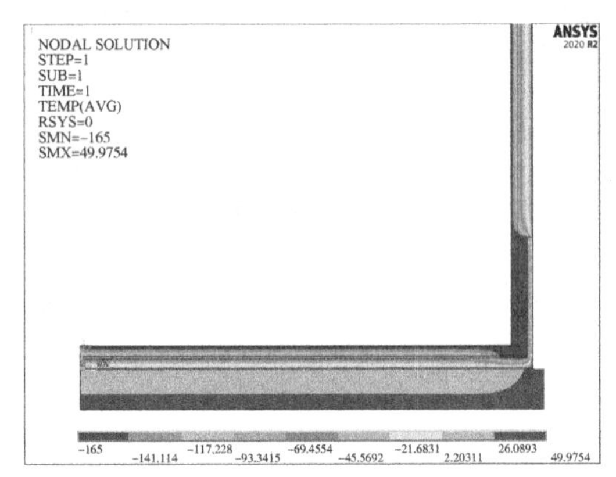

(b)TCP区域处温度分布

图7　工况4温度分布情况

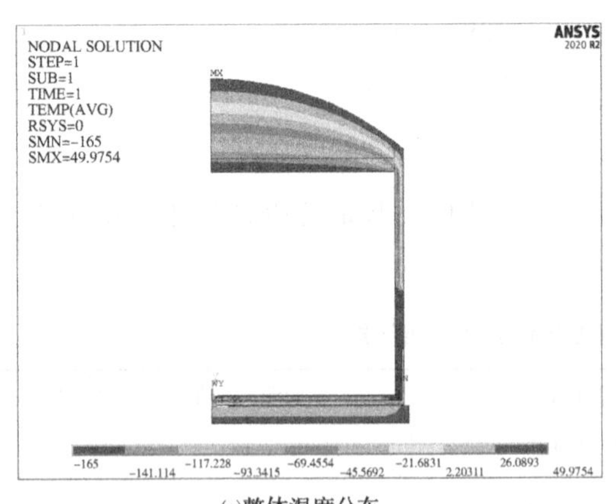

(a)整体温度分布

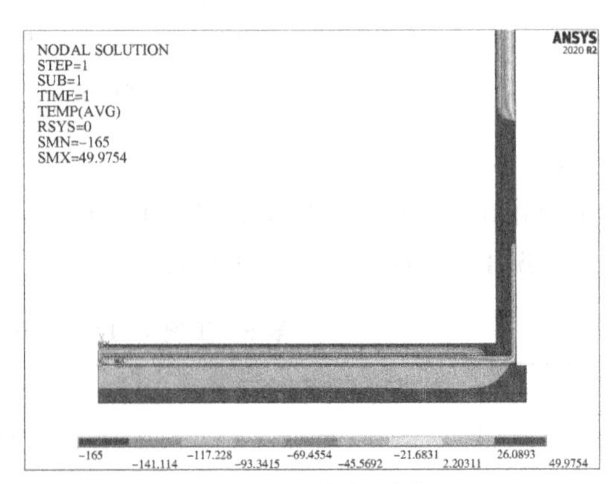

(b)TCP区域处温度分

图8　工况7温度分布情况

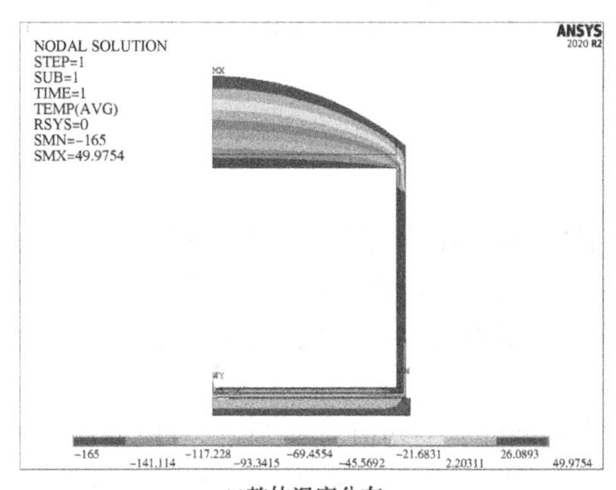

(a)整体温度分布

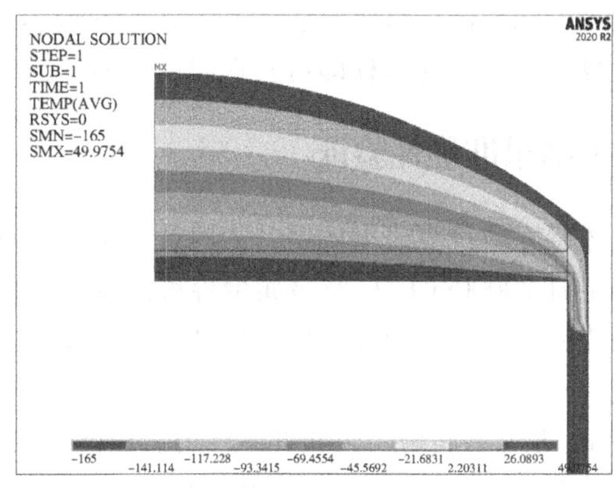

(b)顶部区域温度分布

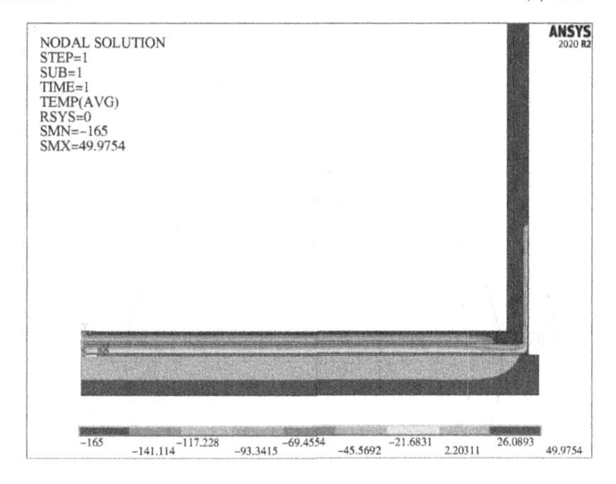

(c)TCP区域处温度分布

图 9　工况 10 温度分布情况

1.3.4　LNG 双金属全容罐温度场分析命令流编制

上述以 29000m³LNG 全容罐为例完成温度场计算及分析，应用 APDL 按照图 2 所示逻辑流程图可按照“模型建立”“边界条件加载”“求解及后处理”三部分进行温度场命令流编制，所形成温度场命令流文件如图 10 所示。

1_Thermal_dm（模型文件）
2_T_LC01_sovle（无泄漏+夏季工况）
3_T_LC01_sovle（无泄漏+冬季工况）
4_T_LC01_sovle（无泄漏+年平均温度工况）
5_T_LC01_sovle（轻微泄漏+夏季工况）
6_T_LC01_sovle（轻微泄漏+冬季工况）
7_T_LC01_sovle（轻微泄漏+年平均温度工况）
8_T_LC01_sovle（中等泄漏+夏季工况）
9_T_LC01_sovle（中等泄漏+冬季工况）
10_T_LC01_sovle（中等泄漏+年平均温度工况）
11_T_LC01_sovle（完全泄漏+夏季工况）
12_T_LC01_sovle（完全泄漏+冬季工况）
13_T_LC01_sovle（完全泄漏+年平均温度工况）
OutPutFluxVal
OutPutTemp

图 10　储罐罐温度场分析命令流文件

其中，文件 1 为模型文件，对应模型建立阶段；文件 2 至文件 13 为边界工况文件，对应边界条件加载阶段；文件“OutPutFlux Val”“OutPutFlusVal”为求解结果文件，对应求解及后处理阶段。对于不同地区、不同容积储罐，通过修改文件 1 中储罐尺寸参数即可完成建模过程，修改文件 2-13

即可实现不同地区项目所对应边界条件值的输入，运行文件“OutPutFlux Val”“OutPutFlus Val”即可获取计算结果。上述过程即可实现温度场命令流参数化。

2 模拟结果准确性验证

上述已完成计算模型确定，为验证模拟结果准确性将模拟结果与现场实测值进行对比。采集项目现场某日 29000m³LNG 双金属全容罐温度实测值及环境温度，以现场环境温度值及罐内介质温度值作为边界条件加载至计算模型后计算，以储罐二次底区域处为对比区域，将模拟结果与实测值进行对比。

图 11 为现场储罐二次底处温度值，由图可得二次底处温度平均值为-67℃，对模型计算后提取二次底处温度值为-70℃，两者相对误差为 5%，属于工程误差允许范围之内，由此可验证模拟结果准确性及温度场计算模型可靠性。

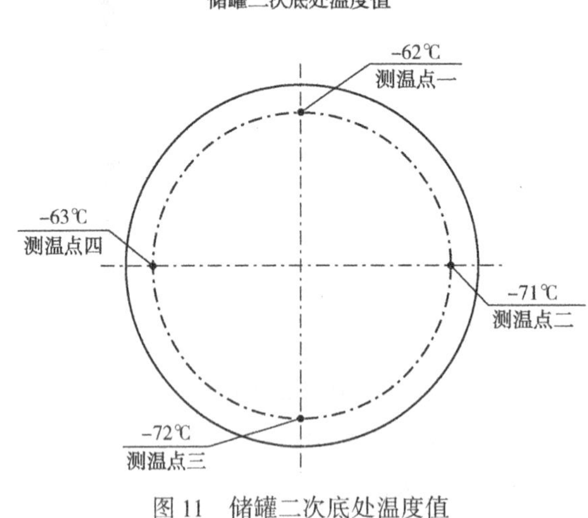

图 11　储罐二次底处温度值

3 结论

以某项目已建的 29000m³LNG 双金属全容罐为例，基于有限元理论应用 APDL 对其进行温度场计算及分析，结论如下：

（1）对 29000m³LNG 双金属全容罐进行建模、边界条件加载及计算，并对模型进行了网格无关性测试，以此模型为基础对 LNG 双金属全容罐在不同工况进行温度场分析，以此验证储罐在操作工况绝热系统合理性及泄漏工况下热角结构稳定性；同时指出储罐泄漏时介质汽化会造成珍珠岩塌陷从而影响罐壁保冷结构性能，进而影响承压环处温度分布，因此对承压环选材时应在泄漏工况下进行深入传热计算。

（2）以 29000m³LNG 双金属全容罐为例对温度场分析进行过程化拆解，针对建模、边界条件加载与求解及结果后处理进行命令流参数化工作。基于上述框架，可完成不同容积 LNG 双金属全容罐温度场分析命令流编制工作，实现了 LNG 储罐温度场参数化设计目标，缩短分析设计周期。

参 考 文 献

[1] 杨义，咎光杰，王雅菲，等．新形势下中国天然气产供储销体系建设探讨[J]．油气与新能源，2023，35(03)：31-38.

[2] 王海洋，曾桃．LNG 低温储罐的发展现状及应用[J]．石油化工设备技术，2016，37(01)：4-8.

[3] 粟科华，李伟，刘建勋，等．国外液化天然气接收站调峰实践及对中国的启示[J]．国际石油经济，2020，28(12)：34-44.

[4] 赵堂玉．2020 年中国天然气产业链发展回顾及展望[J]．油气储运，2021，40(4)：371-376.
[5] 单彤文．LNG 储罐研究进展及未来发展趋势[J]．中国海上油气，2018，30(2)：145-151.
[6] 单彤文，陈团海，张超，等．爆炸荷载作用下 LNG 全容罐安全性优化设计[J]．油气储运，2020，39(03)：334-341.
[7] 徐烈，李兆慈，张洁，等．我国液化天然气(LNG)的陆地储存与运输[J]．天然气工业，2002，22(3)：89-91.
[8] 全国石油天然气标准化技术委员会．现场组装立式圆筒平底钢质低温液化气储罐的设计与建造：GB/T 26978—2021[S]．北京：中国标准出版社，2021：12.
[9] 梁玉华，封晓华，李军等．LNG 调峰储备站储罐的选型[J]．煤气与热力，2018，38(12)：22-25.
[10] 杨丝桑，相华．LNG 全容储罐保冷系统及其性能探究[J]．天然气与石油，2016，34(04)：65-69+9-10.
[11] 李海润，徐嘉爽，李兆慈．全容式 LNG 储罐罐体温度场计算及分析[J]．天然气与石油，2012，30(04)：15-19+97-98.
[12] 夏明．双金属全容式 LNG 储罐罐壁温度场分析[D]．中国石油大学(北京)，2018.
[13] 李兆慈，郭保玲，严俊伟．LNG 储罐温度场计算及影响因素分析[J]．油气储运，2015，34(3)：4.
[14] 李兆慈，郭保玲，吴鑫，等．全容式 LNG 储罐传热分析与数值计算[J]．化工学报，2015，66(S2)：132-137.
[15] 陈威威．基于 ANSYS 大型 LNG 储罐静力场和温度场模拟研究[D]．青岛科技大学，2019.
[16] 万里平，武铜柱，李晓琳．大型 LNG 储罐整体温度场分析的参数化建模和计算[J]．石油化工设备技术，2020，41(3)：6.
[17] 彭明，丁乙．全容式 LNG 储罐绝热性能及保冷系统研究[J]．天然气工业，2012，32(03)：94-97+132-133.
[18] 高长银．ANSYS 参数化编程命令与实例详解[M]．机械工业出版社，2015.
[19] 张超．ANSYS 软件在 LNG 储罐有限元分析中的应用[M]．国防工业出版社，2014.
[20] 李晓琳．大型 LNG 储罐罐顶冷接管结露问题分析[J]．石油化工设备技术，2019，40(06)：1-4+11+5.
[21] 段若．低温储罐保温能力和承载能力的研究[D]．北京化工大学，2017.

大型低温双金属全容储罐高径比对主体材料用量及日蒸发率的影响研究

余 涛 张 诚 万 娟 向海云

（中国石油工程建设有限公司西南分公司）

摘 要 对于同一容积的全容罐，不同的高径比（内罐液位与直径之比）直接影响储罐的具体结构尺寸。为了节约储罐建造成本及后期运行成本，通过对不同容积的全容罐高径比变化所需主体材料用量及对日蒸发率的影响进行了计算、比较、分析。结果表明，目前国内经常采用的碳钢罐顶全容罐，当容积≤30000m^3 时，高径比越大，建设和运行成本越低；当容积>30000m^3 时，高径比越小，建设和运行成本越低；同时，储罐高径比变化对蒸发率的影响比较小，可以忽略。研究结果对大型低温储罐的设计、建造及后期运行成本评估具有一定的参考意义。

关键词 全容罐；高径比；主体材料；蒸发率

随着现代工业的发展及对储运系统安全性研究的深入，低温储罐越来越朝着大型化、安全化的方向发展。低温双金属全容储罐作为低温储罐的一种结构型式，因其外罐具有存储低温液体及蒸发气（BOG）的能力，储罐不需要单独设置围堰系统，因此该类型储罐具有占地面积小，投资成本低，安全性高等优点，且针对目前工业社会中大部分的低温可燃液体，如乙烷、乙烯、丙烯、液化天然气（LNG）等均适用。

大型低温双金属全容储罐作为储运系统的重要组成部分，因其技术难度大，投资成本高，一直是工程技术人员重点关注的对象。随着低温储罐朝着大型化的方向发展，储罐主体材料用量及后期运行中产生的 BOG 量将急剧增加，以 10000m^3、50000m^{3}LNG 储罐为例，每日蒸发量分别约为 4800Nm^3 和 24000Nm^{3}BOG 气体，更多的 BOG 意味着需要更大的压缩机，使设备投资和能源消耗增大，因此，研究储罐结构尺寸与主体材料用量及产生 BOG 量的关系，成为工程技术人员考虑的问题。

天然气作为一种清洁、高效、方便、安全的能源，因其热值高、污染小、储运方便等特点深受现代社会的青睐。随着世界对环境保护的日益重视以及国家双碳战略的实施，天然气在能源供应中的比例迅速增加。近年来，天然气的生产和贸易日趋活跃，每年天然气的需求量以约 15%的速度增长，使得天然气已经成为稀缺清洁能源，正在成为世界工业新的热点。

2017 年全国大范围出现的天然气供应紧张局面，暴露了我国天然气储气能力不足的短板。随着全国用气需求的不断增加，国内天然气市场供需矛盾将进一步加大。这已成为制约我国天然气产业可持续发展的重要瓶颈之一。

面对日益高速增长的天然气需求，近年来，国家不断加快天然气产供储销体系建设，以解决日益严峻的天然气供需矛盾。

2018 年 4 月，国家发改委和国家能源局联合印发的《关于加快储气设施建设和完善储气调峰辅助服务市场机制的意见》指出，加强储气和调峰能力建设，是推进天然气产供储销体系建设的重要组成部分。

LNG 双金属全容储罐作为 LNG 储气调峰站的关键设备，占整个项目约 20% 以上投资，将以 LNG 双金属全容储罐为例，研究探讨大型低温双金属全容储罐高径比对主体材料用量及日蒸发率的影响。

1　高径比对主体材料用量的影响

本文所指 LNG 储罐，均为目前市场上应用最广的双金属全容储罐，具体结构如图 1 所示。

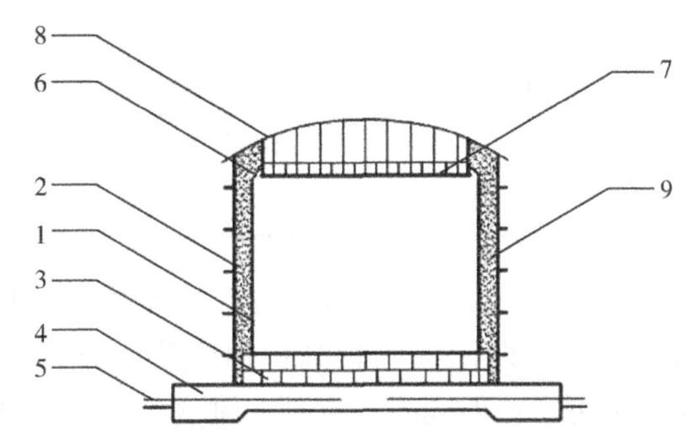

图 1　全容罐典型结构型式

1—主容器(钢质)；2—次容器(钢质)；3—底部绝热层(钢质)；
4—基础；5—基础加热系统；6—柔性绝热密封；7—吊顶(绝热)；
8—罐顶(钢质)；9—松散填充绝热层

LNG 储罐的强度计算分为常规计算和地震校核计算，常规计算参照 SY/T 0608—2014《大型焊接低压储罐的设计与建造》，其中：

储罐筒体厚度计算参照式(1)：

$$t=\frac{PR_C}{S_{ts}\times E} \tag{1}$$

储罐顶盖厚度计算公式参照式(2)：

$$t=\frac{R_1}{2}\left(P-\frac{W+F}{A_t}\right)/(S_{ts}\times E) \tag{2}$$

地震校核计算参照 SY/T 0608—2014《大型焊接低压储罐的设计与建造》附录 L 及 API 650—2012《Welded Tanks for Oil Storage》附录 E。分为 OBE，SSE 和 ALE 工况下的校核，主要是针对储罐筒体、锚带的强度校核以及晃液波高的计算等。

储罐筒体厚度地震校核参照式(3)：

$$t=\frac{N_h\pm\sqrt{{N_i}^2+{N_c}^2}}{\sigma_t} \tag{3}$$

储罐筒体压缩应力地震校核参照式(4)：

$$\sigma_c=\left[w_t(1+0.4A_V)+\frac{1.273M_{rw}}{D^2}\right]\frac{1}{1000t_s} \tag{4}$$

储罐地震晃液波高计算参照式(5)：

$$\delta_s=0.5DA_f \tag{5}$$

储罐抗压圈、底板、加强圈等附件的常规设计、计算参考 SY/T 0608—2014、SH/T 3537—2009 等相应章节，锚带、抗滑阻力、罐壁压缩应力等地震校核参考 API 650—2012 附录 E，计算公式中相应符号的含义参照相应标准，文中不再具体赘述。

为保证设计参数的一致性，所有储罐均采用表 1 所示设计参数，筒体、底板加强圈等主体材料均采用奥氏体不锈钢 S30408，罐顶板及承压环采用碳钢 16MnDR。

表1　基本设计参数

项目	参数	项目	参数
设计压力/kPa	29	储罐类别	I
设计风压/Pa	450	场地类别	II
抗震设防烈度	7度(0.15g)	壁板宽度/m	2
设计地震分组	第二组	碳钢腐蚀裕量/mm	1
设计密度/(kg/m^3)	480	不锈钢腐蚀裕量/mm	0
设计雪压/Pa	300		

对于抗震设防烈度7度(0.15g)的LNG储罐，地震作用力是决定储罐壁厚的关键因素，相同容积储罐，高径比越大，储罐直径越小，设计液位越高；相应的，液体产生的压强越大，弯矩也越大，从而储罐壁厚越厚，筒体重量更重；但同时，罐顶、罐底及吊顶面积更小，底部绝热层保冷材料用量也更少。储罐筒体重量增加和底板、顶盖重量减少是相反的，因此，本文共对比了$10000m^3$、$20000m^3$、$30000m^3$和$50000m^3$LNG储罐高径比从0.8降低到0.5时，主体材料重量及日蒸发率变化，以期望找出储罐高径比与二者的关系。储罐具体尺寸见表2。

表2　储罐主体尺寸　　mm

容积/m^3	高径比(0.8)			高径比(0.7)		
	内罐($D×H$)/mm	外罐($D×H$)/mm	拱顶半径/mm	内罐($D×H$)/mm	外罐($D×H$)/mm	拱顶半径/mm
10000	ϕ25200×21360	ϕ27200×24960	R21760	ϕ26300×19610	ϕ28300×22375	R22640
20000	ϕ31700×26540	ϕ33700×29300	R26960	ϕ33100×24623	ϕ35100×27380	R28080
30000	ϕ36300×30195	ϕ38300×32950	R30640	ϕ37900×27800	ϕ39900×30550	R31920
50000	ϕ43000×39630	ϕ45000×42380	R36000	ϕ45000×32640	ϕ47000×35400	R37600
10000	ϕ27700×18000	ϕ29700×20800	R23760	ϕ29500×15800	ϕ31500×18560	R25200
20000	ϕ34900×22100	ϕ36900×24855	R29520	ϕ37100×19655	ϕ39100×22400	R31280
30000	ϕ40000×25100	ϕ42000×27850	R33600	ϕ42500×22350	ϕ44500×25100	R35600
50000	ϕ47400×29520	ϕ49400×32300	R39520	ϕ50300×26320	ϕ52300×29065	R41840

经常规计算和地震校核，储罐主体材料用量及总价见表3~表6，各种材料单价预估为：玻璃砖$=3000/m^3$，珠光砂$=270/m^3$，不锈钢$=20000/t$，碳钢$=6000/t$。

表3　$10000m^3$LNG储罐不同高径比主体材料重量表

高径比	玻璃砖/m^3	珠光砂/m^3	不锈钢/t	碳钢/t	总价/万元
0.8	548	3020	341	73.2	973
0.7	698	2879	338	77.5	1009
0.6	768	2813	330	82.4	1017
0.5	861	2668	345	101	1080

表4　$20000m^3$LNG储罐不同高径比主体材料重量表

高径比	玻璃砖/m^3	珠光砂/m^3	不锈钢/t	碳钢罐顶总价/t	总价/万元
0.8	898	4515	770	170	2033
0.7	972	4400	760	198	2050
0.6	1071	4205	736	227	2044
0.5	1200	4023	730	259	2084

表 5　30000m³LNG 储罐不同高径比主体材料重量表

高径比	玻璃砖/m³	珠光砂/m³	不锈钢/t	碳钢罐顶总价/t	总价/万
0.8	1153	5792	1135	258	2927
0.7	1249	5600	1116	272	2951
0.6	1381	5368	1077	320	2906
0.5	1547	5145	1059	371	2944

表 6　50000m³LNG 储罐不同高径比主体材料重量表

高径比	玻璃砖/m³	珠光砂/m³	不锈钢/t	碳钢罐顶总价/t	总价/万
0.8	1581	8787	2023	388	4991
0.7	1722	7674	1873	423	4724
0.6	1900	7367	1805	499	4678
0.5	2125	7026	1730	603	4649

由表 3 可知，10000m³LNG 储罐主体材料投资随着高径比的减小，整体呈不断增大的趋势，最大最小主体材料投资增加 107 万，占比约 11%。

由表 4 可知，20000m³LNG 储罐主体材料投资随着高径比的减小，整体呈不断增大的趋势，最大最小主体材料投资增加 51 万，占比约 2.51%。

由表 5 可知，30000m³LNG 储罐主体材料投资随着高径比的变化，整体变化不大，最大最小主体材料投资增加 45 万，占比约 1.55%。

由表 6 可知，50000m³LNG 储罐主体材料投资随着高径比的减小，整体呈不断减少的趋势，最大最小主体材料投资减少 342 万，占比约 6.85%。

2　高径比对日蒸发率的影响

随着高径比的变小，储罐罐顶和罐底的面积增大，罐壁的面积减小。为简化日蒸发率的计算，均假设储罐罐壁温度为 40℃。罐壁和罐底以热传导方式为主，罐顶则以辐射传热为主。罐壁传热由 2 部分组成，即热角保护上部和热角保护部分；罐底传热也由 2 部分组成，即储罐中心的泡沫玻璃砖和边缘的泡沫玻璃砖与混凝土圈梁。具体结构见图 1。

由于储罐直径较大，罐壁的热传导可以看成平壁的热传导进行处理，平壁热传导的热通量计算见式(6)：

$$q_1=\frac{\Delta T}{\frac{b_1}{\lambda_1}+\frac{b_2}{\lambda_2}+\frac{b_3}{\lambda_3}\cdots\cdots+\frac{b_n}{\lambda_n}} \tag{6}$$

平壁热辐射的热通量计算见式(7)：

$$q_2=\frac{5.67}{\frac{1}{\varepsilon_1}+\frac{1}{\varepsilon_2}-1}\times\left[\left(\frac{T_1}{100}\right)^4-\left(\frac{T_2}{100}\right)^4\right] \tag{7}$$

储罐的日蒸发率计算见式(8)：

$$W=\frac{Q\times24\times3600}{10\times h\times\rho\times V} \tag{8}$$

式中，q_1，q_2为对流和辐射的热通量，W/m²；b_1，$b_2\cdots\cdots b_n$为各导热材料的厚度，m；λ_1，$\lambda_2\cdots\cdots\lambda_n$为各导热材料的导热系数，W/(m·K)；$\varepsilon_1$，$\varepsilon_2$为物体的黑度；$T_1$，$T_2$为两辐射物体温度，K；$W$为储罐的日蒸发率，%/d；$h$为操作条件下 LNG 气化潜热，kJ/kg；$\rho$为操作条件下 LNG 密度，

kg/m^3；V 为储罐有效容积，m^3。

经计算，各个储罐在不同高径比下的日蒸发率如表 7 所示。

表 7　不同容积和高径比下储罐日蒸发率　　%/d

容积/m^3	高径比			
	0.8	0.7	0.6	0.5
10000	0.088	0.09	0.092	0.095
20000	0.078	0.081	0.083	0.088
30000	0.069	0.071	0.073	0.077
50000	0.059	0.06	0.061	0.063

3　结论

从上述不同容积，不同高径比的 LNG 储罐主体材料投资及日蒸发率变化可以得出如下结论：

(1) 对于有效容积≤30000m^3 的 LNG 双金属全容储罐，随着高径比的减小，储罐的主体材料投资成本增大，同时，由于储罐直径增大，储罐基础成本增高，占地面积和防火间距相应增大，整体工程成本将上升，因此，对于有效容积≤30000m^3 的 LNG 双金属全容储罐，高径比越小，储罐建设成本越高。

(2) 对于有效容积>30000m^3 的 LNG 双金属全容储罐，随着高径比的减小，储罐的主体材料投资成本减少，但是为了安装刚性等原因，根据相关标准，储罐有最小壁厚要求，储罐高径比<0.4，主体材料用量变化就已经不明显，反而会因为基础成本的增加而增大储罐整体投资。

(3) 随着高径比的减小，储罐日蒸发率逐渐增大，但增加比例不大，以 50000m^{3}LNG 双金属全容储罐为例，高径比从 0.8 减小到 0.5，日蒸发率仅增大 0.004%，占总日蒸发率的 6.8%，对储罐后期运行成本影响较小。

(4) 对于不同的低温介质，仅液体的密度不同，计算方式与 LNG 双金属全容储罐完全相同，因此，上述储罐的结论对其它介质如乙烷、乙烯、丙烯等低温液体储罐仍具有指导意义。

参　考　文　献

[1] 黄群，夏芳．LNG 储罐国产化的可行性[J]．天然气工业，2010，30(7)：80-82.

[2] 吕娜娜，谢剑，杨建江．大型 LNG 低温储罐建造技术综述[J]．特种结构，2010，27(1)：105-108.

[3] 钱伯章，朱建芳．世界液化天然气的现状及展望[J]．天然气与石油，2008，26(4)：34-38.

[4] 李鹏．大型 LNG 储罐泄露工况下外罐温度场分析[J]．石油工程建设，2019，45(4)：10-15.

[5] Berger G. World offshore oil，gas production has risen steadily[J]．Oil&Gas Journal，2004，102(14)：30-32.

[6] Soerier K. BCC：World gas demand to reach 116.9 tcf in 2008[J]．Oil&Gas Journal，2004，102(14)：33.

[7] 钱伯章，我国天然气工业现状及发展前景[J]．中国化工信息，2002，(33)：4.

[8] 钱伯章，当代天然气工业及其发展前景[J]．天然气与石油，2002，20(2)：12-18.

[9] 吴洪波，何洋，周勇，等. 天然气调峰方式的对比与选择[J]．天然气与石油，2009，27(5)：5-9.

[10] 中海石油气电集团有限责任公司．现场组装立式圆筒平底钢质低温液化气储罐的设计与建造：GB/T 26978—2021[S]．北京：中国标准出版社，2021.

[11] 中国石油天然气管道局天津设计院．大型焊接低压储罐的设计与建造：SY/T 0608—2014[S]．北京：石油工业出版社，2014.

[12] American Petroleum Institute. Design and Construction of Large，Welded，Low-pressure Storage Tanks：API 620—2018[S]．Washington：API，2018.

[13] American Petroleum Institute. Welded Tanks for Oil Storage：API 50—2012[S]．Washington：API，2012.

[14] 中国石化集团第二建设公司．立式圆筒形低温储罐施工技术规程：SH/T 3537—2009[S]．海口：南方出版

社，2010.
[15] 中石化南京工程有限公司．石油化工立式圆筒形低温储罐施工质量验收规范：SH/T 3560—2017[S]．北京：中国石化出版社，2018.
[16] 山西太钢不锈钢股份有限公司．承压设备用不锈钢和耐热钢钢板和钢带：GB/T 24511—2017[S]．北京：中国标准出版社，2018.
[17] 重庆钢铁股份有限公司．低温压力容器用钢板：GB 3531—2014[S]．北京：中国标准出版社，2014.
[18] 陈敏恒，丛德滋，方图南，等．化工原理[M]．北京：化学工业出版社，2006：9.
[19] 中国石油和化工勘察设计协会．工业设备及管道绝热工程设计规范：GB 50264—2013[S]．北京：中国计划出版社，2013.
[20] 中国石油天然气股份有限公司规划总院．石油天然气工程设计防火规范：GB 50183—2004[S]．北京：中国计划出版社，2005.

LNG 用低温防冲击止回阀的设计要求

贾琦月　宋　遥　黄欣烨　赵子贺

（中国寰球工程有限公司北京分公司）

摘　要　针对低温防冲击止回阀的使用工况和介质特点，阐述了阀门的设计要求。提出了材料要求、结构要求和测试要求。结合仿真分析工具，阐述了流场分析和结构优化的重要性，为 LNG 用低温防冲击止回阀的设计以及国产化研发提供了帮助。

关键词　液化天然气；止回阀；低温；防冲击

1　引言

LNG 超低温阀门是 LNG 接收站项目中的重要组成部分，阀门的性能决定这接收站的安全运行。LNG 用低温防冲击止回阀位于低温高压泵出口，防止流体反方向流动，并对高压泵形成保护。此类阀门的工作工况苛刻，设计要求较高。国内关于此类阀门的相关标准有 GB/T 51257、GB/T 24925、JB/T 12621 等。从设计方面，针对低温防冲击止回阀的使用工况和流体特性，需要给出明确的要求，以确保 LNG 低温高压泵安全运行。

2　液化天然气的特性

理解 LNG 低温阀门的结构要求，应先了解液化天然气的物性。

（1）LNG 是以甲烷为主要组分的烃类混合物，其中含有通常存在于天然气中少量的乙烷、丙烷、氮等其他组分（表 1）。

表 1　LNG 物性表

常压下泡点时的性质	LNG 例 1	LNG 例 2	LNG 例 3
摩尔分数/%			
N_2（氮气）	0.5	1.79	0.36
CH_4（甲烷）	97.5	93.9	87.2
C_2H_6（乙烷）	1.8	3.26	8.61
C_3H_8（丙烷）	0.2	0.69	2.74
iC_4H_{10}（异丁烷）	-	0.12	0.42
nC_6H_{12}（正丁烷）	-	0.15	0.65
C_5H_{12}（戊烷）	-	0.09	0.02
相对分子质量/（kg/kmol）	16.41	17.07	18.52
泡点温度/℃	-162.6	-165.3	-161.3
密度/（kg/m^3）	431.6	448.8	468.7
0℃和 101325Pa 条件下单位体积液体生成的气体体积/（m^3/m^3）	590	590	568
0℃和 101325Pa 条件下单位质量液体生成的气体体积/（$m^3/10^3kg$）	1367	1314	1211

从上表可见，0℃和 1 个大气压下，单位体积的 LNG 气化后的体积接近 600 倍。正是基于此点，标准中对具有封闭空间的阀门要求考虑泄压结构设计，并提出了严格的低温泄漏控制要求，同时需要阀门满足低逸散的外泄漏。

（2）在 LNG 泄漏时，LNG 将以喷射流的方式进入大气中，且同时发生节流（膨胀）和蒸发。这一过程中 LNG 将与空气强烈混合。大部分 LNG 最初作为空气溶胶的形式被包容在气云之中。对于天然气/空气的云团，当天然气的体积浓度为 5%～15%时就可以被引燃和引爆。而且，没有约束的天然气云以低速燃烧时，在气体云团中产生小于 5×103Pa 的低超压。在受限制的区域（如密集的设备和建筑物），可以产生较高的压力，进而引起严重的不良后果。所以 LNG 的阀门多采用焊接连接，以减少管线的泄漏点。

3 液化天然气防冲击止回阀的设计要求

对 LNG 阀门的结构要求与 LNG 易燃、低温、气化倍率高等特点直接相关。对于 LNG 用防冲击止回阀需要耐受 LNG 介质的低温-170℃，在阀门关闭时，需要在反向流流速增长前就切断流线，在阀体上尽量减少泄漏点，这样可以避免 LNG 泄漏燃烧的风险。

3.1 材料要求

阀体、阀盖的等部件均应采用耐低温材料，如奥氏体不锈钢、镍铁合金等，以确保低温下的密封性和耐腐蚀性能；弹簧提供密封加载力，因此弹簧材料应采用低温合金钢材料，以确保低温下的弹性和防腐蚀性。

3.2 结构要求

液化天然气止回阀有升降式、旋启式、双板式和轴流式。在液化天然气的标准规范中，基于 LNG 低温、易燃的安全性考虑，不推荐使用分体式阀门，因此阀体结构要求采用无外泄漏点的一体式阀体结构。对于阀门的防冲击性能来说，阀门结构采用轴流止回阀，此种结构特点是阀体内部的流体介质的流道设计为轴向，LNG 在流动过程中流向与阀门的轴线一致，阀门开启时，液体或气体可以自由流动，在阀门关闭时，阀盘或者内部阀瓣会受到液体或气体的反向冲击力而紧密贴合在阀座上，形成良好的密封效果。此种轴流止回结构阀具有启闭力小，密封性能好，防冲击的特点，适合低温高压泵口的苛刻工况。此外，阀门的耐压能力和阀门强度应满足 API6D 的要求。

3.3 测试要求

LNG 低温、易燃的安全性考虑，阀门材料需要进行低温冲击测试，且低冲性能应满足 API6D 中的相关要求。LNG 用阀门需要经过低温泄漏试验，且其低温密封性能应满足 BS6364 中的测试要求，泄漏值控制须要控制在 100mm/s *DN* 以内。

4 仿真模拟计算

优化阀门结构需要进行必要的仿真模拟，轴流止回阀的仿真模拟计算通过涡核流线云图、压力云图分析流体力学特性。对于液化天然气用低温轴流止回阀的仿真模拟需要进行正向流动分析和反向流动分析，以确定阀门内部流场的变化，为阀门的结构设计提供依据。

4.1 介质正反向流动流场分析

轴流止回阀全开时介质分别从正向和反向流过阀门，介质流动的涡核流线云图如图 1 所示，由涡核流线云图可以看出，介质从正向和反向两个方向流入轴流止回阀的过程中，在未流经套筒前均未形成明显的漩涡；当介质流经套筒时，套筒节流处形成明显漩涡；介质在接近阀门出口后，漩涡消失。旋涡的出现会对 LNG 的平衡流动产生影响。

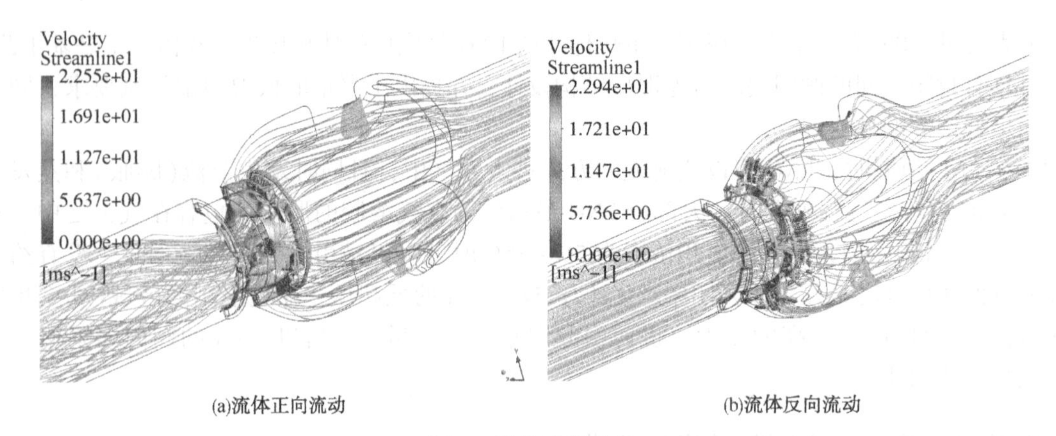

(a)流体正向流动　　(b)流体反向流动

图 1　涡核流线云图

对称面速度矢量图如图 2 所示。由对称面速度矢量图可以得出，正反流向介质在流经套筒后在套筒节流处速度明显增加。

轴流止回阀的介质反向流动时的阀腔内部漩涡数量和旋涡能耗都小于正向流动所产生的阀腔内部漩涡数量和旋涡能耗都。正向流动时套筒节流处局部最大流速为 22. 55m/s，小于反向流动时套筒节流处局部最大流速为 22. 94m/s，套筒节流处局部最大流速大于正向流动，两种情况下相差不大。

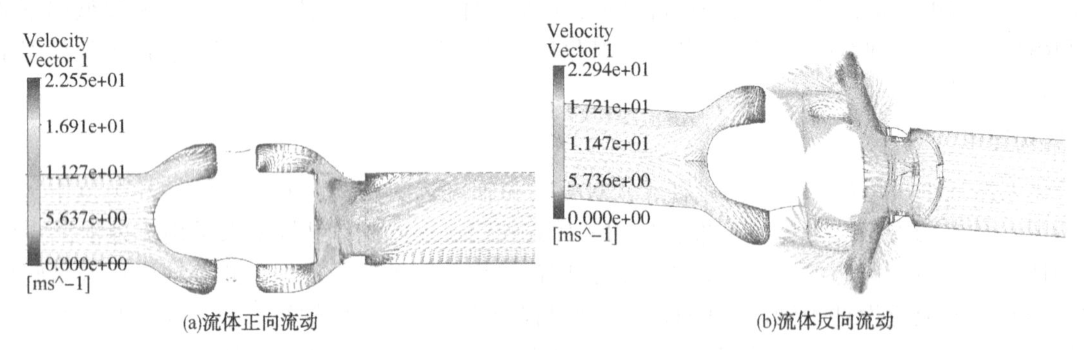

(a)流体正向流动　　(b)流体反向流动

图 2　对称面速度矢量图

LNG 正向流动和反向流动的压力云图分别如图 3 所示，由对称面压力云图可知，轴流止回阀全开时 LNG 介质正向流动时流场横截面的最大压力为 195. 3kPa，反向时的最大压力为 100. 1kPa，且最大压力区域均位于阀门进口至套筒节流之前；当介质流经节流套筒时，由于套筒窗口的节流作用使得压力急剧下降；介质流经节流套筒后，由于阀内流道导流结构所引起的涡漩作用，使套筒节流后的区域压力有了明显降低。此外，反向流动时的最小压力为-399. 3kPa，小于正向的最小压力-217. 2kpa，但正向的出口处横截面整体压力分布比反向更均匀。

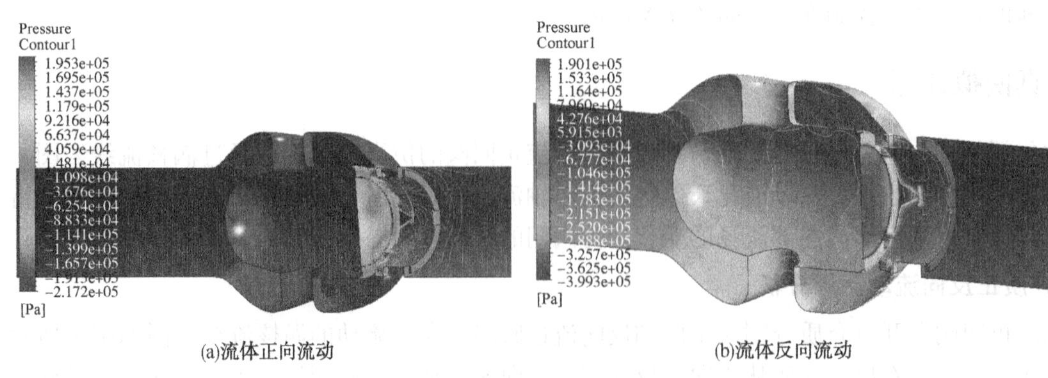

(a)流体正向流动　　(b)流体反向流动

图 3　对称面压力云图

通过仿真计算可以得到轴流止回阀全开时介质正反流动时理论流量系数、仿真流量系数。

4.2 优化阀门结构

对于轴流止回阀，导流罩作为阀门的关键部件，对流场的影响很大，对导流罩进行仿真分析是结构优化的一个重要方面。图 4 针对同一口径阀门的不同导流罩直径进行仿真分析：建立 D100 导流罩、D120 导流罩、D140 导流罩三种阀门结构模型，在轴流止回阀全开 LNG 介质正向流动的工况下，比较不同导流罩结构对应的流道涡核流线云图，阀门在未流经套筒前均未形成明显的漩涡；当介质流经套筒时，套筒节流处形成明显漩涡；介质在接近阀门出口后，漩涡消失。D140 轴流止回阀对比其他两种阀门结构，阀腔内部形成的旋涡最多，旋涡能耗也最大。

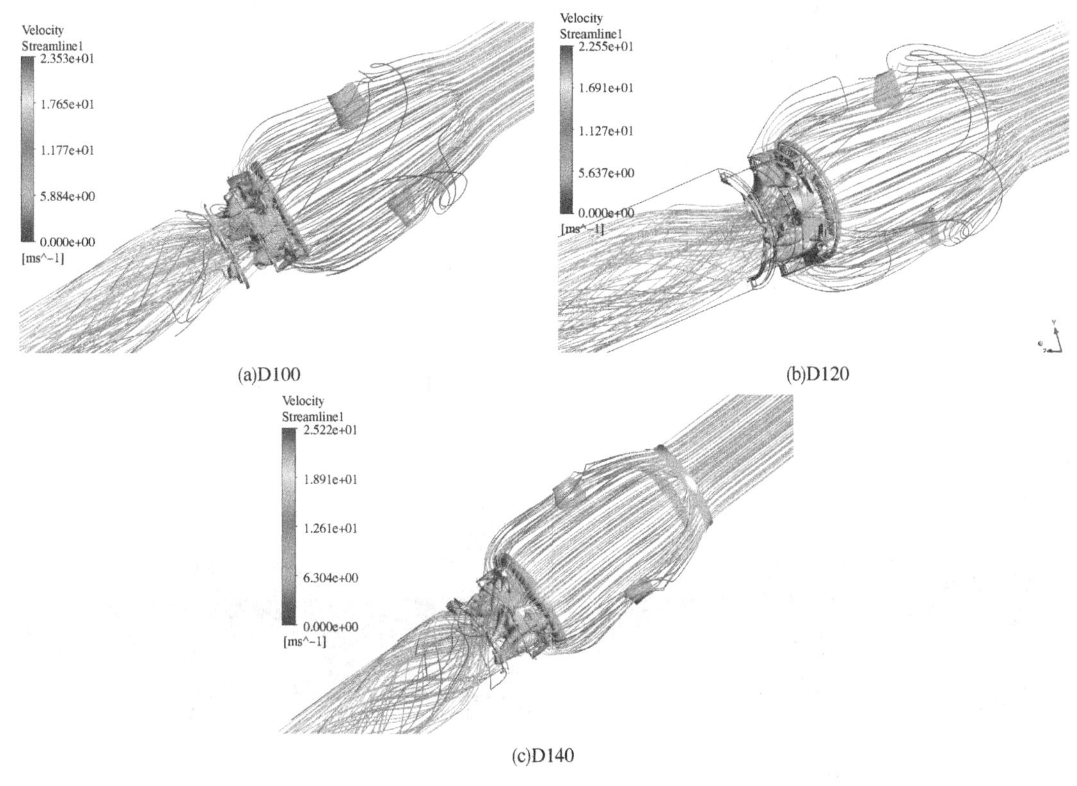

图 4　涡核流线云图

比较不同导流罩结构对应的对称面矢量图如图 5 所示。三种导流罩直径阀门在流经套筒后在套筒节流处速度明显增加，D100 套筒节流处局部最大流速为 23.53m/s，D120 套筒节流处局部最大流速为 22.55m/s，D140 套筒节流处局部最大流速为 25.22m/s。D140 轴流止回阀，套筒节流处局部最大流速也最大。

比较不同导流罩结构对应的对称面压力云图（图 6），D100 导流罩、D120 导流罩、D140 导流罩三种阀门结构模型，在轴流止回阀全开 LNG 介质正向流动的工况下，流场横截面的最大压力区域均位于阀门进口至套筒节流之前。介质流经节流套筒时，介质压力在套筒窗口的节流作用下急剧下降；介质流经节流套筒后，形成了明显的低压区。对轴流止回阀 D140，节流后局部最低压力最小，流场横截面最大压力最小，出口处横截面整体压力分布更均匀。

通过仿真计算得到 D100 导流罩、D120 导流罩、D140 导流罩三种阀门结构模型，在轴流止回阀全开 LNG 介质正向流动的工况下，在介质流量不变的情况下，流量系数 Cv 随着轴流止回阀导流罩直径的增大而增大。

仿真分析作为优化轴流止回阀结构设计的重要依据，除了上述的流场分析，还需要进行温度场分析，以明确阀门在低温状态下的变形对阀门密封带来的影响。在温度场分析的过程中，需要综合考虑保冷对于阀门的影响。

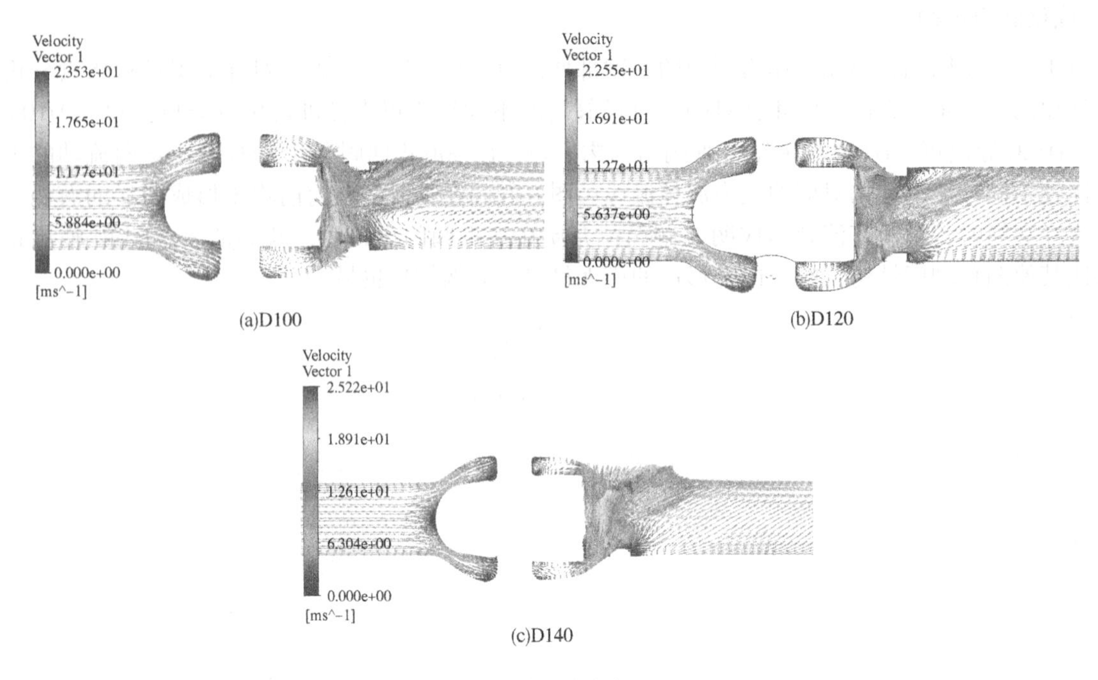

(a)D100　　(b)D120

(c)D140

图 5　对称面速度矢量图

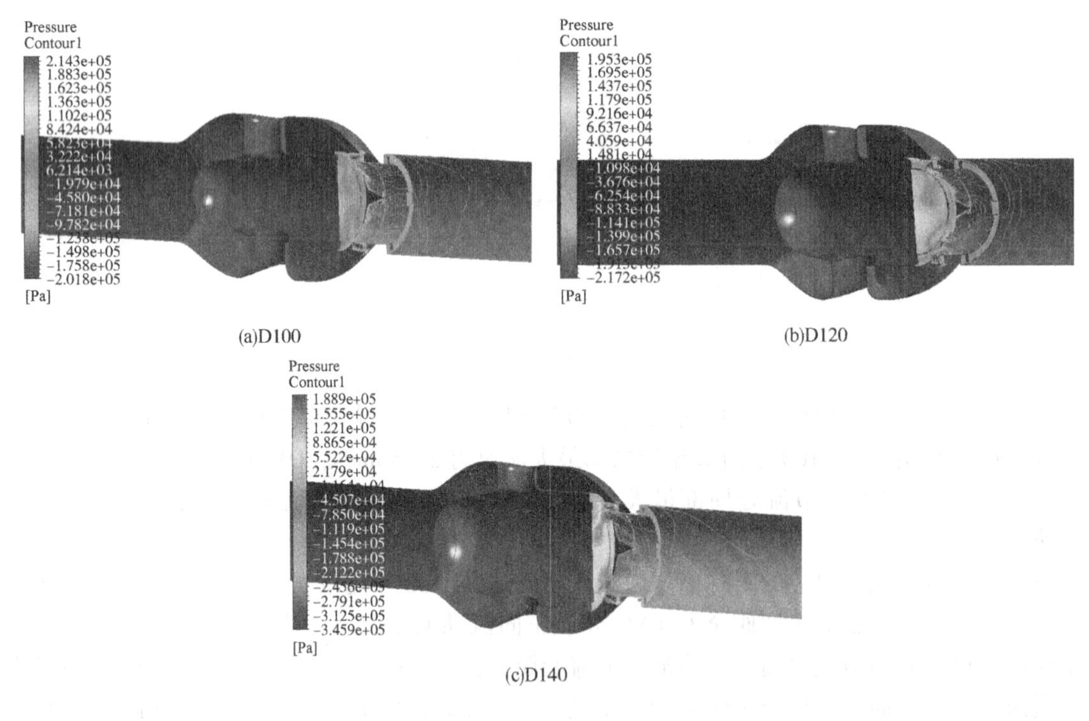

(a)D100　　(b)D120

(c)D140

图 6　对称面压力云图

5　结语

LNG 用超低温阀门除了上述结构方面的要求外，还有关于材料、制造工艺、和操作等方面的要求，比如阀门材料需要进行深冷处理以保证阀门低温下的尺寸稳定性，阀门的密封面的加工精度要满足唇圈的精度要求等等。在执行相关规定的过程中，建议结合 LNG 的物性特点，针对具体的工艺条件完成管道阀门方面的设计。

参 考 文 献

[1] 中国石油天然气集团公司. 液化天然气低温管道设计规范：GB/T 51257—2017[S]. 北京：中国计划出版社.
[2] 低温阀门技术条件：GB/T 24925.
[3] 液化天然气阀门技术条件：JB/T 12621.
[4]《BS EN 1160 INSTALLATIONS AND EQUIPMENT FOR LIQUEFIED NATURAL GAS GENERAL CHARACTERISTICS OF LIQUEFIED NATURAL GAS》
[5]《BS EN 1473 INSTALLATION AND EQUIPMENT FOR LIQUEFIED NATURAL GAS-DESIGN OF ONSHORE INSTALLATIONS》
[6]《API 6D SPECIFICATION FOR PIPELINE AND PIPING VALVES》
[7]《BS 6364 VALVES FOR CRYOGENIC SERVICE》
[8] 贾琦月．液化天然气用阀门的国产化研发要点[J]. 化工设备与管道，2019，56(4)：59-62. DOI：10.3969/j.issn.1009-3281.2019.04.013.

LNG项目中的防腐蚀评定

许碧璇　贾琦月　黄欣烨　宋　遥

（中国寰球工程有限公司北京分公司）

摘　要　LNG项目往往位于海边，腐蚀环境较为严重，防腐问题较为突出。本文从质量评定、原因分析和质量措施三个方面，阐述了一种质量控制方法。为解决同类项目中的类似问题提供了一定参考。

关键词　液化天然气；防腐；评定；措施

1　引言

由于LNG接收站大多建设在沿海地区，所处区域属于环境较恶劣的海洋大气腐蚀环境。无论是混凝土结构还是金属管道及元件在建设与投入使用的过程中，都存在腐蚀风险。以国内南海某沿海LNG接收站为例，每年投入防腐蚀维保费用高达百万元以上，且这一数字呈逐年增长趋势。考虑到LNG接收站的服役寿命为50年左右，由腐蚀导致的运营成本将十分巨大。因此，需要对现场的防腐蚀处理效果进行科学的评定。尽早采取针对性的防腐蚀措施，降低由腐蚀导致的维护成本。

2　防腐质量评定

防腐防腐层评价一般是从起泡、生锈、开裂、粉化、失光、剥落等方面，参照ISO 4628对漆膜进行评定。同时考察防腐层厚度来评价整个防腐层的老化程度，防腐层厚度能更真实的反应防腐层粉化后膜厚衰减的情况。

2.1　相关检测方法

（1）漆膜粉化：参照相关的国际标准，对漆膜表面进行监测，考察防腐层粉化的程度。

（2）漆膜开裂：参照相关的国际标准，对漆膜表面进行监测，考察防腐层开裂的情况。

（3）漆膜起泡：参照相关的国际标准，对漆膜表面进行监测，考察防腐层起泡的程度。

（4）漆膜腐蚀：参照相关的国际标准，对防腐表面进行监测，考察防腐层生锈的程度。

（5）漆膜剥落：参照相关的国际标准，对漆膜表面进行监测，考察防腐层剥落的情况。

（6）漆膜分层：参照相关的国际标准，对漆膜表面进行监测，考察防腐层分层的情况。

（7）漆膜线状腐蚀：按照ISO 4628—2003《色漆和清漆防腐层老化的评级方法》，对漆膜表面进行监测，考察防腐层线状腐蚀的情况。

根据厂区情况进行如下分类，以及对各区域的重点检测勘验点区分布明细。涉及的检测内容包含：防腐层的外观、防腐层的厚度、防腐层的漏点、防腐层的附着力、防腐层的老化评级，表面盐分成分分析等见表1。

表1　防腐层检测方法

防腐层检测方法		
目的	对防腐系统的性能进行检测，提供评定依据。	
测试方法	目视	仪器测试
测试项目	外观、起泡、剥落、开裂、生锈、粉化等	厚度、漏点、附着力、失光、变色等

2.2 起泡等级评定

依据相关的国际标准防腐层老化的评定——起泡等级评定。

评定过程需要对比标准中的图片，评定防腐层内部起泡的数量和面积，界定等级。

方法：通过光学成像系统采样图片，与标准图片进行对比，进行评定起泡等级(表 2)。

表 2 起泡等级评定

ISO 评级	0	1	2	3	4	5
数量(密度)/ASTM	无	一	少量	中等	中等-密集	密集

2.3 生锈等级评定

依据 ISO 4628-3：2003 防腐层老化的评定——生锈等级评定见表 3。

表 3 生锈等级评定

生锈等级	生锈面积比/%	生锈等级	生锈面积比/%
Ri0	0	Ri3	1
Ri1	0.05	Ri4	8
Ri2	0.5	Ri5	40~50

方法：根据相关的国际标准，利用成像系统进行评定。

2.4 开裂等级评定

依据 ISO 4628-4：2003 防腐层老化的评定——开裂等级评定，见表 4。

表 4 开裂等级评定

开裂等级	开裂数量	开裂等级	开裂数量
0	无，即：没有可见裂纹	3	有中等数量的裂纹
1	很少，即：有小而稀的裂纹	4	有较多的裂纹
2	少，即：有一定数量的小裂纹	5	裂纹非常密

如果有必要，可根据表 5 对裂纹平均大小进行评估。

表 5 裂纹等级评定

开裂等级	裂纹大小	开裂等级	裂纹大小
0	在 10 倍放大镜下午可见裂纹	3	肉眼可见清晰的裂纹
1	在 10 倍放大镜下勉强可见裂纹	4	裂纹较大，裂纹宽度可达 1mm
2	肉眼勉强可见裂纹	5	裂纹非常大，裂纹宽度一般在 1mm 以上

方法：采取目测和测量裂纹尺寸的方法，并选择裂纹数量较多且较典型的区域中最长的裂纹，界定裂纹的等级。

2.5 剥落等级评定

依据相关的国际标准对剥落等级进行评定见表 6。

根据单个剥落区域的尺寸，进行开裂等级评定如表 7。

方法：采取测量法，选取数量较多且较典型的剥落区域中，缺陷尺寸最大的区域进行评定。

表6　剥落面积等级评定

开裂等级	剥落面积/%	开裂等级	剥落面积/%
0	0	3	1
1	0.1	4	3
2	0.3	5	15

表7　剥落区域等级评定

开裂等级	剥落区域大小(最大尺寸)	开裂等级	剥落区域大小(最大尺寸)
0	在10倍放大镜下不可见	3	约10mm
1	约1mm	4	约30mm
2	约3mm	5	大于30mm

2.6　附着力检测

（1）参照相关的国际标准ISO 4624进行拉开法附着力试验

方法：在平台飞溅区根据标准规定，使用拉拔仪在同一构件不同位置多个取点，取最小值。

（2）参照相关的国际标准ISO 2409进行划格试验

方法：在平台大气区可以选用划格法进行附着力检测，同一构件不同位置多方取点，取最大值。

2.7　漆膜厚度检测

参照相关的国际标准ISO 2409进行漆膜厚度的测定，使用防腐层测厚仪进行同一构件多点量取检测，取平均值。

2.8　防腐质量评定实例

通过调研发现，某个LNG站场的保冷工艺管线和设备大部分存在绿苔的现象，如图1和图2所示。

图1　保冷管线出现绿苔

图2　保冷管线出现绿苔

质量评定的老化评级见表8。

表8　老化评级

图号	老化评级
图1	生长绿苔
图2	生长绿苔、生锈Ri4

3 质量问题的原因分析

低温环境中管线和设备表面长期凝露，进而为青苔的生长提供了环境。

（1）低温设备和管道表面长期有冷凝水，形成电解质溶液，为电化学腐蚀提供了条件，加速了腐蚀的发生。防腐层表面结露和青苔的生长破坏了表面防腐层。青苔的不均匀生长造成了保冷表面产生了氧浓度差，形成了氧浓度差电池。微生物代谢产物改变表面溶液 pH 值，直接产生化学腐蚀。

（2）LNG 项目的海洋性大气环境中存在有大量的氯离子，在管道施工期间，不锈钢经过酸洗钝化之后，表面形成一层保护膜，这种保护膜由金属铬的氧化物、金属镍的氧化物以及金属铁的氧化物形成，具有一定的防腐蚀性能。但是海洋性大气里面的氯离子会对氧化膜形成点蚀，后果严重时会形成穿孔；并且在应力水平较高的区域容易形成应力腐蚀。

4 提高防腐质量的措施

（1）油漆防腐层的性能需要具有屏蔽性，因此需要达到设计要求的总干膜厚度，形成对腐蚀环境的屏蔽。不锈钢进行表面处理时，磨料严禁含铁的颗粒，避免铁颗粒嵌到母材里面，形成电位差造成电化学腐蚀。所以不锈钢喷砂选用非金属磨料，如石榴石。表面粗糙度建议控制在 15μm 以上（SSPC/NACE SP7）。

（2）优化保冷系统。聚异氰脲酸酯导热系数低但是有老化问题，保冷性能会随材料老化而衰退；并且材料并非 100%闭孔，一旦绝热材料中吸入水或潮气，将会严重影响其超低温下的绝热性能，并且水汽进入管道表面会形成恶劣的腐蚀环境。使用闭孔率 100%的泡沫玻璃在吸水性、抗老化和水蒸气渗透性等方面都明显优于聚异氰脲酸酯，同时设置多层防潮结构，阻断水汽进入保冷系统的通路，提升了保冷系统的绝热效果，使得保冷系统更加节能，同时改善了腐蚀环境。

（3）采用苔类控制剂防腐层技术，除去附着在设备表面藓类和微生物，改善腐蚀环境。

（4）根据标准 ISO 12944-9 和 NORSOK M501 的要求，增加漆膜厚度，如总膜厚由 280μm 增加至 320μm。

（5）对于 LNG 接收站的涂装系统，考虑到海洋大气的腐蚀环境，并伴有暴晒以及湿热，因此有必要进行防腐层老化试验认证。取得认证后的涂装系统才能够使用到工程项目中。具体流程如图 3 所示。

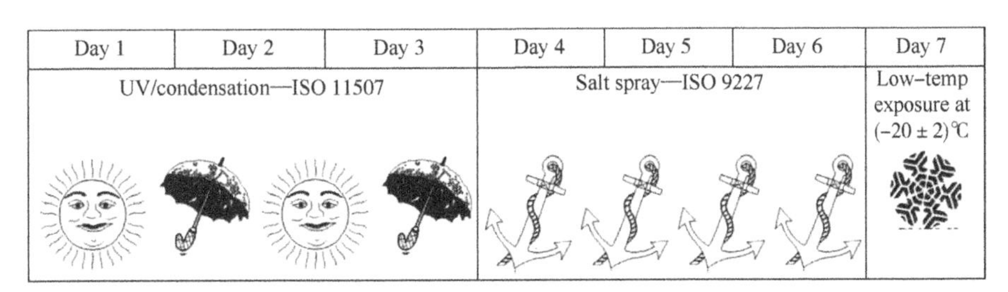

图 3 涂层性能测试流程

防腐层老化试验的一个循环包括湿热试验、盐雾试验以及低温试验，总共需要 25 个试验循环，历时 4200h。实验完成后，对防腐层进行检测，合格的评判标准参照 ISO 12944-9 中的表五执行。

5 总结

综上，复杂的腐蚀环境给 LNG 接收站中的防腐工作带来了挑战。通过科学的质量评定方法可以对接收站不同部位的防腐质量进行评定，结合其所处的腐蚀环境和运行工况进行分析，进而可以提出改进防腐质量的措施。本文仅以某项目的局部防腐工程为实例进行了分析和阐述，对其他相关的问题，可以借鉴采用此种方法对 LNG 项目中防腐进行质量评定并最终提出有效的措施，提升防腐质量。

参 考 文 献

[1] ISO 4628：2003《色漆和清漆 防腐层老化的评级方法》.
[2] ISO 4624：2016《色漆和清漆 拉开法附着力试验》.
[3] ISO 2409：2013《色漆和清漆 划格试验》.
[4] ISO 2808：2007《色漆和清漆-漆膜厚度的测定》.
[5] ISO 12944-9 Protective Paint Systems and Laboratory Performance Test Methodsfor Offshore And Related Structures.
[6] NORSOK M501 Surface Preparation and Protective Coating.

液化天然气双金属全容罐的消防水系统设计

扈洁琼　姜　良　贾保印　贾　悦　彭涛明

（中国寰球工程有限公司北京分公司）

摘　要　随着我国LNG需求的快速增长，LNG低温储存技术得到全面发展。双金属全容罐由于其成本相对较低、建设周期较短等优点，受到建设单位的广泛关注。本文通过国内外规范对比、水力学计算、消防水泵选择等关键技术，对双金属全容罐的消防水系统设计的采标规范、水力学进行计算，并对消防水泵的选型进行比选，确定经济合理的消防泵配置，为消防水系统的设计提供借鉴参考。

关键词　双金属全容罐；规范；消防管网；消防泵；PIPNET；液化天然气

目前国内LNG接收站中的储罐型式主要包括单容罐、全容罐和薄膜罐，其中全容罐又分为双金属全容罐和预应力混凝土全容罐，国内接收站应用最多储罐罐型是预应力混凝土全容罐（以下简称FCCR），该罐型的安全性和可靠性在国内经过多个LNG接收站的实践验证，国内学者及研究机构也对FCCR进行了大量的研究和优化创新，规范API625中对双金属全容罐的设计、选材、泄压进行了详细的规定。双金属全容罐包括一个能储存低温液体的金属主容器和一个具有液体和蒸发气密封功能的金属次容器。当低温液体从主容器泄漏时，次容器应既能容纳低温液体，又能控制蒸发气的排放。双金属全容储罐凭借其安全性，建造工期短，已成功应用在LNG、LPG、液氨等领域，截止到2021年08月，国内LNG接收站已完成了2座8万m^3双金属全容罐的建造，正在实施2座10万m^3双金属全容罐的设计和建设。相对于FCCR，双金属全容罐的设备工艺、结构及消防设施等有明显的不同，本文从规范和实践角度，重点关注双金属全容罐的消防水量计算、消防水系统设计以及消防泵的选型，为同类型全容罐消防水系统的设计提供借鉴。

1　消防水量的确定

1944年10月20日星期五，美国俄亥俄州克利夫兰市LNG调峰站的4#LNG储罐发生破裂。LNG溢出，随后引发剧烈爆炸。爆炸又引发第二个储罐的泄露与爆炸。

官方数据显示，该事故共造成130人丧生（其中包含98名事故公司员工），225人严重烧伤。

为制定和完善LNG行业的标准规范，美国LNG技术委员会编制了《Standard for the Production, Storage, and Handling of Liquefied Natural Gas (LNG)》NFPA59A。

我国LNG产业起步相较与发达国家略晚，存在标准规范体系建设相对滞后的现状。通过分析美国、欧洲、日本、加拿大等发达国家LNG工程建设标准体系，我国在这一领域正逐步完善，制定出符合我国国情的标准规范。

1.1　消防水量计算的依据

1.1.1　国内标准规范

（1）GB 50183—2004

《石油天然气工程设计防火规范》GB 50183—2004，第10.4.5条规定：LNG厂站固定消防水系统的消防水量应以最大可能出现单一事故设计水量，并考虑200m^3/h余量后确定。但对于LNG双金属全容罐的消防水量计算参数，在第8章消防设施和第10.4节消防及安全中，并未具体列出。

（2）《石油天然气工程设计防火标准》（征求意见稿）

为完善 GB 50183—2004 消防水量计算原则，即将发布的《石油天然气工程设计防火标准》征求意见稿 GB 50183—202×中，第 10.4.4 条规定：单容罐以及采用钢制外罐的双容罐、全容罐，其消防用水量应按着火罐和距着火罐 1.5 倍直径范围内相邻罐的固定消防冷却用水量及移动消防用水量之和计算。罐顶冷却水供水强度不应小于 4L/min · m^2。罐壁冷却水供给强度不应小于 2.5L/min · m^2，相邻罐冷却面积应按罐顶和半个罐壁的表面积确定。火灾延续供水时间不应小于 6.0h。

（3）GB 51156—2015

《石油天然气工程设计防火标准》正式颁布后，遵从更严格的标准。目前 LNG 双金属全容罐的消防水量计算遵照《液化天然气接收站工程设计规范》GB 51156—2015 执行。第 11.2.9 条规定，消防水量确定应符合下列规定：①接收站同一时间内的火灾处数应按一处考虑；接收站陆域部分消防用水量应为同一时间内各功能区发生单次火灾所需最大消防用水量加上 60L/s 的移动消防水量；码头部分的消防用水量应为其火灾所需最大消防用水量加上 60L/s 的移动消防水量。②单容罐、双容罐和外罐为钢制的全容罐，其消防用水量应按着火罐和距着火罐 1.5 倍直径范围内邻近罐的固定消防冷却用水量之和计算；着火罐的冷却面积应为罐顶和罐壁面积，邻近罐的冷却面积应为罐顶和半个罐壁面积，罐壁冷却水供给强度不应小于 2.5L/min · m^2，罐顶冷却水强度不应小于 4L/min · m^2。

（4）GB 50219—2014

《水喷雾灭火系统技术规范》GB 50219—2014，表 3.1.2 系统的供给强度、持续供给时间和响应时间中规定：全容罐的罐顶泵平台、管道进出口等局部危险部位的供给强度 20L/min · m^2，管带供给强度 10L/min · m^2。

由于金属全容罐的罐顶和罐壁消防冷却保护后，用水量较大，在总水量中是否需要叠加罐顶泵平台、管道进出口和管带的消防水量，涉及到消防水泵的选取，雨淋阀联动设置等因素，目前尚存在一定的争议。

（5）GB/T 20368—2021

《液化天然气（LNG）生产、储存和装运》GB/T 20368—2021，第 12.4 条消防水系统规定：

12.4.1 为保护建筑物暴露面、冷却储罐、设备和管道，并控制未点燃的泄漏和溢出，应配置一套供水、配水系统。

12.4.2 消防水系统应同时向包括消防水炮的固定消防设施供水，应按厂区一次最大预期火灾的设计水量和压力，并加上 63L/s 裕量进行设计，对于移动式水枪的延续供水时间，不少于 2h。

但对于 LNG 双金属全容罐的消防水量计算参数，并未具体列出。

（6）GB/T 22724—2022

《液化天然气设备与安装路上装置设计》GB/T 22724—2008，第 13.2.4 条喷淋系统规定：

13.2.4.1 一般规定：在 LNG 站场内，大量的水用于冷却储罐及设备，这些易受热辐射的影响设备可能会扩大 LNG 火灾的规模。因此，使用大量的水可降低火灾风险和减少设备损失。

13.2.4.2 水的流量及其方位：设备冷却的重要性及所需的水量取决于危险评价。

因此对于 LNG 双金属全容罐的消防水量计算参数，并未具体列出。

1.1.2　国际标准规范

（1）NFPA59A

《Standard for the Production, Storage, and Handling of Liquefied Natural Gas（LNG）》NFPA59A—2013，12.5 条规定了消防水系统设置的基本原则，并未就具体设计参数进行展开介绍。

（2）EN1473

《Installation and equipment for liquefied natural gas — Design of onshore installations》EN1473—2016，13.6 条规定了主动消防应根据本规范 4.4 条的风险评估结果进行设置。同样并未就具体设计参数进行展开介绍。

1.1.3　规范采标结论

综上所述，目前 LNG 双金属全容罐的消防水量计算可根据《液化天然气接收站工程设计规范》GB 51156—2015，第 11.2.9 条规定执行。亦可通过风险评估，进行计算和优化。

1.2　消防水量实例计算

以某项目 2 座 $10\times10^4m^3$LNG 双金属全容罐为例，计算 LNG 双金属全容罐发生火灾时，所需消防水量。储罐外形如图 1 所示。

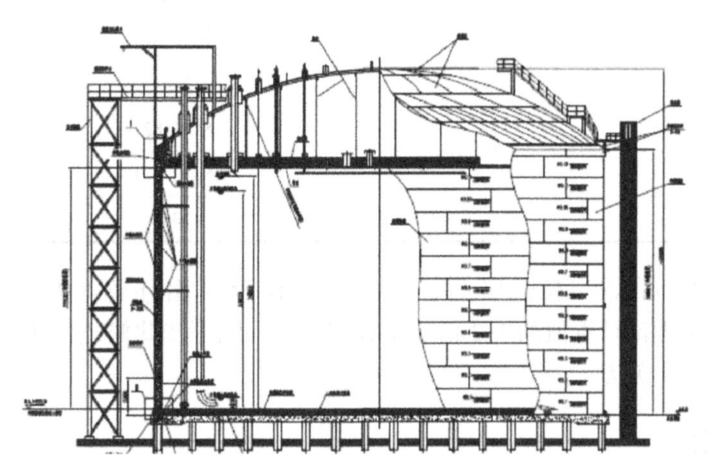

图 1　$110\times10^4m^3$LNG 双金属全容罐外形尺寸图

其中，外罐高度 $H=38.7m$、外罐直径 $D=65m$、球缺高度 $h=11.4m$

罐顶，球缺表面积

$S_1=2\pi Rh=2\times3.14\times52\times11.4=3727.1m^2$

（其中 $R=52m$）

罐壁，表面积 $S_2=\pi DH=3.14\times65\times38.7=7879.7m^2$

罐顶消防水强度 $S_1\times4L/min\cdot m^2=14908.4L/min$

罐壁消防水强度 $S_2\times2.5L/min\cdot m^2=19699.3L/min$

消防水量为：着火罐罐顶+罐壁+临近罐罐顶+1/2 罐壁$=14908.4\times2+19699.3\times1.5=59365.8L/min=3562m^3/h$

以上为理论计算值，同时考虑余量系数，进行圆整后确定为 $4100m^3/h$，做为最终消防用水量。此外，罐顶泵平台单独设置了冷却水喷淋保护，强度按照 $20L/min\cdot m^2$考虑，并未计算在总消防用水量中。

1.3　消防水管网水力学计算——PIPENT

本文通过 PIPENET 对罐顶消防水强度进行核算。建模如图 2 所示。英国 Sunrise Systems 公司自 1985 年创立以来，一直致力于管网流体计算与分析软件的研究和开发。其系列产品 PIPENET 广泛服务于石油天然气、电力、化工、船舶与海洋工程、市政等领域。

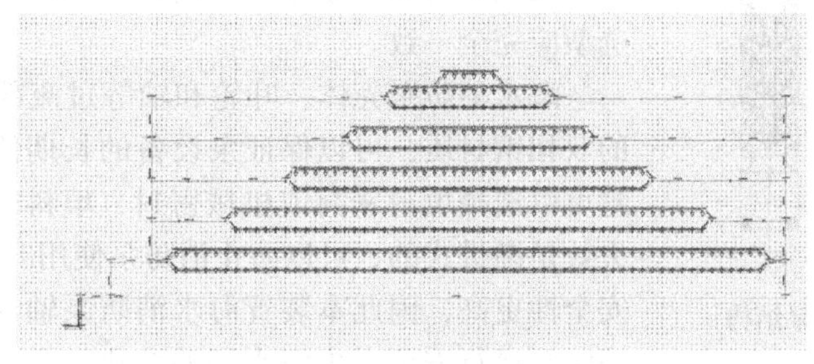

图 2　PIPENET 水力学计算

经过调整管径、设置喷头 K 系数，设置限流孔板等方法，结论见表1。

表1　LNG 储罐罐顶喷淋

名称	$10\times10^4 m^3$LNG TANK
计算日期	16-Aug-2021 14：57
选用软件	PIPENET VISION Spray calculator，version 1.6.0
摩擦系数公式	中国标准
设计标准	中国标准
喷头总数	374
喷头总排放量/(L/min)	18477.821
总输入流量/(L/min)	18477.821
最大流速/(m/s)	4.083

由此可见，$10\times10^4 m^3$LNG 双金属全容罐罐顶共设置 5 圈环管，喷头 374 个，总水量为 18477.821L/min，约为理论计算值的 1.2 倍。工程实践中，既可按此修正消防水用量，也可继续优化管径，调整系统，减少偏差。

2　消防水泵的设计

2.1　消防水泵设计规范应用现状

由美国消防协会制定的 NFPA 20《National Fire Protection Association 20》是国际上消防泵设计选型的主要标准，涵盖了消防泵系统设置、消防泵及辅助设备、驱动机、控制系统、实验和验收等多方面内容，要求较为严格。而我国消防泵标准起步较晚，主要为 GB 6245《消防泵》，对车用、船用、工程用消防泵等的基本设计进行规定，但对泵的结构形式、性能、控制等均没有明确要求，也没有针对石油化工装置用消防泵的相关规定，设计时通常会结合 GB 50974、GB 27898 等标准使用。

2.2　海水消防泵选型

消防泵是消防系统的关键设备，对整个系统的可靠性有重要影响，消防泵的设计必须满足国家消防相关标准。根据国内外消防行业习惯，当消防水源低于泵组安装基础时，一般选用立式长轴泵，可以避免吸上、汽蚀等问题，特别是对于采用海水为消防水源的装置，立式长轴泵的应用也得到越来越多的应用，本装置海水消防泵亦选用立式长轴泵型式。

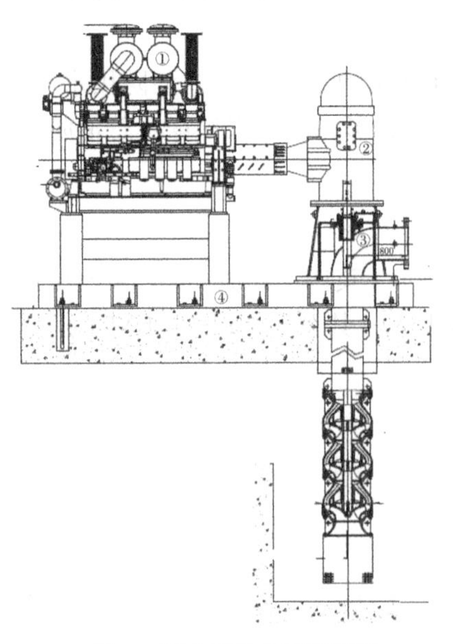

图3　海水消防柴油泵结构

图3为柴油机驱动立式长轴海水消防泵组结构，由立式长轴泵、直角齿轮箱、万向节和柴油机等部分组成，海水经过消防泵升压后通过扬水管进入消防系统。消防电泵使用立式电机，通过联轴器与消防泵连接。按照标准，消防电泵和消防柴油泵选型应完全一致。

海水消防泵壳体、叶轮和轴等过流部件均选用耐海水腐蚀的双相钢材质，可以保证泵设备的长期使用。海水消防泵的轴封可以选择填料密封或机械密封，填料密封虽然泄露量大，但失效是渐进式的，可以防止消防泵使用时出现密封失效的情况，安全性更高，因此本装置海水消防泵轴封选用填料密封。海水消防泵运行需要考虑海水潮差变化，泵会在最高液位和最低液位运行，因此泵轴一般较长，通常使用多段轴连接，轴系设计有耐磨、耐腐蚀导轴承结构。

2.3 海水消防泵设计

消防水泵设计应能满足装置消防水供应需求，并考虑足够的备用能力。按照 GB 50160—2008《石油化工企业设计防火标准(2018R)》，消防水泵的主泵应采用电动泵，备用泵应采用柴油机泵，且应按照 100%备用能力设置。

本装置需求总消防水量 4120m^3/h，消防水泵流量设计应能满足总消防水量需求，压力设计应能满足管网系统要求，并考虑液位和泵体浸没深度要求，结合规范要求及泵设计能力，主要考虑下面两种方案，见表 2。

表 2 两种设计方案对比

	方案一	方案二
流量/(m^3/h)	2100	1370
扬程/m	140	140
配置	2 台海水消防电泵 2 台海水消防柴油泵	3 台海水消防电泵 3 台海水消防柴油泵
转速/(r/min)	1000	1480
效率/%	78	82
轴功率/kW	1057	657
驱动机功率/kW	1500	850

表 3 规范对消防泵设计流量要求

标准	设计要求
NFPA20—2016	消防泵流量最大不超过 1135.5m^3/h，如果超过应找消防司法机构或授权实验室认证
GB 6245—2006	消防泵流量最大不超过 720m^3/h
GB 50974—2014	消防泵流量不宜大于 1152m^3/h

表 3 为国内外主要规范中对消防泵设计流量的相关要求，随着装置规模的增大，消防泵的需求能力也进一步增大，超过规范设计能力的消防泵需进行型式认证，经调研，目前国内市场技术成熟的立式长轴消防泵流量最大约 1400~1600m^3/h。方案一单台消防水泵流量较大，远超过国内外相关标准推荐的消防泵流量范围，也超过国内市场主流的消防泵使用范围；泵组的轴功率较大，需要使用大功率、高转速的柴油机，市场应用还不成熟；柴油机配套使用的直角齿轮箱需要使用定制化产品，可靠性需要进一步验证，一次投资较高。方案二设计消防泵产品，在国内市场有比较多的使用业绩，技术成熟，但是泵的数量相对较多，需要考虑布置及检维修情况。经技术经济比选后，本项目选用方案二设计。

2.4 海水消防泵配套要求

海水中通常含有大量泥沙，并且容易滋生各种生物藻类，都会对海水消防泵的可靠运行产生不利影响。为了抑制生物藻类的生长，通常会对海水系统进行加药灭活处理。

为了保证管路系统的安全性，海水消防泵通常需要配套自动排气阀、安全阀等附属设备。消防泵设计时也应考虑多台并联运行情形。

柴油机需配套日用油箱以保证柴油机用油需求，油箱的容积需要按照规范设计，满足火灾延续时间内的使用。按照规范，如果油箱布置在室内，应根据油箱的容积考虑足够的防火距离进行设计，如果布置在室外目前规范中对距离没有明确要求，同时为了保证柴油机的供油性能建议油箱布置在柴油机附近，并设计呼吸阀、阻火器、油位监测等设施以保证足够的安全性。

规范要求消防泵平时应处于自动启泵状态，并且不应设置自动停泵的控制功能，停泵应由具有管理权限的人员根据火灾扑救情况确定，消防泵的控制一般通过专用控制柜和DCS共同实现，根据系统管网压力多台泵按顺序启动，以保证消防系统足够的安全性。由于消防泵仅在火灾工况下使用，需要对泵进行定期巡检维护，规范要求消防泵具有手动巡检或自动巡检功能，智能化的巡检系统也是近年来消防泵发展的重要方向。

3 结论

随着双金属全容罐应用越来越广泛，安全标准不断调高，消防设计规范也在逐步更新和完善。消防水系统设计在满足现行标准规范的前提下，应根据水力学计算进行调整优化，以避免实际使用中消防水量不足和稳压泵水压偏高造成的浪费。

消防泵是消防水系统给水的关键设备，设计时应遵循相关规范及使用实际情况，合理确定设计方案和机组配置，并进行定期的巡检维护，才能有效保证消防给水系统的可靠性。

参 考 文 献

[1] 周元欣，孟凡鹏，梁勇，等．丙烷低温常压双金属全容储罐安全保护系统的定量分析计算[J]．化工自动化及仪表，2020，47(4)：322-328.

[2] 王荣华，王芳云，张丹清．LNG双金属全容储罐关键技术[J]．石油工程建设，2020，46(3)：42-45.

[3] 林燕．液化天然气储罐布置的设计要点[J]．化工管理，2018(21)：87-91.

[4] 张娜，李兆慈，郭志超．LNG储罐内罐小孔泄漏工况下温度场数值模拟[J]．天然气与石油，2020，38(3)：7-12.

[5] 梁玉华，封晓华，李军，等．LNG调峰储备站储罐的选型[J]．煤气与热力，2018，38(12)：22-25.

[6] American Petroleum Institute. API625 Tank Systems for Refrigerated Liquefied Gas Storage[S]. 2010.

[7] GB 50183—2004,《石油天然气工程设计防火规范》[S].

[8] GB 51156—2015,《液化天然气接收站工程设计规范》[S].

[9] GB/T 20368—2021,《液化天然气(LNG)生产、储存和装运》[S].

[10] GB/T22724—2022,《液化天然气设备与安装路上装置设计》[S].

[11] NFPA59A—2013,《Standard for the Production, Storage, and Handling of Liquefied Natural Gas (LNG)》[S].

[12] EN1473—2016,《Installation and equipment for liquefied natural gas — Design of onshore installations》[S].

[13] 杨志军．某石化码头海水消防泵组的设计方案[J]．消防科学与技术，2012(06)：620-622.

[14] 张欣．涉外项目离心式消防水泵的设计选用要点[J]．化工设备与管道，2011，48(001)：31-35.

[15] 黄铭科，吴晓玲，孙道林．石油化工用消防泵选型工程实例分析[J]．石油化工设备技术，2013(06)：13-17.

[16] 张辑，陈天翔，孙园，等．消防泵自动巡检系统的设计与实现[J]．机电工程，2011(11)：1363-1367.

[17] 中国国家标准化管理委员会．消防泵：GB 6245—2006[S]．中国：中国标准出版社，2006：10.

[18] 中华人民共和国住房与城乡建设部．消防给水及消火栓系统技术规范：GB 50974—2014[S]．中国：中国标准出版社，2008：12.

[19] 中华人民共和国住房与城乡建设部．石油化工企业设计防火标准：GB 50160—2008(2018R)[S]．中国：中国标准出版社，2014.

[20] 中国国家标准化管理委员会．固定消防给水设备：GB27898—2011[S]．中国：中国标准出版社，2012：04.

[21] National fire protection association. Standard for the installation of stationary pumps for fire protection: NFPA 20. America: Standards council, 2018: 11.

石油化工管道工程三维协同设计的必要性

马建华　路　毅　葛　萍　马卓越　胡迎泽

（中国寰球工程有限公司北京分公司）

摘　要　结合石油化工工程建设项目施工阶段涌现出的大量施工问题，探讨工程设计各专业间三维协同设计的必要性。通过讨论、总结工程施工现场的安装问题，分析设计缺陷形成的原因及处理方式，说明三维协同设计的优势、特点和必要性。三维协同设计有助于从根本上提高设计水平、减少项目投资，为实现数字化交付、业主打造智能化工厂奠定基础。

关键词　工程设计；管道；现场施工；三维协同

石油化工行业是我国能源、原材料工业的重要组成部分，在国民经济发展中发挥重要作用，是我国重要经济支柱之一。随着工程项目的大型化、模块化、数字化以及智能化发展，项目对管道的各方面要求也越来越高，对管道的优化也提出了更高的要求，科学的管道设计方案不仅可以提高运输速度，还能在很大程度上节约建设成本，保证企业获得更高效益。同时，目前国内工程项目建设特点是边设计、边施工和边修改(三边模式)，目的是缩短工期，但代价就是大量的设计变更、昂贵的建设返工和无奈的生产改造。设计阶段由于各专业间信息共享的滞后性，即未实现专业间的三维协同，管道专业和其他专业之间未发现的问题均在现场施工阶段涌现出来，基于现场管道和各专业之间的问题实例，探讨管道施工安装缺陷的原因并进行总结，提供建设性建议，并说明哪类问题可通过三维协同设计避免问题再次发生，用现场问题说明各专业间三维协同设计的优势、特点和必要性。

1　现场管道施工常见问题及分析

三维协同设计，如图1所示，指专业间实现协同操作，即本地或者异地中各专业之间在同一数据库中以一致的坐标系进行模型的统一定位，在统一的集成化三维设计平台上进行设计操作；并且实现并行设计，即各专业在设计过程中在线互相参考其他专业的设计内容，不会发生某一专业修改而其他专业没有及时得到修改信息，导致最终设计不匹配的情况，方便评价各专业衔接设计，同时便于碰撞检查。目前，因设计、建设周期等原因，国内工程公司无法达到三维协同设计的要求，三边模式从工程项目表面上看压缩了其设计周期，节约设计费用，但却增加了现场施工问题，增加施工成本，延长施工周期。

由于未采用三维协同设计，根据某项目现场工程联络单反馈，管道施工问题主要表现在管道与工艺专业、管道和结构专业、管道和仪表电气专业等，并且针对现场问题说明若采用三维协同设计某些问题是否会避免再次发生，以此说明三维协同设计的必要性。

1.1　管道与工艺专业

项目施工过程中，存在PID与管道轴测图数据不一致的情况，针对此类问题深入分析原因并提供建设性意见，具体如下：

(1) 管道专业未完全按照PID要求进行管道设计。具体概括主要表现在以下几个方面：①管线元件材料缺失，如管件、阀门、仪表元件等未体现在轴测图中，如图2所示，此处阀组缺少闸阀。若实现三维协同设计，智能PID则会和管道元件进行匹配，如图3所示，红色表示匹配成功，蓝色表示未匹配元件即管道专业未配管，黄色表示选中的元件，如此以来可避免材料缺失。②PID 中的注释(NOTE)未引起重视，如阀组的布置存在附加要求、设备底切线标高要求、自流要求、管线坡度要求等，如图 4(a)、图 4(b)所示，PID 要求该阀组地面布置，但管道专业在设计阶段时已误将阀组布置在管廊顶平台，现场设计代表发现问题后对存在附加要求的阀组进行修改。此类问题涉及匹配程度较高，目前智能 PID 尚未能对注释进行匹配，需要设校人员自我检查，因此三维协同也不能避免此类问题发生。

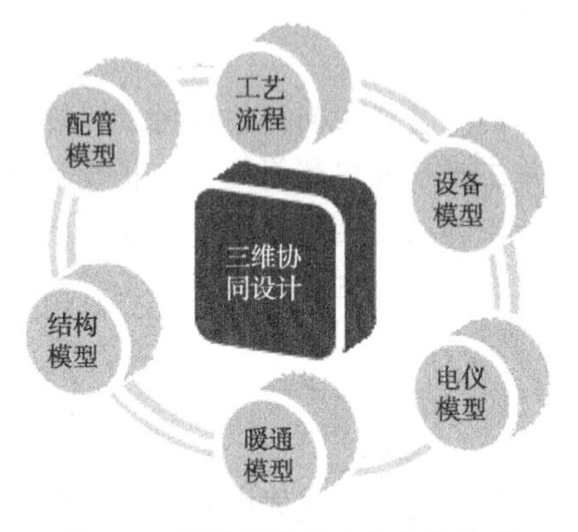

图 1　三维协同设计中各专业关系

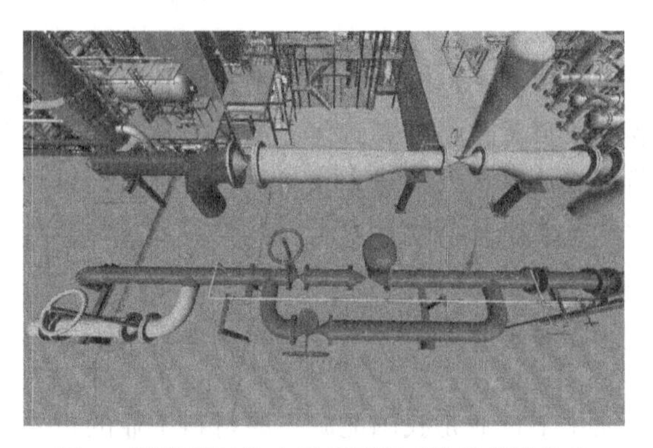

图 2　管线阀组缺少闸阀及配对法兰螺栓垫片

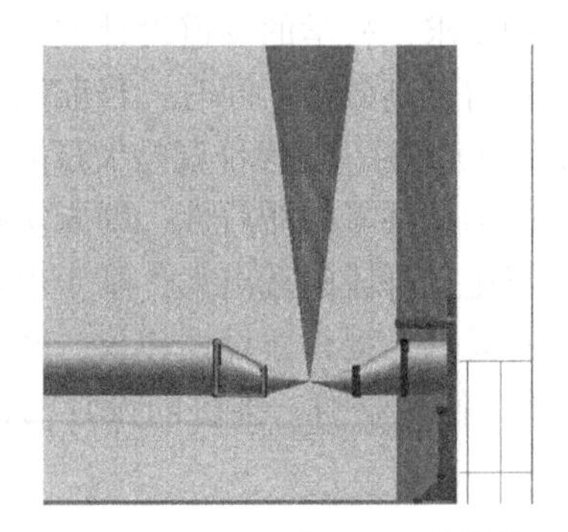

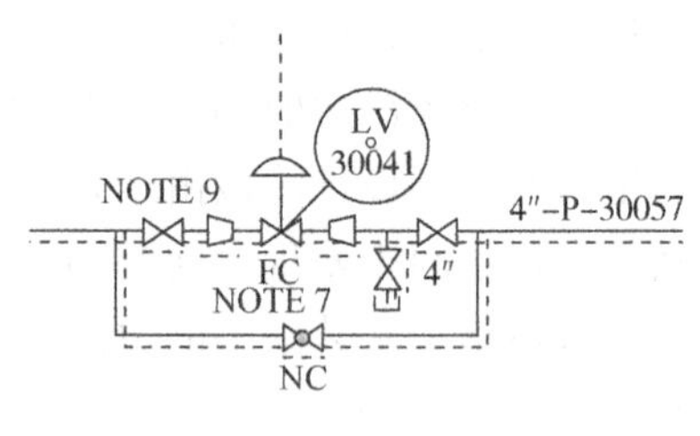

图 3　工艺智能 PID 和管道元件匹配图

(a)修改前阀组布置在平台

(b)修改后阀组布置在地面

图 4　修改前后阀组布置

(2) PID 存在缺陷，如 PID 绘制要求及水平有待提高，造成管道专业频繁修改，徒增工作量。现场发现 PID 部分在线仪表口径与实际到货不一致，调节阀口径与现场到货不一致等问题。诸如此类问题导致管线现场修改量大，影响设计质量，延长项目工期，增大企业投资。若采用三维协同设计，实现自带属性定义的智能 PID，使各专业间工程数据库协同化、实时化，虽然 PID 升版频次会增加，但管道设计耗时还是会降低，同时会提高管道和工艺专业的协同性，减少现场设计变更。

综上所述，通过现场管道和工艺专业的常见施工问题分析，若采用三维协同设计后，除 PID 中相关注释需要人工设校外，其他问题可通过三维协同设计避免再次发生。

1.2 管道与结构专业

石油化工装置中，管道和结构专业密切相关，结构以管道荷载条件为基础确立框架整体布局同时管道以结构为支撑输送介质。现场中，管道与结构专业主要集中在碰撞方面，若采用三维协同设计，大部分问题完全可以避免，现针对现场实例总结如下：

(1) 结构专业未完全按照管道专业所提条件进行梁柱设计等原因，造成模型和现场梁柱布置不一致，如图 5 所示，结构模型和现场图纸不一致，管道无法支撑。采用三维协同设计，管道专业自身所构建模型将会和结构模型存储在不同的数据库中，结构专业按照管道输出条件正确进行梁柱设计，则会避免此类现象发生。

(2) 管廊、框架及厂房等柱子基础和管道碰撞。主要在于设计人未充分考虑柱子基础大小以及管道管件大小，如图 6 所示，框架某柱子附近布置较多管线，导致现场柱子基础和管线碰撞，当存在阀组布置时，距离过近会造成阀组安装、操作、检修以及更换困难。协同设计中，结构专业除按照条件进行梁柱设计的同时还需要将结构基础、地墩外形等构建到模型中去，实现全厂物理模型和现场模型高度一致性，则会避免此类碰撞。

图 5 结构模型有梁但结构图纸无梁，管架无生根点

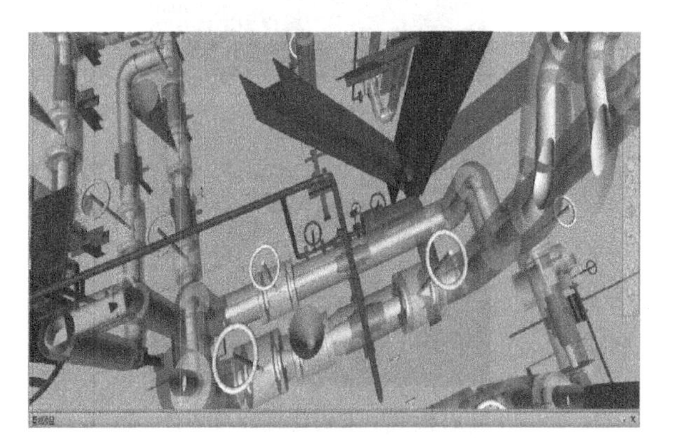

图 6 管线和柱子基础碰撞

(3) 管线和结构梁柱时有碰撞，主要表现在以下几个方面：①现场斜撑规格或者方位与结构图纸不一致，如图 7 所示，管道专业按照结构模型穿插管线时不可避免会有碰撞，现场斜撑生根点和模型中生根点不同，造成管道现场与斜撑碰撞；②管道或结构未将所有元素构建到模型中去，如图 8所示，导致现场管线和结构冲突，影响操作和逃生通道，模型中并没有直爬梯和平台存在因此将管道布置在此处无任何问题，但现场按照结构图纸施工后发现此处存在直爬梯影响阀门操作及人员逃生。实现三维协同设计，结构专业具备完善的工程数据库，如钢结构截面库、斜撑规格库等，管道专业在正确的结构中构建自身模型，则不会出现管道和斜撑碰撞的案例。

1.3 管道与仪电专业

化工装置中，管道与仪表相关元件主要包括减温减压器、开关阀、控制阀、流量计、温度计、限流孔板、压力计、液位计和在线分析等。此外，仪表专业针对不同仪表元件确定厂家后，管道专业需将厂家反馈的相关元件外形尺寸进行评阅并运用三维软件构建在模型中。同时，电气专业的电缆走向图等资料需提供给管道专业供评阅。若实现三维协同设计，仪电专业具备完善的接线、电缆、桥架等规则库等，可以实现智能仪表、电气设计以及管道与仪电专业的在线交互。目前，根据现场问题实例，将设计问题和建议进行总结，主要表现在如下几个方面：

(a)现场斜撑方位

(b)模型斜撑方位

图 7　修改前后阀组布置

(a)模型中未构建直梯及平台

(b)现场图纸中直梯影响阀门操作及逃生

图 8　直梯平台的影响

(1) 仪表元件的规格、仪表与管道连接的根部阀的规格容易出现问题，主要体现在口径和磅级等方面。主要原因在于目前阶段无法保证设计过程中上下游专业的数据唯一性，三维协同设计通过智能 PID 解决下游专业重复录入上游专业工程数据的现象，解决设计过程中上游发生数据变更时下游专业更改不及时，保证数据一致性，则会解决此类问题。

(2) 温度计的插入深度存在缺陷，另外还需要考虑温度计抽出空间。现场中很多温度计插入深度不够主要归因于设计软件不能对仪表专业发布的凸台条件进行自我校验，同时目前仪表专业并未参与构建模型，无法对管道建模信息进行评阅。三维协同设计，能够保证管道和仪电专业信息交互及共享，同时仪电专业可对管道信息进行评阅，保证温度计的正确建模，避免类似问题发生。

(3) 现场开关阀、控制阀等元件的外形尺寸容易和管道碰撞，如图 9 所示，管路中存在多个开关阀时，由于开关阀距离过近、未考虑开关阀手轮操作空间等导致手轮无法操作，建议开关阀错开布置或者增加开关阀之间的距离，正确构建开关阀外形尺寸。三维协同设计可以通过智能仪表软件接收仪表元件的完整外形尺寸并更新三维模型，提升仪表条件与管道施工文件的一致性，管道专业共享完整仪表外形信息可避免此类问题发生。

(4) 仪表电气槽盒和管线或者管线的保温层碰撞问题。如图 10(a)所示，槽盒和保冷管线在未保冷的情况下碰撞，造成管线保冷层无法施工；如图 10(b)所示，管线施工时直接贯穿槽盒，造成管线无法保温同时影响槽盒内电缆信号传输。三维协同设计后仪电专业具备完善的电缆桥架库等，构建模型实现电缆、槽盒的可视化，则会避免此类碰撞。

因此，三维协同设计后，仪表电气专业的所有相关元件均可在模型中可见，其他专业的设计人员可视后会相互沟通，避免上述问题发生。

(a)开关阀距离过近导致手轮无法使用

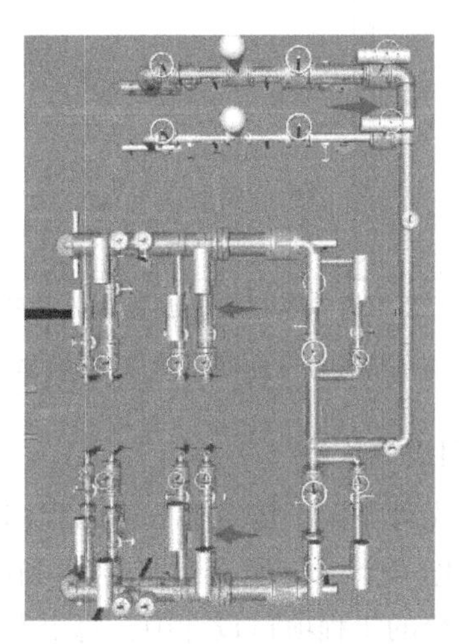

(b)开关阀现场调整后

图 9　开关阀现场布置

(a)仪表槽盒与保冷管线碰撞

(b)管线安装时已贯穿仪表槽盒

图 10　仪表槽盒问题

2　全专业三维协同设计必要性

根据某现场联络单数量反馈，各专业联络单数量如图 11 所示，其中管道联络单数量最多，而且大部分问题与其他专业相关联。通过上节讨论分析，管道和其他专业之间现场问题联络单量所占比例可以用图 12 表示，并且发现三维协同设计可以避免其中大部分问题发生，意味着三维协同设计的先进性和推动工程项目建设三维协同设计的必要性。另外，目前的工程项目，一方面由于三维协同化程度不高，结构专业、电气专业的模型仅用于碰撞检查，甚至有的专业并没有三维建模，导致部分专业图纸和材料量，都不是由三维模型自动生成，造成材料量统计不明确；另一方面尽管结构专业的设备基础、管廊及框架结构等在会签之前，电气专业的桥架、仪表箱、接线盒等在发图之前，均已开始进行三维建模并仅用于碰撞检查，但由于均为非成品文件即不通过建模软件进行材料抽取，其时效性、真实性、准确性程度大打折扣。因此，三维协同设计必然成为工程项目建设的发展趋势。

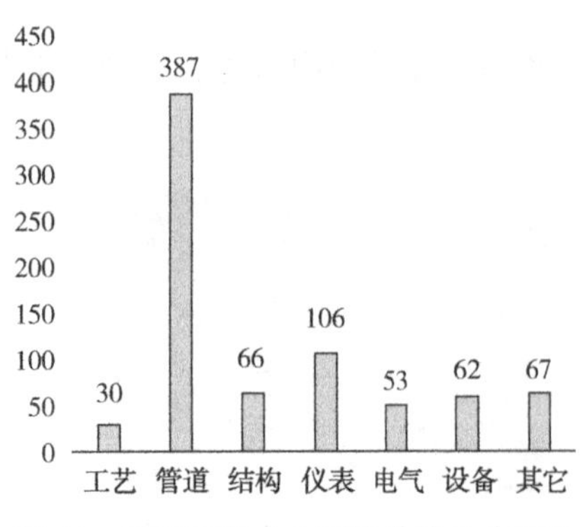

图 11　某现场各专业联络单数量分配图

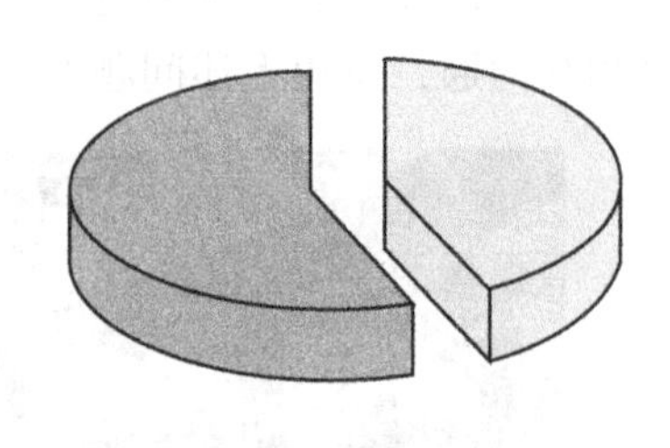

图 12　采用三维协同设计可避免问题比重

2.1　三维协同设计优势

三维协同设计不同于传统的三边工程(边设计、边施工、边修改)模式，具有不可替代的优势：①采用“一体化”设计，即所有专业人员可在同一平台上进行多用户端设计，包括实现异地的多专业协同工作。传统的工程项目设计中，每个专业之间的工作是相互分割的，只有输出条件上的上下游传递，并不能在线实时共享信息。“一体化”设计后，每个专业在设计过程中可以实时在线参考其他专业的设计，发现问题时及时沟通及时修改，从而减少目前各专业之间和专业内部由于沟通不畅导致的错、漏、碰、缺，实现一处修改其他协同修改，并真正实现所有图纸信息源的单一性，提升设计效率和设计质量。②三维协同设计具有精细化设计和精细化管理的优势，精细化设计使每一个工程元件都能在模型中真实搭建，提高设计产品的准确性，大量减少施工现场的设计变更和修改工作。比如，电气仪表专业的电缆桥架、槽盒分布以及现场中的所有照明灯均可在模型中可见，而目前的工程设计不能实现。精细化管理使业主可随时对三维模型进行浏览和提出建议，对工厂的设计方案尽早进行检查，以避免工程设计的后期改动较多的材料和施工问题带来的被动，提高了管理的预见性，实现项目精细化管理过程。③三维协同设计中更加直观化，首先是设计直观化，设计平台以及设计成果不再是抽象的二维线条而是逼真的三维实体模型。其次是管理直观化，三维设计软件可动态直观地展示出工厂或单元装置建成后的实际情景，帮助工程项目各方人员随时轻松读懂设计，在工程设计30%、60%、90%等阶段通过直观的模型 review 提出意见和建议，有利于业主决策、项目的控制及操作维护等，最大程度提高业主满意度。再次是施工直观化，三维设计成品为施工者展示二维图纸所不能给予的效果和认知，为合理策划施工方案、减少返工、控制施工进度和成本等提供有力的支持。④三维设计更加自动化，首先自动检查碰撞，三维设计软件可在 3D 环境中对全厂模型进行碰撞检查，可以自动检查出各专业模型间的硬碰撞(也称为直接碰撞)，也可以检查出软碰撞(各模型与预留空间、检修起吊空间、热膨胀、保温层等的碰撞)。其次自动数据读取，三维软件系统还可以与应力计算、结构分析等许多第三方软件接口，可实现第三方软件对模型中数据的自动读取、计算或分析。再次，自动抽取成品文件，各专业需要提交给业主的各种交付文件均可以在三维设计平台中自动抽取。

2.2　三维协同设计特点

三维协同设计与传统工程设计相比，设计团队更加注重技术研发和更新，并且在设计手段和设计理念上更新较快，敢于接受并尝试新技术，特点鲜明。①工艺智能 PID 系统(Smart Plant PID)实现单点数据录入，保证文档数据唯一性和共享性。各专业间能够继承模型中数字属性，并实现相关属性的导出和导入，如此以来实现实时数据共享，设计进度可控，配合效率显著提升，做到设计零碰撞。②三维协同设计软件存在数据管控、任务管控、权限管控、资料管控和流程管控，实现跨地域应用，兼容性好即平台能够兼容厂家模型和各类专业设计软件，准确记录储存每一份文档的完整版信息，实时追溯不同时间节点的资料。③三维协同设计促进各专业以数据为核心实现信息共享后，提供精细化布置设计，提供精准的材料统计，节约工程造价。保证模型、数据库质量、成品图和全厂高度一致，保证物理厂区和三维模型高度一致，满足客户需求。④三维协同设计，将数字化三维模型扩展至施工现场，可模拟安装和指导施工，优质高效地解决多项工程实际问题，施工过程更直观、图纸更专业准确、图纸版次更加可控。⑤三维协同设计具有永久性，即整个项目执行过程中所发布的全部资料均已电子版的形式完成存档，不存在类似于传统项目模型丢失或者纸质版文件无法查询的情况。⑥三维协同设计有助于工程设计公司建立工程数据库，保证统一的数据源，可根据工程特点和业主要求，实现设计规范、工程数据、材料编码等信息的复用，大量减少工时消耗，缩短项目周期和减少成本，实现利润最大化。

2.3 三维协同设计的必要性

与传统工程项目相比，三维协同设计就是将工程设计的所有对象以数据的形式存放在各个专业人员都能分享和利用的集成系统，还能为第三方软件提供接口，实现数据交换。同时具备管理文档、管理设计版本、设计浏览和设计审批功能等。同时，随着国内外行业竞争日益激烈，协同化设计已经成为主流的设计方式，高水平的设计方案既是工程公司设计水平的体现，也是决定能否获得更多项目机会的前提。最后，三维协同设计也是实现数字化交付、业主打造智能化工厂的第一步。打通协同设计，意味着抢占数字化交付、实现智能化工厂重要市场的先机。

从工程设计阶段来讲，全专业间三维协同设计：①各专业间实现数据共享，各专业任务明确，能够有效的减少设计环节设计对象缺失的情况，避免将很多模糊的工程问题遗留在现场解决，减少现场工时消耗，减少项目施工周期；②实现专业间、异地的数据、报表、报告、三维标准设计模板等信息数据同步传递的三维可视化，有助于掌握工程项目建设的进展情况，能够可预见性地控制设计质量；③实现有效自动数字化，快速细化，自动图纸交付，能够保证精度和质量，缩短项目周期和减少成本，大大提高工作效率。

3 结论

针对现场管道和工艺、结构、仪表电气专业之间的问题实例探讨管道施工安装缺陷的原因并总结归纳，提出后续工程项目设计过程中的建设性意见，并提供三维协同设计改进方向。全专业间三维协同设计具有不可替代性的优势、特点，实现全专业间三维协同设计能够避免现场大部分施工安装问题。三维协同设计更有助于从根本上提高设计水平、减少项目投资，为实现数字化交付、业主打造智能化工厂奠定基础。

参 考 文 献

[1] 朱勇．试论石油化工工程模块化趋势[J]．化工设计，2013，05：24-26.
[2] 岳敏．石油化工建设项目模块化施工技术[J]．石油工程建设，2015，02：55-59.
[3] 王华．数字化工厂发展现状及其在炼油企业的实现[J]．石油规划设计，2013，24(3)：1-6.
[4] 樊军锋．智能工程数字化交付初探[J]．石油化工自动化，2017，53(3)：15-17.
[5] 万青霖．三维数字化技术的应用设计研究[J]．电子设计工程，2015，23(4)：71-74.
[6] 王德伟．试论石油化工管道设计应注意的问题[J]．化工管理，2017，05：16-18.

LNG 接收站数字孪生模型的构建

郝慎利　张　可　李晓光　杜　飞　徐华阳

（中国寰球工程有限公司北京分公司）

摘　要　目前 LNG 接收站运行过程中存在海水及燃料气耗量大、运行成本较高等问题。为优化工艺操作，达到节能降耗的目的，采用数字孪生技术，以 LNG 接收站关键设备-海水开架式气化器为建设场景，构建其数字孪生模型。建模方法采用机理+数据驱动混合建模的方式，以工艺机理作为基础，分析机理模型与工厂真实数据的偏差，利用大数据分析、人工智能等工具和方法建立接近工厂实际运行的 ORV 数字孪生模型，并以海水出口温度为精度测量考核指标，验证模型的准确性。经验证，模型计算结果与现场实测值相对误差在 5%以内，精度满足要求。同时以工厂一年历史数据为输入条件，经模型计算优化，与设备的设计运行参数相比，采用模型优化参数运行可为目标接收站提高经济效益约 3000 万余元。以此作为流程工业数字孪生构建范式，可以解决目前流程工业中存在的总体能耗较高、能量利用率低、经济成本高等生产运维侧业务痛点，对实际生产进行指导。

关键词　流程工业；开架式气化器；数字孪生；机理+数据驱动；节能降耗

流程工业主要包括化工、冶金、石化、造纸、电力等行业，其生产过程中，原料通过化学、物理、相变等反应或变化，经连续加工生成新的物质。流程工业是国家的支柱产业，但是目前存在着资源利用率偏低、能量消耗较高、安全环境压力大等问题，智能制造成为推动流程工业提质增效、绿色低碳和高质量发展的重要手段。工信部组织编制了《智能制造标准体系建设指南》，对流程工业数字工厂、智能工厂的建设提出明确要求。

近年来，数字孪生技术作为数字化、智能化转型技术的代表引起了学术界、工业界和政府部门的关注，并得到了越来越广泛的应用。数字孪生的概念是美国密歇根大学的 Grieves 教授于 2003 年提出的“与物理产品等价的虚拟数字化表达”。2011 年，NASA 在技术报告中正式提出“Digital Twin”的概念。在接下来的几年中，由于云计算、物联网、大数据和人工智能等新一代信息技术的发展，数字孪生的实现已逐渐成为可能。

现阶段学术界对数字孪生的概念并没有形成统一的认识，对数字孪生的建设规范没有成熟的标准。有观点认为反映物理工厂并关联运行数据的三维几何模型就是数字孪生，还有研究者认为对物理工厂的动态模拟就是数字孪生。本文观点认为，三维几何建模是数字孪生的重要部分，为数字孪生体提供更直观的展示，但是三维几何建模缺乏对反应机理的反映。动态模拟与数字孪生在某些方面非常相似，但是两者也有差距。首先，动态模拟倾向于对实体进行抽象，而数字孪生是对实体的复刻，不仅可以实现实体的数字化，也可以构建数字化实体，使不同领域的问题在同一个模型上研究。其次，动态模拟大部分是针对独立单元，而数字孪生则是对全厂建模，各产品线之间具有强耦合性，并贯穿设计、制造、维护的全生命周期，需要有多维度多尺度的建模。此外，数字孪生体需要与物理实体层的数据进行实时交互，虚实融合，对模型迭代优化。

目前越来越多的研究将数字孪生应用于生产制造、航空航天等工业领域，而流程工业存在非线性、多变量、强耦合、大滞后、多目标与多约束等特点，实现其生产过程的连续稳定存在极大的难度。本文提出了流程工业数字孪生的构建思路，并以 LNG 接收站为建设场景，对接收站关键设备—海水开架式气化(下简称 ORV)设备建立数字孪生模型，为工厂工艺流程优化、节能降耗提供指导。

1 数字孪生模型的建立思路

本文从数字孪生构建前期需求调研，到最终模型的验证，以数据从工厂实体到数字孪生体的数据流先后顺序，将流程工业数字孪生模型的构建流程分为需求分析、信息传递、虚拟展示、数据交换、确定建模方法、反馈执行、验证环节。数字孪生构建流程图如图 1 所示。构建的过程涵盖了数字孪生建立的初始规划和设计元素，以及确认目标是否实现的验证。随着模型的范围、复杂性和精密度的增加，可能会在某些步骤和跨步骤中不断进行迭代。

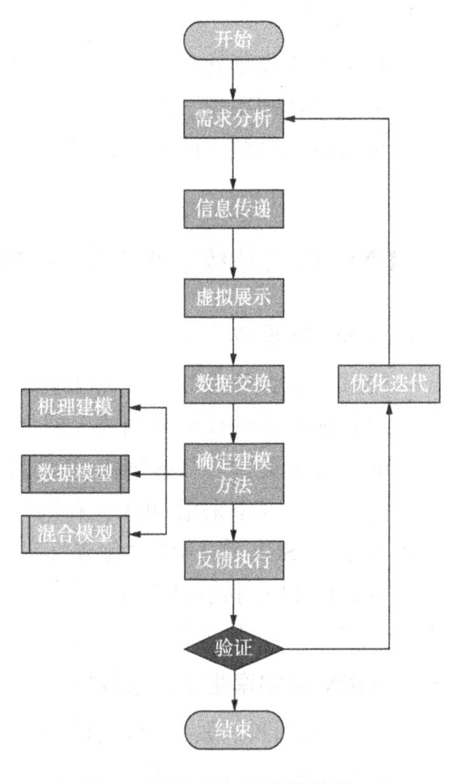

图 1 数字孪生构建流程图

1.1 需求分析

数字孪生建设首先需定义数字孪生的目的和预期性能收益。摸清工厂生产层、管理层等实际需求及业务痛点，进行需求分析及相应的功能设计。同时对工厂的现有数据类型进行分析。基于数字孪生要实现的目的和预期收益，提出相应的数据要求以及制约因素。

1.2 信息传递

数字孪生体依靠数据和模型与其物理实体同生共存。工厂数据主要分为工程建设期的静态数据与工厂运维阶段的动态数据。静态数据可以通过工程建设期的数字化交付进行收集，工厂动态数据可以由现场物理传感器、工厂运行历史数据及操作员现场收集数据等不同的来源产生。

1.3 虚拟展示

物理实体的虚拟展示可以通过不同的方式实现，这主要取决于操作的数据类型以及通过虚拟模型想要达成的目标。

1.4 数据交换系统

为了使虚拟模型与相应的物理实体实行同生共长，需要建立通信链路实现数据的交换，并对数据的传输速度及系统的响应速度有一定的要求。通信链路的连接可以通过有线或无线连接实现。数字孪生的网络覆盖范围取决于物理实体的特性、环境条件等因素。传输的数据可能需要进行数据处理(如数据的过滤过程)，去除干扰数据，同时将原始数据转化为可用的格式，用于物理到虚拟的映射的优化。另一方面需要采取多种措施来确保网络安全，使数字孪生成为一个有效的工具。

1.5 确定建模方法

数字孪生模型的真正价值在于依据工厂的各种多源异构数据通过合适的分析方法，构建贴合工厂运行实际的模型，用于工艺参数的调优及辅助管理层决策。目前流程工业建模方法通常包括过程机理模型、数据驱动模型、过程机理模型与数据驱动模型的混合模型。

1.6 反馈执行

数字孪生模型建立后，就应该确定或实施后续的执行动作。这可以通过条件-行动规则的形式来实施。适当的规则也将确定是否已经最佳地掌握了数字孪生模型预期达到的效果。实施的行动形式可以通过数字孪生模型给出的建议值反馈至相应的操作员来执行，也可以由模型的给定的参数直接进入 DCS 系统由执行器自动执行。

1.7 模型验证

数字孪生模型建立后，需要模型的准确性进行验证，以确保其准确地模仿对应物理实体的行为。可以对物理系统、网络通信和虚拟系统进行一系列检查，以检查数据和模型是否正确集成，物理系统及虚拟系统之间是否按照要求的规范交换数据，数字孪生模型是否满足提出的需求，实现预定的目标。

2 LNG 接收站数字孪生模型的构建

2.1 LNG 接收站简介

LNG 接收站主要功能是对 LNG 运输船舶从海外运输来的 LNG 进行接卸、储存、加压和气化，并通过长输管道外输至管网或天然气用户。而气化器是 LNG 接收站中的关键设备，也是 LNG 接收站节能降耗的关键。目前国内 LNG 接收站多采用开架式气化器(ORV)与浸没燃烧式气化器(SCV)组合的方式。夏季采用 ORV，利用廉价的海水资源加热、气化 LNG；在冬季海水温度过低无法开启 ORV 时，用 SCV 将 LNG 气化成气态天然气，经调压、计量后送进输气管网。

本节以 LNG 接收站为建设场景，按照上述流程工业数字孪生构建思路，对 LNG 接收站中关键设备—ORV 建立数字孪生体，并分析数字孪生技术带来的经济效益的提升。

2.2 ORV 数字孪生体需求分析

在工程设计阶段，工程设计公司通常会在工艺设计过程中留有足够的余量以保证装置的操作弹性。但是 LNG 接收站与其他石化装置不同之处在于 LNG 接收站操作负荷是依据下游用户用气量决定，因此装置的负荷波动较大，造成 ORV 热负荷波动较大。从安全角度考虑，为防止低温 LNG 气化不完全而进入下游管道设备造成损坏，海水设计流量往往留有较大余量以保证 ORV 出口 LNG 完全气化，这也增加了海水泵的运行负荷，造成能量的浪费；另一方面由于冬季海水温度较低，为防止海水结冰造成 ORV 设备的损坏，冬季设计工况一般关闭 ORV 开启 SCV，通过天然气燃烧放热气化 LNG，与 ORV 通过海水加热气化 LNG 相比大大增加了运行成本。如何能优化 ORV 与 SCV 的开启方案也是节能降耗的关键。基于以上实际运行过程中的问题，整理需求如下：

(1) 基于机理与现场历史数据开发贴合现场实际的动态仿真模型；

(2) 根据 LNG 流量负荷变化实时优化海水流量，在满足现场安全环保的前提下实现卡边操作；

(3) 针对冬季、夏季不同工况实现运行能耗的最小值。

2.3 ORV 数字孪生体数据传递

从集中式控制、集散控制到现场总线控制系统，数据传递能力的发展决定了工业自动化系统的实现模式与性能上限。数字孪生系统需要进行数据的采集并通过先进可靠的数据传递技术将数据，数字孪生体的构建基础是数据建设。LNG 接收站的数据主要有工程建设期的设计、采购、施工阶段的静态数据以及工厂运维期的运行数据等动态数据。

静态数据的采集主要通过工程建设期的数字化交付来实现。数字化交付从源头获取设计、采购、施工各阶段的数据，这些数据既包括设计阶段的智能 P&ID 模型、三维模型等结构化数据，也包括采购施工期的设备检测报告、施工质量验收报告等非结构化数据。建设期所有的数据、文档、模型通过工厂对象位号实现数据关联并上传至数字化交付平台，在 ORV 数字孪生体构建过程中可以随时从交付平台中提取需要的模型数据、设计数据、关联的文档等。数字化交付系统的总体架构(交付平台以鹰图公司的 EDHS 为例)如图 2 所示。

动态数据采集通过现场各种智能传感设备，通过分布式控制(Distributed control system，DCS)系统、可编程逻辑控制器(Programmable logic controller，PLC)系统、智能检测仪表等进行现场生产数据的采集。采集数据的传感器包括无线传感器和有线传感器。无线传感器(如泵的无线温振传感器)采集到的数据通过无线 ZigBee、工业 5G 等通讯协议将数据发送至无线数据采集器，数据在采集器内经过计算处理后通过光纤传输至数据采集服务器内的支持存储和查询时间序列数据的关系数据库中进行存储；有线传感器(如振动监测传感器、温压传感器等)采集到的数据通过网线的方式将数据传输至 OPC 服务器或数据采集器，数据在采集器内经过计算处理后通过 TCP/IP、Modbus 等协议网络传输至 OPC 服务器或数据采集服务器内的支持存储和查询时间序列数据的关系数据库中进行存储。详细的架构图见图 3。

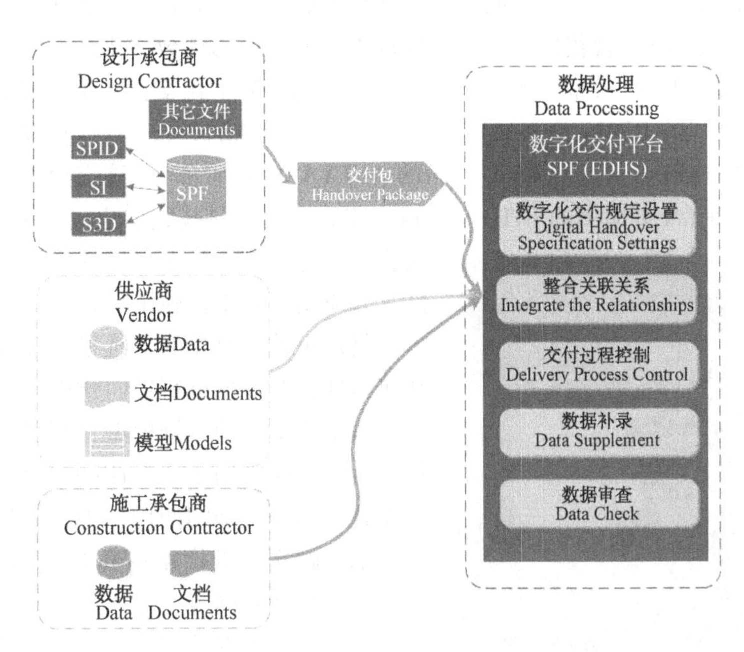

图 2　数字化交付系统总体架构

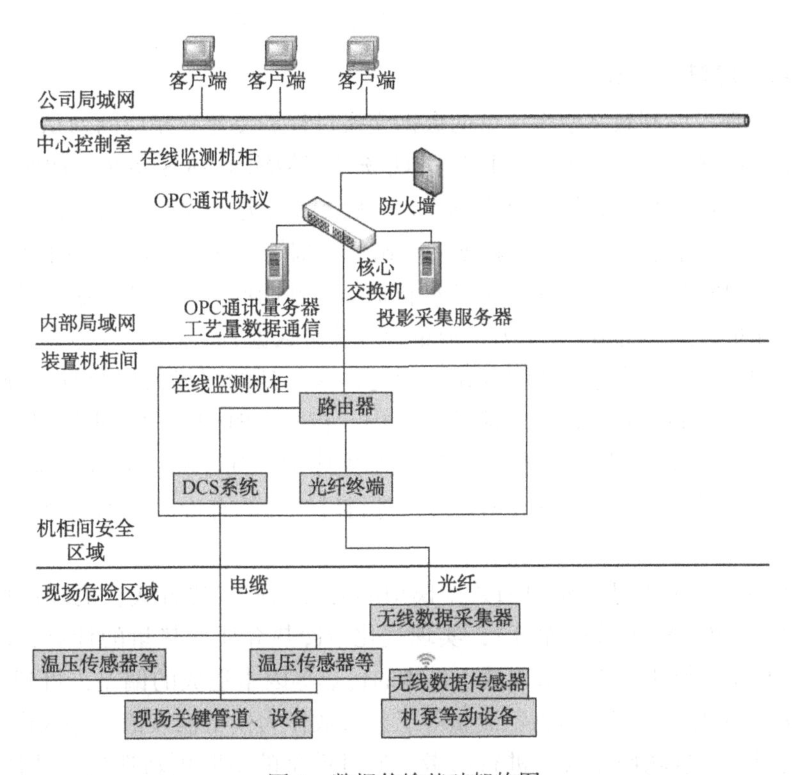

图 3　数据传输基础架构图

针对 LNG 接收站中的 ORV 设备构建数字孪生体需要的主要输入数据为：ORV 进出口的 LNG 及海水的温度、压力、流量数据，LNG 组分及海水盐度的分析数据以及大气压、环境温度等环境数据，测量数据通过现场部署的温度、压力、流量等传感器测量，测量数据经光纤传送至DCS系统中并存储在现场OPC服务器的时序数据库中。

2.4 ORV数字孪生体虚拟展示

实现三维可视化的虚拟展示是构建数字孪生体的重要步骤，是物理工厂的几何属性数字化复刻。这涉及到工厂对象的几何结构、空间运动、几何关联等几何属性，结合工厂对象在工厂的相对位置建立装置及全厂的三维可视化模型，实现物理工厂的几何属性数字化精准复刻。

目前对于新建工厂的三维模型主要来源于工程建设期的数字化交付。工程设计单位使用鹰图公司的S3D、AVEVA公司的PDMS及BIM等相关三维建模软件建立全厂三维模型并通过数字化交付平台(如鹰图公司的EDHS平台、AVEVA公司的AVEVA NET平台等)移交给工程建设单位。建设单位通过数字化接收平台(如鹰图的INTO operation平台、互时科技数字化接收平台、达美盛数字化接收平台等)将数字化交付的数据、文档、模型进行恢复并应用。对于已建工厂需要应用激光点云扫描技术，复建出被测对象的三维模型及线、面、体等各种几何属性，对现场进行逆向建模。

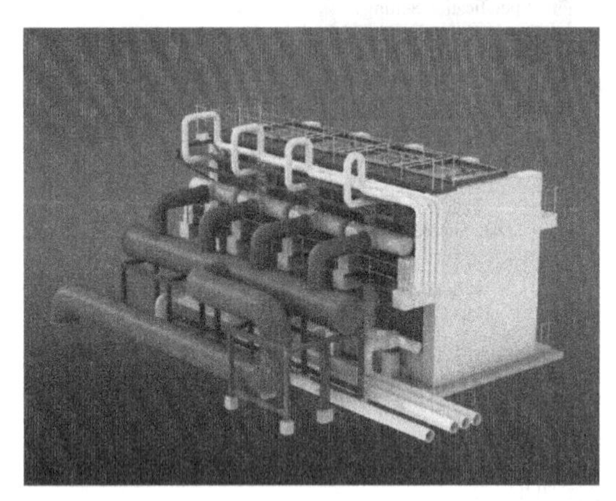

图4 ORV三维模型效果图

数字化交付的三维模型或现场三维重建的模型体量较大，直接应用于孪生体的三维可视化展示难以顺利加载，影响模型的使用。因此一般会应用模型轻量化技术，删除三维模型中冗余或不必要的点云数据、三角面、纹理数据等，并通过合理设置参数、优化模型结构、加强数据处理等方式降低计算的复杂度，提高渲染效果。图4为经模型轻量化并渲染后的ORV的三维模型效果图。

2.5 ORV数字孪生体数据交换系统

LNG接收站从物理工厂到数字孪生模型的数据交换过程需要建立相应的通信链路实现数据的交换。现场大部分温压传感器采集的工艺数据通过现场光缆传输至DCS系统，DCS中的数据存储到OPC服务器，无线传感器采集的数据通过现场5G等无线网络进入数据采集器，经计算处理后进入相应的数采服务器。而数字孪生体与现场数据的通讯通过部署OPC Client，采用OPC标准协议通过工厂信息网(PIN)与OPC服务器或数采服务器进行通信，并向服务器请求数据，读取数字孪生体计算需要的设备操作测量数据(如温度、压力、流量等工艺量数据)。

由于现场电压的波动或者传感设备的老化等问题，采集到的现场数据会有部分失真，成为“噪声”数据。例如在采集到的ORV设备海水流量数据中，在某个时间段内海水流量显示0或者负值，明显不符合实际情况，而这样的噪声数据进入数字孪生体中，其计算结果也不符合实际工厂情况。因此需要设定一定的数据过滤规则进行数据处理，进行过滤后的有价值数据通过工厂信息网进入数字孪生模型进行计算。

ORV的数字孪生模型采用机理模型加数据模型的混合模型构建方式，机理模型由传热传质方程，通过标准物性数据库(NIST数据库等)，实现气化器冷热介质换热量的计算，同时通过现场数据对机理模型进行校正，修正由于海水飞溅、环境的传热等因素造成的偏差，得到反映工厂实际的数字孪生模型。ORV的入口温度、压力、流量等工艺参数作为模型输入值，进入模型计算后，得到的优化工艺参数可反馈给现场操作人员进行参考，通过模型的不断更新迭代，其精确度越来越高，在保证安全的前提下，优化参数也可以直接反馈至PID控制器中。物理工厂与数字孪生体的数据交换都是通过工厂的信息网，保证了整体数据交换过程的安全性。

2.6 ORV 数字孪生体建模方法

与其他管壳式换热器不同，LNG 接收站用到的换热设备 ORV 由于其传热系数受海水在换热管上的分布、流动状态、海水的飞溅及外界环境等影响较大，完全通过传质传热等机理方程构建模型会导致模型计算结果与工厂实际数据相差较大。本研究采用混合模型，即机理+数据模型的方式建立符合工厂运行实际的 ORV 数字孪生模型，并据此模型在满足安全、环保等前提下尽可能降低能耗，实现工艺参数的最优化。

2.6.1 ORV 机理模型的建立

ORV 模型主要机理方程为传热方程。即海水侧放热量与 LNG 侧吸热量相同。传热方程见下公式 1~3。输入输出数据见图 5ORV 输入输出条件。

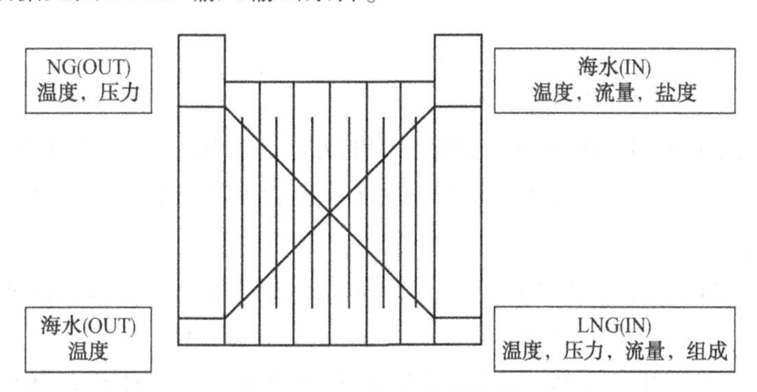

图 5　ORV 输入输出条件

$$Q_{海水}=Q_{LNG} \tag{1}$$

$$Q_{LNG}=m_{LNG}\cdot \Delta H \tag{2}$$

$$Q_{海水}=c\cdot m_{海水}\cdot \Delta t \tag{3}$$

式中，$Q_{海水}$为海水放热量，kJ；Q_{LNG}为 LNG 吸热量，kJ；c 为海水在对应温度及海水盐度下的比热，kJ/(kg·K)；Δt 为海水进出口温度差,℃；

ΔH 为 LNG 进出口焓差，kJ。

公式(2)中 LNG 侧吸热量(Q_{LNG})由 LNG 质量流量与进出口焓差计算得到，LNG 流量(m_{LNG})可由现场质量流量计读取，LNG 进出口焓差(ΔH)通过进出口 LNG 组成及温度压力条件得到对应温度压力下 LNG 焓值，进而计算得到进出口 LNG 焓差 ΔH。

公式(3)中海水放热量($Q_{海水}$)由海水相应盐度温度下的比热、海水流量及进出口温差计算得到。进出口温度由现场温度仪表测得，质量流量需要海水密度数值对现场质量仪表进行校正，采用海水状态方程 EOS-80 计算标准大气压(海面为 0)对应海水盐度 S 及温度 T 下的海水密度 $\rho(S, T, 0)$：

$$\rho(S,\ T,\ 0)=\rho'+AS+B\,S^{\frac{3}{2}}+C\,S^{2} \tag{4}$$

上式中，

$A=8.24493\times10^{-1}-4.0899\times10^{-3}T+7.6438\times10^{-5}T^{2}-8.2467\times10^{-7}T^{3}+5.3875\times10^{-9}T^{4}$

$B=-5.72466\times10^{-3}+1.0227\times10^{-4}T-1.6546\times10^{-6}T^{2}$

$C=-4.8314\times10^{-4}$

纯水项$\rho'=999.842594+6.793952\times10^{-2}T-9.095290\times10^{-3}T^{2}+$
$1.001685\times10^{-4}T^{3}-1.120083\times10^{-6}T^{4}+6.536332\times10^{-9}T^{5}$

适用范围：$T=-2\sim40$℃，$S=0\sim42$g/kg。

2.6.2 混合模型的建立

上述机理模型仅描述了理想工况下的传热过程，然而在实际工厂运行期间，会收到各种因素的影响，导致机理方程的计算结果与实际测量结果有较大的差异。

主要的影响因素有：

海水向环境的散热：由于海水与周围环境的温度不同，海水难以避免会向空气中散发热量，导致与 LNG 换热量有所差异。

仪表的测量误差：由于现场的仪表老化等原因导致测量值不准甚至错误读数。如某 LNG 接收站某日记录的现场数据 LNG 侧出口温度测量值大于海水侧入口测量值，明显为错误数据，经现场人员检查维修后恢复正常。

测量位置的限制：比如海水出口温度的测量温度点一般在海水排放沟，而进行计算需要的测量点应在 ORV 出口处，但是由于设备布置等的限制，无法在此处布置测量仪表。

换热管海水结冰：冬季温度较低的环境下，换热管表面会有部分海水结冰，造成海水与 LNG 换热不充分。

基于以上误差，对机理方程进行一定的修正：

$$Q_{海水}=Q_{LNG}+(Q_{逸散}+\varepsilon_{测量误差}) \tag{5}$$

对 $Q_{逸散}$ 及 $\varepsilon_{测量误差}$ 两个未知量可以通过数据驱动的方法，收集一定时期内的工厂数据，通过人工智能等算法用于生成大数据模型，最终得到与工厂实际贴合度较高的混合模型。

2.6.3 经济模型的建立

在建立 LNG 接收站 ORV 数字孪生模型后，针对需求中提出的工厂运行海水量较大，不同工况能耗较高的问题，制定相应的调优策略，建立相应的经济计算模型。

（1）高温工况下，即仅开启 ORV 即可满足生产负荷的情况，此时增大海水进出口温差可以显著降低海水流量，在保证 NG 出口温度高于 0℃，同时海水在换热管上正常成膜(传热系数最大)前提下，可以通过模型计算逐步降低海水流量。通过数字孪生模型计算得到的海水流量可以反馈给现场操作人员，由操作员决定是否采纳建议值。在数字孪生模型不断更新迭代，准确率满足要求后，也可以由模型输出的流量值直接进入 DCS 系统，输出信号至流量调节阀，将海水流量降至最优值。海水量的降低可以相应降低海水泵的功率，其能耗相应减少。据此建立相应的经济模型：经济效益(节省电费)= 节省泵的运行数量×电价×泵功率×运行时长。

（2）低温工况下，即冬季海水温差较小，为防止海水结冰造成 ORV 的损坏，设计工况下冬季 ORV 停止运行，采用 SCV 气化器进行加热。SCV 气化器以天然气燃烧放热作为其热源，气化相同质量的 LNG，以 SCV 进行气化其能耗远高于通过 ORV 进行气化，因此 SCV 运行负荷会直接影响接收站的整体能耗。为保证燃料气消耗最小(即 SCV 负荷最低)，可通过数字孪生模型计算 ORV 在安全范围内可开启的最大负荷即通过 ORV 气化的 LNG 流量最大，降低 SCV 负荷，达到总能耗最低的目标。模型计算得到的 ORV 开启负荷及 SCV 消耗燃料气值可以反馈给操作人员作为参考，也可以直接进入 DCS 系统输出信号至流量调节阀进行控制调节。相应的冬季经济模型为：经济效益(节省燃料气费)= 每小时节省燃料气量×当地燃料气单价×运行时长-海水泵运行数量×电价×泵功率×运行时长。

2.7 ORV 数字孪生体验证

LNG 接收站 ORV 数字孪生模型通过接入现场实时数据，以 ORV 入口海水温度、压力、流量以及 LNG 入口和出口温度、压力、流量数据作为模型的输入条件，选取海水出口温度作为验证模型准确性参数，计算现场实测海水出口温度与模型计算海水出口温度的相对误差，验证模型的准确率。

图 6、图 7 分别为选取某 LNG 接收站夏季工况、冬季工况下不同时间点现场实测 ORV 出口海水温度与数字孪生模型计算海水出口温度的比较图。

由图 6、图 7 不同工况下海水出口温度精确度验证结果来看，ORV 数字孪生模型与实测结果相对误差均在 5%以内，大部分结果的相对误差在 1%以内，满足优化计算的精度要求。

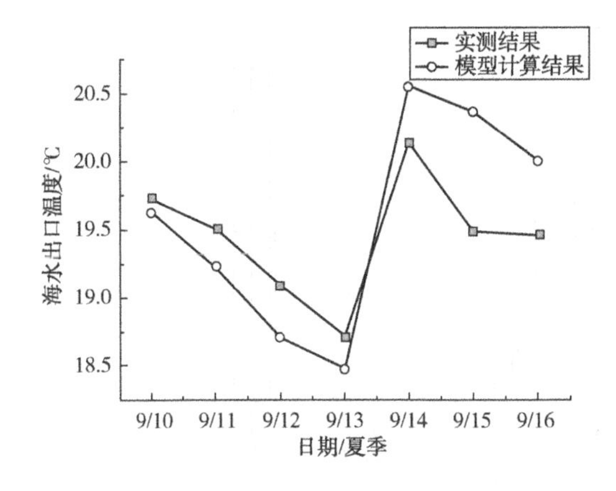

图 6　夏季工况海水出口温度模型精确度验证结果

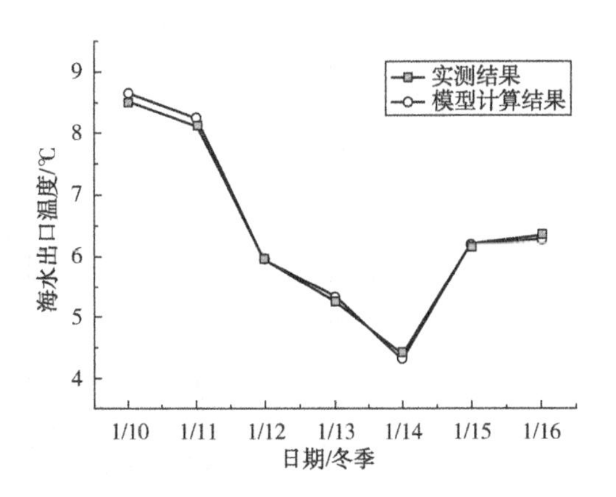

图 7　冬季工况海水出口温度模型精确度验证结果

2.8　效益分析

ORV 数字孪生模型通过接入现场实时数据进行不断更新迭代，其预测准确率不断提升，与现场数据贴合度更高，其带来的效益提升包括但不限于以下几方面：

（1）工艺条件的优化。由于模型准确度高，可以精确预测 LNG、海水的出口温度，因此在不确定改变工艺条件（如增大或减小海水或 LNG 的流量、进口温度及压力等）会对系统带来哪些安全等方面的影响时，可以通过模型进行测算，找到安全范围的临界值。

（2）经济效益的提升。以某 LNG 接收站为例，将其一年的历史数据（LNG 流量、入口温度、压力，海水入口温度等）输入模型中进行优化计算，并与以 ORV 设计工艺参数运行结果进行经济效益比较，运行经济数据如图 8、图 9 所示。

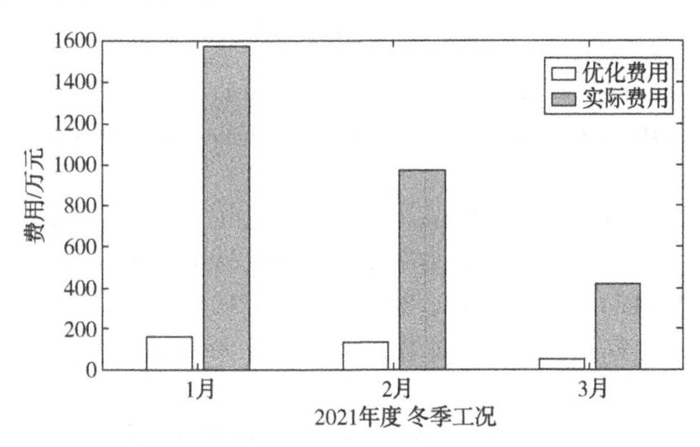

图 8　某接收站 2021 年冬季优化费用与实际费用比较

通过以上效益分析可以看出，夏季工况经济效益主要体现在优化泵的开启数量从而达到节省电费的目的，节省电费约 90 万余元；冬季工况由于绝大部分 LNG 负荷以 ORV 来代替 SCV 实现气化，而海水加热的成本远远低于燃料气加热的成本，因此冬季工况节约燃料气费约 3000 万余元，经济效益提升明显。

3　结语

数字孪生技术具有将实时建模、动态仿真、机器自主学习、实时优化和大数据融为一体的强大能力。由于流程工业具有生产过程复杂、过程建模繁琐、工序间耦合强、全局优化困难等特点，使得数字孪生技术在流程工业实施案例极少。本文针对流程工业生产过程特点，以 LNG 接收站为建设场景，提出数字孪生技术在流程工业构建实施的基本步骤，通过数字孪生技术解决目前 LNG 接

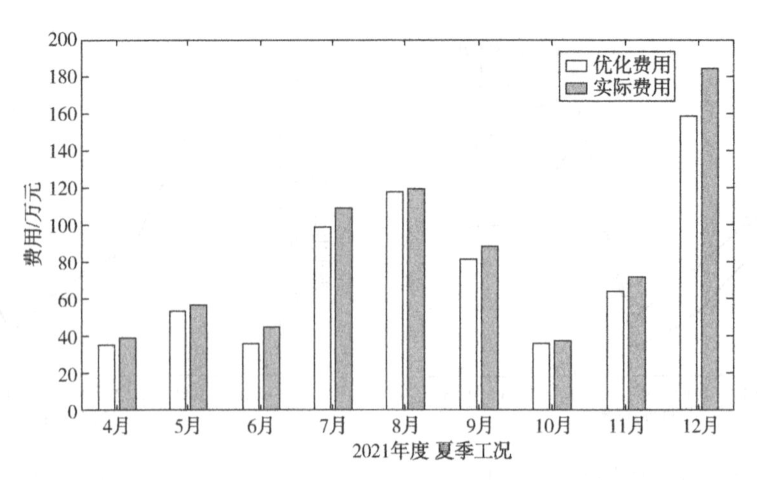

图 9　某接收站 2021 年夏季工况优化费用与实际费用比较

注：1. 以海水温度 5.5℃为界，低于 5.5℃为冬季工况（1~3 月），高于 5.5℃为夏季工况（4~12 月）；

2. 模型经济优化计算：夏季工况经济效益以节省的海水泵运行电费计，冬季工况经济效益以节省燃料气费-海水泵运行电费计；

3. 电价按当地高峰段电价计，燃料气价格以接收站当年气价计。

收站在生产运营阶段，经常出现能耗高、操作方式不稳定、运行成本较高的情况。针对 LNG 接收站中关键设备-ORV，通过构建 ORV 数字孪生模型解决了 ORV 运行过程中存在的海水流量过大、能耗过大、冬季工况下燃料消耗量较大的问题，并给出相应的解决方案，为流程工业数字孪生系统的研究开发与推广应用提供案例。希望以此为跳板，以点带面，以 ORV 的数字孪生的构建方式为标准范式，建立整个工厂的数字孪生模型，提高生产效率、节能减排、优化调度、辅助决策，有效提高工厂生产质量，促进企业高质量发展。

参 考 文 献

[1] Glaessgen E, Stargel D. The digital twin paradigm for future NASA and U. S. air force vehicles. In: Proceedings of the 53rd AIAA/ASME/ASCE/AHS/ASC Structures, Structural Dynamics and Materials Conference. Honolulu, USA: AIAA, 2012. 1818-1832.

[2] Gockel B T, Tudor A W, Brandyberry M D, Penmetsa R C, Tuegel E J. Challenges with structural life forecasting using realistic mission profiles. In: Proceedings of the 53rd AIAA/ASME/ASCE/AHS/ASC Structures, Structural Dynamics and Materials Conference. Honolulu, USA: AIAA, 2012. 1813-1817.

[3] 杨林瑶，陈思远，王晓，等．数字孪生与平行系统：发展现状、对比及展望[J]．自动化学报，2019，45(11)：2001-2031.

[4] 孙滔，周铖，段晓东，等．数字孪生网络(DTN)：概念、架构及关键技术[J]．自动化学报，2021，47(3)：569-582.

[5] 李德芳，蒋白桦，赵劲松．石化工业数字化智能化转型[M]．北京：化学工业出版社，2021：185-198.

[6] 李彦瑞，杨春节，张瀚文，李俊方．流程工业数字孪生关键技术探讨．自动化学报，2021，47(3)：501-514.

[7] 黄永刚，蔡国勇．液化天然气接收站工程设计[M]．北京：石油工业出版社 2018. 1：147-155.

[8] Miller A M, Alvarez R, Hartman N. Towards an extended model-based definition for the digital twin. Computer-Aided Design and Applications, 2018, 15(6): 880-891.

[9] Grieves M W. Product lifecycle management: the new paradigm for enterprises. International Journal of Product Development, 2005, 2(1-2): 71-84.

[10] Schroeder G N, Steinmetz C, Pereira C E, Espindola D B. Digital twin data modeling with Automation ML and a communication methodology for data exchange. IFAC-Papers Online, 2016, 49(30): 12-17.

[11] 李德芳，索寒生．加快智能工厂进程，促进生态文明建设[J]．化工学报，2014，65(2)：374-380.

[12] 钱锋，杜文莉，钟伟民，唐漾．石油和化工行业智能优化制造若干问题及挑战[J]．自动化学报，2017，43(6)：893-901.

LNG 储罐用 06Ni9DR 钢板在制造过程中的质量控制分析

田 颖

［寰球工程项目管理(北京)有限公司］

摘 要 目前全球建造的液化天然气(LiquefiedNature Gas，简称 LNG)储运设备所使用的材料主要是 06Ni9DR(简称 9%Ni 钢)。9%Ni 钢因具有良好的低温缺口韧性，是低温钢最重要的技术要求。随着 LNG 工程大型化、超大型化的发展趋势，为了保证 LNG 储罐罐板的安全储量，对 9%Ni 钢板在制造加工过程中的质量控制尤为重要。

关键词 LNG 接收站；9%Ni 钢板；质量控制

2006 年广东大鹏接收站的投产拉开了我国进口 LNG 资源的序幕。伴随着天然气利用范围的扩大，国内 LNG 接收站项目也日渐增多。截至 2023 年年底，我国已建成投运 LNG 接收站 28 座，总接卸能力达 1.16 亿 t/a。与此同时，还有多个 LNG 新建和扩建项目推进，未来一段时间，国内将迎来 LNG 接收站密集投产期。

1 LNG 接收站概述

1.1 LNG 接收站

LNG 接收站是对船运 LNG 进行接收(含码头卸船)、储存、气化和外输等作业的场站。LNG 接收站的主要功能是将海上船舶运送的低温液化天然气(约-160℃)储存到 LNG 储罐中，再根据下游用户的需求加压，经过特制的气化器将 LNG 气化到 0℃以上，经输气首站进入输气干线输送至下游用户。

1.2 LNG 储罐

LNG 储罐，是 LNG 接收站的关键设备，属常压、低温大型储罐。按储罐的设置方式可分为地上储罐、地下储罐与半地下储罐。按结构型式可分为球罐、单包容罐、双包容罐、全包容罐和膜式罐。其中单包容罐(双壁)、双包容罐及全包容罐均为双层，由内罐和外罐组成，在内外罐间充填有保冷材料，罐内绝热材料主要为膨胀珍珠岩、弹性玻璃纤维毡及泡沫玻璃砖等。目前，我国已建和在建的 LNG 接收站项目均采用全容式混凝土顶储罐(简称全包容罐)，全包容罐的结构采用 9%Ni 钢内筒、9%Ni 钢或混凝土外筒和顶盖、底板，外筒或混凝土墙到内筒大约 1～2m，可允许内筒里的 LNG 和气体向外筒泄漏，它可以避免火灾的发生。其最大设计压力 30kPa(G)，其允许的最大操作压力 25kPa(G)，最低设计温度为-170℃。

2 LNG 储罐用 9%Ni 钢板

2.1 9%Ni 钢的性能

9%Ni 钢是一种低碳调质钢，在极低温度下具有良好的韧性和高强度，而且与奥氏体不锈钢和铝合金相比，具有热胀系数小，经济性好，并且使用温度最低可达-196℃等特点，9%Ni 钢板大量用于 LNG 储罐低温工程建造。

2.2 新标准的实施

2024年3月1日起新标准GB/T 713.4—2023《承压设备用钢板和钢带　第4部分：规定低温性能的镍合金钢》已经代替GB/T 24510—2017《低温压力容器用镍合金钢板》，新标准里明确各牌号以及化学成分；对钢板的制造方法、交货状态进一步要求以及屈服强度的界限；增加了钢板的剩磁检验和表面处理规定。

2.3 9%Ni钢板生产情况

参照目前国内各大型钢厂太钢、宝武钢、南钢、鞍钢等的综合情况来看，国内9%Ni钢板成品合格率在80%左右，不合格率主要体现在板材的机械性能(不合格率大约在2%)、无损检测(不合格率大约在8%)、外观和尺寸(不合格率大约在10%)等。这些不合格品是由于各个生产环节没有得到及时或完全的质量控制而造成的，所以从生产的各个环节严加控制才能从根本上保证产品的成品质量，同时保证不合格品及时被发现并作废处理。

2.4 9%Ni钢板生产工序

9%Ni钢板的主要生产工序如下(毛边板出厂，由于各大钢厂加工条件限制，从表面抛丸开始后的工序大多由外协分包单位完成)：炼钢——连铸——板坯精整——板坯检查——板坯加热——轧制——热矫直——预探伤——热处理(Q+T)——切定尺——钢板标识——性能检测——成品探伤——表面和厚度检查——剩磁测量——表面抛丸——切坡口切边——预制——表面喷漆——运输。

3 9%Ni钢板在生产过程中的质量控制

3.1 炼钢期间勺样分析(或坯料成分分析)

C，Si，Mn，P，S，Ni和残余元素对钢板分别有着不同的影响，一般Mn和Ni接近上限值是有利的，杂质元素含量越低越有利，Cr+Cu+Mo不超过0.5%。EN10028-4中化学成分要求见表1，勺样分析或坯料分析见表2。

表1 EN10028-4中化学成分要求　%

C max	Si max	Mn	P max	S max	Altotal min	Mo max	Nb max	Ni	V max
0.10	0.35	0.30~0.80	0.015	0.005	-	0.10	-	8.5~10.0	0.01

表2 勺样分析或坯料分析

多发问题	预防措施	应对
规定元素的含量不均匀。C/Ni/P/S/Mn的含量，同炉不同的试样分析结果值呈现出不同的倾向，导致产品性能异常波动	调整熔炼工艺或精确执行熔炼工艺	见证快分或坯料分析，增加取样数量以判定

3.2 铸坯质量、尺寸检查

铸坯的表面质量、尺寸和内部质量分别影响着钢板轧制成型后钢板表面质量和内外表面缺陷(表3)。

表3 铸坯表面质量、尺寸和内部质量问题及应对

多发问题	预防措施	应对
铸坯表面有开口型缺陷	分析和调整连铸工艺	检查铸坯表面
铸坯表面处理达不到高温防氧化涂料喷涂前的要求	加强表面处理工艺的可执行度和可测量度	铸坯表面处理前和处理后检查见证

续表

多发问题	预防措施	应对
铸坯内部近表层有大的柱状晶出现，导致轧制后表面缺陷的产生	调整炼钢成分和连铸工艺	铸坯截面分析，修磨
坯料尺寸小，轧制成的钢板短尺，影响取样	分析和调整连铸工艺，减少修磨带来的减尺	切割和入炉前抽查尺寸公差

3.3 板坯加热前处理过程监督

由于 9%Ni 板的特殊性，在高温时容易造成氧化，所以在加热前需要在钢坯表面涂上一层致密的防氧化涂层。板坯在喷涂后，吊运、堆放、加热过程中板坯上下表面的高温涂料因传输设备的原因容易导致局部脱落，从而使得坯料局部因高温烧损，在随后的轧制过程中烧损部位延展后形成麻坑或麻点(表 4)。

表 4 板坯加热前处理

多发问题	预防措施	应对
涂料在喷涂后的，吊运，堆放加热过程中脱落	加强吊运，堆放过程中的防护；调整加热炉与坯料的接触方式，以确保涂料少脱落和不脱落	核实涂料保护措施的实施
铸坯标识错乱	入加热炉前检查	标识错乱的铸坯不入炉

3.4 轧制过程

轧制过程对于钢板制造来说是非常关键的环节，板材的内外部缺陷都是在此过程中产生(表 5)。

表 5 轧制过程多发问题及处理

多发问题	预防措施	应对
目标厚度过厚和余量不足	厚度余量要考虑表面修磨带来的厚度减薄因素	监督目标厚度决定基准的实现
轧制温度对薄板板形影响较大。温度过高会导致薄板波浪，板形失控	调整合适的轧制温度	轧制后钢板平面度检查

3.5 热矫，切板，冷矫

根据轧制后板形的具体情况，先采用热矫直，然后切板。不理想的情况下再采用冷矫(表 6，图 1)。

表 6 热矫，切板，冷矫过程问题及应对

多发问题	预防措施	应对
机械划伤	机械划伤大多是由于冷热矫直设备滚轴上有杂质或硬物造成，所以要确保切板和冷热矫直设备处于完好状态	个别划伤修磨处理；分析和找出原因。

3.6 淬火与回火过程

9%Ni 钢板的淬火和回火有一定技术含量，淬火后回火前，钢板表面易出现质量问题，因此淬火后表面质量检查可以明确淬火过程是否能引起表面质量的改变(表 7，图 2)。

图1　热矫，切板，冷矫过程问题

表7　淬火与回火过程问题及应对

多发问题	预防措施	应对
淬火后，钢板表面呈现的缺陷或缺欠（起皮，麻坑，麻点，麻面，异物）	分析和调整浇铸等工艺	随时监督表面质量检查

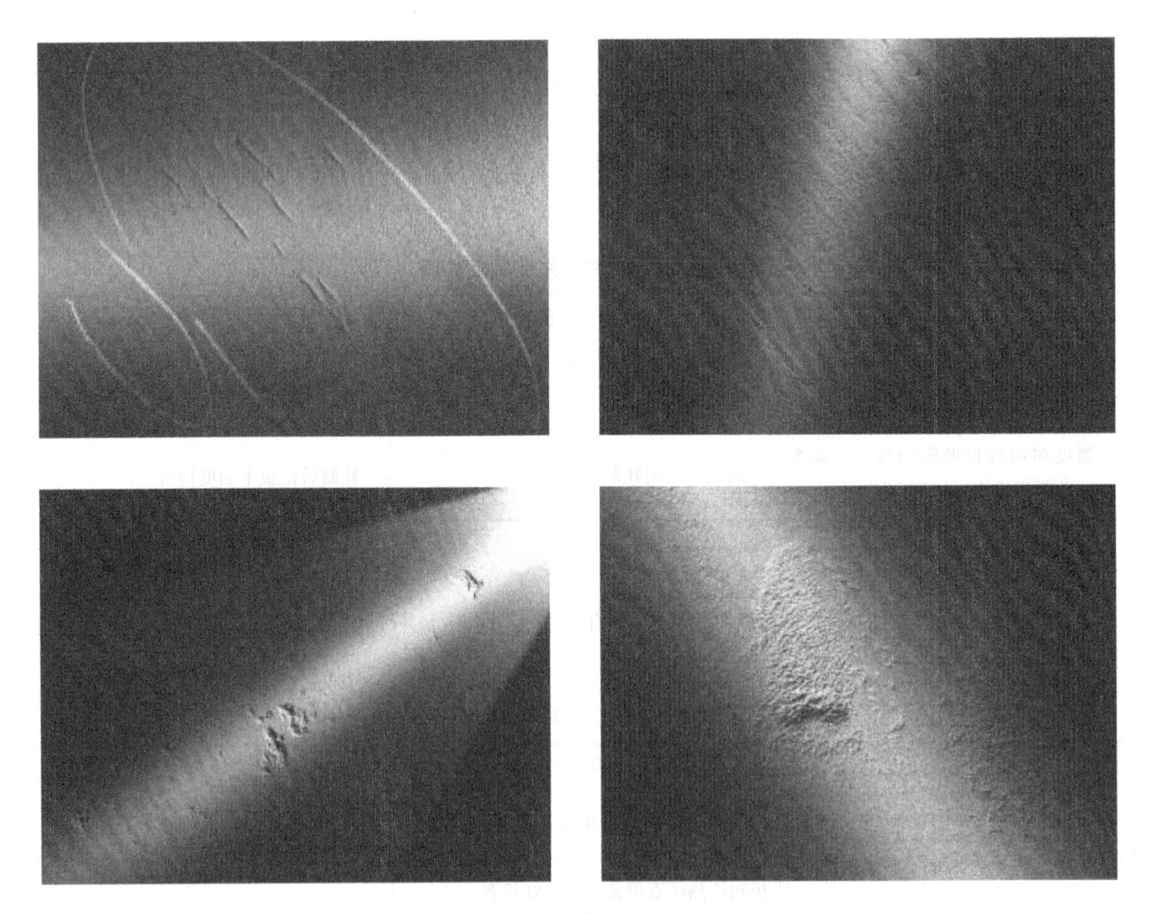

图2　淬火与回火过程

3.7　理化性能试验取样过程(生产样、复验样、落锤样、成品分析样)

标准及技术规范对于取样的具体位置及取样要求有明确的严格的规定(表8)。

表 8　取样过程问题及处理

多发问题	预防措施	应对
待取样的钢板表面有技术协议不可接受的缺陷	外观合格后取样	取样前核查外观
取样位置钢板厚度超差	厚度合格的部位取样	取样前核查取样部位厚度
取样位置未按标准执行(宽度 1/4 线为样块中心线)	专人定尺和划样	取样前核查样块中心线位置，复验样取样前核查中心线位置
钢板短尺	加强坯料尺寸控制	定尺后取样
试样上钢板信息缺失或错误	专人记录、转移和核对钢板信息	取样前核对相关信息
取样后样块遗失、混项、错拿	加强管理	样块上加打标识钢印

3.8　理化性能试样加工中钢印转移

理化性能试样加工中钢印转移见表 9。

表 9　钢印转移问题处理

多发问题	预防措施	应对
拉伸、冷弯、冲击、落锤、成品分析试样可追溯性信息缺失	加强内控	加工前确认相关信息，必要的情况下，加打标识钢印
冲击试样加工过程中可追溯性断档	加强内控	加工过程中转移标识钢印

3.9　理化性能试验过程：见证拉伸、低温冲击、冷弯、落锤、成品分析

理化性能试验的每个过程都要严格按照规范要求执行，否则会对试验数据的准确性产生影响。9%Ni 板理化性能试验不合格的项目主要有：拉伸和屈服强度、延伸率、冲击韧性。相对来说薄板性能波动较大，一次合格率大约在 80%左右，根据技术要求，性能不合格可以重新热处理，重新取样测试。但是由于多次热处理会造成钢板出现边部波浪，从而造成板材报废(表 10，图 3)。

表 10　理化性能试验过程及应对

多发问题	预防措施	应对
性能不稳定(强度，延伸率和低温冲击值)，复验和重新热处理较频繁。薄板较突出	加强每个环节的控制	见证，统计，跟踪记录性能不合格钢板是否按照技术协议的要求进行了复验，重新热处理等
拉伸试样厚度超差	加强取样部位控制	测试前检查试样厚度(自动测试设备检查测试记录)
拉伸试样断口位于标距外		复查延伸率测量结果
用液氮浸泡低温冲击试样时浸泡时间不足(10×10，20min)	加强实验室操作人员管理	监督浸泡时间
检验检测工具及设备未标定	加强工器具鉴定管理	测量用工器具鉴定信息核查
冷弯用压头直径不满足标准要求	加强实验室操作人员管理	冷弯前核实压头直径

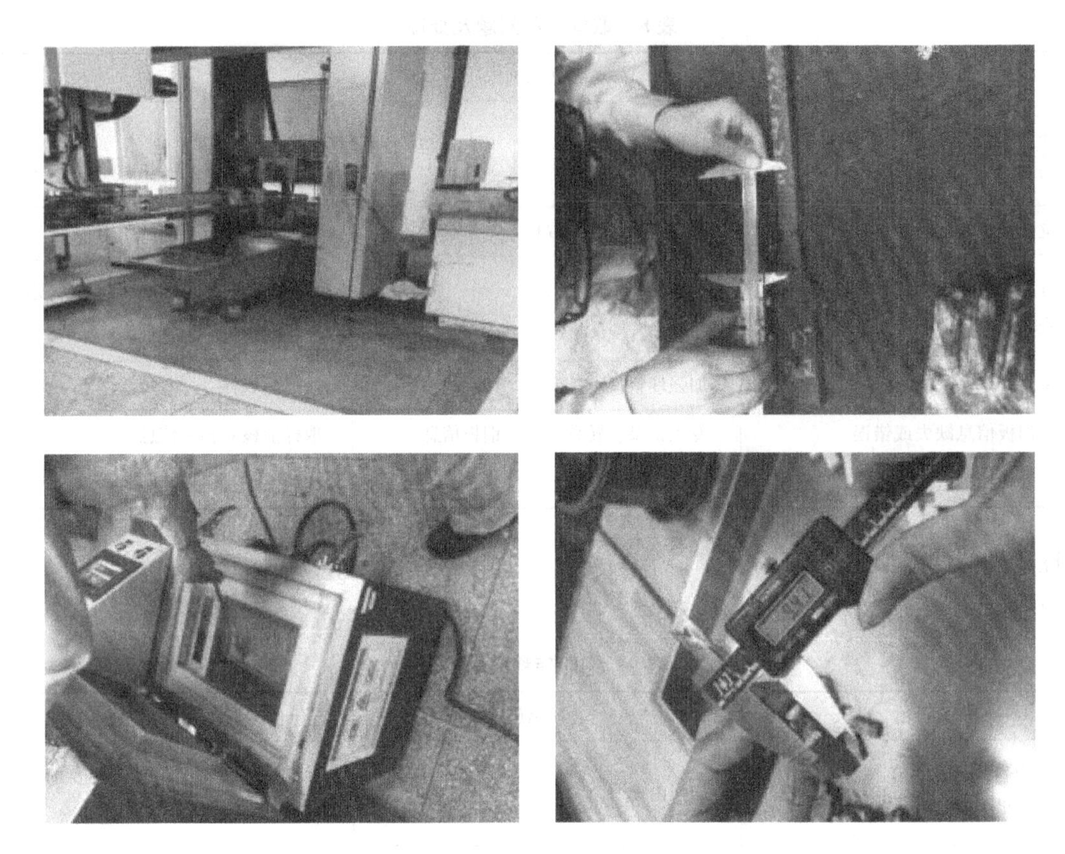

图3　理化实验过程问题

3.10　UT(超声波测试)

超声波测试是有效检测钢板内部质量的测试方法，但是这种检测方法人为因数较多，对于检测人员的技能和经验要求较高，很容易产生缺陷的漏检和漏判(表11，图4)。

表11　超声波测试问题及应对

多发问题	预防措施	应对
自制灵敏度试块制备精度不够(平底孔孔径，孔底部平整度)	找专业的机加工单位制作，找计量单位进行计量	见证前，核查灵敏度试块状况是否满足要求
有资质的探伤人员数量不足	定合同前核实探伤人员情况	见证前，检查人员资质
操作不规范(扫查速度大于150mm/s，覆盖率不够，耦合不好)	UT前对探伤人员技术交底	探伤过程中监督，不规范发生时要求重新扫查，多次操作不规范，暂停UT，整改

3.11　表面处理前剩磁测量见证、预制后喷漆前剩磁测量

9%Ni板剩磁量也是检验的重要参数，由于剩磁超标后会对现场焊接时造成磁偏吹现象，影响焊接质量，严重时甚至无法施焊，会给工程建设造成非常大的不良影响。理论上钢板淬火后是无任何磁性的，所谓剩磁是淬火后钢板在有磁性的环境或直接接触有磁性物体，造成磁性残留在钢板中。那么对于钢板剩磁的控制，从9%Ni钢板淬火后一直到施工现场，期间钢板的流转通道是关键。由于钢板端部和角部是磁性集中区域，往往在测量时有一些不正确的方式，会造成测量时比实际剩磁值小(表12，图5)。

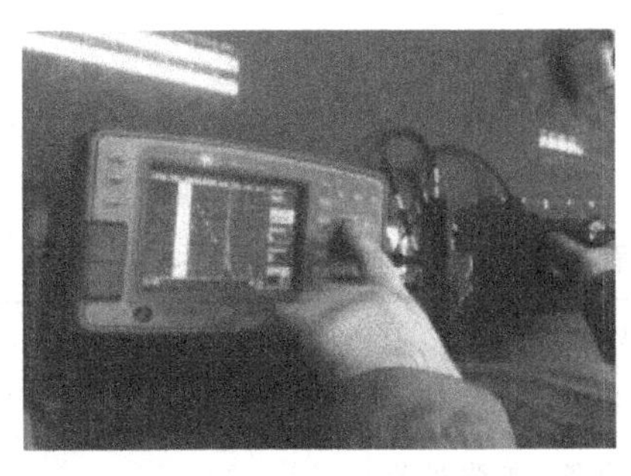

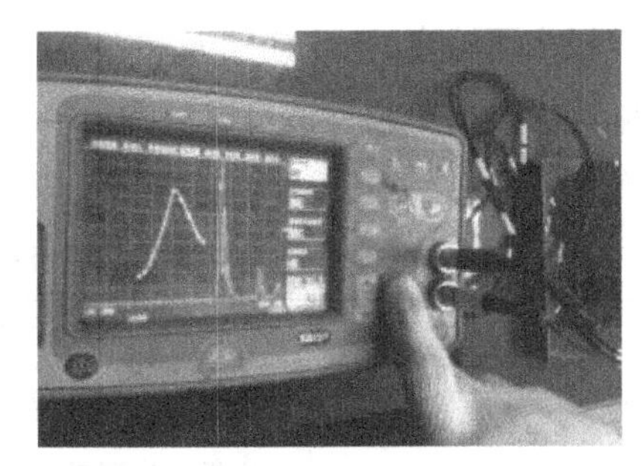

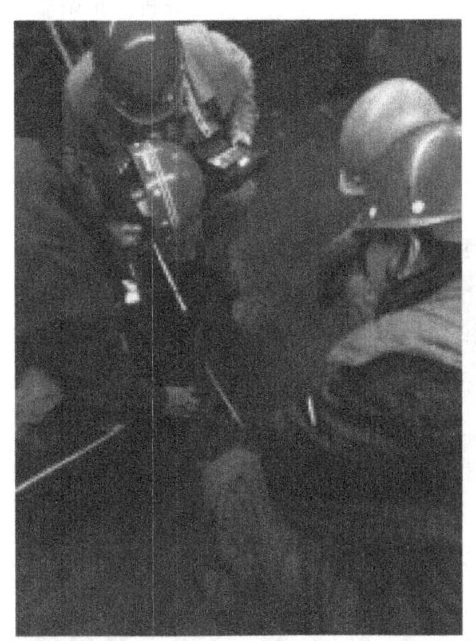

图 4　超声波测试问题

表 12　剩磁测量问题及应对

多发问题	预防措施	应对
测量方法不当(测量仪探针与被测量部位点接触)	加强操作人员培训	资质审查，见证过程
测量部位不当(远离板边)	加强操作人员培训	资质审查，见证过程
局部剩磁超标	调整钢板运输通道，局部消磁或重新淬火	局部消磁见证，测量记录，跟踪
钢板流转通道不固定	提前考察，并固化通道	招标，开工前，试生产期间介入

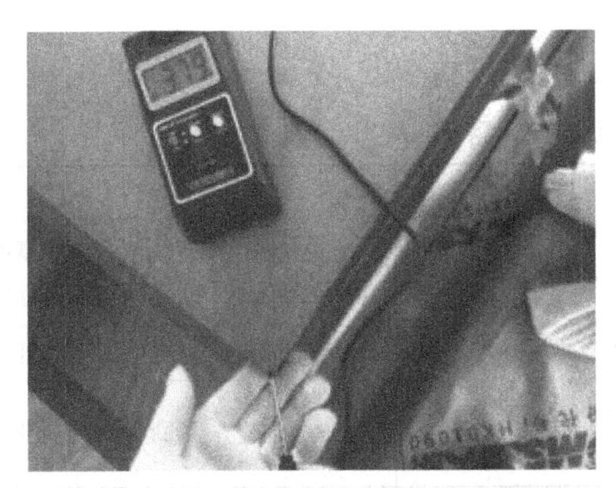

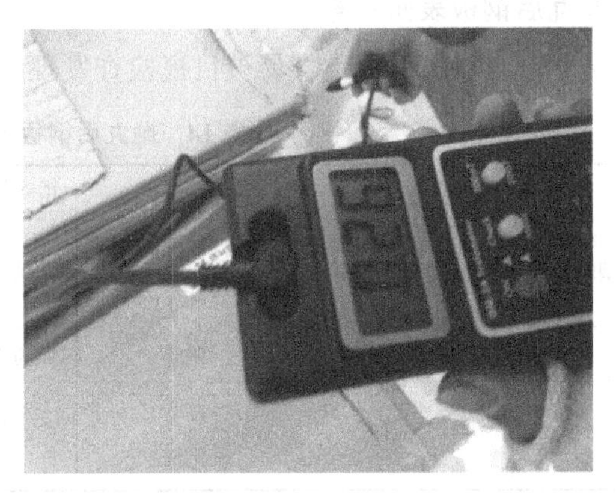

图 5　剩磁测量问题

3.12 抛丸前钢板表面检查

开口型缺陷在抛丸前更容易被目视检查发现，所以抛丸前表面检查要尤其重视表面开口缺陷的识别(表13，图6)。

表13 抛丸前钢板表面检查问题及应对

多发问题	预防措施	应对
开口缺陷(起皮)	分析，并调整相关工艺	见证表面检查
机械划伤	分析，并调整剪切设备；加强吊装管理	见证表面检查
丸料压入	加强钢板转运环节间钢板表面清洁程度控制	见证表面检查

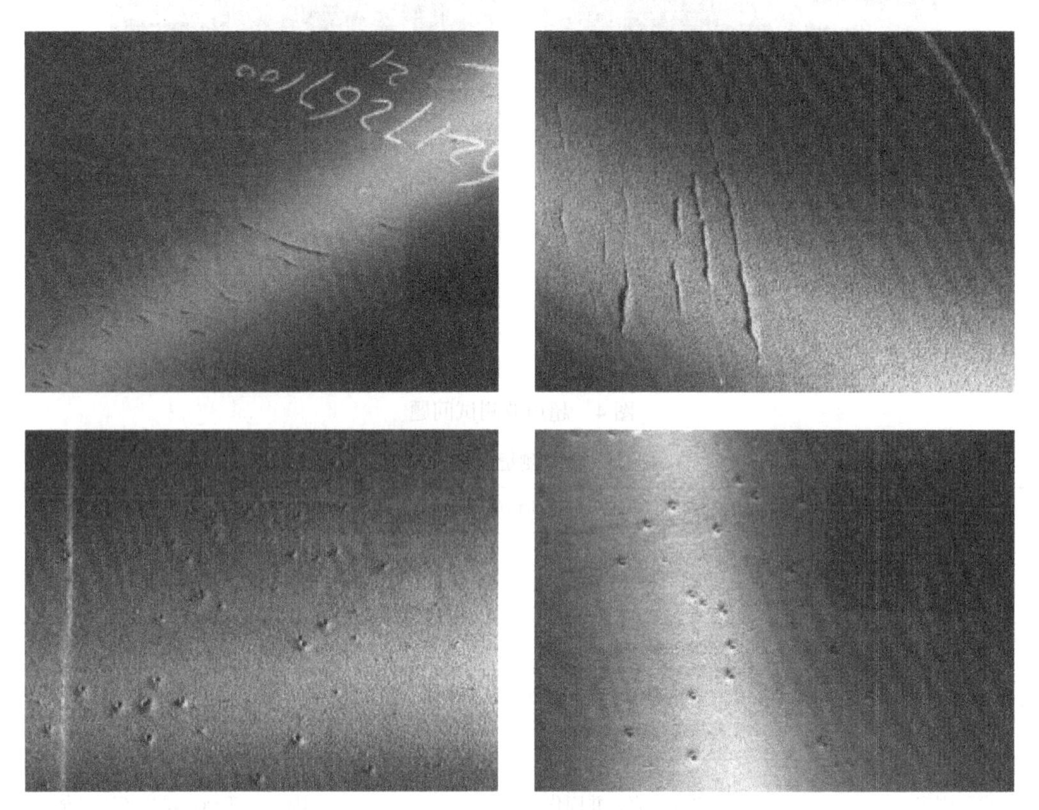

图6 表面检查问题(抛丸前)

3.13 抛丸后钢板表面检查

麻坑和麻点在抛丸后更容易被目视检查发现(表14，图7)。

表14 抛丸后钢板表面检查问题及应对

多发问题	预防措施	应对
开口型缺陷，抛丸后呈现为线状	分析，并调整相关工艺	见证表面检查、修磨、PT和厚度测量数量较大的情况下，根据规范进行判定
麻坑	调整工艺，加强高温氧化保护	见证表面检查、修磨和厚度测量
麻点，麻面	调整成分趋向，调整工艺，加强高温氧化保护	见证表面检查、修磨和厚度测量

续表

多发问题	预防措施	应对
缺陷和或缺欠深度的测量不满足标准要求	严格执行标准和规范	见证，跟踪，判定
缺陷或缺欠处打磨后测量厚度超差	严格执行标准和规范	见证，跟踪，判定
修磨后的部位成型不好	制定工艺并加强执行	见证，跟踪，判定

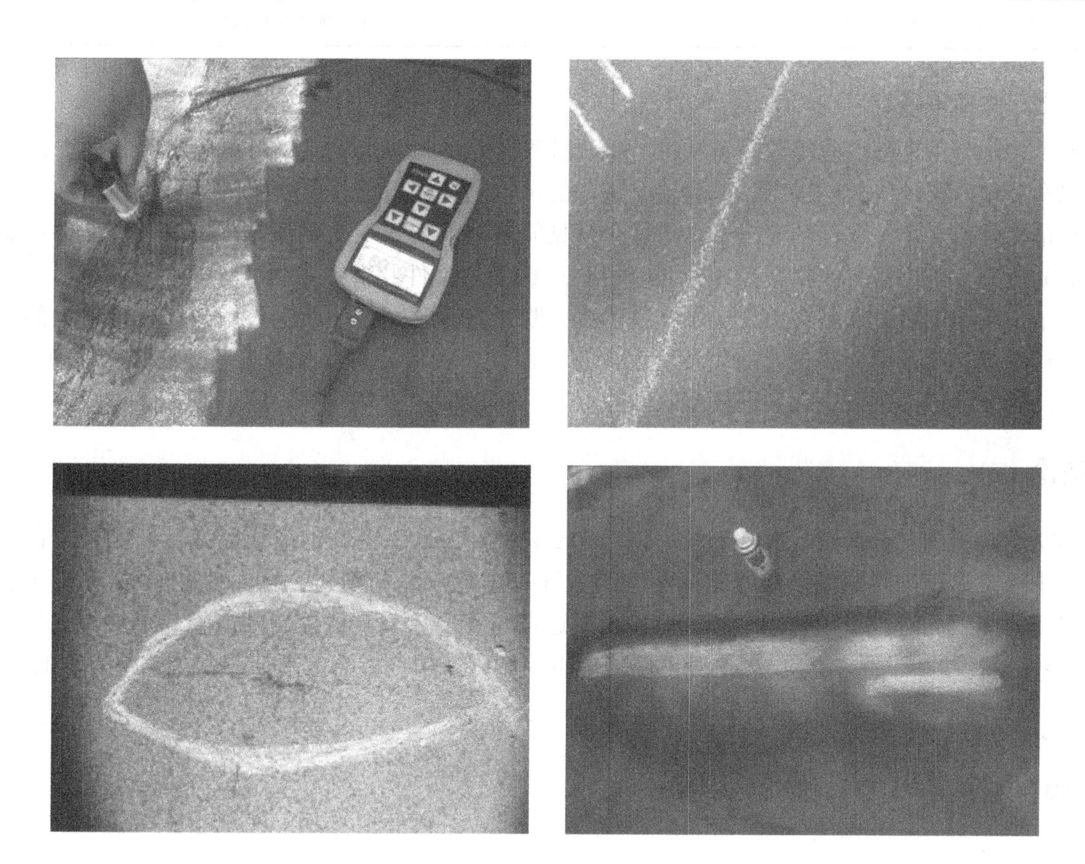

图 7　表面检查问题(抛丸前)

3.14　外形尺寸(长、宽、对角线、厚度、平面度、弧度、坡口)检查(钢板出厂前和或预制中预制后)

外形尺寸检查问题情况见表 15。

表 15　外形尺寸检查问题及处理

多发问题	预防措施	应对
热切割断火导致板边沟槽	严控切割过程	见证，记录，跟踪
预制后弧度不够	调整预制工艺和或工艺执行	核查弧度样板尺寸，见证预制后弧度的样板检查
坡口碰伤	加强钢板二次搬运和吊装过程控制	见证测量，记录，反馈，跟踪处理结果
平面度不合格	轧制和矫形控制	见证，记录，跟踪

3.15　喷漆前后钢板表面检查

喷漆前后钢板表面检查见表 16。

表16 喷漆前后钢板表面检查问题处理

多发问题	预防措施	应对
带锈喷漆，缩短现场存放周期	确保表面不沾水	见证锈蚀的去除
钢板周转过程中表面擦伤和坡口碰伤	加强周转过程中的板面保护	见证修磨和修磨部位板厚测量
实际操作后的漆膜厚度不能满足技术协议的要求	技术澄清阶段解决	开工会关注，并推动解决
喷标错误，导致发货无法追溯	专人管理	抽查喷标内容

3.16 出厂文件审核

由于大部分钢厂都没有配置具备9%Ni板预制条件的车间，半成品钢板的喷砂、打磨、油漆等工作都在分包商或外协分厂进行，因此整个过程的可追溯性会出现分包商(外协)处的质量文件和钢厂的质量文件信息不一致性的情况，针对这个常见问题要求在开工前要预先规定好整个文件控制各个环节的流程，钢厂需要严格把控分包商(外协)处的质量文件及整个控制流程的一致性。

对于现场工期紧，经常会出现质量文件的提交晚于发货时间，如果钢厂疏忽将未经检验的钢板发往项目现场，无形中造成很大的质量安全隐患。因此，钢厂应加强质量文件的核对和整理速度，尽可能的保证随成品钢板一起到现场接收验收。

4 结论

本文结合国内部分具有代表性的较大钢厂在9%Ni钢板从炼钢到钢板成品发运前的整个制造加工过程中经常出现的问题或预判可能存在的问题逐一进行汇总和剖析，针对以往LNG储罐工程项目中出现的多发问题提出预防措施和应对预案。通过对各个环节质量控制的严管，能够很大程度上提高9%Ni钢板的成品合格率，无论对钢厂的成本控制以及用户方的进度控制都是非常有利的。

参考文献

[1] 2023年国内外油气行业发展报告

天然气液化过程效率计算与分析

郑雪枫　王　红

（中国寰球工程有限公司北京分公司）

摘　要　本文对天然气液化过程的效率进行了深入探讨。制冷系数、㶲效率、比功耗均可以用来表示液化过程的效率，比功耗更直观地反映了液化系统的耗能情况，而㶲效率实际上表示了制冷循环的热力学完善度。针对采用丙烷预冷混合冷剂流程的某天然气液化装置实例，通过模拟计算得到流程参数，在此基础上进行了制冷系数、㶲效率、比功耗以及热效率的计算，研究了影响效率的主要因素，分析表明丙烷预冷混合冷剂流程中能量损失的原因之一在于其预冷循环中冷热流体温差较大，增大了过程不可逆性。本文还提出了不同装置液化流程效率相互比较的基准条件，探讨了包括流程结构及工艺参数优化、能量集成利用等天然气液化技术的优化和改进途径。

关键词　天然气液化；效率；制冷系数；㶲效率；比功耗；热效率

1　引言

天然气作为一种优质、高效、清洁的能源，在能源消费构成中所占的比例日益提高。液化天然气（LNG）是天然气贸易和利用的一种重要形式，天然气液化技术已成为国内外天然气储运领域的研究热点。目前国内外广泛应用的天然气液化工艺大致可分为带膨胀机液化流程、级联式液化流程以及混合制冷剂液化流程三种，工业上根据项目具体情况，可以将上述流程优化组合后应用。随着技术的不断发展，提高单系列生产能力、降低能耗、增加规模经济效益成为天然气液化技术的发展方向。

天然气液化过程是一个连续从低温吸热的冷冻过程，需要在低温下连续地吸收热量，向温度较高的环境放热。热量从低温物体传给高温物体，根据热力学第二定律，这一过程如不消耗外部能量就不能完成。对液化过程的效率进行计算和分析，研究其影响因素，是目前天然气液化技术研究的课题之一。

MRC制冷循环的特点是制冷效率高，对不同生产规模的装置有很强的适应能力，是目前大、中型生产装置使用最多的制冷流程。国内外研究者从不同角度对MRC液化装置的效率进行了分析，对比了不同液化流程的效率，vink报道了双循环混合冷剂（DMR）液化流程的效率较高。Barclay的综述详细描述了如何根据冷剂循环中热力学过程的能量损耗，来分析不同液化流程的热效率。Yates等人详细研究了影响液化流程热效率的各种因素，如进料气的组成、压力、温度等等。

本文旨在阐述天然气液化过程效率的几种表征方法并分析其相互关系，基于丙烷预冷混合冷剂（C3MR）液化流程，进行效率的计算与分析，研究影响天然气液化装置效率的因素，探讨天然气液化技术的优化和改进途径。

2　液化过程效率的表征方法

效率通常是指在某个过程中，产出与投入的比值。投入量具有不同的形态，因此相对于不同的投入量，效率也有不同的表现形式。对于天然气液化过程而言，其效率通常指投入到液化装置中的资源（或能量）的利用率。图1表示了天然气液化过程中能量的传递过程。T_0为环境温度，T_{NG}、P_{NG}

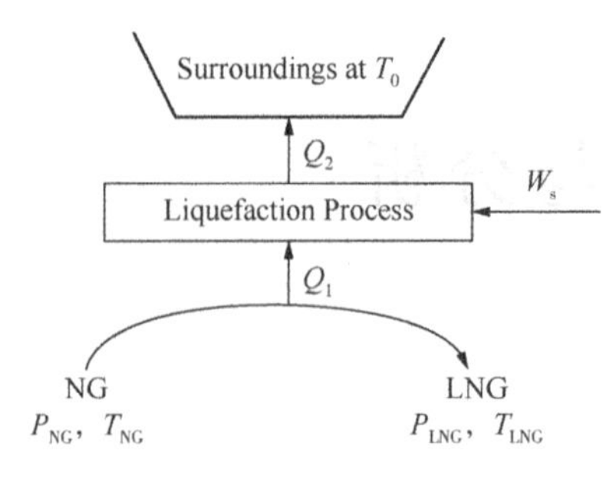

图 1　天然气液化过程的能量传递

为待液化的天然气温度和压力，T_{LNG}、P_{LNG}为液化天然气温度和压力，环境温度 T_0条件下，低温下吸收的热连续地向温度较高的环境释放。Q_1是液化过程中将天然气变成液化天然气转移走的热量，系统实际消耗外功为 W_s。Q_2是过程中传递到环境的热量。

以下是基于图 1 详细了阐述制冷系数、㶲效率、比功耗及热效率等液化过程效率的定义及计算方法。

2.1　制冷系数

低温工程中通常采用制冷系数(Coefficient of Performance，简称 COP)来表示制冷循环效率的高低。它是指单位功耗所能获得的冷量，也称为制冷性能系数。其计算公式如下：

$$COP=\frac{Q_1}{W_s} \tag{1}$$

Q_1为制冷量，对液化过程来说即为天然气液化过程所需移走的热量。由式(2)可计算出：

$$Q_1=m_{NG}(H_{NG}-H_{LNG}) \tag{2}$$

式中，m_{NG}为天然气的质量流量，H_{NG}和 H_{LNG}为天然气和液化天然气的比焓值。

W_s 为液化过程中所做实际功的总和。

$$W_s=W_{min}+W_{lost} \tag{3}$$

W_{min}为液化过程所需要的理论最小功，可由下式计算：

$$W_{min}=m[H_{NG}-H_{LNG}-T_0(S_{NG}-S_{LNG})] \tag{4}$$

式中，T_0为环境温度。S_{NG}和 S_{LNG}为天然气和液化天然气的比熵。W_{lost}为因不可逆损失所消耗的功。

$$W_{lost}=\sum\Delta E_x \tag{5}$$

ΔE_x 为各个设备处所发生的不可逆损失。

根据热力学原理，通过可逆过程获得一定量 LNG 所需要的功是最少的(即卡诺功 W_m)，故可逆过程所需能耗最低。当自然条件一定时，存在一个确定的最小理论液化功，仅与液化过程的初、终状态参数及环境温度相关，与所采用的液化工艺无关。但在 LNG 生产装置上必须有推动力才能进行不可逆的制冷过程，必然有一定量的功(或能)损失，故装置的实际功等于卡诺功加上损失功。制冷循环是逆向的热机循环。逆向的卡诺循环是理想的制冷循环，由两个等温过程和两个等熵过程组成，该过程是绝热可逆的，因此式(3)中，W_{lost}为 0，逆向卡诺循环的制冷系数 COP_{rev}为 Q_1与 W_{min}的比值，即：

$$COP_{rev}=\frac{Q_1}{W_{min}} \tag{6}$$

当原料天然气温度与环境温度 T_0相同时，可推导出：

$$COP_{rev}=\frac{T_{LNG}}{T_0-T_{LNG}} \tag{7}$$

制冷系数越大，则制冷系统能量利用效率越高。实际上绝热可逆过程难以实现，所以在相同温度区间工作的制冷循环，制冷系数以逆向卡诺循环为最大，可作为实际制冷循环热力学完善程度的比较基准。

为了减少实际制冷过程的不可逆损失，提高效率，要对流程中发生能量损失的地点和程度大小进行分析，计算过程中每一个步骤的有效能(㶲)损失以及总有效能效率(㶲效率)，从而有针对性地确定提高效率的方向和措施。

2.2　㶲效率(Exergy Efficiency)

㶲效率也称为热力学第二定律效率，表示过程有效能的利用率。

对于制冷循环，㶲效率计算公式为：

$$\varepsilon=\frac{W_{\min}}{W_s}=\frac{W_s-I_{\text{total}}}{W_s} \tag{8}$$

式(8)中 W_s 仍为制冷循环中所做功的总和，$W_{\min}$ 为液化过程中所需要的最小功，I_{total} 为液化过程中压缩、节流、换热、膨胀等过程发生的㶲损失的总和。在本质上，I_{total} 与 W_{lost} 是相同的，均为制冷循环中各个设备处所发生的不可逆损失即㶲损失之和。对于各设备处的㶲损失，可按下列各式计算：

$$\Delta E_{\text{压缩机}}=\Delta H(1/\eta_c-1)+T_0\Delta S \tag{9}$$

$$\Delta E_{\text{节流阀}}=T_0\Delta S \tag{10}$$

$$\Delta E_{\text{膨胀机}}=\Delta H(1/\eta_{\text{ex}}-1)+T_0\Delta S \tag{11}$$

$$\Delta E_{\text{混合器}}=T_0\Delta S \tag{12}$$

$$\Delta E\ \text{换热器}=T_0(\sum S_{\text{out}}-\sum S_{in}) \tag{13}$$

$$\Delta E\ \text{水冷却器}=T_0(S_{\text{out}}-S_{\text{in}})+T_0\frac{Q_{\text{换热量}}}{\Delta T}\ln\frac{T_{\text{wout}}}{T_{\text{win}}} \tag{14}$$

式中，η_c 为压缩机的效率，η_{ex} 为膨胀机的效率，S_{out} 为出口物流的熵值，S_{in} 为进口物流的熵值，ΔT 为冷却水进出换热器的温差；T_{wout}、T_{win} 为冷却水离开和进出换热器的温度。

根据式(1)、(3)、(8)可得出：

$$\varepsilon=\frac{COP}{COP_{\text{rev}}} \tag{15}$$

显而易见，COP 与 COP_{rev} 的比值即为㶲效率，因此㶲效率实际上表示了制冷循环的热力学完善度。

2.3 比功耗(Specific Power)

比功耗是指液化过程中单位液化天然气(LNG)产品所消耗的功。其计算公式如下：

$$\text{比功耗}=\frac{W_s}{m_{\text{LNG}}} \tag{16}$$

式中，m_{LNG} 是液化天然气产品的质量流量。比功耗的常用单位为 kWh/kg(LNG)或 kWd/t(LNG)。

根据式(1)、(2)和(16)可得出比功耗与制冷系数 COP 的关系如下：

$$\text{比功耗}=\frac{H_{\text{NG}}-H_{\text{LNG}}}{COP} \tag{17}$$

需要说明的是，比功耗(包括制冷系数等)不仅表示了制冷过程的效率，同时也表示了不同条件下天然气液化的难易程度。只有在基准条件一致的前提下才能相互比较，当基准条件包括环境温度、原料气的组分、压力、温度，以及 LNG 出冷箱的温度、压力相同时，比功耗的高低才准确体现了制冷过程的优劣。

2.4 热效率(Thermal Efficiency)

热效率通常指对于特定热能转换装置，其有效输出的能量与输入的能量之比。对天然气液化装置来说，热效率是指液化厂产品 LNG 所含的能量大小与液化厂所有输入的能量的比值，也称为过程效率(Process Efficiency)。

对于很多大型天然气液化装置来说，液化厂的所有能量供给都来自于原料天然气，那么热效率计算公式如下：

$$\varepsilon=\frac{h_{\text{pro}}}{h_{\text{feed}}}=\frac{h_{\text{feed}}-h_{\text{fuel}}}{h_{\text{feed}}} \tag{18}$$

式中，h_{pro} 为产品 LNG 的热值，h 为原料气的热值，h_{fuel} 是作为燃料消耗掉的天然气的热值。

热效率所涵盖的范围更为宽泛，不仅针对液化流程，还包括原料气净化、LNG 储存及装卸等所有过程。显而易见，要想提高热效率，就必须尽量降低用作燃料的原料气比例，也就是降低单位产品的能耗。天然气液化装置中燃料气消耗主要还是用于制冷系统的驱动过程。

3 液化过程效率计算

对于液化过程，可以根据其原料气条件、环境条件、流程参数等对其效率进行计算和分析。如某液化装置原料天然气条件如下：压力为6MPa，温度45℃，流量为1205Nm^3/d，摩尔组成(mol%)为：CH_4，88%；C_2H_6，5.5%；C_3H_8，1.3%；$n-C_4H_{10}$，0.4%；$i-C_4H_{10}$，0.20%；$i-C_5H_{12}$，0.10%；n-C_5H_{12}，0.20%；N_2，4.0%；n-C_6H_{14}，0.30%。采用 C3MR 液化流程，图 2 为其流程示意图。LNG 产品量为 1095Nm^3/d，燃料气用量为 110Nm^3/d。

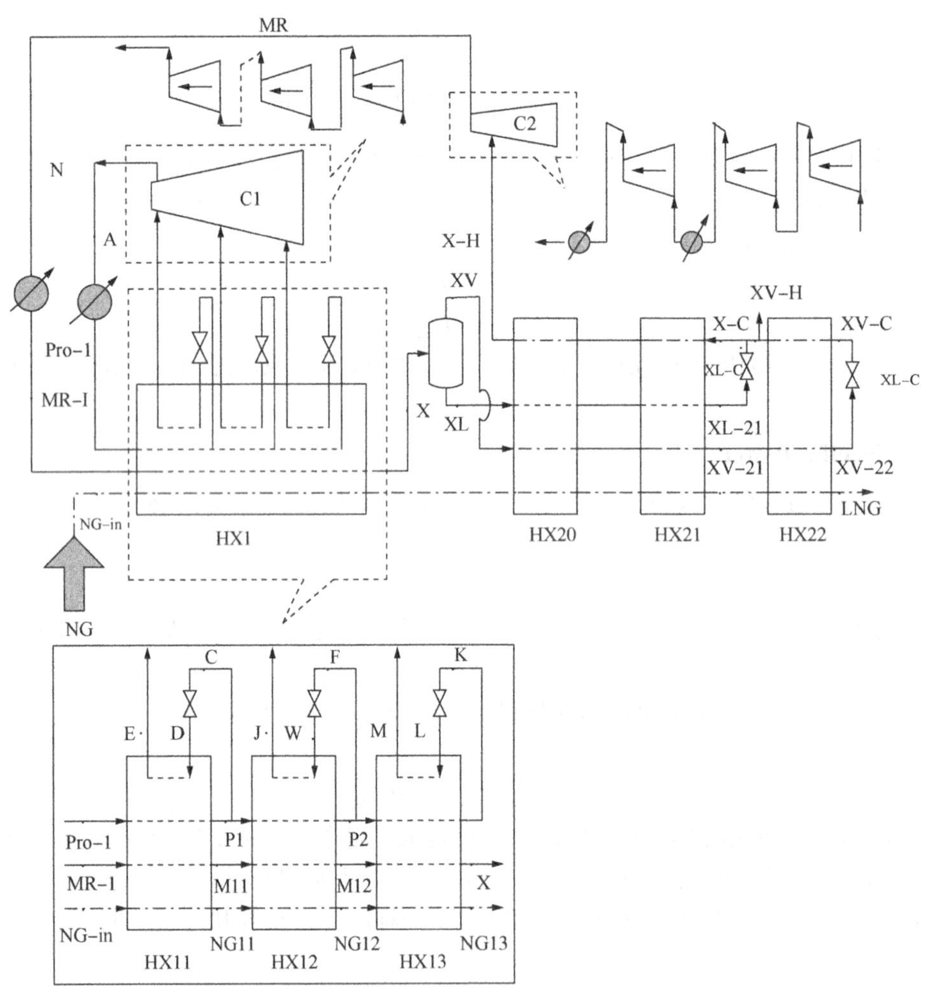

图 2 C3MR 液化流程示意图

采用流程模拟软件搭建模型进行计算，可以得到物流的热力学参数和性质，进而计算 *COP*、COP_{rev} 和㶲效率 ε 及比功耗等，结果见表 1。

表 1 模拟数值与计算结果

m_{NG} = 2.044e+04kgmol/h	
H_{NG} = -7.389e+04kJ/kgmole	H_{LNG} = -8.844e+04kJ/kgmole
S_{NG} = 152.5kJ/kgmole-C	S_{LNG} = 81.36kJ/kgmole-C

续表

h_{NG}=46417kJ/kg $h_{燃料气}$=34831kJ/kg 注：热值为 LHV(mass basis)	h_{LNG}=48784kJ/kg
Q=82611.6kW	
W_{min}=37814kW	W_s=101025.9kW
COP=0.82	COP_{rev}=2.18
比功耗=315.4kWh/kg	$\varepsilon_{㶲}$=37.51% $\varepsilon_{热}$=90%

通过计算得到，该装置液化流程的制冷系数为0.82，㶲效率为37.5%，比功耗为315.4kW·h/kg，热效率(过程效率)为90%。

从㶲损失计算结果可以看出，液化流程的㶲损失主要发生在压缩、换热、冷却和节流过程，见表2。

表2　㶲分析计算结果

项目	㶲损失/kW	所占比例	总㶲损失 I_{total}/kW
压缩机	17876	28.28%	63211
低温换热器	21857	34.58%	
冷却器	13743	21.74%	
节流阀	7651	12.10%	
混合器	2084	3.30%	

由表2可看出，主要发生㶲损失的两个过程分别是压缩过程和换热过程。低温换热器的㶲损失在总㶲损失比例最大，达到34.58%。

降低压缩过程的㶲损失，可以通过合理选择压缩机吸入温度和压缩级数，同时也应合理确定压缩机的压比。

为减小换热过程中发生的㶲损失，可以通过优化制冷剂组成、流量和运行压力，使低温换热器的换热温差均匀。

图3为液化过程的能流图，通过分析可知，高温段的预冷循环内采用丙烷冷剂，蒸发过程为等温蒸发，换热器内的换热曲线呈现锯齿状，冷热流体温差大，会导致㶲损失大。低温段的混合制冷剂区域换热曲线平滑，换热温差较小。混合冷剂温度的持续变化保证了冷热流体的温差较小且保持均衡，㶲损失减少，是混合冷剂循环优于单一冷剂循环的重要体现。预冷循环如采用混合冷剂可以降低过程的㶲损失，提高液化流程的效率。

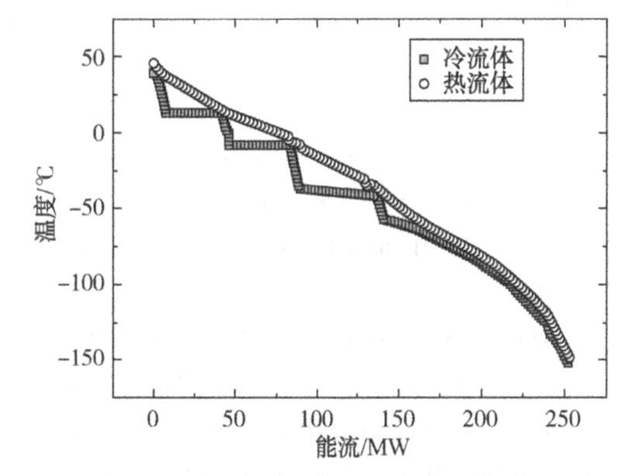

图3　C3MR流程换热过程的能流图

4　提高液化装置效率的途径

对于具体项目，应根据装置规模、原料气条件、环境条件，合理确定流程，应进行流程结构和流程参数两方面的优化。

制冷循环的结构选择是优化工艺流程的基础。以 MRC 工艺为例，目前有单级、二级、三级和多级混合冷剂制冷循环等多种应用于工业的工艺流程。在制冷效率提高的同时，制冷能耗、设备投资和流程复杂程度同时增加。目前大型 LNG 生产装置均采用多级 MR 制冷循环以降低操作成本，中小型装置则采用单级 MR 制冷循环

此外，还可通过流程模拟计算来优化液化流程的工艺参数，如制冷剂的流量、组份及其配比、操作温度和压力等流程中各点的操作参数。对液化过程进行㶲损失分析，全面反映有效能损失发生的地点及数量，分析各个设备处所发生的㶲损失，合理确定各个设备的运行参数，当然选用高效率的设备是降低㶲损失的直接途径。对于整个天然气液化装置，可进行能量集成利用优化，如 LNG 储运过程中会产生大量低温闪蒸气，可以回收其中的冷量。另一方面，燃气轮机烟气中含有大量的热能，可以回收其中余热，提高能量利用率。

5 结论

本文阐述了制冷系数、㶲效率、比功耗和热效率等天然气液化过程效率的定义及其计算方法，并分析了其相互关系。制冷系数、㶲效率、比功耗均表示了液化过程的效率，比功耗更直观地反映了液化系统的耗能情况，而㶲效率实际上表示了制冷循环的热力学完善度，计算㶲效率需首先需对液化流程中发生的能量损失，对其损失发生的地点和程度大小进行分析从而寻找提高效率的方法。

制冷系数、㶲效率、比功耗同时也表示出了不同条件下天然气液化的难易程度，只有在基准条件一致的前提下才能相互比较，当基准条件包括环境温度、原料气的组分、压力、温度，以及 LNG 出冷箱的温度、压力相同时，效率的高低才准确体现了制冷流程本身的优劣。

热效率(过程效率)所涵盖的范围更为宽泛，不仅仅针对液化流程，还包括原料气净化、LNG 装卸储运等所有过程。计算热效率可对整个工厂的能耗水平有一个总体描述，统筹考虑全厂的能量利用使得降低能耗的手段增多。

本文还结合某天然气液化装置实例进行了效率的计算及分析，探讨了提高液化装置效率的途径，包括流程结构及工艺参数优化、能量集成利用等，均可以达到提高液化装置效率、降低能耗的目的。

参 考 文 献

[1] Kanoglu, M. Exergy analysis of multistage cascade refrigeration cycle used for natural gas liquefaction. Int. J. Energy Res. 2002, 26, 763-774.

[2] Tariq S.; Michael B. Single mixed refrigerant process has appeal for growing offshore market. LNG Journal. 2007, June, 35-37.

[3] Klein N. V. Plant For Liquefying Natural Gas. US Patent No: US 6, 389, 844 B1, May 21, 2002.

[4] Remeljej CW, Hoadley AFA. An exergy analysis of small - scale liquefied natural gas (LNG) liquefaction processes. Energy 2006; 31(12): 2005-19.

[5] Barclay, M. A.; Gongaware, D. F.; Dalton, K.; Skrzypkowski, M. P. Thermodynamic cycle selection for distributed natural gas liquefaction. Adv. Cryogenic Eng. 2004, 49, 75.

[6] Yates D., 'Thermal Efficiency-Design, Lifecycle, and Enviromental Consideratins in LNG Plant Design'. Gastech 2002., October 13-16, 2002.

[7] 冯新. 化工热力学[M]. 北京：化学工业出版社，2010：295.

[8] 郑丹星. 流体与过程热力学[M]. 北京：化学工业出版社，2005：134.

[9] Recep Y., Mehmet K. Exergy anaylsis of vapor compression refrigeration systems. Exergy, an International Journal 2 (2002)266-272.

[10] Songwut, K.; Jacob, H. S.; Petter, N. Exergy analysis on the simulation of a small-scale hydrogen liquefaction test rig with a multi-component refrigerant refrigeration system. International Journal of Hydrogen Energy. 2010 (35):

8030-8042.

[11] 陈光明．制冷与低温原理[M]．北京：机械工业出版社，2000：227-228.

[12] 顾安忠．液化天然气技术[M]．北京：机械工业出版社，2011：87-88.[15].

[13] Meher-Homji C. B，'Aeroderivative Gas Turbines for LNG Liquefaction Plants-part 1：The Importance of Thermal Efficiency'，ASME Turboexpo，Berlin，June 9-13，2008. ASME Paper No. GT2008-50840.

[14] Weldon R. A fresh look at LNG process efficiency. Reprinted from LNG industry spring 2007. www. lngindustry. com

[15] Kanoglu M. Performace anylysis of gas liquefaction cycles. Int. J. Energy Research. 2008，32：35-43.

LNG 气化器的管道布置及优化

赵纪娴　陈效武　国萃芳

(河北寰球工程有限公司)

摘　要　LNG 气化器是 LNG 接收站中用于实现气化功能的关键设备，其中管道设计的布置和优化，是保证气化器能否正常运行的基础。本文从实际项目的应用出发，介绍了 LNG 接收站中常用的几种典型气化器的管道设计，为 LNG 气化器管道设计提供经验参考。

关键词　液化天然气；开架式气化器；浸没燃烧式气化器；空温式气化器；管道设计

液化天然气(Liquefied Natural Gas)简称 LNG，主要成分是甲烷，无色、无味、无毒，被公认是高效、清洁、低碳的优质能源。常压下，天然气的液化温度为-162°C 左右，LNG 的体积仅为同量气态天然气体积的 1/625。当前 LNG 在能源市场中供应比例在迅速增长，已经成为了全球增长最迅猛的能源行业之一。随着经济的发展，我国天然气的进口量持续上升，LNG 接收站在国民经济增长中起到了举足轻重的作用。

LNG 接收站的主要功能为 LNG 接卸、LNG 储存、BOG 回收处理、LNG 低压输送、LNG 加压气化、NG 管道外输。LNG 接收站是连接 LNG 与天然气市场终端用户的关键环节。其中管道作为联通各装置和输送工艺介质的媒介，在接收站中发挥着中枢神经的作用，各系统的管道布置和设计优化，是保证 LNG 接收站正常运转的基础。

1　LNG 气化器的作用

在现实应用中，LNG 可以作为清洁燃料，代用汽车燃料，民用燃气，工业燃料，但前提是液化天然气必须要经过汽化并恢复到常温以后才能外输计量供应到下游用户。而 LNG 气化器就是专门用来将液态天然气汽化成气态天然气的换热设备，因此气化器是保证接收站功能的关键设备，并且在很大程度上决定了 LNG 接收站的成本。

2　LNG 气化器的类型

根据 LNG 气化的热媒，气化器可以分为几类：

① 开架式气化器 ORV；

② 浸没燃烧式气化器 SCV；

③ 空温式气化器；

④ IFV 中间介质气化器；

⑤ 电热水浴式气化器；

⑥ 热水循环式气化器。

其中开架式气化器 ORV、浸没燃烧式气化器 SCV、空温式气化器作为 LNG 接收站中最常用和典型的气化器，本文着重介绍这三种气化器的工艺设计、管道布置和设计要点。

3　LNG 气化器的工艺

LNG 高压外输泵增压后，利用海水开架式气化器 ORV、浸没燃烧式气化器 SCV 或空温式气化器使 LNG 气化成天然气，经调压、计量后输至输气干线。ORV 使用海水作为气化 LNG 的热媒，

SCV 则以天然气作为热媒，在天然气外输高峰时或海水较低时运行，同时作为备用气化器。气化器都各有一条 LNG 进料线和 NG 出口线。另外，ORV 还有一条海水供给线，SCV 还会有燃料线。

(1) 开架式气化器 ORV、浸没燃烧式气化器 SCV 工艺方框图。

以某接收站项目为例，如图 1 所示。

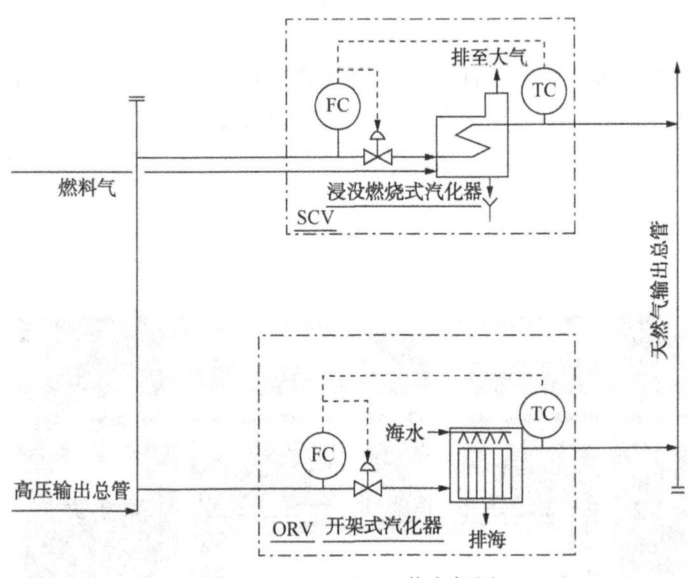

图 1 ORV、SCV 工艺方框图

(2) 空温式气化器工艺方框图

以某调峰站为例，如图 2 所示。

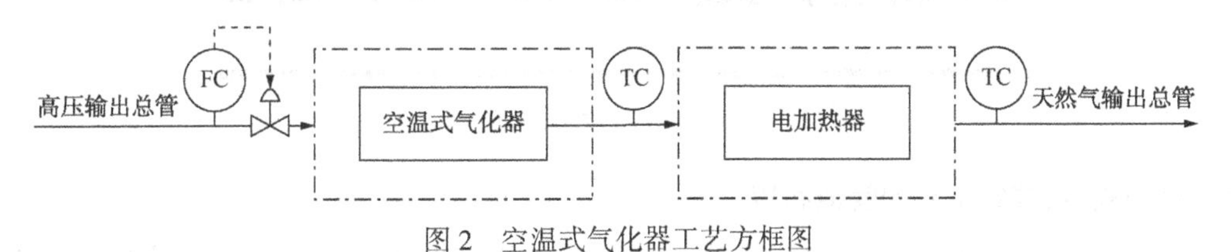

图 2 空温式气化器工艺方框图

4 LNG 气化器的平面布置

LNG 气化器设备布置要求：

(1) 布置气化器时按照工艺流程顺序同类设备相结合来布置，开架式气化器 ORV 与浸没燃烧式 SCV 分别布置在管廊侧不同分区内。ORV 设备布置时两侧呈对称布置，SCV 并排布置。

(2) 气化器的布置要考虑工艺要求，气化器入口 LNG 管线上的切断阀与设备间距离最小 15m。

(3) 两台 ORV 共用一条海水沟，设备间距要满足厂家建议的最小值，如果留得太小会影响设备的海水溢流槽的安装和检修，ORV 的侧面检修门在设计时要考虑漏水的问题。

(4) 空温式气化器成排布置，单台设备气化能力小，长时间运行气化能力会降低，需要设置一定数量的备用，在布置时需要考虑冷风效应，占地面积大。

5 LNG 气化器的管道设计

5.1 低温管道特点

液化天然气管线具有低温特性，LNG 系统设备、管道的材料选取要注意低温条件下的脆性断裂和冷收缩对设备管道引起的危害，低温管线的设计温度达到-170℃，管材选取双证不锈钢。LNG 管道属低温特性，大概每米就会 3 个毫米的位移，所以对管道的柔性要求较高，工艺管线需经应力分析，LNG管线需要进行水锤力计算。

5.2 开架式气化器ORV的管道布置

（1）开架式气化器ORV管道布置时，进出口管线均应该严格对称布置，海水供给管道上所必需的柔性，都通过自然补偿或膨胀弯来满足。进口管线和海水管线地面支撑需要同时考虑配管空间，避免支撑基础碰撞；

（2）高压NG管线安全阀就地放空管线，管道的放空口离地面不小于11m，这样安全阀在放空后的NG气在高空中就会飘散，不会积聚在地面上形成起火爆炸的危险。

（3）NG出口管线上有温度监测，配管时尽量将温度计设置在ORV附近，以保证监测到温度的及时性和准确度。

ORV平面布置及管道设计如图3所示。

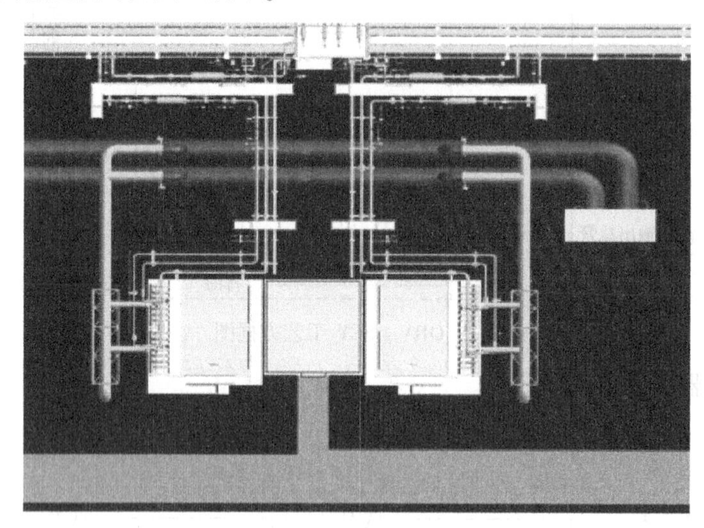

图3 ORV平面布置及管道设计

5.3 浸没燃烧式气化器SCV的管道布置

（1）SCV设备布置时宜在管廊同侧成排布置，距离建筑界线应大于30m；其与LNG集液池、LNG收集沟、控制室、含有LNG或NG的非明火设备距离不得小于15m。

（2）SCV的高压NG管线安全阀就地放空管线的布置与ORV放空线要求相同。

（3）管道端部连接的用于管线冷循环的分支管线必须上接，这样才能保证主管在预冷和以后的长期运行时主管内满液状态，防止因主管内积存大量的BOG气体，使管道上下温差太大起拱或主管内产生气液两相流引起震动。

SCV平面布置及管道设计如图4所示。

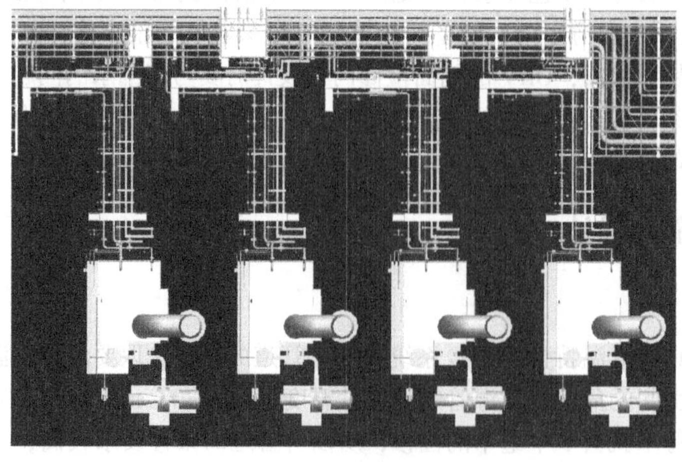

图4 SCV平面布置及管道设计

5.4 空温式气化器的管道布置

(1) 某调峰站三台空温式气化器管道布置如图 5 所示。

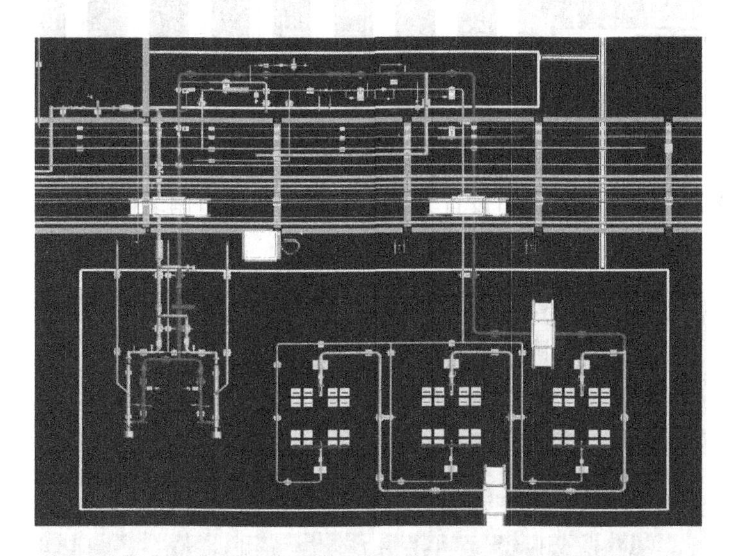

图 5　空温式气化器及电加热器平面布置及管道设计

(2) 某接收站项目高压空温式气化器以及高压空温式加热器管道布置如图 6 所示。

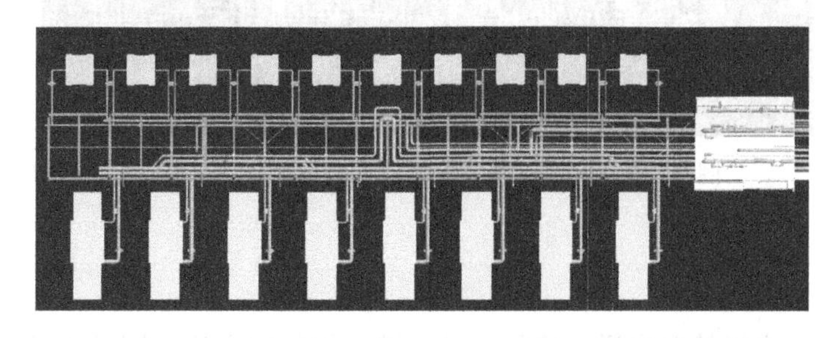

图 6　高压空温式气化器以及高压空温式加热器平面布置及管道设计

① 该项目高压空温式气化器共 16 台，每 8 台为一组，与高压空温式加热器对侧布置，切断阀的位置要求同 ORV、SCV 要求相同，距气化器最小 15m，将阀组布置于分支管廊上，阀组布置时考虑各阀门操作空间以及平台操作通道，对于长度大于 8m 的平台应设置 2 个梯子(图 7)。

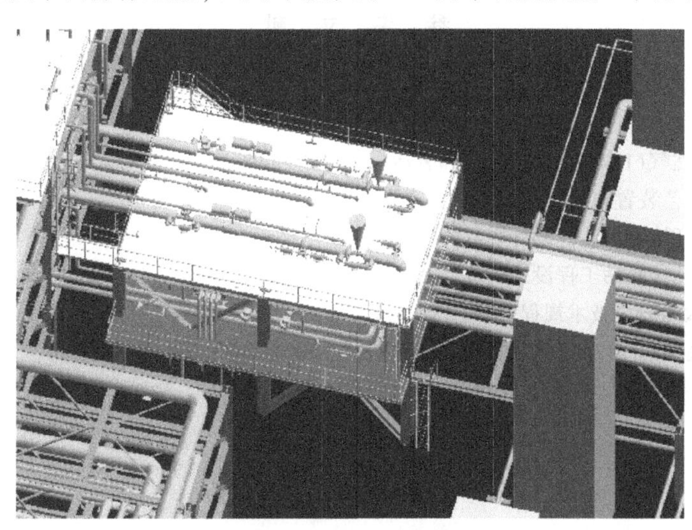

图 7　切断阀组平台布置图

② 空温式气化器出入口管线需严格按照工艺均分要求布置，1分2、2分4(图8)。

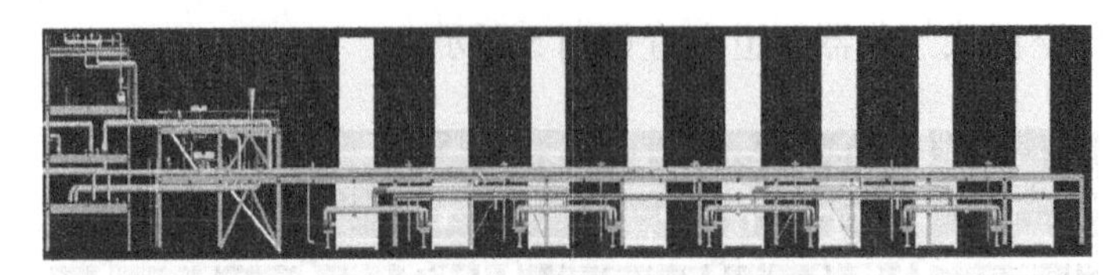

图8　空温式气化器出入口管线均分立面图

③ 对于加装除雾器的气化器，管口设置方向厂家建议将管口南北向布置，进口朝向阳面利于气化(图9)。

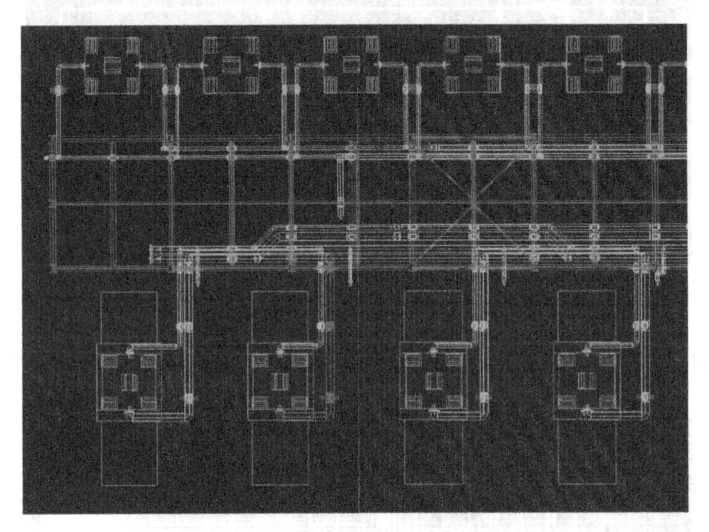

图9　空温式气化器、除雾器平面布置及管道设计

6　结论

对于我国目前LNG市场情况来说，接收站是关键性的基础设施，国外天然气便宜国内价格高，海气登录的关键就是LNG接收站，很多民企都已经陆续加入到接收站的运营中，很大程度上激活了我国的LNG市场，所以我们在LNG项目设计中必须全方面了解和掌握接收站各设备的设计要求，不断创新，为LNG市场的发展助力。

参　考　文　献

[1] GB 50016《建筑设计防火规范》.

[2] GB 50183《石油天然气工程设计防火规范》.

[3] GB/T 20368《液化天然气(LNG)生产、储存和装运》.

[4] SH 3011《石油化工工艺装置布置设计规范》.

[5] GB 50058《爆炸危险环境电力装置设计规范》.

[6] GB 51156《液化天然气接收站工程设计规范》.

[7] SY/T 6711《LNG接收站安全技术规程》.

[8] 顾安忠. 液化天然气技术[M]. 北京：机械工业出版社，2003：160-167.

[9] 裘栋. LNG项目气化器的选型[J]. 化工设计：2011，21(4)：19-22.

大型 LNG 储罐罐侧管架关键预埋件设计要点

张婷鹤　陈东华

（河北寰球工程有限公司）

摘　要　大型 LNG 储罐一般采用预应力混凝土外罐，支撑进出料管线的罐侧管架通过预埋件与罐体连接，相关预埋件的设计是保证连接可靠性的关键，本文以具体项目设计为例，从上游条件入手，结合罐壁构造，详细介绍了关键预埋件的设计要点。对今后 LNG 接收站建设起到一定的借鉴作用。

关键词　LNG 储罐；罐侧管架；预埋件；锚板加强

LNG 储罐是液化天然气接收站配套的核心构筑物，储罐的进出料管线是通过罐侧钢结构管架支撑爬升至罐顶进出料平台的（图 1），随着液化天然气需求量的持续增加，LNG 储罐不断趋向大型化，需要采用预应力混凝土外罐，且管道直径、荷载也随着罐容的增大而不断增加，而管架是通过预埋件与罐体连接的，因此相关预埋件的设计能否保证连接的安全性、可靠性是十分关键的。本文聚焦罐侧管架关键预埋件的设计，结合具体工程实例进行分析和探讨，从预埋件的布置、整体计算、构造措施等方面进行论述，供设计和施工等有关人员参考借鉴。

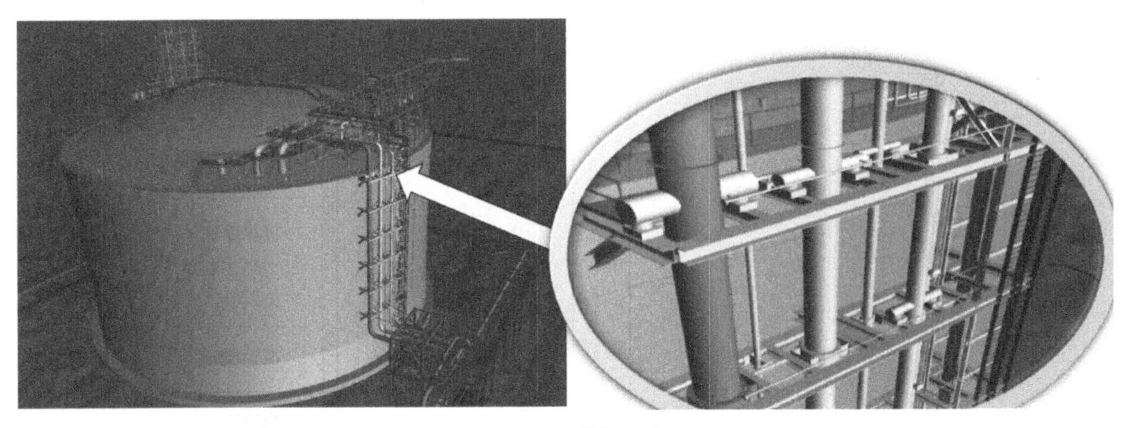

图 1　罐侧管架示意

某 LNG 接收站工程，其 LNG 储存系统为 20 万 m^3 全容储罐，外罐为预应力钢筋混凝土结构，进出料管线采用钢结构管架支撑，进料总管为 42 寸，钢结构管架通过外罐侧面预埋件与罐体连接。最顶层管架为承重管架，以下各层为导向管架，仅承担管线的径向荷载。顶层承重管架作为支撑层，承担立管段的全部重量，在全部管架中受力状态最为不利，因此本文针对承重管架与罐体连接的预埋件进行分析讨论。

1　埋件布置

预埋件埋置的位置受到储罐侧壁条件和罐侧管架悬臂梁、垂直支撑定位的影响。

1.1　储罐侧壁条件

LNG 储罐罐壁为预应力混凝土结构，由外到内分别布置了间距 200mm 钢筋网（图 2）、水平预应力束、竖向预应力束（图 3）以及低温钢筋网。除此之外，由于罐体的施工工艺和顺序，每间隔 3.6m 有一道施工缝（图 4）。

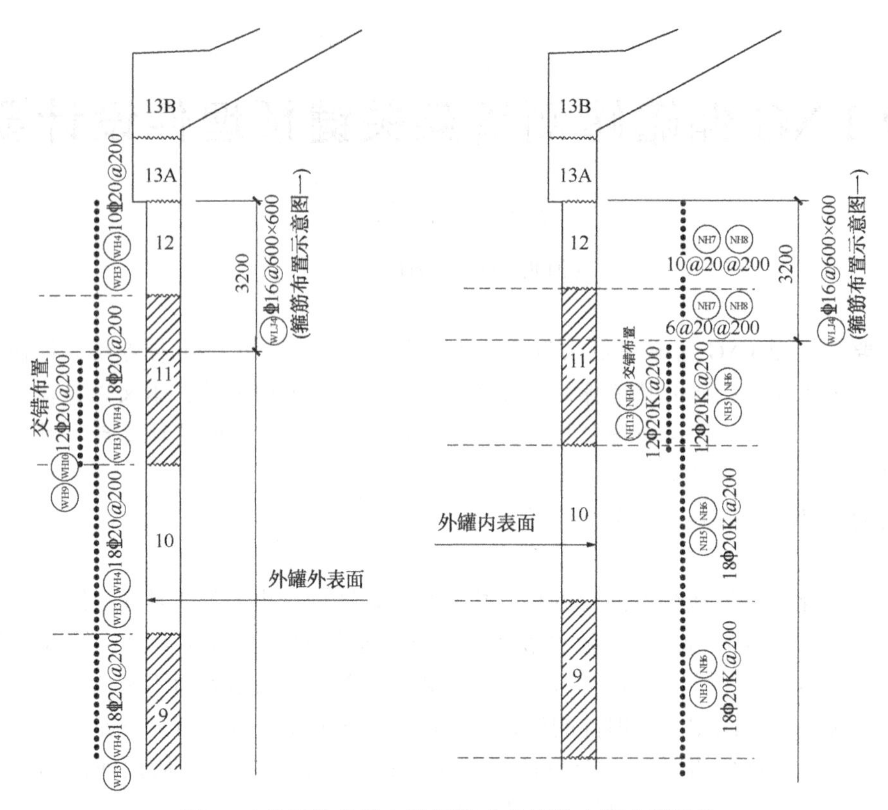

图 2　左为墙体外侧水平钢筋 右为墙体内侧水平钢筋

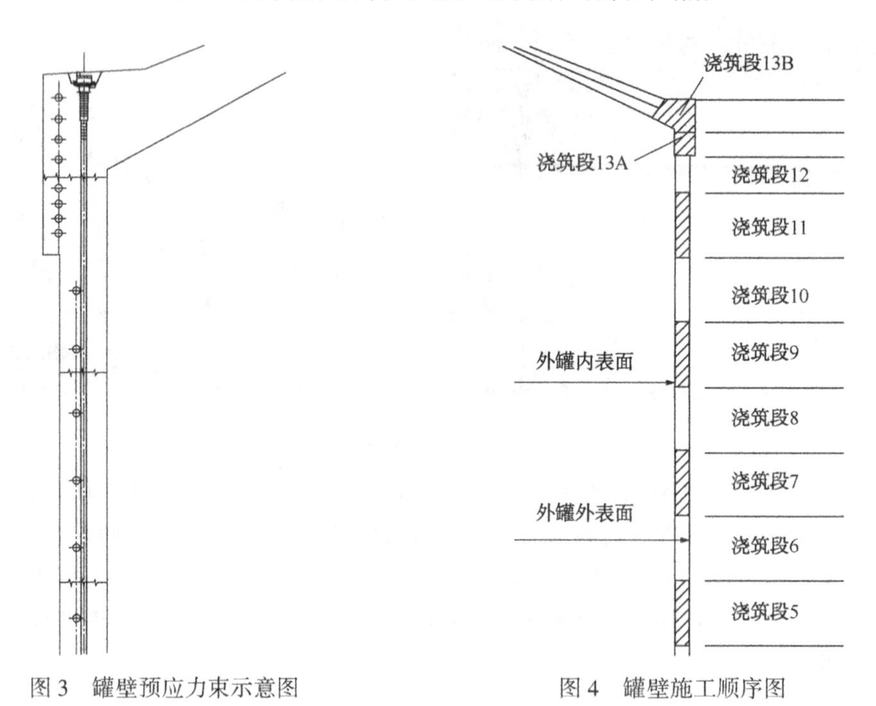

图 3　罐壁预应力束示意图　　　　图 4　罐壁施工顺序图

1.2　调整结构

外侧钢筋网可忽略对预埋件布置的影响，但水平及竖向预应力束的影响不能忽略。水平预应力束在竖向预应力束的外侧，其间距并不是均布，底层和顶部较密，中部较稀；竖向预应力束是均布在罐壁内的。先进行平面、剖面精准放样，将罐壁水平、竖向预应力束、预埋件的大概形态、施工缝均表示清晰如图 5 图 6。平面放样调整悬挑梁的平面的连接位置，此处满足管道支撑的要求后，可以适当平行调整。构件范围外扩 100mm 尽可能躲避竖向预应力束；剖立面局部调整支架标高，将悬挑梁中心定位在两根水平预应力束的中间。单块预埋件的要躲避施工缝，即定位在一个浇筑段内，保证与罐壁混凝土的一体性。其微调整后的数据再返回给上游专业。

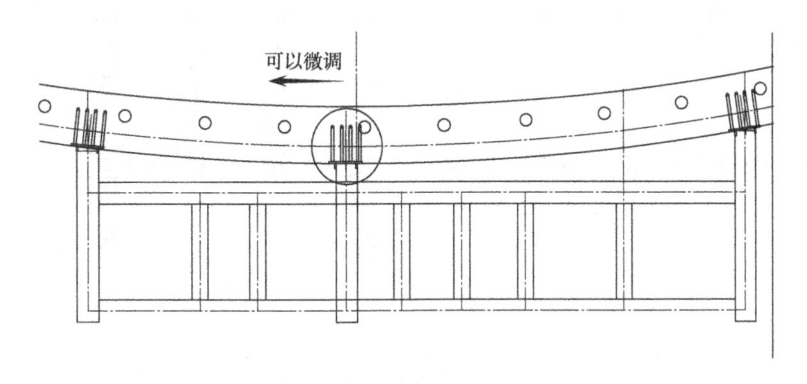

图 5　水平放样图

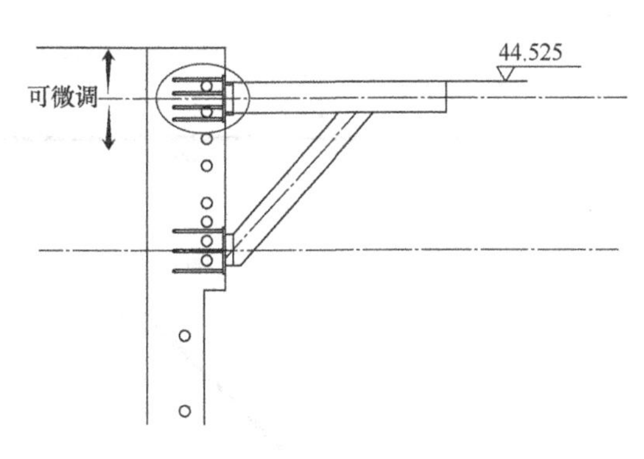

图 6　立剖面放样图

1.3　细节数据

以顶层的悬挑梁定位标高为例，顶层的水平预应力束中心间距为 350mm，而顶层杆件大小计算出截面高 400mm，也就是说预埋板常规设计大小约 600mm，以此推算锚筋最外层间距也要至少跨越两个水平预应力束，即最外侧锚筋间距取 500mm 为宜。

2　整体计算

依据管道的布置情况和支撑点的荷载条件，首先对管架的布置和构件截面进行设计，确定构件布置及截面计算通过后，提取支座反力，再进行埋件的设计计算。

2.1　荷载导算

本项目罐侧管架有六层，其上分别有管道荷载垂直力和水平力、电气仪表桥架自重。管道的主要垂直力都集中在顶层，荷载较大如图 7；其下五层均为水平力，最大 45kN，荷载相对较小。电仪桥架的自重是均匀分布在六层管架上的。

每层管架由三根悬挑梁和三处垂直支撑与罐体相连。本文选取顶层支架讨论，其悬挑梁和垂直支撑的支座均设计为铰接，其受力分析简单列出如下图 7：

根据以上先进行荷载倒算再进行立面受力分析，悬挑梁的连接处为受拉受剪，较垂直撑处受压受剪更为不利，故选取三处悬挑梁支座反力最大一处进行锚筋计算。

2.2　锚筋计算

根据以上受力分析所得数值，即标准值 $V_k = 63.7KN$，$N_k = 903.4KN$ 受拉，因节点需用节点板连接，所以还存在偏心距，依据常规铰接节点样式取 $e = 0.25m$，则 $M_k = 63.7 \times 0.25 = 15.925KN/m$。

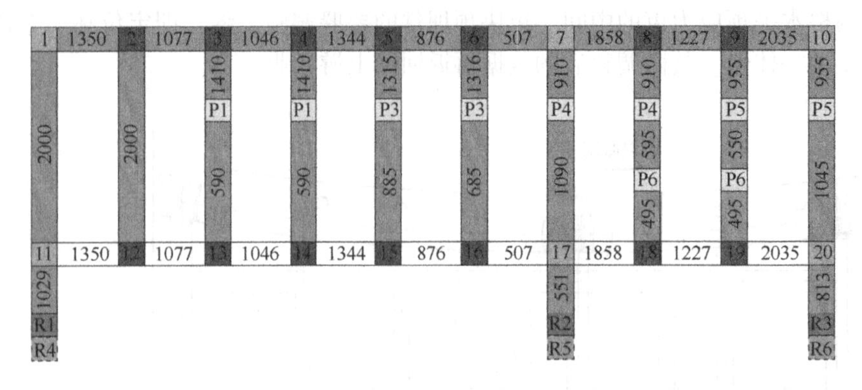

管道竖向荷载	
NO.	P_n(kN)
1	39.0
2	
3	75.0
4	26.0
5	355.0
6	35.0

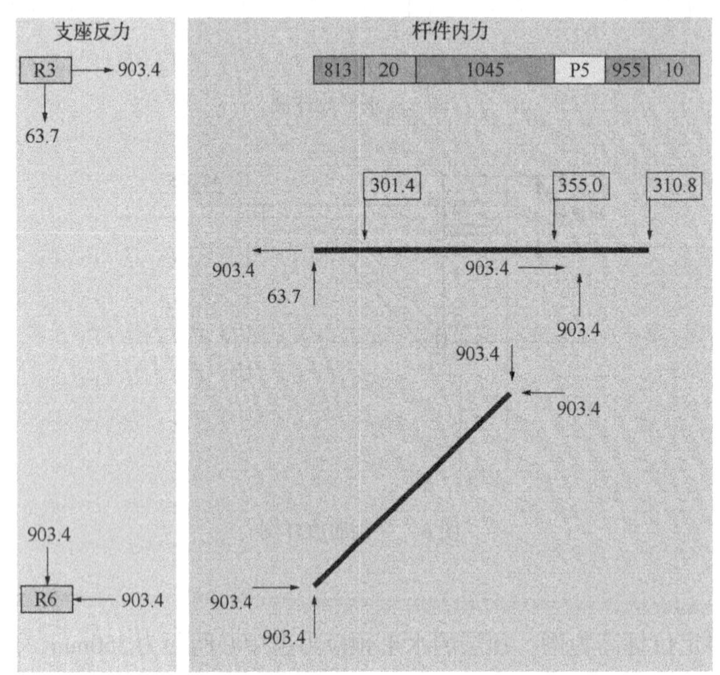

图 7　上为荷载导算图 下为受力分析图

板件锚筋的计算依据《混凝土结构设计规范》9. 7. 1 条，锚板采用 Q235B，锚筋采用 HRB400 钢筋。因受力比较大，根据一定工程经验设锚板 t 为 30mm 厚，锚筋选用直径 25mm，其最外层锚筋中心线之间距离 z 由前文定位放样时取值 500mm 由 9. 7. 2 条

$$A_z \geq \frac{V}{\alpha_r \alpha_v f_y} + \frac{N}{0.8\,\alpha_b f_y} + \frac{M}{1.3\alpha_r \alpha_b f_y z}$$

$$= \frac{1.3\times 63700}{0.85\times 0.555\times 300} + \frac{1.3\times 903400}{0.8\times 0.9\times 300} + \frac{1.3\times 15925000}{1.3\times 0.85\times 0.9\times 300\times 500}$$

$$= 6161\text{mm}^2$$

$$A_s \geq \frac{N}{0.8\,\alpha_b f_y} + \frac{M}{0.4\,\alpha_r \alpha_b f_y z}$$

$$= \frac{1.3\times 903400}{0.8\times 0.9\times 300} + \frac{1.3\times 15925000}{0.4\times 0.85\times 0.9\times 300\times 500}$$

$$= 5888\text{mm}^2$$

$$\alpha_r = 0.85,$$

$$\alpha_v = (4.0 - 0.08\text{d})\sqrt{\frac{f_c}{f_y}} = (4.0 - 0.08\times 25)\times\sqrt{\frac{23.1}{300}} = 0.555$$

$$\alpha_b = 0.6 + 0.25\frac{t}{d} = 0.6 + 0.25 \times \frac{30}{25} = 0.9$$

计算面积 $= \max\{6161, 5888\} = 6161\text{mm}^2$

根据混凝土规范 11.1.9 考虑地震作用组合的预埋件，直锚筋的实配面积应比计算面积增大 25%，实际配筋 20 根 25，$9818\text{mm}^2 \geq 1.25 \times 6161 = 7701.25\text{mm}^2$，满足要求并有一定安全储备。

2.3 初步样式

依据《混凝土结构设计规范》9.7.4 条，结合上文放样和配筋结果，可以初步设计出锚筋间距如图 8，上下间距为躲避水平预应力束调整为 170mm、160mm、170mm，左右间距可均布 125mm。

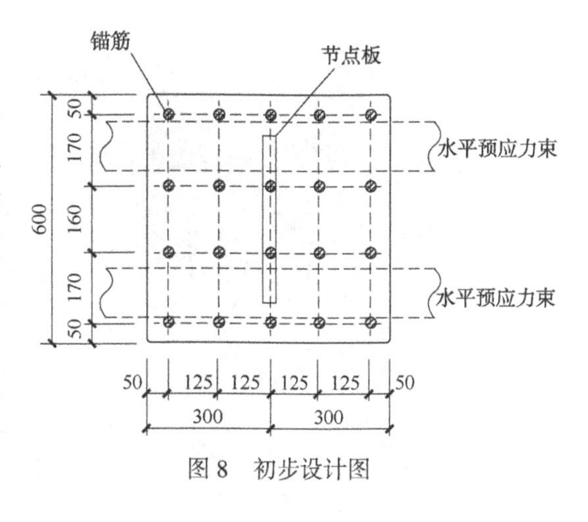

图 8 初步设计图

3 构造设计

悬臂梁与埋件连接节点为铰接，以节点板的形式与锚板焊接连接，其常规做法为双面角焊缝或 T 形对接焊缝，由于此节点受力较大且为拉弯剪状态，因此需要对锚板进行重点分析计算，又根据《钢结构设计标准》4.4.5 条角焊缝强度指标交低，故选用 T 形对接焊缝。

3.1 锚板构造

根据锚板初步样式，现在对锚板进行有限元建模分析。

如图 9 是无加劲肋情况下锚板的应力和变形，其最大应力集中在节点板与锚板上下端的连接处，已经超过材料强度设计值。

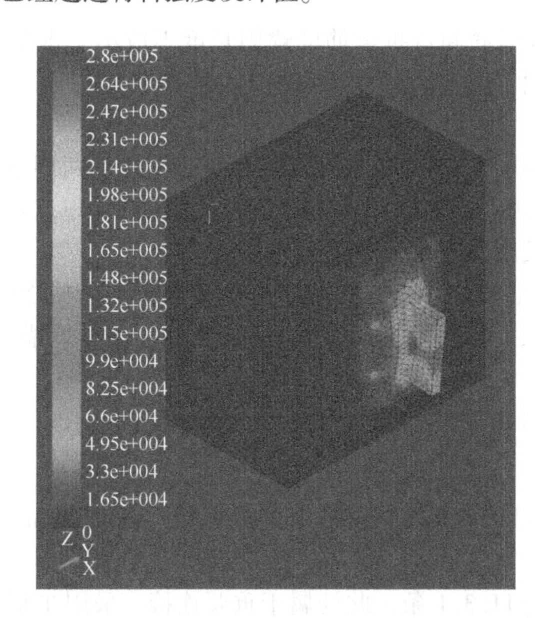

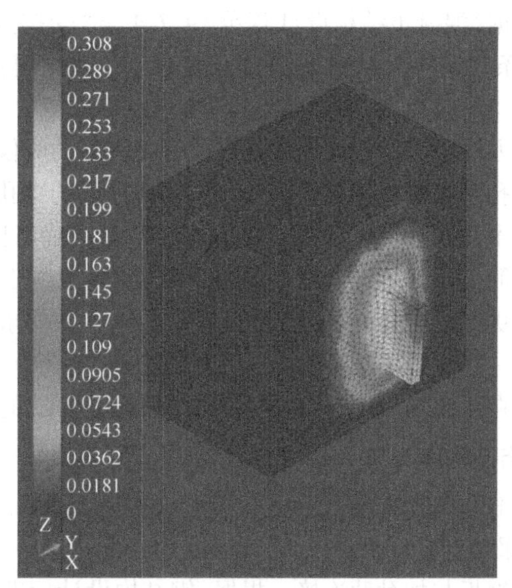

图 9 左：应力图右：变形图

从变形图中可以看出，上下缘处已经严重变形，无法满足设计需求。究其原因是此两个点应力集中，且处于杆件边缘薄弱处，另外锚板尺寸 600×600 属于较大埋件，并且此处刚好处于锚筋间距较大处，所以锚板容易变形。故在相应位置上下各增加一道加劲肋，增大刚度减小变形。再进行有限元分析，结果如下。

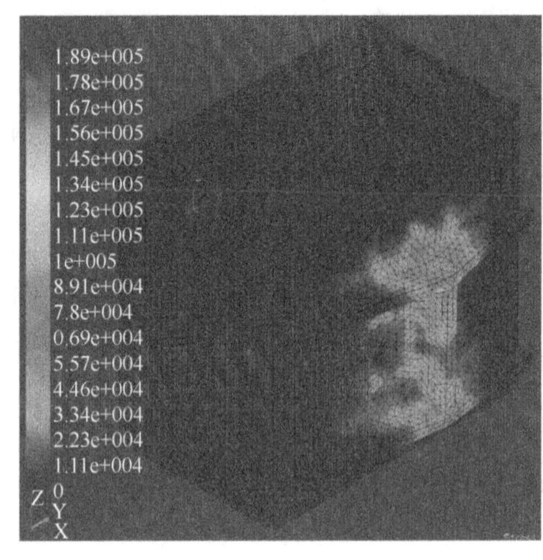

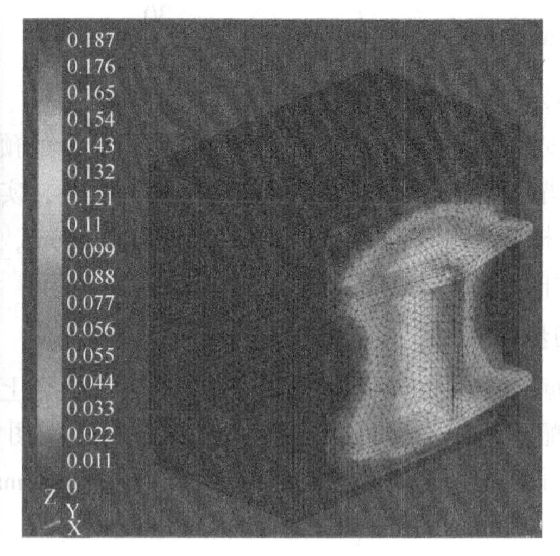

图 10 左：应力图 右：变形图

由图 10 中可看出，有加劲肋情况下的锚板最大应力明显减小，小于材料强度设计值，且变形明显受到了控制数值减低了很多，效果很明显，满足设计要求。具体数值见表 1。

表 1

	D/mm	σ/(N/mm^2)	f/(N/mm^2)
无肋锚板	0.308	280	205
加肋锚板	0.187	189	205

综上所述，在节点板上下处各增设加劲肋，并采用 T 形对接焊缝相连。

3.2 锚筋构造

依据《混凝土结构设计规范》9.7.4 条“受拉直锚筋和弯折锚筋的锚固长度不应小于本规范第 8.3.1 条规定的受拉钢筋锚固长度”，此罐侧埋件依据受力分析需按受拉锚筋长度设计。依据 8.3.1，8.3.2 条直锚段取 30d。

为方便施工，使预埋件在罐体绑扎钢筋的时候更容易穿套，可采用一侧贴焊锚筋、两侧贴焊锚筋，穿孔塞焊锚板和螺栓锚头。本项目采用的穿孔塞焊(图 11)。依据《混凝土结构设计规范》8.3.3 条，基本锚固长度可以取 l_{ab} 的 60%，故最终锚筋长度取 500mm 满足规范要求。

锚筋采用对称配筋，其排布间距依据《混凝土结构设计规范》9.7.4 条调整布置。为使 20 根锚筋具有更好的整体性和稳定性，根据 11.1.9 要求，考虑地震作用组合的预埋件，在靠近锚板处，宜设置一根直径不小于 10mm 的封闭箍筋。

故在距离锚板 100mm 位置增加一道直径 12 的封闭钢箍。

3.3 连接构造

锚筋与锚板连接，根据《混凝土结构设计规范》9.7.1 条，应采用 T 形焊接，锚筋 25mm 大于 20mm 采用穿孔塞焊。

预埋板与加劲肋连接，根据《钢结构设计标准》11.3.1 条，此处属于重要连接，采用 T 形对接单边 K 形坡口，因板件垂直 90°，并且板件厚度 30mm 相对较厚 K 形坡口更易操作且保证质量。

3.4 最终图纸

经过锚板的有限元分析，增加加劲肋的设计，锚筋的锚固长度和端部样式的确定，以及最后锚筋锚板的连接方式的确定，最终完成本次预埋件的设计，最终详图图 11 如下，并给出节点做法。

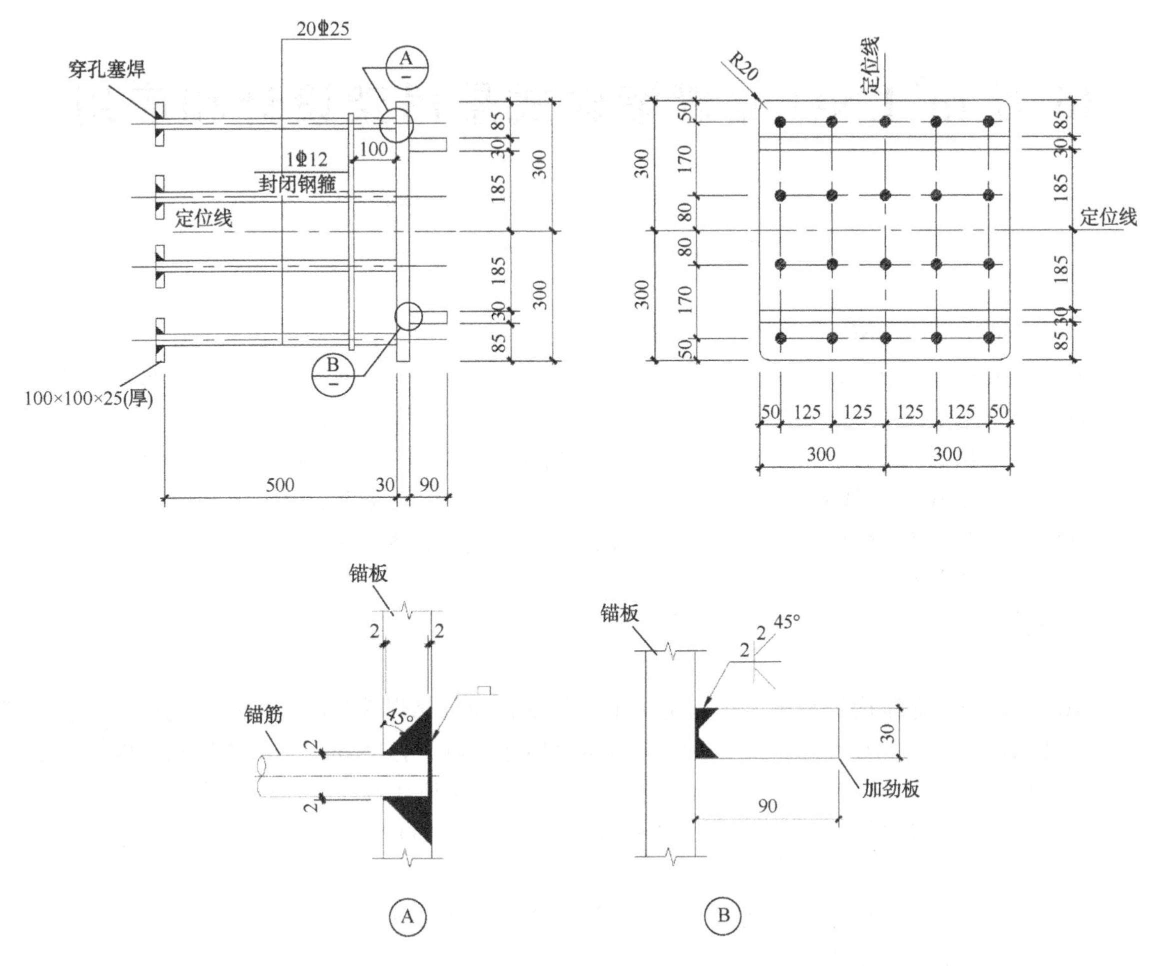

图 11　预埋件最终图纸

4　结束语

本文通过影响预埋件布置的罐壁条件，展开对预埋件设计的讨论分析。通过精准放样来调整预埋件定位，以及初步判断预埋件锚筋间距大小。之后选取受力最大的顶层管架进行结构荷载倒算，杆件受力分析选取悬臂梁连接处为最不利处作为预埋件锚筋计算的输入数据。经规范公式计算选用 20 根直径 25 的锚筋，并初步确定埋件样式。之后对板件进行有限元分析，得出需要增加两道加劲肋的结论。依据规范计算锚筋的锚固长度为 500mm，端部为躲避钢筋方便穿套采用穿孔塞焊锚板，考虑抗震增加直径 12 的封闭钢箍，并按规范要求锚板和节点板之间采用 T 形对接 K 形坡口焊，最终给出完整的设计图纸。

储罐侧壁预埋件的设计在 LNG 工程中虽小但十分关键，是罐壁附属结构的设计关键部位，其设计质量也影响到后期钢结构部分的安装和罐体整体的观感，其设计效果具有一定的经济和社会效益，故应给予足够的重视。储罐罐侧管架预埋件的设计工序较繁琐，若有更好的处理方式，也希望能共同探讨。

参　考　文　献

[1] GB 50010—2010. 混凝土结构设计规范 . 2015 年版 .

[2] GB50017—2017. 钢结构设计标准 . 2018 年版 .

[3] 严正庭，严捷 . 预埋件设计手册[M]. 第一版，中国建筑工业出版社 .

[4] 国振喜 . 简明钢筋混凝土结构构造手册[M]. 第 5 版 . 机械工业出版社 .

16 万 m^3 LNG 储罐滚轮式悬吊架设计和应用

刘远文　秦颖杰　王　伟　赵金涛

（中国石油天然气第六建设有限公司）

摘　要　传统 LNG 储罐施工平台键母拆除、焊点打磨、渗透检测作业都是在整个储罐罐壁安装完工再施工，不仅浪费材料，且影响了施工进度。针对这些缺点，提出滚轮式悬吊架作业方式，即有效解决了传统作业的弊端，又实现了键母拆除与内壁安装的平行施工，在滚轮和电动吊篮作用下可以进行罐壁内侧全方位作业。结合唐山 LNG 接收站应急调峰保障工程 16 万 m^3LNG 储罐施工进行实例应用，通过对比分析，该作业方案有效缩短内壁施工工期 11d。利用滚轮式悬吊架作业，不仅有效保障施工安全，缩短了施工工期，还节约了施工成本。

关键词　LNG 储罐；滚轮式悬吊架；键母拆除

在 16 万 m^3LNG 储罐内壁板施工中，施工平台与壁板间依靠焊接在罐壁的键母连接受力，每带壁板在安装前需要焊接 176 个键母，安装完成后需要拆除键母、打磨焊点、渗透检测。以往的施工都是在整个储罐罐壁安装完工，施工平台拆除完后，再利用吊篮作业。这样做的缺点有：

（1）每层壁板均需制作 176 个键母，12 层壁板共计需要 2112 个键母，不仅浪费材料还消耗人力。

（2）罐壁施工是 LNG 储罐工程施工工期的关键工作，后期再拆除键母、打磨焊点、渗透检测作业占用了总工期，影响了施工进度。

为了解决这两个缺点，实现在施工平台往上一层拆装后就拆除下一层施工平台余留的键母很有必要。还考虑到施工平台的影响，不能使用储罐轨道梁挂电动吊篮作业，需专门设计滚轮式悬吊架，利用该吊架挂电动吊篮作业，实现键母拆除与壁板的安装进度同步推进，且在不考虑损耗的前提下只需制作两带壁板 352 个键母，既节约了材料和人力，也保证了 LNG 储罐施工平台键母拆除安全高效实施。

1　设计原理

1.1　吊架设计原理

滚轮式悬吊架是指利用 LNG 储罐壁板上边缘为导轨，用于挂设电动吊篮作业，以实现拆除焊接在壁板上的施工平台键母为目的的滚轮式悬吊架。根据施工平台生根在壁板的具体位置，即离壁板上边缘的尺寸，制作出跨越施工平台适宜拆除下层余留施工平台键母的悬吊架，吊架结构简图见图 1，吊架实物图见图 2。

滚轮式悬吊架由基础支撑系统，行走系统和升降系统组成，基础支撑系统由整个悬吊框架和定位安全架组成，起承重和定位作用，保持吊架整体稳定性。行走系统由壁沿滚轮、外壁滚轮和内壁滚轮组成，可以沿着罐壁滚动滑行。升降系统由悬挂轴和电动吊篮组成，与行走系统相结合，以实现罐壁内侧全方位作业。此外电动吊篮选用专业厂商出产并检验合格的产品，吊篮本身附带安全装置，为人身安全提供了必要的防护措施。

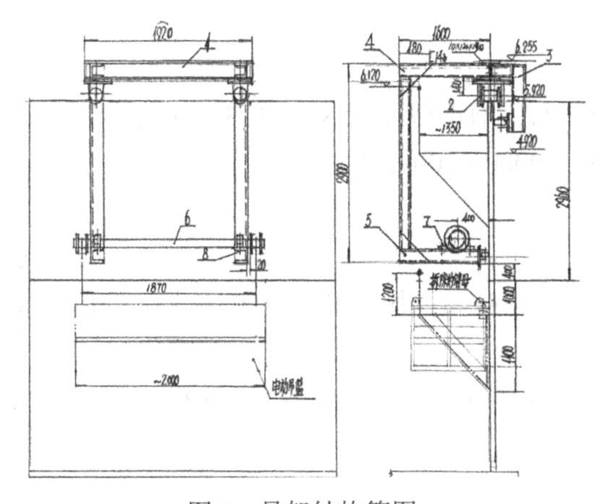

图 1　吊架结构简图

1—滚轮梁；2—滚轮；3—定位安全架；4 框架；
5—加强板；6—悬吊轴；7—定位卡；8—螺栓

图 2　吊架实物图

1.2　吊架基本结构

滚轮式悬吊架的基本结构由两部分组成，上部吊架由型钢、钢管、钢板、螺栓等制作而成框架结构，下部为电动吊篮，两部分通过悬吊轴两端设置的钢丝绳盘连接在一起，详见图 3，悬吊轴中部设置安全绳和安全锁，一起组成完整的安全作业平台体系。

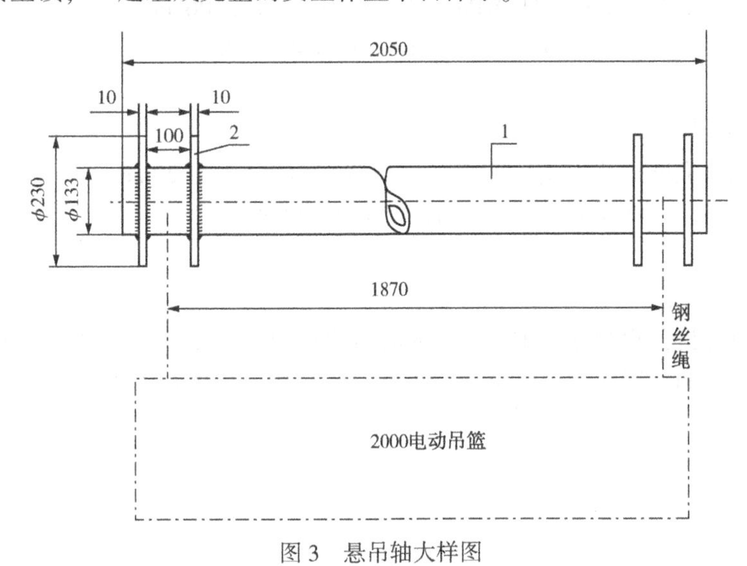

图 3　悬吊轴大样图

1.3　受力计算

滚轮式悬吊架主要由槽钢[14b 组焊而成，吊篮单人作业，带角向磨光机及 2.5 磅铁锤施工。

（1）总载荷计算

设吊架自重 $Q_1=100$kg；

作业人员荷重 $Q_2=90$kg；

作业工具荷重 $Q_3=30$kg；

2m 电动吊篮荷重 $Q_4=200$kg。

电动吊篮作业升降动载系数 ε，现取 $\varepsilon=1.5$。

则吊架总载荷：

$$\begin{aligned}Q_{总}&=(Q_1+Q_2+Q_3+Q_4)\times\varepsilon\\&=(100+90+30+200)\times1.5\\&=630(\text{kg})\end{aligned}$$

(2) 吊架受力计算

作用在两支点件支梁的重力 $P_1=630\times9.81=6174N$。

查得[14b 槽钢，材质 Q235B 的屈服强度 $\delta_1=235MPa$，槽钢截面积 $S_1=21.316cm^2$，

槽钢受力极限为 $P_2=\delta_1\times S_1=235\times100000\times21.316/100000=50092.6N$，

$P_1<<P_2$，合格。

(3) 焊缝的拉力校验

已知：根据槽钢尺寸 $h=140mm$，$b=60mm$，焊缝高度 8mm；加强角板 180mm×180mm×10mm，焊缝高度 10mm；均双面焊接。

求得：焊缝断面积 $F=F_1+F_2+F_3$，$F_1=140\times8\times2=2240mm^2$，$F_2=60\times8\times4=1920mm^2$，$F_3=180\times10\times4=7200mm^2$，$F=2240+1920+7200=11360mm^2$。

焊条采用 J422，焊条最大抗拉强度 $\delta_2=420MPa$，

在重力 P_1 的作用下取焊缝折减载荷系数 $\varepsilon=0.8$，

焊缝受力极限 $P_3=F\times\delta_2\times\varepsilon=11360/1000000\times420\times100000\times0.8=381696N$，

$P_1<<P_3$，合格。

(4) 悬吊轴受力计算

悬吊轴选用 $\varphi133\times5$ 无缝钢管，材质为 20#。

总载荷为 $Q=630kg$，两点平均受力为 $P_4=630\times9.81/2=3087N$。

$\varphi133*5$ 无缝钢管屈服强度 $\delta_3=410MPa$，截面积为 $S_3=20.106cm^2$。

受力极限 $P_4=\delta_3\times S_3=410\times100000\times20.106/10000=82434.6N$

$P_1<<P_4$，合格。

(5) 06Ni9DR 钢板抗弯强度计算

06Ni9DR 钢板屈服强度最小为 $\delta_4=680MPa$，荷载截面积 $S_4=1920mm^2$，

受力极限 $P_5=\delta_4\times S_4=680\times100000\times1920/1000000=130560N$

$P_1<<P_5$，合格。

(6) 结果判断

经上述受力计算分析，得知在载重量 630kg 的重力情况下，吊架不会产生塑性变形或弯曲，且焊缝不会产生焊缝拉裂的情况。计算结果证明吊架是安全的，可以在工程上应用。

2 工程案例应用

2.1 工程概况

以唐山 LNG 应急调峰保障工程为例，该工程建设 4 台 16 万 m^3LNG 储罐，计划内罐罐壁施工平台键母拆装，拆除后的焊点打磨、渗透检测，均采用滚轮式悬吊架施工作业。

2.2 吊架的制作和试验

吊架整个框架结构由[14b 槽钢拼装焊接，角接焊接完成后再采用加强板 180mm×180mm×10mm 焊接加固，框架顶部设滚轮梁 H150×150×7×10，并安装两个钢制壁沿滚轮(组合件)，框架与定位安全架组焊连接，定位安全架上安装两个塑料外壁滚轮，框架底边缘安装两个塑料内壁滚轮，方便作业人员施工为原则，在框架底合适的位置安装悬吊梁，悬吊梁上挂 2m 电动吊篮和安全绳。吊架制作完成后，所有焊缝必须经 PT 检测合格。作业前做承载力试验，试验合格后方可投入使用。

2.3 安全保障措施

除了上述受力分析，焊缝 PT 检测，承载力试验外，施工现场还采用了如下安全措施：

(1) 吊架上作业人员均配备独立安全绳，作业人员佩戴的安全带挂在安全绳上的防坠器上。

(2) 吊架使用前，应对吊架和电动吊篮进行安全检查，如滚轮、卡扣是否松动，钢丝绳、安全

绳、电缆是否破损，电动吊篮升降控制是否正常，框架是否稳固等。

(3) 罐内施工作业照明是否满足施工条件。

(4) 作业人员，劳保用品必须穿戴整齐，正确系挂安全带，佩戴打磨面罩等。

(5) 施工过程中，监护人员必须到位，并经常巡视吊架情况和作业人员动态。

2.4 功效分析

根据现场的实践操作，每层施工平台键母拆除，焊点打磨和渗透检测，均可在 1d 内完成，且不影响上一层壁板的施工作业，实现了与内壁安装平行作业，传统内壁整体安装完后再键母拆除作业需工期 12d(按同等工况下每层 1d 计算)，利用滚轮式吊架作业内壁整体安装完成后仅需 1d，缩短工期 11d，提高了工效。因此滚轮式悬吊架不仅具有较高的安全性，其实际工程应用也具有较好的经济效果。

3 结论

基于滚轮式悬吊架的设计原理，结构受力分析，探究其安全性、可靠性，并结合工程实例应用分析，得到以下结论：滚轮式悬吊架具有可靠的安全结构，足够的安全性能，符合施工安全作业要求；LNG 储罐施工平台拆除键母施工使用滚轮式悬吊架可以有效缩短内罐施工工期，节约施工成本。

LNG 混凝土外罐施工中 DOKA 模板安装精度的控制

孙宇航　蔡国萍　刘　阳

（中国石油天然气第六建设有限公司）

摘　要　DOKA 模板因其灵活轻便、操作简单、承载力高、安全性好，在国内外 LNG 储罐施工过程中得到了广泛应用。在大型 LNG 储罐施工过程中，罐壁混凝土的施工多采用 DOKA TOP50+150F 爬升模板系统，模板安装的质量对施工后混凝土的质量有直接影响，因此提高 DOKA 模板的安装精度，对 LNG 储罐施工质量的提高意义重大。现结合工程实例，浅谈在 LNG 混凝土外罐施工中如何提高 DOKA 模板的安装精度。

关键词　混凝土；DOKA 模板；施工；LNG 储罐；安装精度

1　工程概况

LNG 预应力混凝土全包容储罐，由钢质内罐和混凝土外罐组成。混凝土外罐主要由桩承台、混凝土罐体以及混凝土穹顶三部分组成。墙体内预应力管道纵向、环向布置，LNG 储罐外罐采用后张法预应力施工，混凝土采用 C50 抗低温混凝土，罐壁内侧主要采用进口低温钢筋，外侧为常温钢筋。模板采用 DOKA 150F 爬升模板系统，该模板体系由 DOKA 公司设计，我方现场组装。

2　LNG 外罐施工中 DOKA 模板的精度要求

2.1　模板地面组装阶段

模板地面组装阶段相关要求见表 1。

表 1　模板地面组装阶段相关偏差要求　mm

项目	模板平整度	几何尺寸	模板表面弧度	两条对角线长度	模板拼缝间隙	拼缝处高低差
允许偏差	2mm	−2mm	±2mm	3mm	1mm	1mm

2.2　模板墙体安装阶段

模板墙体安装阶段相关要求见表 2。

表 2　模板墙体安装阶段偏差要求　mm

检查项目	模板垂直度	圆度偏差（每施工带）	截面尺寸
允许偏差	3mm	±30mm	±2mm

3　模板地面组装及安装过程影响精度原因分析

3.1　地面组装阶段影响精度的原因分析

（1）技术人员缺乏 DOKA 模板的组装经验，厂家提供的组装图不熟悉，技术交底不具体、未结合实际、针对性差，不仅造成现场模板组装精度不足，也容易造成返工，降低施工效率。

（2）质检人员检查不及时，未能及时发现问题。

（3）工人及管理人员思想不重视。在施工中经常存在因催工期而造成模板组装时为加快进度对施工质量进行放松

（4）木工技术不熟练，缺乏 DOKA 模板施工的经验。

（5）木工台式电锯，设备老旧检修不及时，易造成造型木加工偏差过大，进而影响模板拼装的弧度。

（6）进场的模板面板精度不够，厂家模板面板加工尺寸厚度偏差较大，易造成模板拼缝处缝隙过大、错台，影响模板施工质量(图 1)。

（7）组模平台制作安装精度不够。

（8）进场的 DOKA 构配件精度不够、开孔偏差大或运输中变形，这将直接影响到模板的组装精度。

（9）造型木加工偏差，造型木加工的弧度直接影响到 DOKA 模板面板的弧度，造型木加工时弧度未按图纸施工或加工精度不够，对后续模板的组装精度有较大影响。

图 1　模板接缝处错台

3.2　模板墙体安装阶段影响精度的原因分析

（1）测量设备精度不够，测量人员经验不足。在模板墙体安装阶段，全站仪使用较为频繁，需要用全站仪测半径的方法来控制模板的安装半径及安装垂直度，全站仪的精度及测量作业的精度直接影响模板安装精度；拱在顶块吊装之后，需要测量人员重新引中心点，中心点位置的偏差，会造成模板安装精度的降低。

（2）模板安装方法不当，未按厂家要求安装或安装顺序不合理，不仅影响模板安装的精度，也容易造成模板构配件受损。

（3）施工组织安排不合理，工期要求紧，组织欠佳，盲目追求进度，造成施工质量的下降。

（4）质量检查制度不健全或落实度到位，施工前未建立有效的质量管理体系及检查制度，施工中质检不及时。

（5）天气炎热或雨天施工，施工环境差，造成工作人员为尽快完成工作任务施工粗糙。根据现场实测，在夏季炎热天气，DOKA 模板面板的表面温度能达到 50°C 以上，对拉杆安装施工时需要工人进入到模板内侧，高温对工作人员的身心健康影响较大。

（6）两块大模板间连接件使用错误造成模板安装的弧度偏差。现场使用的模板间连接件共四种，一种为两节钢围檩间直连接板，一种为内模专用，一种外模专用，一种为扶壁柱角模与大模板连接专用，外观相近，易混淆(图 2)。

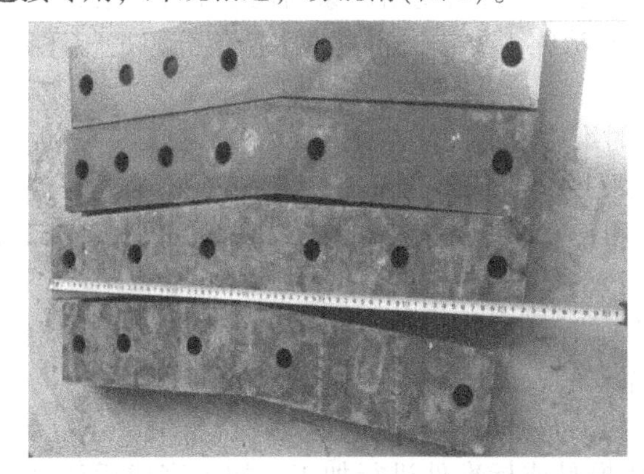

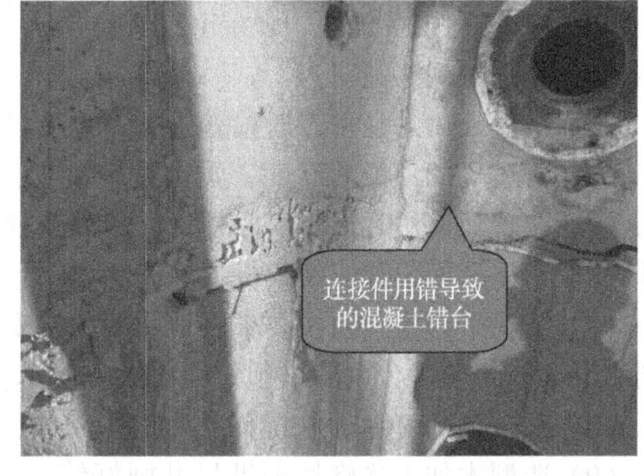

图 2　连接件用错导致混凝土错台

(7) 对拉杆收拉过松或过紧造成模板安装精度不足。对拉杆收拉不到位，锥形螺母未顶到模板，内外模安装间距过大，不仅会造成浇筑后的混凝土尺寸变大，还会造成锥形螺母埋入墙体，拆卸困难。对拉杆收拉过紧，内外模安装间距过小，不仅会造成造成模板变形，还会造成浇筑后的混凝土尺寸变小(图3)。

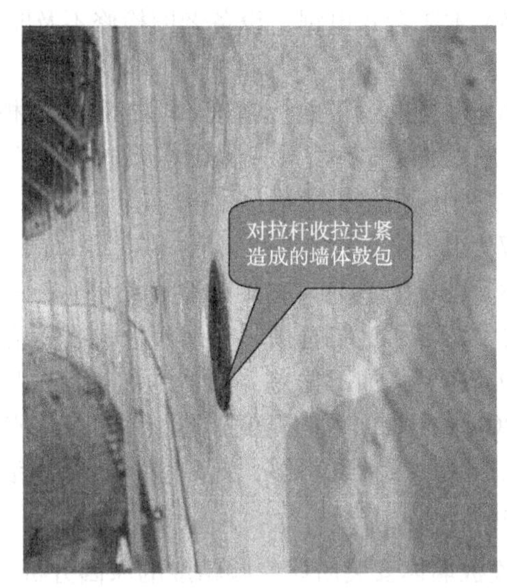

图3　对拉杆收接过紧造成的模板变形或墙体鼓包

(8) 扶壁柱角模加工尺寸偏差造成与大模板连接后模板挤压变形，易导致扶壁柱角模凹凸不平，影响模板安装精度。

(9) 配合工种责任心不强，钢筋或垫块安装偏差，下层墙体打磨不到位。钢筋或垫块安装偏差，会影响到模板安装时模板位置的调整；

4　提高 DOKA 模板的安装精度的方法

4.1　DOKA 模板地面拼装过程中提高精度的方法

(1) 在施工前技术人员要认真熟悉图纸及厂家施工说明书，与实际相结合，做好技术交底工作，在施工中针对出现的问题再次进行交底。

(2) 质检人员应进行专项培训，熟悉模板拼装中的各项要求，及时进行检查，班组内也要做好自检，认真落实好三检制。每一道工序必须经验收合格后才能开始下道工序。

(3) 对工人和管理人员进行培训，并建立质量奖罚制度，并定期召开质量分析会。合理安排工期，避免因工期赶工期造成施工质量降低。

(4) 联系厂家到现场对工人及管理人员进行培训，施工时及时邀请厂家到现场指导安装，并在厂家的指导下制作标准件；现场组织木工学习 DOKA 模板施工方法，并对木工队伍分组进行评比，严格质量奖罚做到奖优罚劣。

(5) 组模使用的设备及时检查维护，发现异常及时维修或更换。

(6) 对进场的模板的厚度、质量进行验收，模板厚度允许偏差±2mm，发现不合格的及时处理或更换。在现场使用时根据实际情况，尽量选择厚度和长度接近的模板拼在一起，也可根据实际情况将模板上下调换位置或将模板掉头使用。

(7) 组模平台施工前按要求将地面硬化，安装完成的组模平台要牢固，稳定，组装平台平整度要求±5mm，组装平台周围必须钉靠山，方便木工字梁安装，保证木工字梁安装精度(图4)。

(8) 对进场的 DOKA 构配件及时进行验收，不合格的及时退换。

(9) 造型木加工严格按图纸尺寸画好线，并制作模具或标准件进行加工，加工完成后认真验收，不合格的禁止使用(图5)。造型木弧度允许偏差±2mm；造型木长度允许偏差±5mm。

图 4　组模平台钉靠山

图 5　造型木制作模具及画线

4.2　DOKA 模板墙体安装过程中提高精度的方法

（1）测量设备要有合格证和鉴定报告，模板安装时边测量变调整，施工前在内模板上下位置贴上反光片，每个模板两组，施工时在罐中心通过用全站仪测半径的办法，来保证模板的安装半径和垂直度，发现问题，及时通过调节模板后的剪刀撑来调整模板的垂直度(图 6)。拱在顶块吊装前，在墙体上标注 0°、90°、180°、270°角度线，拱顶块吊装之后，重新引出中心点，并用墙体上的方位线校正。

图 6　内模块板上下位置贴反光片

（2）模板安装时按说明书及厂家要求安装，混凝土浇筑前检查对拉盘拉紧情况，严禁用模板去矫正钢筋。

（3）科学合理安排工期，每道工序施工完成后都要验收合格再进行下一道。

（4）建立健全质量管理体系及检查制度，认真落实好三检制，发现问题及时整改。

（5）合理安排工作时间，天气炎热或雨天施工时，做好防暑防雨措施。

（6）对于两块大模板间连接件使用错误造成模板弧度偏差的问题，现场施工前对连接板分类并用油漆笔标出用途位置，并对工人进行较低，防止使用错误。

（7）对于内外模板安装间距过大或过小的问题，施工拉紧对拉杆时，在上平台上安排专人逐个查看锥形螺帽是否贴到模板或是否收拉过紧，并用钢卷尺或截好尺寸的木方量模板间距，边检查边及时通知中平台上拧紧对拉盘的工人按要求逐个调整。

（8）对于扶壁柱角模加工尺寸偏差造成与大模板连接后模板挤压变形的问题，扶壁柱模板加工时严格 DOKA 模板组装图中角模加工图尺寸加工，加工完成后检查验收，发现问题及时处理。

（9）针对配合工种责任心不强，钢筋或垫块安装偏差，下层墙体打磨不到位。钢筋或垫块安装偏差，影响到模板安装的问题，现场对工人做好交底，模板施工前认真检查钢筋、垫块施工质量及下层墙体打磨情况，验收合格后再进行模板安装。

5 结束语

DOKA 模板因其性能稳定、功能完备、安拆快捷、组合性能强、适用性广、过程用工少等特点，将会在混凝土储罐项目施工中得到越来越广泛的应用。目前，国内 LNG 建设进入了一个快速发展的黄金时期，因此，研究如何提高 DOKA 模板的施工精度，对后续项目的施工有较大意义，希望本文对提高 DOKA 模板的施工精度有所帮助。

参 考 文 献

[1]《建筑施工模板安全技术规范》(JGJ 162—2008).
[2]《建筑工程大模板技术规程》(JGJ 74—2003).

LNG 储罐承台隔震橡胶垫圈测量安装

刘　阳　赵金涛

（中国石油天然气第六建设有限公司）

摘　要　为了引进国外天然气资源，20 世纪 90 年代，我国开始从海上引进 LNG，我国的 LNG 工业也就此起步。进口 LNG 业务的发展带动了 LNG 接收站的建设。因地区的差异，LNG 储罐承台与桩基连接分为两种形式，其中一种适用于地震多发地带，LNG 储罐承台与桩基间需要使用隔震橡胶垫连接，另一种则不需要隔震橡胶垫连接，LNG 储罐承台与桩基间直接连接，结合现场实际施工情况，再此介绍下隔震橡胶垫是怎样进行测量安装与固定的。

关键词　LNG 储罐；隔震橡胶垫圈；测量与安装

1　工程概况

本工程基础承台面积：6000m^2，混凝土量：5881.5m^3，共分八次浇筑成型，先浇筑内圈 4 区，再浇筑外圈 4 区。LNG 储罐为桩承台结构形式，露出地面 1.7m～2.0m，隔震橡胶垫安放在桩基顶部。隔震橡胶垫外形尺寸 800mm×800mm×233mm，外圈（两排，120 根）和内圈（240 根）设计顶面标高分别为+5.300，+5.600，分别安装在每个罐 360 根直径 1200mm 混凝土灌注桩上，用 4 根 M60 锚栓锚入桩顶的预留孔内，预留孔采用高强度无收缩灌浆材料灌浆。隔震垫外圈安装采用 2 台 3T 叉车作为现场安装用，以 16 万 m^{3}LNG 储罐为例。

2　隔震橡胶垫测量安装的施工工序

桩基移交→标高线的引测→膨胀螺栓的安装→膨胀螺栓标高的测量→膨胀螺栓切割→膨胀螺栓的整体找平→隔震橡胶垫安装固定

桩基移交：桩基单位移交时应对地上桩顶混凝土平面质量、预留孔位置、预留孔清洁度进行验收。验收不合格的提请业主促桩基单位，按厂家技术要求整改。安装前对桩顶平整度、标高及预留孔位置等进行进一步确认。

标高线的引测：首先根据设计提供的黄海高程的标高点 A 转换成当地的标高 B，在把转换的标高引测到 LNG 储罐的一个桩基上此标高点为 C，经过各方验收合格后方可使用 C 标高进行施工。在根据桩基上引测的标高点 C，在每个桩基上用墨线环绕桩基一周弹出标高线 D（标高线根据桩基的高度不同统一为离灌浆层 150mm），以此线为基础进行隔震橡胶垫支撑垫块测量安装的依据，如图 1 所示。

图 1　标高线示意图

膨胀螺栓的原理：把膨胀螺栓打到地面或墙面上的孔中后，用扳手拧紧膨胀螺栓上的螺母，螺栓往外走，而外面的金属套却不动，于是，螺栓底下的大头就把金属套涨开，使其涨满整个孔，此时，膨胀螺栓就抽不出来了。

膨胀螺栓的安装：每个桩顶隔震橡胶垫支撑垫块设置3个，材料为M12的膨胀螺栓。首先在桩基顶部定出三个膨胀螺栓的位置，三个膨胀螺栓的位置大体上在120°、240°、360°方向上，距离隔震橡胶垫底板最近边缘50mm，具体可根据现场调整，但是要避开预留孔洞的位置。然后使用冲击钻(钻头要大于膨胀螺栓一个标号)进行钻孔，钻孔深度比膨胀管的长度深5mm左右，如图2、图3所示。

图2　膨胀螺栓钻孔

图3　膨胀螺栓安装后的示意图

膨胀螺栓标高的测量：根据每个桩基上的标高线D使用钢直尺初步测量出膨胀螺栓的标高，之后进行膨胀螺栓的安装，初步安装的膨胀螺栓标高要稍微高一点，再用水平尺加线坠的方法进行找平，等到三个膨胀螺栓全部按照上面的步骤安装完毕后，在统一用水平尺进行膨胀螺栓的两两找平。对于膨胀螺栓作为支撑，又做了对比施工，一种是施工膨胀螺栓开始精确找平，另一种是粗略找平，通过对比，开始施工精确找平，大大方便了后续橡胶垫的安装与标高的控制，减少了工作，如图4~图7所示。

图4　膨胀螺栓标高测量

图5　膨胀螺栓顶部找平

图6　膨胀螺栓标高确定

图7　膨胀螺栓之间两两找平

膨胀螺栓切割：若发现膨胀螺栓过高则使用切割机把高处的部分切除，因膨胀螺栓顶部不可能全部平整和切割机切割后膨胀螺栓顶面可能不平，也可能切割过多(分两种，一中还能使用不影响施工质量，另一种无妨在作为支撑垫块使用需要重新进行膨胀螺栓的安装)，会影响后续隔震橡胶垫的安装精度，所以每个膨胀螺栓在配置 2 个配套的螺母进行顶标高的调整(切割过多采取措施可使用的部分)。

隔震橡胶垫安装固定：现场安装采用 2 台 3 吨叉车进行安装就位。安装前，在隔震橡胶垫上部连接板上弹上十字中心线，确保隔震橡胶垫的中心线与桩顶控制中心线重合，确保隔震橡胶垫安装在中心位置。准确就位后，先测量隔震橡胶垫四个角点标高，根据复测结果，用膨胀螺栓进行最终找平(通过扳手拧膨胀螺栓上口螺母来最终调整橡胶垫标高)或者用 2mm 厚的薄铁片进行最终找平，找平后，用水平尺检测隔震橡胶垫的平整度，如图 8、图 9 所示。

图 8　隔震橡胶垫安装就位

图 9　隔震橡胶垫四个角点标高复测

3　隔震橡胶垫测量安装的质量难点及要求

3.1　隔震橡胶垫测量安装的质量难点

(1) LNG 储罐 360 个桩基，每个桩基上引测标高线，数量多，工作繁重，施工过程中容易出错。

(2) 膨胀螺栓安装时，可能因测量不到位，导致膨胀螺栓标高安装过低，无法使用。

(3) 膨胀螺栓安装时，可能因测量不到位，导致膨胀螺栓标高安装过高，需要进行切割处理，人为切割时不是很好能控制切割尺寸。

(4) 三个膨胀螺栓之间的两两找平。

(5) 每个膨胀螺栓必须进行标高测量，对标高的准确性要求高。

(6) 隔震橡胶垫安装时，对于橡胶垫标高的微调要求高。

3.2　隔震橡胶垫测量安装的要求

隔震橡胶垫安装技术要求和允许偏差，如表 1 所示。

表 1　隔震橡胶垫安装技术要求和允许偏差

序号	内　容	控制偏差	备　注
1	隔震橡胶垫表面平整度	5‰	
2	橡胶垫上表面标高误差	±2mm	对角线
3	橡胶垫与桩中心线的允许偏差	20mm	

4 隔震橡胶垫测量安装的质量保证措施

(1) 首先要保证设计提供的黄海高程准确无误。

(2) 转换后的标高 B 准确无误。

(3) 保证测量仪器全部在检测合格期内。

(4) 测量人员从开始到结束必须是同一人，测量安装过程中不允许替换。

(5) 膨胀螺栓安装时，测量人员时刻检测，防止因漏测造成标高不准。

(6) 按照国家规范、标准对施工过程进行严格检验与控制。

(7) 实行三检制度。

(8) 坚持技术复核制度。

5 结束语

隔震橡胶垫的测量安装是整个隔震橡胶垫施工的基础，需要严格遵守设计与规范要求进行施工。其中膨胀螺栓开始时的精确找平，大大方便了后续橡胶垫的安装与标高的控制，减少了工作量，从而缩短了工期，为后续工作打下了坚实的基础，并且使用膨胀螺栓作为支撑垫块，造价低，节约了资源，施工方便快捷，不受天气方面的约束，可全年施工。

LNG 高压输送泵的安装

田　博　王　军

（中国石油天然气第六建设有限公司）

摘　要　LNG 接收站具有液化天然气的接收、储存及气化供气功能，其外输供气主要是通过高压泵将 LNG 加压输送到气化装置气化实现。高压输送泵采用的是美国 EBARA 产品，文章介绍了高压泵的特点及安装流程，明确了高压泵安装过程中的难点、要点。

关键词　LNG 接收站；高压输送泵；外输供气；安装流程

1　引言

近年来，随着天然气产业的迅猛发展，LNG 接收站的建设遍地开花。LNG 作为一种高效清洁的能源，已被普遍、广泛应用于生活和工业生产的各个方面。江苏 LNG 项目是中国石油落实国家能源战略，满足长三角地区对清洁高效能源的需求，优化能源消费结构，减少环境污染，推动地方经济可持续发展的重要能源工程；也是中国石油发展液化天然气产业、建立海上油气通道，加快国际步伐、增强能源保障能力的战略工程。江苏 LNG 接收站承担着为长三角及周边地区供气的重任，保障了江苏省三分之一以上的用气需求，是华东地区天然气供应的稳定气源。

2　高压输送泵的特性

2.1　简介

江苏 LNG 接收站使用的高压泵输送泵也称潜液式电机驱动型离心低温泵，它分为泵壳和泵芯两部分，泵芯由泵和电机组成，立式整体结构。工作时，泵壳里充满 LNG，泵芯浸没在 LNG 里运行，其运行参数见表 1。

表 1　高压输送泵参数

生产厂家	额定流量/(m^3/h)	额定转速/(r/min)	额定水头/m	额定功率/kW	设计压力/BARG	介质	轴方向
EBARA	450	3000	2275	2096	130. 8	LNG	立式

高压泵常见的安装有深基坑安装和地上安装，本文介绍高压泵的深基坑安装方式。

2.2　泵的参数

2.3　泵的特性曲线(图 1)

3　高压输送泵主要安装流程(图 2)

4　高压输送泵安装步骤

4.1　高压泵深基坑施工

高压泵基坑规格长 15m×宽 8m×深 5. 2m，采用 4#12m 拉森桩作为基础维护桩，如图 3、图 4 所示。

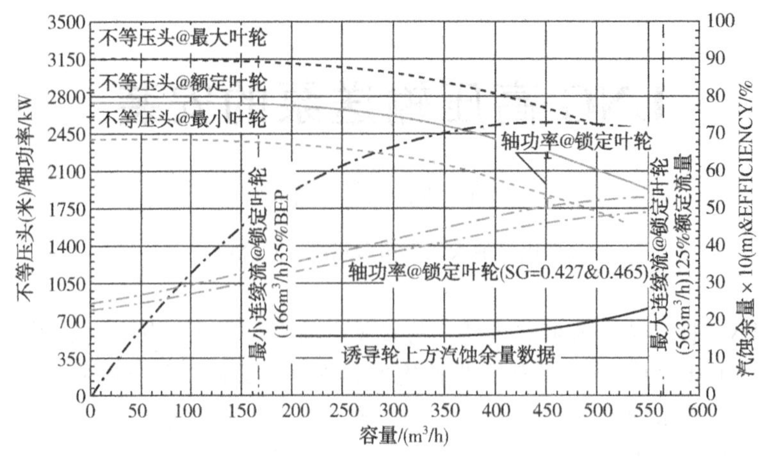

图 1　泵的特性曲线

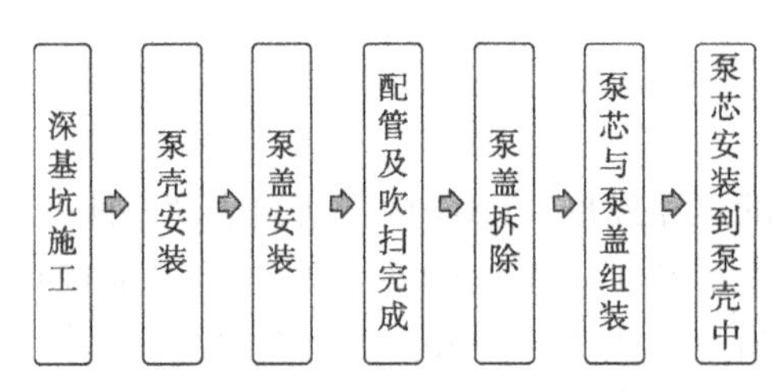

图 2　高压泵安装主要流程

图 3　拉森桩布置图

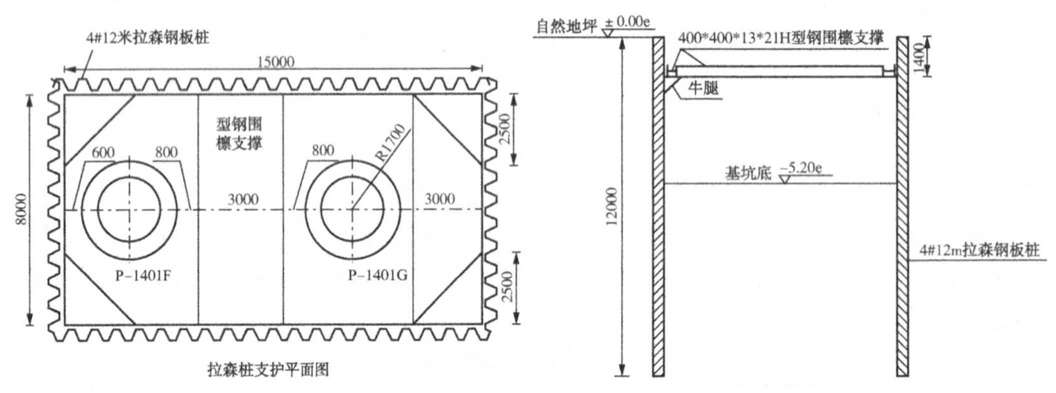

图 4　桩基施工图

经过力学分析与计算，该桩满足挡土强度和打桩时刚度要求。

4.2 泵壳安装

4.2.1 泵壳安装之前有以下注意点

(1) 深基坑施工完成后，泵壳安装之前，需进行基础复核；

(2) 泵壳安装之前需进行电气仪表设施安装和保冷处理，如图 5 所示；

图 5 泵壳安装前保冷

(3) 泵壳安装之前，需先在基础四处预埋地脚螺栓上安装保冷垫，并在保冷垫下安装临时垫铁组。

以上准备工作完成后，开始进行泵壳安装，泵壳吊装需溜尾，采用两台 25 吨汽车吊，吊装时先将泵壳树立，后缓慢放入基坑中，吊装过程中需不断调整泵壳位置，使泵壳的四处支腿准确就位到四处保冷垫上。

4.2.2 泵壳就位后需注意

(1) 泵壳找平找正：用临时垫铁组调整泵壳到设计标高，对其设备与基础的中心线，在泵壳的机加工面上找平；

(2) 地脚螺栓一次灌浆，带强度达到后，拔紧螺栓；

(3) 泵壳精找平找正：泵壳在机加工面上进行精找平找正，完成后点焊垫铁；

(4) 地脚螺栓二次灌浆。

4.3 泵盖安装

泵壳安装完成后，安装泵盖，并完成工艺配管。

注意：由于泵盖仍需再次打开，泵口垫片采用临时石棉垫，且螺栓不宜上的过紧。

4.4 泵芯的安装

(1) 泵芯安装前，先完成与设备连接的管线及电气仪表元件的安装；

(2) 泵芯安装需进行溜尾，将泵芯树立起来；

(3) 泵芯安装前，需拆除泵盖，并将泵盖与泵芯组装，如图 6 所示；

注意：泵盖拆除后，需将泵壳口盖好，防止杂物掉入。

(4) 清理干净泵壳机加工面，将临时石棉垫更换成正式垫片；

(5) 将泵芯缓慢吊装进泵壳内，安装好连接螺栓，上紧固定，如图 7 所示。

图 6 泵盖与泵芯组装

图7　泵芯安装

5　结束语

高压输送泵作为LNG接收站输送系统中重要的设备，主要将经过冷凝的LNG加压输送到气化装置。目前江苏LNG接收站已安装完成的高压泵均运行正常，能够满足目标气量供应。但随着三期规划的落实，在接收站扩建的同时，相应的配套设施也随之跟上，包括高压输送泵的再安装。由于泵和电机组成的整体立式结构这一特性，高压泵安装要求高，这就要求我们熟练掌握高压泵的安装流程，研究吃透其安装要点，为今后同类型的泵安装积累经验。

参　考　文　献

[1] EBARA公司的关于潜液式电机驱动型离心低温泵安装、操作与维护指南E1238-032.
[2] 风机、压缩机、泵安装工程施工及验收规范GB 50275—2010. 北京：中国计划出版社，2011.
[3] 机械设备安装工程施工及验收通用规范GB 50231—2009. 北京：中国计划出版社，2009.

大型薄膜罐抗压环施工工序及控制要点

王　军　刘会升

（中国石油天然气第六建设有限公司）

摘　要　液化天然气储罐是天然气储运中非常重要的一个环节，近年来LNG储存的方式及安全可靠性成为现在越来越多的建造企业共同的难题，储存量大、储存安全、适用性强的LNG储罐收到了众多企业的追捧，现如今单包容罐、双包容罐、全包容罐都以其相应特点得到了广大的应用，新型的薄膜型储罐因其在造价、工期和技术上的优势已经在国外广泛采用，而国内尚未有投产应用先例，以天津南港在建的22万 m^3 薄膜罐为例，其抗压环与以往9%镍钢LNG储罐不同，整体结构形式为56边形结构，如何控制抗压环制造安装质量，成为薄膜罐抗压环施工重点。

关键词　薄膜罐；抗压环；预制安装；焊接控制

1　引言

天然气作为一种优质、高效、方便的清洁能源和化工原料，具有巨大的资源潜力，近年来以习近平总书记的党中央提出的一带一路战略也对天然气产业的发展提供了更大的契机。LNG接收站中的主要结构位码头卸料，LNG存储、工艺处理及外输，而这其中承担存储任务的LNG储罐在工程建设中工期长、技术先进，一直作为整个工程的关键路径进行管理。较之常见的9%镍钢全容储罐，薄膜罐在技术、施工、造价、安全性、节能降耗等方面具有较大优势。国内天津南港2座大型薄膜罐正在进行建造，单座容积22万 m^3，目前已完成气顶升工作，22万 m^3LNG薄膜罐主要由混凝土外罐、绝热系统、薄膜内罐和其他附件组成，其结构形式见图1。下文以天津南港2座薄膜罐为例，阐述薄膜罐抗压环施工工序及控制要点。

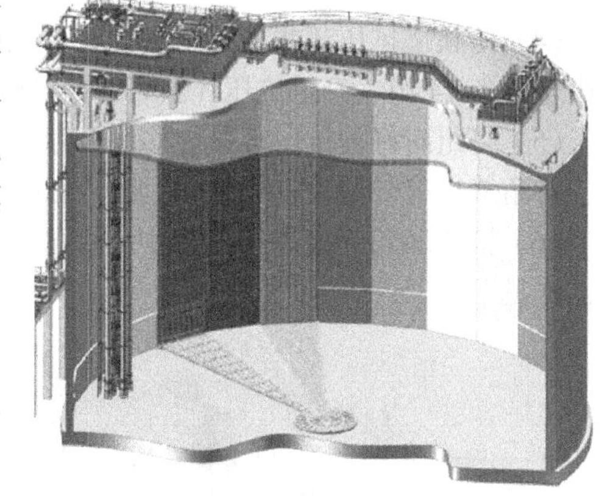

图1　薄膜罐结构

2　抗压环参数

薄膜罐拱顶抗压环安装位于混凝土罐体圆周内壁标高43085mm（薄膜储罐）处，主要由抗压环主体、锚固板，以及抗压环钢支架等组成，抗压环参数见表1。

表1　抗压环参数

序号	名　　称	材　　质	单　　位	数　　量	焊接量/m
1	抗压环主体	16MnDR	块	56块立板和42块盖板	对接焊（$T=35$）98 内角焊缝（$h=12$）272.89 外角焊缝（$h=18$）272.89
2	锚固板	16MnDR	块	224	角焊缝（$h=17$）
3	端板	16MnDR	块	224	角焊缝（$h=17$）
4	抗压环钢支架	Q235-B	根	112	角焊缝

3 抗压环施工工序

抗压环下料→抗压环地面预制→钢支架定位测量与安装调节→抗压环吊装、组对、焊接

4 抗压环下料预制

（1）根据施工图纸，利用数控切割机进行抗压环的盖板、立板下料，抗压环下完料后要求对其尺寸进行测量检查；考虑对接焊缝焊接时的收缩量，立板及盖板下料时长度增加 2mm，使其立板对接缝焊接收缩后立板边长仍与混凝土罐壁边长相符(混凝土内壁也为 56 边形)。

（2）抗压环地面组队预制前应完成预制胎具的制作，使用 CAD 绘制胎具图纸，应保证胎具立板对接缝角度及立板与盖板角度与图纸相符，预制好胎具后检查胎具角度。抗压环胎具见图 2。

（3）抗压环在胎具上进行抗压环的组装，组装完成后对抗压环立板与盖板角焊缝的角度及立板对接缝角度进行测量检查，确认无误后进行角缝封底焊及对接锋焊接；为防止角焊缝焊接变形，需焊接固定斜撑，每组抗压环安装 7 根 $L=1300$mm 的斜撑，见下图 3，且均匀分布。

图 2　抗压环胎具

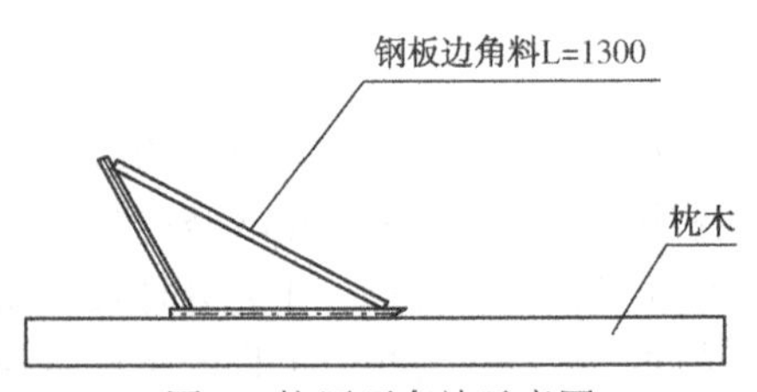

图 3　抗压环存放示意图

（4）薄膜罐抗压环共计预制组装成 28 组，根据图纸合理分为二块立板+二块盖板及二块立板+一块盖板各 14 组，每组抗压环做好编号及焊缝信息标识。

（5）将组对好的抗压环吊装移位至存放场地，拆除固定斜撑，利用手工焊完成余下角缝焊接工作，对角缝进行外观检查和 PT 检测，见下图 4。

（6）抗压环角焊缝焊接过程中，由于焊接收缩，需不间断地对焊脚高度及抗压环角度进行检测，详见图 5。

图 4　抗压环焊接

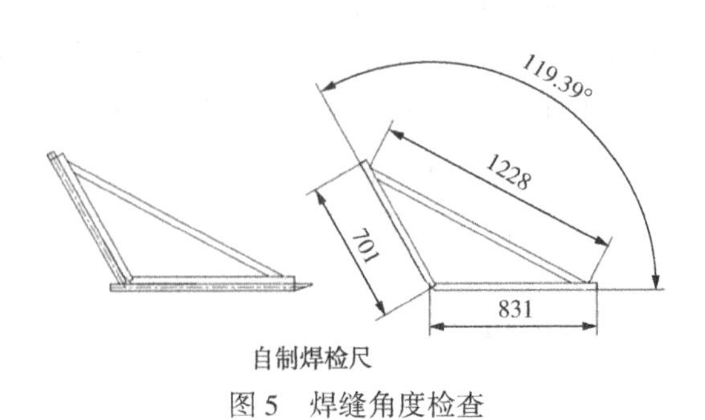

图 5　焊缝角度检查

5 抗压环罐顶安装

（1）抗压环吊装前完成 F 钢支架的安装工作，钢支架安装完成后测量安装半径偏差，并根据半

径偏差确定抗压环与钢支架连接板的下料宽度，确保抗压环安装半径；另外钢支架上的支撑槽钢焊接前应使用全站仪测量标高，即槽钢上表面为抗压环立板下口的标高。

（2）预制完成的抗压环选用150T汽车吊进行吊装组对，吊装前使用全站仪测量出安装基准点，抗压环共计28组，为方便控制定位，每一组的安装方位都应测量标记。

（3）每组抗压环吊装就位后，调整好安装半径、角度及对接缝间隙，然后将抗压环与F支架进行焊接固定。抗压环吊装见图6。

图6　抗压环吊装

（4）抗压环对接缝之间安装立缝组对卡具，利用这些卡具来进行焊缝间隙、错边量、棱角度及垂直度的调整，所有抗压半径及垂直度调整合格后进行抗压环立板焊缝的焊接。

（5）拱顶气顶升后进行拱顶板与抗压环焊接，焊接完成后进行真空试漏，并对抗压环顶部锚栓进行安装焊接。

6　抗压环焊接控制

（1）焊接方法及焊接材料选择见表2。

表2　焊接方法及材料

构件名称	材　质	规　格	焊接方法	焊接材料
抗压环	16MnDR	对接（T=35mm）	SMAW	CHE507RH
	16MnDR	角缝（预制）（h=12mm）	SMAW	CHE507RH
	16MnDR	角缝（安装）（h=18mm）	SMAW	CHE507RH

（2）抗压环焊接工序

制作胎具→立板与盖板拼装→焊前打磨→焊前预热→抗压环打底层焊接→打底层检测→抗压环填充盖面层焊接→焊缝表面PT检测→锚固件与端板单独预制好→抗压环螺柱进行焊接→锚固件与抗压环立板焊接→抗压环安装缝焊接→抗压环立板与盖板预留角焊缝焊接→抗压环与拱顶板角焊缝。

（3）抗压环由立板和盖板组成，预制主要为抗压环立板和盖板角焊缝的焊接，焊接过程主要为控制焊接变形。

（4）焊前用砂轮机将坡口及坡口20mm范围的的氧化层、油污、铁锈打磨干净。

（5）定位点焊：作为正式焊缝组成部分的定位焊缝必须完全焊透，并且熔合良好，定位焊缝不得有裂纹，否则必须清除重新焊接，如有夹渣、气孔时，也必须去除，不能存在缺陷，保证底层焊道成型良好，减少应力集中。正式焊接时，起焊点在两定位焊缝之间。定位焊缝的长度、厚度和间距，必须保证焊缝在正式焊接过程中不致开裂。在打底焊道焊接前，对定位焊缝进行检查，发现缺陷必须完全去除掉，才能进行施焊。定位焊缝的长度、厚度和间距的要求见表3。

表3　定位焊缝的长度、厚度和间距　　mm

焊件厚度T	焊缝厚度	焊缝长度	间距
35	5~8	10~50	250~400

（6）抗压环焊接前预热温度应高于40℃，预热范围坡口两侧不小于焊缝宽度的3倍，预热范围200mm内用保温棉进行保温。焊接过程中最低道间温度不低于预热温度，层间温度不得超过

350℃。当环境温度无法满足焊接要求时焊前预热及道间温度的保持采用火焰加热法，并用红外线测温仪进行测量监控。

（7）打底焊接采用分段跳焊的方式，焊 300mm 跳 300mm，层间接头和道间接头错开不小于 50mm。

（8）每一层的焊缝必须一次连续焊完，若中间间断再次焊接容易造成接头位置应力集中，造成裂纹。

（9）若焊工临时停止施焊，造成焊缝温度低于预热温度，再次进行加热后，才允许进行焊接作业。

（10）立板与盖板的角焊缝两侧预留 500mm 不焊（图 7），留作收缩，待安装缝焊接完成后，再进行预留收缩焊缝的焊接。

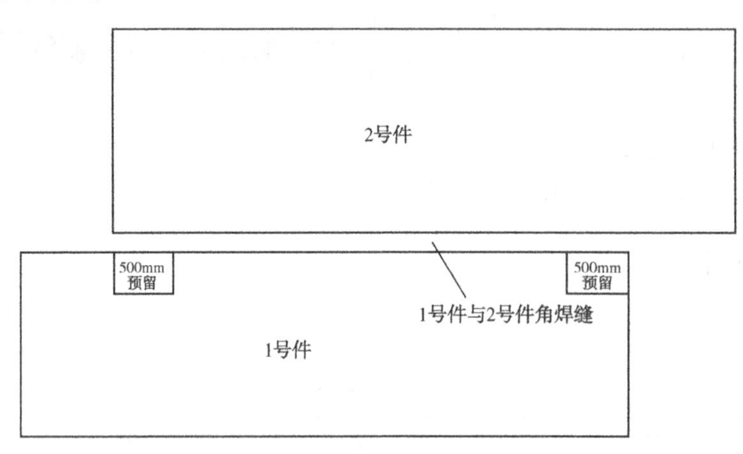

图 7　预留角焊缝

（11）抗压环盖板端头焊接时，必须加引弧板，而且在焊接过程中严禁在母材上引弧，引弧可以在引弧板上或者在焊道内引弧，在焊道内引弧时，如有缺陷要将缺陷去除掉再进行焊接。

（12）焊接小坡口侧前需要对打底层进行清根处理，采用碳弧气刨清根时需清除表面碳化层 2mm 左右，清根完成后经质检人员确认合格后进行清根层渗透检测，严禁不经过渗透检查直接进行小坡口侧焊缝填充。

（13）当焊道宽度超过焊条直径 2.5 倍时，要进行排道焊接，排道要均匀布置。

（14）焊接完成后对焊缝表面进行修磨，将焊缝表面打磨干净，将存在的缺陷去除掉，然后表面进行渗透检测。

7　结论

通过以上方式，在实际施工生产中，薄膜罐抗压环施工满足设计及相关规范要求，无损检测合格率达到 99.5%，施工效率满足现场的要求，为后续施 LNG 薄膜罐施工提供宝贵经验，目前该项目已完成薄膜罐气顶升工作，将全面进入内罐施工阶段，作为陆上 LNG 薄膜罐建设领域的先行者，将持续深化各方合作，加大科技创新力度，致力于填补国内薄膜罐技术领域空白。

参 考 文 献

[1] 高健富，高炳军，靳达，等. LNG 储罐罐体结构与载荷的关联性[J]. 油气储运，2019，38(3)：0321-0327.

[2] 黄献智，杜书成. 全球天然气和 LNG 供需贸易现状及展望[J]. 油气储运，2019，38(1)：0012-0019.

[3] 王莉莉，付世博，乔宏宇，等. 立式储罐静力分析的简化有限元模型[J]. 油气储运，2021，40(1)：0051-0057.

[4] 林现喜，杨勇，裴存锋. 基于风险管控的 LNG 槽车安全管理体系及其实践[J]. 油气储运，2021，40(5)：0590-0595.

[5] 周宁，陈力，吕孝飞，等．环境温度对 LNG 泄漏扩散影响的数值模拟[J]. 油气储运，2021，40(3)：0352-0360.

[6] 远双杰，孟凡鹏，安云朋，等．LNG 接收站工程中外输首站的设计及优化[J]. 油气储运，2020，39(10)：1178-1185.

[7] 单彤文，陈团海，张超，等．爆炸荷载作用下 LNG 全容罐安全性优化设计[J]. 油气储运，2020，39(3)：0334-0341.

[8] 戴政，肖荣鸽，马钢，等．LNG 站 BOG 回收技术研究进展[J]. 油气储运，2019，38(12)：1321-1329.

[9] 杨烨，李魁亮，卢绪涛，等．大型 LNG 工厂夏季生产装置安全控制方案[J]. 油气储运，2019，38(11)：1282-1287.

[10] 隋永莉，王鹏宇．中俄东线天然气管道黑河—长岭段环焊缝焊接工艺[J]. 油气储运，2020，39(9)：0961-0970.

[11] 陈祝年．焊接工程师手册．2 版，2009.

[12] 王震，和旭，崔忻．“碳中和”愿景下油气企业的战略选择[J]. 油气储运，2021，40(6)：0601-0608.

[13] 蒋国辉，张晓明，闫春晖，等．国内外储罐事故案例及储罐标准修改建议[J]. 油气储运，2013，32(6)：633-637.

[14] 刘佳，陈叔平，刘福录，等．大型液化天然气储罐拱顶应力分析[J]. 石油化工设备，2013，42(5)：19-23.

[15] 钱成文，姚四容，孙伟，等．液化天然气的储运技术[J]. 油气储运，2005，24(5)：9. [doi：DOI：10.6047/j.issn.1000-8241.2005.05.003]

LNG 接收站高流速管道评价研究与实践

吴永忠

（广东大鹏液化天然气有限公司）

摘　要　对现场管道的振动、噪声、管件壁厚进行数据采集，并对管道内流体的流动、声学和管道振动进行模拟分析，结合现场测量数据和模拟分析，查找管道产生噪声的原因并进行评估，提出可能的风险、整改方案及监控和检测方案，确保接收站安全、可靠运行。

关键词　LNG；高流速；管道；评价；研究实践

1　前言

接收站计量装置至发球装置之间的管段在高负荷运行时出现较大噪声、振动，该段管道投产时间为 2006 年，管道设计压力为 9.2MPa，设计温度为-5～60℃，运行压力为 7.3～9.0MPa。这管道与主干管线相连，平时无法隔离检修，一旦受损，后果及影响十分巨大。为此，需对这些高流速管道的风险及适用性进行较为全面的评估和治理。

2　现场测量数据分析

2.1　现场工况

分别于 2019 年 7 月 11 日和 8 月 22 日对现场管道进行了测量，测量工况主要信息见表 1。

表 1　测量工况主要信息

时　　间	ORV 运行台数	工况体积输量/(m^3/h)	出站压力/MPa	出站温度/℃
20190711 下午	4	5246.21+5272.48	8.74	24.8
20190822 上午	5	6012.00+6083.67	7.95	27.7
20190822 上午	6	7113.40+7213.91	7.99	27.2
20190822 上午	7	8018.08+8081.55	8.04	27.5
20190822 下午	6	6837.65+6898.86	8.42	26.9

2.2　测点位置

计量装置至发球装置之间的管段共设置振动测量点 24 个、噪声测量点 23 个（位置与振动测量点一致），管件壁厚测量点 7 处。

2.3　测量结果

2.3.1　管道振动

管道振动测量结果如图 1 所示。

2.3.2　噪声

噪声测量结果见表 2、图 2。

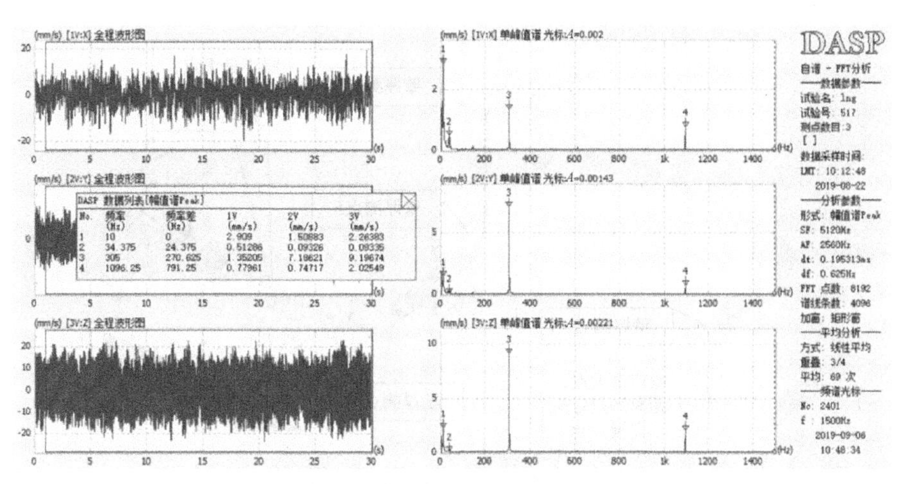

图 1　20190822 测量数据(5 条线运行工况-上午)

表 2　噪声测量结果

工　况	测　点	测量值 dBA	备　注
20190711 下午-4 台 ORV 运行		65	基本无噪声
20190822 上午-5 台 ORV 运行	20 点下游	96	噪声最大点，见图 1 其他位置 82dB 左右。
	22 点下游	98.9	
20190822 上午-6 台 ORV 运行	20 点下游	92	噪声最大点，见图 1
	22 点下游	100.8	
20190822 上午-7 台 ORV 运行	20 点下游	70	噪声最大点，见图 1
	22 点下游	70	
20190822 下午-6 台 ORV 运行	10	76.9	
	11	79	
	12	81.2	
	13	76.6	
	14	69.2	
	15	73.2	
	16	76	
	17	81.4	
	18	82.9	
	19	90.1	
	20 点下游	94.6	噪声最大点，见图 1
	22 点下游	98	
	23	70.7	
	24	85.9	
	25	78.7	
	26	75.5	
	27	71	

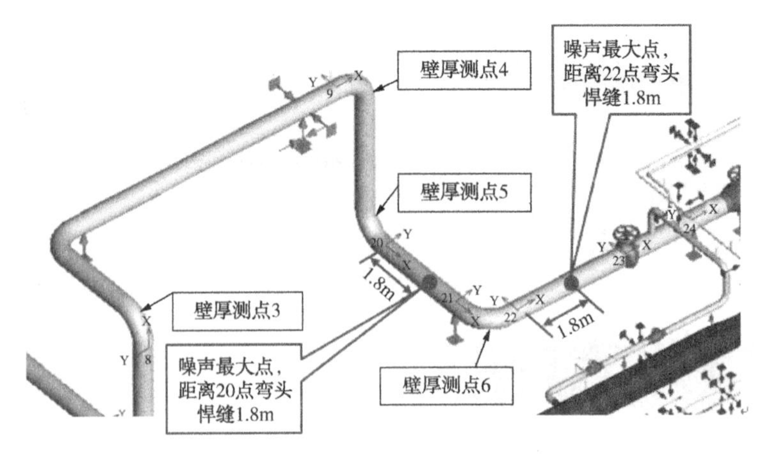

图 2　噪声最大点

2.3.3　管件壁厚

管件壁厚测量，弯头主要测量内弧壁厚、外弧壁厚和视角一侧的壁厚，三通测量了上方、下方和主管侧面。壁厚数值见表 3。

表 3　管件壁厚测量结果

壁厚测点	厚度值/mm	备　　注
1	44.7 44.0 44.1 44.4 44.5 45.0 44.5 41.2 43.6 42.0 45.2 44.2 42.0 42.1 45.2 44.3 43.9 43.4 45.1 44.4 44.0	外弧最大值 44.7 外弧最小值 43.9 外弧平均值 44.3 内弧最大值 44.0 内弧最小值 41.2 内弧平均值 42.6 侧面最大值 45.2 侧面最小值 44.4 侧面平均值 44.9 外弧内弧平均值差 1.7 侧面外弧平均值差 0.6

3　测量结果评价

3.1　管道振动

3.1.1　低于 300Hz 的振动

对于低于 300Hz 的振动，工程上评估管道振动水平可以参考图英国指南(Energy Institute)：如果速度 RMS 值位于 Problem 区域，发生疲劳失效的风险较高，应该立即采取措施。如果速度 RMS 值位于 Concern 区域，意味着存在疲劳失效的可能，应该采取控制管道振动的措施。如果速度 RMS 值位于 Accepetable 区域，意味着管道振动水平可以接受。

依据图 3，汇总了管道振动测量结果评价表。从汇总的评价表可知，各工况管道振动存在的频率成分见表 4。

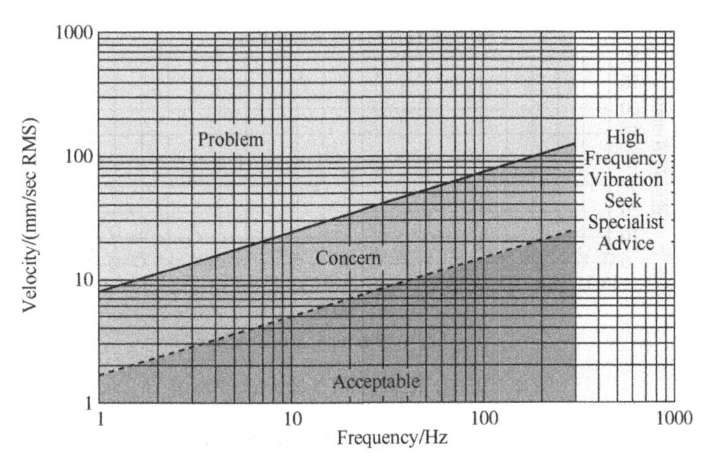

图 3　管道振动水平评估(EI)

表 4　各工况 300Hz 以下管道振动频率成分

工况编号	振动频率成分	备注
lng 1	6.25、10、12.5、38、63、98、111、145、288Hz	全部测点
lng 5	6.25、10、12.5、38、143Hz	仅测点 17~22 数据
lng 6	6.25、10、12.5、38、63、144Hz	仅测点 17~22 数据
lng 7	1.25、1.875、6.25、8.75、10、12.5、16.875、17.5、35.625、34、38、63、144、190Hz	全部测点
lng 62	7.5、10、12.5、34、38、66、111、144Hz	全部测点

注：lng1—20190711 工况(4 条线运行)；
lng 5—20190822 工况(5 条线运行)；
lng 6—20190822 工况(6 条线运行-上午)；
lng 7—20190822 工况(7 条线运行-上午)；
lng 62—20190822 工况(6 条线运行-下午)；

从汇总的评价表可知：各工况主管线管道振动速度 RMS 值均在可接受的范围内，管道振动速度 RMS 值较低。lng7 和 lng62 工况，小分支管线上测点 30 和测点 31(测点 18 附近小支管，图中未体现)速度 RMS 值处于 Concern 区域，意味着存在疲劳失效的可能，应该采取控制管道振动的措施。

3.1.2　高于 300Hz 的振动

对于 300Hz 以上的振动，工程上评估管道振动水平可以参考美国 Engineering Dynamics Inc. 公司(1968 年成立，专门提供噪声振动工程服务)提出的：(1)可接受的管道振动速度幅值为 200mm/s；或(2)管道外壁 1in 处声压级低于 136dB。对于 300Hz 以上的振动，各工况管道振动存在的频率成分见表 5。307Hz 的振动速度幅值如图 4 所示。

表 5　各工况 300Hz 以上管道振动频率成分

工 况 编 号	振动频率成分	备　注
lng 1	301、305、309、326、407、423、569、603、655、707、776Hz	全部测点
lng 5	305、610、1097Hz	仅测点 17~22 数据
lng 6	307、614Hz	仅测点 17~22 数据
lng 7	308、412、1089、1468、2178Hz	全部测点
lng 62	307、614、922、1228、1538Hz	全部测点

注：lng1—20190711 工况(4 条线运行)；
lng 5—20190822 工况(5 条线运行)；
lng 6—20190822 工况(6 条线运行-上午)；
lng 7—20190822 工况(7 条线运行-上午)；
lng 62—20190822 工况(6 条线运行-下午)；

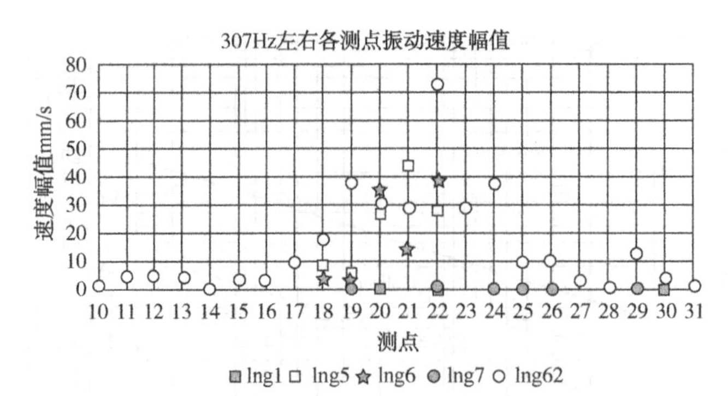

图 4 307Hz 左右各测点振动速度幅值

从以上频率成分及速度幅值可以看出：工况 lng1、lng5、lng6、lng62 的主要频率成分是 307Hz 和 610Hz，其中工况 lng62 的 22 测点在 307Hz 的速度幅值最大，达到 72. 53mm/s。工况 lng7 的主要频率成分是 1100Hz 和 1468Hz，其中 11 测点在 1089Hz 的速度幅值最大，达到 4. 58mm/s。

工况 lng62 的 22 测点在 307Hz 的速度幅值最大，达到 72. 53mm/s，低于 200mm/s，300Hz 以上管道振动位于可接受的范围内。

3. 2 噪声

当 5 台 ORV 运行(工况 lng5)和 6 台 ORV 运行(工况 lng6、lng62)时，现场的管道噪声较大，部分位置超过 85dB。噪声最大位置处于测点 20 下游 1. 8m 和测点 22 下游 1. 8m 处，最大噪声值达到 100. 8dB(A)。当声能足够大时，会导致管壁失效。工程上通常认为当管外壁噪声达到 136dB(C)时，管壁将发生失效。目前噪声最大值约 100. 8dB(A)，考虑测量误差及算法偏差，噪声值不至于高于 136dB(C)。

3. 3 管件壁厚

各测点壁厚统计值见表 6。

表 6 各测点壁厚统计值 mm

测点	外弧最大值	外弧最小值	外弧平均值	内弧最大值	内弧最小值	内弧平均值	侧面最大值	侧面最小值	侧面平均值	外弧内弧平均值差	侧面外弧平均值差
1	44. 7	43. 9	44. 3	44. 0	41. 2	42. 6	45. 2	44. 4	44. 9	1. 7	0. 6
2	44. 9	43. 9	44. 5	44. 3	41. 2	42. 8	44. 7	44. 3	44. 5	1. 7	0
4	44. 9	44. 1	44. 5	44. 0	42. 3	43. 1	45. 2	44. 8	45. 0	1. 4	0. 5
5	44. 8	44. 1	44. 4	44. 5	42. 8	43. 7	45. 3	44. 6	44. 9	0. 7	0. 5
6	44. 7	44. 2	44. 5	44. 3	42. 7	43. 5	45. 4	44. 5	44. 9	1	0. 4
测点	上方最大值	上方最小值	上方平均值	下方最大值	下方最小值	下方平均值	侧面最大值	侧面最小值	侧面平均值	上方下方平均值差	侧面上方平均值差
7	87. 0	85. 2	86. 1	82. 0	78. 4	80. 3	88. 9	88. 6	88. 7	5. 8	2. 6

从管件壁厚统计值可以得出以下结论：弯头内弧壁厚最薄，外弧其次，侧面最厚，内弧壁厚平均值比外弧壁厚平均值薄 0. 7~1. 7mm，外弧壁厚平均值比侧面壁厚平均值薄 0~0. 6mm；

三通下方壁厚最薄，上方其次，侧面最厚，下方壁厚平均值比上方壁厚平均值薄 5. 8mm，上方壁厚平均值比侧面壁厚平均值薄 2. 6mm。目前测量的壁厚偏差可能是制造公差导致。

4 管道振动原因分析

从管道振动测量数据可知，现场的管道振动水平较低，主要以噪声为主。以下分别从管内流体流动状态、管内流体声学特性、管道结构特性等方面进行分析。

4.1 管内气体流动状态分析

管内气体在流经三通、弯头等元件时，由于流速的变化可能形成涡流，从而在管内形成一定的压力脉动。一方面，压力波动如果足够大，传递到管道上将在管道的弯头对之间的管道上产生不平衡力，从而引起管道振动。另一方面，压力脉动可能导致管道内的气体发生声学共振，产生较高的噪声或较大的声学激振力。主要关注图 5 所示四处可能产生脉动的位置。

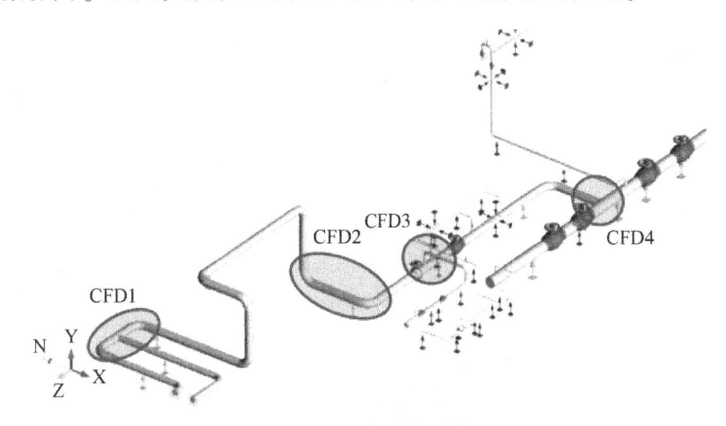

图 5　CFD 分析关注位置

以 lng6 工况为例，流体分析结果压力脉动云如图 6 所示。

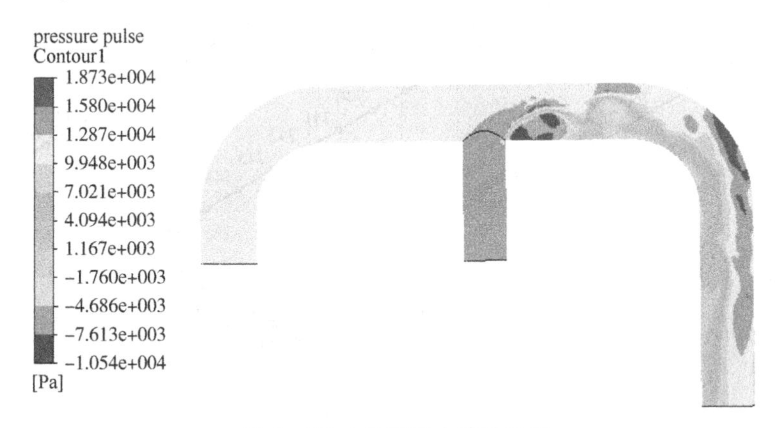

图 6　CFD1 位置压力脉动云图

从流体分析结果看出，管道内的流体在三通分支处存在较大扰动，弯头附近气体流动相对平稳。

4.2 声学分析

从流体分析可知，几处三通位置均存在流体扰动，一旦流体扰动激发管内气柱的共振，将会产生较大的噪声或声学激振力。以下分别对管内气柱固有频率和气柱响应进行分析。

4.2.1 管内气柱固有频率分析

部分频率的管内气柱声学振型如图 7 所示。

分析各阶声学振型可知：300Hz 以下的声波均沿管道轴向传播。从 303Hz 开始出现少量沿管道横向传播的声波，至 398Hz，仍然以沿管道轴向传播为主。从 413Hz 开始横向波逐渐成为主要传播形式，至 610Hz，声波主要沿管道横向传播。

4.2.2 管内气柱声学响应分析

本节主要分析在流体扰动下，管内气柱的声学响应。声学模型如图 8 所示，节点编号如图 9 所示。

根据声学分析结果可知，管内气柱压力脉动存在第一主峰或主要主峰响应频率 314Hz 或 316Hz，与测点振动主峰 307Hz 非常接近。

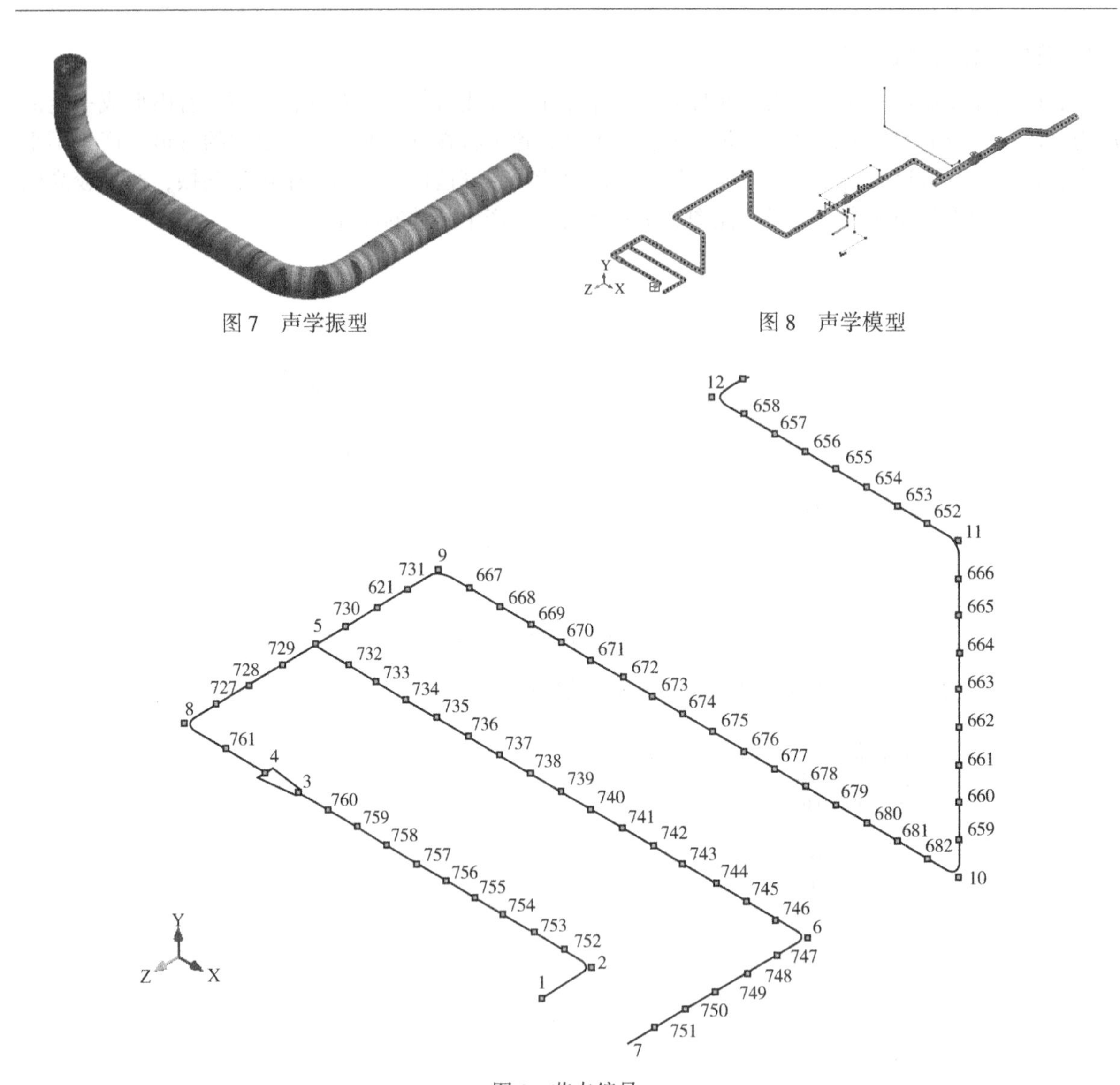

图7　声学振型

图8　声学模型

图9　节点编号

4.3　管道振动响应分析

4.3.1　管道固有频率分析

分别计算管道整体固有频率和管壁固有频率。

(1) 管道整体固有频率

管道结构模型如图10所示，提取的300Hz以下的管道固有频率见表7。

表7　管道固有频率

Mode Number	Freq/ Hertz	Particip. Factor X	Particip. Factor Y	Particip. Factor Z	Mode Number	Freq/ Hertz	Particip. Factor X	Particip. Factor Y	Particip. Factor Z
1	2.3458	-10.51	-0.26	-3.94	198	79.4559	0.12	0.11	-0.04
2	2.5042	-3.64	0.07	2.04	199	79.8413	0.08	-0.29	0
3	2.5794	17.89	-0.13	-3.91	200	79.9774	-0.06	0	0
4	3.8595	1.67	3.7	18.05	201	80.2807	-0.35	0.13	0.01
5	4.0335	0.04	0.52	2.64	202	81.9343	0.07	0.07	0.08
6	4.3891	1.17	0.14	1.22	203	82.1995	1.88	1.92	-0.78
7	4.5252	1.12	0.13	-2.15	204	83.6777	-0.07	0.13	-0.09

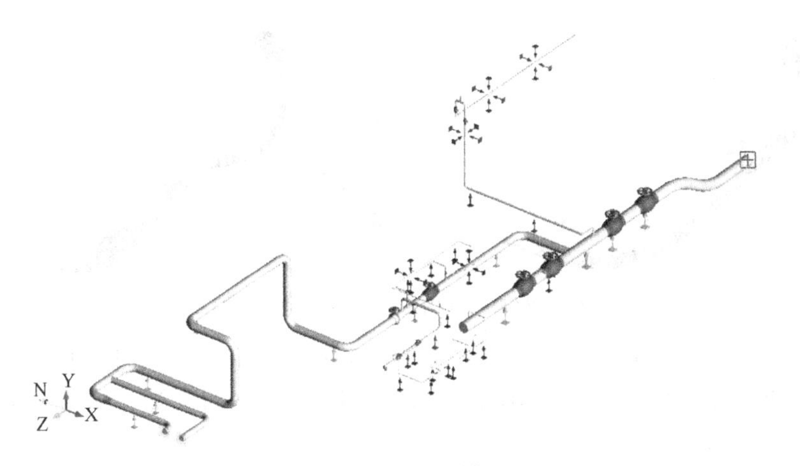

图 10　管道结构模型

由于现场的管道主要振动频率是 307Hz，高于以上计算的固有频率，因此应分析管壁振动的固有频率。

(2) 管壁固有频率，见表 8。

理想直管管壁固有频率按下式计算：

$$f_i=\frac{\lambda_i}{2\pi R}\left[\frac{E}{\gamma(1-v^2)}\right]^{1/2}$$

$$\lambda_i=\frac{1}{12^{1/2}}\frac{h}{R}\frac{i(i^2-1)}{(1+i)^{2\,1/2}};\ i=2,\ 3,\ 4,\ \cdots$$

式中，f_i = Shell wall natural frequency，Hz；λ_i = Frequency factor，dimensionless；R = Mean radius of pipe wall，inches；v = Poisson's ratio；γ = Mass density of pipe material，lb-sec^2/in^4；h = Pipe wall thickness，inches。

表 8　管壁固有频率计算结果

Mode number	Frequency/Hz	Mode number	Frequency/Hz
2	286.9	4	1556.0
3	811.5	5	2516.3

计算的 200~400Hz 的固有频率见表 9。

表 9　200~400Hz 固有频率

No.	Fre/Hz	No.	Fre/Hz	No.	Fre/Hz
1	199.33	9	304.6	17	367.99
2	204.52	10	305.68	18	372.51
3	250.71	11	318.08	19	383.3
4	269.5	12	318.84	20	385.17
5	285.36	13	329.66	21	399.03
6	287.41	14	332.2	22	406.08
7	288.24	15	356.15		
8	293.56	16	359.53		

200~400Hz 固有频率对应的振型见图 11。

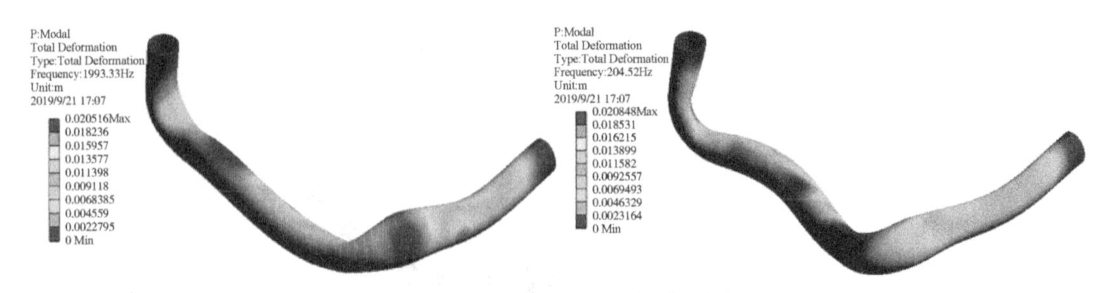

图 11 200Hz~400Hz 固有频率对应的振型

从声学分析结果可知，声学主要激发频率为 316Hz。无论是公式计算的管壁二阶固有频率 286. 9Hz，还是模拟分析的 287Hz 和 304Hz，均位于激发频率的共振区。现场管道振动主频为 307Hz，也表明管壁二阶振动已被激发。

4. 3. 2 管道振动响应分析

（1）管道横向振动响应

在 3. 2 声学响应产生的激振力作用下，314Hz 管道动应力仅为 2. 57MPa，管道振动幅值为 0. 02mm，管道横向振动响应较小。

（2）管壁振动响应

流体扰动下管内声压级计算值如图 12 所示，最大声压级为 156. 39dB。

图 12 管内声压级 SPL 计算值

经计算，对于 Φ660×41. 43mm 的管道，声功率级为 121. 76dB 时，管壁动应力约为 12. 7MPa，小于疲劳许用应力 16MPa（疲劳极限 48MPa，考虑应力集中系数 3）。

工程上通常限定工况下流体的 ρv^2 小于 20000，一般认为当流体的 ρv^2 大于 20000 时，流致振动的风险较高。

4.4 噪声引起管道振动机理

当管内气体流经三通、弯头、变径、阀门等元件或壁厚有变化的位置时，局部流速的变化及流体剪切层将形成涡流，从而导致压力脉动。该压力脉动产生的声压级可按下式计算：

$$SPL=20\times\log(\Delta P/(2\times10^{-5}))$$

式中，SPL 为声压级，dB；ΔP 为压力脉动，Pa；

该压力脉动的频率 f 为激发频率，压力脉动将以天然气中的声速沿管道各个方向传播。管内气体像固体一样，也有其自身的动力特性。当压力脉动频率与气体自身的固有频率一致时，将激发气体自身的共振，产生更大的压力脉动。当压力脉动沿管道轴向传播时，声波在弯头、阀门、封闭端等位置将有一部分反射，并与入射波叠加形成驻波，导致整个管段各点压力不一致，从而在弯头和弯头之间的直管段上产生作用力，引起管段振动。沿管道轴向传播的压力波引起的管道振动。当压力脉动沿管道横向传播时，将会造成管道截面上各点的压力不一致，从而造成管壁产生应力。管壁的应力与管壁所受压力、管道外径壁厚、管壁固有频率有关，当管壁固有频率与压力脉动频率接近时，管壁应力达到最大。对于直管道位置，管壁的应力通常不至于导致管道失效。对于有分支的位置，由于受到约束，在管道截面压力作用下，分支处将产生较高应力，由于管壁振动频率较高，因此通常情况下分支处最先出现声致疲劳。沿管道横向传播的压力波导致的管道响应。

5 结论及建议

（1）现场管道总体上振动幅值较低，主要以噪声为主，噪声较大工况管道振动的主要频率为 307Hz。

（2）对于低于 300Hz 的振动，依据英国 Energy Institute 指南进行评估，有三处小分支管速度 RMS 值处于 Concern 区域，意味着存在疲劳失效的可能，应该采取控制管道振动的措施。300Hz 以上管道振动位于可接受的范围内。最大噪声值 100.8dB，低于工程上通常认为管壁疲劳失效的 136dB。

（3）结合流体分析、声学分析和管道结构分析可知，导致管道振动和噪声的主要原因是：三通分支处流体扰动较大，流体的扰动激发了管内气柱的声学共振，气柱的声学共振进一步作用到管壁上。由于管壁的二阶固有频率位于声学激励的共振区，管内气柱声学共振进一步激发管壁的共振，从而产生较大的噪声和管壁振动。

（4）分析出不同工况的管道噪声、振动值见下表 10，建议现场运行避开噪声较高工况。

表 10　不同工况管道噪声、振动值

序号	压力/MPa	温度/℃	体积流量/(m^3/h)	Φ660 管道流速/(m/s)	噪声/dBA	振动速度幅值/(mm/s)	振动主频/Hz	备注
1	8.74	24.8	10519	11.17	65	0.9	10	4 台 ORV 运行
2	7.95	27.7	12096	12.84	98.9	43.65	305.6	5 台 ORV 运行
3	7.99	27.2	14327	15.21	100.8	38.15	307.5	6 台 ORV 运行
4	8.42	26.9	13737	14.59	98	72.53	307.5	6 台 ORV 运行
5	8.04	27.5	16100	17.09	70	21.39	10	7 台 ORV 运行

（5）建议在三处小支管增加支撑。

（6）建议后期定期检测管件壁厚，分析规律，确定冲蚀速率。

LNG 接收站工艺班组的安全生产履职

王雅臣

（国家管网集团天津液化天然气有限责任公司）

摘　要　基层班组是作业现场的基础生产单元，基层班组的整体安全管理能力和水平的高低，直接影响公司安全水平和属地部门安全管理责任落实。通过定期对各类安全管理问题进行汇总分析，对班组日常工作跟踪，提出针对性的改进建议，达到不断规范和提升基层班组现场安全管理水平的目的。

关键词　LNG 接收站；班组；安全；管理；履职

班组是安全生产的基础，班组安全建设是实现企业安全生产战略目标的关键，员工的安全素质和班组的安全生产状态直接关系到企业安全生产的效果。习近平总书记曾说"始终把安全生产放在首要位置，切实维护人民群众生命财产安全。要坚决落实安全生产责任制，切实做到党政同责、一岗双责、失职追责。"生产安全是法规要求、是党纪要求、更是人的基本需求。

经过"安全生产专项整治三年行动"及"重大事故隐患专项排查整治 2023 行动"，生产安全事故仍在不断干扰着社会发展，挑战着人的敏感神经。2023 年 1 月 15 日盘锦浩业化工有限公司在烷基化装置水洗罐入口管道带压密封作业过程中发生爆炸着火事故，造成 13 人死亡、35 人受伤；2023 年 2 月 22 日内蒙古自治区阿拉善盟左旗露天煤矿垮塌事故，造成 53 人死亡或失踪；2023 年 5 月 1 日山东聊坡中化集团鲁西化工双氧水生产区发生爆炸火灾事故，造成 10 人死亡、1 人受伤；2024 年 1 月 20 日江苏常州燊荣金属科技有限公司生产车间发生粉尘爆炸，共造成 8 人死亡、8 人轻伤。在全面展开的"安全生产治本攻坚三年行动"，班组履行安全生产职责，有哪些问题、哪些困难，又有哪些措施？

1　基层班组安全履职存在的主要问题

统计分析体系内审共 6 次、497 项问题，对现场各类问题分析，按专业分布主要集中在仪表通讯(19%)、机械设备(18%)、安全管理(14%)、工艺调控(14%)、管道线路(10%)、环保健康(10%)、工程项目(7%)、电气管理(6%)等方面，其中比较突出的主要体现在物的不安全状态和管理缺陷两个方面。

1.1　忙于实际工作，对制度体系不熟悉

公司现有规章制度 271 个，其中安全环保 46 个、生产运行 30 个，另有业务相关流程工作文件约 30 个，其他日常工作相关文件有操作规程、部门工作指导书、岗位作业指导书、安全责任书（"一岗一清单"）、消防责任书、安全环保责任书、应急预案等。班组人员仅停留在知道有这些文件，对工作要求、标准不熟悉，总是现用现查。

1.2　低老坏问题屡禁不止

受生产、经营、工作量、人员流动性等客观因素的影响，导致基层班组工作人员的岗位技能、业务素质等层次不齐，沟通和管理困难较大。日常巡检工作表现机械，责任心不强，不能发挥主观能动性，实际工作开展中安全履职与本业务或岗位结合度不高，未能将相关安全履职情况在实际工作内容上体现出来。受到生产区面积大、专业能力限制，日常检查及整改，不能举一反三，且要经常返工。

如：现场设备运行状态牌在设备启停后不能及时调整；阀门开关牌在阀门操作后不能及时调整；现场 A 处的整改，操作人员对于相隔 2 米的同样问题的 B 处视而不见。

1.3 问题清单混乱繁杂

现存在设备故障报修汇总表、隐患检查台账、投产“三查四定”检查问题汇总表。统计清单较多，问题互有重复，对问题统计，隐患排查奖励工作带来不便，也不利于问题的跟踪整改。

1.4 记录、存档管理不标准

日常各项工作，其工作成果均要有迹可查，或有通讯电子版材料、或有照片、或有纸版签字文件，一方面各种文件保存较乱，另一方面文字总有签错字、忘签字的情况。以班组培训资料为例，有的人没有签到却答了试卷，有的人签到后因临时工作没有答卷，也未及时补答，在考试成绩统计汇总上也有个别人员忘记登记成绩。一份合格的材料，要反复检查多次，无疑增加的整体的工作量和工作时间。

2 班组履行安全生产职责面对的困难

2.1 人员安排

根据企业用工编制安排，工艺班组每班共 8 人，其中班长 1 人、副班长 1 人、主操及副操共 6 人，班长对班组有管理职责，主操及副操至少职位级别上有不同，实际干的具体工作大致相同。日常需安排至少 2 人在中控负责消防值守、DCS 操作，其他人员根据工作需要出现在中控或现场。

2.2 日常工作

生产班组承担着繁重的生产任务，对人员管理、生产计划、质量控制和安全管理负有重要责任，这些工作的完成情况直接决定了整个企业的运营效率和质量。表 1 统计班组有相关记录文件的日常工作，可以看出，生产班组的日常工作是琐碎且繁重的，除了生产日报类工作，其他均和生产安全有或多或少的关系。

表 1 班组有相关记录文件的日常工作

类　型	工作内容	时　间
交接班类	交接班记录本	每班次
	班前会记录本	每班次
	发交接班记录	每轮班的最后 1 个夜班下班前
中控日常记录	异常报警记录本	每次中控 DCS 的报警及处理记录
	中控记录本(流水账式全面记录)	每天
消防安全类	中控消防值班记录	每天
	现场消防安全巡查记录表	每天
	消防控制室值班记录表	每天
	消防器材检查	每半个月一次
	消防泵测试	每周一次
现场日常巡检类	电梯日管控检查表	每天一次
	固定式压力容器日管控检查表	每天一次
	压力管道日管控检查表	每天一次
	巡检记录本(码头区、工艺设备区、储罐区、公用工程区)	每天
	视频监控运行情况检查表	每天
	WeACT-HSE 隐患排查、IMS 巡检系统(手持电子终端)	每天
	冬季九防检查	保供季每周一次

续表

类　型	工作内容	时　间
接船相关工作	登船梯、卸料臂测试	来船前
	海关接船管理系统	接船时
	数字化流程填报	接船时
生产报表类	生产数据日报(根据要求分别报送应急局、上级公司、各托运商、港区监管单位、本公司领导等)	每天
	生产周报	每周
	生产月报	每月
	冬季保供日报	冬季保供期间
	高风险作业情况汇报	冬季保供期间
应急类	库房物资检查	每季度一次
	防汛物资检查	汛期期间
	应急物资检查	每月一次(中控机现场的应急物资、救生衣、救生圈，微型消防站、洗眼器等)
	应急药箱检查	每月一次
	应急演练	每月(按年初制定计划)
培训类	工艺培训	每月(按年初制定计划)
	班组安全活动记录本	每周
其他安全工作	每日安全承若更新	每天一次
	安全行为观察卡	每月一次(每组不低于三人)
	能量隔离、阀门挂锁检查	每月检查签字一次
	未运行的设备盘车	每周一次
	外输天然气管线测漏	每周一次
	对发现的设备故障问题进行报修并跟踪	随时
	对现场隐患排查并参与整改	随时

现场巡检是日常工作的重点，正常巡检为 2 小时 1 次，涉及重大危险源的为 1 小时 1 次。现场人员根据巡检内容，分为：码头岗、储罐岗、工艺岗、公用工程岗，其中储罐岗、工艺岗的巡检涉及重大危险源，且面积大、设备多，分为储罐岗 A/B、工艺岗 A/B，现场巡检工作占了班组日常工作的大部分的时间和精力。

3　提高班组安全履职水平的措施

3.1　坚持安全管理体系高效稳定运行原则

安全管理体系高效稳定运行是建立基层安全长效机制的前提，是基层安全生产的关键，必须长期坚持，基层安全工作不能因人、因事、因时而改变，打乱基层安全管理体系运行。定时开展体系内审工作，领导牵头，专人专项负责，对检查出的问题进行分析及管理追溯。立以岗位安全生产责任清单为核心，厘清职责界面，增强岗位员工责任心和使命感，全面落实安全生产主体责任。

3.2　做好班组安全培训工作

“1 元事前预防 = 5 元事后投资”，这是安全经济学的基本定量规律，也是指导安全经济活动的重要基础，同时也告诉我们：预防性的“投入产出比”大大高于事故整改的“产出比”。有计划、有针对的做好操作技能、应急安全的培训工作，要做到“一岗一培训”，尽可能的调整工作安排，进行脱产、集中培训，严格培训考核，提高培训效果。

3.3 开好班组交接班与班前会

班组每班 12 小时，工作内容繁杂，在交接班前班长与中控人员要将当班工作进行梳理，将本班工作内容及现场待解决问题与下一班及时做好交接，执行“八交八不接”。

在接班后，对当班的工作做好统筹安排，风险分析到位，关注人员心理与身体状态，每项工作安排给合适的人员，做好工作的跟踪检查。

必要时进行各岗位“一对一”的现场交接班，以便及时掌握了解现场情况。

3.4 将巡检与安全管理工作有机结合

现场巡检是班组人员日常最主要且用时最多的工作，规范员工安全行为、提高巡检质量，将其他工作与巡检有机结合，才能提高安全履职水平和能力。

（1）巡检人员 PPE 穿戴应符合标准要求，包括但不限于：安全帽、防静电服、劳保鞋、手套、护目镜等；配备便携背包，背包内携带以下物品：对讲机、防爆相机、F 扳手、活口扳手、可燃气探测仪、抹布、巡检本、记号笔等。

（2）工艺巡检与消防日常巡查、特种设备日常巡查结合，重点关注对交接班提及的工艺流程调整、设备设施维检修情况、承包商施工情况、现场卫生等进行重点检查巡查。

（3）在班前会时，班长将现场需整改的问题转给各岗巡检人员，各巡检人员带齐作业工具，将涉及相关操作票进行签署好，在巡检途中对相关问题进行整改。

（4）合并设备故障报修汇总表、隐患检查台账，专业工程师持续跟踪，巡检人员利用 WeACT-HSE 隐患排查、IMS 巡检，将现场发现的问题、隐患随手进行拍照录入，专业工程师、部门领导每天定时对发现的问题进行审核，将问题及时划转给相关专业进行整改。

3.5 做好“一岗一考核”

一线班组员工参与对各种管理规章制度定期修订和完善，对具体安全工作如何落实进行细化，“横到边、竖到底”，使所有人清楚要干什么、要怎么干。以岗位作业指导书、安全责任书为基础，每年修订并签署“一岗一清单”，并据此开展“一岗一考核”，利用绩效考核、隐患排查奖励等措施引导班组提高安全履职积极性。

4 结语

风险是一切事物固有的、动态的，班组安全管理也是动态进行的，安全管理包罗万象，并且“细节决定成败”，1 次“事故”就可以使所有的工作归零。隐患即“事故”，出现隐患，就说明以往的工作有欠账，只有多付出，才能边前进、边腻补。

全员安全生产责任制，不是一句口号，是真真正正落实到每个人身上的工作责任。班组安全履职，有赖于每一名成员的付出。班长作为“兵头将尾”，技术与管理能力并重；一个班组就是一个企业的缩影，每个人都要肩负起自己的职责，培训、巡检、应急、整改等都需要分工进行负责，细心、耐心、有责任心，才能真正做好每一项工作，提升安全管理能力与水平。

参 考 文 献

[1] 毛奕清．石油石化生产班组安全管理的重要性分析[J]．中国科技期刊数据库工业 A，2024(2)：0171-0174.
[2] 张君君，作业现场基层班组安全管理现状与改进建议[J]．化工管理，2021，3：109-110.
[3] 扁鹊三兄弟告诉我们_手机新浪网[OL]，https：//finance. sina. cn/sa/2005-07-06/detail-ikknscsi2418182. d. html.
[4] 高增翔．论危险化学品企业班组安全管理水平的提升[J]．中国科技期刊数据库工业 A，2023(5)：0008-0011
[5] 赵帅，班组安全生产绩效与安全生产行为的关系研究[D]．西安：西安科技大学，2018.

深冷管道复合保冷结构的创新与实践

郑庆路　张　苏　董文峰　王　磊　张　亮　宋　润　高

（国家管网集团天津液化天然气有限责任公司）

摘　要　基于LNG超低温（-160℃）存储和输送的特点，对LNG输送的管道保冷方式以及保冷材料的选取至关重要，其管道的保冷性能关系到LNG接收站的经济效益和运行安全。本项目为达到低温LNG管道保冷预期效果，结合各类保冷材料的技术参数，多次优化施工方案，管道保冷最终采用PIR（聚异三聚氰酸脂）加泡沫玻璃复合结构加新型防潮层卷材（ZES ABP Barrier）的施工方案，阀门法兰等异形件的保冷采用气凝胶绝热毡，管道进液调试运行后，保冷效果良好。

关键词　PIR（聚异三聚氰酸脂），泡沫玻璃，气凝胶绝热毡，低温LNG管道，保冷

1　概述

国家管网集团天津LNG二期项目在深冷管道复合保冷结构施工中，采取了PIR（聚异三聚氰酸脂）、泡沫玻璃复合结构加新型防潮层卷材（ZES ABP Barrier）的施工方案，阀门法兰等异形件的保冷采用了气凝胶绝热毡施工方案。本文深入分析了几种保冷材料在使用性能上的优劣性，进行了详细的对比，为后期此类保冷方式在同类施工项目中的推广应用提供了依据。

2　不同保冷材料性能参数对比

（1）PIR（聚异三聚氰酸脂）与泡沫玻璃Cellular Glass（CG）材料对比

- 可燃性、安全性：CG不燃；PIR在持续火焰中可燃，且产生浓烟和毒气，如遇火灾，CG能有效保护管道和设备
- 闭孔率、吸水率、水蒸气渗透性：CG优于PIR，PIR因相对易吸入水气，降低其低温绝热效果
- 线膨胀系数：PIR因温差引起的收缩较大，易导致接头处拉开而结冰结霜
- 感光性、抗老化：CG稳定；PIR易老化，性能衰减、寿命缩短
- 制造的环保性：CG无污染，PIR有污染
- 导热系数：PIR比CG小，价格也相对便宜
- 检修后的废旧料处置：CG可回收、无污染；PIR不降解，目前很难处置

PIR加泡沫玻璃复合结构，充分利用PIR导热系数小和泡沫玻璃不燃烧、尺寸稳定、不透水、不吸水的特点，以保证绝热系统的安全性、稳定性和持久性。

（2）传统工艺（玛蹄脂加玻璃布）与新型防潮层卷材（ZES ABP Barrier）对比，见表1。

表1　材料性能对比

	传统工艺（玛蹄脂加玻璃布）	新工艺（ZES ABP Barrier）
生产工艺	沥青加树脂加工而成，含有甲苯，生产过程中难免对环境造成影响，不环保	丁基高温热熔覆铝箔，做成卷材，厚度1.2～1.5mm，材料本身环保绿色。使用时，只需清扫表面灰尘，再将卷材覆合到保冷材料表面，预制成一体

续表

	传统工艺(玛蹄脂加玻璃布)	新工艺(ZES ABP Barrier)
防水性	会吸水，室温浸泡24小时，吸水量不大于试料重量的0.5%	不吸水，透湿率为≤0.72ng/(pa.s.m^2)
延伸率	≥3%	≥35%
干燥时间	指干5小时，全干7天	密封后，立即干燥
燃烧性	施工时无引火性，干燥后具有阻燃性	ASTM E84：A级
施工工艺	传统工艺保冷防潮层：采用黑色玛蹄脂，中间隔放一层玻璃布增强	新工艺保冷防潮层：采用自粘性防潮卷材，厚度1.2mm，单面带增强PAP铝箔，在工厂完成保冷结构最外层的自粘性防潮卷材的工序。在现场为装配式进行施工，在接缝处用铝箔胶带密缝即可完全防潮层的施工
施工方案	现场施工方法还算比较简单、方便，但施工成本较高	现场施工便利，有效降低施工成本，施工进度快
气密性	整体气密性能够满足要求	防潮卷材整体气密性好
环保	玛蹄脂材料环保性较差，施工如在密闭环境中气味重，可能对人体造成伤害	ZES ABP Barrier绿色环保
文明施工	现场施工对周边设备等设施会造成污染、很难清理干净	现场施工干净、不污染
垃圾处理	数量大，包装桶难处理	数量少、干净

(3) 传统聚氨酯现场发泡与气凝胶绝热毡对比

阀门法兰等异形件部位采用气凝胶绝热毡进行施工，气凝胶绝热毡是由纳米二氧化硅气凝胶与玻璃纤维棉或预氧化纤维毡通过特殊工艺手段复合而成的柔性绝热毡。气凝胶本身是一种多孔三维网络结构的非晶态材料，97%体积由空气占据其纳米级孔隙而成。这种结构不利于空气的移动从而抑制了对流和气相传热，从而达到良好的绝热效果。气凝胶绝热毡最优势的特点是具有超低的导热系数，在-160℃时，导热系数小于0.012W/m.k，超低温稳定性优异。

传统的聚氨酯现场发泡，没有使用模具，无法控制发泡的温度和压力，发泡不均匀，产品没有经过熟化，随着时间的推移，泡体收缩变形，出现缝隙漏冷，泡沫老化吸水，导热系数显著变大，氯离子水解析出，对阀门法兰产生应力腐蚀，造成安全风险。

气凝胶绝热毡：因气凝胶毡本身是柔性材料，安装简易；防火性能A级；利用普通裁剪工具即可加工成适合复杂部件所需形状；在后期检修中，拆卸下来的部分材料可重复利用。

3 深冷管道复合保冷结构详细性能分析

(1) PIR加泡沫玻璃复合保冷结构

传统管道保冷结构的绝热层常用PIR绝热材料，但由于该材料自身易老化，有较差的尺寸稳定性和较大的吸水性能，以及当管道发生膨胀位移时，对其交变拉伸和挤压作用会使得工作性能过早失效，而采用单一较昂贵的硬质绝热材料(泡沫玻璃)，由于厚度增加而不够经济，尤其在防火性能上，传统的PIR绝热材料在持续火焰中可燃，且产生浓烟和毒气，而泡沫玻璃材料的燃烧性是A级，达到不燃等级，如遇火灾，泡沫玻璃能有效保护管道和设备。

项目组技术人员结合两种材料(PIR、泡沫玻璃)本身的技术指标和特性，多次优化设计方案，充份利用PIR材料导热系数低、耐磨性较高以及泡沫玻璃材料尺寸的稳定性、尺寸稳定、不透水、不吸水、不燃的特点，采用内层为PIR材料，外层用泡沫玻璃材料的管道保冷施工方案。

(2) 新型防潮层卷材(ZES ABP Barrier)

新型防潮层卷材(ZES ABP Barrier)的应用，采用自粘性防潮卷材，单面带增强PAP铝箔，在工厂完成保冷结构最外层的自粘性防潮卷材的工序，在现场为装配式进行施工，在接缝处用铝箔胶带密缝即可完全防潮层的施工，使得施工便利，有效降低施工成本，提升了施工效率。传统工艺（玛蹄脂加玻璃布），采用玛蹄脂，中间隔放一层玻璃布增强。施工步聚多，现场施工对周边设备等设施会造成污染、很难清理干净，且会吸水。在 LNG 深冷管道保冷中，水汽含量的增加会导致保冷材料的导热系数变大，从而影响绝热系统的运行，所以对水份的要求非常苛刻。项目组技术人员结合新型防潮层卷材（ZES ABP Barrier）的材料特性，优化施工方案，最用其取代传统工艺（玛蹄脂加玻璃布）。

（3）气凝胶绝热毡

传统的聚氨酯现场发泡：没有使用模具，无法控制发泡的温度和压力，发泡不均匀，产品没有经过熟化，随着时间的推移，泡体收缩变形，出现缝隙漏冷，泡沫老化吸水，导热系数显著变大，氯离子水解析出，对阀门法兰产生应力腐蚀，造成安全风险。

阀门法兰等异形件的保冷，出现缝隙漏冷等现象，一直都是 LNG 管道保冷的难点和重点。气凝胶绝热毡与管道保冷部分的 PIR、泡沫玻璃搭接处理，是阀门法兰等异形件的气凝胶保冷施工的关键点。项目组技术人员对各类方案进行技术、经济方面比较分析，结合气凝胶绝热毡材料本身特性，且查阅相关规范和技术要求，对技术施工方案不断优化，气凝胶绝热毡与 PIR、泡沫玻璃分层的每层搭接长度 100mm，内层气凝胶绝热毡采用合成胶带固定，最外层，用不锈钢带固定（单侧至少两根），最大程度保证各层保冷材料的紧密结合。对异形件的不规则形状处，用 18k 玻璃棉或气凝胶绝热毡的碎条进行填充，以实现将不规则的形状转化为圆柱结构。

4 推广应用及效益情况

4.1 推广应用情况

“LNG 深冷管道复合保冷结构”首次在国家管网集团天津 LNG 二期项目中使用，该技术根据 PIR 加泡沫玻璃、气凝胶绝热毡、新型防潮层卷材（ZES ABP Barrier）的材料特性，扬长避短，从根本上解决了保证绝热系统的安全性、稳定性和持久性。同时简化了施工方法，在保证质量的前提下，方便施工。对后续在 LNG 接收站行业的保冷中具有良好的推广及借鉴意义。

4.2 近三年经济效益，见表 2

表 2 经济效益

应用单位	国家管网集团天津液化天然气有限责任公司
应用起止时间	2021.7 至 2023.7
经济效益约：4871556 元。	

所列经济效益的有关说明及计算依据：天津 LNG 二期项目，防潮层面积约 $70833m^2$。

（1）按照传统使用的玛蹄脂加玻璃布结构所需费用：

A、材料费

Foster60-90 玛蹄脂重量：$8kg/m^2×70833m^2=566664kg$

Foster Mast-A-Fab 玻璃布面积：$70833m^2×1.4$（搭接系数）$=99166m^2$

总计：566664kg×15 元/kg+$99166m^2$×3 元/m^2=8797458 元

B、施工费

综合人工费为 60.98 元/天，管道防潮层每平方米的玛蹄脂加玻璃布防潮层施工需 0.795 工日。

总计：60.98 元/天×0.795 天/$m^2×70833m^2$=3433920 元

2）使用新型防潮层卷材

A、材料费

ZES ABP Barrier 防潮层卷材面积：$70833m^2×1.2$（搭接系数）$=85000m^2$

总计：85000m²×75 元/m² = 6375000 元

B、施工费

综合人工费为 60.98 元/天，管道防潮层每平方米的玛蹄脂加玻璃布防潮层施工需 0.228 工日。

总计：60.98 元/天×0.228 天/m²×70833m² = 984822 元

综上计算：

节约费用：(8797458 元+3433920 元)-(6375000 元+984822 元) = 4871556 元。

施工费的节省，对现场施工工期的保障起到了明显的作用。

5 结论

PIR 加泡沫玻璃复合结构，充分利用 PIR 导热系数小和泡沫玻璃不燃烧、尺寸稳定、不透水、不吸水的特点，以保证绝热系统的安全性、稳定性和持久性。新型防潮层卷材(ZES ABP Barrier)应用，施工便利，有效降低施工成本，施工进度快。阀门法兰等异形件的保冷采用气凝胶绝热毡，最大程度保证各层保冷材料的紧密结合，保冷效果良好。

“LNG 深冷管道复合保冷结构”在国家管网集团天津 LNG 二期项目现场的成功应用，大大提高了施工质量，保证了绝热系统的安全性、稳定性和持久性，简化了施工方法，既节约了施工成本，也保障了今后管道的使用安全，未来可以应用到其他同类管道保冷施工项目中。

LNG 储罐桩基水平承载力测定与提高方法探析

高　曌

（国家管网集团天津液化天然气有限责任公司）

摘　要　本文结合国家管网天津 LNG 三期工程初设试桩实际，通过分析国内外对桩基水平承载力的主要计算方法，选用适用范围最广的 m 法作为桩基水平承载力的试验方法，对初设试桩水平承载力进行了试验。试验结果表明平均水平极限承载力 2333kN，与勘察报告推荐数值接近，但与设计需要承载力相差较远，因此需对场地进行进一步处理。简述了当前比较成熟的提高桩基水平承载力的主要方法，建议根据施工条件、工程造价、工期及工程质量等方面综合评判，选定最优处理方案，为国家管网天津 LNG 三期工程建设提质加速。

关键词　LNG 储罐桩基；水平承载力；试验；地基处理

1　引言

随着我国国民经济的快速发展，人民生活水平不断提高，物质条件越来越丰富的情况下，带来的是越来越多的能源消耗。另一反面，随着人们环保意识的增强，能源的环保性得到越来越多的关注，而天然气作为最清洁的化石能源之一，自然而然地需求量越来越大。但是与我国强劲需求成对比的是，我国天然气储量和产能均已不能满足国民经济进一步的发展，在此情况下，一大批 LNG 接收站应运而生并得到了蓬勃发展，目前我国拥有已投产 LNG 接收站 27 座，在建 LNG 接收站 18 座，拟建 LNG 接收站 47 座，这些接收站基本位于沿海沿江地区，地下普遍存在软土分布，地质情况复杂。

LNG 低温储罐是 LNG 接收站最重要的装置之一，由于其具有直径达、体积大、质量大、抗震及安全性要求高、对沉降敏感的特点，因此 LNG 储罐的基础是整个储罐结构的关键工程。目前国内外 LNG 储罐基础通常采用桩基式基础，如何准确测定桩基础的水平承载力，并通过地基处理，提高达不到设计要求的桩基水平承载力，具有广泛的现实意义。

2　研究背景

目前国内外对桩基水平承载力的计算方法主要有弹性理论法、有限元法和地基反力系数法三种。

2.1　弹性理论法

该方法假设桩身位于各向同性半无限弹性体中，并假设土的弹性模量和泊松比为常数或随深度按某种规律变化，计算时将桩身分为若干个微段，根据半无限体中承受水平力并发生位移的 Mindlin 方程估算微段中心处的桩周土位移，另根据细长杆挠曲方程求得桩身的位移，令桩身与桩周土位移相等，通过有限差分法，求得每一微段处水平力。该方法的主要缺点是不能计算出桩在地面以下部分的位移、转角以及弯矩、土压力等，其次是土的弹性模量值的确定也比较困难。

2.2　有限元法

有限元法作为目前普适性较好，模型化能力较强的数值模拟方法，对于任意复杂程度的桩-土相互作用模型，都是一个可行的分析途径。桩基水平承载力的有限元分析也可以弹性地基上梁挠曲微分方程为依据，故其分析计算实质上是一种矩阵分析方法。有限元法的关键在于正确选用模型和设计参数，但是地下土体情况变化多端，有限元法面对复杂问题的分析计算，所耗费的计算时间、内存和磁盘空间等计算资源是相当惊人的，而且过度依赖于使用者的经验。

2.3 地基反力系数法

地基反力系数亦称为地基反力模量，它指的是土压力同其相应位移的比值。它是一个计算参数，随许多有关因素的变化而变化，不是土的一个固有属性。当单根垂直桩受横向荷载作用而产生相应的横向位移时，桩侧会受到土抗力的作用。一般桩的长细比较大，可作为埋入地基中的弹性梁来进行分析。求解桩四阶微分方程的关键是怎样选取符合实际的横向土抗力函数，而横向土抗力函数与桩的尺寸、截面形状、刚度、土的性质，桩与土的相对刚度以及荷载的大小和性质等有关。如果按对土反力的考虑方案对桩的横向承载力考虑方法进行分类的话，大致可分为下面三种类型：极限地基反力法(极限平衡法)、弹性地基反力法、弹塑性分析法(P-y 曲线法)，而《建筑基桩检测技术规范》JGJ 106—2014 中推荐的 m 法，就是假定 $m=1$ 情况下的一种弹性地基反力法。

3 桩基水平承载力测定方法

桩基水平力测定方法众多，本次仅重点介绍工程中应用最多的 m 法。m 法是迄今世界上应用最广泛的测定方法，美国、英国、俄罗斯、中国都把该方法列入规范之中。比例系数的确定是直接从水平静载荷试验求得。水平静载荷试验加载条件主要分二种：一种是静力荷载法，一种是周期性荷载法。分别根据试验结果绘制水平荷载-位移关系曲线，从该曲线上找出相应于地面水平位移为某一规定值(铁路部门为 10mm；建筑领域对水平位移敏感的建筑取 6mm，对水平位移不敏感的建筑取 10mm)的水平荷载值，然后根据如下公式，计算地基土水平抗力系数的比例系数。

当桩顶自由且水平力作用位置位于地面处时，m 值可按下列公式确定：

$$m=\frac{(\nu_y \cdot H)^{\frac{5}{3}}}{b_0 Y_0^{\frac{5}{3}}(EI)^{\frac{2}{3}}}$$

$$\alpha=\left(\frac{mb_0}{EI}\right)^{\frac{1}{5}}$$

式中，m 为地基土水平土抗力系数的比例系数，kN/m^4；α 为桩的水平变形系数，m^{-1}；ν_y 为桩顶水平位移系数，由式上式试算 α，当 $\alpha h \geqslant 4.0$ 时(h 为桩的入深度)，其值为 2.441；H 为作用于地面的水平力，kN；Y_0 为水平力作用点的水平位移，m；EI 为桩身抗弯刚度，$kN \cdot m^2$；其中 E 为桩身材料弹性模量，I 为桩身换算截面惯性矩；

b_0 为桩身计算宽度(m)；对于圆形桩：当桩径 $D \leqslant 1m$ 时，$b_0=0.9(1.5D+0.5)$；

当桩径 $D>1m$ 时，$b_0=0.9(D+1)$。对于矩形桩：当边宽 $B \leqslant 1m$；$b_0=1.5B+0.5$ 当边宽 $B>1m$ 时，$b_0=B+1$。

m 法仅能反映土的弹性性能，在桩身位移不大时，能很好地反映桩土相互作用，当水平荷载较大、桩在泥面处发生较大位移、桩侧土体进入塑性工作状态时，用 m 法计算将会出现较大误差，并且随着水平荷载的增大，误差也随之较多地增大。

4 工程实例

4.1 项目概况

国家管网天津 LNG 接收站三期工程计划新建 4 座有效容积 22 万 m^3 的 LNG 全容罐及配套罐内低压泵、装船泵和 1 座 60t/h 的地面火炬、5 台开架式海水气化器、3 台海水泵等，依托一期替代工程和二期项目的相关设备和工艺，实现 BOG 处理、气化外输和槽车装车的功能。三期工程实施后，接收站 LNG 储存总能力达到 242 万 m^3。本项目 LNG 储罐试桩桩径 1.5m，为泥浆护壁钻孔灌注桩，钢筋笼采用 32 根 Φ28 主筋，配筋率大于 0.65%。

4.2 地质概况

拟建场地及其附近区域内主要出露地层地层有人工填土(Q^{ml})层、第四系全新统中组浅海相沉积(Q_4^{m})层、第四系全新统下组沼泽相沉积(Q_4^{h})层、第四系全新统下组河床～河漫滩相沉积(Q_4^{al})层、第四系上更新统五组河床～河漫滩相沉积(Q_3^{al})层、第四系上更新统四组滨海～潮汐相沉积(Q_3^{mc})层、第四系上更新统三组河床～河漫滩相沉积(Q_3^{al})层、第四系上更新统二组浅海～滨海相沉积(Q_3^{m})层、第四系上更新统一组河床～河漫滩相沉积(Q_3^{al})层、第四系中更新统上组滨海三角洲相沉积(Q_2^{mc})层、第四系中更新统中组河床～河漫滩相沉积(Q_2^{al})层。

4.3 加载方式

单桩水平静载荷试验水平推力加载装置采用油压千斤顶，加载能力不小于最大试验荷载的 1.2 倍，本次试验采用最大推力 6000kN 的千斤顶。根据设计要求，水平最大加载量取值为 3500kN，分十级加载，分级荷载为 350kN。每级荷载施加后，恒载 4min 后可测读水位位移，然后卸载至 0，停 2min 测读残余水平位移，如此循环 5 次，完成一级荷载的位移观测，然后加载下一级，试验不得中间停顿，如图 1 所示。

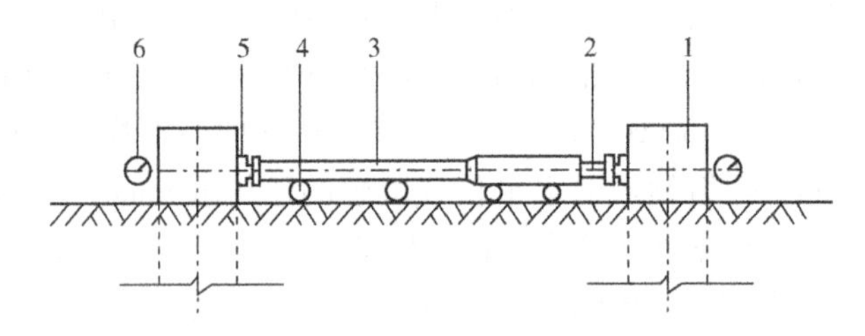

图 1　单桩水平静载荷试验装置示意图

1—桩；2—千斤顶及测力计；3—传力杆；4—滚轴；5—球支座；6—百分表

4.4 终止加载条件

根据设计要求，当出现下列情况之一时，即可终止加载：

(1) 桩身折断；

(2) 水平位移超过 40mm。

4.5 数据整理分析

对于钢筋混凝土预制桩、钢桩、桩身配筋率不小于 0.65%的灌注桩，可取设计桩顶标高处水平位移所对应荷载的 0.75 倍作为单桩水平承载力特征值；水平位移可按下列规定取值：

对水平位移敏感的建筑物取 6mm；

对水平位移不敏感的建筑物取 10mm。

本次试桩为桩身配筋率大于 0.65%的灌注桩，故根据上述原则确定单桩水平承载力特征值。

4.6 单桩水平静载荷试验结果统计，见表 1、表 2

表 1　单桩水平静载荷试验结果统计表

序号	试验桩编号	桩径/mm	试验日期	水平位移敏感建筑物（桩顶累计水平位移 6mm）		水平位移不敏感建筑物（桩顶累计水平位移 10mm）		临界荷载/kN	极限承载力/kN
				水平荷载/kN	承载力特征值/kN	水平荷载/kN	承载力特征值/kN		
1	H1	1500	2023.06.06	838	629	1060	795	700	2100
2	H2	1500	2023.06.07	1132	849	1317	988	1050	2450
3	H3	1500	2023.06.07	1049	787	1270	953	1050	2450

表 2　水平抗力系数 m 值

序号	m 值	6mm	10mm	20mm	30mm	40mm
1	H1	24605	15547	8314	5842	4372
2	H2	40594	22320	11415	8080	5740
3	H3	35774	21009	11028	8017	5810

单桩水平静载荷试验曲线如图 2～图 7 所示：

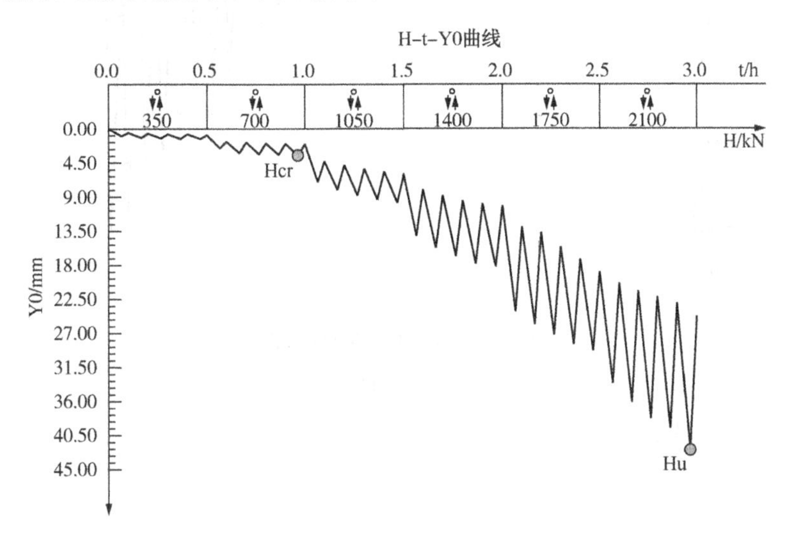

图 2　H1#桩 H-t-Y0 曲线图

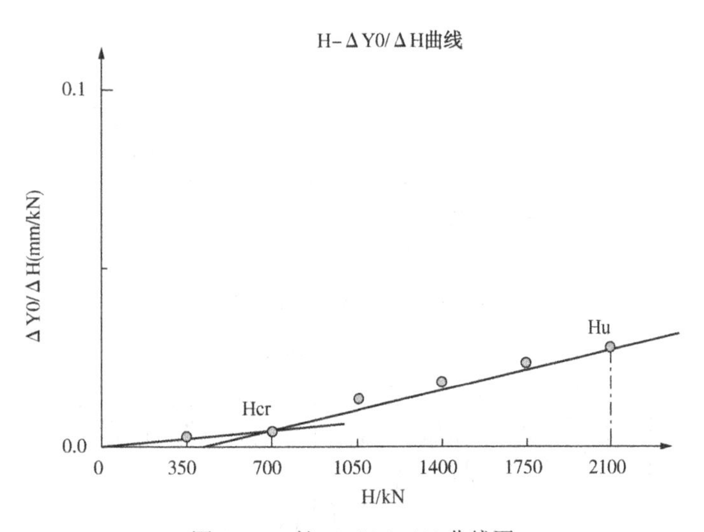

图 3　H1#桩 H-ΔY0/ΔH 曲线图

根据《建筑基桩检测技术规范》(JGJ 106—2014)第 4. 4. 3 条，“对参加算术平均的试验桩检测结果，当极差不超过平均值的 30%时，可取其算数平均值为单桩竖向抗压极限承载力”，故 H1、H2、H3 在累计水平位移 6mm 时单桩水平承载力特征值为 755kN；在累计水平位移 10mm 时单桩水平承载力特征值为 912kN，极限承载力为 2333kN，详见表 1，与勘察资料推断单桩水平承载力特征值基本一致，但是与设计需求指标极限承载力为 3500kN 存在较大差距，地基需进一步处理。

5　桩基水平承载力提高方法

当桩基水平承载力不满足设计要求时，主要可通过以下方法提高桩基水平承载力。

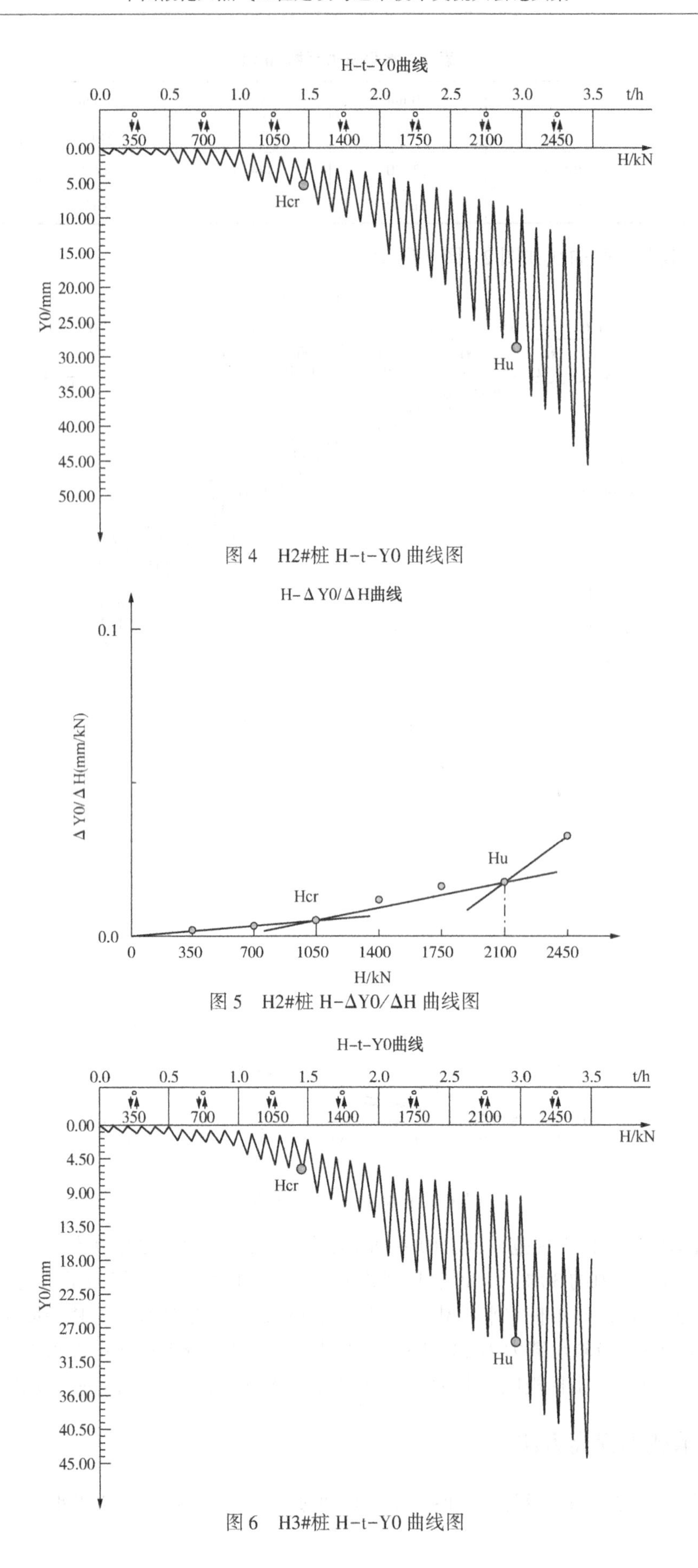

图 4　H2#桩 H-t-Y0 曲线图

图 5　H2#桩 H-ΔY0/ΔH 曲线图

图 6　H3#桩 H-t-Y0 曲线图

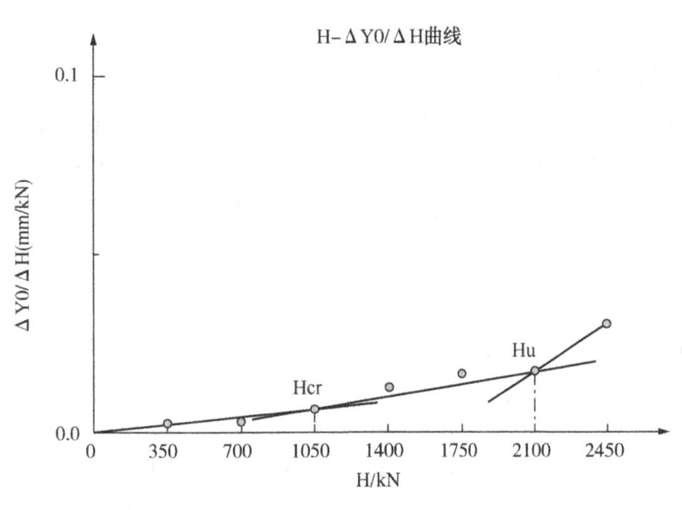

图 7　H3#桩 H-ΔY0/ΔH 曲线图

5.1　扩大桩径

扩大桩基直径，可以提高桩自身的刚度，同时增加桩与土的接触面积，是提高桩基水平承载力的主要途径。但是缺点是，扩大桩径，对混凝土用量及施工工作量均是成平方关系增长的，造价增长显著，该方法主要应用于地质条件相对较好、桩基长度适中的情况。该方法处理后桩基受力情况比较清晰，容易得到各方认可，施工质量也容易得到保障。

5.2　后注浆法

后注浆法一般用于钻孔灌注桩中，通常用于桩基长度较长(不小于 20m)，地质条件以砂土层、黏土层相互交互的土层中，分为桩底注浆和桩壁侧后注浆两种，在地震烈度较高或者风荷载较大，结构受水平荷载作用较明显，对桩基水平承载力要求较高的情况下。这种情形下，一般采用后注浆法，具体施工工序如下：在桩基钢筋笼的外侧绑扎直径 25mm 高压注浆管，注浆管管底的深度根据勘察报告确定，通常设置在桩底或砂土层中，注浆点可以选择两处或多处，具体根据设计要求决定，一般至少设置两处注浆孔。如果纯粹为提高水平承载力，可仅考虑在桩身上部注浆；如既需要提高竖向承载力，同时又需要提高水平承载力，则可沿桩基垂直方向设置多出注浆点。注浆管随钢筋笼下沉至孔中，待桩基混凝土浇筑 48 小时后，先用清水冲洗注浆孔，保障注浆孔通畅，然后在混凝土浇筑七天后，采用高标号水泥砂浆进行注浆作业，注浆量的多少由注浆泵压力决定，同时密切关注地表情况，若有地表明显隆起或溢浆则立刻停止注浆。在实际工程使用中，必须选用经验丰富的施工队伍，并关注过程施工质量控制。根据以往类似工程经验，采用后注浆施工后，桩基的竖向承载力和水平承载力均有较大幅度提高，目前这种施工工艺已经非常成熟，在 LNG 储罐桩基中应用也越来越广泛。

5.3　表层硬化

表层硬化，是通过使用固化剂、浅部注浆等方法，对浅部软土进行处理，处理深度一般为两倍的桩径再加两米，或根据设计验算决定。通过使用固化剂或浅部注浆，将浅部松散地层，例如淤泥质土、粉质粘土、粉细砂等地层硬化，改变土层力学性质，在提高桩基水平承载力的同时，提高桩基竖向承载力。

5.4　地基处理方法

目前通过地基处理方法来提高桩基水平承载力的案例越来越多，主要的地基处理方法有强夯、振冲、换填硬壳层、碎石桩挤密、堆载预压、真空预压等方法，这些方法或是通过压缩土层孔隙率，提高土层密实度和抗剪切强度；或是通过换填不适合工程建设的土层，改变土层性质，从而达到提高桩基水平承载力的目的。工程实践中，具体选用何种处理方法，应根据地质情况、投资造价、桩型等综合考虑。

5.5 采用斜桩来提高承台整体水平力

这种处理方式通常仅用于海上风电、码头及港口中，采用斜桩承载力的水平分量，来提高承台整体的水平承载力，但在陆上工程中应用不多，主要受地质情况及施工质量等影响，该方法在陆地上操作起来比较繁琐，施工质量难以控制，故在此不再赘述。

6 结论

随着国民经济的快速发展，我国对环保性更强的 LNG 能源需求量与日俱增，大型 LNG 储罐的建设已成为 LNG 接收站发展的趋势，大型 LNG 储罐的基础质量也得到了越来越多地关注。本文结合国家管网天津 LNG 接收站三期试桩工程实例，运用 m 法进行桩基水平承载力试验，取得了良好的试验效果。但是目前桩基提供的水平极限承载力，尚不满足设计要求，仍需进一步处理，建议根据施工条件、工程造价、工期及工程质量等方面综合评判，选定最优处理方案，为国家管网三期工程建设提质加速。

参 考 文 献

[1] 谢耀峰. 港口工程桩基水平承载力和负摩擦力的研究[D]. 河海大学，2004.

[2] 王晓晶. 冷换设备和容器基础遇软土地基提高桩基水平承载力问题[J]. 化工管理，2021.

[3] 黄朝煊. 置换硬壳层对成层软土中桩基水平承载特性的影响研究[J]. 岩石力学与工程学报，2021.

[4] 何铁伟. 某高承台桩基水平承载力试验分析[J]. 勘察科学技术，2021.

[5] 白丽丽. 基于 m 值的动力设备基础基桩选型及承载力研究[J]. 中国建筑学会地基基础学术大会论文集，2022.

[6] 王鹰. 大型 LNG 储罐高承台桩基沉降特性及隔震效果分析[D]. 河北农业大学，2015.

[7] 孙超. LNG 接收站桩基检测技术要求分析[J]. 工程技术，2022.

[8] 董爱民. 风电桩基础水平承载力研究[D]. 中国地质大学(武汉)，2017.

大功率高压变频器在 LNG 接收站中的应用研究

王志磊

（国家管网集团天津液化天然气有限责任公司）

摘　要　在 LNG 接收站建设中，对高压电机类设备的应用比较普遍，例如 LNG 罐内低压泵、高压外输泵、海水泵、BOG 压缩机等设备。这些设备的启动与运行会对接收站内的配电系统以及设备的安全性产生影响，为了保证设备的稳定性，需要对大功率高压变频器进行应用，实现节能环保目标。在此次研究中，主要对大功率高压变频器的运行特点进行研究，并从变频器的设计要点出发明确其应用情况，对大功率高压变频器在 LNG 接收站的节能环保效益。以期为类似电气应用提供参考。

关键词　大功率高压变频器；LNG 接收站；海水泵

在 LNG 接收站运行中，主要依靠各种高压机电设备，这些设备本身对配电系统的要求比较高。目前，在 LNG 接收站各类设备运行中，高压外输泵、海水泵、BOG 压缩机等设备会直接影响 LNG 接收站的安全性与稳定性，也会对 LNG 接收站的节能环保效益产生影响。因此，需要根据 LNG 接收站的实际情况对各类设备进行智能控制与管理，提升 LNG 接收站的自动化水平与节能效果。而大功率高压变频器在运行中可以根据接收站的具体运行需求对不同设备的运行电压进行调节，可以在保证设备正常安全运行的基础上，降低电能消耗，符合 LNG 接收站可持续发展需求。

1　大功率高压变频器的特点

1.1　大功率高压变频器的运行原理

大功率高压变频器每相包括多个功率单元，这些功率单元为串联形式，可以实现叠波升压。不同的功率单元主要是由隔离变压器提供独立移相电源，可以对串联的功率单元数量进行调整，达到控制电压等级的目的。通常在变频器运行过程中，功率单元可以进行交流、直流、交流轮换运行，主电路开关元件主要为 IGBT。变频器的主回路原理图见图 1。

在本次研究过程中，LNG 接收站采用的大功率高压变频器的功率为 6～1800kW。为了明确其是否可以在 LNG 接收站使用，需要对高压机电设备海水泵的性能进行分析，经过计算，海水泵的轴功率 988kW，配套功率为 1250kW。未超过大功率高压变频器功率。因此，变频器可以在接收站运行过程中发挥作用。

1.2　大功率高压变频器的特点

此次选择的变频器可以在-5℃到 40℃的环境中运行，不需要进行降容处理。并且变频器本身带有良好的散热性能，可以保证变频器在运行中的安全性，避免因为高温对变频器产生负面影响。变频器的后期维护和清理难度都比较低，有较强的电网适应能力，可以在 10%到-25%的额定电压下长时间稳定运行。在对变频器进行设计时，功率单元的设计标准为标准符合的 120%负载能力，全部电子器件都符合国家相关标准，可靠性比较高，可以直接输出 6kV 或 10kV 高压，也不需要改动电机。变频器在运行中的正反转速跟踪功能比较突出，可以对变频器的 工况进行动态监测，避免出现突发情况。

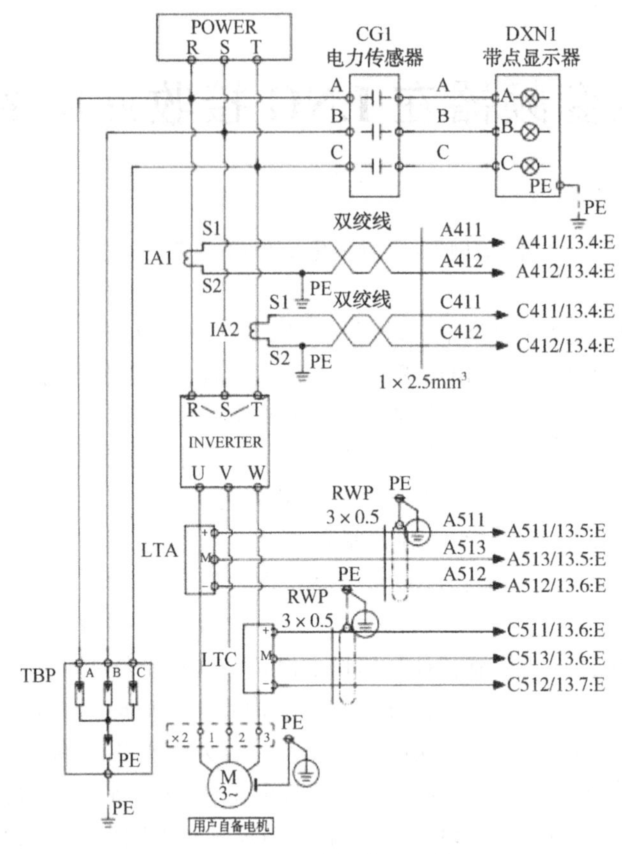

图 1　变频器主回路原理图

2　大功率高压变频器在 LNG 接收站中的应用

2.1　变频器的控制器设计

在对变频器进行设计时，需要重视控制器设计，这是保证大功率高压变频器在 LNG 接收站可以充分发挥作用的关键。在具体的设计中，要考虑到 BOG 压缩机的运行要求。该压缩机是往复式压缩机，具有恒转矩的特点，对起动转矩的要求比较高。在变频器控制器设计中，可以通过有 PID 控制的恒转矩类变频器实现变频控制目标。控制器的主要组成包括断路器、变频器、PID 控制器、控制电路，可以对压缩机的不同起动进行有效控制。

除了控制器设计，还需要根据接收站内高压机电设备的实际运行需求对变频器控制柜进行设计。控制柜是整个高压变频调速系统的关键部位，在整个变频控制过程中，几乎所有功能都需要借助控制柜实现。在控制柜设计中，需要保证电机处于最优运行状态。具体的设备包括以下内容：

（1）控制柜组成设计。在控制柜设计中，主要结构包括 DSP/FPGA 高速处理器、人机操作界面、PLC 等。在设计时，需要从这些层面出发保证设计效果。

（2）人机界面设计。这一环节的设计主要是保证人机界面的便捷性与简洁性，需要提供全中文监控以及操作界面，方便工作人员根据实际需求进行远程监控与控制。

（3）DSP/FPGA 设计。这一部分设计的主要目的是通过 PWM 控制算法对变频器进行智能化控制，完成控制柜内的开关信号逻辑处理工作，与用户现场灵活接口，满足用户的个性化需求。

（4）可编程控制器设计。在设计时，需要利用 PLC 可编程控制器对不同开关类逻辑信号、用户现场控制系统流信号以及状态信号等进行全面分析和处理，使变频调速系统可以根据用户需求进行扩展和优化。

2.2 节能效益分析

针对此次研究的大功率高压变频器，对在 LNG 接收站的运行效益进行分析。主要是在不同启动模式下，统一电流大小的情况对高压机电设备的能耗进行计算。如果启动模式和启动电流不同，只有单台或者少量机电设备运行，不需要考虑变频器对设备的影响。

在实际计算时，根据 LNG 接收站的实际情况，BOG 压缩机功率为 720kW，额定频率为 50Hz，在正常状态下单台运行，假设每一台 BOG 压缩机的负荷为 75%，每天运行 8 小时，变频器运行后的频率为 40Hz。带负荷 50%持续运行 16 小时的情况下，频率为 20Hz，每年运转 300 天，可计算出节电量为 4078080kW · h，每度电按照 0.7 元计算，则每年共节约的电费大约为 285 万。因此，大功率高压变频器在 LNG 接收站的节能效益比较突出，具有可行性。

3 结束语

总而言之，在当前的 LNG 接收站建设过程中，为了实现节能环保目标，同时保证高压机电设备的安全性，可以对大功率高压变频器进行应用。这对保证接收站供配电系统的稳定性以及机电设备的长久性能有重要意义。从节能角度出发，大功率高压变频器的应用可以节省接收站的电能消耗，具有突出的节能效益与经济效益。

06Ni9DR钢埋弧自动焊国产焊材应用

程庆龙　张雪峰

（中国石油天然气第六建设有限公司）

摘　要　随着国内LNG需求量的急剧增加，LNG基础设施随之高速增长，国内LNG建设施工竞争日趋激烈，储罐用低温06Ni9DR钢已摆脱国外技术壁垒实现了国产化，而建造LNG所需的焊接材料仍需进口。本文通过江阴两台8000m^{3}LNG储罐06Ni9DR壁板埋弧自动焊采用国产北京舟泰牌号：ZT-SNi276埋弧焊丝及配套焊剂进行焊接，通过不断试验得到最佳焊接工艺，使得抗拉强度，屈服强度，低温冲击韧性等指标均能够满足设计要求，在实际生产中通过严格的管理，圆满完成了两台LNG储罐壁板的焊接施工，这一里程碑打破国外垄断，使LNG储罐施工的国产化更进一步。

关键词　06Ni9DR钢；埋弧自动焊；国产焊材应用

1　引言

1.1　LNG发展现状

随着清洁能源的广泛应用，国内LNG储罐的施工建设蓬勃发展，作为LNG储罐施工的核心06Ni9DR钢焊接成为了施工重点和难点，06Ni9DR钢以其优良的低温韧性和可靠焊接性被定为是制造低温压力容器的优良材料，目前国内在建LNG储罐用06Ni9DR钢板在不同程度上实现了国产化，并且竞争激烈，市场价格持续降低，一定程度上降低了LNG储罐的施工成本。然而LNG储罐06Ni9DR钢采用的焊接材料依旧完全依赖于进口，仍然制约着LNG储罐施工成本。因此，实现LNG储罐06Ni9DR钢焊接材料的国产化具有重大、深远的意义。

1.2　项目概况

江阴LNG项目包含T-1201/T-1202两台双金属LNG储罐，单台容积80000m^3，外罐壁板采用06Ni9DR钢板，共计12圈，总重1100吨，埋弧自动焊焊缝长2074米，壁厚范围(17~26.5)mm，项目06Ni9DR钢板生产厂家为江阴兴澄特种钢铁有限公司，埋弧自动焊焊材来自北京舟泰焊接材料有限公司。

1.3　钢材及焊材化学成分，机械性能表(表1、表2)

表1　06Ni9DR钢化学成分和机械性能

钢号	化学成分/%							
	C	Si	Mn	P	S	Ni	Mo	v
06Ni9DR	0.06	0.35	0.52	0.005	0.002	8.95	0.01	0.01
	力学性能							
	抗拉强度	屈服强度	延伸率	-196℃冲击功	剩磁量GS			
	690~820MPa	≥585MPa	≥20%	≥60J	≤30			

表 2　焊材化学成分和机械性能

焊材牌号及标准	焊丝化学成分/%								
	C	Si	Mn	P	S	Ni	Mo	v	Fe
ZT-SNi276 (φ2.4)	0.0056	0.037	0.57	0.005	0.0003	56.58	16.14	0.23	5.67
	焊丝力学性能								
	抗拉强度	屈服强度	延伸率	-196℃冲击功	剩磁量 GS				
	690~820MPa	≥585MPa	≥20%	≥60J	≤30				
ZT-MNi276	焊剂化学成分/%								
	SiO_2+TiO_2	CaO+MgO	Al_2O_3+MnO	CaF_2	S	P			
	15~25	25~40	20~30	15~25	≤0.06	≤0.07			

2　焊接质量管理

2.1　焊接工艺评定

2.2.1　相关技术标准

(a) ASME Ⅸ　焊接、钎接和粘接评定

(b) EN15614-1　焊接工艺评定

2.2.2　焊接作为 LNG 储罐施工中的重点与难点，开工前项目部成立 QC 小组，组织专业人员进行技术分析，根据钢板及焊材的性能通过对比试验制定最佳的焊接工艺，使得工艺评定中抗拉强度≥690MPa，屈服强度≥400MPa，-196℃低温冲击≥55J，维氏硬度≯400 等数据能够满足规范及设计要求，并且施工效率大大提高，最终完成覆盖现场施工的焊接工艺评定两项：

06Ni9DR-B26.5(K)-SAW-X-2G，06Ni9DR-B17(K)-SAW-X-2G

2.2　焊接工艺(表 3)

表 3

材　质	规格/mm	焊接材料	焊接方法	焊 接 参 数
06Ni9DR	T=17~26.5	ZT-SNi276+ ZT-MNi276	SAW	焊机：林肯 AC/DC-1000 电流种类：直流正接 线能量：小于 25KJ/CM 层间温度：小于 100℃

2.3　焊材管理

2.3.1　焊丝、焊剂材料应符合有关国家标准、行业标准的规定，应具有质量合格证明书，且实物与证书上的批号相符。

2.3.2　焊剂使用前，必须经烘干合格，并符合下列规定：

(1) 烘箱与保温箱应有温度自动控制仪，烘干温度允许偏差为±10℃。测温仪表应经检定合格，并在有效期内；

(2) 焊剂按出厂说明书要求进行烘干，烘干温度为 300~350℃，烘干时间为 2h。

(3) 焊剂烘干时，升温和降温的速度应缓慢，升温速度不宜超过 150℃/h，降温速度不宜超过 200℃/h；

(4) 回收的焊剂应把粉末筛除避免出现渣孔。

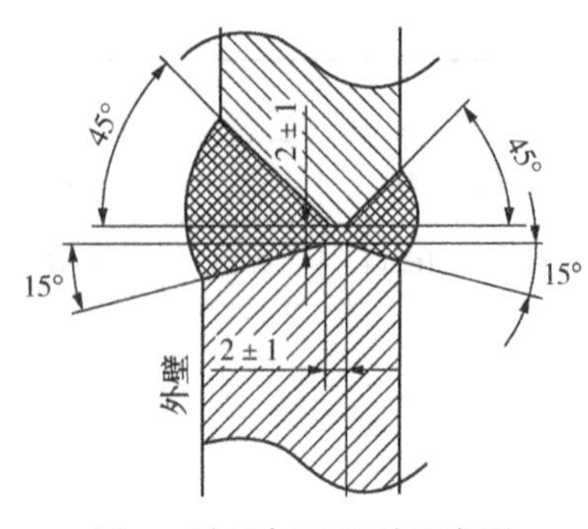

图1　坡口加工组对示意图

3　坡口加工要求

3.1　坡口加工

坡口应按照设计图纸要求采用机械方法加工，加工及运输过程中避免钢材接触强磁性材料，以免被磁化；坡口加工后，应进行外观检查，其表面不得有裂纹、分层等缺陷。

坡口加工组对示意图如图1所示：

3.2　组对要求

焊接接头组对前，应用手工或机械方法清理其内外表面，在坡口两侧20mm范围内不得有油漆、毛刺、锈斑、氧化皮及其他对焊接过程有害的物质。

4　焊接施工

4.1　人员机具布置

单台储罐安排4台焊机，内外侧各两台，每台焊机配备经过考试合格的焊工。

4.2　焊接顺序

第一圈环缝焊接前必须保证两圈壁板均已安装，圆度，垂直度并调整完毕。焊解过程中焊机沿同一方向按照单张板长度进行分段退焊，最大限度减少应力集中进而减小焊接变形。前后两台焊机分别进行打底及填充盖面，采用多层多道焊，层间接头应相互错开，确保起弧收弧质量，收弧时应将弧坑填满。

第二圈环缝焊前应保证第三圈壁板安装数量达到总数的1/3方可焊接，后续焊接以此类推。

5　质量检查

5.1　严格按照规范及设计要求对清根焊道进行100%PT检测，焊接完毕后进行100%射线及光谱检测。

5.2　有缺陷需要返修的焊缝应做好记录并由质量检查员跟踪进行，确保返修一次通过，避免二次返修。

5.3　焊接过程中应对焊接工艺的执行情况进行检查，确保工艺执行到位。

6　焊接质量控制

6.1　从事焊接的焊工应符合TSG Z6002—2010《特种设备焊接操作人员考核细则》的管理规定。

6.2　已完成的焊道应首先进行外观检查合格后方可进行下一工序的实施，焊缝外观以符合以下要求：①焊缝应与母材圆滑过渡，表面不得有裂纹、未熔合、夹渣、气孔等缺陷；②焊缝余高≤2mm；③焊缝不允许咬边。

6.3　焊缝的无损检测按设计及规范要求执行。作业过程中，要保留质量记录并有可追溯性。

7　焊接缺陷的处理

7.1　缺陷的类型

本项目06Ni9DR钢埋弧自动焊出现的缺陷及产生原因有：

（a）渣孔：回收焊剂由于磨损粉末占比增加，焊剂返潮。

（b）条形夹渣：清根或道间清理不圆滑；焊材本身熔池流动性差，焊速过快。

7.2 缺陷的预防

（a）对回收焊剂的烘烤加强管理；筛选回收焊剂使之颗粒度在 10~60 目之间。

（b）对清根及道间清理进行专项检查，使清根及层道间圆滑过渡，避免形成死角。加强焊接工艺管理要求各项工艺参数满足交底要求。

8 结论

通过采用的一系列措施，在实际施工生产中，焊接质量得到有效的控制，各项指标都能够满足设计规范要求，江阴 LNG 两台 80000m^3 储罐外罐壁板安装焊接完成共耗时 77 天，消耗焊丝 10.2 吨，焊剂 8.7 吨；累计拍片 15234 张，返修 45 张，焊接一次合格率 99.7%，无论焊接质量，施工效率都满足现场的要求，为后续施 LNG 储罐工提供宝贵经验。

生产运行篇

第二章

LNG 接收站振动监控系统故障分析和处理

尹利飞

（广东珠海金湾液化天然气有限公司）

摘　要　LNG 接收站的一些动设备功率高、能耗大，如果接收站中动设备的监控不稳定，会对接收站的安全运行带来不小的挑战。以珠海 LNG 接收站中海水泵、低压泵为例，通过引入振动监控系统采集振动信号，监控诊断动设备健康状态。介绍了振动监控系统的工作原理、配置，分析了该系统运行过程中出现的故障原因，并给出了解决方案，为相关振动监控系统的应用提供参考。

关键词　LNG 接收站；海水泵；振动监控

LNG 接收站的主要功能是把进口的液态天然气储存在低温储罐内，通过罐内的低压泵把 LNG 输送到低压总管，一部分以液态的形式装槽车，一部分经过再冷凝器、高压泵、开架式汽化器(简称 ORV)等设备气化外输到天然气管网。上述工艺流程涉及到的关键设备包括低压泵、BOG 压缩机、高压泵、海水泵。这些设备的功率高、能耗大，采用的保护比较全面，工艺方面设置了流量、压力、温度等的联锁，电气方面设置了电压、电流的保护，机械方面设置了振动的保护。如果振动监控不稳定，对接收站设备的安全运行带来了不小的挑战。本文主要以珠海 LNG 接收站中海水泵、低压泵为例，介绍了振动监控系统的工作原理、配置以及设备投用以来出现的问题和解决办法，并且就设备维护维修、系统的设计提出来独立的思考，供读者在处理类似问题方面提供参考。

1　振动监控系统

振动监控系统用于采集机组在运行中的振动、温度、位移等信号，这些数据可以直接显示，还可以根据振幅、频率、相位等参数和数据库的参数比较，分析机组的健康状态。在动设备的机械故障中，往往会伴随着机泵自身转子、轴承、联轴器、端盖等机械部件的振动。这些信息无法直接反映的情况下，通过该系统采集的振动信号，可以间接地反映出设备的健康状态，因此该系统在旋转机械领域运用最广泛，也最行之有效。通过对振动参数的分析，可以在不拆解机组的情况下，初步诊断动设备的故障类型，如转子不平衡、转子不对中、转轴弯曲、叶轮松动、轴承磨损、转轴的横向裂纹、结构共振等。

1.1　工作原理

珠海 LNG 接收站振动监控系统采用的是本特利公司生产的 3500 振动监控系统。在国内的接收站采用的振动监控系统基本都由该公司提供振动监控机柜，现场振动探头采用本特利或者是 PCB 等公司提供的特制低温探头。该系统和 PLC 类似，采用模块化框架，包括 CPU、电源、卡件，通过对现场传感器采集的数据，结合上位机系统可监测离心泵、往复式压缩机的状态，如对不平衡、不对中、轴承内环故障等机械问题的早期判定提供可靠依据。基本作原理是：机柜通过安全栅或卡件提供 24V 直流电压，现场探头采用电涡流传感器，振动值是通过探头端面与被测点表面之间的间隙值衡量，而探头间隙是以负的直流电压计量，即探头间隙电压，间隙电压值与间隙值成正比。卡件接收传感器输出的间隙电压信号，正常状态下为-10V 左右，信号对应预设的量程，转化后由继电器模块输出开关量信号，通信卡通过 Modbus 输出信号至中控系统显示其实时测量值。

1.2 配置

以海水泵为例，振动传感器配置如下：1个电机的上端盖探头，1个电机的下端盖探头，2个泵壳探头，探头均采用本特利公司的330400加速度探头。除了振动探头，有些设备还会配置温度探头，温度探头用来检测轴承的温度，侧面反映出轴承的运行状况。振动探头的位置如图1所示。

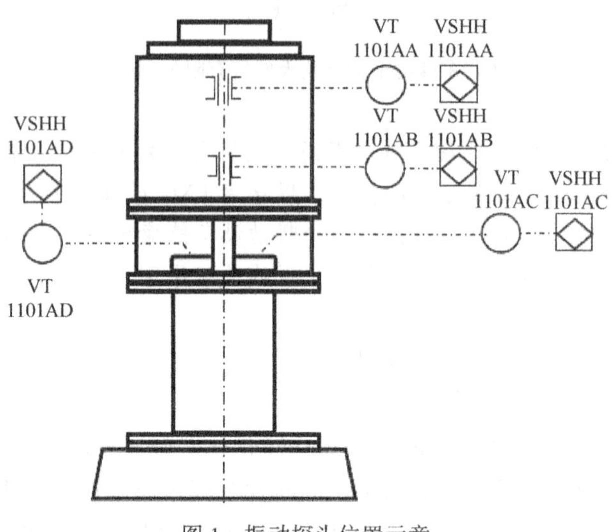

图1　振动探头位置示意

探头采集信号后，通过航空插头连接电缆进入就地接线箱，就地接线箱经过中间接线箱，进入机柜间的振动监控机柜。振动监控机柜配置如下：

(1) 电源模块。该模块安装在框架左侧的卡槽内，根据系统的需要可以采用双电源冗余供电，如果其中一个电源故障，可以实现电源的在线更换。本项目电源模块采用3500/15系列。

(2) 瞬态数据接口块。瞬态数据接口是3500框架与组态、显示和状态监测软件连接的主要接口，每个框架配一个瞬态数据接口，安装在与电源模块紧邻的框架插槽中。该模块使用3500组态软件对框架进行组态，并提取框架数据和状态信息用于3500操作显示软件。本项目卡采用3500/22系列。

(3) 电涡流/地震式监测器。该模块是可组态4个通道的振动信号，本项目共有5台海水泵，每台海水泵配置4个加速度探头，共有20个振动测点，正好需要5个3500/42模块，未设置备用量，但留有卡槽，一旦卡件故障可以直接更换卡件或更换卡槽后重新编译下载。

(4) 过程变量监测器模块。该模块用于监测机械上需连续监测的关键参数，如压力、流量、温度等，可接受4~20mA的电流输入或±10V(DC)范围内的任何电压值输入。该模块接收到的电流或电压信号处理后，再与用户组态的报警值比较，保护设备的安全运行。海水泵项目卡采用3500/62系列，用来监测轴承的温度，当轴承的温度超过100℃，就会触发联锁停机。

(5) 多通道继电器模块。该模块是一个全高度模块，它可提供多个继电器的输出通道。该模块的每个输出通道都可独立编程，以执行所需的表决逻辑。每个应用在模块上的继电器都具有“报警驱动逻辑”。报警驱动逻辑可用“与门”和“或门”逻辑编程，并可使用框架中的任何的监测器通道或任何的检测器通道的组合报警输入(警告和危险状态)。该模块采用3500/33-16系列，每个泵的所有信号采用“与门”的逻辑，只要有一个温度超过100℃或振动值大于10mm/s达到危险状态，设备就会联锁停机，信号正常后，需要在前面面板上通过复位按钮进行复位，系统恢复正常。

(6) 通信网关模块。该模块通过以太网TCP/IP或RS-232/RS-422/RS-485串行通信协议将所有框架的监测数据和状态与DCS系统集成。以供其他需要监控位置的显示。该模块卡采用3500/92系列。

1.3 主要功能

该系统实现了对振动数据的采集、储存、传输、历史记录等功能，但是为了进一步实现对设备的健康分析，往往需要配置振动分析上位机，安装振动分析软件，依赖软件强大的功能，实现对设备的提前预知。本项目前期，并未配置上位机监控，在后期将 4 套机柜联网改造，并配置了功能强大的上位机系统，该系统具有如下功能：

(1) 同一监测分析诊断平台设计。该系统支持在线监测系统的数据录入和分析，也支持如便携式数采器、点检仪离线等监测系统的数据录入和分析；既支持滚动轴承的故障分析，也支持滑动轴承的故障分析。对于设备管理使用部门只需要在同一个软件平台上进行在线、离线、点巡检的数据管理和分析，使得设备状态管理和监测具有全面性。该系统同时支持机泵、往复压缩机、离心压缩机在同一个平台下实现监测系统全中文显示和监测。

(2) 具备专家诊断功能。根据振动数据特征和已有的原因、规则得出设备可能的故障及其概率，可诊断的故障包括：摩擦、轴弯曲、不平衡、松动、不对中、联轴器故障，偏摆、油膜不稳、轴裂纹、滚动轴承故障(外环、内环、保持架、滚动体故障)，油膜波动、轴瓦剥落、轴头窜动等滑动轴承故障，转子条松动脱落、或断裂及短路环搭接不良和定子故障等电器类故障。

(3) 支持远程数据分析服务。系统厂家的状态监测专家可以远程协助用户分析故障，根据客户的需求，定期提供设备状态分析报告。

(4) 具备瞬态、黑匣子功能。在被监测对象设备发生停机事故时，可记录被监测对象设备的事故发生时刻前后 10min 的详细振动数据，确保机组发生停机事故时能提供完整、详尽数据供分析诊断。

(5) 具备数据库功能。能自动存储有关数据，形成历史数据库、黑匣子数据库等。其中历史数据库分为年、月、周、日和当前数据库，数据库存储空间满足监测范围内设备振动波形、频谱数据存储周期不少于 6 个月。

(6) 具备时域分析、频域分析、解调分析等振动数据图形分析功能。对于振动加速度输入信号，该系统具备完善的轴承故障信息库，内置国内外主要厂家标准轴承的信息，直接输入型号即可查询出滚动轴承的尺寸信息，在配置转速后可自动实现故障特征频率计算。

(7) 具备友好人机界面。按照设备类型合理布置画面，对于重要画面能作出独立画面，画面能方面地翻页衔接。每台受监控设备的小窗口能够显示测量值、设备名称、描述。能够调用显示测量值的历史趋势、报警记录等功能。总貌画面和分层画面都能够允许用户自行组态，并能同时显示所有被监测的各分区分貌。点击任一分区分貌时能显示的画面为多个被监控的设备位号，点击任一被监控的设备位号，则显示其监控的位置和具体内容。

1.4 机泵监测分析诊断评估

机泵的在线监控软件每月会生成监测分析诊断评估报告，以 BOG 压缩机为例介绍评估报道的内容：设备现场信息及振动频谱特征：通过对近期机组的振动数据分析，整体状况如下：机组本监测时间段内间断运行，启停机频繁，分析机组运行数据：电机端：电机振动各项总值不高，振动速度值存在轻微波动(与曲轴箱同步波动)，受压缩机振动影响频谱中主要以工频及大量谐波为主。曲轴箱：曲轴箱测点振动总值不高，速度值存在轻微波动，速度谱中以工频及谐波为主；曲轴箱各测点监测到的加速度时域波形冲击信号符合往复机振动特征。诊断结论及设备状态预期与维护建议：机组各个测点振动总值不高，趋势稳定，振动频谱特征符合往复机振动特征，可以正常运行；各个测点速度值波动与负载变化或转速波动有关。监测图谱如图 2 所示。

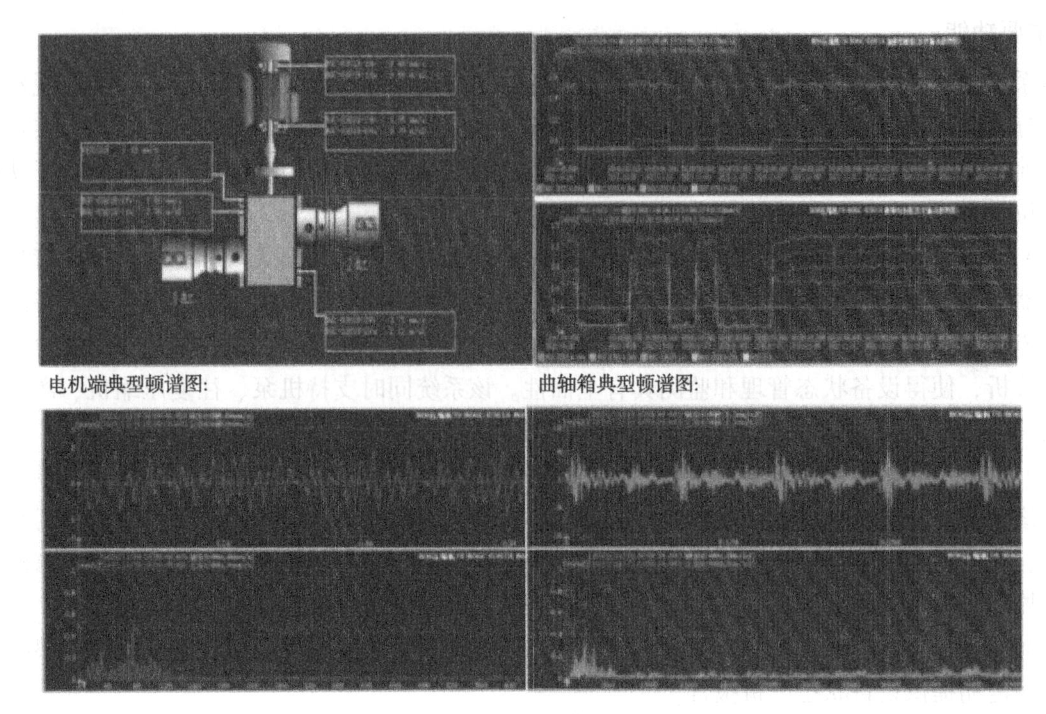

图 2　监测图谱示意

2　振动监控系统故障及处理

2.1　海水泵投产初期的问题

海水泵投用初期，振动探头显示值偏高，长时间超过 5mm/s，甚至达到联锁值，导致联锁迟迟不敢投用。现场操作人员用手持振动仪测试测量值在 2mm/s 左右。通过检查设计文件和系统组态后发现海水泵设备商推荐振动值达到 8mm/s 时报警；10mm/s 时设备停车，传感器振动测量单位为速度有效值，但在在软件组态时设置为速度峰值。虽然两者同为速度单位，但在数值上存在较大差异：速度有效值表征振动的能量(烈度)，在国际和国内相关振动标准中，都规定用振动速度的有效值作为振动烈度的度量值，即只有振动烈度才有振动标准可以参照，评定机器运转状态的优劣才能有据可依；振动速度峰值适用于瞬时冲击振动的监测和诊断。峰值和有效值的比值常被称为波峰因数，它随实测振动波形变化而不同，通常数值大于 1.5，因此速度峰值的示值往往是振动有效值的 1.5 倍以上。该问题放大了设备振动数值，通过组态软件修改振动单位后振动值由由来的 5mm/s 下降到 2mm/s 以下，联锁程序从此顺利投用。

2.2　海水泵运行中出现的问题

海水泵振动监控系统受对讲机干扰联锁跳车，事件过程如下：海水泵振动监控系统运行过程，当班操作人员发现海水泵振动探头数值异常，维修工程师到达现场后，通过手持振动测试仪测试，并通过对讲机和中心控制室确认。突然海水泵振动探头由 6.5mm/s 增加至 12mm/s，导致海水泵跳车。当时现场没有做任何操作，初步怀疑是维修工程师在海水泵上误触到振动探头的铠装电缆。为了验证该猜测，重新启动高压泵，并晃动铠装电缆，发现振动值并没有明显变化。后来怀疑是使用对讲机的干扰，对讲机发出频率比较高，频率范围跟振动信号范围有重叠。为了进一步消除干扰，维修人员从增强屏蔽着手。按照仪表接地的原则，屏蔽线应该在机柜间单侧接地，屏蔽线的屏蔽层不允许多点接地，因为不同的接地点存在电位差，电缆上的脉冲信号会在没有接地的屏蔽层上形成环形电流，并导致屏蔽层不同点电势差异，引起噪声传递。屏蔽层单点接地，使屏蔽层感应的信号由低阻抗的通道导走，外来的干扰信号可通过屏蔽层导入大地，避免干扰信号进入导体内层干扰，同时降低传输信号的损耗。如图 3 信号回路图所示。

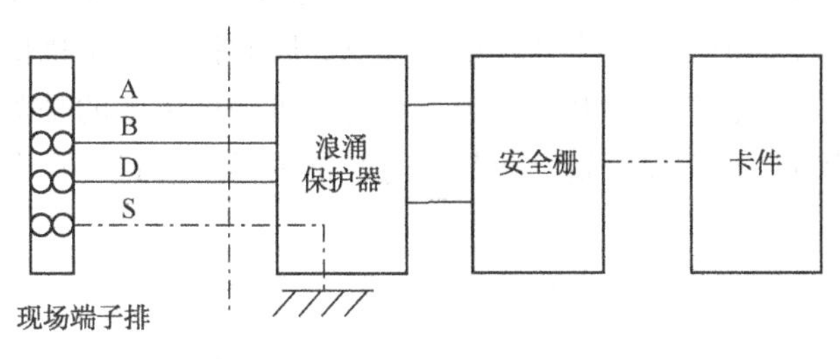

图 3　信号回路示意

经检查发现，海水泵振动监控系统振动信号导线从现场接线箱至中心控制室未出现屏蔽线的屏蔽层多点接地，但是经检查，振动探头航空插头铠装电缆进入就地接线箱段因老化、振动、腐蚀等金属外皮和信号电缆破损，导致抗干扰能力下降，经更换振动电缆后，用对讲机测试，未出现振动探头数值变高现象。

2.3　低压泵振动监控系统故障及处理

低压泵有 2 个探头，其中 A 探头出现跳零现象。排查探头导线、安全栅等都没有找出故障原因，进一步观察发现出现跳零的 4 台泵都是检修过的泵，未大修过的低压泵振动值都正常。泵检修的过程仪表只是配合机修专业拆开振动探头电缆的航空插头再装回去。一位经验丰富的仪表工程师提出来一个观点，低压泵浸泡在-162℃的储罐中，把泵提出来以后，拆开航空插头后，出现了冷凝水，冷凝水在航空插头中聚集，回装的时候，没有把冷凝水排除，进入低温环境中出现了结冰，导致了线路的临界短路。这样回路的电压就会降低。在原来的程序设置中，电压检测的下限值默认为 4V，也就是说当回路的电压低于 4V 时，认为供电电压不足，检测值无效。之后在程序中，对电压值进行了设置，把电压下限设置到 1V，所有泵未出现归零现象。

3　振动监控系统维护经验

3.1　卡件的设置

一般振动监控系统会根据电机的转速、使用的环境等设置信号的滤波值。高通滤波按照额定转速一半设置，低通滤波按照额定转速的 20 倍以上设置。比如海水泵的额定转速为 744r/min，High Pass = 744÷60÷2 = 6.2Hz；Low pass = 744÷60×20 = 248Hz。出厂时默认的设置为 High Pass = 10Hz，Low Pass = 20000Hz。修改为 High Pass = 5Hz，Low Pass = 1000Hz。

3.2　通信不畅

一般来讲设备厂家会提供一份通信点表工 DCS 系统工程师通信组态用。通信点表上会约定波特率、停止位、信号位号对应的通信地址等。但是在实际过程中会出现位号不全、地址不完整、单位不统一、地址位号不缺明等多中现象。在设备期初调试阶段会带来一定的困扰。

3.3　供货范围

目前在设计阶段分两种，一种做法是设备厂家自带振动监控机柜，振动柜的调试由设备厂家负责。优点是减少界面，同时把调试的责任交给了设备的厂家。缺点是调试多为机械工程师，并非振动系统的厂家，到现场后可能会面临各类问题，甚至在投产阶段都无法投用振动系统。另一种是设备厂家只提供探头，控制系统厂家打包振动系统的模式。优点是把控制系统交给了系统厂家，缺点是会出现问题界面认定的问题。究竟采用那种模式一定要综合考虑。

3.4 提高预防性维护的重要性

随着自动化水平的提高，基于状态监控的维修越来越重要，所以振动系统的作用越来越重要。应该加强振动系统的预防性维护，避免室外环境的影响，同时振动的干扰信号较为敏感，应该把接地抗干扰列为重点检查的项目，并定期开展检查。预防性维护更重要的是落到实处。近几年在一些交叉检查、国家督查的检查中也发现个别企业的预防性维护浮于形式，在今后的工作中应该加强落实的监督和考核。

3.5 自主维修阶段的细节

随着国内 LNG 接收站越来越多，国内制造实力的崛起，维修能力的进一步增强，同时打破国外技术的封锁，越来越多的接收站设备开始自主维修。自主维修的模式一般是首次请厂家的工程师到现场操作，接收站技术人员配合。下一步，厂家工程师在现场指导，接收站的维修工程师开始自己动手维修。再下一阶段就会出现只买厂家的备件，自主维修。设备大修不能走捷径，更不能吹大话。一旦设备在运行中出现问题，将会给生产带了不利的因素。

4 结束语

接收站关键机组采用振动监控系统后，设备得到了更好的保护，可靠性大为提高。一般来说机组振动值的变化趋势是比较缓慢、总体可控的，这有利于监控人员在发现机组振动趋势发生突变时提前干预并排除故障，从而为机组的平稳运行提供重要支撑。珠海 LNG 接收站振动监测系统的自主维修探索，摆脱了对原厂家技术人员的依赖，保障了接收站设备的及时维修，避免了不必要的损失，使国内 LNG 行业进口设备自主维修迈向一个新的水平。

参 考 文 献

[1] 万永尧．振动监测和诊断技术在 LNG 接收站的应用[J]．石油石化物资采购，2023，2(03)：101-105.
[2] 冯伟，曹龙辉，杜文彬．本特利 3500 系统组态及典型问题浅析[J]．工业控制计算机，2011，5(01)：34-36.
[3] 于骏颖．CFM56-5B 发动机振动监控系统原理及应用[J]．航空维修与工程，2019，0714：41-43.
[4] 王立新，朱克坚．大型压缩机组轴位移振动监控系统改造[J]．石油化工自动化，2010，5：78-80.
[5] 杨林春，梅伟伟，刘龙海．LNG 接收站关键设备低压泵的自主性检修[J]．天然气技术与经济，2017(1)：95-97.
[6] 马建仓．机械设备状态的振动检测机故障诊断[M]．西安，西北工业大学出版社，1987
[7] 霍红岩，贾志刚，等．大唐盘电本特利 3500 监视系统的应用[J]．华北电力技术 2002(11).
[8] 王海波，宇文生，杨国明．本特利 3500 监视系统在 800MW 机组的应用[J]．黑龙江电力 2006(3)
[9] 梁晓明．机组状态监测系统的应用[J]．石油化工自动化 2007(5).
[10] 王杰，周怀斌，等．本特利 3500 监视系统组态及故障处理[J]．冶金动力 2015(9)69-71.

LNG 卸料臂液压缸维修技术

刘龙海

（中石油江苏液化天然气有限公司）

摘　要　随着 LNG 在全球能源结构中的比重逐渐增大，卸料臂作为 LNG 接收站的关键设备之一，其安全性和稳定性显得尤为重要。而液压缸是卸料臂的关键动力元件。本文简要介绍了 LNG 接收站卸料臂液压缸的主要作用及结构；系统总结了在卸料臂液压缸自主维修过程中的关键技术点及故障，并针对这些故障提出了相应的解决方案。大修后的液压缸运行稳定，对同行业其他码头 LNG 卸料臂、输油臂大修具有一定参考价值。

关键词　卸料臂；液压缸；维修；故障解决

卸料臂是 LNG 接收站码头接卸 LNG 货船的专用设备，承担着将 LNG 介质从 LNG 货船接卸到 LNG 接收站储罐的作用。江苏 LNG 接收站共有四台 DCMA-“S”型 FMC 科技有限公司生产的双配重卸料臂，如图 1 所示。

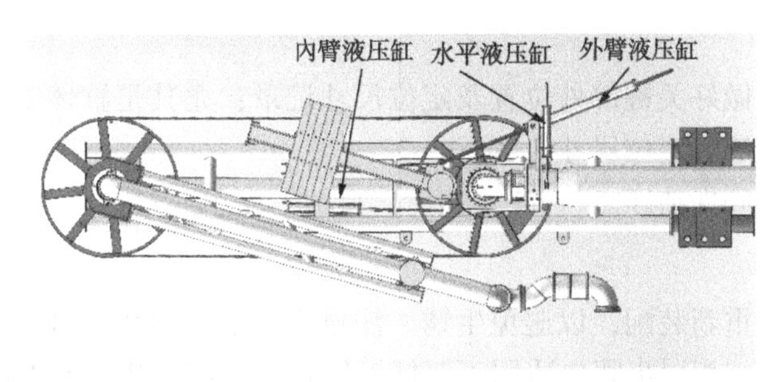

图 1　DCMA-S 形式卸料臂

液压缸是为卸料臂提供动力的关键部件，DCMA-“S”形式卸料臂装有 4 台液压缸，其主要作用为卸料臂的三种移动方式提供动力（表 1）：整套卸料臂组件的回转、舷内臂的提升及降低、舷外臂的提升及降低。

表 1　单台卸料臂上的液压缸

液压缸位置	规　格	数 量	类　型
水平旋转液压缸	110X45 S：1010	1	双作用双活塞杆
外臂液压缸	160X85 S：2800	1	双作用双活塞杆
内臂液压缸	160X65 S：1600	2	双作用单活塞杆

整个铰接组件在水平平面回转是用一个连接到 50 型立管旋转节的内螺纹接件的双作用缸来实现的。传动缸杆端被连接到立管上。臂的内驱动包括安装在 50 型机架上的两个单作用缸、一条钢丝索和一个主动滑轮。外驱动包括一个直接连接到 50 型滑轮的双作用液压缸。

DCMA-S 形式卸料臂四台液压缸结构基本一致，本文以内臂双作用单活塞杆液压缸为例进行介绍。其由活塞、活塞密封件、缸盖、活塞杆、缸体等主要部件构成，如图 2 所示。

江苏 LNG 接收站卸料臂液压缸使用已超 10 年，加之长期处于沿海环境，液压缸普遍存在活塞杆鼓泡、密封圈老化、缸体、缸盖腐蚀等现象，亟需大修。江苏 LNG 在液压缸大修过程中对液压缸维修重点进行了总结，并对存在的故障进行了有效优化，整体提升了液压缸运行稳定性。现将其中液压缸检修要点总结如下。

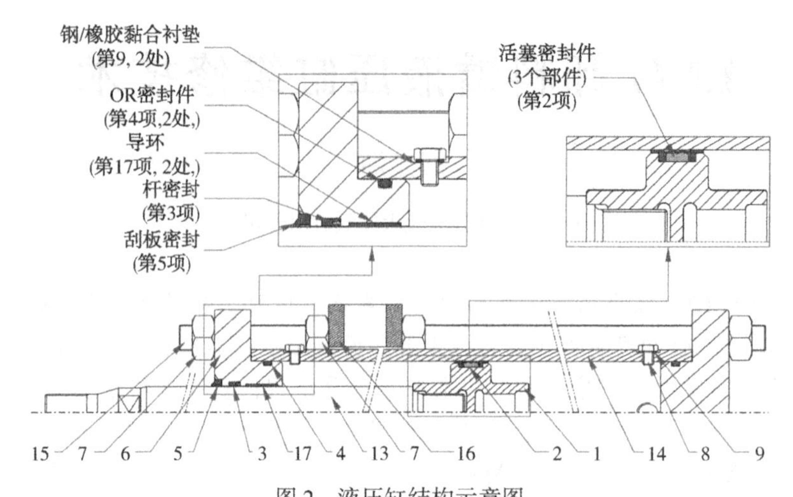

图 2　液压缸结构示意图

1—活塞；2—活塞密封件；3—主密封；4—OR 密封件；5—刮板密封；6—缸盖；7—螺母；8—排气螺钉；9—衬垫；13—活塞杆；14—缸体；15—拉杆；16—安装法兰；17—杆密封

1　大型液压缸维修

1.1　拆卸注意事项

（1）液压缸大修前要做好关键部件位置及定位尺寸记录；尤其是缸体安装部件如排气螺钉、油管接头方向等位置及安装法兰定位尺寸。

（2）现场拆装环境要确保洁净。

1.2　液压缸拆卸

液压缸拆解后须及时重新装配，以避免生锈。注意不让杂质和颗粒进入液压缸。以内臂单杆液压缸拆卸为例(见上图 2)，相同步骤也适用于双杆液压缸。具体拆卸步骤为：

（1）拆除排气螺钉(第 8 项)，完成缸体内液压油的排放。要特别注意经由排气螺钉的非受控压力释放(孔眼中的突然射流)。

（2）将液压缸放在稳固基座的水平位置，并充分固定就位。

（3）采用氧乙炔加热方式拆除液压缸活塞杆头部固定销安装吊耳及尾部活塞杆限位螺母。注意两处均为左螺纹，螺纹处涂有 Loctite © 275 螺纹紧固胶，不能强拆。

（4）同上采用加热方式松开并拆除气缸盖(第 6 项)的 4 个螺母(第 7 项)。

（5）相同方式拆除气缸另一个盖上的其他 4 个螺母。

（6）将两侧缸盖(第 6 项)缓慢从缸体(第 14 项)上拆除。注意不得损坏镍铬合金杆(无冲击、划痕和划伤)。

（7）将杆/活塞总成(第 1/13 项)与缸体调中心，缓慢从缸体(第 14 项)上拆除；若需要更换活塞杆，采用加热方式，将活塞固定，拆除活塞杆。活塞与杆为左螺纹连接。

（8）使用铜制工具拆除旧密封件(第 2、3、4、5 和 17 项)。用带尖物体(铜制小螺丝刀或划线器)挑起密封件。不要损坏凹槽的基座。扭绞密封件，将其从凹槽中拉出来，如图 3、图 4 所示。

1.3　液压缸装配前清洗与检查

重新装配之前，一定要仔细地彻底清洁各部件及凹槽，清洁时不得有杂质和颗粒，污垢不可避免地会造成损坏和渗漏。重点检查以下几项：

（1）清洗缸体，仔细检查缸体内表面有无凹痕、划痕或划伤现象。

（2）检查活塞，轻微划痕直接修复，若划伤深度超过 0. 2mm 则更换。

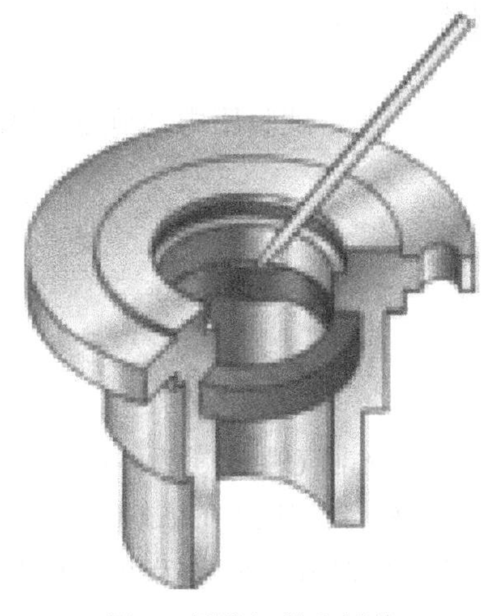

图 3　拆除缸盖密封件

图 4　拆除活塞密封件

(3) 检查活塞杆工作长度上是否有鼓泡、划伤、腐蚀等情况。

(4) 检查清洗密封件。选用清洁的软布和温水来清洁密封件。重点检查主密封、OR 密封件完好性。

(5) 清洗检查缸盖密封槽有无损伤或腐蚀；检查固定销安装吊耳、活塞杆顶端螺纹有无损坏。

1.4　液压缸装配

重新装配之前，一定要仔细地彻底清洁部件及凹槽，清洁时不得有杂质和颗粒。污垢不可避免地会造成损坏和渗漏。

(1) 装配时不能划伤密封组件。装配缸体内壁排气螺钉时要注意检查排气螺钉是否影响活塞密封件安装，务必先将排气螺钉拆除后再将活塞组件装入缸体，如图 5 所示。

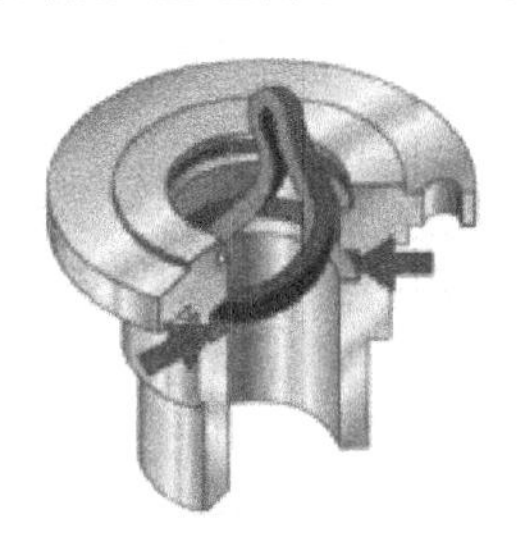

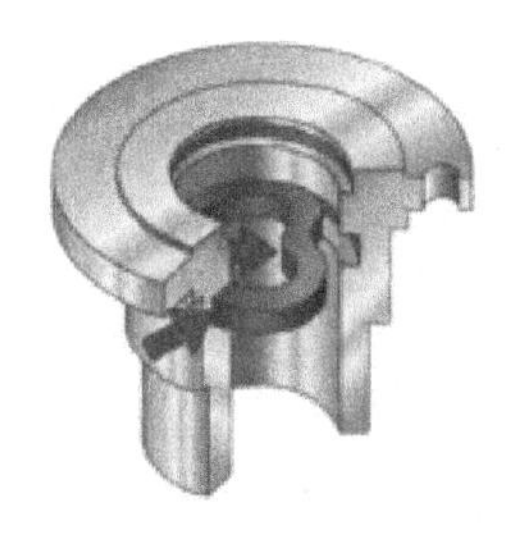

图 5　缸盖主密封安装

(2) 缸体内表面、活塞杆、密封件等装配前涂一薄层同型号液压油，务必保证各密封件安装方向正确。

(3) 先使用百分表检查活塞杆直线度，确认合格后将活塞与活塞杆组装，再次检查测量活塞杆总成全长上的同轴度。

(4) 将活塞杆总成装入缸体时，制作导向工装或利用缸盖进行支撑，保证活塞杆和缸体同心，使用铜棒轻敲活塞杆端头完成装配。

(5) 使用扭矩扳手按规定力矩对角均匀拧紧缸盖法兰螺栓，安装完成后检查活塞杆总成流畅性。

1.5　功能试验

液压缸维修完成后，功能试验是重要环节。

(1) 配管连接手动柱塞打压泵(40MPa)与液压缸油管接头。

(2) 拧松排气螺钉，使用柱塞泵将新液压油注满液压缸(SHELL TELLUS T32)，并且堵塞进油口以防止进入异物。

(3) 安装新的钢衬垫拧紧排气螺钉。排气螺钉安装时采用螺纹密封剂 Loctite © 577。

(4) 以低压运行 3 或 4 个完整的冲程。

(5) 5 分钟内将施加的操作压力增加 20%(活塞与盖相接触),直至试验压力达到 31.5MPa(液压缸工作压力为 20MPa)。

(6) 检查液压缸各个部分有无渗漏。

(7) 在相对侧盖上重复相同动作并释放压力。

2 故障现象与解决

本次卸料臂液压缸大修主要成套更换了所有密封组件、活塞杆及排气螺钉等部件;此外,液压缸缸体、缸盖表面整体进行了喷砂防腐处理。江苏 LNG 接收站卸料臂液压缸在维修过程中主要存在的问题有两点:一是外臂驱动液压缸活塞杆固定销轴严重腐蚀,导致液压缸无法正常拆卸,只能采用破坏性方式进行拆除;二是缸盖处刮板密封脱落。

2.1 外臂驱动液压缸活塞杆固定销轴严重腐蚀,导致无法正常拆卸

2.1.1 原因分析(图 6)

(1) 外臂驱动液压缸活塞杆固定销轴材质为 Q235,表面未做任何防腐处理,长时间在海边使用必然产生腐蚀;

(2) 原销轴为等径光轴,设计不合理,未设置安拆结构。

(3) 固定销轴与液压缸活塞杆吊耳孔配合间隙过大,经检测有 0.2mm 间隙。

2.1.2 解决方案

重新加工制作新型销轴,优化其材质、结构及配合间隙。材质选用 SS304;新销轴前端为锥形,末端设置螺纹孔,便于安装、拆卸;减小销轴与液压缸活塞杆吊耳孔配合间隙,选用 H7/js6 过渡配合,如图 7 所示。

图 6 外臂驱动液压缸活塞杆固定销轴严重腐蚀

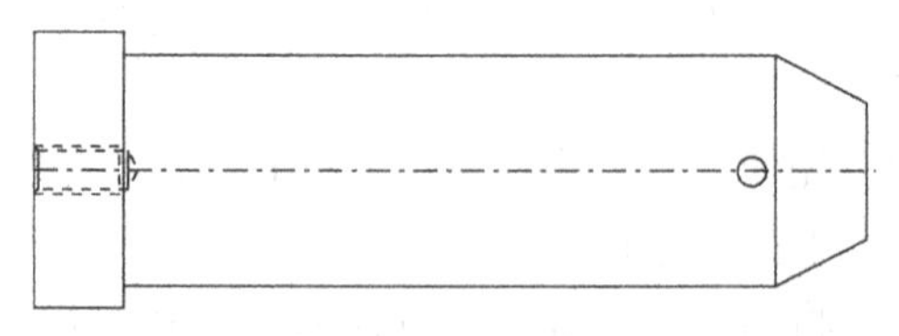

图 7 外臂驱动液压缸缸杆固定销轴严重腐蚀

2.2 刮板密封脱落

2.2.1 原因分析

作为防止多余物侵入液压缸的核心元件,刮板密封圈是否有效直接影响液压缸使用寿命。通过液压缸解体大修找出了刮板密封的主要原因:

(1) 缸盖刮板密封槽长时间使用后出现腐蚀,导致其外径变大;刮板密封圈与密封槽配合由过盈配合变为间隙配合;

(2) 刮板密封圈金属支架圈加工圆度不合格要求。

(3) 刮板密封槽结构设计不合理，无防止密封圈脱落挡圈。

2.2.2　解决方案

综合考虑维修周期与成本，采取增加刮板密封挡板方案：根据刮板密封圈及缸盖尺寸，设计加工圆形刮板密封挡板，材质选用 SS304，使用螺钉固定于缸盖外侧，简便易行，有效解决了刮板密封脱落故障，如图 8 所示。

图 8　刮板密封挡板

3　结论

江苏 LNG 在卸料臂液压缸自主维修过程中，不仅系统归纳总结出了全过程液压缸维修技术，包括拆卸、装配、试验等内容。此外，还对外臂驱动液压缸活塞杆固定销轴严重锈蚀、刮板密封脱落故障进行了科学优化处理，有效消除了设备运行隐患，对国内其他形式卸料臂、输油臂大修具有重要指导意义。但由于液压缸在码头单独从卸料臂上拆装难度大、风险高、费时费力，尤其是内臂液压缸完全不具备日常检修条件，只能在卸料臂大修时采用船吊进行维修，成本极为高昂。鉴于此，建议在今后 LNG 接收站卸料臂进行大修时，宜总结液压缸使用过程中遇到的问题，提前制定新型液压缸优化设计方案(包括零部件材质、结构)，并加工制造；大修时整体更换新型液压缸，不仅提高设备使用稳定性，还保证了卸料臂大修进度。

参　考　文　献

[1] 石红卫．液压缸的检修与维护[J]．内蒙古煤炭经济，2018(09)：24-34.
[2] 液压缸维修技术标准[M]．上海宝钢集团设备部．
[3] 张明本．工程机械液压缸维修要点[J]．工程机械与维修，2019(03)：61.
[4] 李树茂，邱健，陈亮．浅析液压缸的失效形式及预防措施[J]．现代制造技术与装备，2018(09)：146-148.
[5] 王慧博．浅谈液压缸的维修与保养[J]．农业开发与装备，2019(03)：34.
[6] 雷凡帅，杨林春，郝飞．20 英寸 LNG 卸料臂解体大修关键技术研究与应用[J]．设备管理与维修，2022，(9).

天然气液化装置(LNG)联动试车的重点及其危险有害因素辨识

苑桂金

(内蒙古大唐国际克什克腾煤制天然气有限责任公司)

摘　要　为拓宽产品聚道，适应企业发展，本公司依托原厂工艺特建设煤制天然气液化项目。联动试车是在设备单式完成后，系统进入生产介质，对设备性能进行检查试验，确定设备本身质量是否符合运转条件。因此联动试车的成功与否直接关系到生产系统日后的安全稳定。本文着重总结本公司在联动试车中的重难点，并进一步辨识其危险、有害因素，为液化天然气岗位试运行提供经验参考。

关键词　液化天然气；危险、有害因素；联动试车

1　工艺流程简述

1.1　调压计量系统

由界区管网来的天然气进入稳压计量橇块，由过滤器除去可能携带的杂质，经稳压和定量计量后进入脱酸工序。

1.2　脱酸系统

根据天然气体组成，本装置采用湿法脱除天然气中的CO_2，选用MDEA(N-甲基二乙醇胺)为脱除剂，采用一段吸收，一段再生流程。

1.3　干燥系统

脱酸后的天然气进入干燥脱水系统由2台干燥塔、1台辅助干燥塔、1台再生气加热器、1台再生气冷却器、1台再生气分离器组成。主辅干燥塔干燥及再生交替进行，每台干燥塔的吸附周期为8个小时，整个干燥过程的实施由程控阀的自动切换实现连续操作。

等压干燥系统的工艺过程如下(以塔A进行吸附、塔B进行再生为例)：脱酸后的天然气首先经流量调节分成两路。其中一路经程控阀直接去干燥塔A，塔内的干燥剂将气体中的水分吸附下来，出口干燥气体经程控阀去脱汞塔。在干燥塔A处于干燥的状态下，另一台干燥塔B处于再生过程。

干燥塔B的再生过程包括加热和冷吹两个步骤。在加热再生过程中，另一路原料气体作为再生气首先经程控阀进入辅助干燥塔进行干燥，然后经再生气加热器升温至240℃后自上而下进入干燥塔B，使吸附剂升温、其中的水分得以解吸出来，解吸气经干燥再生气冷却器冷却，再经过干燥再生气分离器气液分离，分离后的气相与主路后原料气在管线处混合，然后进入处于吸附状态的干燥塔A进行干燥，液相经减压后送入闪蒸罐。当再生加热过程中出塔气体温度达到180℃以上时停止对干燥塔B加热，开始对其冷却降温。在冷吹过程中，再生气体经程控阀直接进入的干燥塔B对B塔进行降温，将干燥塔温度降至40℃左右，然后再经加热器加热后去辅助干燥塔，对辅助干燥塔中的干燥剂进行加温至180℃以上，其中的水分得以解吸出来，然后经再生气冷却器和再生气分离器气液分离后再与另一路气体混合，最后进入处于吸附干燥状态的干燥塔A进行干燥。当干燥塔B完

成再生后，切换到干燥塔 A，如此循环。整个干燥过程的实施由 12 台程控阀按程序自动切换完成，操作人员可以调整程序时间来控制干燥过程。处理完毕后天然气露点低于-76℃。

干燥后的天然气可能含有极微量的汞元素等采用载硫活性炭吸附剂吸附其中含有的微量汞进行天然气纯化。

1.4 冷剂循环系统

本装置制冷系统采用“混合冷剂节流制冷”工艺，天然气液化所需的冷量由混合冷剂节流提供。混合冷剂制冷系统中的制冷剂，主要由氮气、甲烷、乙烯、丙烷、异戊烷等物质按照一定比例混合而成。此种制冷方式大大降低了制冷能耗，同时减低了设备维护量。

混合冷剂先经过混合冷剂平衡罐后，进入混合冷剂压缩机压缩，此时压力被升高至 1.035MPa(G)，经一级出口冷却器冷却到 40℃后，进入一级出口分离器进行气液分离，产生液相直接进入冷箱，经过板翅式换热器换热降温后，经过节流阀节流为板翅式换热器提供冷量，再与气相冷剂汇合后逐级复温返回混合冷剂压缩机入口混合冷剂平衡罐。

1.5 液化分离系统

净化后的天然气进入冷箱，经过多级板翅式换热器逐级降低温度至-140℃左右。经过调节阀减压至 1.0MPa(G)后送入精馏塔精馏提纯，在精馏塔中通过再沸与冷凝的热质交换，塔釜中甲烷液体不断被提浓至符合国家标准的 LNG 产品后，从塔釜采出，再经过主换热器与混合冷剂换热过冷至-160℃后，经减压阀减压至 0.015MPa(G)送往 LNG 储罐；精馏塔塔顶产生的气相即为富氮气，经多级板翅式换热器逐级复温后经 BOG 压缩机增压后送出界区。冷箱 LNG 出口管线上配置质量流量计，用于计量 LNG 产品产量。本装置制冷系统采用“混合冷剂节流制冷”工艺，天然气液化所需的冷量由混合冷剂节流提供。混合冷剂制冷系统中的制冷剂，主要由氮气、甲烷、乙烯、丙烷、异戊烷等物质按照一定比例混合而成。此种制冷方式大大降低了制冷能耗，同时减低了设备维护量。

从冷箱来的 LNG 冷至-160℃后，经过节流将压力降至 0.015MPa(G)，进入常压 LNG 储罐储存。在 LNG 储罐中闪蒸出的 BOG 及正常装车时气化的甲烷气体汇合后送至 BOG 回收工序。LNG 装车过程中产生的 BOG、LNG 减压后产生的 BOG 以及储罐因受环境温度影响闪蒸出的 BOG 汇合后，经 BOG 空温器、BOG 水浴加热器复温后送至 BOG 缓冲罐，与精馏塔顶复温出冷箱后的富氮气汇合进入 BOG 压缩机入口，经过 BOG 压缩机增压后，压力升至 3.9MPa(G)，经过 BOG 平衡罐(751-B602) 缓冲后送出界区。

储罐内的 LNG 产品需要用 LNG 定量装车鹤管灌装至 LNG 槽车外售；根据实际需要，设置 3 台 LNG 装车泵，2 用 1 备，每台流量为 120m^3/h，可以在现场也可以在控制室启动装车区设置 6 个装车位，每个装车位装车最大流量为 60m^3/h，采用定量装车控制器控制充装量。

2 联动试车难点要点

2.1 调压计量系统联动试车难点要点

装置通气前需确认上游气体组分含量是否满足装置工艺需求，气源二氧化碳过高会导致脱酸系统脱除不合格，后系统冷箱冻赌，且后系统置换耗时较长。气源硫含量超标可加速系统腐蚀、产品不合格、冷箱冻赌等不利影响。气源汞含量超标可加速冷箱设备腐蚀易引发设备损坏及安全事故。气源中含油脂、铁锈、固体颗粒物等可导致胺液发泡物质可致使胺液发泡并引起相关连锁事故，如分子筛失效粉化、低温设备损坏等不利影响。

系统操作需注意调压器运行状态，避免系统压力大幅波动，可导致调压器安全保护切断，影响装置上下游系统运行，可造成胺液系统循环紊乱严重时可造成系统淹塔、空塔、泵体抽空汽蚀等事故，可造成系统失压、憋压、超压及安全阀起跳等事故。

2.2 脱酸系统联动试车难点要点

装置运行过程中需保持不同压力梯度系统压力相对稳定，系统压力波动可导致各段胺液流量发生变化，从而引起胺液循环不平衡，严重时可引发事故及全场停车。

系统运行操作过程中需定期对系统液位计进行清洗检查，防止液位计卡涩失灵等情况导致产生假液位，严重时可导致系统空塔、淹塔、后系统带液等问题。

装置运行过程中需注意观察系统是否有发泡现象，及时进行人为干预，进行消泡或停车处理，装置运行过程中如胺液进入分子筛内，可导致分子筛产生不可恢复性损害，需进行更换处理。

装置运行过程中如脱酸气不合格需立即进行停车处理，切断冷箱原料气进入，后系统进行置换，检测各系统指标合格后，缓慢恢复系统运行生产。

2.3 干燥系统联动试车难点要点

新装置的原始开车置换和更换吸附剂、吸附剂后的置换，根据所使用的吸附剂、干燥剂的物理化学性质不同，有可能初次接触高浓度气体时会有温升现象，应根据厂家说明制定实施置换方案(如通过向系统补入惰气稀释气体浓度、气量控制、避免串联、分段置换等措施)。对系统进行升压时，使系统压力在0~1.0MPa(G)内按每分钟0.1MPa(G)升压，在1.0~2.6MPa(G)内按每分钟0.05MPa(G)升压至2.6MPa(G)。升压时因系统容积较大，实际升压速率通常在允许范围内。需要说明的是，相应的吸附塔、吸附塔及其他的压力容器、管道在泄压时也应该控制相应的速率，以确保压力容器、管道的安全使用，防止吸附剂、吸附剂的破裂粉化。

干燥塔的再生周期应结合露点仪读数加以调整摸索，对初定时间进行适当修改，干燥系统时序进行切步前需进行程控阀状态确认，系统各设备压力确认，避免压力大幅波动导致干燥塔翻床、漏料、加速填料粉化等事故的发生，干燥系统运行过程中严禁气体反流至上游系统，可导致胺液污染，系统程控阀故障或程序因下装等原因导致无法开启或关闭时应及时进行手动调整或现场干预，如脱水指标不合格序立即切断冷箱进气。

2.4 冷剂循环系统联动试车难点要点

冷剂压缩机运行过程中需参照厂家说明书，保证机组运行稳定安全，防止机组喘振、干气密封损坏等导致的系统故障。

冷剂压缩机运行过程中需注意隔离气压力及系统油压，防止油脂进入冷剂系统，可造成冷剂污染及冷箱冻赌或冷箱内换热器换热效率下降，严重时可导致系统能耗增高、装置产量下降。

冷剂系统氮气补充管线需保证官网氮气的露点及洁净程度合格，如官网氮气不合格可导致系统冻堵，冷剂压缩机启动用干起密封氮气可随机组运行进入冷剂循环系统，需保证氮气露点合格。

2.5 液化分离系统联动试车难点要点

装置运行过程需保证系统压力流量及原料气组分相对稳定，由于冷箱为一个换热平衡系统，系统运行变量较多、较大可导致系统波动怎大操作难度亦可引起压缩机喘振保护装置运行过程中需注意冷剂系统氮气含量，如系统氮气含量过低，易引发冷箱积液装置停车前需及时关闭冷箱一二级液相节流阀、开大冷箱二级气相节流阀，防止系统液相倒灌至冷箱底部冷箱节流阀及原料气流量控制阀操作原则应尽量缓慢，由于冷箱为换热平衡系统，装置内个温度反应相对滞后，应分梯度进行调节冷箱运行过程中应注意系统压差变化防止冷箱冻赌，如系统阻力过大应及时进行复温解冻处理。

2.6 冬季联动试车难点要点

冬季在装置的生产过程中，应特别注意可能积液冻结的管道和设备。当气温低于0℃，即开通伴热设备用电，经常检查管线和设备的保温处于良好工作状态，防止管线死角凝液和间歇使用管道及设备冻凝。

在管道内水汽冻结时必须如下操作：

外管检查管道，目的是确定冻结的大致边界，切断管道和整个系统的联系，采取措施加热冻结处。用蒸汽或热水加热冰的堵塞时要从堵塞段的末段开始。禁止在打开管路阀门的情况下加热冻结的漏油管段，或者用明火加热。在关停设备时，必须打开所有设备和管道的排凝合放空阀，仔细地排空系统。

3 联动试车过程中的危险、有害因素辨识

众所周知，液化天然气生产系统在联动试车过程中存在着不确定性，高风险性，高事故率等特点，一旦发生泄漏将造成不可想象的后果，因此对该过程进行危险、有害因素辨识是及其必要的，现对调压系统、脱酸系统、干燥系统、冷剂循环系统、液化系统联动试车过程中的危险有害因素进行辨识，主要有火灾、爆炸、车辆伤害、中毒和窒息、冻伤等。其主要危险有害因素分析如下：

(1) 中毒和窒息

在联动试车过程中，系统将进入原料气进行联动，原料气中甲烷含量为93%，高浓度的甲烷对人体几乎无毒，而是单纯的窒息作用，如若发生泄漏，将导致岗位人员发生中毒窒息，如若遇明火、强光、电火花、静电、高温表面、雷击、电磁场、电磁辐射、摩擦化学反应热将导致火灾爆炸。

(2) 灼烫

液化天然气装置中，易造成灼烫主要的原因为再生塔再沸器、天然气再生塔操作或维修人员接触再沸器、加热炉高温部位，同时作业人员不注意劳动防护，有造成灼烫伤害的危险。

(3) 机械伤害、物体打击

目前，液化天然气装置中的主要机械设备为BOG压缩机、冷剂压缩机、各种机泵等，在联动试车过程中，机械伤害的原因主要是各种运转机械设备的电机转动部位的联轴器等传动部件防护措施不到位或者是防护罩等损坏后未及时修复，操作人员不小心卷入造成的机械伤害。

物体打击主要发生于各种运转机械设备的传动部件防护不到位，当其发生破裂时碎片打击人体会造成伤害；另外人在高处作业操作时，使用的工具坠落打击人体也会造成伤害。

(4) 高处坠落

从作业位置到最低坠落点的水平面，称为坠落高度基准面。凡距坠落高度基准面2米及其以上、有可能坠落的高处进行的作业，称为“高处作业”。

本装置吸收塔、再生塔、液化装置框架、LNG罐区、冷剂储罐、管廊输送管道均有高于地面2米的作业部位，在上下扶梯以及靠近护栏操作时，若护栏不符合要求、操作面有孔洞或者腐蚀断裂以及梯蹬湿滑就容易发生高处坠落。

(5) 触电

液化天然气装置中，BOG压缩机、冷剂压缩机为10KV设备，贫液泵、消泡泵、回流泵均为380V供电设备，在长期运行期间，设备、线路会因机械损坏、腐蚀、老化等而导致绝缘失效，如若人员接触漏电点将会发生触电伤害。在检修特殊作业过程中，检修设备未装设漏电保护器或者漏电保护器功能失效，人体在作业过程中不可避免接触，均可能导致触电伤害。

4 结语

综上所述，本文简要说明调压计量系统、脱酸系统、冷剂循环系统、干燥系统、液化系统工艺

流程，并着重介绍试车过程中各系统的重难点、疑难点，分析、辨识试车过程中的危险有害因素，在整个试车过程中，始终坚持“单体试车要早，设备管道吹扫、清洗要严，联动试车要全，化工投料要稳”的试车方针，坚持高标准、严要求，保证不留隐患，确保安全。

参 考 文 献

[1] 邓志安，周庆哲．液化天然气(LNG)的制备与储存运输[J]．山西化工，2021，41(02)：90-91.
[2] 樊玉光，朱璟琦．基于现代算法的天然气液化混合冷剂配比优化[J]．低温与超导，2021，49(02)：8-13.
[3] 周翔宇，吴巧．天然气液化在我国的应用探讨[J]．化工管理，2015，36：152~152.
[4] 幸涛．小型天然气液化装置混合冷剂液化工艺研究[J]．山东化工，2021，50(04)：63-64.
[5] 吴迪．天然气的液化工艺和储运安全性初探[J]．当代化工研究，2018(05)：75-76.
[6] 齐绩，吴小飞．液化天然气储存中的安全问题与应对措施[J]．油气储运，2012，31：154-156.

江苏 LNG 装车自控系统优化改造

李　强

（中石油江苏液化天然气有限公司）

摘　要　在国内 LNG 接收站日益增多的今天，槽车装车业务也随之迅速增多，而进口撬的控制系统一直被外国厂商所控制，造成维修维护所耗费的成本居高不下，连年上涨。因此拥有一套安全成熟可靠的国产装车控制系统的需求显得很迫切。本文通过一次成功的将进口撬控制系统优化改造为国产控制系统的案例，表明国产装车自控系统完全可以国产化，不仅降低了生产成本，且在性能和操控方面也更为突出。

关键词　国产撬；进口撬；装车自控系统；优化改造；国产化

LNG 接收站既是远洋运输液化天然气的终端，又是陆上天然气供应的气源，处于液化天然气产业链的关键部位。近年天然气用量剧增，随着各 LNG 接收站的槽车装车业务量的剧增随着 LNG 点供市场的迅速发展，LNG 槽车成为 LNG 点供的运输主力。

在工控安全形势日益严峻的今天，必须要提高警惕，因此有一套安全成熟可靠的装车控制系统就显得尤为重要。目前江苏 LNG 装车站共有装车撬 20 台，于 2011 年 6 月投产，是目前国内装车能力最大的装车站之一。其中 10 台撬为国产撬装设备，10 台为进口撬装设备。装车控制系统与业务管理系统分为两套：10 台国产撬共用一套；10 台进口撬共用一套。

单台撬装设备将每一个 LNG 装车鹤位内的仪表和设备集成在一个专用的框架结构内，仪表和设备包括低温装车鹤管、低温专用流量计、防静电控制器、压力变送器、装车流量控制阀、气动球阀、批量控制器、IC 读卡器等；LNG 装车撬在生产厂家进行仪表及设备安装、电气连接，完成系统强度和气密测试，系统功能测试，记录测试数据，系统测试合格后出厂，在江苏 LNG 预定安装位置直接进行安装固定。

1　装车自控系统

1.1　现场设备设计

现场采用隔离防爆型设计，做到安全可靠。自动流量调节，现场设置工艺参数，实现定量装车。高亮度文本显示器显示压力信息、温度信息、流量状态、阀门状态、接地开关、故障状态等提示信息。具有防静电、本地急停、远程 SIS 等连锁控制功能。现场设备、通信和仪表光电隔离。

为了避免装车过程中物料与空气摩擦产生静电积累过高引起火灾事故，要求槽车有良好的接地系统，控制仪启动后首先监测接地报警信号，若大于 100 欧姆，则发出接地告警铃声，拒绝执行装车，同时文本显示器显示接地告警信息。

阀门的控制开关的时间可根据文本显示器显示的信息由面板输入。当到达设定的工艺时，控制仪根据工艺要求自动打开与关闭气动阀、电磁阀。对于有回讯状态的阀门的开关状态可直接由文本显示器看出，同时采集阀门位置信息（回讯），该功能主要是采集气动阀门是否开阀或关阀到位，对于普通电磁阀，其不具有阀门位置接近开关，无须采集阀门回讯。

为满足高精度要求下，流量计采用质量流量计，可接收 0-10KHz 的脉冲信号。流量计信号进入控制仪接口板，经电压比较、脉冲整形，光电隔离后进入 PLC 高速输入端，PLC 检测每秒流量计脉冲数，根据系数计算当前秒流量，累计装车量。

采用温度变送器采集气相与液相的温度。

对于低温液化气的装车，考虑到槽车的安全，一开始需先进行对鹤管的吹扫，槽车的泄压、冷车，然后进行装车等操作，及在装车后的吹扫，并在装车过程中进行流量调节。

控制仪上电后，控制仪工作在远程控制工作模式，如果远程控制工作模式没有条件实施，则通过在控制仪上输入控制密码，设置为独立工作模式。

1.2 国产撬装车自控系统

每台撬现场的 RCM-T2 型控制仪可实现与流量计、静电接地开关、温度计、控制阀、压力变送器、温度变送器等组成完整的单机控制系统；可与微机连接实现分布式物流控制系统，实现远程监控，数据共享。RCM-T2 型批量控制仪具有两个 RS485 工业通讯接口，一个接口(PORT1)用来组成工业控制网络，将现场装车信息上传控制室计算机，也可以将计算机的作业命令，参数信息，下发至控制仪，实现远程控制。一个接口(HMI)用来连接文本显示器。(图 1)

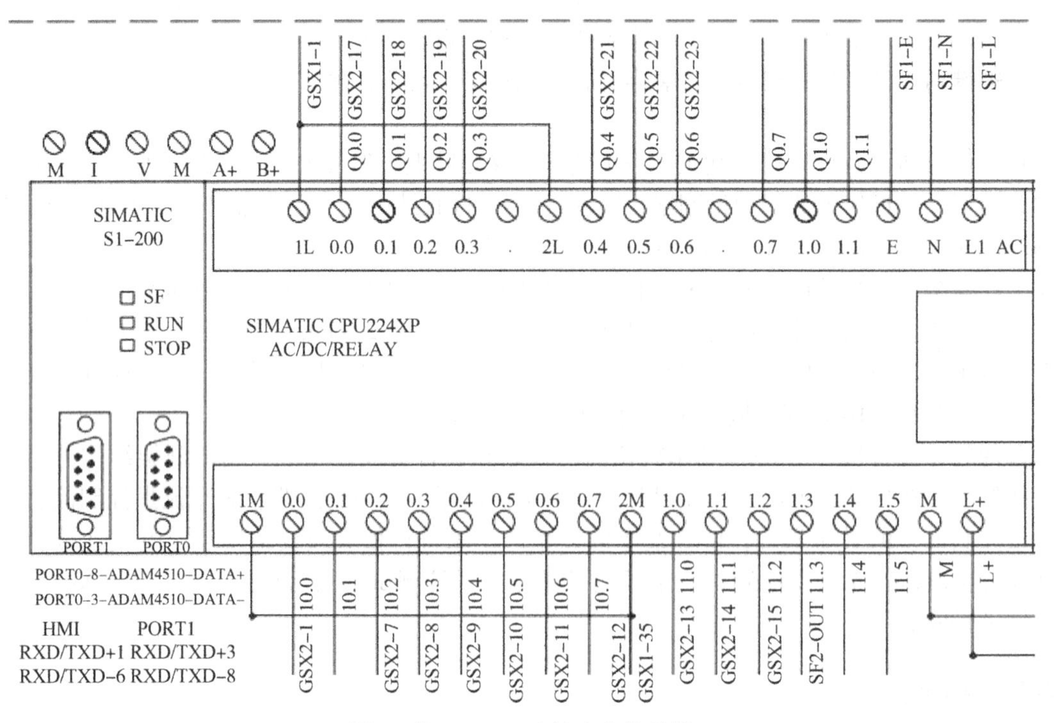

图 1 接口(HMI)连接文本显示器

控制系统硬件主要有高亮度文本显示器、西门子 PLC 控制器、键盘板、西门子 DC24V 电源、防爆壳体组成。其中 PLC 控制器具有，DI/DO 接口、A/D 转换器、RS485 接口、RS232 接口等，完成系统的数据的采集、转换和逻辑计算、控制等功能。

RCM-T2 控制仪安装在现场，对应控制鹤管附近，通过 RS485 通讯与 DCS 连接。独立工作模式指单机独立操作方式，所有控制参数和装车过程操作通过控制仪面板上的按键进行，文本显示器显示装车过程及状态信息、控制状态和系统参数。远程控制模式是指控制仪的装车量由控制室客户端进行下发，控制仪的装车信息实时上传控制室客户端，实现装车作业的集中管理。

国产撬业务管理系统，安装于开票室业务电脑上，通过与 DCS 通讯，实现业务流与数据流的整合。采集 IC 读卡器信号和电子汽车衡信号，实现刷卡制单，刷卡装车，刷卡结算。软件运行于 Microsoft Windows XP 操作系统平台上，通过后台数据库实现数据存储。

1.3 进口撬装车自控系统

进口撬就地批控仪(LOP)只是进行现场装车控制，主要功能有：车辆识别号，在顺序操作模式中，车辆识别号对应于登记的钥匙卡号将由监控系统发出，并显示在这里；储罐识别号，在顺序操作模式中，储罐识别号对应于登记的钥匙卡号将由监控系统发出，并显示在这里；装载设置值，在顺序操作模式中，装载设置值对应于登记的卡号将由监控系统发出，并显示在这里。

监控系统(SVS)是一种计算机系统，包括显示器、键盘、打印机、待机硬盘、并由操作人员操作。操作人员确定装货数量，授权装载并向卡车司机发放装载 ID 卡。来自卡车 ID 卡读卡器的卡车 ID 信息，从数据库中搜索卡车信息，从数据库中查找 LNG 装载订单，进行装车作业。装车控制台(LCC)位于装车橇和 SVS 之间，LCC 将控制装车橇在 SVS 的加载授权下进行装车。

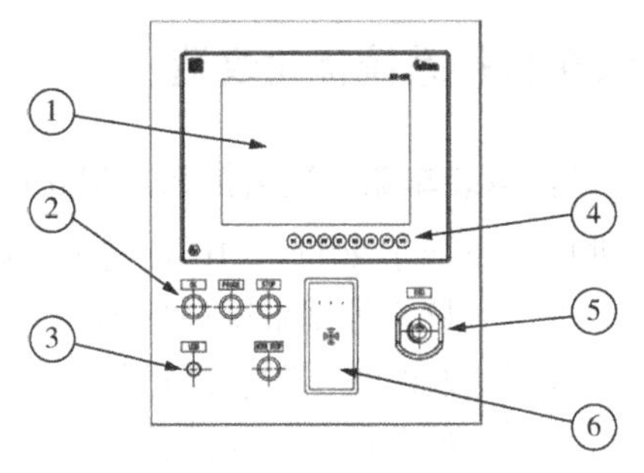

图 2　仪表设备

①触摸屏设备；15 英寸 TFT 彩色

②操作按钮；OK(绿色)/暂停(黄色)/停止(红色)/喇叭停止(黑色)

③USB 插孔；仅维护

④功能键(F1-F8)；不得使用

⑤紧急停机按钮；以护板锁住(红色)

⑥读卡器；LKC(装载钥匙卡)附上

现场每个装车撬有一个远程 I/O 箱(REMOTE I/O BOX)，内部装有三菱 PLC 的 I/O 卡件，接入流量计、静电接地开关、温度计、控制阀、压力变送器、温度变送器等现场仪表设备。LOP 集成读卡器、控制按钮、功能键等(图 2)。I/O 件通过光纤与机柜间内 LCC 内部控制器进行通讯，接收和反馈装车信息。其中 K/L/M/N 撬与 PLC1 相连，O/P/Q/R 撬与 PLC2 相连，S/T 撬与 PLC3 相连，PLC1/2/3 与主控制器 PLC 相连，主控制器通过网线与 HUB 相连，HUB 进行信号分配，分别于 SVS、操作员电脑上，主控制器通过 RS485 与 DCS 进行通讯，将现场装车信息反馈给 DCS(图 3)。

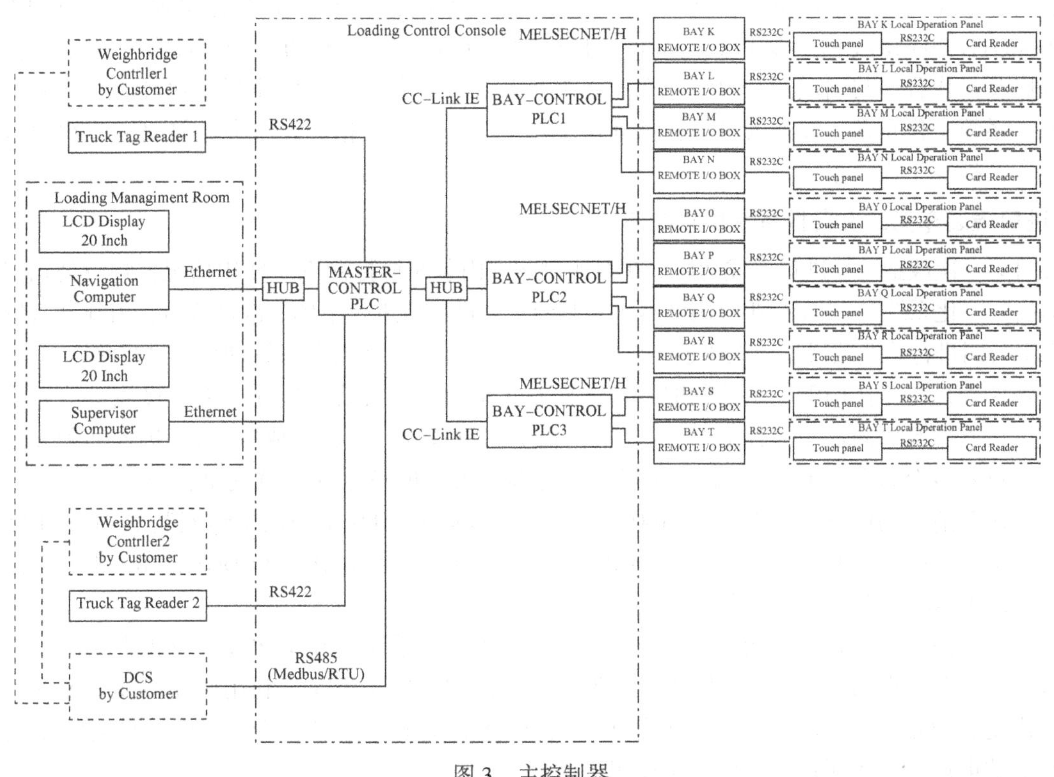

图 3　主控制器

进口撬业务管理系统由操控员计算机：Windows 服务器 2008 R2 x64，TBM 装载操控员软件；监控员计算机：Windows 服务器 2008 R2 x64，TBM 装载监控员软件，微软 SQL 服务器 2008 组成。监控系统用于创建 LNG 装载计划，LNG 装载的实际数量。监控系统包括 TBM 装载监控员软件、TBM 装载操控员软件、数据库以及两台计算机。操作人员使用操控计算机以及监督计算机。由 TBM 装载监督软件在监督计算机中完成计划注册工作。由 TBM 装载操控软件在操控计算机中完成槽车进入/退出管理工作。需要获得监控员授权方可操作 TBM 装载监控员软件，需要获得操控员授权方可操作 TBM 装载操控员软件。

2 装车自控系统优化改造

2.1 进口撬装车第一次自控系统优化改造

进口装车撬于 2011 年 10 月投用，运行至 2015 年后，出现的故障和问题愈显突出，因为装车撬整体全进口，核心控制系统被外国公司控制。尤其是控制系统程序被加密，全部由日文进行编译，操作参数无法及时按实际工况进行修改；现场批控仪选型不当，不能适应现场恶劣环境，触摸灵敏度严重下降，部分撬甚至无法使用，该触摸屏为一台小型计算机，德国进口，采购周期长，价格高，受环境影响老化严重。由于装车控制程序和软件被外国厂商所控制，程序修改、软件升级、批控仪更换和维修必须要经过厂商进行服务才能进行而且进口备件采购周期长价格高，导致后续维护无法及时跟上且维护成本高昂。

进口撬现场与 LCC 的 PLC 通讯为多撬共用一根通讯线，当出现单台撬故障时，会影响其他正常撬的工作状态；当 PLC1/2/3 出现死机或故障时，与其相连的现场装车撬均无法进行正常装车作业。

针对这些情况公司与 2016 年进行进口撬控制系统优化改造。选取两台进口撬进行控制系统国产优化改造，由于江苏 LNG 国产撬制造商为连云港远洋流体装卸设备有限公司，因此选择该公司进行国产化改造。现场仪表设备不作调整，全部利旧；LCC 机柜内只保留现场供电部分，其余与改造的这两个撬相关链路全部拆除，通讯链路接入国产撬系统；现场 LOP 整体更换为 RCM-T2 控制仪；REMOTE I/O BOX 内三菱 PLC 的 I/O 卡件拆除，更换为西门子 PLC 控制器及相关组件；控制系统程序及操作程序与国产撬一致，一次投运正常。改造结束后，现场控制仪到目前为止未出现一次故障，系统工作正常，操作人员可根据现场实际情况自主进行相关装车参数修改，节约大量维修服务成本，提高工作效率。

2.2 进口撬装车第二次自控系统优化改造

经过第一次改造两台进口撬成功后，在对比目前国内装车撬控制系统使用情况，响应公司降本增效，提高国产化系统在 LNG 行业应用。本次对剩余八台进口撬进行整体一次性改造，由江苏长隆石化装备有限公司进行改造项目，此次改造不仅针对自控系统改造，还对业务管理系统进行整合。

现场仪表设备不作调整，全部利旧；将远程 I/O 箱内原有安装板拆除，去除接线。然后将新的安装板按尺寸开孔，固定于远程 I/O 箱内(安装板上的设备出厂前已完成组配)，进入远程 I/O 箱的仪表线缆重新接至新系统 IO 板(图 4)安装板上的端子板；拆除原现场就地批控仪，安装新就地批控仪；本次改造现场控制部分 NeoBC-100 控制单元，NeoBC-100 主板(图 5)安装 NeoBC-100 控制单元内，NeoBC-100 主板与远程 I/O 箱内 IO 板之间以通信电缆连接，与 DCS 以 RS485 进行通讯，与上位机以 RS485 转以太网进行链接(图 6)。

由于改造前国产撬和进口撬是各自相对独立的业务管理系统，在本次改造过程中，由江苏长隆石化装备有限公司根据我们现场实际需要开发相关软件和操作端程序，利用原硬件设备实现以一套系统替代现有两套系统。最终实现对所有 20 台装车撬的安全、稳定、符合操作规程的定量装车控制，改造结束后，整体项目竣工后一次投用正常(图 7)。

3 结论

针对此次进口撬装车自控系统优化改造的成功案例，彻底打破了对于在装车控制系统方面外国厂商的垄断，不仅提高了工作效率，而且极大降低了维护成本。江苏 LNG 不仅在设备国产化上又迈出了坚实的一步，而且也为其他接收站的装车自控系统改造或选型及提供了成功经验和选型依据。

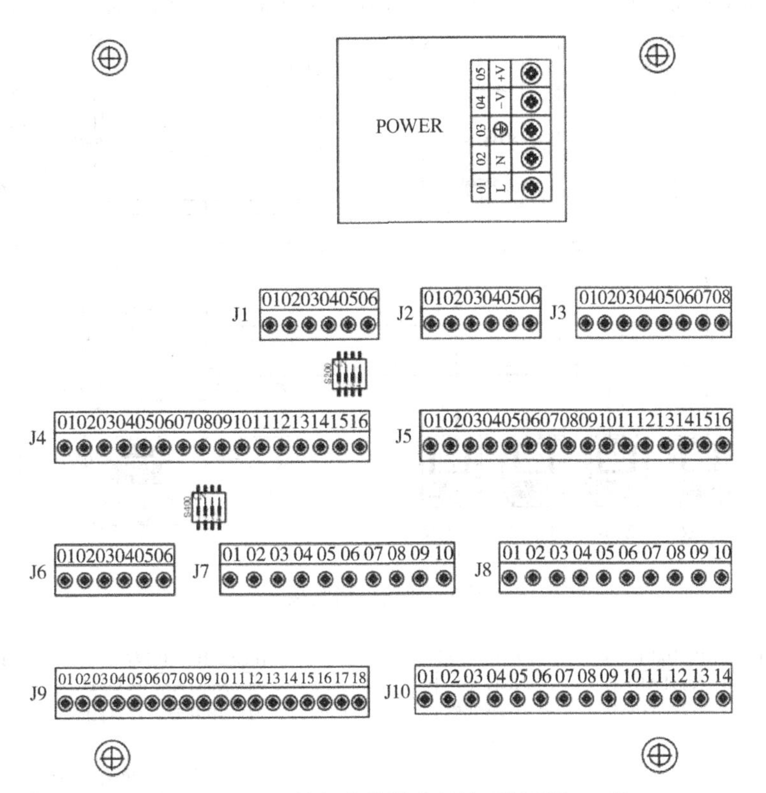

图 4　远程 I/O 箱仪表线缆重新接至新系统 IO 板

POWER. 24VDC 电源模块；J1. 脉冲信号采集端子；J2. 24VDC 供电端子 J3. 220VAC 供电端子；J4. 开关量输入端子；J5. 模拟量输入输出端子；J6. 通信端子；J7. 开关量输出端子；J8. 开关量输出端子；J9. 开关量输出端子，提供 8 路 220VAC 触点；J10. 开关量输出端子；S200、S400. 拨码开关

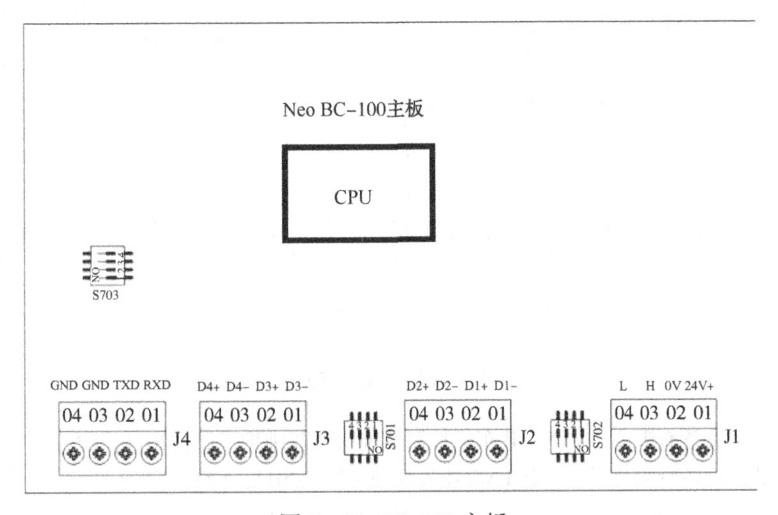

图 5　NeoBC-100 主板

J1. 24VDC 供电、1 路 CAN 通信端子；J2. 2 路 RS-485 通信端子；J3. 2 路 RS-485 通信端子；J4. RS-232 通信端子；S701～S703. 拨码开关

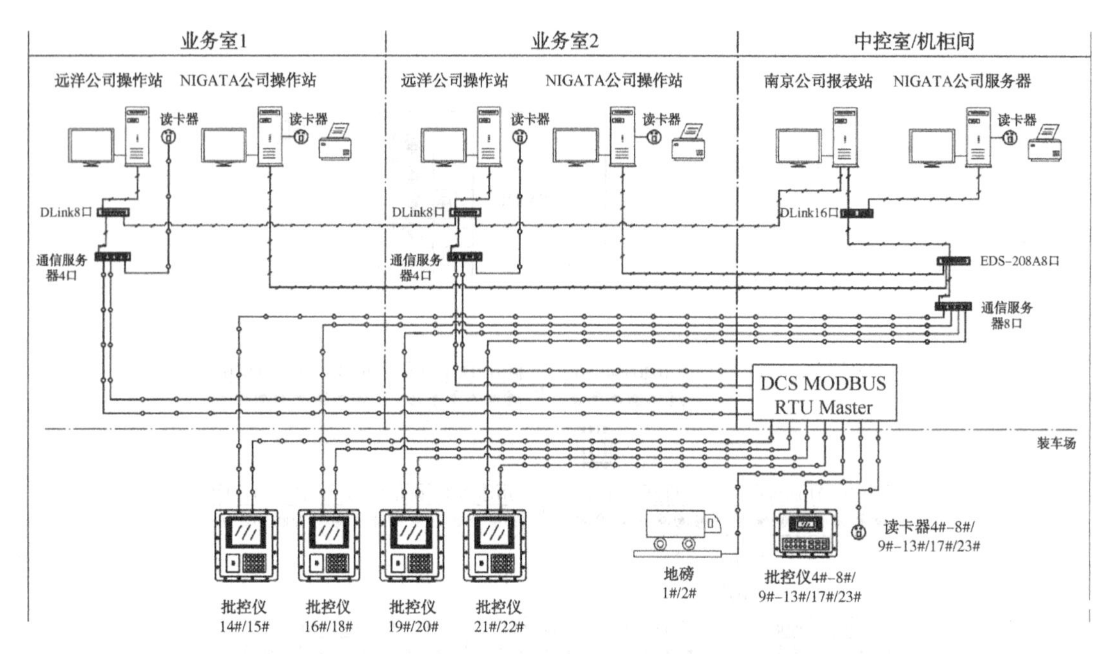

图 6　通信电缆连接

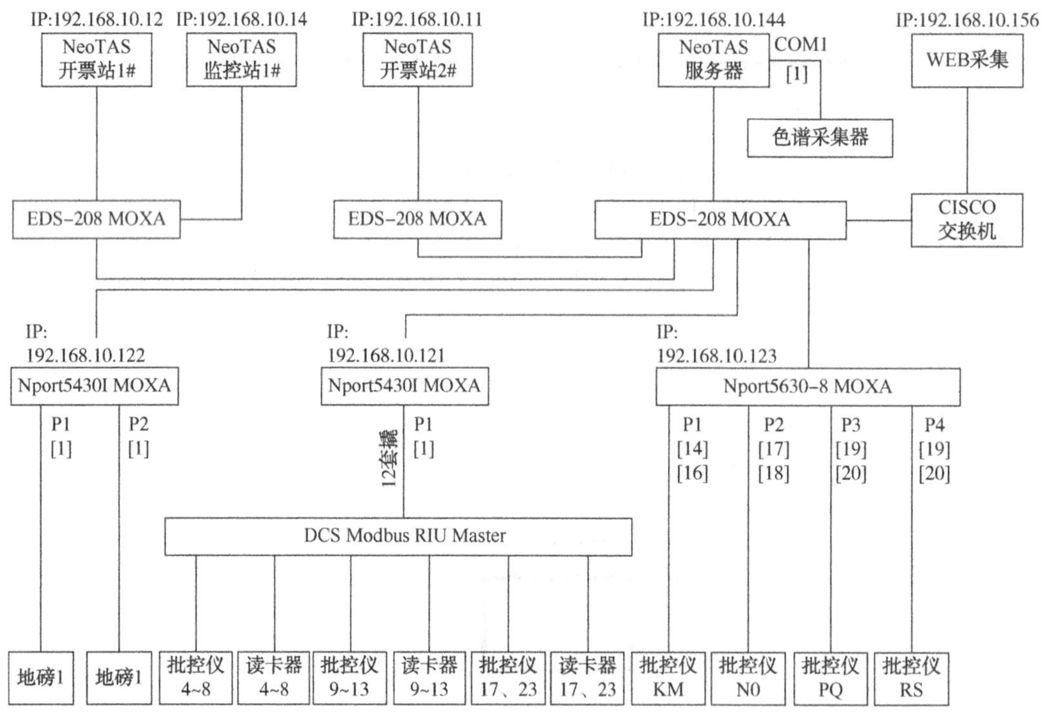

图 7　撬装车自控系统改造完成

参 考 文 献

[1] 连云港远洋流体装卸设备有限公司．LNG 装车撬控制系统操作及维护手册：2011，(7).

[2] 连云港远洋流体装卸设备有限公司．江苏 LNG 业务管理系统：2011，(7).

[3] Tokyo Bokei Machinery Ltd. Installation，Operation and Maintenance Manual：2011，(10).

[4] Tokyo Bokei Machinery Ltd. Manufacturer's Data Book 2011，(10).

[5] 上海仰源自动化技术有限公司．NeoBC-100 仪表操作手册(LNG)：2016，(10).

大型 LNG 储罐运维技术发展进展研究与建议

黄　欢　杜明艳　计宁宁

（中海石油气电集团有限责任公司）

摘　要　运维与延寿是保障液化天然气（LNG）储罐全生命周期的安全运行的重要一环。本文以国内在役储罐生产过程中出现的钢结构腐蚀、保冷性能老化等常见问题为出发点，介绍了我国运维标准体系建设现状，提出了 7 项亟需针对 LNG 储罐运维与延寿开展的技术方向，并强调了构建规范化、专业化的 LNG 储罐维保技术标准体系的必要性。本文研究成果可为未来 LNG 储罐的运维延寿技术发展和维保标准体系的建立提供有益的借鉴。

关键词　LNG 储罐；运维；延寿；维保技术；标准体系

LNG 全容储罐是 LNG 接收站中的大型核心设备，自中国首座大鹏 LNG 接收站投产至今，我国服役超 10 年的 LNG 储罐占比 37%，最长服役时长达 18 年。随着 LNG 储罐服役时长的不断增加，保冷珍珠岩沉降超限、外罐混凝土开裂、钢结构腐蚀、管道漏冷等影响储罐安全运营的诸多运维问题不断显现，若不及时关注，可能存在缩减储罐整体寿命、提高储罐后续运行维护费用的风险，其危害不容小视。然而当前面临的挑战在于，各 LNG 接收站运行单位在维保方法和保障措施上差异性较大，国内缺乏一套系统、统一的 LNG 储罐运维技术标准，难以达到高效高质、低成本的效果。

本文在深入剖析在役大型 LNG 储罐的设计建造及运维问题的基础上，归纳总结了既有 LNG 储罐建造及维保延寿技术，强调了构建全面的储罐建造与维保技术标准体系的必要性，为下一步专业化、规范化的储罐建造与维保技术标准体系的建立及应用提供有价值的参考。

1　大型 LNG 储罐建造进展

1.1　中国大型 LNG 储罐建设概况

我国 LNG 产业起步较晚，早期 LNG 储罐均由国内外工程公司联合设计建造，自 2006 年中国海油在深圳大鹏成功建成投产第一个 LNG 接收站以来，国内 LNG 产业经过近 20 年的快速发展，已经形成了完整的产业链。目前我国已实现从 3 万方、16 万方大型 LNG 储罐到超大型 22 万方、27 万方 LNG 储罐的自主建造。经统计，截至 2024 年 5 月，我国建造的大型 LNG 储罐（3～16 万方）共 95 座，超大型 LNG 储罐（20～27 万方）共 122 座，共计 217 座。因国内于 2016 年才突破 20 万方储罐技术壁垒，目前国内已投产的 LNG 储罐多为 3～16 万方，其中投产超过 15 年的共 8 座，占比 8%；投产 10 至 15 年的共 25 座，占比 26%，如图 1 所示。

1.2　大型 LNG 储罐运行常见问题

项目团队通过查阅文件资料、现场试验观测、专业评估和诊断等方式，对国内 26 座在役的大型 LNG 全容储罐生产运行情况进行了全面摸底，掌握了在役储罐的基本结构、工程参数及历史运行情况，总结归纳了涉及土建、结构、机械、工艺等十大专业类别的 20 余项 LNG 储罐在运行期间常见问题，如图 2 所示。

1.3　大型 LNG 储罐运维标准研究成果

LNG 储罐设计寿命为 50 年，使用寿命为 25 年。待达到使用寿命后，如需继续服役，则需要对

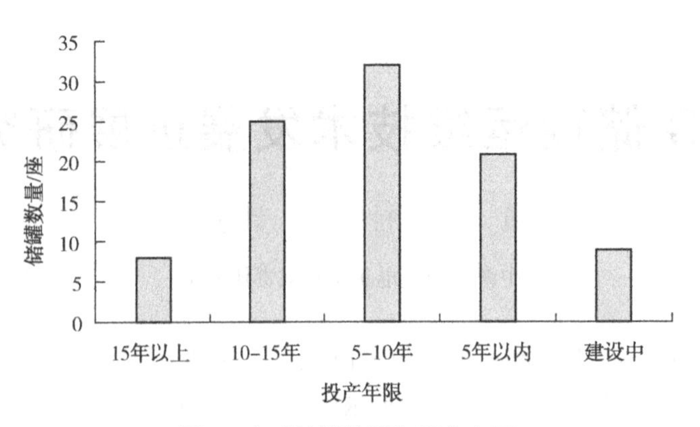

图 1　大型储罐使用年限分布图

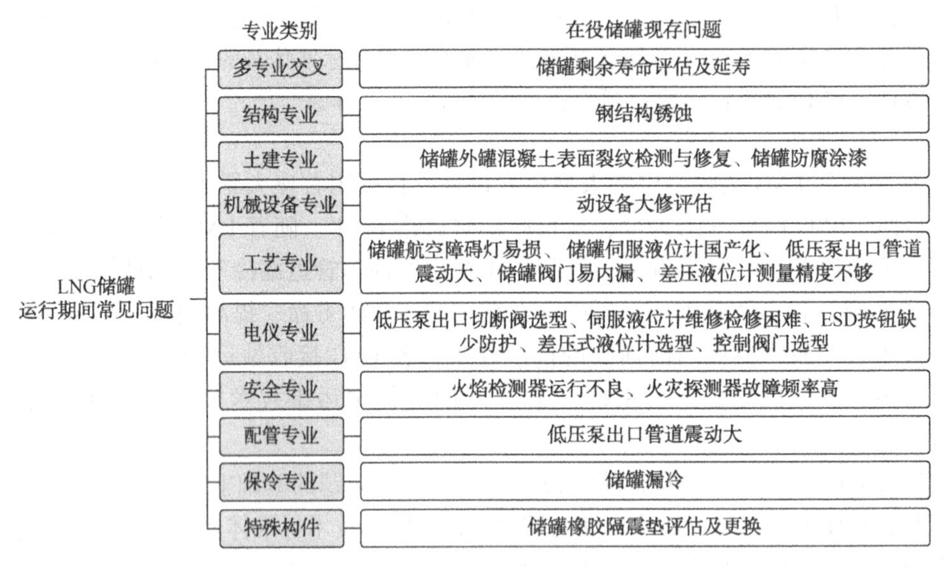

图 2　在役大型 LNG 储罐运行常见问题

储罐的关键构件和结构部位进行性能检测评估，如在设计要求、承载能力、耐久性能、安全可靠性等方面是否满足使用要求，并针对有风险的结构构件予以补强加固，确定延寿时间周期。

然而，目前国内外在储罐维保延寿方面仍缺乏统一的标准或方法作为检测评估依据。国内外标准主要集中在储罐的设计和建造方面的规范及相关要求，如欧标 EN14620、美标 ACI376、和国标 GB/T 26978、GB 51156 等标准规范，都是以设计阶段的结构承载力要求和安全可靠性为主。仅有小部分相关的在役储罐检验和维护的国外标准，如美标 API 653、美标 API 2610 和 ISO 20421 等，但其范围多针对小罐容储罐或钢质储罐，在存储介质、保冷材料等方面不适用于大型 LNG 全容储罐。

国内针对 LNG 储罐相关结构的问题分析、检维修与处理措施等均局限在通用性标准规范的描述上，如我国石油化工行业标准《SY/T 7349—2016 低温储罐绝热防腐技术规程》。总的来说，目前国内外缺乏系统且有针对性的 LNG 储罐维保相关规定和标准，也未见储罐全生命周期延寿分析的相关报道。

2　大型储罐运维与延寿技术分析与建议

随着储罐使用年限的增加，储罐结构及其配件逐渐出现老化、疲劳、腐蚀等现象，导致储罐失效风险不断增加。储罐基础不均匀沉降处理、隔震系统延寿技术、外罐裂纹填充、在线检测技术、保冷结构延寿、储罐防腐和配件延寿技术，为目前针对 LNG 储罐稳定运行和延长使用寿命的关键措施。同时，在储罐运行期间做好定期检查和维护，结合数字化技术进行监测预警等，开发安全可靠的储罐运维及延寿关键技术，可为未来储罐安全管理和延寿决策提供有力支撑。

2.1 LNG 储罐基础不均匀沉降处理

在储罐的使用过程中，随着储罐使用年限的增长，地基的稳定性会出现问题而产生不同程度的沉降。目前采取措施一般为通过对 LNG 储罐基础的沉降进行预防及处理，延长其使用寿命。相关文献表明，对于沉降幅度较小的地基，可以在沉降较小的一侧挖沟，加快底部空隙水的排出，进行地质的固结。若是砂质的土地，可以在罐底的底部挖土取沙，将钻孔填实，通过向沉降较小的一侧加大压力，使双方实现平衡。储罐的沉降较大时，可以将罐底的局部土体挤密以及通过加强罐周限制的办法来限制地基土层的变形，以减少不均匀沉降的发生。

2.2 LNG 储罐隔震系统更换

隔震垫是 LNG 储罐隔震系统中的重要组成部分，可以减少地震对储罐的影响，保障储罐的安全。隔震垫在达到使用寿命后会发生磨损、撕裂或老化等现象，如不能及时更换新的隔震垫，将会影响 LNG 储罐的减震效果和使用寿命。经调研，目前国际上暂无 LNG 储罐隔震垫更换的案例，其关键技术难点正在攻克中。对于现有的隔震垫结构，通过将位移观测与沉降观测结合，检查储罐水平变化和位移情况，及时调平，可一定程度上保证储罐平稳运行。在低温工况下，可以通过调整等效水平刚度和阻尼比等参数来优化隔震效果，从而延长 LNG 储罐的使用寿命。此外，部分实际工程采用计算机模拟方法来分析不同参数和支座类型对隔震效果的影响，通过模拟分析可以找到最优的参数和支座类型组合，尽可能延长 LNG 储罐隔震系统的使用寿命。

2.3 LNG 储罐外罐裂纹填充

在 LNG 储罐正常运营使用时，外罐壁由于荷载共同作用和建造工艺等使得其部分受压或者受拉，同时由于罐体混凝土内外侧温差导致温度应力的产生，储罐外罐易产生裂纹。如果裂缝的宽度过大，空气盐雾中的氯离子会很容易进入到裂缝中对钢筋和预应力构件产生影响。目前，针对裂缝的处理方法主要有腻子填充法、树脂填充法等。在运营期间处理储罐裂缝，需要注意防火、采用非电动设备处理以及使用适应温差范围广的填缝材料。

2.4 LNG 储罐内罐在线检测

LNG 储罐内罐在线检测技术包括内罐的气压试验监测、几何尺寸检测、漏磁检测、温度检测、位移检测、应变检测以及对所有焊缝进行无损检测等。通过实时获取储罐的运行状态信息，从而及早发现潜在的安全隐患。针对不同的储罐部位和检测需求，可以研发更高效的检测设备和检测系统，提高检测的准确性和效率，如将人工智能、机器学习等技术引入在线检测系统中，提高检测系统的智能化水平，实现更加精准的缺陷识别和分类。不断优化检测工艺和方法，对检测数据进行分析和处理，可为评估储罐内罐罐体的使用寿命、可靠性以及为设备的维修更换提供科学依据。同时，应建立一套完善的检测体系，包括储罐信息的收集、检测计划的制定、检测设备的选择、检测方法的确定、检测结果的评估等方面，实现全面、科学、高效的检测和管理。

2.5 LNG 储罐保冷结构性能监测

膨胀珍珠岩材料是目前 LNG 储罐保冷结构的重要组成部分，由于其材料和施工工艺的特性，膨胀珍珠岩填充施工成了储罐建造中的重要一环，也是储罐开罐检测的重点。采用合适的膨胀设备、振实方式，配合现场定期进行珍珠岩导热率、含水率、密度等相关质量参数的检测，可有效确保投产后 LNG 储罐整体 BOG 蒸发率测试合格，避免储罐珍珠岩保冷作用减小或失效。目前珍珠岩填充施工已形成一套较为成熟的工艺，但在膨胀炉炉型选择、振实密度计算及后续沉降观测上仍需要开展进一步的研究工作。

同时，新型的保冷材料也在逐步开发使用中，如硬质聚氨酯泡沫塑料等，其闭孔结构具有绝热效果好、重量轻、比强度大、施工方便等优良特性，同时还具有隔音、防震、电绝缘、耐热、耐寒、耐溶剂等特点。新型保冷材料的应用可以有效避免使用过程中的漏冷问题，增加 LNG 储罐的安全性。

2.6 LNG 储罐防腐处理

LNG 储罐的防腐工作重点为罐体结构、预应力钢筋混凝土结构和储罐配套设备防腐。储罐渗漏是储罐腐蚀开裂最明显的特征。一般情况下，在储罐罐壁和罐底的焊缝部位最容易发生渗漏，这是由于焊接后的残余应力使得焊缝处材料性能产生变化，在多种因素作用下易发生应力腐蚀开裂。为了推进储罐防腐技术的发展，可借鉴其他行业的防腐经验，如目前应用的石墨烯防护、纳米材料防护、电化学防护、氟碳涂料、无尘防腐等创新防腐措施，这些防腐技术对于材料和工艺的要求更高，可为 LNG 储罐防腐提供有益启示。同时，由于防腐材料的寿命期限有限，在使用过程中，应定期进行检查和保养，根据实际情况及时更换或修复涂层。另有文献表明，结合数字化技术建立 LNG 储罐防腐的数字化模型，通过模拟分析和模型预测，能够快速准确地识别隐藏的缺陷和存在的腐蚀问题，从而及时采取措施进行修补。

2.7 LNG 储罐配件养护与监测

随着储罐使用年限的增加，储罐配件如阀门、密封件、管道、安全附件等也逐渐出现磨损、老化、疲劳等现象。现存问题表明，LNG 储罐内部的进出液管、导液管等易产生锈蚀、裂纹、漏液现象，这些情况会影响储罐的正常运行，甚至可能引发泄漏事故。因此，运营过程中需要对储罐配件进行及时有效的检测和管理，制定完善的配件检测维护计划和更换计划，来确保储罐的安全正常运行。同时，采用现代化技术和手段，如在线监测系统等对储罐配件进行实时监测和预警，及时发现和处理配件问题。此外，需要研究和推广先进的配件材料和工艺，降低配件老化的速度和风险，提高储罐的整体可靠性。

3 结论与建议

LNG 储罐全生命周期的高效运行、标准化维保及延寿增效最大化，已成为当前及未来 LNG 产业研究的核心议题。为了在新形势下满足我国 LNG 储罐维保工作需求，促进 LNG 储罐维保技术实现规范化、科学化和安全可靠性发展，本文对在役 LNG 储罐运营问题进行调研和梳理，总结分析了 LNG 储罐维保和延寿关键技术成果并提出如下发展建议：

（1）应进一步提升 LNG 储罐运维及延寿关键技术能力，制定全面可靠的 LNG 储罐维保技术标准体系，针对储罐的结构、土建、机械、电仪、配管、保冷及关键构件等专业方向开展专项研究，并与相关行业做好技术融合与支持。

（2）由于 LNG 产业链与我国材料标准、制造业加工工艺标准、成套设备标准等密切相关，需要协同相关行业进行同步研究，基于 LNG 行业特点制定一套独立的运维与延寿规范化体系，形成产业标准协同发展之路。

（3）针对我国 LNG 产业在设备材料、工程建设、运营管理等方面的综合能力应做好论证评估，明确当前存在的技术瓶颈和限制因素，并基于通用性强、且偏于从严的标准予以实施，覆盖 LNG 产业的各个环节和领域，满足不同地区、不同企业、不同项目的需求。

参 考 文 献

[1] 单彤文. LNG 储罐研究进展及未来发展趋势[J]. 中国海上油气，2018，30(2)：145-151.

[2] Abd A A, Naji S Z, Rashid F L. Efficient design of a large storage tank for liquefied natural gas[J]. Journal of University of Babylon for Engineering Sciences, 2018, 26(6): 362-383.

[3] Matthews C. A Quick Guide to API 653 Certified Storage Tank Inspector Syllabus: Example Questions and Worked Answers[M]. Elsevier, 2011.
[4] 李文，王钰炜，张永新，等. 大型 LNG 储罐桩基础沉降研究进展综述[J]. 当代化工，2021.
[5] 詹界东，张永新，滕振超. 桩对 LNG 储罐沉降及沉降后上部结构的影响研究[J]. 当代化工，2021.
[6] 吴育建. 大型立式储罐在长周期地震作用下的晃动问题研究[D]. 东北石油大学，2019.
[7] 毕晓星，彭延建，张超，等. LNG 储罐地震响应分析方法[J]. 油气储运，2015，34(11)：1202-1207.
[8] 黄欢，张超，陈锐莹，等. 基于隔震垫技术的超大型液化天然气储罐内罐设计[J]. 石油化工设备，2019，48(06)：23-27.
[9] 赵彦修，田红岩，陈彦泽，等. 在役常压储罐的无损检测技术[J]. 无损检测，2020，42(9)：77-81.
[10] 杨兆晶，侯磊，朱淼. 某大型 LNG 储罐泄漏扩散及其影响因素研究[J]. Natural Gas & Oil，2020，38(1).
[11] 方江敏，钱瑶虹，柯甜甜. 大型 LNG 储罐罐底保冷层结构优化研究. 低温工程. 2017(6)：50-55.
[12] 黄宇，刘梦溪，陈海平，等. LNG 核心装备国产化进展研究与新技术应用[J]. 现代化工，2022.
[13] Groysman, Alec. Corrosion in systems for storage and transportation of petroleum products and biofuels: identification, monitoring and solutions[M]. Springer Science & Business Media, 2014.

LNG 储罐罐表系统的国产化

杨迎峰[1]　崔　强[2]　刘　忠[3]

（1. 国家管网液化天然气接收站管理公司；2. 国家管网北海液化天然气有限责任公司；
3. 北京均友欣业科技有限公司）

摘　要　近年来，LNG 接收站在卸料臂、低温阀门、低温泵、BOG 压缩机等关键设备国产化方面取得了显著的成绩，但罐表系统因其门槛高、技术复杂而鲜有触及，卡脖子问题突出。本文介绍了国家管网 LNG 管理公司会同国内技术厂家在 LNG 储罐罐表系统的国产化方面所做的研发努力和应用实践，取得了很好的效果，也为 LNG 新建项目罐表系统的选型及在运罐表系统的运维提供了新的思路。

关键词　LNG；罐表系统；LTD；翻滚预测；国产替代

LNG 作为清洁、高效的能源，在国民经济发展中有着举足轻重的战略意义。据海关总署数据显示，2023 年，中国 LNG 进口量达 7132 万吨，同比增长 12.6%，再次成为全球最大的 LNG 进口国。另一方面，在国家政策、行业高质量发展和自身需要推动下，LNG 接收站正加大储存能力建设，从目前满足自身生产和市场保供需要的接收终端，向提供多元服务、面向国际仓储保税的集散枢纽方向发展。接收站发展的新趋势意味着 LNG 进口种类和数量的上升，对接收站的安全运营也提出了更高的要求和挑战。

为保证 LNG 储罐的安全，避免储罐内 LNG 因发生翻滚导致 LNG 大量快速气化，引发储罐超压、泄漏、火灾爆炸等安全事故，LNG 储罐必须配备一套测量准确、性能稳定的罐表系统以测量储罐 LNG 的液位、分层温度、分层密度等参数。近年来，LNG 接收站在卸料臂、低温阀门、低温泵、BOG 压缩机等关键设备国产化方面取得了显著的成绩，DCS 自控系统也有国产化升级改造的成功案例，一些新建项目还直接采用国产自控系统。但作为 LNG 储罐检测核心的罐表系统因技术门槛高、翻滚预测复杂而鲜有触及，卡脖子问题依然突出。

1　现状及痛点

罐表系统由液位计、液位温度密度计 LTD、多点温度计、表面温度计、罐旁表、数据接口单元 CIU、操作站、储罐管理软件、翻滚预测软件组成。其中，液位温度密度计 LTD 负责监控储罐的液位、温度、密度以及分层报警信息，并为翻滚预测提供数据，是罐表系统的核心设备之一。

国内在用罐表系统的核心设备 LTD 基本上是原法国瓦锡兰旗下 WHESSOE 公司（后被丹麦 Svanehoj 公司收购，现被美国 ITT 公司收购）的 1146 型号以及美国 SI（Scientific Industries）公司的 M6290（旧）、7000（新）两个型号；软件则使用 WHESSOE 公司的 FuelsManager 软件或英国 MHT 技术公司的 Entis LNG Pro 软件，近期又引入了荷兰 LC 公司的 LNG TMS Pro 软件。除 WHESSOE 公司提供从液位计、LTD、多点温度计、CIU、储罐管理软件到翻滚预测软件的完整解决方案外，其他供应商则需在其罐表系统中集成 WHESSOE 或 SI 公司的 LTD 产品以及相关公司的储罐管理软件和翻滚预测软件。

受技术垄断、资本并购以及地缘政治、国际形势等因素影响，LNG 接收站新建项目罐表系统存在投资费用高、供货周期长等问题；在用罐表系统则被备品备件维护成本高、采购周期长、服务响应不及时等问题困扰；严重制约 LNG 接收站的安全生产和正常经营活动。

2 可行性

罐表系统的国产化突破既是企业安全生产管理、降低生产运维成本的需要，也是响应国家科技创新战略、解决进口设备关键时期“卡脖子”的需要，国产替代的核心技术关键在 LTD 和软件两个部分。

与欧美采用体积贸易体系不同，我国对液体石油化工产品采用重量交接模式，其密度分层虽不会像 LNG 易发生翻滚导致安全事故，却容易因密度代表性问题引发贸易计量纠纷，因而国家对罐内油品密度的分层测量制订了明确的要求。北京均友拥有伺服液位计、液体密度测量装置两项国家发明专利，为解决密度分层及依赖人工的突出问题，北京均友联合中国石化浙江石油共同研发的储罐自动计量新技术通过了“油库自动化贸易计量技术”成果鉴定，获中国石化集团公司 2017 年度科技进步二等奖。储罐自动计量新技术与传统方法的核心区别是多功能浮子集成了温度、密度和水位测量传感器，密度测量采用与进口 LTD 相同的谐振筒测量原理，测量不确定度±0. 3kg/m^3，在国内外石化行业已有大规模的应用。

LTD 着眼于过程，为了生产安全监控而测量分层密度和温度；储罐自动计量新技术着眼于结果，为了罐量计量准确而测量分层密度和温度；两者异曲同工，因而只要解决了超低温环境下的信号采集和处理以及相关材质的耐受性能问题，就可以实现 LTD 的国产替代。同时，在油库储罐管理系统的基础上做针对性开发，LNG 储罐管理系统也很容易国产替代，翻滚预测软件则需要全新研发。

3 国产化实践

3.1 整体方案

罐表系统的国产化解决方案采用完全自主知识产权的伺服液位计、LTD、多点温度计、罐前显示器、CIU、储罐管理软件和翻滚预测软件，如图 1 所示。

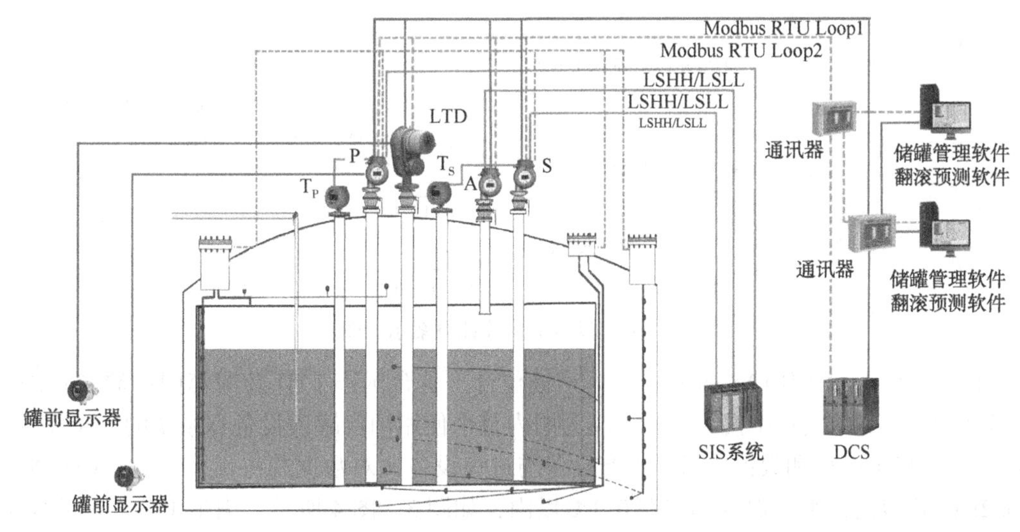

图 1　国产罐表系统示意图

其中，液位计采用 3 伺服方案，相较于 2 伺服 1 雷达的方案，3 伺服在 HH/LL 都能实现 2oo3 表决方式，HH/LL 均都达到安全完整性 SIL2 等级，这无疑提高了系统的可用性和可靠性，如表 1 所示。

此外，GB 51156《液化天然气接收站工程设计规范》中，也明确了高液位监测可以采用伺服液位计。

表1　3伺服与2伺服1雷达两种方案SIL比较表

SIL结果	推荐配置	表决方式
HH为SIL2 LL为SIL1	3伺服	2oo3
	2伺服 1雷达	HH：2oo3 LL：1oo2
HH为SIL2 LL为SIL2	3伺服	HH：2oo3 LL：2oo3

3.2　替代验证

LNG罐表系统的国产化作为主要内容纳入了国家管网LNG管理公司2023年科研项目“LNG接收站关键设备核心部件国产化研究”之中。基于伺服液位计已取得IECEx、SIL3、NMi等认证，专门为LNG工况设计研发的LTD也通过了超低温性能测试及相关安全认证，具备了上罐验证的条件，国家管网LNG管理公司组织专家反复论证，确定了关键设备液位计和LTD的上罐替代验证方案。

在北海LNG接收站拆除TK-01储罐原高液位报警液位计0301-LT-1002，替换为国产LTD，并与该罐进口LTD进行比对，数字信号通过无线方式经通讯器给上位机国产储罐管理软件；同时在TK-04储罐将主液位计0301-LT-4007及多点温度计0301-TT-4007(采集器)替换为国产设备，与该罐另外两台进口液位计进行比对，液位计触点信号进SIS，4~20mA信号进DCS，数字信号同样通过无线方式经通讯器给上位机国产储罐管理软件；系统独立运行，不对原有罐表系统的正常运行产生影响，如图2所示。

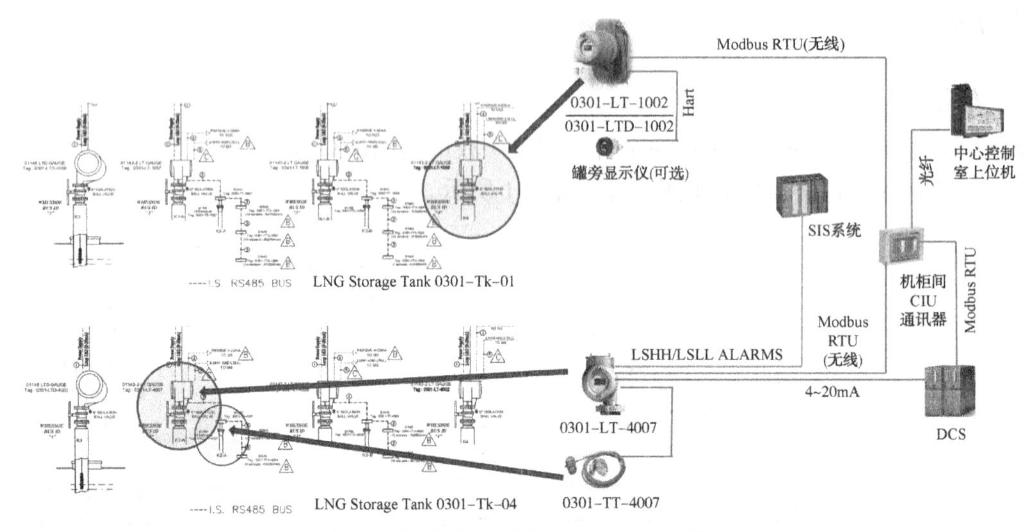

图2　关键设备上罐验证方案示意图

2023年春节前夕，国内LNG储罐首台国产液位计、首台国产LTD及配套国产储罐管理系统软件在国家管网北海LNG接收站投入运行，成为国内首个使用国产罐表设备和系统的LNG接收站。

经过半年的稳定运行和数据比对，国产设备与进口设备比对数据趋势保持一致，LTD平均密度偏差在0.2kg/m^{3}以内，平均温度偏差在0.1℃以内，如图3、图4所示，满足工艺管理的要求。

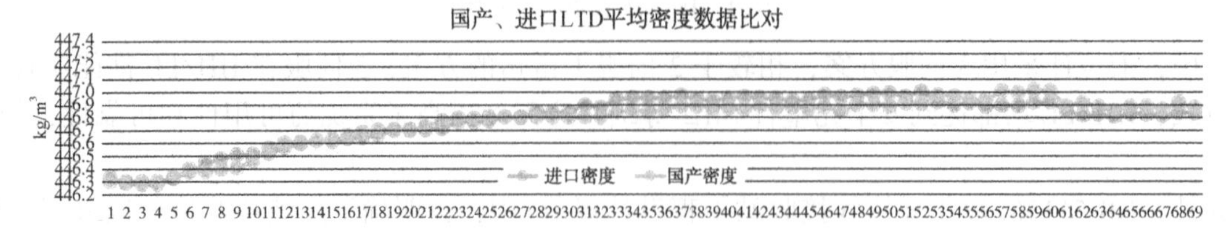

图3　国产、进口LTD平均密度比对曲线图

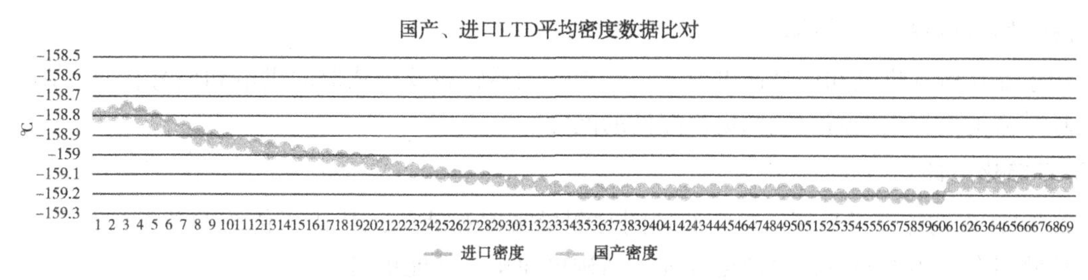

图 4　国产、进口 LTD 平均温度比对曲线图

国产罐表系统实现独立可靠运行之后，北海 LNG 接收站先后组织对 TK-02 储罐的 0301-LT-2008、TK-01 储罐的 0301-LT-1007 以及 TK-03 储罐的 0301-LTD-3003 进行了国产替代，液位计直接读取原多点温度计、表面温度计的数据，液位计输出的触点信号进 SIS，4~20mA 信号进 DCS，同时液位计和 LTD 的 Modbus 信号通过原双 Loop 通讯线路上传给原有进口罐表系统。意味着国产罐表设备完全兼容了 WHESSOE 公司的 WM550/WM660 通讯协议，实现了国产液位计、国产 LTD 的原位替代。

3.3　成果鉴定

2023 年 6 月底，中国机械工业联合会在广西北海组织成果鉴定。鉴定委员会认为，国产 LNG 储罐罐表系统填补了国内空白，主要技术参数和性能指标达到国际先进水平；实现了进口产品的原位替代，可在 LNG 储罐上推广使用。

3.4　规模应用

2023 年 9 月初，国家管网北海 LNG 接收站进一步实施了 TK-03 储罐罐表系统的国产化工作，该储罐成为国内首座完全采用国产化罐表设备的 LNG 储罐。

至今，国家管网北海 LNG 接收站已投用 7 台国产液位计、2 台国产 LTD、2 套国产多点温度计，罐表系统主要设备的国产化率已超过 50%。

3.5　软件应用

自主研发的 LNG 储罐管理软件和翻滚预测软件已在国家管网北海 LNG 接收站和海南 LNG 接收站上线运行，软件部分功能如图 5 所示。

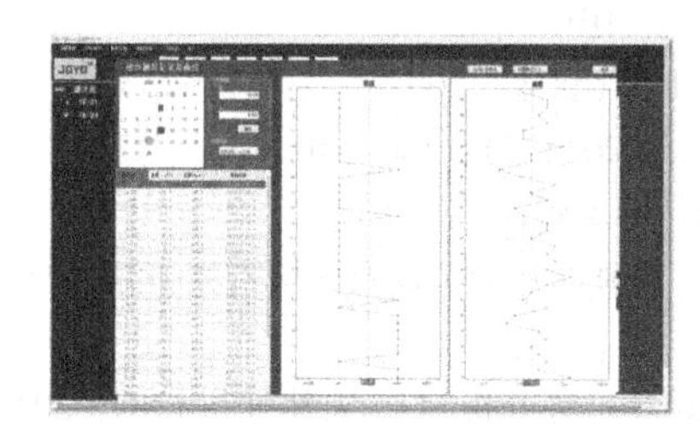

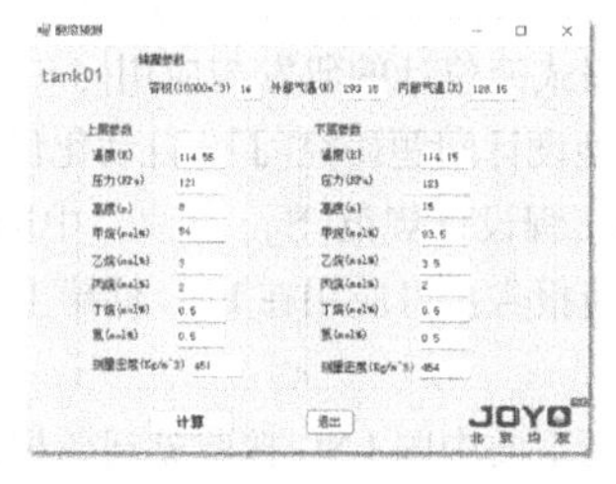

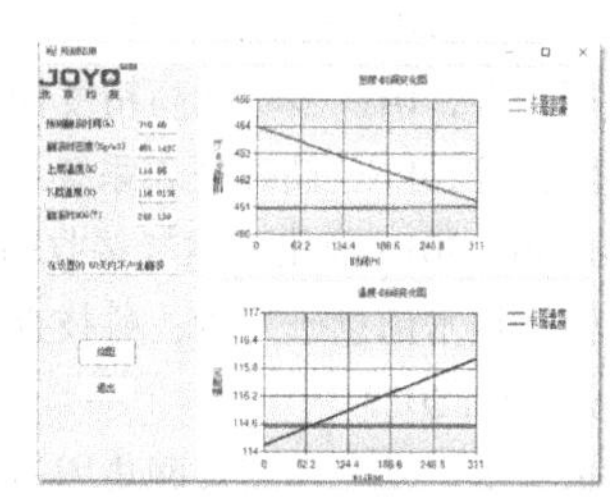

图 5　储罐管理软件、翻滚预测软件部分截图

4　创新点

国产 LNG 罐表系统通过一系列的创新技术，使得其技术性能达到或超过进口设备，减少设备维护和备件更换成本，实现罐表设备的长期稳定可靠运行，安全性和可靠性更为突出。

4.1　磁隔离设计

国产液位计和 LTD 均为油气腔、电气腔、接线腔三腔隔离设计，采用磁隔离结构设计，将油气腔与电气腔完全隔离。油气腔与电气腔之间没有任何机械传动装置和机构，避免因密封失效导致油气腔的可燃气体进入到电气腔，从而提升了设备的安全性能。

4.2 非接触式供电和信号传输

采用了非接触式供电和信号通讯方式，实现转动系轮毂及传感器的供电和信号接收，避免了采用滑线环带来的磨损失效需要定期更换配件的问题。

4.3 浮子简化设计

国产LTD多功能浮子采用谐振筒原理同时测量密度和液位，替代了传统的浮子液位开关设计，提高液位测量分辨力的同时，设计更合理，结构更简单、性能更可靠。

4.4 低温钢带电缆

传统LTD钢带电缆使用的聚四氟乙烯为不沾材料，耐低温性能好但对导体的包裹性较差，出现过钢带内部电缆断路导致LTD故障的情况。国产LTD钢带电缆采用了特殊的工程材料及制造工艺，具备优异的强度、包裹性及低温可靠性。

4.5 通讯兼容

国产罐表系统完全兼容WM550/WM660及BPM通讯协议，满足与国内在用主要进口罐表设备及系统的通讯兼容需要，可将液位计和LTD设备直接接入到原来的系统中，无需对原系统通讯和管理软件做任何改动。

5 结束语

LNG接收站是国家进口天然气资源的重要通道，更多的LNG接收站建设规划正在逐步落地，传统自主经营的接收站将逐步对外开放，向混合经营模式转变。为此，LNG接收站应不断降低建设及运营成本，增强抗风险能力。罐表系统国产化正是国家管网响应国家科技创新战略、解决进口设备关键时期“卡脖子”问题所做的研发努力和应用实践，并取得了很好的效果，也为LNG新建项目罐表系统的选型以及在运罐表系统的运维提供了新的思路。

参 考 文 献

[1] 程民贵，中国液化天然气接收站发展趋势思考[J]. 国际石油经济，2022(5)：60-65.

[2] 吴凡，等，LNG接收站自控系统国产化升级改造分析[J]. 自动化控制理论与应用，2020(4)：26-27.

[3] GB/T 4756—2015 石油液体手工取样法[S]. 北京：中国标准出版社，2010.

[4] 范明军，等，国产多功能高精度伺服式液位计的研发与应用[J]. 自动化仪表，2007(S1)：131-133.

[5] 王乃民，等，LNG储罐罐表系统选型设计问题研究[J]. 自动化仪表，2022(7)：106-110.

[6] GB 51156—2015 液化天然气接收站工程设计规范[S]. 北京：中国计划出版社，2015.

[7] 中国科学技术信息研究所，科技查新报告：可应用在LNG储罐上，精确测量液位以及分层密度和温度的多功能液位计[R]. 2023.

[8] 陈正惠，等，基于国家管网集团运行下的中国LNG接收站运营模式及趋势分析[J]. 天然气与LNG，2022(1)：77-84.

LNG 卸料臂 QCDC 组件故障分析和国产化研究与应用

雷凡帅[1]　边海军[1]　杨林春[1]　梅　丽[1]　郑　普[2]　梅伟伟[1]

（1. 中石油江苏液化天然气有限公司；2. 连云港远洋流体装卸设备有限公司）

摘　要　QCDC 组件是 LNG 卸料臂的核心组件，阐述了进口 QCDC 组件的工作原理，分析了进口卸料臂 QCDC 组件应用的故障和风险，提出研发设计制造配套的国产化 QCDC 组件的解决方案，并针对研发制造过程中面临的接口尺寸匹配、组件重量控制、不同材料间的电位腐蚀问题解决和液压控制系统泄压保护等难题攻关进行了阐述，并列举了国产化 QCDC 组件的试验项目和关键试验流。经过在 LNG 接收站数十船的应用测试，已取得了阶段性成果，对关键设备国产化具有重要借鉴意义。

关键词　LNG 卸料臂；QCDC 组件；国产化；重量控制；材料优化

卸料臂是液化天然气码头用于从货船接卸液化天然气（Liquefied Natural Gas，简称 LNG）的关键设备。江苏 LNG 接收站应用的四套 20″DCMA-S 型卸料臂整装进口自法国 FMC 公司，QCDC（Quick Connect/Disconnect Couplers）即液压快速连接/断开连接器，用于快速、可靠地将卸料臂连接到 LNG 货船的卸料法兰上。近年来，卸料臂的 QCDC 组件曾发生多次严重故障，虽经应急抢修均未造成严重后果，但经检查和分析确认，当前 QCDC 存在卡爪同步动作一致性差、液压马达等零部件腐蚀、磨损严重、液压分配器对金属微粒敏感可靠性差等问题，极易导致卡爪动作失灵或无法正常打开关闭等故障，造成接船时间延长甚至船舶不能按期离港。

为确保卸料臂的安全平稳运行，降低后期检修维护成本，江苏 LNG 成立了合作研发团队，与远洋流体公司合作研发，开展可行性研究和方案设计，应用单液压缸驱动卡爪机械联动基本原理、多轮迭代优化设计，解决了研发过程的多项难题，顺利完成了 QCDC 组件设计制造和测试。2021 年 3 月将卸料臂 L-1102 的原装进口 QCDC 组件整体替换升级为完全自主国产化 QCDC 组件，经过数十船运行测试效果良好，取得了阶段性成果。

1　进口 QCDC 组件的工作原理

江苏 LNG 码头卸料臂应用的 QCDC 由卡爪夹紧组件、传动装置、液压马达及阀组、液压分配器、导向杆、保护环、基体法兰短节和密封圈等组成，如图 1 所示，适用于连接 20″150LB 标准船用卸料法兰。

QCDC 上的液压马达由液压油路驱动旋转，并通过齿轮传动使卡爪主轴旋转，从而实现卡爪转动、打开和关闭等动作。液压马达的油路分为串联模式和并联模式，串并联的自动转换由液压分配器控制，从而实现卡爪的快速动作和夹紧。以下以卡爪的关闭夹紧过程举例说明：

（1）当卡爪从初始位置关闭时：串联模式自动打开的，压力分成 5 份，卡爪开始用相同的流量关闭。串联模式的特点是经过每个液压马达的流量大，卡爪动作速度快，但最大关闭力矩较小。

（2）当任一卡爪关闭时的夹紧力变大并达到设定值时，并联模式自动打开，此时夹紧装置继续用单独流量和相同压力继续关闭卡爪直至完全关闭到位。并联模式的特点是经过每个液压马达的流量小，卡爪动作速度慢，但可满足卡爪关闭时需达到的较大力矩。

如图2所示为卡爪、传动装置及液压马达的示意图。卡爪的主轴设计为不可逆的传动螺杆，这样夹紧力是自动保持，不需要液压来保持卡爪的夹紧力。

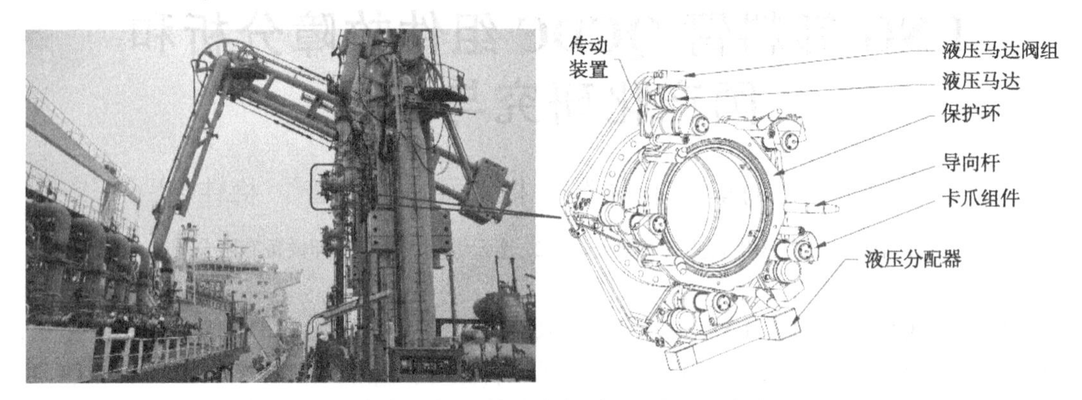

图1　FMC卸料臂QCDC组件在卸料臂上的位置示意和组成结构

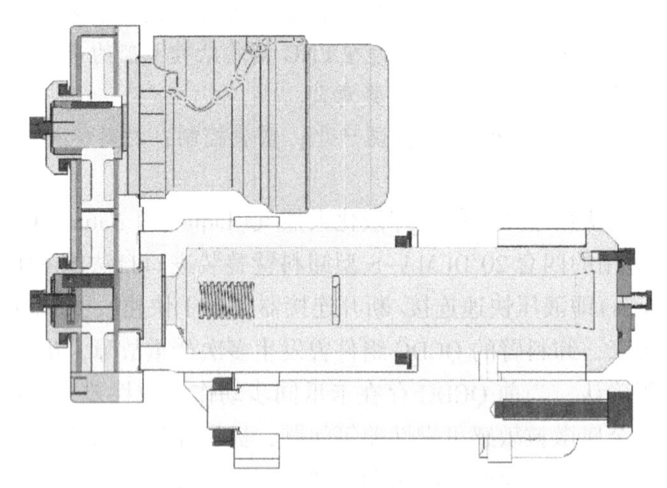

图2　QCDC上的卡爪等组件示意图

2　进口QCDC组件应用问题

近年来，卸料臂的QCDC卡爪频繁出现异常工况：初始个别卡爪打开时动作异常缓慢，后期甚至无法卡爪无法打开，只能依靠维修人员登船采取手动紧急抢修措施断开卸料臂。后经排查，最终找到了关键故障点：在气相臂QCDC的液压分配器上的一个内径仅有0.5毫米的测油孔处，堵塞了一片仅有1×2毫米的金属薄片，这导致了液压分配器在卡爪初始打开过程中无法正常处于并联状态，从而引发了卡爪动作卡滞、无法打开等故障。清理堵塞金属薄片后，该QCDC卡爪功能完全恢复正常。虽上述故障已解决，但由于QCDC各主要机械和液压零部件自2011年5月投用至今已使用了8年，仍存在诸多风险亟待处理(图3)：

(1)QCDC下方的液压分配器的外部接口、丝堵、外表面等部位存在显著腐蚀；金属碎屑有可能是液压分配器内运动阀芯等部件磨损造成的；液压分配器上的插装阀等附件也存在不同程度老化。液压分配器仍存在失效的风险。(2)QCDC的卡爪组件及传动组件已出现显著的腐蚀、磨损、密封老化等隐患，液压马达、液压马达阀组外观存在显著腐蚀，有可能造成泄漏、失控等风险。(3)QCDC卡爪组件在使用过程中经常出现不同步问题，在连臂过程中需要操作员反复进行关闭夹紧操作，确保5个卡爪均已抓紧，耗时费力。

由于检修需更换的QCDC卡爪、液压马达、液压分配器等配件需从国外进口，作为卸料臂关键部件，整套QCDC进口费用高昂。尤其是QCDC的核心组件—液压分配模块，受国外技术垄断，单

图 3　部分 QCDC 组件腐蚀、磨损失效图片

台更换成本高，而且维修周期长、价格昂贵，深受关键技术“卡脖子”之痛。

基于对进行 QCDC 组件的现状分析和调研选商，江苏 LNG 与国内已具备 16″QCDC 组件设计制造经验的厂家远洋流体公司开展了技术合作(图 4)，共同研发适用于江苏 LNG 在役的 FMC 配套 20″国产化 QCDC 组件，实现全面提升卸料臂 QCDC 组件运行可靠性的目标。

3　国产化 QCDC 组件的基本原理

图 4　典型的 16″QCDC 组件形式

国产化 QCDC 组件采用电液系统，控制卸料臂与船舶歧管法兰实现自动、快速、可靠连接，从而提高效率，降低劳动强度；使码头作业更加迅速、安全可靠。快速连接装置其结构主要由压紧机构、回转环、固定环、阀体、卡爪、导向板、液压系统和电器控制系统等八个主要零部件组成，如图 5 所示。连接装置采用 PLC 控制、液压油缸动作、弹簧压紧，遥控操作，设备运行可靠、稳定。电气控制系统、液压系统利用原卸料臂电液系统。

国产化 QCDC 在电气液压系统的控制下，卡爪处在最大开启状态，使用遥控器操纵将连接装置通过导向板与船舶管线法兰对正，使两法兰面贴紧。通过电气控制系统控制液压系统，启动油缸推动回转环旋转，从而推动压紧机构的下端一起旋转，带动压紧机构推动卡爪绕销轴转动，使卡口贴紧船舶法兰端面，回转环的进一步旋转引起压紧机构弹簧的压缩，使卡爪对法兰端面产生压紧力，当压紧机构的轴线与阀体轴线重合时，弹簧载荷最大。当压紧机构轴线相对卡爪过中心线达到自锁角时，油缸行程到位，回转环停止旋转。此时，弹簧产生的载荷，通过卡爪的卡口端面加载在法兰上的压力不小于法兰在操作状态下所需的密封圈的压紧力，整个夹紧动作完成。在该位置回转环将在机械式定位装置下限制转动。

工作结束时，先关闭阀门，切断船舶管线与卸料臂管线之间的介质流动，启动旋转油缸反方向推动回转环旋转，转动初始，使弹簧卸载，继续旋转回转环，通过压紧机构带动卡爪旋转，使卡爪脱开并开启到位。此时卸料臂带动快速连接装置一起与船舶管线分离。

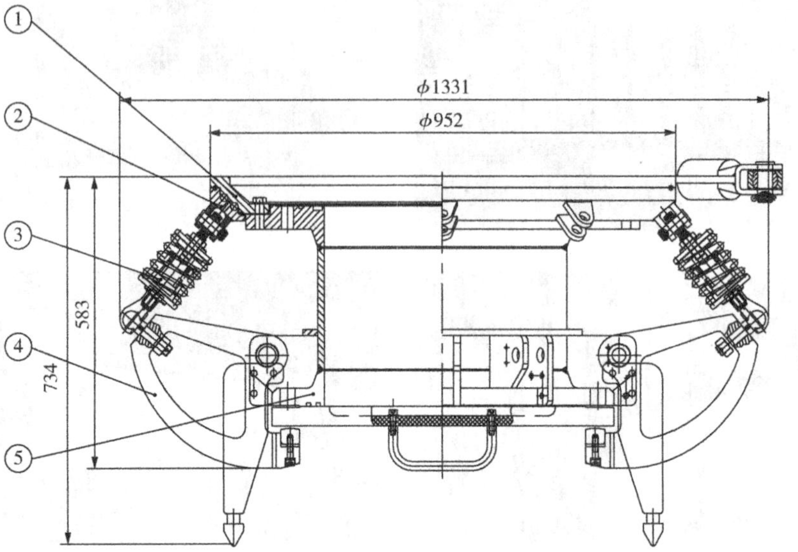

图5 国产化QCDC组件基本样式

1—固定环；2—回转环；3—过渡盘；4—弹簧装置；5—卡爪；6—阀体

4 研发面临的难题和技术攻关

虽然合作方远洋流体具备16″QCDC设计制造经验，但是因需要与江苏LNG在役的20″FMC卸料臂相匹配适应，绝非简单的尺寸放大和相应调整，针对设计制造阶段面临的各类难题，合作开展技术研究攻关，取得了以下一系列成果。

4.1 国产QCDC组件与在役卸料臂连接尺寸匹配

由于国产化QCDC组件采用了与原组件的工作原理和结构设计迥异的新型单液压缸驱动型式，需要测量确认：(1)新型QCDC组件与FMC卸料臂Style80末端6#低温旋转接头动密封端异型连接法兰的精确尺寸；(2)国产化QCDC组件外形尺寸调整后，船舶法兰中心到甲板的高度是否满足需求。

为获取准确可靠的QCDC组件与6#低温旋转接头动密封端异型连接法兰的精确尺寸信息，在对卸料臂Style80可靠固定的前提下，使用移动吊架、配合吊装工具、导向工具将该法兰连接螺栓松开，并使用游标卡尺、深度尺等测量工具准确测量获得国产化QCDC组件设计所需的详细配合尺寸，如图6所示。通过对多艘LNG货船现场实测和查证LNG货船适用的OCIMF相关设计规范，LNG船舶卸料和返回气管线法兰水平间距不小于3m，垂直方向尺寸要求如图7所示；国产化QCDC组件对船舶法兰之间最小的安全距离要求为1331mm，前后距离为739mm，因此国产化QCDC组件与船舶甲板以及相邻法兰等设备设施不存在干涉问题。

4.2 国产QCDC组件超重难题攻关

由于初期国产化QCDC组件采用了新型结构设计，主体结构采用低温性能良好的316L不锈钢材质，按照规范设计的QCDC整体重量最低约680kg，而原QCDC组件重量约460kg，改造增加重量约220kg，国产化QCDC组件重量严重超标。如果坚持应用超重的QCDC组件将带来一系列问题：(1)需要相应调整卸料臂主副配重块使其浮动状态下保持平衡；(2)需要测试内外臂液压驱动能力是否满足当PERC脱离装置断开仍能稳定运行，但是现场因操作空间狭小，断开PERC的操作难度大、风险高。(3)QCDC组件超重后加剧4#旋转接头滚珠、滚道间的过早挤压磨损和卡滞，缩短低温旋转接头使用寿命。

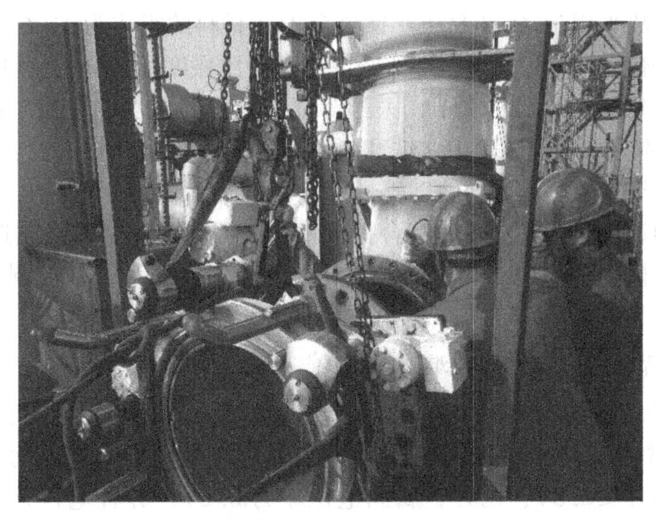

图 6　吊装拆解打开 6#旋转接头动密封面法兰

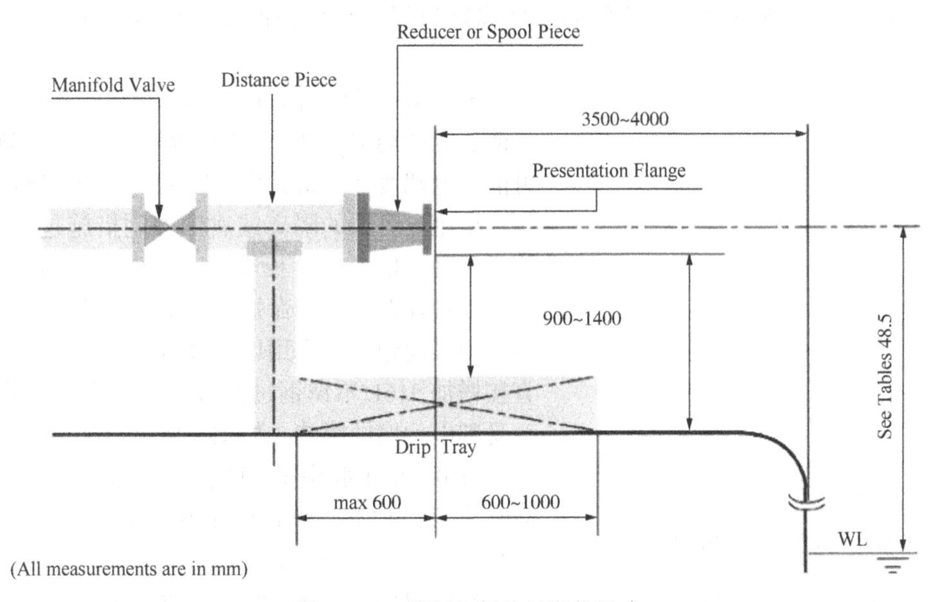

图 7　LNG 货船卸料法兰定位尺寸

显而易见，为确保持卸料臂的负载一致，国产化 QCDC 重量应保持不变，即必须将重量控制在 460kg 以内。但是即便采用优化结构设计减少基体总量、减少 QCDC 卡爪数量等方式，经反复测算仍难以将重量控制在理想范围内。

经深入分析和查证，江苏 LNG 研究团队提出了将主要基体材料更换为钛合金材质的思路。钛合金密度为 4.51g/cm³，约为不锈钢钢密度的 60%。常用的主要有 TA2(纯钛)，TC4ELI(低间隙钛合金)两种材质满足低温需求且易采购，主要机械性能参数对比参见表 1。

表 1　性能参数表

牌号	抗拉强度	表面硬度	密度	最低温度	抗腐蚀性能
TA2	441MPa	HV150-200	4.51g/cm³	-196℃	耐海边盐雾腐蚀
TC4ELI	895MPa	HV250~350	4.51g/cm³	-196℃	耐海边盐雾腐蚀
SUS316L	485MPa	HV≤200	7.98g/cm³	-196℃	耐海边盐雾腐蚀

由于 QCDC 组件中的回转环、固定环内部含有双滚道，TA2 表面硬度较低，难以满足内部钢珠

碾压，影响设备寿命，故采用TC4ELI材质。钛合金TC4材料的组成为Ti-6Al-4V，属于(α+β)型钛合金，TC4钛合金具有优良的耐蚀性、小的密度、高的比强度及较好的韧性和焊接性等一系列优点，在航空航天、石油化工、造船、汽车，医药等部门都得到成功的应用。钛合金TC4ELI是Ti-6Al-4V的超低间隙变体，在熔融过程中，铁和氧等间隙元素受到严格控制，以提高该合金的延展性和断裂韧性。该材料抗拉强度、表面硬度等性能参数均优于316L不锈钢，即使在低至-196℃的低温下仍能保持良好的韧性，具有良好的综合机械性能。因此主体结构材质选用TC4ELI钛合金之后，虽然该材料市场价格相对316L不锈钢较高，但QCDC总体重量有效控制在460kg要求范围内，并具备优异的机械性能和耐低温性能，有效解决了QCDC组件超重的难题。

4.3 主体结构应用钛合金后的电位腐蚀难题攻关

国产化QCDC组件主体结构应用TC4ELI钛合金材质后，由于QCDC组件与卸料臂管线接口连接异型密封法兰的材质为304/304L双标不锈钢。通过查询两种金属在海水中的稳定腐蚀电位304L为-0.12V，TC4ELI≤0.8V，两种金属间电位差为0.2V，异种电位差可能导致接触后存在晶间腐蚀。经侯春明等人对钛合金与异种金属的研究结果表明，在模拟海水溶液中，304不锈钢、316L不锈钢与TC4ELI钛合金之间的电偶腐蚀较轻，在模拟海水中可以与TC4ELI钛合金接触使用。

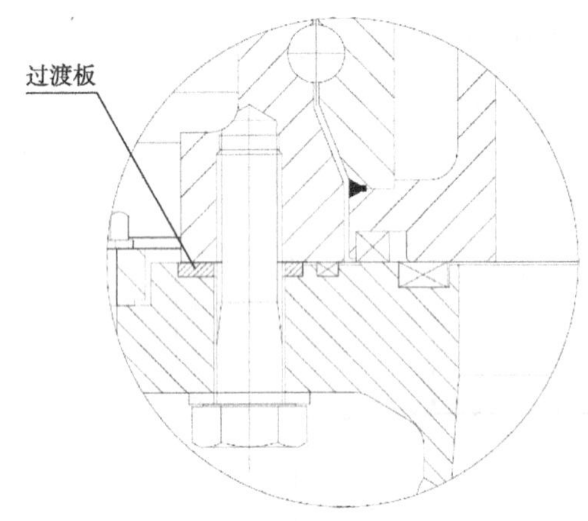

图8 国产化QCDC组件增加过渡板示意

但是由于该结合面存在多处金属密封面，电偶腐蚀可能造成的局部点蚀，加剧主副密封过早失效，为避免可能的电偶腐蚀对密封面的影响，必须采取可行的防护隔离措施。可选的隔离或腐蚀控制措施包括直接接触、绝缘处理、增加过渡板等方式。研究表明，直接接触、绝缘处理存在使用寿命短、技术不成熟可靠性差、维护不方便等问题，故采用增加过渡板的式。在设计上采用直接增加316L不锈钢过渡板的形式来防止旋转接头法兰受到电位腐蚀影响，如图8所示。

316L在海水中的稳定腐蚀电位为-0.011V，当316L与TC4ELI接触后存在电偶腐蚀倾向，TC4ELI电位高为阴极，316L为阳极，钛合金作为阴极被保护，316L不锈钢作为阳极腐蚀被加速，TC4ELI电位升高，316L电位降低至与304接近，从而避免旋转接头连接处的电偶腐蚀。

为延长过渡板的使用寿命，通过对过渡板周向使用软四氟垫片作密封处理，减少与潮湿的海洋盐雾大气等腐蚀介质接触，从而减缓电偶腐蚀，延长过渡板的使用寿命，初步估计过渡板能够正常使用8~10年，大修维护期间亦可便利地拆下检查更换。

4.4 液压控制系统泄压保护

由于原QCDC液压油路的泄压阀集成在了液压分配器中，作为液压缸驱动的标准安全配置，液压总管路的最大压力高达20MPa，当液压缸活塞达到打开或关闭极限位置时，液压软管压力将升至20MPa，不利于液压缸和控制管路的安全使用。为解决该问题，研究团队在国产化QCDC组件的基础上额外配置了泄压阀，并参照液压缸开关压力需求设定卸放压力为16MPa，有效解决了液压缸内压力过高的问题。

5 国产QCDC组件原型试验

为验证设计和制造的可靠性，依照国际主流LNG卸料臂测试应用的ISO 16904等标准规范对国产QCDC组件进行了一系列测试验证，测试项目如表2所示。

表 2　20″QCDC 组件原型试验项目

试验类型	试验项目	参考标准
常温试验	气密试验	ISO 16904 9. 2. 4. 2
	静水压试验	ISO 16904 9. 2. 4. 1
	常温强度试验	ISO 16904 9. 2. 4. 3
低温强度试验	低温负载试验	ISO 16904 9. 2. 4. 3
脱离性能试验	常温脱离试验	ISO 16904 9. 2. 4. 5
	低温脱离试验	ISO 16904 9. 2. 4. 5

试验最好按顺序进行，低温试验应在常温试验合格后进行。进行低温试验之前，需确保阀体内无常温试验残留的液体介质。低温试验完成后需等整个试验系统的温度升至常温才允许拆卸系统。

以上原型试验中，低温负载试验对国产 QCDC 组件原型设备的设计制造水平要求相对最高，以下简要概述低温低温负载试验的基本方法过程，试验基本参数如表 3 所示，其中 LCT 为试验荷载；SFb 为测试负载因子，试验荷载应采用率 SFb = 2；LCA 最大外部轴向、弯矩和剪切载荷的组合。

表 3　低温负载试验基础参数

参　　数	值	参　　数	值
试验介质	液氮	测试温度	-160℃
设计压力	1. 79MPa	测试时间	10 分钟
测试压力	1. 79MPa	试验等效荷载(LCT)	LCT = SFb×LCA+PL

试验过程中，在管道接头中连接两个球阀，其中两个阀门连接到压力表，另一个连接到压力机上。关闭不包括试验的所有进出口，打开两个球阀，将管道压力升高到 1.79MPa，外加负载 30180N · m，保持 10 分钟，如图 9 所示。合格标准为无外部渗漏、无永久变形。经过一系列试验测试，满足相关测试标准规范的各项要求，具备 LNG 接收站现场与卸料臂安装试用要求。

6　LNG 接收站现场应用

2021 年 3 月完成国产化 QCDC 组件在江苏 LNG 码头的现场安装和在线测试，并于 3 月下旬顺利进行了 LNG 货船接卸应用(图 10)。现场应用过程中，各卡爪由回转环控制统一动作，卡紧动作同步，压紧力稳定。经过连续数十船的接卸应用，设备运行平稳可靠，在操作难度、密封性、检修便利性等方面均表现良好，满足 LNG 接收站现场生产运行需要。

7　结束语

国产化 QCDC 组件初步实现了对进口 20 寸卸料臂 QCDC 组件的完全自主替代目标，相比原装进口 QCDC 组件结构简单可靠且同步性能良好。创新性地应用新型主体材料匹配原不锈钢结构重量保持卸料臂的平衡，完美的解决了因结构改变带来的 QCDC 组件超重的问题，并通过多轮迭代优化设计方案，初步实现了对进口 20 寸卸料臂 QCDC 组件的完全自主替代应用目标。国产化 QCDC 组件研发制造的顺利实施，对推动 LNG 行业关键设备自主维修进程，降低维修成本，提高了生产运行安全可靠性，推进自主创新和设备运维高质量发展具有重要借鉴意义。

图 9　低温负载试验照片

图 10　国产化 QCDC 组件在 LNG 接收站现场应用照片

参 考 文 献

[1] OCIMF-Manifold Recommendations for Liquefied Gas Carriers[S], 2011, SIGTTO.

[2] 侯春明，陈凤林．TC4ELI 钛合金与异种金属材料的电偶腐蚀行为研究[J]．全面腐蚀控制，2020，34(9)：48-52.

[3] 雷凡帅，郭海涛，杨林春，黄科．LNG 低温回转接头密封面点蚀成因及应对措施研究[J]．通用机械，2019(09)：21-24.

关于 LNG 安全生产培训管理体系建设的深度思考

刘 飞

（国家管网集团海南天然气有限公司）

摘 要 介绍液化天然气（以下简称“LNG”）行业安全培训体系的现状，安全培训是安全生产的基础，分析存在的不足，解剖 LNG 安全管理培训体系的结构和主要组成关系，分析论述了如何完善 LNG 行业安全生产培训制度、规范 HSE 培训运作、安全培训资源统筹与开发的重要性。

关键词 LNG 储运；培训质量；HSE 培训；安全生产；培训管理体系

1 前言

安全是最基本的民生，是企业发展的前提和基础。无论是新冠疫情、经济危机环境，还是冬夏保供，企业面临的安全生产形势异常严峻、压力格外巨大，做好安全生产工作关键是层层抓好落实。LNG 接收站是大型天然气储运站库之一，也是 LNG 行业发展的龙头，其项目规划和建设都属于国家级大型化工重点项目，是国家能源战略规划的重要布局，对调整各地区的能源消费结构直接起到重大影响，为保障燃料化学能源应急供应、城市电力调峰等发挥非常关键的作用。LNG 接收站地安全生产和平稳运行与国家各地区安全、国家能源战略布局和储备及天然气稳定供应是息息相关地，十分重要！

LNG 目前是全球公认的最清洁、高效和安全的燃料。LNG 无色、无味、无毒，常压下 -162℃，主要成分是甲烷（CH^4），具有易燃易爆、易挥发、低温深冷、窒息等危险特性。根据《危险化学品目录（2015 版）》（国家安全监管总局等

10 部门公告 2015 年第 5 号）查询，LNG 属于危险化学品，cas 号：8006-14-2；LNG 的火灾危险性分类为甲类。LNG 接收站主要的功能是对海上船运的 LNG 进行卸载接收、常压储存、加压气化、计量外输，并通过天然气管网向下游电厂、工业用户、城市用户供气。液化天然气接收终端主要有：常规液化天然气接收站、浮式液化天然气接收站。常规液化天然气接收站通常包括卸料系统、储存系统、蒸发气（BOG）处理系统、LNG 输送系统等。

如何保障 LNG 接收站的安全生产，需要开展一系列且大量的安全管理工作，HSE 培训管理即为安全管理的基础工作，如同建设一栋大楼工程中的地基工程。所以，LNG 接收站日常的安全管理方方面面都必须要符合国家法律法规、行业标准规范等的要求，需要按照安全标准化管理的要求开展相关的工作。LNG 安全/HSE 培训工作，是建立安全生产长效机制的重要举措，是提高从业人员安全素质和安全生产技能，强化安全意识的有效途径，是一项成本低、见效快、回报率高的基础性投入。

2 国内企业安全培训现状

安全培训是加强安全生产的重要基础性工作和治本之策，国内各行各业已采取一系列措施，如完善安全培训法规标准、加强安全培训机构和培训市场管理、规范企业四类岗位人员（企业主要负责人、分管负责人、安全生产管理人员、高风险作业人员含特种作业人员）和农民工安全培训、强化培训基地、教材和师资建设等，并取得了明显成效。但由于国内企业类型和规模多样化、人员流

性强、工人结构发生变化(农民工比例日渐增加)等多方面原因，安全培训工作还不能很好地适应形势发展的需要，仍然存在培训针对性弱、培训质量低、监管机制不完善、农民工安全培训薄弱等问题。

国家安全生产法律法规要求应对企业主要负责人、安全生产管理人员、特种作业人员和其他从业人员等必须进行安全培训，其中企业主要负责人、安全生产管理人员、特种作业人员等三类人员必须由具备相应资质的安全培训机构承担。企业除主要负责人、安全生产管理人员、特种作业人员以外的从业人员的安全培训工作，由生产经营单位根据情况组织实施，可以委托有关培训机构承担、也可以自行组织培训。对上述人员的培训内容、培训时间都有具体的规定。

3　LNG等危化品行业安全培训体系建设的现状(图1)

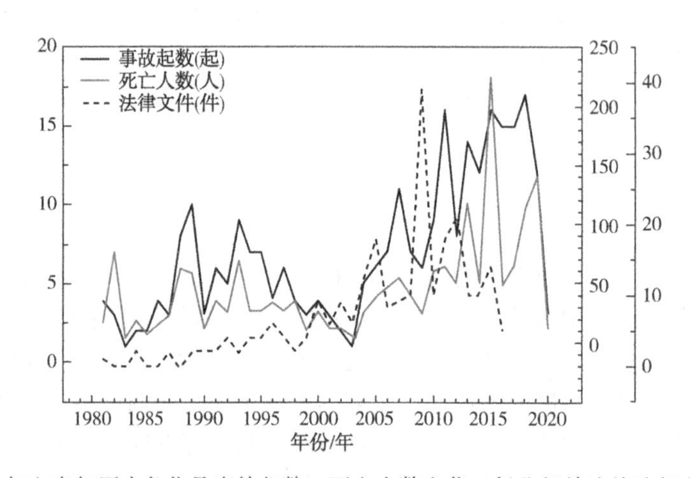

图1　1981年到2020年上半年国内危化品事故起数、死亡人数和化工行业相关法律法规文件颁发数量的趋势图

中国1981-2000年共发生95起较大及以上危化品事故，其中生产环节80起，占84.21%；2001-2020上半年发生较大及以上危化品事故185起，生产环节157起占比84.56%，可见我国在危化品生产环节安全状况并未好转。直接原因是生产操作不当，生产过程中存在违法生产、违规操作、违章指挥等直接导致。

据调查，中国90%以上的事故发生在班组，90%以上的事故是由人员/三违0所引发，80%的事故是发生在农民工比较集中的小煤矿、小矿山、小化工和烟花爆竹小作坊等民营企业，每年职业伤害、职业病新发病和死亡人员中半数以上也是农民工。另据国家安全生产监督管理总局2006对9个省区的抽样调查，煤矿等4个高危行业的从业人员中，农民工占56%：其中煤矿为48.8%，非煤矿山为66.4%，危化品生产企业为33.8%，烟花爆竹企业为95.9%。企业安全生产培训正面临着新的挑战，也对安全培训提出了更高的要求。

危化品大部分具有易燃、易爆、有毒等危险特性，其生产环节工艺相对复杂且工艺更新速度快，生产所需材料或产品多具有易燃易爆特性，生产过程条件控制必须十分严格，稍有差错就可能酿成事故。这与海因里希事故因果连锁理论的说法实际是一致，其示意图如图2所示。人员伤亡的发生是事故的结果，事故的发生原因是人的不安全行为或物的不安全状态，人的不安全行为或物的不安全状态是由于人的缺点造成的，人的缺点是由于不良环境诱发或者是由先天的遗传因素造成的。所以，培养人必须具备安全生产知识和技能等，不断提高和增强人的安全意识，逐步养成良好的职业技能行为习惯，是各家石化企业安全管理的共同目标。而要达到这个目标，石化企业都要建立打持久战的准备，目前最好的方法就是通过不断地加强各种各样安全培训和教育、安全文化的不断熏陶等。

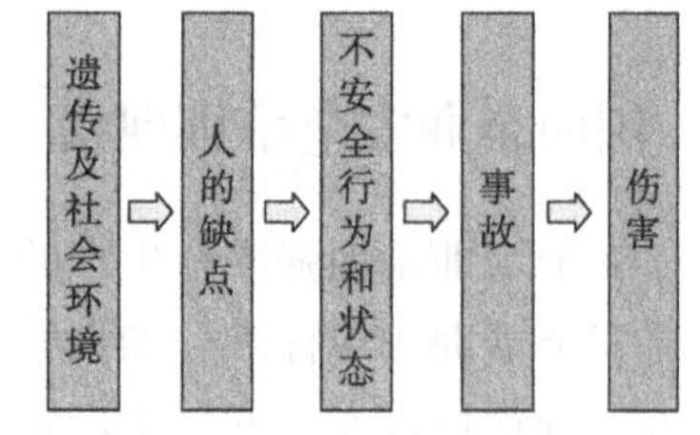

图2　因果连锁理论示意图

除外，以上统计的危化品事故导致的间接原因是有些企业管理者不能平衡生产与安全的关系，重效益轻安全，安全生产培训管理体系不完善、安全保障基础设施不健全、从业人员安全生产专业技能等掌握不到位等多方面因素，企业安全管理水平无法匹配当前的生产状况，间接导致事故的发生。针对上述问题和现象，危化品企业必须充分重视安全生产培训工作，建立完善的安全生产培训体系，打造生产铁军团队和安全干部队伍，消除各类安全隐患，使企业的经济效益得到提高。

并且，由于国家层面对于安全生产培训越来越重视，《中华人民共和国安全生产法》《生产经营单位安全培训规定》《安全生产培训管理办法》《特种作业人员安全技术培训考核管理规定》等法律和规章，都做了严厉的要求，并有每年集中力量开展专项整治。GB/T33000-2016《企业安全生产标准化基本规范》中，对教育培训管理和安全培训规定更是做了详细的要求。在如此严格的法规和标准下，安全培训已经提高至必须要做到位的明确目标。因此，

LNG 接收站/工厂/站库乃至其他危化品、石油化工、煤炭等企业的安全培训要尽快地建立完整的管理体系，加强组织和宣传、层层压实责任，加强监管、严厉查处违法违规行为，加强工作统筹和严格考核，建立长效机制，方可确保安全培训全面到位、运作有效。

4 LNG 企业安全培训管理体系面临的不足

当前，各个 LNG 企业的安全培训管理水平参差不齐，归纳起来主要存在以下的不足：

- 安全培训管理体系不完善，缺胳膊少腿的较多。
- 培训资源不够全面、培训课程开发深度有待加强、资源共享和宣传的力度不足、资源利用率不高。
- 培训内容缺乏针对性、不具体、单一。
- 专业讲师队伍未成团队，专业师资力量薄弱，专业技术技能水平良莠不齐，缺少针对性能力提升训练和考核。
- 培训运行不够规范、不够完整，有些培训的效果不明显、甚至是无效。
- 企业安全培训考核评估不完善，培训考核走过场。
- 培训激励政策和制度不够健全。
- 对安全生产教育培训重视程度不够。
- 培训方法上缺乏生动性和灵活性。
- 缺乏长期、系统的培训规划。
- 安全教育培训没有跟上形势发展的要求。

安全培训是通过增加受训者的安全知识，提高安全技能，提升安全理念，从而提高其安全素质，以达到预防事故，提高企业人力资源方面本质安全水平的重要途径。培训效果的好坏，直接影响着安全目标的实现。所以，在错综复杂的因素影响下，我国安全生产培训效果长期处于一个低效的阶段，职工的不安全行为仍然存在得不到切实有效地改善，生产企业事故事件发生率仍居高不下，如何提高安全培训效果是当前企业安全培训工作迫在眉睫的一项任务。达不到预期效果，效率低下的一个重要原因是国家对企业的培训效果评估缺乏一个完善的监督管理机制。

针对上述现象，LNG 企业以及其他危化品、石油化工企业必须充分重视安全生产培训工作，应建立健全安全生产培训管理体系。

5 安全培训管理体系的主体架构

LNG 接收站等的安全培训管理体系主体架构可如下图所示，主要包括培训管理系统、培训支撑和培训运行共三个子系统。这些子系统之间是相辅相成、环环相扣，较多方面都存在承上启下的关系，主体架构如下图 3 所示、培训体系内组成关系如下图 4 所示。

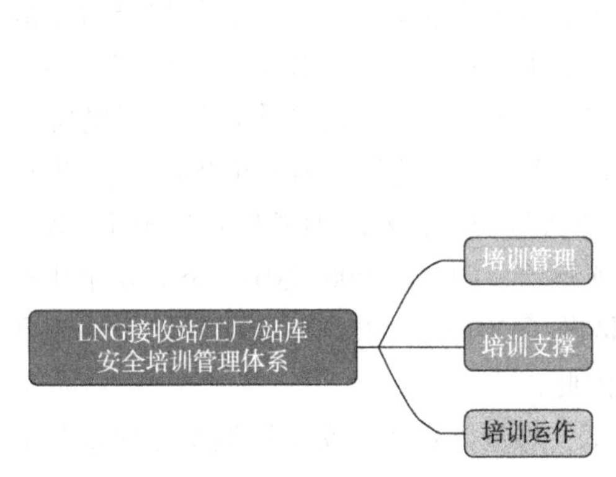

图3　安全培训管理体系主体架构图

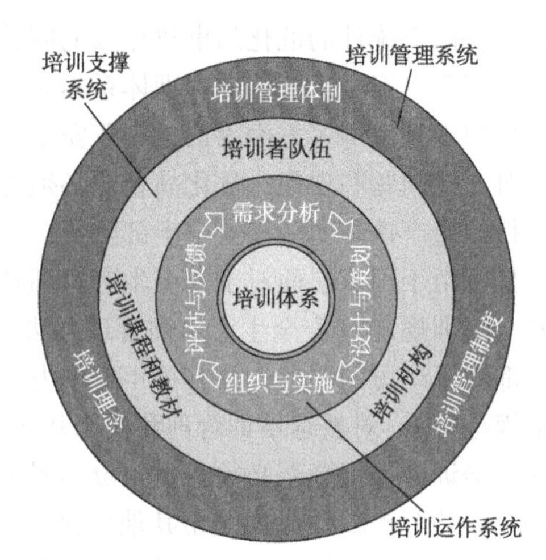

图4　培训体系组成的关系示意图

6　完善 HSE 培训管理制度

HSE 培训制度能够为 LNG 企业安全生产培训工作的顺利开展提供依据和有效保障，规范管理企业从业人员的安全教育培训工作，使全体员工正确掌握安全生产知识，提高从业人员安全素质和生产技术，防范伤亡事故，减轻职业危害。

安全培训管理制度主要应包括有关 HSE 培训的规章制度、职责分工、管理程序、责任落实、部门的建设、岗位达标等。企业的 HSE 培训管理部门要根据国家和行业的相关规定，落实各个负责人和从业人员的具体职责，使培训管理和运作工作分工明确，实现有效管理。此外，监管部门应在此基础上加大对 HSE 培训工作的监管力度，建立完善的监管机制或体系，对企业的各级负责人员、安全管理人员、站/库/工厂一线员工和其他从业人员的培训信息都要进行录入、建立完整的培训管理台账、检查与抽查，提高监督效果。HSE 培训管理制度的制定方面，需要重点参考《中华人民共和国安全生产法》《生产经营单位安全培训规定》《安全生产培训管理办法》《特种作业人员安全技术培训考核管理规定》、GB/T 33000—2016《企业安全生产标准化基本规范》等法律和规章及标准的内容与规定，并根据国务院应急管理部门有关安全生产培训的要求，对管理制度进一步明确和细化，促进安全生产培训工作的良好开展。

7　规范 HSE 培训运作，加强培训需求分析等

国务院应急管理部对安全生产培训的督查力度年年在加强，2022 年在全国范围专项集中开展"安全生产培训走过场"整治行动。但是，仍然存在有的企业、下属部门/项目组和一线专业班组不够重视安全培训，对进场的新员工、临时工、合同工、劳务工、轮换工和协议工等一路放绿灯，现场的安全培训是一而再，再而三地简化，培训只走个形式；有些时候还存在培训代签。因此，必须要规范培训的执行与运作。结合实际的 HSE 培训工作管理经验，我们要区分进场的人员类型、办证项目、暴露风险概率等，进行分级统一配置安全培训课程内容、学时和考核内容，确保高风险的作业人员和监护人员等掌握安全管理规定和安全技术知识等，并应用于现场，达到安全可控的目标。

HSE 培训需求在很多企业中往往是做得不够全面，主要原因一般是：(1)企业可能未设安全培训专员，配员由于负责多方面的工作，未能有集中的精力组织企业各部门开展 HSE 培训需求；(2)需求分析范围偏窄，缺少分析多因素；(3)缺少全岗位的培训矩阵设计等。企业落实 HSE 培训需求可从以下几个方面出发，如图 5 所示：

岗位分析，即为岗位培训矩阵设计分析的结果。岗位培训矩阵要先从岗位目标工作找差距和短

板，要纳入法规制度要求必须完成培训项目和内容，要纳入不足的培训项等；岗位培训矩阵设计要全面不遗漏和结合安全生产实际，每年进行更新完善。除外，企业 HSE 培训需求还要关注和统筹各部门、车间和班组提出的安全培训需求，及统筹历次培训中企业员工提出的培训改进建议等。

与 HSE 培训需求同样重要的，还有企业 HSE 培训规划和计划的制定，可从以下几个方面进行考虑与设计，如图 6 所示：

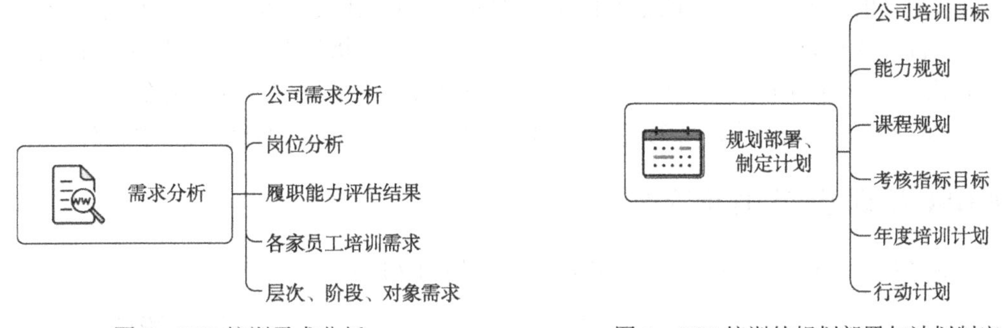

图 5　HSE 培训需求分析　　　　图 6　HSE 培训的规划部署与计划制定

HSE 培训计划的制定与执行是培训规范运作的主要组成部分。企业年度的

HSE 培训计划与执行情况经常属于各类安全检查的必查内容。因此，制定合规的企业年度 HSE 培训计划要综合全局全域，既要有宏观意识，也要有微观的辨识。即一要有各岗位安全培训重点的内容，如：全员安全责任制培训、疫情防控、新《安全生产法》、消防应急安全知识、安全月专题培训、交通安全等。二要有区分级别和培训对象；三要体现培训内容简介、培训目标、培训方式、培训学时、培训时间计划等，举例见下表 1。

表 1　×××企业年度 HSE 培训计划

序号	培训项目名称	培训内容	培训目标	培训方式	讲师要求	培训对象	单次学时	频次	培训是否考核	计划培训时间	……	备注
例 1	双重预防机制	1. 风险辨识与评价方法与原理； 2. 风险辨识与评价结果运用； 3. 危险因素识别的方法与应用； 4. 如何防范工作中的危险因素和安全风险； 5. 重大危险源辨识知识与应用	提高员工风险辨识能力和隐患排查的能力	集中培训、岗位练兵	1. 国家注册安全工程师 2. 高级企业安全培训师	一线部门员工	3	2	是			

牢固树立计划就是目标的观念，并要全力以赴地落实。HSE 培训计划执行建议设置专员严格按照计划组织与落实，避免三天两头就修改计划。如何使 HSE 培训按计划落实？可从：(1)主动落实培训资源；(2)沟通到位，确定培训日程；(3)难度不大，找到培训课件材料，培养和鼓励企业的内训师授课；(4)疫情影响下，可应用现代智能化的设备和高速互联网安排视频连线授课或录屏授课等多种新传媒方式，确保培训按期保质保量地完成。

LNG 等危化品企业新员工的三级安全课必须要严抓、狠抓、细抓和重抓。新员工三级安全生产教育培训不少于 72 学时，其中公司级、部门级和班组级均不少于 24 学时。各级、各类从业人员必须接受与所从事岗位业务相关的 HSE 培训，要经培训考核合格方可上岗，以及每年要参加 HSE 复训，确保所有从业人员满足 HSE 学时的要求。国家法律法规、地方政府和 HSE 管理制度要求必须持证上岗的员工，应当按有关规定培训取证。未经 HSE 培训合格的员工，不得同意批准上岗作业。结合工作总结经验，LNG 企业一线特殊操作岗位人员如工艺班长、主操、副操等，除按照规定进行

HSE 培训外，要在经验丰富的师傅带领下实习至少 2 个月，经考核或鉴定合格后方可独立上岗作业。此外，进入 LNG 企业一线部门岗位的新员工，建议企业全部把这些新员工先派至一线工艺班组进行锻炼，夯实

LNG 接收站工艺流程和设备设施安全操作及维保等基础知识。

现阶段，因 LNG 企业内的人员学历、资历、技术能力等参差不齐，而面对巨大的安全管理和各级部门频繁检查的压力之下，建议企业内部的 HSE 培训运作要采取强制性的手段。所以，HSE 培训的记录和台账要建立齐全，主要涉及培训通知、签到表、培训照片、培训小结等。截至目前，在 LNG 行业内，国家管网集团液化天然气接收站管理分公司主推 HSE 培训运作实行“一岗一清单一培训”的方式是较好的实践做法，是把安全培训的规划与法规、标准和制度的要求进行融合。

8 重视 HSE 培训考核与评价管理

HSE 培训考核、评价和改进的管理思路框架主要如图 7 所示。

图 7 HSE 培训考核、评价管理结构示意图

结合工作经验分析，HSE 培训的考核和培训评价往往是会被疏漏的环节。较多的企业认为只是看个安全事故事件案例的视频，考试是可以免罢。如果大部分的从业人员一年里很多的学习培训时间基本是通过看安全事故事件案例的视频完成，且看了 10 个以上甚至更多。此时，企业 HSE 培训管理员就有必要斟酌员工学习培训是否有效果；是否要进行验证一下培训的效果；采取什么方式开展验证或测试。自然而然，对 HSE 培训后要加强考核，如果能做到“一课一考”是最好的。HSE 考试一般常用是笔试，是考核常用的方式之一。此外，还有现场问答、现场抽查、制作思维导图等考核方式。总之，考核主要是更换另一个方式对安全知识进行理解、消化和记忆，快速应用于日常安全生产工作中。

现阶段，可能还会存在这样的情景，HSE 培训管理员收集完评价表就完成了培训的闭环工作。这是不正确的做法！由于在企业中有一部分地员工是属于不太配合 HSE 培训评价工作，某一项培训课程结束后，HSE 培训评价是五花八门的。遇到这种情况，要首先对 HSE 培训评价表进行遴选，不规范的和胡乱填的采取废除，选出完整、如实、认真填写的评价表。企业应对员工的 HSE 培训评价汇总成为专门的管理台账，认真地分析原因、找出不足，制定改进的措施、按轻重缓急地分段制定改进工作计划，责任部门应严格地执行落实，管理部门应及时跟踪和监督落实。至此，企业要及时整理全部的 HSE 培训档案资料。同时，在培训运作的各个工作阶段步骤，也要及时地对 HSE 培训记录的相关文件进行归档和妥善保存。

9 整合培训资源

培训资源的整合主要包括培训基地的共享、实训设备设施的共享、培训教材教辅材料的共享、安全教育图书馆的共享、消防馆的共享、实物模型结构集中展览、石化安全事故视频教学资源的共享和事故模拟实景场地演练的共享等。培训资源的整合是有利于国家安全的建设和安全发展，有利于国家各地区特别是工业园区的安全培训资源充分利用和发挥最大效能，同时与国家十四五职业技能培训的“健全培训资源共建共享机制”目标和高度是一致。此外，其能有效解决企业培训资源不足

的现实问题，提高培训工作的效率，实现多元化、高质量地开展安全生产培训，可推进LNG企业安全培训智能化更新的步伐；可扩宽行业技师的锻炼舞台和技术交流平台，提供予技能人才良性发展的空间，促进技能人才更好地为企业奉献优质服务。

安全生产培训机构是安全培训工作的重要支撑和载体，国家实行“总体规划、合理布局、总量控制”。当前各地各行业安全生产培训工作较好利用了各方面的资源，对企业、监管监察部门、科研院所等不同类别的培训机构，应进一步科学合理定位，注意发挥各自优势，做到各有侧重和特色。在当前，仍有安全意识和技能短缺的农民工到高危行业就业的情况下，应鼓励和支持各类企业申办四级安全培训机构，解决企业内部培训外送引起的工学矛盾突出、成本高和针对性差的问题。

10　搭建HSE培训支撑系统

HSE培训支撑系统一般主要包括讲师建设、课程设计开发、培训机构、费用管理等，可参考如下图8所示：

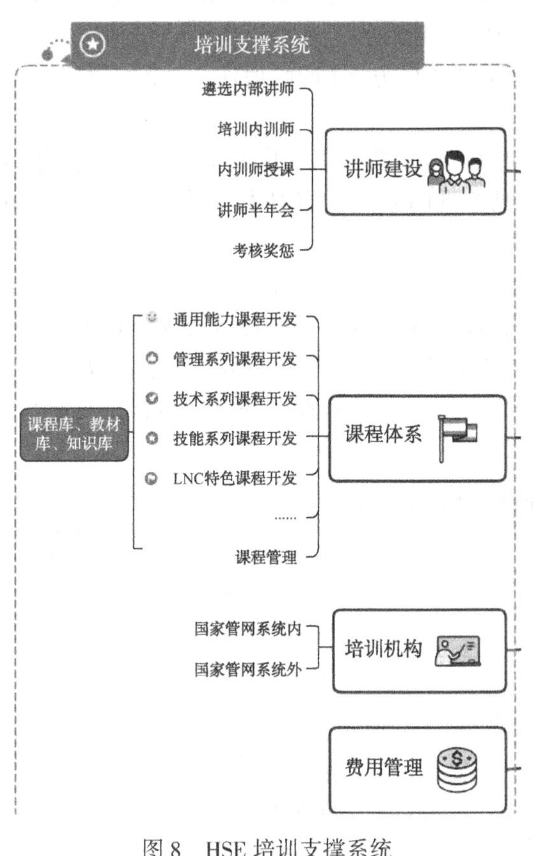

图8　HSE培训支撑系统

LNG各企业要立足基层需求、人才培训规划和HSE培训计划、各岗位履职要求等，及时建立和开发HSE培训的知识库、课程库和教材库，打造LNG特色培训课程。培训资源“三库”要做到分类、分级、分段和分步等，方便快捷地打造

LNG人才梯队；也要做到学习操作截面人性化、智能化，跟上智能化时代的步伐，达到HSE培训资源互联互通、学习无处不在。目前，有些LNG企业安全培训课程的内容仍存在不全面、深度和广度不够，如果能使用“三库”的资源无疑是利好的。“三库”是保障LNG企业员工学习安全生产知识和提升安全意识能力的“法宝”与“博士导师”；其搭建和开发的质量直接关系到受培人员的引导正确性、培训有效性等。做好“三库”的建设，可从以下几个方面开展工作：(1)设立“三库”设计的原则与导向；(2)收集培训课程的资料；(3)对课程材料的对比分析与筛选确定；(4)每年要组织定期检查与及时修正、更新。

讲师队伍建设方面，培养与激励企业的内训师队伍应是关键的建设方向，对企业内部安全培训讲师培训要点可如下：

(1) 目的

培养企业内部的安全培训讲师，提高企业自身安全培训力量和能力。

(2) 对象

企业内负责安全管理的员工，如安全管理人员、车间主任、班组长等。

(3) 培训讲师主要工作

针对本企业新员工、班组长等需要培训的人员制定企业培训计划和教学大纲，可采用/四阶段法(引入-讲解-应用-确认)编制安全培训指导方案，开展安全培训活动，培训员工及培养其他培训讲师，并评估培训效果，修改教学大纲，如图9所示。

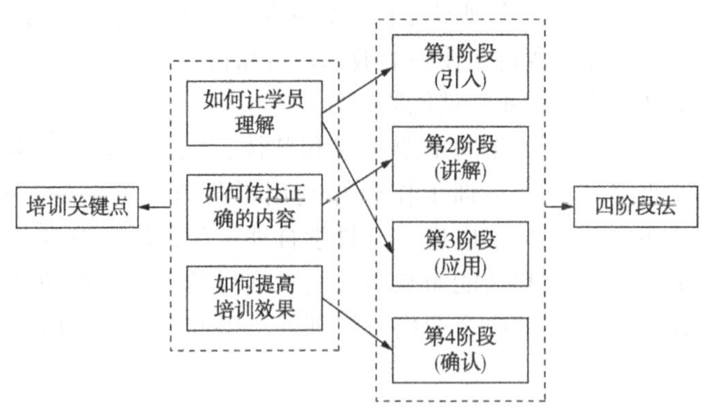

图9　四阶段法示意图

(4) 培训主要内容

① 整理应传授给培训对象的内容(以新员工为例)：提高安全意识；提高危险预知能力；6S[整理(SEIRI)、整顿(SEITON)、清扫(SEISO)、清洁(SEIKETSU)、素养(SHITSUKE)、安全(SAFETY)]；遵守安全规章制度及作业程序的重要性；事故发生时的措施。

② 提高培训讲师的能力：培训的方法、技能；安全培训指导方案(四阶段法)；角色模拟练习；现场实操与应急演练。

LNG企业厂级HSE教育的课程设计需要区分培训对象，包括新员工、作业承包商、承包商(无高风险作业的)、作业监护取证人员、基层站队员工、机关部门人员、实习生、派遣人员等；要分类分级分学时设计HSE教育的内容，确保关联的HSE培训合法合规。

安全教育要从“娃娃抓起”，新员工就是企业的“娃娃”、新生力量、新希望，特别是哪些从高校毕业就到企业报到的新员工。新员工三级安全教育课程设计内容应要全面覆盖法规、管理制度上的要求、安全生产和岗位的应知应会、职业卫生健康、事故事件案例学习与分析等，详见表2所示。建议内训师或其他讲师进行授课时，增加个人安全生产管理和经验教训分享的内容，及适当增加与保持安全课程互动性。

表2　LNG企业新员工三级安全教育课程设计(参考)

公司级(24学时及以上)	部门级(24学时及以上)	班组级(24学时及以上)	备注
安全生产法律法规	安全生产应知应会手册	岗位应知应会及安全技术操作规程	
安全生产禁令和HSE管理制度	作业安全分析管理	安全生产禁令	
应急预案、应急救援与处置	重大隐患判定标准	专业HSE责任清单	
常用消防器材使用、自救与逃生	危险化学品企业特殊作业安全规范	液化天然气基础知识	
HSE技术与管理	作业许可管理	化工基础知识	
LNG接收站反恐与安保	《生命重于泰山》专题片	系统基础知识	
双重预防机制	劳动防护用品使用及管理	工艺流程图	
职业健康	安全生产事故事件案例学习与分析	×××专业基础知识	
劳保使用和实操训练	自救互救、急救与逃生疏散	现场设备设施和工器具的使用与管理	
环保危废规定	应急处置方法	防护用品使用与保管	
典型安全生产事故案例	安全设备设施使用要求	职业卫生具体事项	
事故事件管理	QHSE管理体系管理规定、操作规程		
新冠肺炎疫情防控知识和管理规定			
网络安全意识、信息安全与保密			
交通安全			

由于在中国LNG行业发展的时间还不够长，LNG行业的大部分人才偏年轻化，专业技术技能

水平高低不平，行业的 HSE 专业精英讲师人才较少，搭建有规模专职专业化的团队当前仍存在一定的困难。鉴于面临的人才队伍现状，可从以下几个方面开展组织工作：(1)建立并保持与国内各家 LNG 企业的沟通联系机制；(2)深入了解行业人才的发展情况，适宜开展 LNG 人才交流活动；(3)建立 LNG 行业人才专家库；(4)制定激励 LNG 企业人才培养和发展的管理制度；(5)定期组织和开展人才专业能力提升培训。

11 总结

安全，是一切生产活动得以顺利进行的前提条件，而安全培训，则是确保安全生产的基石。在国家对石化行业安全监管的高压形势下，建设完善的 HSE 培训管理体系已是每一家 LNG 企业的管理目标，全面统筹与健全培训的资源及开发是我们共同的责任和义务。如实现此上述，本研究相信每一次 HSE 培训可达最规范地运作、最有效地实施、最高质量地落实。

参 考 文 献

[1] 恒川谦司，刘宝龙，高建明，等．日本企业安全培训现状及对中国的启示[J]．中国安全生产科学技术，2008.
[2] 周刚林．我国安全培训机构分布现状分析[J]．中国安全生产科学技术，2009.
[3] 王伟，刘志云，崔福庆，等．1981-2020 年我国较大及以上危化品事故统计分析与对策研究，2021.
[4] 黎艳珍．安全培训效果评估体系研究[D]．中南大学，2009.
[5] 国家管网集团液化天然气接收站管理分公司．HSE 培训管理细则，2021，液气管理〔2021〕101 号．
[6] 国家管网集团液化天然气接收站管理分公司．HSE 履职能力评估管理细则，2021，液气管理〔2021〕101 号．
[7] 郭宁．关于煤炭安全生产培训体系建设的思考，2019.

LNG 接收站 BOG 混合处理工艺优化

彭　超　王鸿达　刘攀攀　侯旭光　王宏帅

（中石油京唐液化天然气有限公司）

摘　要　BOG（Boil Off Gas）处理工艺是 LNG 接收站关键环节，也是接收站总能耗重要组成部分。BOG 处理工艺主要有再冷凝工艺和高压压缩工艺两种，中石油唐山 LNG 接收站同时存在再冷凝和高压压缩外输两种 BOG 处理工艺。但在低外输工况时，只采用高压压缩方式处理 BOG，无法充分利用 LNG 冷能，增压压缩机运行功率高，能耗较大。运用 ASPEN HYSYS 软件，采用数值模拟与理论研究相结合的方法，对唐山 LNG 接收站 BOG 混合处理工艺进行优化，制定了再冷凝器与增压压缩机联合运行方案，充分利用 LNG 冷能，降低增压压缩机运行功耗。结果表明，在充分利用再冷凝工艺处理 BOG 时，BOG 混合处理工艺可降低增压压缩机功耗 5%~20%，每年可节约用电约 93 万度，优化效果明显。

关键词　LNG 接收站；BOG 混合处理工艺；优化；运行功耗

国内天然气行业迅猛发展，推动了 LNG 接收站建设与发展，提高 LNG 接收站储存与气化能力是未来发展的必然趋势。LNG 接收站因系统漏热、动力设备能量传递、卸料和外输、提及置换等因素导致储罐、设备及工艺管线内产生大量 BOG。BOG 处理系统是 LNG 接收站核心部分，是 LNG 接收站安全运行的基础，科学合理的 BOG 处理工艺可节降低生产成本。目前 LNG 接收站主要采用两种 BOG 处理工艺：BOG 高压压缩工艺和再冷凝液化工艺，均存在不足之处。唐山 LNG 接收站同时存在两种 BOG 处理工艺，即 BOG 混合处理工艺。自投产运行以来，当外输量较高时，单独使用再冷凝器处理每日 BOG 即可满足冷能利用温度要求；当外输量较低，再冷凝器无法满足要求时，采用增压机增压外输方式处理 BOG。当增压机运行时，再冷凝器很少投入使用，无法充分利用外输 LNG 冷能，导致部分能量浪费。

本文以唐山 LNG 接收站 BOG 处理实际情况为基础，利用 ASPEN HYSYS 软件，对 BOG 混合处理工艺进行建模分析及优化，对不同外输工况时再冷凝器最大负荷进行分析，以期充分利用 LNG 冷能，降低 BOG 处理功耗。

1　BOG 混合处理工艺流程

唐山 LNG 接收站高压 LNG 通过冷能利用及气化器进行气化外输，冷能利用所需 LNG 最高温度为-140℃，再冷凝器使用需保证冷能利用使用温度。所以，当外输量较高可以保证冷能利用 LNG 温度时，从 BOG 压缩机首次增压后的 BOG 气体进入再冷凝器与冷凝 LNG 混合液化，通过高压输出泵增压至 9.5MPa 左右后，由汽化器及冷能利用气化后输送至外输总管。当外输量较低无法满足再冷凝器投用条件时，BOG 气体通过增压压缩机高压压缩后输送至外输管线，如图 1 所示。

2　仿真模拟及数值分析

利用接收站设备实际运行参数，如表 1 所示，采用 ASPEN HYSYS 软件，搭建仿真模型，如图 2所示。

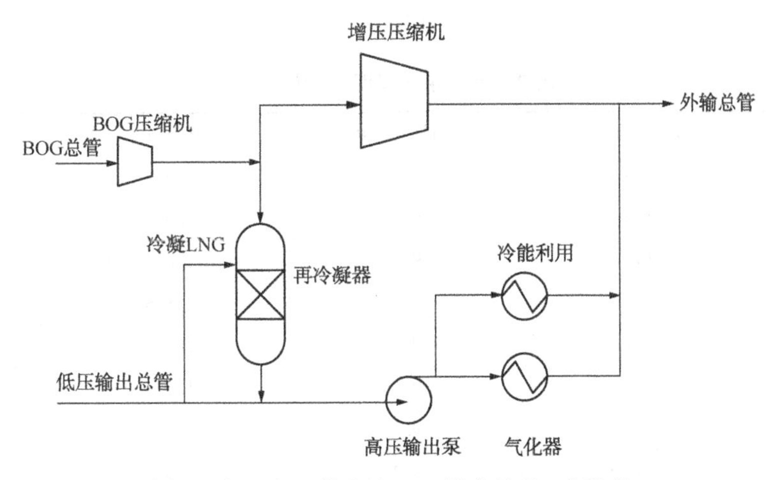

图 1　唐山 LNG 接收站 BOG 混合处理工艺流程

表 1　联合运行工况运行参数

项　　目			参　　数
再冷凝器	NG	入口温度/℃	-4
		入口压力/MPa	0.7
		入口流量/(t/h)	30.9
	LNG	入口温度/℃	-158
		入口流量/(t/h)	332
		出口温度/℃	-147
		压力/MPa	0.69
高压泵	LNG	出口温度/℃	-140.2
		出口压力/MPa	9.7
增压压缩机	NG	流量/(t/h)	14.58
		入口温度/℃	11
		入口压力/MPa	0.7
		出口温度/℃	13
		出口压力/MPa	7

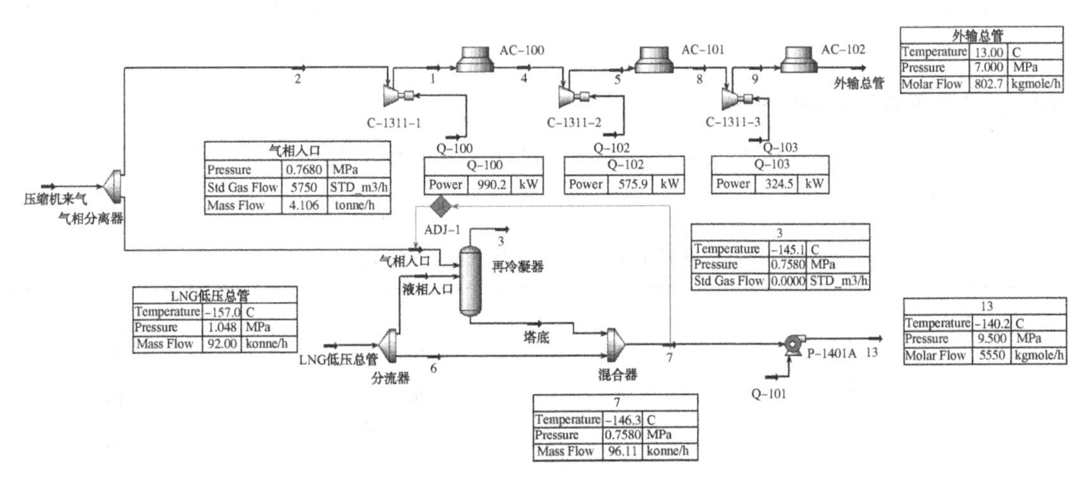

图 2　仿真模拟模型

通过该仿真模型可计算，在冷能利用需 LNG 温度为-140℃时，即高压泵出口 LNG 温度为-140℃时，再冷凝器出口温度。通过改变高压泵流量，根据泵效率曲线，读取不同流量下泵效率及扬程，模拟计算可得高压泵入口温度变化如表2所示。

表2 高压泵入口温度计算结果

流量/(t/h)	入口温度/℃	出口压力/MPa	泵功率/kW	泵效率/%
140	-146.1	9.2	1133.9	68
	-146.2	9.4	1160.1	68
	-146.2	9.6	1186.3	68
160	-145.9	9.2	1258.8	69
	-146	9.4	1287.9	69
	-146.2	9.6	1317	69
180	-145.9	9.2	1376.9	72
	-145.8	9.4	1408.7	72
	-145.9	9.6	1421.9	72
200	-145.4	9.2	1472.6	74
	-145.5	9.4	1497.6	74
	-145.6	9.6	1502.1	74

由表2可知，当泵入口温度低于-146.2℃时，即可满足泵出口温度-140℃需要，为考虑计算与实际流量偏差，将再冷凝器下游低压总管温度控制在-147℃。

为方便再冷凝器控制，对再冷凝器后端低压总管温度计算公式进行研究。BOG冷凝过程共有气态温降放热、液态过冷温降放热、气液转换时汽化潜热三部分能量组成，过冷LNG仅存在升温过程吸收BOG冷凝热量。根据流体温降公式$Q=cm(T2-T1)$，得出温度计算公式如下。

$$m_1=\frac{3.38\times m_2\times(T_3-T_4)}{35.27\times P^2-172.75\times P+2.169\times T_1-3.38\times T_3+705.7}+2 \tag{1}$$

式中，α、A_0、A_1、A_2为公式修正值；T_1为气相BOG温度,℃；m_1为气相BOG质量流量，kg/h；T_2为气相液化临界温度,℃；T_3为再冷凝器下游LNG温度,℃；P为再冷凝器下游低压总管压力，MPa；T_4为再冷凝器上游LNG温度,℃；m_2为再冷凝器上游LNG低压总管质量流量，kg/h；c_1为BOG比热容，J/(kg·K)；c_2为过冷LNG比热容，J/(kg·K)。

由该公式可知混合后LNG温度与以下五点有关：①BOG质量流量；②BOG温度；③气相液化临界温度；④液相温度；⑤液相质量流量。其中液相温度与储罐温度有关，不易调节，则对其余四项进行分析。

2.1 不同工况下再冷凝器数值分析

通过控制变量法，改变气相入口流量、温度；低压总管温度、流量，计算再冷凝器下游低压总管温度。模拟结果如表3所示。

表3 不同工况下再冷凝器下游LNG温度

低压总管流量/(t/h)	气相流量/(t/h)	气相温度/℃	LNG温度/℃
150	7	15	-146.5
		20	-146.4
		25	-146.2
		30	-146.1
		35	-146
		40	-145.8

续表

低压总管流量/(t/h)	气相流量/(t/h)	气相温度/℃	LNG 温度/℃
150	9	15	-143.8
		20	-143.6
		25	-143.4
		30	-143.3
		35	-143.1
		40	-142.9
	11	15	-141.1
		20	-140.9
		25	-140.7
		30	-140.5
		35	-140.3
		40	-140.1
	13	15	-138.6
		20	-138.4
		25	-138.1
		30	-137.9
		35	-137.7
		40	-137.4
	15	15	-136.1
		20	-135.9
		25	-135.6
		30	-135.3
		35	-135.1
		40	-134.8
160	15	15	-137.3
170	15	15	-138.3
180	15	15	-139.2
190	15	15	-140.1
200	15	15	-140.8

由表可知 LNG 流量、BOG 流量与 BOG 温度对再冷凝器下游温度的影响均为线性变化，BOG 流量与温度与下游 LNG 温度成正比，LNG 流量与下游 LNG 温度成反比。BOG 流量对下游 LNG 温度影响最大，其回归公式斜率最大，可知当调节再冷凝器下游 LNG 温度变化时应主要调节 BOG 流量，BOG 温度与 LNG 流量调节为辅助调节手段。

2.2 其他条件对 BOG 液化影响分析

2.2.1 汽化潜热影响分析

汽化潜热主要影响因素为再冷凝器运行压力，对不同再冷凝器运行压力即下游 LNG 压力条件下 LNG 气化潜热进行计算，计算结果如表 4 所示：

表 4　不同压力下汽化潜热变化

压力/MPa	0.6	0.65	0.7	0.75	0.8	0.85	0.9
气化潜热/(kJ/kg)	450.3	445.6	441	436.6	432.2	427.9	423.8

由表可知，汽化潜热随 LNG 压力线性变化，随压力升高而降低。其回归公式为：

$$Q=21.429P^2-120.5P+514.88 \tag{2}$$

2.2.2　气相液化临界温度影响因素分析

气相液化临界温度主要影响因素为再冷凝器运行压力，对不同压力下气相液化临界温度进行计算，计算结果如表 5 所示：

表 5　气相液化临界温度随压力变化

出口压力/MPa	0.6	0.65	0.7	0.75	0.8	0.85	0.9
温度/℃	-135.8	-134.4	-133	-131.6	-130.4	-129.2	-128

由表可知，气相液化临界温度随压力升高而升高，且其变化为线性变化。其回归公式为：

$$T_2=-11.429P^2+43.143P-157.59 \tag{3}$$

利用公式(1)，拟合数值试验数据，可得到再冷凝器下游 LNG 总管温度与 NG 处理量间的关系为：

$$m_1=\frac{3.38\times m_2\times(T_3-T_4)}{35.27\times P^2-172.75\times P+2.169\times T_1-3.38\times T_3+705.7}+2 \tag{4}$$

2.3　BOG 混合处理工艺负荷比例分析

根据不同 BOG 压缩机启停情况即 BOG 处理量，通过该公式计算可得外输量与再冷凝器最大负荷、增压压缩机负荷之间的关系如表 6 所示。

表 6　外输量与负荷关系

外输量/(Wm³/d)	BOG 总处理量/(t/h)	再冷凝器最大负荷/(t/h)	增压压缩机负荷/(t/h)	增压压缩机轴功率/kW
1200	30.9	13.86	17.04	2271.6
1000	28.7	12.87	15.83	2101
900	26.49	11.42	15.07	2096.1
800	24.28	10.17	14.11	1966.1
600	22.56	7.68	14.88	2075.8
500	21.19	6.43	14.76	2058.5
400	19.86	5.19	14.67	2046.8
300	17.66	3.82	13.84	1930.7
200	15.45	2.57	12.88	1796.7

由上表可知在各外输工况下，再冷凝器最大负荷与增压压缩机负荷，用以指导操作员调节增压压缩机及再冷凝器负荷。

3　经济效益分析

全年低外输工况运行累计时间如表 7 所示，通过 ASPEN HYSYS 计算增压压缩机在各外输工况下节省能耗如表 7 所示，全年可节约 936527.2 度电，以每度电 0.46 元计算，全年可以节约电费 54.32 万元。

表 7　增压压缩机功耗

外输量/(Wm³/d)	运行时间/d	增压压缩机负荷/(t/h)	电机功率/kW	优化后增压压缩机负荷/(t/h)	优化后电机功率/kW	节省功耗/kW	节省电能/(°)
1200	20	18.58	2973.6	17.04	2839.4	134.12	64377.6
1000	14	17.96	2919.6	15.83	2626.2	293.35	98565.6
900	3	17.83	2908.3	15.07	2620.1	288.2	20750.4
800	22	17.66	2893.475	14.11	2457.62	435.85	230128.8
600	31	16.72	2811.61	14.88	2594.75	216.86	161343.84
500	18	21.19	3200.91	14.76	2573.125	627.785	271203.12
400	4	19.86	3085.1	14.67	2558.5	526.6	50553
300	1	17.66	2893.475	13.84	2413.37	480.1	11522.4
200	3	15.45	2635.9	12.88	2245.87	390.02	28081

4　结论

本文以唐山 LNG 接收站实际运行情况出发，利用 HYSYS 软件建立了 BOG 混合处理工艺流程，分析 BOG 再冷凝工艺的影响因素，对比不同因素对 BOG 再冷凝工艺的影响，通过冷能利用最低运行温度反推不同外输量工况下再冷凝器最大处理量，优化再冷凝工艺与高压压缩工艺联合运行方式及负荷比例，降低接收站 BOG 处理功耗。通过分析得出以下结论：

(1) 当保持冷能利用 LNG 温度为-140℃时，再冷凝器下游 LNG 最高温度为-147℃。

(2) BOG 流量、温度均与再冷凝器下游 LNG 温度成正比，LNG 流量与下游 LNG 温度成反比。BOG 流量对下游 LNG 温度影响最大，当调节再冷凝器下游 LNG 温度变化时应主要调节 BOG 流量，BOG 温度与 LNG 流量调节为辅助调节手段。

(3) 根据不同外输工况下，BOG 混合处理负荷比例，可有效指导实际操作，降低 BOG 处理能耗。

(4) 通过经济效益分析，增压压缩机功率降低 5%~20%，全年可节约用电 93 万度，经济效益明显。

参考文献

[1] 杨建红．中国天然气市场可持续发展分析[J]．天然气工业，2018，38(4)：145-152.

[2] 高振宇，周颖．天然气市场发展阶段性认识及中国市场前瞻[J]．国际石油经济，2018，26(10)：69-76.

[3] 杨莉娜，韩景宽，王念榕，等．中国 LNG 接收站的发展形势[J]．油气储运，2016，35(11)：1148-1153.

[4] 彭超．多台 LNG 高压泵联动运行的优化与改进[J]．天然气工业，2019，39(09)：110-116.

[5] 陈行水．LNG 接收站再冷凝工艺模型与动态优化[D]．广州：华南理工大学，2012.

[6] 郭海燕，张炜森．珠海 LNG 装置技术分析与运行情况[J]．石油与天然气化工，2012，41(1)：43-47，120.

[7] 张奕，孔凡华，艾邵平．LNG 接收站再冷凝工艺及运行控制[J]．油气田地面工程，2013，32(11)：133-135.

[8] 曹玉春，陈其超，陈亚飞，等．液化天然气接收站蒸发气回收优化技术[J]．化工进展，2016，35(5)：1561-1566.

[9] 王小尚，刘景俊，李玉星，等．LNG 接收站 BOG 处理工艺优化——以青岛 LNG 接收站为例[J]．天然气工业，2014，34(004)：125-130.

[10] 张弛，潘振，商丽艳，等．LNG 接收站 BOG 处理工艺优化及能耗分析[J]．油气储运，2017，36(04)：421-425.

[11] 杨志国，李亚军．液化天然气接收站再冷凝工艺优化研究[J]．现代化工，2009，29(11)：74-77.

[12] 李亚军，陈行水．液化天然气接收站蒸发气体再冷凝工艺控制系统优化[J]．低温工程，2011(3)：44-49.

[13] 王坤，陈飞，付勇．BOG 再冷凝处理工艺模拟与改进[J]．当代化工，2016，45(7)：1435-1437.

[14] 刘迪，杜伟婧．LNG接收站BOG再冷凝工艺的模拟及优化[J]．石油化工应用，2016，35(6)：130-134.
[15] 向丽君，全日，邱奎，等．LNG接收站BOG气体回收工艺改进与能耗分析[J]．天然气化工，2012，37(3)：48-50.
[16] 孙宪航，陈保东，张莉莉，等．液化天然气BOG的计算方法与处理工艺[J]．油气储运，2012，31(12)：931-933.
[17] 肖荣鸽，戴政，靳文博，等．LNG接收站BOG处理工艺改进及节能分析[J]．现代化工，2019，39(09)：172-175+180.
[18] 李宁．液化天然气接收站BOG的处理方法及分析[J]．天然气化工(C1化学与化工)，2020，45(01)：57-60+84.
[19] 汪蝶，张引弟，杨建平，等．LNG接收站BOG再冷凝工艺HYSYS模拟及优化[J]．石油与天然气化工，2016，45(5)：30-34.
[20] 尚卯，谷英杰．福建LNG接收站BOG再冷凝工艺优化研究[J]．天然气与石油，2017，35(05)：28-33.

LNG 接收站关键设备检维修技术数字化探索

黄祥耀　张　列

［国家管网集团（福建）应急维修有限责任公司］

摘　要　LNG 接收站关键设备包括卸料臂、BOG 压缩机、低温泵、汽化器等设备，该类设备多为国外进口，维修技术多受制于国外厂商，国内人员未能够系统化掌握该类设备维修技术。为打破技术封锁及壁垒，实现系统掌握该类设备维修技术，论文从信息化智能化方面进行思考探索，提出了 LNG 接收站关键设备维修技术信息化智能化系统构建设想及实施策略。本文主要从关键设备维修技术特点及现状、信息化智能化系统构建设想、实施策略等方面进行详细论述，为 LNG 产业维修板块信息化智能化发展提供思考借鉴。

关键词　LNG 接收站；关键设备；信息化；智能化

1　关键设备检维修特点与现状

1.1　关键设备检维修特点

LNG 接收站关键设备使用环境为零下 160℃的低温、易燃环境，多为国外进口，设备材质特殊及加工工艺精细，外国厂商对国内使用及维修单位技术保密，关键设备在调试、使用、维护过程中产生的问题需需寻求外国厂商协助支持，但从时间进度及经济方面考虑，请求外国厂家技术支持都存在较大制约。因此，我方人员系统掌握关键设备检维修技术则至关重要，而关键设备检维修技术信息化智能化工作则是重中之重。

1.2　设备检维修技术支持与服务现状

目前，关键设备检维修及运行出现故障时，通常采用电话支持、现场支持或联合设备厂商来解决相应的问题。然而，由于设备工艺与结构复杂，并且现场作业环境和故障常常是高度不确定性的，所以采用电话或视频进行远程支援的方式，难以提供全面和即时的信息来保障设备故障的安全排除；同时，若联合设备厂商进行现场技术支持，则存在双方人员调度的时间与经济成本大、故障处理滞后以及因前期调度时间长导致故障扩大化的问题。

1.3　设备检维修技术培训现状

针对设备技术要求较高的关键设备技术培训，一般根据需要跟踪设备厂商检维修过程或者到国外厂家考察学习。这种培训机制受制于设备技术封锁、技术资料不全面、观察手段有限、培养周期长、技术人员流动等问题，造成入职员工在上岗前可能未获得充分学习时间来理解设备结构和原理，进而未能掌握更扎实的操作技能。因此对于设备技术知其然不知其所以然，不能对宝贵的检维修技术数据进行汇总、整理及优化，也无法留存下来供后来者使用。形成关键技术掌握在少数人手里的局面，一旦有人员流动或其他不确定性因素，极容易造成惨重的损失。

1.4　设备检维修过程信息化程度低

当前多数 LNG 关键设备的日常维护及检维修过程是公司自身技术人员在负责，由于数字化技术认识的不足，每次检维修留存下来有限的检维修数据资料，即便是有限的资料也包含了文档、图纸、图片、视频等文件，十分庞大冗余。数据没有明确分类，检索难度大，因此对于检维修的技术培训以及下次检维修指导作用甚微。另外，设备及备件虽然有仓储信息，但是却没有检维修的相关数据信息记录，而且作业人员无法直接查询相关数据，导致备件调用困难，也无法做到设备存储及运行状况心中有数。

综上所述，受制于种种原因，LNG关键设备信息化智能化建设举步维艰，究其根源，设备安全生产及检维修技术数字化、信息化严重不足是主要问题，因此，有必要建立一个完善的信息化平台，如图1所示。

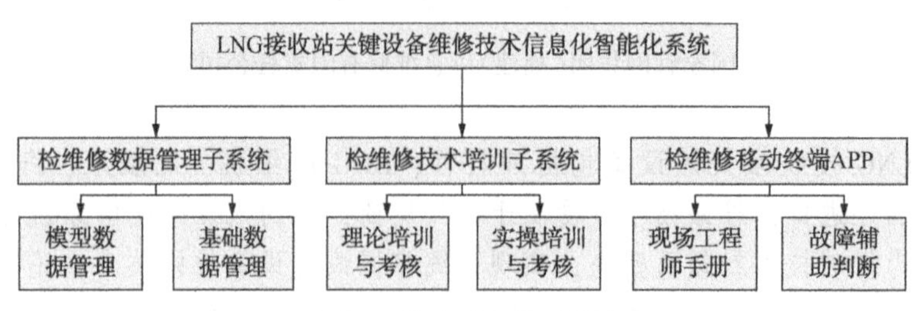

图1　信息化智能平台

2　信息化智能化系统构想

2.1　系统总体框架构想

（1）系统采用B/S与C/S混合架构，后台数据库使用主流数据库系统（MySQL），具备兼容性与开放性，对各子系统进行标准化的统一管理，内建安全策略可以实现信息安全控制，保障服务的访问安全与运行质量；

（2）该系统采用主流数据库系统，具有足够的容量与处理能力；

（3）移动终端APP可以实现全部前台业务功能，包括前台业务功能及后台数据管理功能，数据录入以PC端为主。两种模式查询和浏览的信息来自唯一数据源，可实现数据同步共享。

2.2　关键设备检维修数据管理子系统构想

该子系统包含模型数据管理、基础数据管理两个功能模块。旨在以三维模型为检索及分类引导，实现对检维修技术数据的科学化、信息化、智能化管理。

2.2.1　模型数据管理

（1）系统建立关键设备三维模型数据库，物理关键设备实现数字化信息化，三维模型可实现自由查看，关键设备结构精细化呈现；

（2）建立完备的模型检索机制，对关键设备组件、部件、零件、配件等进行科学分类，根据设备实际装配关系建立以模型为基础的检索树，实现三维模型与检维修信息、技术资料、备件信息、仓储信息等相关设备技术信息一一对应信息化呈现的智能化检索、统计、分析研究的功能，为大数据标准化基础工作打下坚实基础，如图2所示。

图2　三维模型

2.2.2　基础数据管理

基础数据有设备数据、施工数据、备件数据、检维修数据等。利用设备完整性管理理念进行构架，建立设备基础数据库，将设备历史施工、维修的内容、过程和图片等电子记录存档，实现基础数据的规范化、科学化、智能化管理。

（1）建立关键设备基础数据库，数据库具备良好的扩展性；

（2）依托模型检索机制，对关键设备基础数据资料进行科学分类，并建立与模型检索树之间的逻辑关系；

（3）系统对检维修数据进行科学化管理，具备备件数据管理、检维修数据管理功能。备件数据管理可实现与企业ERP仓储（库存）模块进行数据交互，实现备件功能位置、规格、材料等特性可视化，便捷查询确定备件库存、物料编码、仓储位置等信息；检维修数据管理按照关键设备检维修的时间轴对整个检维修过程中的文字、图片、视频进行记录和管理。

2.3 关键设备检维修技术培训子系统构想

该子系统旨在实现关键设备检维修技术信息化、智能化的培训与考核，系统具备理论培训与考核、实操培训与考核两大功能模块。

2.3.1 理论培训与考核

（1）对于设备检维修过程中的国家标准、企业标准、作业流程规范、设备检修记录等以图文方式呈现，课件形式主要为演示文档（格式包含 PPT、pdf、word、excel 等类型文件）；对于设备的机械装配、运行机理和作业规程以实际录制视频或者制作三维视频的形式呈现；

（2）学员可以通过设备名称、部件名称等关键字检索所需要的学习内容，可以添加课程至我的学习课程，记录学习进度，对所学课程可进行下载；

（3）考试题库管理能够自动生成专题考试或综合理论考试试卷，题目类型包含选择、填空、判断、问答等四种类型；

（4）个人中心能够对用户的学习行为（系统登录、文章阅读、视频观看、学习时长等）进行数据分析评价，能够生成考试考核报告，报告内容包含错题信息及相关分析、总体评价等。

2.3.2 实操培训与考核

通过建立基于虚拟现实的 LNG 接收站关键设备大修虚拟场景的 VR 系统，受训人员能够在虚拟场景中体验关键设备大修过程的每一个环节，了解大修过程每一处细节的技术要点、工器具使用、安全要求等；同时，通过多点虚拟显示跟踪系统和交互设备，实现在虚拟场景中多角色的协同关键设备大修演练和考核。

（1）LNG 接收站关键设备大修虚拟场景构建。通过三维模型的贴图、渲染和布置等，在虚拟设备（如 HTC VIVE、Oculus 等），获得接近 LNG 接收站关键设备大修的真实环境的体验。

（2）多角色协同演练与考核。根据关键设备大修标准规范内容和角色分配，在 LNG 接收站关键设备大修虚拟场景中，实现各个角色在关键设备大修中的工序衔接、检修工艺处理、安全质量把控等方面协同演练。

例如：卸料臂大修实操演练与考核设想

卸料臂大修实操主要包含中转码头组装、LNG 码头吊装、厂房解体检修三部分内容。

（1）构建中转码头虚拟场景，在虚拟场景中进行新臂卸车、新臂组装、新臂装船、旧臂卸船、旧臂解体以及旧臂装车，要求场景中可以进行标准流程的交互操作；

（2）构建 LNG 码头虚拟场景，在虚拟场景中完成旧卸料臂工艺液压电仪隔离、旧卸料臂翻转、旧卸料臂脚手架搭建以及旧臂及附属设施的吊离，要求场景中可以进行标准流程的交互操作。

（3）构建厂房虚拟场景，在虚拟场景中完成卸料臂整体及各液压缸、双球阀组件、旋转接头、支撑轴承等部件拆卸组装，要求场景中可以进行标准流程的交互操作。

2.4 关键设备检维修移动终端 APP 构想

2.4.1 现场工程师手册

（1）移动端现场工程师手册囊括关键设备检维修数据管理子系统、关键设备检维修技术培训子系统（理论培训与考核部分）的全部功能，将关键设备检维修技术大数据科学化处理，实现技术信息化、云端化、智能化，为现场工程师的关键设备检维修提供高效精准的信息服务。

（2）具备实时记录、上传现场检维修所有相关关键数据（如配合间隙、加工尺寸、安装工艺控制等）及关键工艺工序实施图片等，总部专家可实时监督审核并批示下一步工作，实现远程质量把控，并最终自动形成现场检修记录且自动录入检维修数据平台中的功能；

2.4.2 故障辅助诊断

（1）建立设备故障数据库，针对作业过程中出现的设备故障、异常、检维修零件的划伤、腐蚀等数据进行实时记录；

(2) 基于关键设备故障历史数据的深度学习及当前现场故障数据进行辅助判断，并根据标准作业流程进行故障应急处置指导，帮助现场作业人员快速做出应急处理。

3 实施策略

首先，在实施关键设备维修技术信息化智能化计划前，应在关键设备检维修技术标准化工作的广度及深度上下功夫，在较完善的关键设备检维修技术标准化工作的基础进行信息化智能化工作才有实际意义和坚实的基础，不至于推到重来，徒添反复工作。

其次，关键设备检维修技术信息化智能化工作涉及专业面广，前期调研规划应做到多专业人员进行研讨，形成较完善的综合信息化智能化工作计划方案。

再次，关键设备三维模型建立应做到精准建模、百分之百建模，特别是在机械结构展示、虚拟环境协同演练与考核中应使用高精度模型，这样对设备结构细节、技术要点、检修工艺处理等方面的培训与考核才有实际意义。

最后，在关键设备维修技术信息化智能化工作实施过程中，对数据库及 VR 虚拟现实等技术的应用应具有前瞻性，如考虑技术的更新迭代及自身现实需求、未来规划，后期维护更新的经济性等。

4 结束语

面对信息革命及未来人工智能的到来，传统行业唯有自我革命才有新生，在革新的路上 LNG 接收站关键设备检维修技术信息化智能化工作任重而道远。本文从行业自身出发结合现有信息革命成果，思考探索 LNG 接收站关键设备维修技术信息化智能化道路，希望能够为新技术在传统行业的应用及 LNG 接收站关键设备检维修技术信息化智能化发展提供思考借鉴。

参 考 文 献

[1] 顾安忠. 液化天然气技术手册[M]. 北京：机械工业出版社，2010.

[2] 吴正兴，魏光华，胡锦武. 卸料臂维修[M]. 北京：石油工业出版社，2018.

[3] 苏海，杨跃奎. 快速原型制造中的反求工程. 昆明理工大修学报，2001(4).

[4] D. Y. Chang and Y. M. Chang，" A Freeform Surface Modeling System Based on Laser Scan Data for Reverse Engineering"，International Journal of Advanced Manufacturing Technology，2002(22).

[5] 车磊，吴金强，晁永生，等. 逆向工程技术应用研究[J]. 机械制造与自动化，2008，37(3)：34-36.

[6] CHANG C C，CHIANG H W. Three dimensional image reconstruction s of complex object s by an abrasive computed tomography apparatus[J]. International Journal of Advanced Manufacturing Technology，2003，22(9/ 10)：708-712.

[7] 面向设备故障诊断的数据挖掘关键技术研究与实现[D]. 袁静. 西安电子科技大学，2012

[8] 虚拟仿真实验教学的探究与创新人才的培养[J]. 李婷婷，代健民，潘洪志. 中国继续医学教育. 2019(08).

[9] "互联网+"背景下虚拟仿真实验在物理实验教学中的应用和发展[J]. 韩璐. 吉林省教育学院学报. 2018(12).

[10] Ilona J. M. de Rooij，Ingrid G. L. van de Port，Johanna M. A. Visser-Meily et al.. Virtual reality gait training versus non-virtual reality gait training for improving participation in subacute stroke survivors：study protocol of the ViRTAS randomized controlled trial[J]. ，2019，20(1).

浅谈唐山 LNG 接收站 SCV 现场运行问题及解决办法

原恺辰

(中石油京唐液化天然气有限公司)

摘　要　唐山 LNG 接收站冬季保供时主要使用浸没燃烧式气化器(SCV)气化外输，浸没燃烧式气化器的平稳运行决定着整个 LNG 接收站的外输能力。以唐山 LNG 接收站浸没燃烧式气化器(SCV)运行情况为例，分析了冬季保供浸没燃烧式气化器运行过程的主要问题，并提出了相关的解决方法。

关键词　LNG 接收站；浸没燃烧式气化器；运行问题；解决办法

1　接收站工艺流程

LNG 接收站的主要功能是接收、储存和气化 LNG，通过天然气管道向燃气电厂和城市用户供气，也通过 LNG 槽车装车，向用户直接供应 LNG。生产过程全部为物理过程，无化学反应及化学变化，接收站的生产方式为：低温接卸、低温储存、低温加压、低温装车、加热气化、管道输送。

1.1　直接加压输出工艺(图 1)

LNG(液化天然气)—加压—气化—外输

BOG(蒸发气)—BOG 压缩机—BOG 增压压缩机—外输

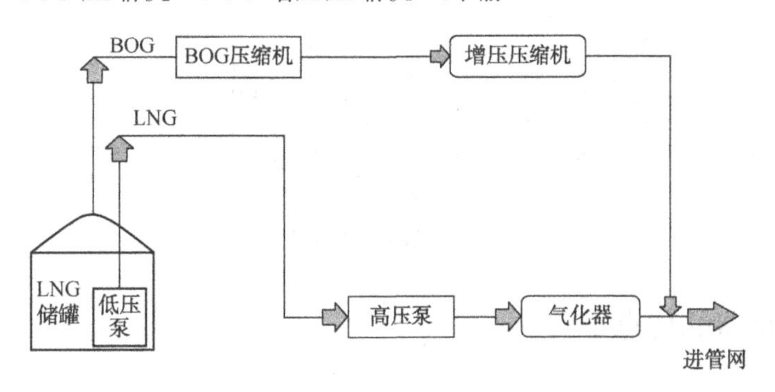

图 1　唐山 LNG 接收站直接加压输出工艺流程图

1.2　再冷凝工艺(图 2)

BOG(蒸发气)—BOG 压缩机—再冷凝器—增压—气化—外输

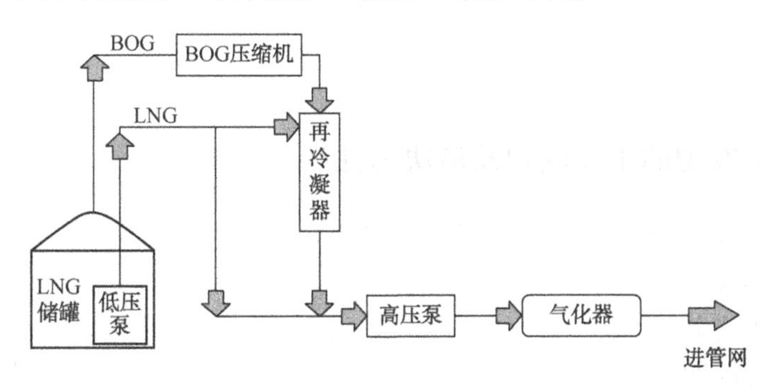

图 2　唐山 LNG 接收站再冷凝工艺流程图

以唐山 LNG 接收站为例，唐山 LNG 接收站冬季投用再冷凝工艺流程(图 1)：接卸来自船内低温低压的 LNG 进入 4 个 $16\times10^4m^3$ 的储罐，通过低压泵、再冷凝器、高压泵等设备将 LNG 加压至 9.3MPa，再通过管径为 80cm 的高压输出管进入 SCV(浸没燃烧式气化器)和 ORV(开架式海水气化器)进行气化，气化后的高压天然气进入管径为 93.3cm 的天然气输出总管，最终经过计量橇计量后外输。

唐山 LNG 现有两种气化器：SCV(浸没燃烧式气化器)和 ORV(开架式气化器)。相比于 ORV，SCV 具有受环境影响因素较低、对场地要求不高，操作简单，前期投资费用低等特点，在天然气应急和调峰方面非常适用，所以在冬季保供时期 SCV 是唐山 LNG 接收站的主力军。

2 浸没燃烧式气化器的结构原理和主要参数

唐山 LNG 接收站使用的是日本住友公司生产的成套 SCV，主要设备包括水浴池、燃烧器、鼓风机、烟气喷射管、围堰、换热管束、烟囱等构件，附属设备包括火焰检测探头、冷却循环水泵、电加热器、鼓风机冷却设备等。SCV(浸没燃烧式气化器)是一种换热装置，它利用燃烧后的燃料气去加热水浴中的软化水。再利用加热后的软化水去给 LNG 传热，从而气化 LNG。SCV 还利用烟气搅动水浴中的水，从而提高分子的热运动提高换热效率，并且用循环流动的方式保证与 LNG 换热的水的温度，保证温度差。浸没的方式还能够减小换热管的振动。SCV 的设计温度为-170℃～65℃，设计压力为 13.9MPa，LNG 最大实际处理能力 190t/h，如图 3 所示。

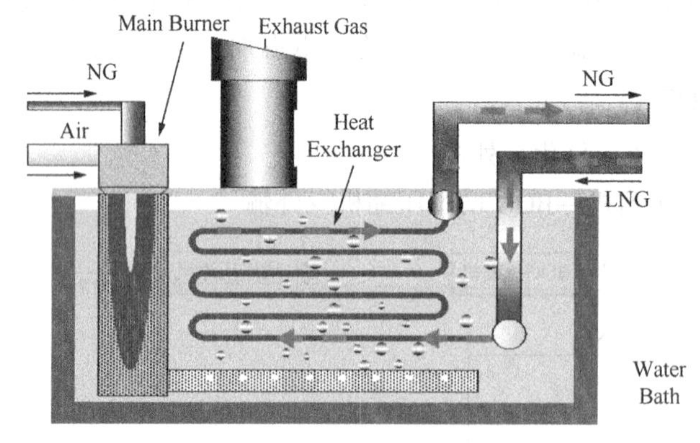

图 3　浸没燃烧式气化器

3 浸没燃烧式气化器的优点

每种气化器都有自身的优点，SCV 的优点是：

(1) 调峰能力强，适用于负荷突然增加的要求。

(2) 配套设备少，初始成本低。

(3) 受环境影响因素较小、结构紧凑、节省空间。

(4) 传热效率高；

(5) 可快速启动。

4 SCV 运行过程中发现的主要问题及解决方法

4.1 在唐山 LNG 接收站实际运行中，SCV 的主要问题

(1) 气化器点火问题；

(2) 燃料气燃烧不充分问题；

(3) 冷却水泵运行问题；

(4) 碱液相关问题。

4.2 下面就各主要问题进行详细说明和分析

气化器点火问题，唐山 LNG 接收站 SCV 点火问题的主要原因可以从以下几个方面来分析。

(1) 鼓风机入口压力低：该问题产生的核心原因，鼓风机进气过滤棉堵塞带来的入口压力低，从而导致 SCV 点火不成功。

应对措施：更换或清理鼓风机入口滤棉，以保证鼓风机进气量。定期对滤棉进行检查和清理，并准备备用滤棉以快速更换。

(2) 火焰探测失败、点火器未送电，该问题产生的核心原因：火焰探测器探测不到火焰，现场观察判断火焰探测器是否故障，是否因异常原因，如：水气过多、有结冰等导致点火不成功。火焰开始点燃，吹扫火焰探测器的仪表风风量大，导致点火失败。

应对措施：检查火焰探测器，并对仪表风露点和含油量进行优化以防堵塞火焰探头。

该问题产生的核心原因：点火器由于未送电，导致点火不成功。

应对措施：确认并检查点火器是否送电，若未送电通知电力部门送电。

(3) 点火管道阀位开关错误、TCV 阀门反馈问题，该问题产生的核心原因：主燃料气管道上的 XV 阀动作不正常，导致没有燃料气进入，点火不成功。

应对措施：并检查主燃料气管线上的截止阀和排放阀是否故障，若故障则进行维修。

该问题产生的核心原因：TCV 阀没有关反馈信号导致无法点火或 TCV 阀在上次停机时未关闭。

应对措施：检查并确认 TCV 阀门是否故障，若故障，请及时维修处理。

4.3 燃料气燃烧不充分问题

鼓风机的风量和燃料气的配比不合适，有可能导致气化器的点火不成功，还会对燃烧器的燃烧效率产生影响，如果燃料气的燃烧程度不充分，会产生有毒有害气体。

所以在主燃料气和混合空气的最佳配比的情况下，所产生的有毒有害烟气最小，而且在运行过程中，如果 NO_x 产生速度过快会影响水浴的酸碱性，水浴的酸碱度要得到合理的控制，长时间的运行会使水浴的酸度增加，如果不及时处理，则会对设备产生一定程度的腐蚀。

4.4 冷却水泵运行问题

该问题产生的核心原因：在冬季保供的情况下，由于室外温度低，冷却水泵出口容易冻堵，导致影响燃烧室降温效果，导致 SCV 跳车。

应对措施：通过更换更高级的保温材料，确保电伴热系统正常运行，防止冷却水泵出现冻堵情况。

4.5 碱液相关问题

4.5.1 碱液液位低

该问题产生的核心原因：由于碱液液位低有可能导致水浴室内的水 PH 值呈酸性，使墙壁与内部受热盘管长期受到腐蚀，进而发生损坏。

应对措施：对碱液罐注入氢氧化钠。日常巡检多关注。

4.5.2 碱液罐上的阀门开关问题

该问题产生的核心原因：第一种情况碱罐阀门自身的问题：由于 XV 阀控制回路故障，容易引起碱液进入不到水浴室，造成水浴 PH 值一直下降。

第二种情况人为因素导致：由于对设备的检修和维护有可能导致阀门关闭，下一次启机时没有打开手阀。

应对措施：切换到另外一台 SCV，对碱液注入回路控制和手阀进行检查并调整。

4.5.3 液位计故障

该问题产生的核心原因：液位计故障有可能导致液位显示不准确。

应对措施：检查碱罐液位计有无问题，若有问题，应进行维修和校对，保证示数准确。

5 SCV 的维护

5.1 日常维护

（1）管道和水浴池没有泄漏。

（2）入口调节阀 FCV-1600101 无异常声音、前后管道无振动。

（3）助燃空气鼓风机入口畅通，运行时无异常声音，无不正常振动，轴承冷却水系统运行正常。

（4）观察碱液罐的液位是否正常。

（5）检查冷却水泵无异常声音、无不正常振动、无特殊味道，出口流量正常。

（6）通过观察孔检查燃烧器是否有火焰，火焰颜色是否正常。

（7）检查溢流口无堵塞。

（8）检查主燃料气入口压力 PG-1600151 是否正常。

（9）检查就地控制盘上的运行指示正常，无系统故障报警，ESD 按钮没有损坏。

（10）定期检查并记录 SCV 的相关参数。

5.2 停止状态下的日常检查

（1）检查助燃气鼓风机的进气过滤器，如果需要则进行清洁。

（2）对所有仪表和机械部件进行视觉检查。

（3）混凝土水池是否有泄漏。

（4）结构或任何主要组件没有损坏的迹象。

（5）检查燃烧器顶板是否松脱或丢失。

5.3 水池内部定期检查

（1）应对热交换器、下气管、喷气管进行视觉检查。

（2）视觉检查穿热管的表面情况，接触电木支撑的情况。

（3）检查盖板和烟道内侧的涂层、如果有必要则要重新进行喷涂。

（4）检查混凝土水池内部的涂层，必要时进行修补。

6 总结

在非冬季保供时期，我们可以对 SCV 进行相应的维护，例如：对点火线的放空截止阀进行检查，为了保证 SCV 在冬季保供时期能够更加迅速启动。

在冬季保供时期，SCV 作为 LNG 接收站的气化外输设备，如果其气化外输不稳定，会对下游管线压力造成很大的影响，所以保证气化器的平稳运行是确保整个 LNG 接收站稳定外输的前提条件之一。如果 SCV 在冬季保供时期出现了问题，我们应该按照相关应急预案，及时的解决问题，保证在安全的前提下稳定外输。所以本文重点讨论了冬季保供时期 SCV 现场运行过程中的主要问题，通过对工艺流程和相关设备的理解，分析了唐山 LNG 接收站 SCV 现场运行过程中可能会出现的问题，并提出了相应的解决办法。

参 考 文 献

[1] 王肖肖，刘福安，苏幼明．LNG 接收站 BOG 处理工艺浅谈．《化工管理》2015，（27）：155-156.

[2] 杨信一，刘筠竹，李硕．唐山 LNG 接收站浸没燃烧式气化器运行优化．《油气储运》2018，（10）：80-84.

[3] 杨信一，刘筠竹，李硕．唐山 LNG 接收站浸没燃烧式气化器运行优化．《油气储运》2018，（10）：80-84.

[4] 王立国．LNG 接受站工艺技术研究．中国优秀硕士学位论文全文数据库》2013，（05）.

[5] 王立国．LNG 接受站工艺技术研究．中国优秀硕士学位论文全文数据库》2013，（05）.

[6] 王立国．LNG 接受站工艺技术研究．中国优秀硕士学位论文全文数据库》2013，（05）.

天然气管道受工业园区建设影响发生屈曲变形案例分析

杨合建

［国家管网集团(福建)应急维修有限责任公司］

摘　要　本文通过对某屈曲变形的天然气管道进行宏观、无损检测、理化性能及周边环境变化综合分析，确定屈曲变形产生的主要原因及采取的处理措施，做好长输管线的完整性管理，确保该段长输天然气管线安全稳定运行。

关键词　屈曲变形；拉伸实验；刻槽锤断；内弧侧；外弧侧

1　项目概况

2019年6月，国内某天然气管道公司在进行16寸长输天然气管线内检测过程中发现一处约10%变形量的信号严重异常点，影响后续检测作业，变形位置如图1所示。经开挖验证后发现缺陷为屈曲变形，位于一55°弯头本体上(水平弯)，实测最大变形量为44.5mm(11%)，为保证管道安全运行及后续内检测作业顺利进行，同年7月，该变形弯管顺利完成不停输换管。

2　缺陷管体检测与分析

为进一步明确缺陷成因，本文对缺陷管道进行分析，结合周边自然环境变化，初步判定缺陷成因。分析工作主要包括：宏观检测、无损检测、理化性能和综合分析等。

2.1　宏观检测

2.1.1　宏观分析

屈曲位于热煨弯头外弧侧，原环氧粉末防腐层完全脱落；内弧侧防腐层局部脱落，其他未完全脱落的防腐层存在环向裂纹。如图2所示：

图1　变形位置示意图

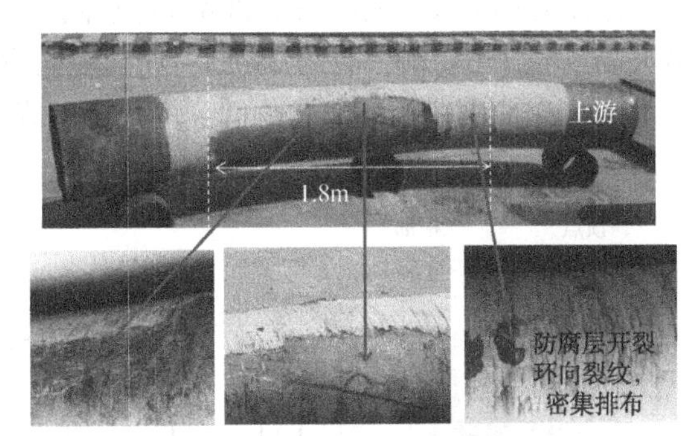

图2　热煨弯头防腐层形貌

2.1.2　轴向尺寸测量

热煨弯头全长约3.4m，其中弯管长约3.2m，对接直管长250mm，弯曲角27.6°，如图3所示：

2.1.3　弯管圆度测量

在弯管外表面标记轴向等间距分布的环套，相邻环套轴向间隔100mm，如图4所示。采用直尺投影法测量每个环套水平直径，采用软尺测量周长，并计算圆度，计算结果如图 5 所示，弯管变形后直径和圆度出现了不均匀现象，其中屈曲处和下游变形较大，屈曲上游变形较小。

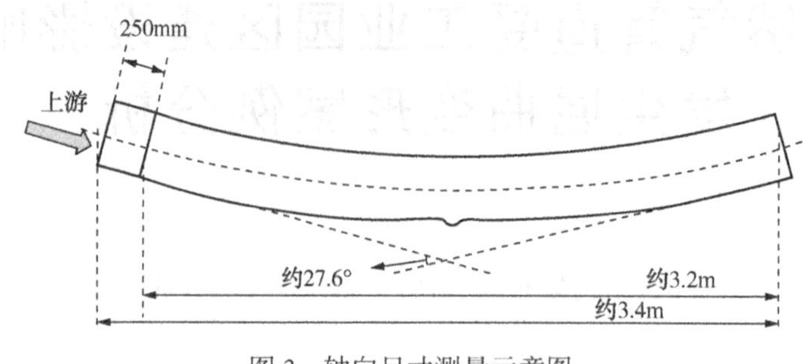

图 3　轴向尺寸测量示意图

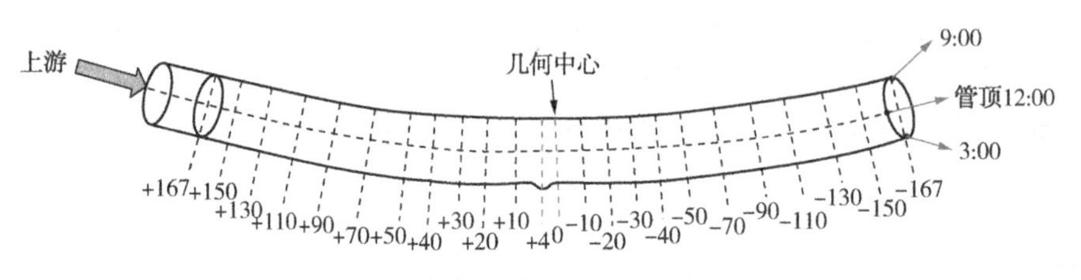

图 4　剩余壁厚测量位置示意图

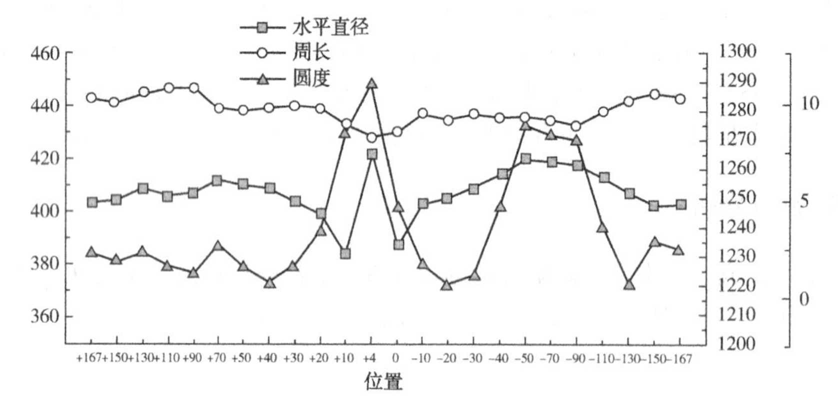

图 5　弯管圆度变化

2.1.4　屈曲高度、宽度

采用游标卡尺对屈曲高度和宽度进行测量，结果见图 6。屈曲环向分布于外弧侧 1：00 至 5：00，最大高度位于 3：00，高约 28mm；屈曲轴向宽度约 60mm~80mm。屈曲宽度沿环向从中间到两边逐渐增大，屈曲高度沿环向从中间到两边逐渐降低。

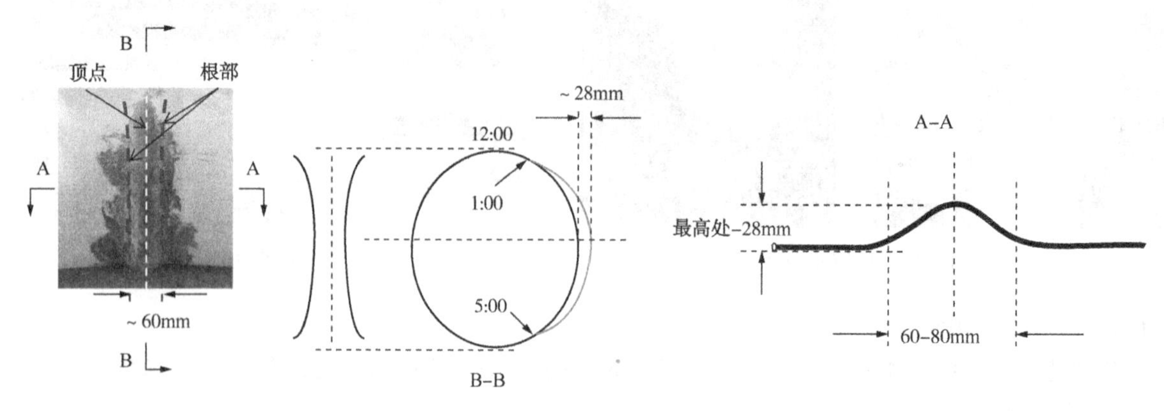

图 6　屈曲几何特征测量

2.1.5　屈曲处壁厚测量

在屈曲部位画等距网格，环向网格线以15分钟为间隔，轴向网格线以20mm为间隔，如图7所示。采用超声波测厚仪对17×15个点进行了壁厚测量，结果见图8，与未变形处相比，屈曲处壁厚增大。

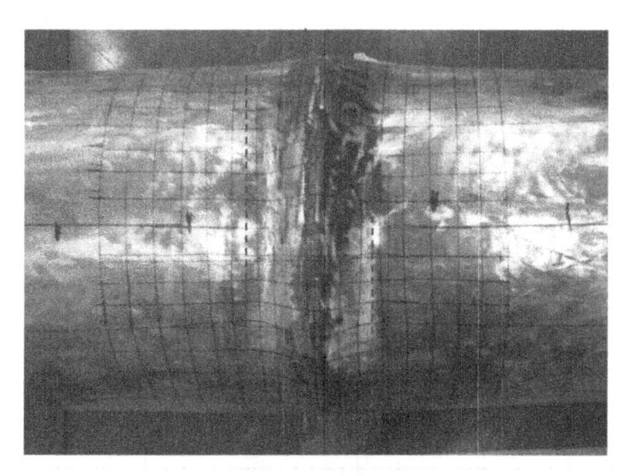

图7　屈曲处壁厚测量网格

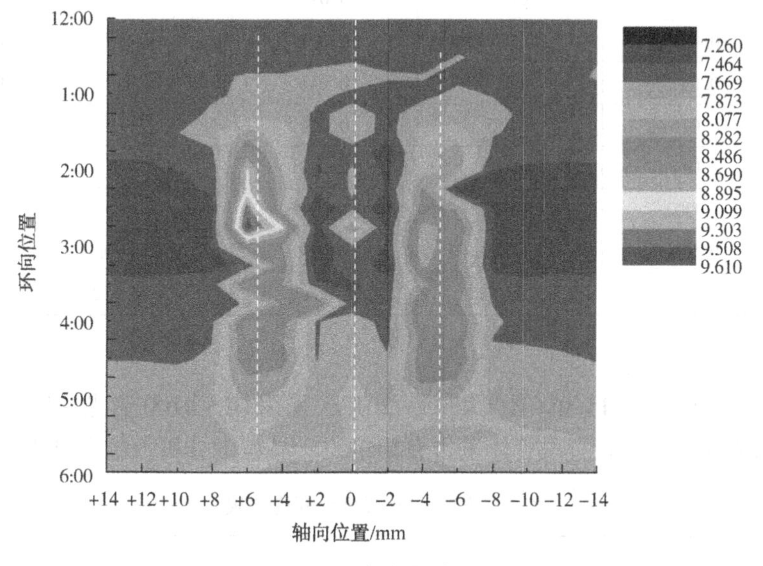

图8　屈曲处壁厚云图

2.2　无损检测

依据SY/T 4109—2005《石油天然气钢质管道无损检测》，对热煨弯头环焊缝和屈曲部位进行磁粉、超声检测和射线检测，均未发现超标缺陷。

2.3　理化性能检测

对热煨弯头的直管段、环焊缝、弯管直段管体、外弧侧、内弧侧和屈曲部位分别取样进行化学成分、金相组织、力学性能检测。取样位置如图9所示：

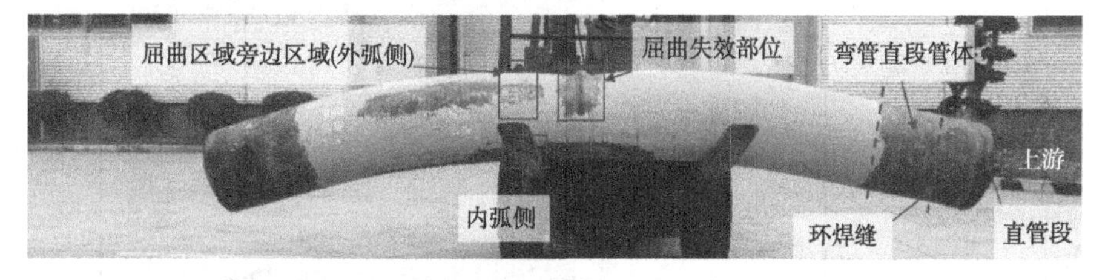

图9　理化性能取样示意图

2.3.1 化学成分分析

依据标准 GB/T 4336—2016，采用 ARL 4460 直读光谱仪对直管段、弯管直段管体和屈曲部位材料进行化学成分分析；依据标准 ASTM A751-14a，采用 TC600 氧氮分析仪进行氮(N)元素分析，结果见表 1，以上三处材料化学成分符合 GB/T 9711.2—1999 标准要求。

表 1 化学成分分析结果 %(质量分数)

元 素	检测结果			GB/T 9711.2—1999	
	直管段	弯管直段管体	屈曲部位		
碳	0.08	0.076	0.074	≤0.16	
硅	0.23	0.23	0.23	≤0.45	
锰	1.34	1.34	1.37	≤1.6	
磷	0.013	0.012	0.012	≤0.025	
硫	0.0045	0.0051	0.0056	≤0.02	
铬	0.027	0.028	0.029	≤0.3	
钼	0.0018	0.0089	0.0089	≤0.1	
镍	0.019	0.017	0.017	≤0.3	
铌	0.038	0.039	0.041	≤0.05	
钒	0.041	0.039	0.041	≤0.08	
钛	0.016	0.015	0.016	≤0.06	
铜	0.014	0.012	0.012	≤0.25	
硼	0.0002	<0.0001	<0.0001	—	
铝	0.029	0.028	0.029	0.015~0.06	Al/N≥2
氮	0.0055	0.0041	0.0043	≤0.012	

2.3.2 金相组织分析

依据标准 GB/T 13298—2015 和 GB/T 4335—2013，采用 OLS 4100 激光共聚焦显微镜对直管段、外弧侧管材、内弧侧管材和弯管直段管体进行金相组织、晶粒度分析。结果见表 2 所示：

表 2 直管段金相组织分析结果

试样	组织	晶粒度(级)	金相图	结论
直管段	PF+$B_{粒}$+P	11.0	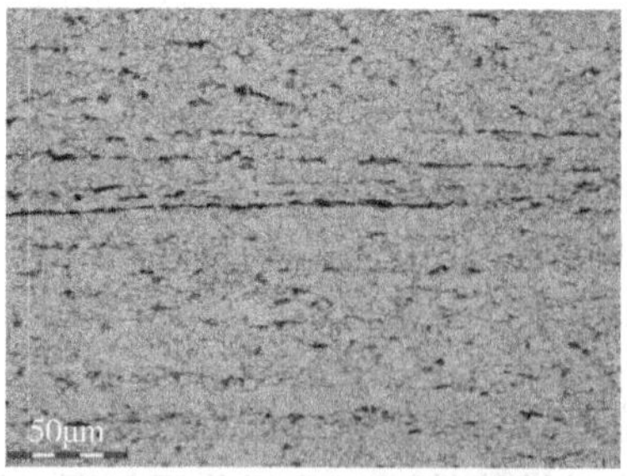 50μm	金相组织无异常
外弧侧管材	$B_{粒}$+PF	10.0	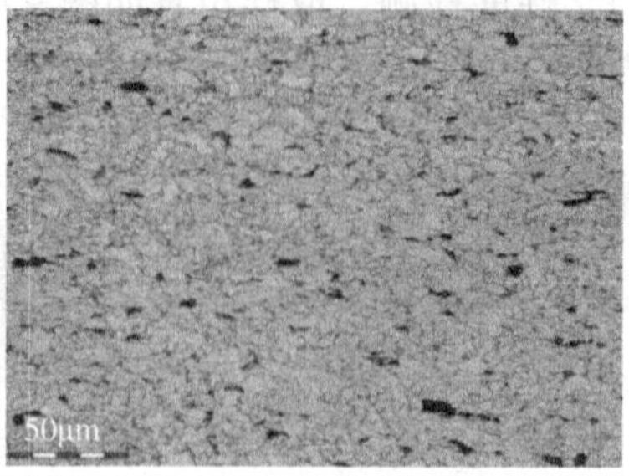 50μm	金相组织无异常

续表

试样	组织	晶粒度(级)	金相图	结论
内弧侧管材	$B_{粒}$+PF	10.0		金相组织无异常
弯管直段管体	PF+P	11.0		金相组织无异常

依据标准 GB/T 13298—2015，采用 OLS 4100 激光共聚焦显微镜对上游环焊缝金相组织进行分析，结果如图 10 所示，焊缝区未见宏观焊接缺陷；根焊 1 层、填充焊 1 层、盖面焊 1 层，填充焊层数不符合焊接工艺规程要求(2~4 层)，环焊缝金相组织无异常。

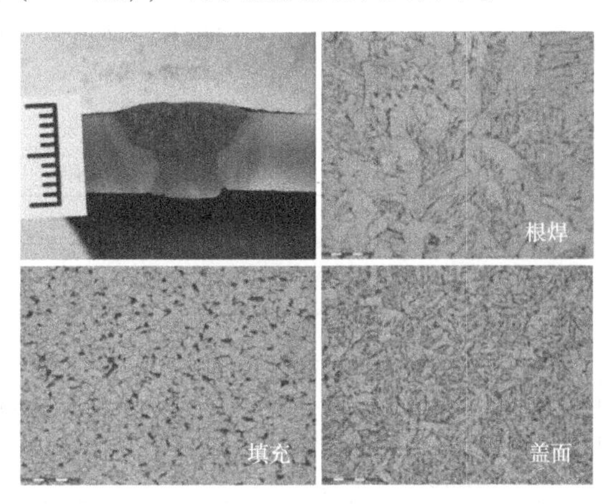

图 10　环焊缝金相组织

依据标准 GB/T 13298—2015 和 GB/T 4335—2013，采用 OLS 4100 激光共聚焦显微镜对管屈曲变形部位金相组织、晶粒度进行分析，取样位置如图 11 所示，结果如下图 12 所示，屈曲部位的金相组织发生变形，屈曲部位与非屈曲部位的组织一致，均为 PF+B 粒+少量 P，晶粒度均为 10~11 级。

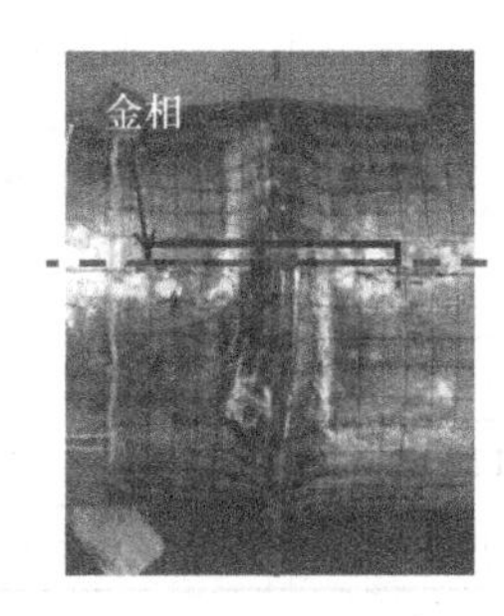

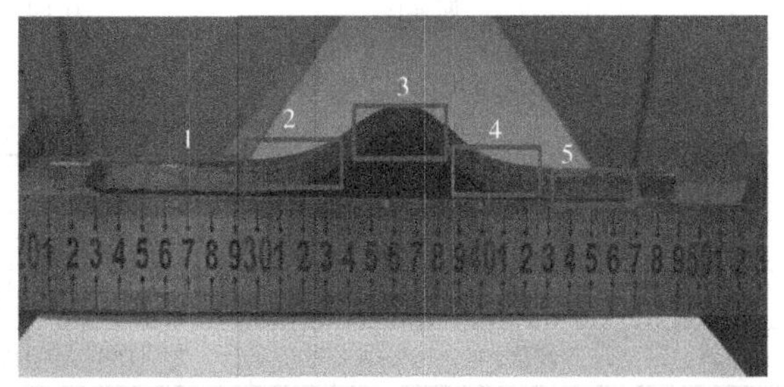

图 11　金相分析取样位置

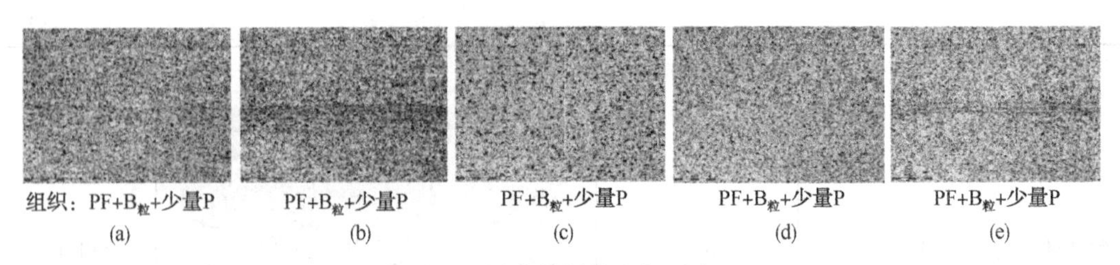

图 12　屈曲处低倍金相照片

2.3.3　力学性能检测

依据相关标准规范对直管段、上游环焊缝、弯管直管段、外弧侧、内弧侧、屈曲处进行力学性能试验。结果见表 3 所示：

表 3　力学性能检测结果

检测部位	检测项目		测试结果	GB/T 9711.2—1999 标准要求
直管段	横向拉伸	屈服强度 MPa	499	415~565
		抗拉强度 MPa	606	≥520
		伸长率	34.0%	≥18%
		屈强比	0.82	≤0.85
	夏比冲击	吸收功 J	72，73，77	≥40
	硬度		209-217HV10	≤345HV10
上游环焊缝	抗拉强度 MPa		1#试样：582 2#试样：586 3#试样：581 4#试样：578	≥520
	刻槽锤断		断口未发现超标缺陷	SY/T 4103—2006 5.6.3.3
	面弯		未出现裂纹	SY/T 4103—2006 5.6.4.3
	背弯		未出现裂纹	
弯管直段管体	横向拉伸	屈服强度 MPa	484	415~565
		抗拉强度 MPa	592	≥520
		伸长率	34.5%	≥18%
		屈强比	0.82	≤0.85
	夏比冲击	吸收功 J	83，85，88	≥50
	硬度		187~209HV10	≤345HV10
外弧侧	横向拉伸	屈服强度	456	屈服强度：415~565 抗拉强度：≥520 伸长率：≥18% 屈强比：≤0.85
		抗拉强度	543	
		伸长率	32.5%	
		屈强比	0.84	
	纵向拉伸	屈服强度	417	
		抗拉强度	577	
		伸长率	35.0%	
		屈强比	0.72	
	夏比冲击	吸收功/J	107，119，122	≥50
	硬度		188~193HV10	≤345HV10

续表

检测部位	检测项目		测试结果		GB/T 9711.2—1999 标准要求
内弧侧	横向拉伸	屈服强度	507		屈服强度：415~565 抗拉强度：≥520 伸长率：≥18% 屈强比：≤0.85
		抗拉强度	590		
		伸长率	28.5%		
		屈强比	85.9%		
	纵向拉伸	屈服强度	530		
		抗拉强度	576		
		伸长率	36.5%		
		屈强比	92.0%		
	夏比冲击	吸收功 J	95，103，99		≥50
	硬度		191~203HV10		≤345HV10
屈曲处	拉伸-1 组　屈曲斜坡 ϕ3mm ×50mm　3 个		屈服强度	549	屈服强度：415~565 抗拉强度：≥520
			抗拉强度	594	
	拉伸-2 组　未屈曲部位 ϕ3mm ×50mm　3 个		屈服强度	512	
			抗拉强度	588	
	夏比冲击-1 组　屈曲斜坡 5mm ×10mm ×55mm　3 个		96，106，99		吸收功≥40
	夏比冲击-2 组　未屈曲部位 5mm ×10mm ×55mm　3 个		105，99，117		
	硬度　屈曲顶部　HV10		201-229		≤345

将屈曲处与未屈曲部位的力学性能进行对比，屈曲处材料屈服强度增高，硬度增大，韧性下降，但相关力学性能仍高于标准要求。见表 4 所示：

表 4　屈曲处与未屈曲部位的力学性能对比

项　　目	未变形区域	屈曲部位	对　　比
屈服强度/MPa	512	549	+7.2%
抗拉强度/MPa	588	594	+1.0%
屈强比	0.87	0.92	+5.7%
夏比冲击/J	107	100.3	-6.3%
硬度	190.6	208.9	+9.6%

3　综合分析

3.1　周边环境变化

该段管线设计压力 7.5MPa，常年运行压力 4~6MPa，于 2006 年建设完成，当时该区域为水田。由于地方经济发展需要，该区域 2013 至 2014 年间由地方政府调整规划建成工业园区。屈曲弯管埋设位置如图 13 所示，周边环境变化包含工业园区建筑物、覆土、下游公路、车辆动载等，同时，调研发现该弯管处于淤泥质软基之中。屈曲弯管上游两侧建筑载荷对称挤压软基，使弯管上游直管段受到平衡的推力，相当于固支。

3.2　屈曲形成时间

屈曲弯管周边环境变化及两次内检测的时间轴如图 14 所示，2010-2011 年公路建成，2013 年进行的第一次内检测未发现屈曲，2014 年工业园区建成，2019 年进行的第二次内检测发现屈曲。

在形成弯管屈曲的时间段内，主要的环境变化是工业园区的建设，屈曲应是在工业园区建设过程中逐步形成。

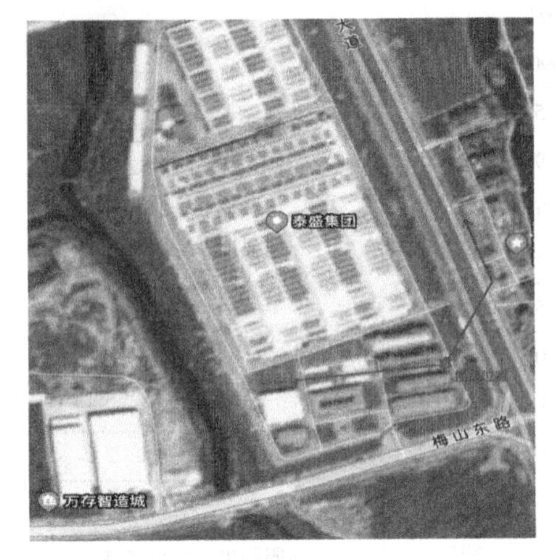

图 13　失效弯管所处位置示意图

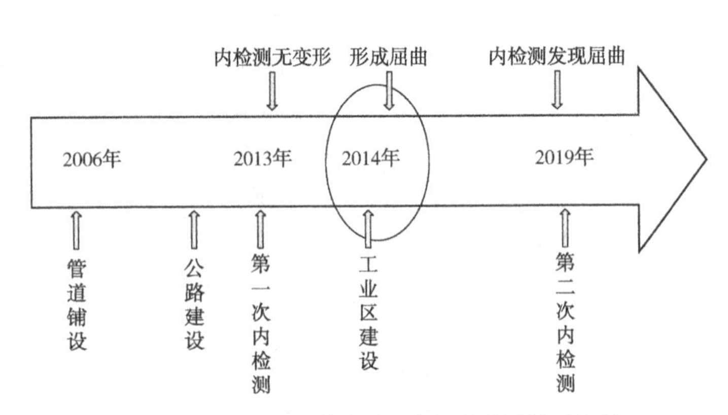

图 14　弯管周边环境变化及弯管内检测的时间轴

3.3　屈曲形成原因

弯管发生失效的可能影响因素有：管段材料性能、管道运行工况变化、下游公路的影响、工业园区建筑施工影响以及弯管处淤泥质软基等因素。

弯管本体、环焊缝及直管段理化性能检验结果均满足相关标准要求，管段材料性能未发现异常，不是弯管发生屈曲的主要原因。

管道运行工况长期低于设计压力，流速低于 10m/s，满足管道内气压波动，管道运行工况变化不是弯管发生屈曲的主要原因。

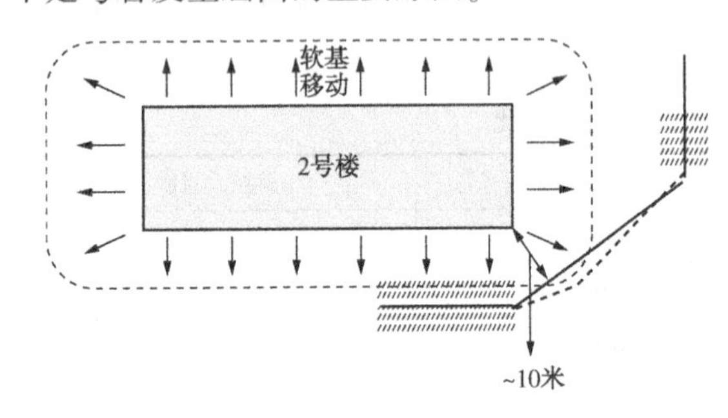

图 15　弯管屈曲形成过程示意图

公路建成之后 2013 年进行的第一次内检测未发现屈曲变形，车辆动载对下游管道产生的垂直向下载荷不会造成弯管的实际屈曲形成，公路建设和车辆动载不是弯管发生屈曲的主要原因。

由此可知屈曲应是在工业园区建设过程中逐步形成的。分析屈曲弯管周边建筑活动情况可知，建筑施工等载荷挤压软基向周围移动，如图 15 所示，下游管段与 2 号楼距离最近，受软基移动的影响向远离 2 号楼方向偏移，在管系约束情况下，使弯管受到弯矩及轴向载荷作用。因此，2 号楼的建设造成弯管屈曲可能性最大。

4　结论及建议

（1）通过对弯管、环焊缝理化及及前后直管段的无损检测、理化性能分析，材料性能及施工质量满足标准要求，不是造成屈曲变形的原因。

（2）弯管屈曲变形是外部载荷挤压地下软基而引起管道局部偏移，偏移过程中弯管局部变形集中最终形成；内压波动或停输无内压、下游公路建设和车辆动载等均不是弯管屈曲的主要载荷来源，工业园区 2 号楼建设引起的载荷形式造成弯管屈曲可能性最大。

（3）换管作业后，应定期对弯管进行应力应变监测，掌握弯管的服役状态，对于其他处于软基中的管道，沿线的建筑工程也会带来类似风险，应开展专项隐患排查。

（4）在线路日常巡护过程中，应加强工业园区管线地面环境和建设作业情况的监测，包括地面沉降、第三方施工等，若发现异常的环境变化，应及时进行风险分析，采取必要的预防措施，若无有效措施，也可考虑改线，彻底解决隐患。

参 考 文 献

[1] GB/T 4336—2016《碳素钢和中低合金钢　多元素含量的测定　火花放电原子发射光谱法》.
[2] GB/T 13298—2015《金属显微组织检验方法》.
[3] GB/T 4335—2013《低碳钢冷轧薄板铁素体晶粒度测定》.
[4] GB/T 9711.2—1999《石油天然气工业　输送钢管交货技术条件　第2部分：B级钢管》.
[5] SY/T 4109—2005《石油天然气钢质管道无损检测》.
[6] ASTM A751-14a《钢制品化学分析标准实验方法、实验操作和术语》.

液氮冷凝法回收LNG罐箱放空BOG工艺技术研究

郑　志[1,2]　吕艳丽[3]　姚　景[4]　郝成名[4]　王树立[1,4]

（1. 泉州职业技术大学福建省清洁能源应用技术协同创新中心；
2. 福建省福投新能源投资股份公司；3. 中国石油福建福州销售分公司；4. 泉州职业技术大学能源学院）

摘　要　液化天然气蒸发气组分中甲烷占绝大多数。甲烷是全球第一大非二氧化碳温室气体，具有增温潜势高、寿命短等特点。为了强化源头控制和资源化利用，针对LNG罐箱储运过程中放空排放的BOG，提出了一种基于液氮冷能利用的LNG罐箱BOG冷凝法回收利用工艺，建立了BOG液氮冷凝回收系统主要技术参数的数学模型，开展了新技术应用研究及其经济社会环境效益分析。结果表明，该工艺技术可以控制BOG的无组织排放，实现LNG罐箱放散BOG的回收利用，具有能源资源化利用、污染物协同控制、减少生产事故和减缓全球温升等经济、环境、安全和气候效益。

关键词　液氮冷凝；BOG；LNG罐箱；回收

液化天然气（LNG）罐箱宜储宜运、宜海宜陆，以其作为载体并通过多式联运方式可连通LNG供应的全过程，形成对传统“大型LNG运输船+接收站”价值链的有效补充并进一步丰富链条的外延和内涵。目前，国内市场上主流40英尺罐箱为1AA型，采用高真空多层绝热技术。LNG罐箱充装完成后，罐内LNG受储罐漏热和摇晃等影响，部分液体蒸发为气体，罐内压力随之逐渐升高，当其达到安全阀整定压力时，安全阀自动开启，将罐内LNG蒸发气（BOG）向外界环境排放以降低储罐内压，直至罐内压力降至安全阀回座压力，安全阀自行关闭。BOG直接排放到空气中存在一定的安全隐患，且浪费能源，缺乏经济性；此外，BOG的主要成分甲烷（CH_4），是全球人为排放的第二大温室气体暨第一大非二氧化碳（CO_2）温室气体，具有增温潜势高、寿命短的特点，无组织排放将造成环境污染，加剧全球变暖。考虑到罐箱本身用于液货储运，再冷凝液化回收是LNG罐箱放散BOG较为理想的处理方式，对于增强液货系统安全、降低运营成本皆具有积极意义。综合LNG罐箱BOG放散量、储运条件限制以及投资运营成本，研发应用小型撬装式BOG再冷凝液化回收系统是源头控制BOG无组织排放、实施能源资源化利用的有效措施之一。低温工程领域，氮是一种非常重要的制冷工质，安全、高效、易得；液氮制冷降温速度快、适用温度范围广、设备系统简单、自动化程度高，在交通运输业中具有独特优势和广阔应用前景。本文基于液氮冷能利用设计了一种适用于LNG罐箱的放散BOG再冷凝液化回收工艺，开展了物系相平衡及热力学分析和冷凝法回收系统流程及装置研究，以解决BOG放空造成的能源资源浪费和安全环保问题。

1　LNG蒸发气及其处理

LNG是天然气在经过预处理、脱除杂质后，通过低温冷冻工艺在大约-161.5℃的低温下形成的深冷液体，主要由甲烷组成，可能含有少量的乙烷、丙烷、氮等其他组分。在LNG的生产、储存和运输等过程中，环境温度、压力等条件变化会导致部分液体蒸发为气体。BOG主要成分为甲烷，直接排空将造成环境污染，加剧温室效应，不符合绿色低碳环保理念和可持续发展基本国策。

碳达峰碳中和目标约束下，大力推动BOG排放控制及其回收处理技术的开发与推广，不仅能够有效减少天然气系统CH_4排放，提高LNG产业经济性和安全性，还能节约能源资源、保护生态环境，具有能源资源化利用的经济效益、协同控制污染物的环境效益、减少生产事故的安全效益和减缓全球温升的气候效益。目前，将 BOG 引至火炬燃烧、将 BOG 压缩后输入管网、将 BOG 再冷凝液化是三种常见的 BOG 无排放处理工艺，其中直接压缩和再冷凝工艺是实践中回收 BOG 的两种主要方法。再冷凝工艺因其能耗比直接压缩减少 30%~60%，实际应用中更具优势。

2 液氮制冷技术及其应用

常温常压下，氮无色、无味、无毒、不燃不爆，是一种化学性质非常稳定的惰性气体。氮的标准沸点为 77.35K，在常压下，-195.8℃的液氮(LN)是无色透明、易于流动的液体，它既不爆炸也无毒性，对环境没有任何破坏作用，是一种十分安全的制冷剂。此外，常压下，-195.8℃的液氮汽化潜热约 199kJ/kg，变为 25℃的氮气时约能吸收 441kJ/kg 热量，制冷量大，效率高。

液氮制冷温度范围可以控制在-195.8℃至常温下任何一个所需要的温度上，相较于机械制冷系统零部件多、维修量大，以液氮为冷源，用液氮容器和输送系统代替机械制冷系统，可简化设备系统，减少占地面积和初始投资，且液氮制冷系统除低温泵外，别无运动部件，运行稳定可靠，无需专业人员对机械制冷系统进行操作和维护。此外，液氮可形成周期性供应；气化后产生的氮气不受污染，可直接消纳，用于氮封或系统吹扫。因其高效、经济、环保等特性，液氮深冷技术广泛应用于电子、医疗、食品加工、航空航天、物流和能源等诸多领域。

3 LNG 罐箱 BOG 液氮冷凝法回收

液氮在常压下沸点约 195.8℃，而 LNG 在常压下沸点约-161.5℃、其 BOG 温度约-130℃~-140℃，液氮沸点远低于液化天然气 BOG 温度，故可采用液氮作为冷源、利用液氮的冷能对 BOG 进行重新液化以回收利用。

3.1 工艺流程设计

基于液氮冷能利用，设计了一种适用于 LNG 罐箱的放散 BOG 再冷凝液化回收系统，其工艺流程如图 1 所示。液氮冷凝 BOG 回收系统由 1 台自增压式液氮容器、1 台 BOG/LN 换热器、管路及控制系统等组成；液氮容器有效容积根据所需再冷凝液化的 BOG 气量进行选择设计；低温换热器成本低、操作弹性大，且再液化过程中无运动部件，可实现 BOG 气量波动较大条件下的连续化生产。

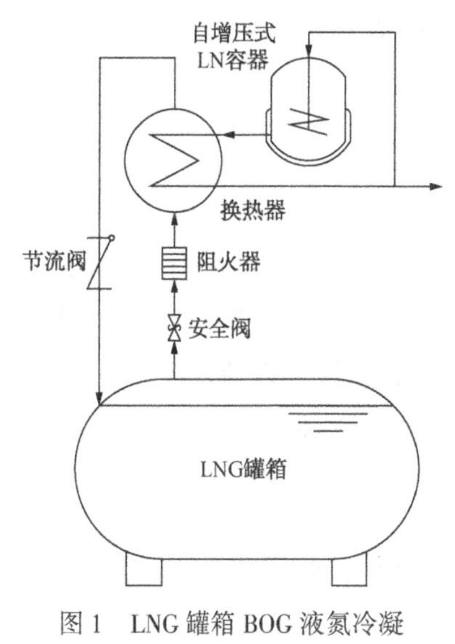

图 1 LNG 罐箱 BOG 液氮冷凝回收工艺流程图

储运过程中，LNG 罐箱气相空间压力超过其安全阀整定压力时，BOG 发生泄放，经阻火器引入 BOG/LN 换热器内，与自增压式液氮容器外输的 LN 进行热交换，之后液化为 LNG 并经节流阀进一步降温形成过饱和液体，通过罐箱液位计气液相管回流，以实现对超压泄放 BOG 的再冷凝液化回收。进入低温换热器的液氮量依据罐箱 BOG 泄放量进行调节；LN 流经换热器后气化为氮气，可循环用于自增压，或复热后用作仪表风、保护气体、置换气体、洗涤气体等，若不能回收利用，则安全扩散至大气中。

3.2 BOG 可回收量计算

LNG 作为一种可沸腾液体储存于罐箱内，在货物运输组织等过程中不可避免存在罐体内部液体晃荡、LNG 分层和翻滚、环境和工况变化，甚至罐体真空度下降等情形而引起 LNG 的蒸发。过多的蒸发气体会使 LNG 罐箱内的压力上升，当罐体内压力超过安全保护装置的动作压力时，BOG 将发生泄放，其泄放量暨可回收量按下式计算：

$$W_s = \frac{2.61(650-t)\lambda A_r^{0.82}}{\delta q} \tag{1}$$

式中，W_s为LNG罐箱BOG泄放量(kg/h)；q为泄放压力下LNG的气化潜热(kJ/kg)；λ为常温下绝热材料的导热系数[kJ/(m·h·℃)]；δ为容器保温层厚度(m)；t为泄放压力下LNG的饱和温度(℃)；A_r为容器受热面积(m^2)。

3.3 液氮消耗量计算

利用液氮提供的冷能对LNG罐箱放散BOG进行重新液化，忽略BOG再冷凝液化装置的冷损，即饱和液氮变成饱和氮气时所放出的冷能全部被饱和状态下的BOG所吸收，根据稳态开口系统能量方程，得出以下简化方程：

$$Q = m_{BOG} \cdot \Delta H_{BOG} = m_{LN} \cdot \Delta H_{LN} \tag{2}$$

式中，Q为热流量(kJ/h)，即单位时间BOG所吸收的冷量，亦即单位时间液氮所吸收的热量；m_{BOG}为单位时间被液化的BOG质量(kg/h)；ΔH_{BOG}为单位质量BOG吸收冷量前后的焓差(饱和BOG气化潜热)(kJ/kg)；m_{LN}为单位时间提供冷量的液氮质量(kg/h)；ΔH_{LN}为单位质量液氮吸收热量前后的焓差(饱和液氮气化潜热)(kJ/kg)。

进而得出单位时间冷凝回收LNG罐箱放散BOG所需的液氮消耗量为：

$$m_{LN} = \frac{m_{BOG} \cdot \Delta H_{BOG}}{\Delta H_{LN}} \tag{3}$$

3.4 换热器热力计算

BOG/LN换热器是LNG罐箱放散BOG再冷凝液化的核心设备，要求具有良好的绝热性能以降低热辐射，较小的传热温差以减少换热损失，较高的换热比表面积以增大能量集成。根据传热方程$Q=A \cdot K \cdot \Delta t_m$，联立式(2)，得出低温换热器的换热面积为：

$$A = \frac{m_{LN} \cdot \Delta H_{LN}}{K \cdot \Delta t_m} \tag{4}$$

$$\Delta t_m = \frac{\Delta t_{max} - \Delta t_{min}}{\ln \Delta t_{max} / \Delta t_{min}} \tag{5}$$

式中，A为换热器换热面积(m^2)；K为总传热系数[W/(m^2·℃)]；Δt_m为换热对数平均温差(℃)；Δt_{max}为换热面两端温差中之大者(℃)；Δt_{min}为换热面两端温差中之小者(℃)。

3.5 经济环境效益分析

LN冷凝回收LNG罐箱放散BOG的经济效益比按下式计算：

$$\theta = \frac{m_{LNG} \times P_{LNG}}{m_{LN} \times P_{LN}} = \frac{1}{k} \times \frac{P_{LNG}}{P_{LN}} \tag{6}$$

式中，θ为经济效益比(无量纲)；m_{LNG}为所回收BOG的质量流量(kg/h)；m_{LN}为所消耗液氮的质量流量(kg/h)；P_{LNG}、P_{LN}分别是单位质量LNG和LN的市场价格(元/吨)；k为液气比(冷凝法所消耗液氮与所回收BOG的质量流量之比)(无量纲)。

碳减排量按下式计算：

$$E = \sum_{i=1}^{n} (AD_i \times EF_i) \tag{7}$$

式中，E为二氧化碳排放总量(tCO_2)；AD_i为化石燃料i的消耗量(10^4 Nm^3)；EF_i为化石燃料i的排放因子($tCO_2/10^4$ Nm^3)。

3.6 算例分析与讨论

以某40英尺LNG罐箱(FEU)为例，其安全阀整定压力0.75MPa，超压泄放BOG密度0.717kg/m^3。LN冷凝BOG回收系统采用间壁式换热器，工作压力0.2MPa，总传热系数500W/(m^2·℃)；BOG与LN

在换热器中逆流换热，BOG 进、出口温度分别为-130℃、-161.5℃，LN 进、出口温度分别为-195.8℃、-150℃。2024 年(截至 5 月中旬)全国 LN 市场均价约 454 元/吨，全国 LNG 出厂均价约 4291 元/吨、全国 LNG 市场均价约 4713 元/吨，全国碳排放交易市场年度成交均价约 85 元/吨。

计算结果显示：应用 LN 冷凝法回收技术在单个 LNG 罐箱发生 BOG 超压泄放当天约可回收 26.87 千克 BOG、消耗 69.56 千克 LN，节省 LNG 采购成本 115.30 元/(FEU·天)，增加 LNG 销售收入 126.65 元/(FEU·天)和碳排放权交易收入 57.02 元/(FEU·天)；LN 冷凝回收罐箱 BOG 的经济效益比为 4.01。所回收 BOG，折合节能降耗 47.21 千克标准煤；相较其直接排空，可减少非 CO_2 温室气体排放折合 671.72 千克二氧化碳当量、减少大气污染物排放约合 1.67 千克非甲烷总烃；相较其经火炬燃烧排放，可减少燃料燃烧排放大气污染物约合 81.03 千克二氧化碳。BOG/LN 换热器的换热面积宜不小于 0.515m^2。按照 LNG 罐箱技术改造成本 12 万元/FEU，LN 冷凝 BOG 回收系统年有效工作天数 150 天/a，设备折旧年限 15 年、残值率 5%，折现率 8%，并考虑 LN 成本、设备维修保养费用等进行经济测算，动态投资回收期约 10.34 年。

综上，推广应用 LNG 罐箱 BOG 液氮冷凝回收技术在推动减污降碳协同增效之余，可以促进 LNG 罐箱放空排放 BOG 的有效管控，实现节能降耗增效和资源节约集约利用，进而提高本质安全和数质量管理水平，降低污染物/温室气体排放量及其减排成本，增加企业利润，显示出技术进步经济效益和规模经济效益。与此同时，可以从源头上减少 CH_4 等非 CO_2 温室气体和挥发性有机物(VOCs)等大气污染物的无组织排放，起到强化源头治理、深化污染防治、减少安全隐患、提增社会效益等作用。

4 结语

能源领域是实施碳达峰、碳中和的关键领域，天然气在能源绿色低碳转型中发挥着重要作用。随着我国天然气生产和消费的持续稳定增长，天然气系统甲烷排放呈快速增长之势，天然气产业链已成为能源活动甲烷排放增量的主体，一定程度上制约了天然气产业的高质量发展。针对罐箱储运 LNG 过程中存在的 BOG 放空排放现象，提出了一种基于液氮冷能利用的 LNG 罐箱 BOG 冷凝法回收利用工艺，建立了 BOG 泄放、液氮消耗、间壁换热等 LN 冷凝 BOG 回收系统主要技术参数的数学模型，开展了新技术应用的经济社会环境效益分析，得出以下主要结论：

(1) 对于具有高价值的 LNG 罐箱放散 BOG，采用液氮冷凝法是一种适用的回收处理技术，具有良好的经济效益以及社会、环境等综合效益。LN 冷凝 BOG 回收系统技改成本、维护费用较低，液氮成本不高、容易购买，易于实现，适于推广；无电气设备，无电火花引发危险；氮气排放较天然气排放更为安全，无毒、无燃烧爆炸危险。

(2) LN 冷凝回收 LNG 罐箱放散 BOG 的经济效益(比)随着冷凝回收系统工作压力的升高而下降，随着 LNG 组成中氮含量的增加而下降，随着 LNG 与 LN 价格剪刀差的扩大而提升。此外，回收液氮冷能中的显热部分以及复热后的氮气物料可进一步提高经济效益。

(3) LNG 罐箱安全阀整定压力设定越高，则 BOG 中氮含量越多，饱和 BOG 气化潜热降低，冷凝 BOG 所需液氮消耗量随之减少。低温换热器工作压力升高时，饱和液氮及 BOG 的汽化潜热皆有所降低，但液气比呈逐步扩大趋势。综合考虑换热器压力等级及其制造成本，以及液氮消耗及其费用，液氮冷凝 BOG 回收系统主要参数设置存在一个经济合理区间。

低温换热器的性能是决定系统制冷能力和功耗的关键因素，选型及结构设计时应更多关注流体间的换热匹配、通道的分布排列、多物理场的叠加，以及低温工况对材质的要求等因素。换热器排出的氮气温度约-150℃，可探讨设置二段式，对 BOG 进行预冷，以增强再液化系统对 BOG 进气温度波动范围的承受能力，提高 LN 冷量利用效率，减少 LN 消耗量，进而降低回收 BOG 的成本费用。

参 考 文 献

[1] YU P, YIN Y C, WEI Z J, et al. A prototype test of dynamic boil-off gas in liquefied natural gas tank containers

[J]. Applied Thermal Engineering，2020，180：115817.
[2] 高振．液化天然气罐箱价值链解析及其发展建议[J]. 世界石油工业，2022，29(2)：17-22，39.
[3] 海航，周小翔，宋斌杰，等．LNG 罐箱储备调峰 BOG 回收经济性分析[J]. 低温与特气，2021，39(3)：18-21.
[4] 汤常明．浅谈 LNG 罐式集装箱无损贮存时间的计算[J]. 珠江水运，2021，(16)：64-67.
[5] 李政，孙铄，麻林巍．中国能源行业甲烷逃逸排放估计方法及减排策略分析[J]. 煤炭经济研究，2024，44(1)：59-65.
[6] 生态环境部等 11 部门．甲烷排放控制行动方案：环气候[2023]67 号[A]. 北京：生态环境部等 11 部门，2023.
[7] 杨静．船用 BOG 再液化技术应用进展[J]. 船海工程，2023，52(2)：30-34.
[8] 魏王颖，杨奕，庄琦，等．闪蒸气(BOG)处理技术研究进展[J]. 精细石油化工进展，2023，24(2)：53-58.
[9] AL-SOBHI S A，ALNOUSS A，SHAMLOOH M，et al. Sustainable boil-off gas utilization in liquefied natural gas production：Economic and environmental benefits[J]. Journal of Cleaner Production，2021，296：126563.
[10] 陆江峰，王雪菲，顾华，等．BOG 的无排放应用[J]. 辽宁化工，2021，50(7)：1085-1087.
[11] 李杨，岳献芳．小型 BOG 再液化系统流程参数分析及优化[J]. 天然气化工(C1 化学与化工)，2021，46(4)：90-95，125.
[12] 李景武，余益松，王荣，等．液化天然气 BOG 回收技术的现状与进展[J]. 煤气与热力，2014，34(10)：20-25.
[13] 祝铁军，张华，巨永林，等．LNG 加气站用小型撬装式 BOG 再液化装置的研制开发[J]. 化工学报，2015，66(增刊 2)：325-331.
[14] 何国庚．液氮冷藏集装箱的发展探讨[J]. 低温工程，1996，(3)：49-52，41.
[15] 刘贵庆，陶乐仁，郑志皋．液氮喷雾流态化速冻机的研制[J]. 冷饮与速冻食品工业，2004，(3)：28-30.
[16] 许浩，徐夏凡，陈六彪，等．基于液氮冷凝的 VOCs 深冷回收技术研究[J]. 油气田环境保护，2022，32(6)：13-18.
[17] 焦纪强，彭斌，张春燕．LNG 加气站 BOG 再液化工艺研究及经济性分析[J]. 石油与天然气化工，2017，46(6)：45-50.
[18] 全国锅炉压力容器标准化技术委员会．压力容器：GB 150.1-2011[S]. 北京：中国标准出版社，2012.
[19] 王坤，巨永林．LNG 储运装置的小型 BOG 回收再液化方法的对比分析[J]. 低温与超导，2017，45(9)：22-25.
[20] 王哲，韩凤翚，纪玉龙，等．低温多股流板翅式换热器设计优化方法研究进展[J]. 化工进展，2021，40(2)：621-634.

基于 ANSYS Workbench 有限元分析的低温球阀优化设计

李宏伟　王伟波　李松岭　景　欢　刘　兰　商华政　谢家琛

（重庆川仪调节阀有限公司）

摘　要　LNG 低温球阀作为 LNG 接收站中的关键设备，要求在超低温工况下具有开关动作顺畅、使用寿命长、密封性能可靠等特点。但由于 LNG 低温球阀的介质工况较为严苛，介质超低温、易气化、易燃、易爆、气液双相、压力高、压差高，导致 LNG 低温球阀易出现卡、冒、漏等问题。作者通过 ANSYS Workbench 有限元数值模拟分析软件，开展了阀体的优化设计分析，对低温球阀产品结构设计提出优化建议，旨在水压工况和试验工况下，使阀体保证安全，满足使用要求。

关键词　LNG；低温球阀；ANSYS Workbench；模拟分析；超低温

LNG 液化天然气作为优质高效、绿色清洁的低碳能源，在全球能源消费中的比例一直在持续增加。随着油气管网建设加速推进，我国 LNG 液化天然气在能源结构中的比重也在不断加大，LNG 接收站以其特有的运营灵活性，成为满足用气需求、保障国内用气供应安全的一个重要手段。目前，我国 LNG 进口规模已经超过了日本，成为全球第一大 LNG 进口国。LNG 接收站中应用量较大的关键低温阀门产品仍然依靠进口品牌如 POYAM 等，国内有极少数阀门厂家也已经在研发生产此类产品。

1　LNG 接收站工艺流程

LNG 接收站工艺流程通常包括 LNG 卸料、LNG 储存、LNG 气化、LNG 装车和 BOG 气体处理。LNG 卸料过程是利用卸料臂将 LNG 运输船中的 LNG 输送到 LNG 储罐中，输送过程需要将储罐中的蒸发气 BOG 经过回流臂返回 LNG 运输船，当压力波动过大时利用火炬泄放燃烧调节压力。LNG 储存可采用顶部进料或底部进料方式，进料过程需要监控 LNG 液位、压力和温度变化，避免发生 LNG 分层和溢流情况。LNG 气化过程是利用高压泵将 LNG 输送到气化器中进行气化，气化器分为开架式气化器 ORV 和浸没燃烧式气化器 SCV，LNG 经气化后可经计量撬计量后外输。LNG 装车过程是利用装车撬进行槽车灌装，灌装前需要对装车臂和返回臂预冷，灌装时需要控制装车流量。BOG 气体处理过程是利用 BOG 压缩机将蒸发气压缩与 LNG 低压输送泵的 LNG 在再冷凝器中混合冷凝。

以 LNG 接收站中高压 LNG 集管管线开关阀为例，具体使用参数见表 1。

表 1　高压 LNG 集管管线开关阀参数

使用条件	参数
用途	高压 LNG 集管管线开关阀
介质名称	LNG
介质状态	液态
公称压力	Class1500
公称通径	DN600
设计压力	15.8MPa
设计温度	−165℃
泄漏等级	BS6364 标准要求

2 LNG 低温球阀 ANSYS Workbench 有限元数值模拟分析

2.1 设计参数和材料性能参数

LNG 低温球阀设计参数见表 2。

表 2 LNG 低温球阀设计参数

公称通径	公称压力	结构形式	连接形式	介质	使用温度	设计温度
DN600	CL1500	上装式	焊连接	LNG	-163℃	-196℃

LNG 低温球阀主要材料性能参数见表 3 和表 4。

表 3 主要金属零件材料物理性能参数

零件	材料	密度(kg/m^3)	线膨胀系数($10^{-6}℃^{-1}$)	弹性模量(GPa)	导热系数(W/(m·℃))
阀体、上阀盖	CF8M	7980	15.49(-100℃) 14.67(-196℃)	204 (-125℃) 209 (-200℃)	11(-123℃) 8(-193℃)

表 4 主要金属零件材料常温力学性能参数

名称	材料	屈服强度(MPa)	抗拉强度(MPa)	许用应力(MPa)	数据来源
阀体、上阀盖	CF8M	205	485	138	ASME Ⅱ 卷 D 篇

2.2 LNG 低温球阀三维模型网格划分

LNG 低温球阀三维分析网格模型如图 1 所示。通过对阀体腔体壁厚、连接法兰厚度、阀体与上阀盖连接中法兰密封面长度、筋板布置以及圆角等局部区域优化，模拟对比优化前后阀体在强压试验和密封试验下的应力和应变情况。

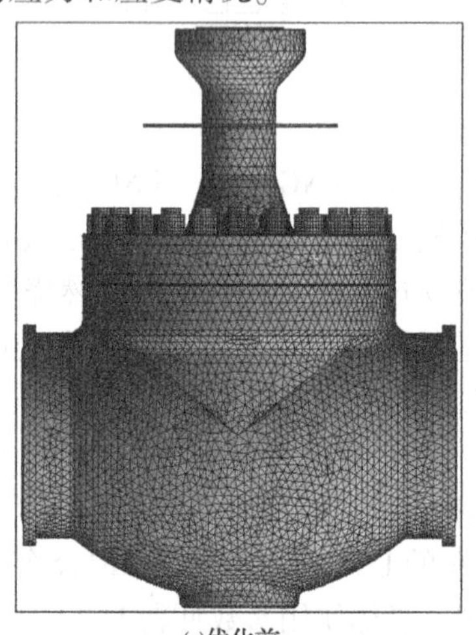
(a)优化前

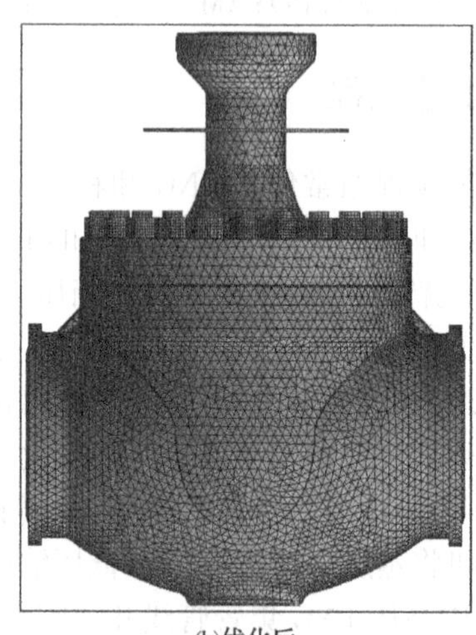
(b)优化后

图 1 LNG 低温球阀网格模型

2.3 LNG 低温球阀强压试验工况下载荷与约束施加

对 LNG 低温球阀进行强压试验工况下强度分析，设定载荷与约束条件如下：

(1) 对模型施加重力载荷；

(2) 对阀腔内表面施加压力；

(3) 对阀体两端面施加位移约束；

(4) 对阀体和上阀盖螺栓施加预紧力。

2.3 LNG 低温球阀强压试验工况下应力变形分析

强压试验工况下优化前后阀体等效应力和变形如图 2~5 所示。

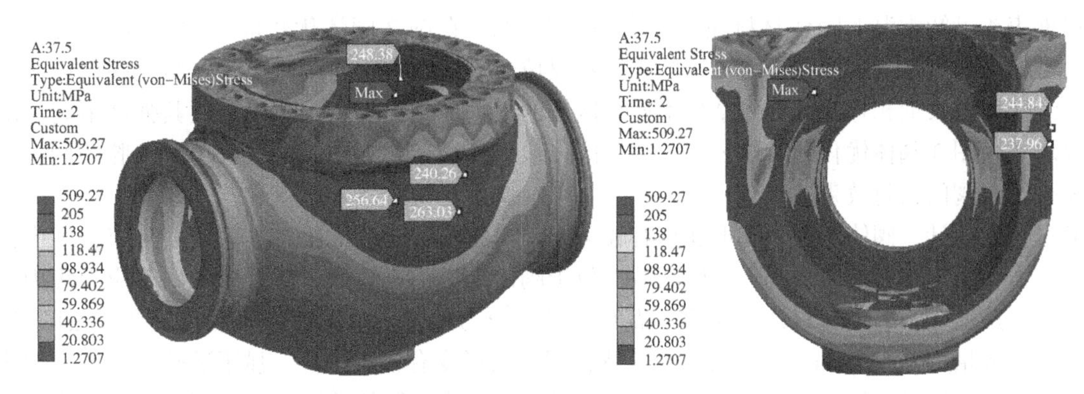

图 2　阀体优化前等效应力分布云图

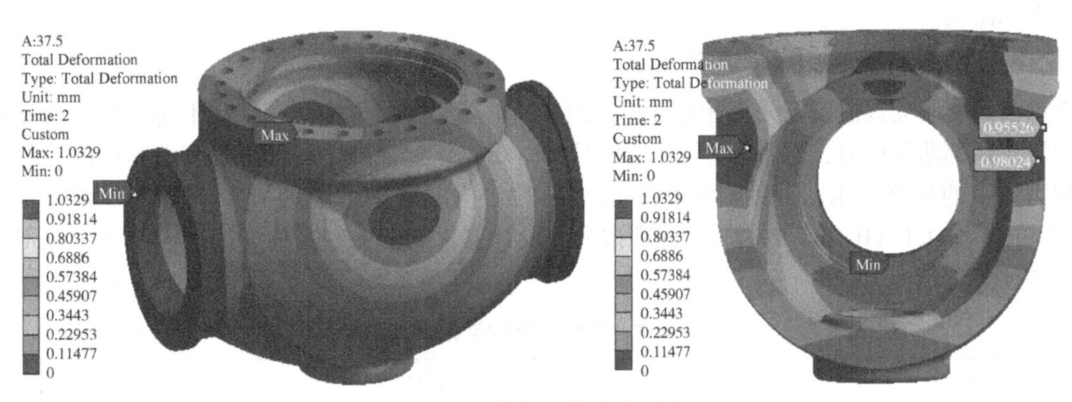

图 3　阀体优化前变形云图

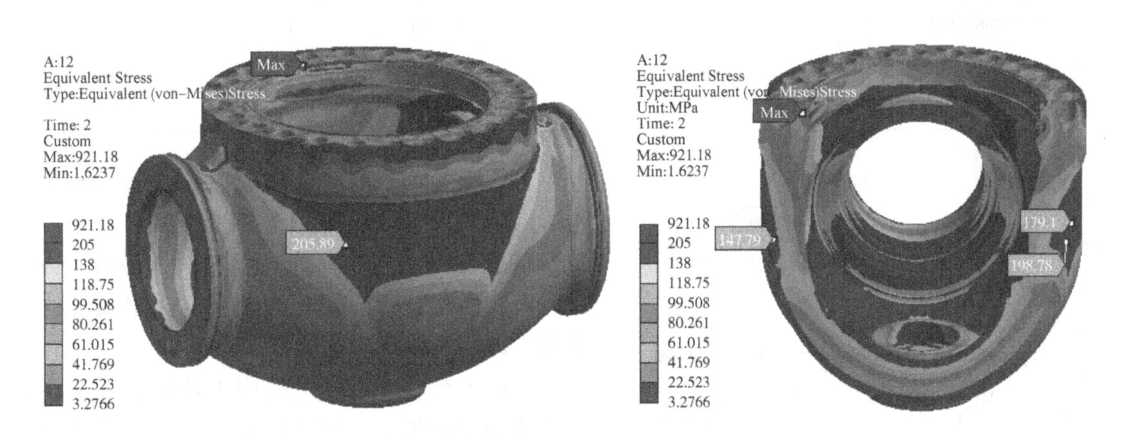

图 4　阀体优化后等效应力分布云图

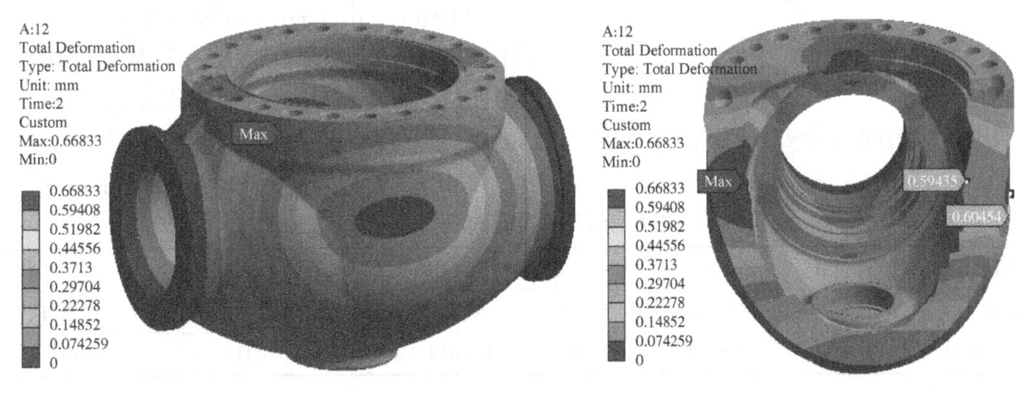

图 5　阀体优化后变形云图

根据表4可知常温下阀体材料屈服强度为205MPa。在图2阀体优化前等效应力分布云图中，红色区域应力均大于材料屈服强度，这些区域不仅位于阀体结构不连续区域，在与上阀盖连接的中法兰连续区域也大面积存在，阀体结构不连续区域的最大应力为509.27MPa，故其强度不满足水压试验要求。由图3阀体优化前变形云图可知，阀体最大变形量为1.033mm，位于其内腔两侧，变形量较大会影响阀门密封效果。

通过优化设计，阀体的应力和形变均有较大改善。在图4阀体优化后等效应力分布云图中，红色区域应力均大于材料屈服强度，这些区域均位于阀体结构不连续处，最大应力属于应力集中。结构不连续处最大应力超过材料许用应力，需对其进行应力评定。由图5阀体优化后变形云图可知，阀体最大变形量为0.668mm，位于其内腔两侧，阀体的形变有较大改善。强压试验工况下，优化后的阀体结构不连续处的最大应力值大于优化前的最大应力值，但其整体强度和刚度均优于优化前的阀体强度和刚度。

2.4 优化后阀体有限元应力强度评定

由前面的有限元数值模拟分析计算可知，阀体局部超应力部位出现在结构不连续处，因此其薄膜应力属于局部薄膜应力，弯曲应力属于二次应力。根据评定准则中局部薄膜应力和弯曲应力均不包含应力集中的规则要求，此处对结构不连续处的非应力集中区域的最大应力进行评定。结合《ASME BPVC SECT. VIII-II，2017ED》标准按分析设计要求的相关判定标准进行应力强度评定，具体见表5。

表5 应力强度评定规则

类别	符号	计算由来	判定条件
一次总体薄膜应力	S_1	$S_1=P_m$	S
一次局部薄膜应力	S_2	$S_2=P_L$	1.5S
一次薄膜加弯曲应力	S_3	$S_3=P_L+P_b$	1.5S
一次加二次应力	S_4	$S_4=P_L+P_b+Q$	3S

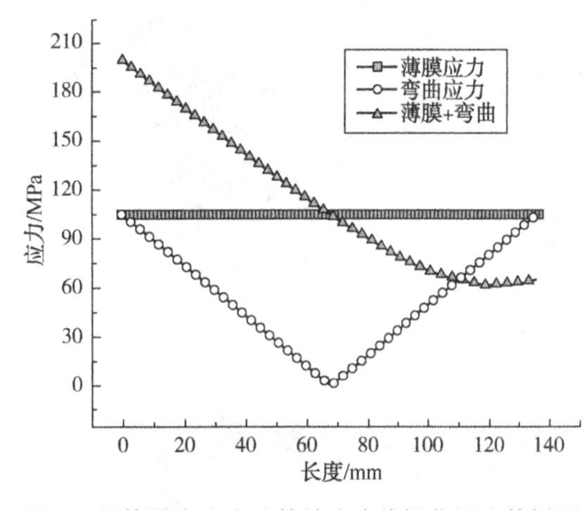

图6 阀体最大应力处等效应力线性化评定数据图

表5中S为材料的许用应力，根据《ASME Ⅱ卷D篇》，本节计算取S为138MPa。

基于ANSYS有限元理论，对阀体最大应力处进行应力线性化分析，分解点1至点2路线上的等效应力，即用等效线应力代替实际应力。

对点1至点2路径进行应力评定，等效线性化评定线如图6所示，阀体应力评定线的薄膜应力沿壁厚方向均匀分布，为104.71MPa；弯曲应力中间位置为0MPa，由中间向两边逐渐增大，且呈对称变化，内外壁的应力值最大，为104.08MPa；薄膜加弯曲应力由壳体内壁到外壁先逐渐下降，在外壁处有所回升，在内壁面出现最大应力值，为198.52MPa。应力评定结果均满足要求，见表6。

表6 阀体应力强度评定结果

类别	符号	计算值(MPa)	许用值(MPa)	强度校核	评定结果
一次局部薄膜应力	S_2	$P_L=104.71$	1.5S=207	104.71<207	通过
一次加二次应力	S_4	$P_L+P_b+Q=198.52$	3S=414	198.52<414	通过

2.5 LNG 低温球阀密封试验工况下载荷与约束施加

对 LNG 低温球阀进行密封试验工况下强度分析，设定载荷与约束条件如下：

(1) 对模型施加重力载荷；

(2) 对与介质接触的阀腔内表面施加压力；

(3) 对阀体底侧面施加位移约束；

(4) 对与碟簧接触的阀体两个面分别施加预紧力；

(5) 对阀体和上阀盖螺栓施加预紧力；

(6) 对与介质接触的阀腔内壁施加介质温度-196℃；

(7) 对放入试验介质中的阀体和上阀盖外壁面施加介质温度-196℃；

(8) 未与试验介质接触的上阀盖外壁面和环境进行对流换热，对流换热系数取 5W/(m^2 · ℃)。

2.6 LNG 低温球阀密封试验工况下阀体应力变形分析

通过 ANSYS Workbench 有限元计算，得到试验工况下优化前后阀体等效应力和变形如图 7～10 所示。由图可知，阀体优化前其最大等效应力为 679.48MPa，最大应力出现在阀体与密封圈连接的不连续处，大于阀体许用应力，阀体最大变形量位于阀体端侧。阀体优化后其最大等效应力为 301.02MPa，最大应力出现在阀体和筋板连接的不连续处，大于阀体许用应力，阀体最大变形量位于阀体端侧，优化后的阀体强度和刚度均优于优化前的阀体强度和刚度。

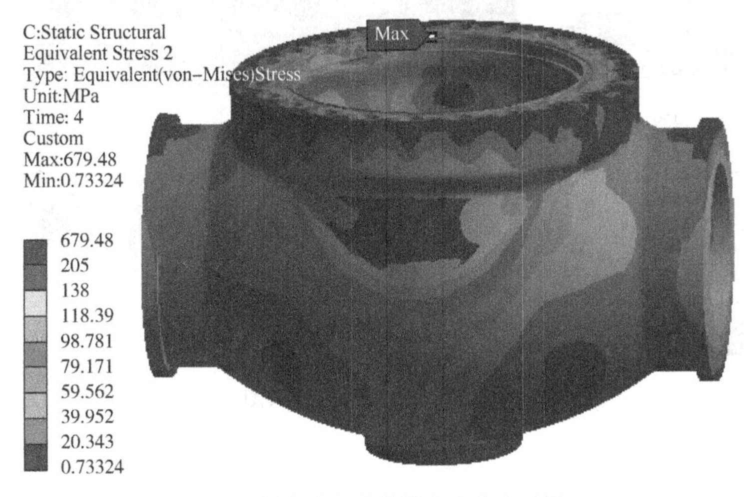

图 7　优化前阀体等效应力分布云图

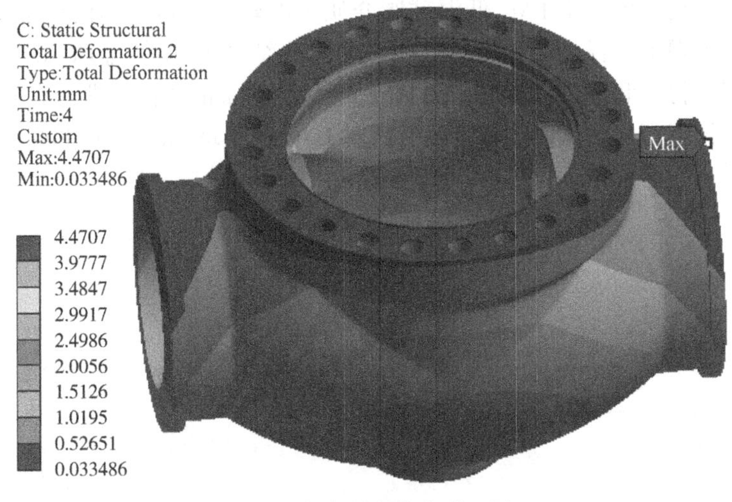

图 8　优化前阀体变形云图

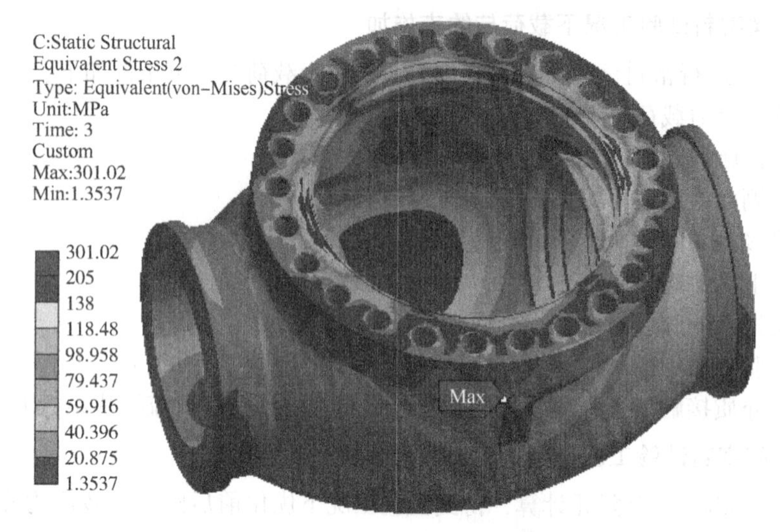

图 9　优化后阀体等效应力分布云图

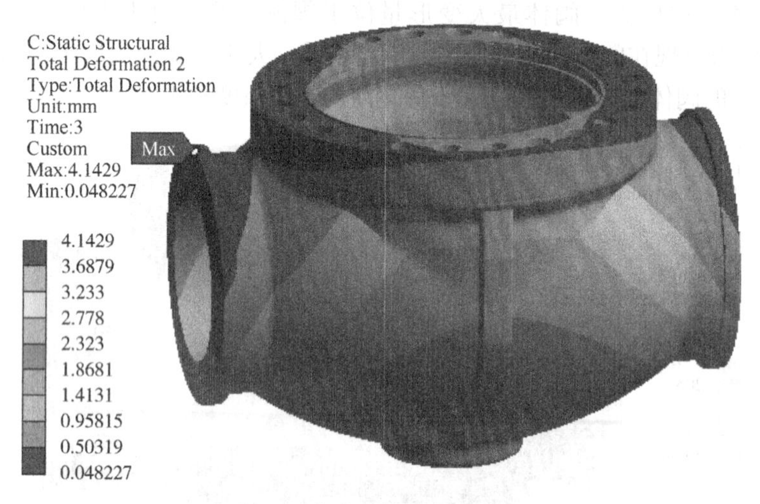

图 10　优化后阀体变形云图

3　结束语

随着我国高端仪器仪表国产化进程不断推进和国际经贸形势不确定性，LNG 低温球阀的研发、制造和市场需求越来越高。但由于 LNG 低温球阀介质工况较为严苛，阀门性能要求较高，为了避免阀门在使用过程中出现卡、冒、漏等问题，阀门厂家应结合 LNG 低温球阀现场工艺要求和使用情况，合理选择阀门的材料和结构，通过利用 ANSYS Workbench 等软件进行有限元数值模拟分析，优化阀门结构设计，提高阀门整体强度和刚度，这对 LNG 低温球阀的使用性能和寿命至关重要。

长输天然气管道燃驱压缩机站场远程一键启站研究与应用

刘松林　邱昌胜　叶建军　闫洪旭　刘　锐　杨　放　李朝辉　杨金威　康　勇

（中石油中油国际管道公司）

摘　要　结合中亚天然气管道哈萨克斯坦境内管道SCADA控制系统、燃气发电机组控制系统、压缩机组控制系统控制模式，从技术层面详细描述了长输天然气管道燃驱压缩机站场远程一键启站技术方案的制定和实际实施过程，实现长输天然气管道调控中心远程一键启站，包含实现远程控制压缩机启停、压缩机组负荷自动分配、输气流程自动导通等功能。实施远程一键启站主要从压缩机组负载分配逻辑优化、输气流程自动导通、压缩机按需顺序启动、压缩机组关键参数远传等四个方面进行技术方案研究和制定。一键启站有效地将输气流程自动导通、过滤器区自动判堵切换、空冷器区根据温度自动启停散热风机、燃气发电机组预功率设定、燃气发电机组假负载自动增减、燃气发电机组自动增退机及轻故障预判自动切机、压缩机组防喘曲线在远程HMI绘制显示、压缩机组报警信息远传、压缩机组启机流程远程跟踪、压缩机组远程启停、压缩机组负荷分配等功能结合起来，实现各相关流程有效衔接。通过优化后的控制逻辑实现一键启站并按需自动加压输送天然气，使压缩机机组根据进出站压力设定值进行转速自动调节及自动进行负载分配，提高了压缩机组工作效率、优化压缩机组性能、减少自耗气消耗、减少人工干预、增强设备容错能力、提高设备稳定性保证了全线输气的平稳性。

关键词　天然气管道；燃驱压缩机组；负载分配；防喘曲线；远程调控；一键启站

长输天然气管道的特点是运行距离长，管道敷设的地理条件复杂，站点也比较分散。目前中哈气项目AB/C线共有13座压气站(7座RR站场，6座GE站场)，站场设备长期处于就地手动控制模式。比如压缩机组的控制方式为就地手动控制，站场根据调控中心电话指令对压缩机组手动调整转速；站场工艺阀门处于手动控制模式，未投用自动连锁控制功能；站场燃气发电机组处于单体控制模式，不能根据轻故障预判自动切机等。随着站场控制水平提升的大趋势，需要将站场各设备自动功能进行优化并投用；基于远程调控需求，要将站场关键设备参数上传到远程调控中心供监控；远程一键启站需将站场具备自动控制功能的设备有效衔接起来并通过远程终端进行有效监控。

1　远程一键启站方案论证

长输天然气管道的调控中心远程控制首先需要实现管道各运行站点设备进行远程控制，能够实现在调控中心对压缩机组的启停、阀门的开关、风扇的开启等进行远程操作，同时还需要能够及时的获得工艺和设备运行参数以及报警信息，以便保证生产的安全平稳运行，并可以及时优化调整管道运行模式，提高管道的运行效率。调控中心负责全线设备和工艺运行参数的数据收集，并对现场运行设备进行远程操作，实现对整个管道运行的监控。在设备远控基础上，通过逻辑优化使各设备自动运行、各设备根据流程设定步骤顺序自动进行开关及启停动作、调控中心有效监控站场设备参数。

1.1 压缩机组负载分配逻辑优化方案

打通压缩机组本体之间及压缩机组与SCADA系统之间通讯连接，一些机组重要运行参数必须上传到SCADA系统中，对于压缩机组的控制信号，比如压缩机启停命令、转速升降命令、出入口压力设定值、机组负载值等，必须用硬接线的方式实现SCADA系统与机组控制系统的接口。采用压缩机组负荷等距原理进行负荷分配，采用进出站压力设定值参数进行PID体自动调整控制；对于压缩机组手自动切换实现无饶切换，保证机组转速平稳；对于出站压力PID调节模式，PID调节时要平缓，压力传导有滞后情况，防止出现压力调整过快造成出站压力高高报连锁停机；对于压力调整及负荷分配受控值要设定合理死区区间，防止压缩机频繁调整转速；压缩机组压力模式和负载调整模式之间要有效隔离，防止出现作用不受控叠加情况；根据工艺需求，采取优先调整进出站压力再调整负荷的方案，解决机组进出站压力调节缓慢问题，实现机组按照压力调节要求快速反应、平稳优化运行。

1.2 输气流程自动导通方案

采取顺序控制流程方式进行流程导通。主要从越站流程转到正输流程。执行过程的前提是站场无火气、ESD及影响站场安全报警信号。燃气发电机组根据设定启机预功率自动调整功率并根据轻故障预判自动切机，从电力供应方面提供保障。流程导通方面主要是站内越站阀打开、站内管线充压、过滤器区自动判堵功能投用、空冷器根据温度自动投用冬季或夏季模式、站内平压后自动关闭越站阀等。执行过程中每步根据实际操作经验设定超时时间，保证控制逻辑严谨性及设备本体安全。

1.3 压缩机组按需顺序自动启动方案

正输流程导通后自动进行加压流程。加压流程是输气站场的关键流程，需要压缩机组自动顺序启动并加载，根据进出站压力设定值在PLC控制系统自动运算，取输出值低的PID体对压缩机组转速自动调整并在压力调整到位后自动进行压缩机组负荷分配。

远程调度人员应根据机组性能工况、累积运行时间及机组错峰保养需求等情况设定启动优先级，压缩机组优先级可设定1，2，3…，其中1为最高优先级，该机组优先启动。根据输量及仿真系统计算结果设定总启机台数。例如设定总启机台数为1时，优先级为1的压缩机组启动，启机成功则逻辑执行完毕，否则继续启动优先级为2的压缩机组，直到启机成功，在尝试启动所有优先级设定的机组后，启机均失败，则提示启站失败，逻辑执行完毕。

1.4 压缩机组关键参数远传方案

远程调控中心在远程控制时需全面了解掌握压缩机组的工作状态。压缩机组有OPC服务器，SCADA系统可以直接通过OPC服务器读取压缩机数据。需要在远程监控平台HMI上进行画面开发，如压缩机组工况点位置、防喘曲线、压缩机组启机前条件准备情况、压缩机启机过程及步骤时间等画面。在HMI新增显示界面能保证远程调度人员对压缩机组工况状态可视化掌握，更加有效远程调控全线压缩机组，使压缩机组可靠高效运行，提高全线输气效率。

2 远程一键启站方案的应用

中亚天然气管道哈萨克斯坦国境内单管长1300多公里，有AB线和C线三条管道组成，总共有13座压缩机站、2座计量站和184座截断阀室组成，调控中心位于阿拉木图市，负责全线管道的生产运行监控。由于哈国的管道运行环境，在运行初期，调控中心只负责管道全线的运行数据采集和监视，站场负责生产运行控制和临近阀室的监控。为了实现世界一流水平管道建设要求，管道运行实现“站控”转“中控”模式，完成中亚天然气管道哈萨克斯坦境内远程控制要求和“远程控制，无人操作，有人值守”的先进管理模式，中亚天然气管道哈国项目结合国内外天然气管道远程一键启站的先进技术和运行经验，制定了一套科学可行的方案并在试点站得到了实际应用。

2.1 压缩机组负载分配逻辑优化

中哈天然气管道项目在 AB/C 线管道建设期间，OEM 厂家未对机组负载分配逻辑进行调试。机组不具备远程启停功能，原有负载分配逻辑在测试时出现手自动切换有扰动导致压缩机转速不可控、负载分配和压力调节模式叠加干扰机组转速不可控及受控参数死区区间设定不合理造成机组频繁调整转速等情况。

基于以上问题，自主优化控制逻辑程序，在 2023 年 1 月份完成了全线 AB/C 线 13 个压气站场压缩机组负载分配逻辑的优化工作，完成验收。同时选取 CS6 站做为压缩机组负载分配功能投用试点站场，截至目前压缩机组根据远程调控中心设定的进出站压力设定值自动调整转速，使压缩机组在最佳工作区间运行。减少了人工手动干预，使压缩机组可靠高效运行，提高全线输气效率，达到预期目标。计划今年将全线站场转至远程控制模式，实现全线压缩机组统一调配。

2.2 输气流程自动导通

根据输气流程导通原理，选取 CCS3 站为试点站进行远程一键启站功能开发。主要在 PLC 下位机进行编程，利用顺控 SFC 编程语言进行编程（图 1），实现按照工艺需求及流程规范在远程按下一键启站后，由越站流程转为正输流程、过滤器投用判堵自动切换支路功能、空冷器根据季节自动选择冬夏季模式自动支路导通、发电机组预功率自动投用等。相关顺序逻辑如图 2 所示，在图二基础上有效与工艺管线流程图结合起来（图 3），将全站工艺设备在一个 HMI 界面上进行显示及操作，并用箭头指示闪烁方式提示当前一键启站流程节点步骤。

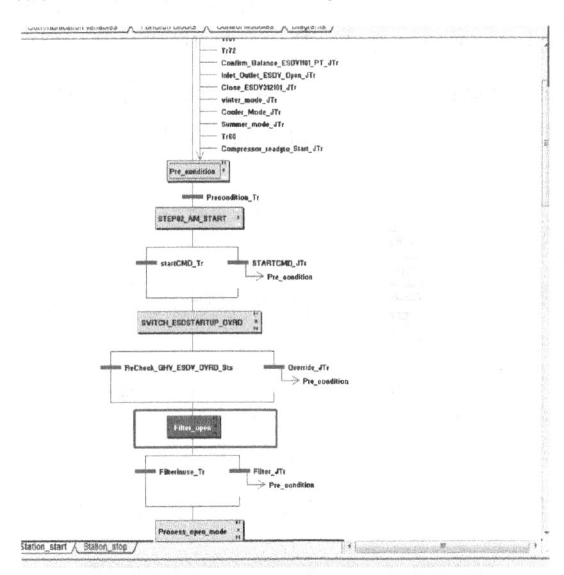

图 1 一键启站 PLC 系统 SFC 顺序控制语言编程

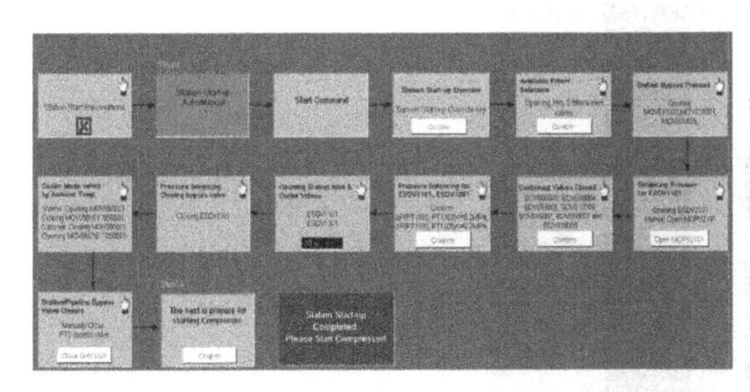

图 2 一键启站流程导通

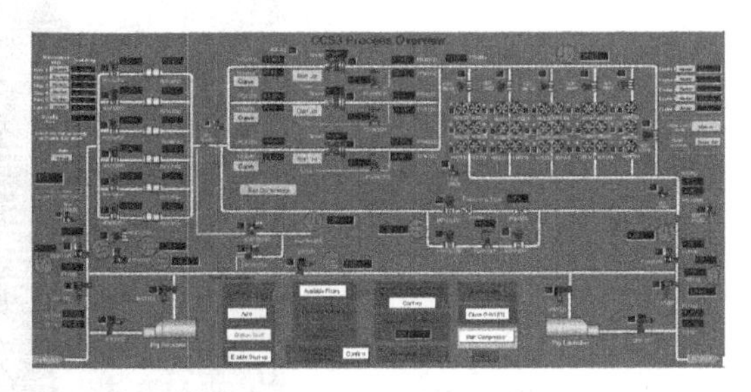

图 3 一键启站流程总览图

2.3 压缩机组按需顺序自动启动

压缩机组根据设定优先级及总启机台数顺序启动直到按需完成机组总台数启动，否则提示启动失败，程序逻辑跳转到顺序控制开头以备处理完设备故障后顺序启动流程再次激活。图4是压缩机组优先级及总启动台数设定界面。压缩机组启动成功后，根据设备的进出站压力设定值进行压力调节和负载分配调节。图5是远程HMI设定进出站压力界面，该界面亦可对压缩机组手动转速调整，手动启停、参数监视等。

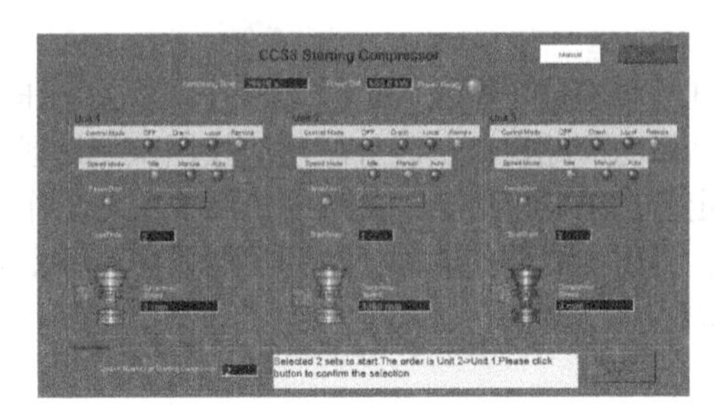

图4　压缩机组优先级及总启动台数设定界面

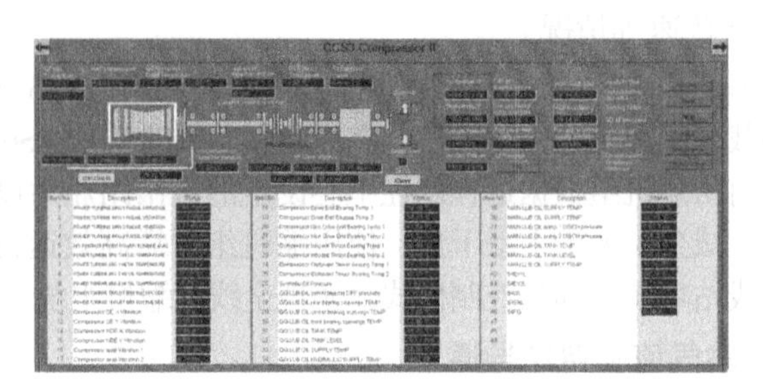

图5　远程HMI设定进出站压力界面

2.4 压缩机组关键参数远传

为了在调控中心能够更好的监控现场设备的运行状态，需要对各设备本身的控制系统的数据和通信接口进行扩展，如果无法实现重要数据的上传，调控中心就无法实现远程设备的操作。在长输天然气管道的压缩机站场，最重要的就是压缩机组的远程操作。中亚天然气管道哈项目经过技术攻关，完成了压缩机组综合监控平台，实现了压缩机组全部参数上传到调控中心。例如通过C#编程语言将压缩机组防喘曲线及工况点在远程HMI上进行绘制(图6)并将全线机组防喘曲线集中显示(图7)，方便调度人员集中查看；将压缩机启机流程节点及所用时间在远程HMI上进行界面开发显示(图8)。

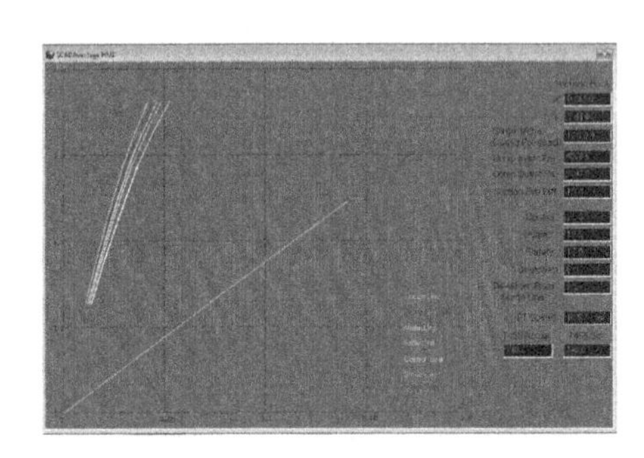

图6　远程HMI开发的压缩机组单机防喘曲线

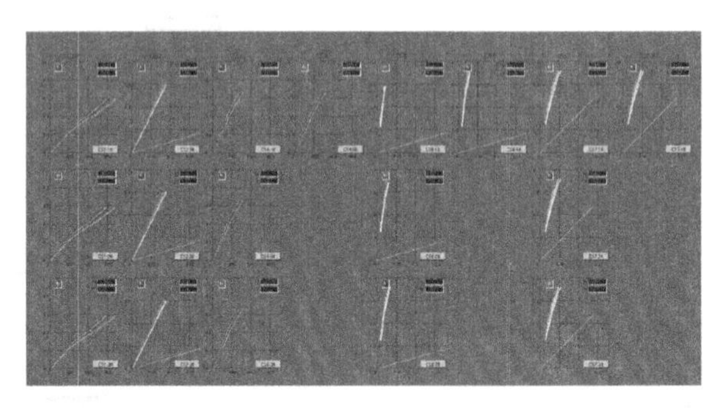

图7　远程HMI开发的全线压缩机组防喘曲线总览图

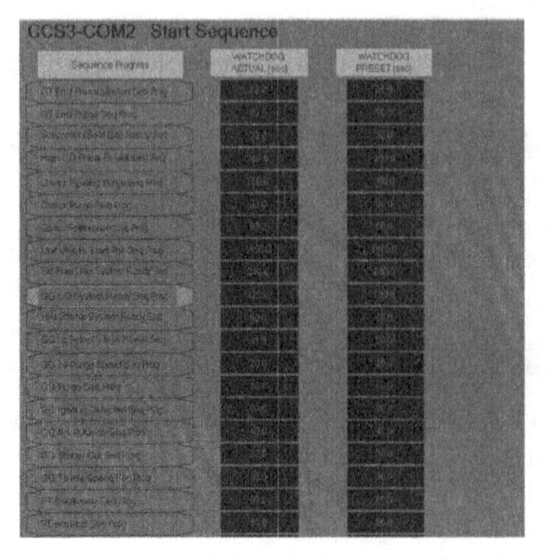

图8　远程HMI开发的压缩机组启机流程节点图

3 结束语

长输天然气管道实现远程一键启站是一种先进的管理模式，借助于当前的信息化技术等技术方案，是完全可以实现的长输天然气管道的一种运行管理方式，也是强化管道建设运行管理水平提升，从专业化能力上保障按期建成世界一流水平国际化管道的要求。

中亚天然气管道哈萨克斯坦项目经过前期的技术方案研究和技术改造，已经实现了部分站场的远程中心控制，实现试点站场 CCS3 站一键启站测试。在实施中的一些技术方案和经验也值得其他项目借鉴。如果要实现远程一键启站控制，SCADA 系统、现场压缩机组、燃气发电机组等设备必须满足远程自动控制技术要求，现场工艺信息传达必须能够准确及时，其次对于人员素质也有一定的要求，调控中心人员必须能够掌握压缩机组等运行特性和操作流程。

参 考 文 献

[1] 王振声，董红军，张世斌，等．天然气管道压气站一键启停站控制技术[J]．油气储运，2019，38(09)：1029-1034.

[2] 张世斌，赵国辉，张舒．盖州压气站站控系统与压缩机组控制系统的融合[J]．油气储运，2020，39(09)：1026-1030.

[3] 王怀义，杨喜良．长输天然气管道压缩机组远程控制系统设计[J]．油气储运，2016，35(12)：1360-1364.

虚拟化服务器技术在LNG接收站控制系统的应用

兰奇发　麻荣武　付　蕾

（国家管网集团深圳天然气有限公司）

摘　要　现代计算机技术发展迅速，硬件及软件平台不断更新换代。现在工业控制系统的计算机应用以安全稳定为首要目标，所用控制系统硬件和软件迭代速度较为缓慢；这就导致如下后果：

一是控制系统与同时代计算机软硬件设备兼容性变差，反映在系统软件不断优化升级，但保持相对架构稳定，对计算机硬件需求也相对变化不大，但随着计算机技术发展，控制系统运行在稳定的上一代计算机硬件平台，已渐渐退出市场甚至开始出现无法运行于新的高性能计算机上。

二是计算机厂商不在提供老型号计算机硬件及技术服务，导致控制系统老计算机升级替代后，无法得到最优计算机硬件，导致系统运行于不稳定的新系统上，出现安全生产隐患。

控制系统服务器平台采用虚拟化服务器技术，利用高性能计算机服务器搭建全新虚拟化平台，将现有控制系统通过虚拟化升级，实现虚拟平台和现实设备硬件接口适配兼容，让服务器、操作站、控制单元等各终端用户共享平台资源。提升了资源利用率，减少控制系统对计算机硬件需求依赖，避免了设备失效时因技术迭代引发的技术和安全技术风险。

虚拟化服务器应用技术在接收站控制系统应用后，提升了资源利用率、优化网络性能提升、减少计算机需求，改变了传统设备管理模式。当然，虚拟化服务器技术还处理快速发展阶段，还有风险存在，虚拟化服务器虚拟化发展将成为降低运行成本，以及实现资源整合的必然趋势。

关键词　虚拟化服务器；高可用性；云技术；升级迭代

1　项目背景

1.1　项目控制系统情况

国家管网集团深圳天然气有限公司集散控制系统（简称“控制系统”）于2015年调试运行投用，控制系统计算机硬件包括如下系统服务器、安全仪表系统服务器、现场仪表管理服务器、实时数据服务器、操作员站。其中，服务器操作系统为Windows Server2008，操作站操作系统为Windows7；控制系统为运行在微软系统服务器平台上霍尼韦尔EPKS。

2015年控制系统从调试后投入运行，系统服务器高负荷不间断持续运行，由于计算机硬件设备逐渐老化，已多次出现磁盘故障，但配置要求相当的服务器已停产无法采购。

1.2　面临的问题和困难

2021年，按照控制系统实施运行维护需要，计划更换现有部分服务器和工作站，但市场上已无法采购到符合同等配置的计算机硬件，特别是现型号计算机硬件备件已停产和厂商停止技术支持服务，包括操作系统软件技术支持。无法实现安全性补丁和系统修补性更新，控制系统的平稳运行面临硬件无备件服务、软件无技术支持的状态，存在随时因故障有宕机的技术风险。

此外，服务器和操作站等设备长达8年多长时间运行后，计算机设备性能下降，CPU资源占用率过高，安全性逐渐降低。经调研发现，通常来说，控制系统的应用软软件主要采用经过市场验证安全性和稳定性最好版本，并运行在主流计算机操作系统环境中；随着计算机技术发展，计算机硬件和新版本操作系统不断更新换代，为新计算机应用开发的控制系统软件开发推广还相对滞后，尽管部分企业控制系统全新版本应用也退出，但还在优化升级迭代中，在工业领域全面推广应用范围还比较有限，需要不断完善中。

鉴于以上问题，当前控制系统维护面临既要考虑系统安全性和稳定性，又要解决好当前设备应用限制，并兼顾控制系统长期运行维护经济性，减少系统风险，保障企业安全生产平稳运营。

2　主要目标和实施方案

为了解决控制系统、计算机平台软硬件匹配稳定性和兼容性问题，且控制升级改造应兼顾技术可靠、可行性高和窗口期短的特点，确保升级期间安全生产平稳。经过多次论证研究，结合当前虚拟化成熟应用成果，现有霍尼韦尔控制系统具有虚拟化服务器应用的先天基础条件，有效解决系统软和计算机软硬件技术发展强关联问题，也提供未来更灵活的设备升级方案，节约成本，提高系统安全性。如果采用传统物理机方案，新计算机硬件和控制系统需要同步升级改造，软件和硬件成本高昂，除保留部分利旧设备外，等同于新采购一套新控制系统，依然面临后续二次控制系统设备受制于计算机软、硬件发展不同步的限制。因此，虚拟化服务器方案化解了未来计算机和控制系统之间软件、硬件升级带来的技术匹配风险，还可大幅节省系统运维和投资成本。

将控制系统服务器、操作站采用基于VMware_ ESXi软件的高可用性虚拟化服务器系统，将未来控制系统迭代与计算机硬件升级的需求分离。以虚拟化应用平台作为控制系统运行的基础应用平台，后续可以根据需要分别更换计算机服务器平台硬件或控制系统硬件，实现局部按需维护升级，硬件配置简单需求，最优化资源配置应用。

现有控制系统计算机平台采用虚拟化技术，可在虚拟化平台运行的物理计算机终端为包括冗余服务器、操作站、病毒服务器和实时数据库管理系统服务器。而在虚拟化技术应用方案中，现有设计应将也应全部进行升级，确保支持虚拟技术应用接口，所有操作站终端仅提供远程登陆终端，操作站运行应用均由虚拟服务器完成，对操作站计算机硬件配置要求极为简单，具有远程登录功能即可。

3　主要研究内容

3.1　虚拟化的技术背景和解决的问题

传统X86系列计算机硬件是专门为运行单个操作系统和单个应用程序而设计的，物理服务器基本都采用单一服务器运行单一系统的模式，并运行一个或几个应用程序，有些应用程序甚至是以往遗留下来的无用程序。有些应用程序占用了一台物理服务器，却只利用了服务器很少的一部分资源；因此大部分计算机硬件资源利用率不高，导致计算资源严重浪费，但某些计算机服务器却因匹配不当也可能出现瞬间单机资源不足的情景。每个操作系统的授权与硬件绑定，一台服务器只用一个授权，也增加了版权的开销。

基于以上现实情形，传统物理架构的操作系统直接安装在物理硬件上，使得整个IT基础架构极为不灵活，特别是在应用部署、迁移时需要耗费大量的时间和工作量；与此同时，软硬件故障对业务连续性也造成较大影响，需要采用较高成本的安全可靠方案来解决。此外，生产扩建、系统扩容等项目使公司机房的服务器数量不断增加，机房负荷(空间、制冷等)也随之增加，但是大多数服务器工作不饱和，个别服务器的资源利用率甚至低于10%，浪费极大。

服务器虚拟化技术，就是能较好解决上述这些问题的重要方式之一。虚拟化技术最早是上世纪60年代IBM公司在大型机系统应用，通过对硬件系统进行逻辑分区，形成若干独立虚拟机，提高了硬件资源利用率。随着 x86 平台上虚拟化技术的实现，x86 平台可以提供便宜的、高性能和高可靠的服务器，一些用户配置的虚拟化的生产环境，他们采用了新的管理工具，这些管理工具随着虚拟化技术的发展得到不断改进和优化。

3.2 虚拟化技术的基本架构、工作机制和优势

虚拟化是指：计算计元件是在虚拟的基础上而不是真实的物理基础上运行，如：CPU 的虚拟化技术可以将单一 CPU 模拟多个 CPU 并行，这样让 CPU、内存、磁盘、I/O 等硬件变成可以动态管理的“资源池”；允许一个平台同时运行多个不同的操作系统，并且各应用程序都可以在相互独立的空间内运行而互不影响；一台服务器变成了几台甚至上百台相互隔离的虚拟服务器，每个虚拟服务器都可以共享同一台物理机的资源。因不同的虚拟服务器可以在同一台物理机上运行不同的操作系统以及多个应用程序，从而显著提高计算机的工作效率。

服务器虚拟化摆脱了传统的一对一体系结构模式，使多个物理服务器组成资源池，多个操作系统以虚拟机方式运行在资源池上，可以使 X86 服务器释放强大的潜能。虚拟化技术可以扩大硬件的容量、简化软件的重新配置过程，是一个简化管理、优化资源的解决方案。

随着互联网技术阿里云、腾讯云、百度云和华为云等云计算业务不断普及，推动了计算机信息时代革新，这些云技术应用依托于虚拟化服务器技术，将资源进行集中，根据客户需要进行精确分配和科学管理。

3.3 虚拟机、虚拟平台、虚拟基础架构以及虚拟化的工作原理

3.3.1 什么是虚拟机

虚拟机是一种高度隔离的软件容器，它可以运行自己的操作系统和应用程序，它与真实物理计算机性能完全一样，它的行为完全类似于一台物理计算机，它包含自己的虚拟(即基于软件实现的)CPU、RAM 硬盘和网络接口卡。

由于虚拟机与物理机之间没有“软件逻辑”差异，操作系统、应用程序和网络中的其他计算机无法分辨虚拟机与物理机的差异，也没必要分辨；即便虚拟机本身也认为自己是一台“真正的”计算机。

由于虚拟机完全由软件组成，不含任何硬件组件；因此，虚拟机具备物理硬件所没有的很多独特优势，虚拟机为可视为被虚拟化了的应用计算机，结构如图 1 所示。

3.3.2 什么是虚拟化平台

虚拟化平台改变了传统计算机硬件和平台应用结构(即硬件、操作系统、应用软件等层次)，把计算机操作系统从硬件中分离出来，在硬件和操作系统之间虚构一层或嵌入一套高度精简应用软件层，被称作 Hypervisor(管理程序)。

Hypervisor(管理程序)是一个具有完整的 X86 平台支持特性，支持一个或多个操作系统，且占用很小系统资源，具有高效配置计算机资源和应用资源能力，因其虚拟存在于硬件和应用间被称作虚拟机，如图 2 所示。

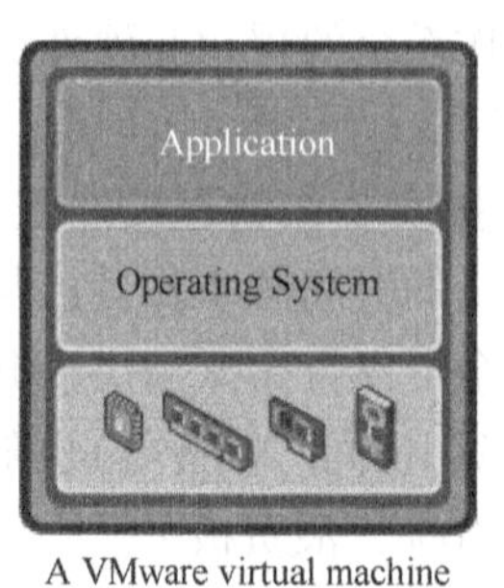

图 1 虚拟机结构

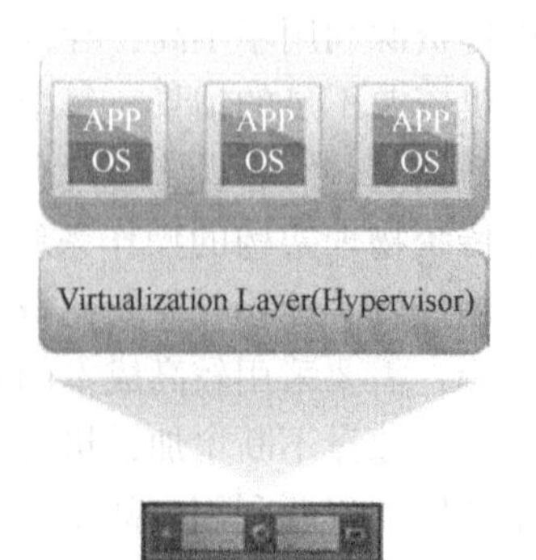

图 2 虚拟化平台

3.3.3 什么是虚拟基础架构

基于前述虚拟技术的基础，可构建一套软硬件虚拟机基础架构，在此架构内实现多台计算机共享物理资源；还可在多台虚拟机之间共享单台物理机的资源以实现最高效率，这样在多个虚拟机和应用程序之间实现资源共享，将基础架构的物理资源动态映射到应用程序的驱动内。

在 X86 服务器架构虚拟应用中，X86 服务器与网络和存储器聚合打造成一个统一的 IT 资源池，供应用程序根据需要随时使用，基础架构模型如图 3 所示。

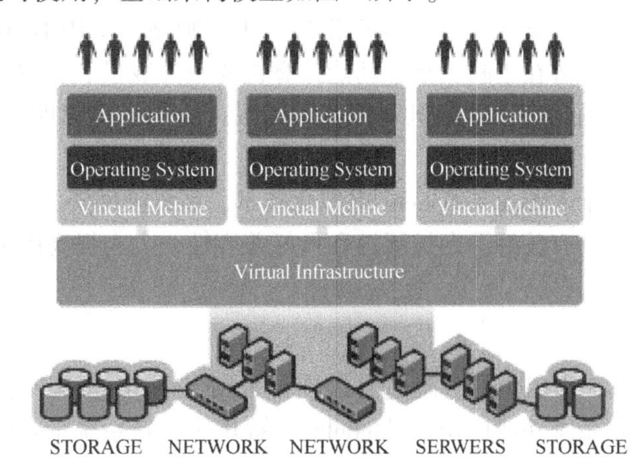

图 3　虚拟基础架构模型

3.3.4 虚拟化的工作原理

1. 构建虚拟机

VMware 虚拟化平台是基于成熟应用并具有商业化的体系结构构建的，其中 VMware vSphere 和 VMware ESXi 等软件可对基于 X86 的计算机的硬件资源(包括 CPU、RAM、硬盘和网络控制器)进行转变或“虚拟化”，以创建功能齐全、可像“真实”计算机一样运行其自身操作系统和应用程序的虚拟机。

2. 管理虚拟机

每个虚拟机都包含一套完整的操作系统，不存在相互潜在冲突。VMware 虚拟化应用的工作原理是直接在计算机硬件或主机操作系统上面插入一个精简的应用软件层，该软件层包含一个以动态和透明方式分配硬件资源的虚拟机监视器(或称“管理程序”)，多个操作系统可以同时运行在单台物理机建立在虚拟化应用平台，彼此之间共享硬件资源。

3. 运行虚拟机

由于整台计算机(包括 CPU、内存、操作系统和网络设备)是被封装起来的，因此虚拟机可与所有标准的 X86 操作系统、应用程序和设备驱动程序完全兼容，同时在单台计算机上安全运行多个操作系统和应用程序，每个操作系统和应用程序都可以在需要时访问其所需的资源。

4. VMware vSphere

通常情况下，VMware vSphere 可将数百台物理机和存储设备互连在一起进行扩展，构建成完整的虚拟基础架构，不需为每个应用程序永久性地分配服务器、存储空间或网络带宽。虚拟架构中平台硬件资源会根据需要在设备云内部动态分配到所需的空间位置。按照优先级高低获得资源，优先级高的应用程序总是能得到所需的资源，其它资源可进行灵活调配用于配置高峰时期偶尔使用的应用。将该设备云连接到公有云以创建一个混合云，提供灵活性、可用性和可扩展性。

3.4 通过虚拟化管理工具可以方便管理虚拟机，和多种应用程序和基础架构服务。VMware 不但可以提高服务可用性，同时还能摒弃容易出错的手动任务，可以更有效率、更有成效地实现集中管理，霍尼韦尔控制系统的虚拟化应用与其它厂商虚拟化应用具有一定差异性。

(1) 技术路线。现有成熟虚拟化技术包括服务器虚拟化、存储虚拟化、网络虚拟化、应用虚拟化，知名虚拟化厂商有 Citrix、IBM、VMware、微软等。在商用应用服务器虚拟化领域，VMware 占有的市场份额最大，旗下 vSphere 产品占有了服务器站据 2/3 以上，为各工控技术应用领域提供优质、安全的应用保障。

（2）控制系统虚拟化应用虚拟化应用方案是将大量计算机的应用程序予以集中管理，以"云"服务的方式为各类精简人机界面提供应用服务。

（3）控制系统虚拟化服务以"虚拟机服务器"集中管理各类操作站及工程师站的应用程序，以更精简的功能简单瘦客户端取代复杂或高配置的操作站及工程师站，采用 HTML/XML 技术获取虚拟服务器应用资源。这样做的优势在于减少复杂功能计算机的硬件数量和配置需求；降低操作系统和硬件的快速变化而带来的影响，延长计算机硬件使用期限；简化系统管理；提高可用性和可靠性，以及实现快速灾难恢复能力。

（4）虚拟化平台对依托于 VMware vSphere 虚拟化技术，系统硬件资源占用少，实现服务器进行整合，对系统依赖性不强，具有较好平台扩展性和良好兼容性，大大提高服务器资源的使用率。

4 项目应用

霍尼韦尔控制系统 EPKS 虚拟化平台改造升级项目采用 VMware 框架下搭建，系统运行于高性能服务器上，实现现有控制系统功能应用提升的同时，提供了全新系统平台内设备管理模式。

4.1 方案介绍

（1）本项目霍尼韦尔控制系统虚拟化平台升级后，现有 EPKS 软件版本升级为支持虚拟化应用新版本，并将现有控制系统控制器、IO 模块和交换机等支持虚拟化应用插件更新，新版本控制系统组态人机界面更友好，系统组态应用功能更加丰富。EPKS 控制系统虚拟化技术，降低访问端计算机硬件的要求，搭载虚拟化平台高性能服务器对虚拟管理软件要求不在苛刻，从而降低 WINDOWS 操作系统不断升级和计算机硬件升级换代对整个控制系统带来的升级压力，常见架构如图 4 所示：

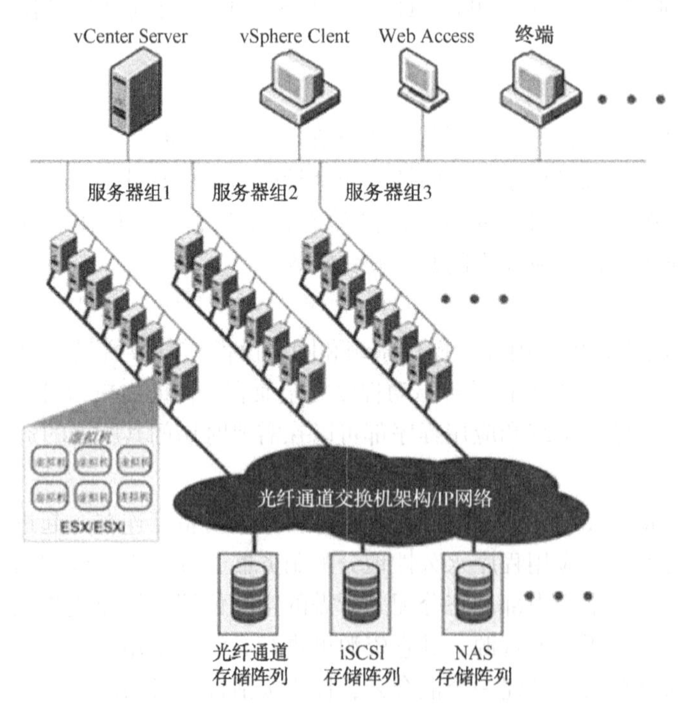

图 4 控制系统 VMWARE 虚拟化平台结构

（2）在控制系统控制网主干网上配置冗余应用服务器 SVRA/SVRB 和管理服务器 vCenter；在应用服务器内新建了独立于控制网络主干网的虚拟化管理网。网络交换机、串口服务器等网络设备也更换为支持虚拟化应用设备，光电转化器等单一物理功能设备除外。

（3）实时数据库服务器的软件也升级为支持虚拟技术版本，实现控制网管控内外部数据交换，现有网络安全设备布局基于边接防护，不参与系统内部数据应用处理配置不变；防病毒服务器与虚拟化管理服务器共用，采用网络扫描查毒监控与外部网络隔离配置。

（4）新虚拟服务器硬件均选用机架式安装，利用 KVM Switch 集中管理，通过带屏蔽功能网络线将控制系统和操作站等终端进行有线连接；新系统选用支持虚拟化平台应用管理型高性能交换机。

（5）在现有控制网络为容错以太网上更新配置带双屏显示器瘦客户端作为操作站，提供操作员监控所有流程图画面以适应新显示器分辨率。控制系统配置 F 站（Flex Station）和 C 站（Console station），数据采集操作均与原控制系统保持一致，即 F 站只能从服务器读取数据，C 站可以直接和控制器进行数据交换。

（6）现有控制系统进行虚拟化升级后，组态软件需要进行版本适用性修正和检查。

4.2 虚拟化平台架构

新控制系统虚拟化架构平台集群，优化了现有硬件计算机数量和布局。在集群中布局 2 台应用服务器和 10 台终端操作站，虚拟服务器计算机为高性能配置服务器硬件，中央处理器为 36 核 CPU，128G 内存，2T 存储，搭建的虚拟集群平台创建 2 台虚拟化应用服务器，控制系统两台冗余服务器由两台不同虚拟化应用服务器承载，实现物理冗余和逻辑冗余双重配置。

4.3 服务器资源利用

虚拟化平台下应用服务器和系统服务器的资源利用率，均得到大幅提升。传统结构冗余服务器的中央处理器 CPU 运行效率超过 60%。虚拟化平台应用服务器分配给冗余系统服务器的中央处理器 CPU 运行效率降为 40%左右，CPU 运行内存不大于 45%，服务器运行更为稳定和经济。

虚拟化应用服务器平台中央处理器约 CPU 中央处理器 CPU 运行效率约为 40%左右，CPU 运行内存不大于 20%，计算机设备运行负荷优化效果明显。

从监控指标对比，虚拟化平台系统在高性能服务器加持下，处理器运行负荷大大降低，既有体现系统资源统一配置下最大化应用，又体现新平台优化后对计算机资源需求有所降低。

4.4 网络管理优化

虚拟服务器分为两层网络结构，管理网络和业务网络；管理网络用于虚拟化平台的集中管理，具备监视虚拟服务器的运行状态，优化虚拟机配置，管理虚拟机网络流量等功能；业务网络仅通行生产数据，数据流更加安全和高效。

管理网络和业务网络在物理层面隔离，通过配置，在虚拟服务器建立不同的上行链路组，并分配至对应的物理网卡，实现业务网络和管理网络的物理隔离。虚拟服务器可以通过 Web 登录并管理，无需单独安装软件，可在管理网络的电脑进行登录和管理，更加方便管理和维护，典型网络拓扑如图 5 所示：

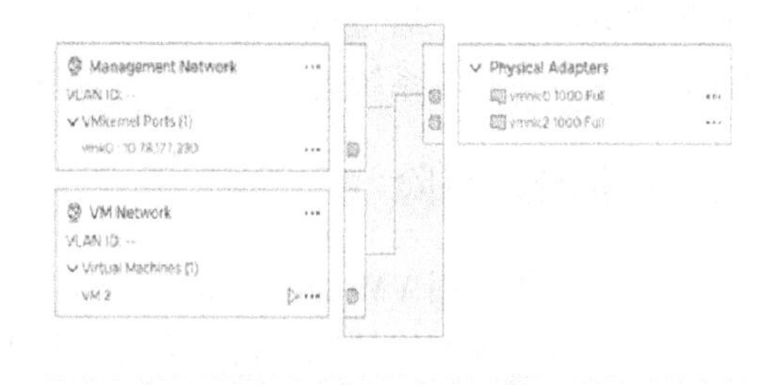

图 5　典型网络拓扑图

4.5 设备管理

虚拟服务器硬件型号统一，易于维护和后期升级。服务器具备良好的拓展性，根据生产需要可以针对性升级处理器、存储和内存等硬件设备，极大提升了设备使用周期设备管理灵活性。规避了因系统使用年限过长，导致难以采购物理备件的问题。新服务器均为机架式安装，规格一致便于集中管理。

5 经济效益与社会效益

5.1 经济效益总体分析

由于虚拟化打破了操作系统和硬件的必然联系，不需再担心旧系统的兼容性问题，更不必担心由升级引起的维护和业务中断等一系列问题，后续控制系统软硬件可以不再需要持续升级，现有控制系统应用软件也可以不进行升级，仅需更换部分成本较低的计算机硬件。

虚拟化平台升级改进后，控制系统减少了多台高性能物理计算机的能量消耗，降低了计算机维护工作量和能耗；还可有效降低运营维护成本。

5.2 经济效益分类

5.2.1 设备数量少、减少投资

虚拟化服务可大幅度减少高配置计算机的数量，只需要配置数量较少的高性能计算机，系统和网络的结构也相应简单化了，降低了硬件成本。

通过服务器整合控制和减少物理服务器数量，明显提高了每个物理服务器的资源利用率，从而降低运营和维护成本，同时计算机能耗降低。

5.2.2 运营效率高，可用性好

新服务器和应用的部署，大大降低原型服务器重建和应用加载时间，服务器资源充足，大大加快操作等应用的响应速度，硬件维护和升级更加方便，且维护工作更为简单。在需要系统升级或迁移时，其速度更快，风险更低。不需要象以前那样，硬件维护需要数天/周的管理准备和1~10小时的维护窗口，现在可以进行快速的硬件维护和升级，也简化了变更管理。

这样可以主动地提前规划，对业务和应用的需求响应快速，不再象以前那样需要长时间的技术研讨和数据测试。

5.2.3 集中管理，节约空间

将物理服务器虚拟化为虚拟服务器后将虚拟服务器看成是一个独立运行的软件来维护，通过软件管理虚拟服务器的全部硬件设备，外部终端设备占用安装空间少，不需在不同地方进行维护。

5.3 经济效益计算

控制系统服务器虚拟化升级后，预计未来15年内不需要进行控制系统升级，节省了多次控制系统软硬件升级费用。通过虚拟平台，实现了控制系统软件和计算机硬件之间强关联状态的分离，减少计算机硬件对控制系统的影响，提升控制系统安全性和可靠性。

6 关注虚拟化的风险

控制系统升级采用VMware vSphere虚拟化平台，能够提供一个可靠、高效、灵活的运行平台，但从技术路线选择和实施情况分析也有适用性及风险。

6.1 失效风险

虚拟化的架构中把多个应用放到一到两台服务器上，虽然能实现故障自动监控，且一旦出现重大硬件故障时有自启动保护功能，但也可能会短时间影响到多个应用，这种风险是存在的，化解风险的方案是冗余配置服务器，在虚拟化环境中也要实现双机热备，提高可靠性。备份恢复服务器可对重要系统按照自定义备份计划进行备份，创建镜像，当系统出现问题时可以通过EBR系统快速恢复服务器至正常状态，减少故障时间，保证生产的正常运行。

6.2 兼容性需求高

虚拟化并不能和所有的应用程序或者所有硬件协调工作，比如有些应用要直接访问硬件资源或者特定的硬件加密时，只能采取比较特殊的办法处理，减少一些虚拟化的特性加以解决。

6.3 系统开发难

控制系统虚拟化有一定的技术门槛，虚拟化对软硬件和网络匹配的要求较高，换而言之，不是所有的系统均支持虚拟化，也不是支持虚拟化后就具备稳定运行条件。需要控制系统供应商的软件成熟度达到一定水平，细节匹配技术上有熟练的经验积累，防止出现技术风险叠加，不同 LNG 接收站控制系统，需要仔细评估虚拟化技术应用的可行性。

7 结束语

Vmware 框架中的服务器虚拟化技术能够很好地提高应用服务器的运行效率、稳定性与便捷性，让服务器资源能够有效地分配，实现工业控制技术多台终端对于服务器运行的需求，并最大化降低其维护、运行成本。虚拟化技术是一种新的技术手段，可以帮助企业提高应用服务器资源的有效利用，物理环境虚拟化是未来计算机发展的趋势，也是计算机控制系统的发展方向。

参 考 文 献

[1] 汪 蔓 . VMware 服务器虚拟化技术研究 . 电脑知识与技术，2014(8).
[2] 秦萍萍 . 虚拟化技术在装车自控系统中的应用，2021.(4).
[3]王钰 . 服务器虚拟化安全风险及防范措施[J]. 信息技术与信息化，2019，229(04).
[4] 蒋煌火 . 服务器虚拟化技术在企业信息化中的应用[A]. 电力行业信息化年会论文集[C]. 2016.
[5] 刘孙发 . 基于虚拟化技术的服务器端数据整合系统设计研究[J]. 现代电子技术，2020(2).

LNG 接收站特殊作业安全管理创新应用探索

王　堃　吕志军　唐清琼

（国家管网集团深圳天然气有限公司）

摘　要　针对 LNG 接收站检维修作业风险高、安全监管难和监管人员不足的痛点，结合 5G 专网技术、AI 技术、数据集成技术、云平台技术，通过数字化手段实现风险作业过程全线上审批、全过程监管、全态势感知，全流程智能管控，提升作业现场本质安全水平。

关键词　安全管理；作业许可（PTW）；检维修；数字化；智能化

一座 LNG 接收站每年高风险作业达 800 余项，作业管控存在极大的风险，传统的人力手段，无法做到毫无疏漏，无法保障作业现场本质安全。安全生产一票否决，特殊作业安全是关键环节。一张动火票 8 个问题，给各家企业敲响了警钟。加快推进数字化转型是“十四五”时期建设网络强国、数字中国的重要战略任务。通过建设泛在智联的数字、智能基础设施，借助关键环节全过程监控、全方位监管、全态势感知，实现核心业务数字化，提升特殊作业安全管控水平，确保生产安全稳定是核心需求。

1　安全生产业务痛点及解决思路

1.1　业务痛点

1.1.1　风险作业过程现场缺乏有效监管

当前接收站、场站人力不充足，对所有的作业现场无法都做到实时、准确地获取现场实际情况，远程交流手段不足，且信息传递不全面。尤其对于作业现场的突发或异常状况，无法及时获取现场的实时准确信息，响应周期长，不利于问题的快速解决。

1.1.2　许可证审批耗时长，效率低

风险作业许可证申请流程当前全线下纸质化处理，许可证填写、审批流程耗时较长，审批流程通常耗时 2~3 小时。

1.1.3　流程进展无法实时可视

维检修流程涉及计划制定、方案制定、JSA 分析、安全技术交底等多个环节，当前所有环节均是线下管理，无法实时体现接收站整体计划情况，不便于整体维检修工作效率。

1.1.4　具体措施制定依靠经验

当前在进行详细的作业风险识别、安全措施制定时，不同员工制定的具体措施可能存在差异，人为自选动作较多，导致有时风险识别不完全，安全措施不到位，存在作业安全隐患。

1.1.5　作业记录易遗失

风险作业的各类档案当前均为线下存档，导致存档分散，不利于作业过程回溯查询，且难以形成知识经验库。

1.2　解决思路

针对以上痛点，通过 IT 系统规范作业人员的标准动作，提升了本质安全水平和工作效率。将 5G 专网技术、AI 技术、数据集成技术、云平台技术等新一代信息技术在危险化学品领域与安全管理深度融合，推进危险化学品安全治理体系和治理能力现代化。

2　安全作业管理平台介绍

2.1　整体架构

安全作业管理平台整体架构包含数据采集层、数据传输层、数据存储及处理、软件和算法、应

用界面。详见图 1。应用界面提供 PC 端、APP 手机客户端、IOC 大屏等，供用户访问和使用安全作业管理平台，包含维检修数字化指引、作业许可证审批管理、风险作业过程现场监管等应用。

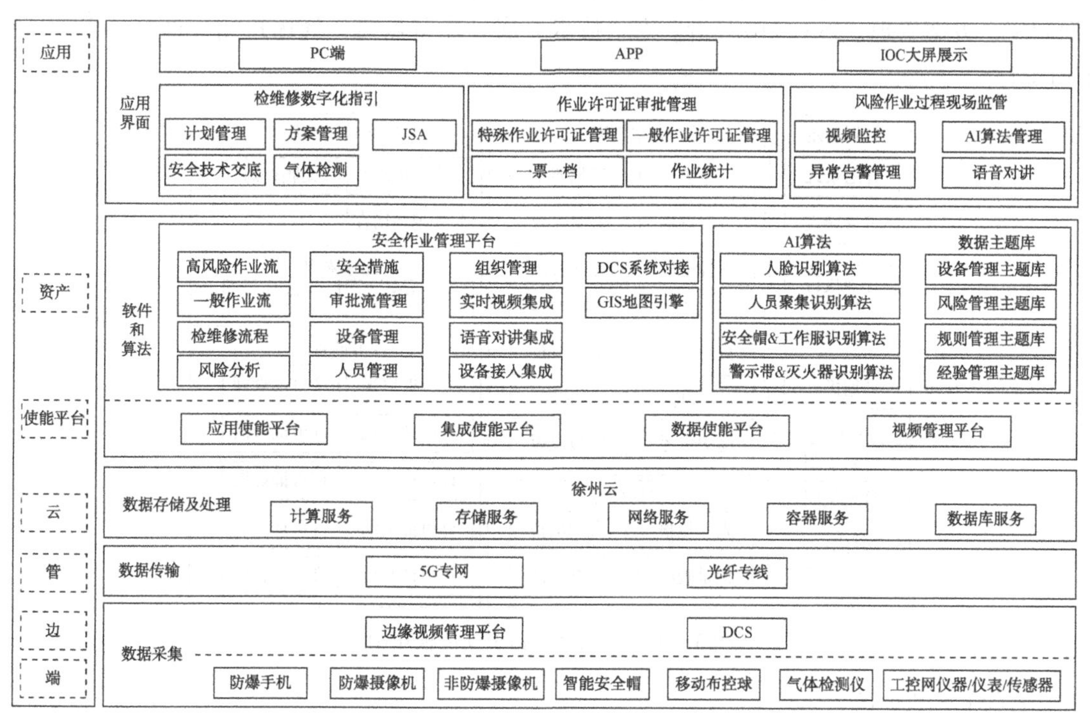

图 1　平台整体架构

2.1　系统功能概述

安全作业管理平台包括四个方面系统功能：维检修数字化指引、作业许可证电子化管理、风险作业过程现场监管、三维可视化展示。通过这四个系统功能，实现作业管理的标准化程序化，现场监管的智能化开放化和专家经验可沉淀可积累，见图 2。

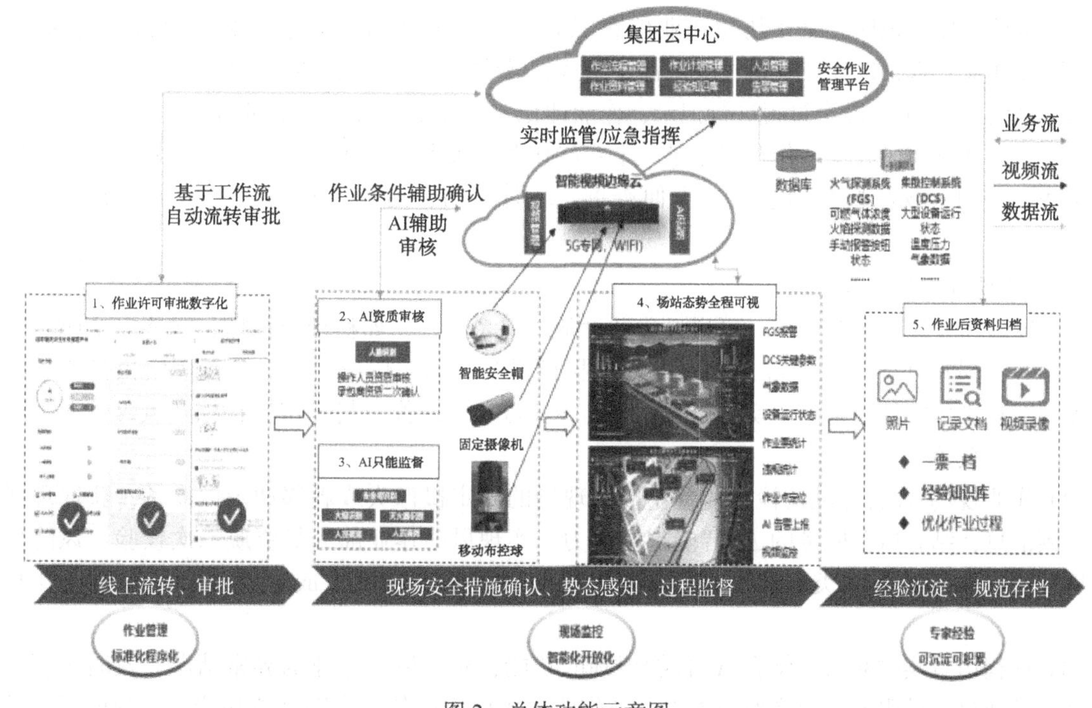

图 2　总体功能示意图

2.1.1 检维修数字化指引

通过维检修流程数字化，提升维检修流程的处理效率与许可证的填写及审批效率。功能模块包括计划制定、方案管理、JSA 风险分析、安全技术交底、能量隔离、气体检测、许可证管理、计划关闭见图 3。

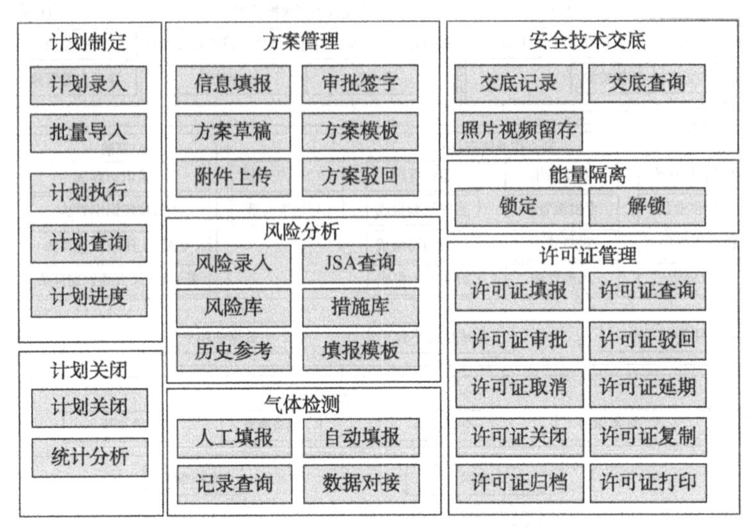

图 3　维检修数字化指引功能模块图

2.1.2 作业许可电子化管理

（1）通过作业过程电子化，实现线上作业许可线上流转，作业的整个流程和进度实时可视、可管、可控。许可证及方案提交后，审批人会收到消息提醒，能第一时间进行审批，保证作业流程快速流转。避免了纸质票四处找人签字，来回奔波，提升作业许可的填写及审批效率。

（2）作业规则智能管控，将规范、标准及安全管理规定等对于作业的要求，信息化、规则化后融入作业前中后流程，实现作业规则、流程和风险管理标准化流程智能管控，确保作业安全、合规进行。

（3）沉淀经验知识库。基于历史作业信息沉淀经验，利用 AI 算法、大数据分析等技术手段，以经验赋能作业管理，以作业丰富经验沉淀，形成持续学习、持续发展的经验知识库。

（4）系统通过 IT 手段全过程进行记录，作业即记录，无法篡改，便于回溯。

（5）生产数据实时共享，作业即记录。平台将作业相关资料打包存档，包括计划、方案、JSA、技术交底、许可、现场影像资料等。方便查询、统计分析，避免了资料缺失，保证了资料的完整性。

2.1.3 作业过程现场监管

（1）风险作业风险实时监控：可通过移动设备的视频输入，如移动布控球、智能安全帽、智能防爆终端等，同时可复用 LNG 场站现有的固定摄像设备，如防爆枪机、非防爆固定摄像头等，完成视频、图片影像文件的采集，实现风险作业的各关键节点影像资料的留底存档及风险作业现场实时监控全过程覆盖。

（2）作业现场 AI 智能辅助检测监督：借助现场的固定摄像头或者移动录像设备，获取现场的实时视频信息，结合后台服务的 AI 智能识别能力，实现风险作业前人员资质二次校验、风险作业中合规性智能识别及异常类智能识别的功能，同时对异常情况可生成告警信息并及时通知相关人员。

（3）远程语音实时对讲：结合 AI 智能识别的功能，对于风险作业的异常情况，及时上报。远程监督人员通过后端服务的语音对讲能力，及作业现场摄像设备的音频外放功能，实现前后方的语音视频通话功能，通过实时语音视频功能完成对现场的纠正指导操作见图 4。

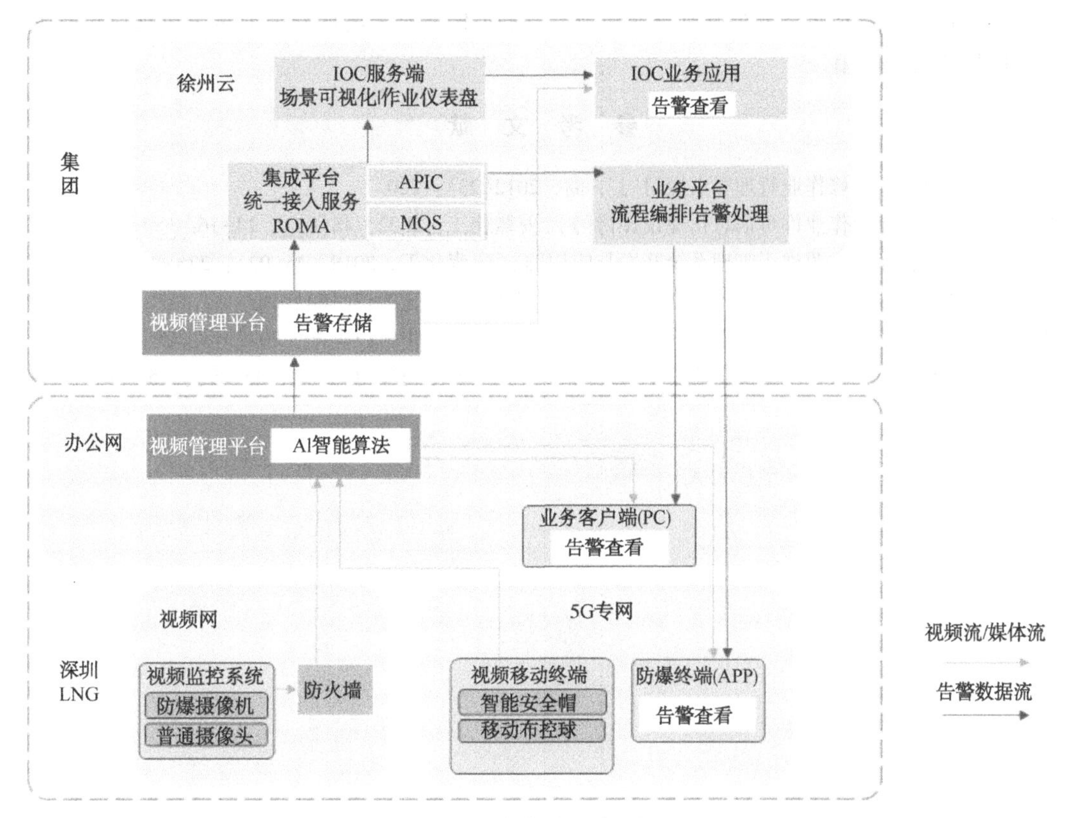

图 4　数据流示意图

2.1.4　三维可视化展示

通过整合流程数据、视频数据、AI 告警数据、作业位置、DCS/SIS/FDS/GDS 的仪器仪表及阀门状态等多维度作业信息，实现风险作业态势感知、安全管理辅助决策与重要作业实时监督。功能模块包括：作业统计、作业合规统计、作业现场视频、作业现场 AI 告警、GIS 引擎、DCS 终端设备状态。领导驾驶舱如图 5 所示。

图 5　领导驾驶舱

（1）风险作业态势感知：展示接收站所辖范围的风险作业的状态、位置分布和现场环境、设备、人员安全状况；

（2）安全管理辅助决策：统计分析安全风险多发的作业类型、作业区域、作业时间，辅助领导及安全管理部门的管理投入及风险预判；

（3）重要作业实时监督：通过作业一张图，一键直达现场，实时连线高风险及重点关注的作业现场，实现安全监督及工作指导。

3　结论

（1）通过安全管理一张屏，实现风险作业远程可视，安全状态一目了然。通过作业数据实时采集和各级数据集成共享，实现风险作业全覆盖。结合实时生产数据、便携智能终端和移动 APP，实现作业过程全流程可视管控。通过数字化手段降低人为自选动作可能出现的问题，降低生产作业风险。加持 AI 算法，实现作业风险智能识别，辅助风险作业可管可控能力。通过一票一档，实现风险作业可管理、可回溯，作业经验逐步沉淀。通过数字化的手段，提升深圳 LNG 场站安全管控水平，降低人员劳动强度，助力管理提升，使远程安全成为可能。

（2）系统平台还需要在实际使用中不断完善，通过不断的迭代优化，让系统变得更方便，更简单，让员工更愿意去使用。

参 考 文 献

[1] 别中正．石油化工检维修作业管理要点探讨[J]. 商，2012(23)：220.

[2] 李远舟．石油化工企业作业许可信息化建设探讨[J]. 安徽化工，2022，48(02)：14-16.

[3] 刘冲．基于风险控制的作业许可管理系统开发与应用[J]. 云南化工，2018，45(02)：226-229.

[4] 王永奎．石油化工企业安全管理平台的搭建[J]. 科技创新与应用，2017(16)：167.

[5] 陈士达．基于人脸识别的石化施工作业许可管理系统研究[J]. 华中科技大学，2022 年第 05 期．

[6] 徐平．AI 智能感知云平台在现场安全监管中的运用[J]. 化工安全与环境．2022，35(09)：15-18.

ALOHA 软件模拟分析 LNG 泄漏事故

董振华　陈　鹏

（国家管网集团深圳天然气有限公司）

摘　要　根据液化天然气（LNG）的物理化学性质及环境因素分析，LNG 泄漏后可能发生泄漏扩散、蒸气云爆炸、喷射火等事故。利用 ALOHA 模拟软件对这事故进行模拟计算，定量得出了事故危害的影响范围。分析结果可做为事故预防及事故应急响应与应急处置提供技术参考，减少事故发生后的人员伤亡和财产损失。

关键词　液化天然气（LNG）；泄漏；ALOHA 模拟软件

随着中国经济的快速发展，能源需求量高速增长，同时，由于对环境保护重视的不断提高，以及天然气的液化加工成本不断下降，液化天然气（简称 LNG）作为高效、清洁的能源，地位日益上升，LNG 接收站建设在国内正处于快速发展中。

LNG 装卸作业过程中存在因设备、管线、阀门的泄漏或破裂而引起的火灾、爆炸等危害事故的风险。目前，针对液化天然气泄漏事故火灾爆炸的研究主要采用数学模型或数值模拟的方法来进行计算。数学模型主要包括气体泄漏数学模型、蒸气云爆炸数学模型、喷射火数学模型等。本文以某 LNG 接收站接卸船作业为例，采用 ALOHA 模拟软件对 LNG 泄漏引起的 3 种常见事故后果进行模拟，定量得出事故的危害影响范围，定量计算结果可为应急救援提供依据。

1　LNG 物理化学性质

LNG 的主要成分是甲烷。天然气在常压、-162℃可液化，液化天然气的体积约为气态体积 1/625。在常压下，LNG 的密度约为 430~470kg/m^3（因组分不同而略有差异），燃点约为 650℃，在空气中的爆炸极限（体积）为 5%~15%。LNG 全容罐是天然气储存方式之一。LNG 属于液化烃，为甲 A 类火灾危险物质。LNG 火灾火焰传播速度较快；质量燃烧速率大（地上和水上燃烧速率分别达到 0.106kg/m^2·s 和 0.258kg/m^2·s，约为汽油 2 倍；火焰温度高、辐射热强；易形成大面积火灾；难于扑灭。

2　LNG 接卸单元事故后果类型分析

液化天然气泄漏到地面上，初级阶段会有剧烈汽化，泄漏后初始气化的汽化气密度大于空气的密度，随着吸热温度的升高，混合物密度小于空气，该气体空气混合物就会整体上升。同时环境空气由于大气湍流将被卷吸进入云团内部，低温的重气云团也会被加热，向正浮性气体（即比空气密度小的气体）扩散转变。

在此过程中若泄漏气体被点燃将可能发生喷射火灾、蒸气云爆炸等事故，事故所产生的热辐射、爆炸超压等将对周边人员及设施产生威胁。

3　软件介绍

有害大气空中定位软件（Areal Locations of Hazardous Atmospheres，ALOHA）是美国环境保护署和美国海洋和大气管理局专门为化学品泄漏事故应急人员及规划和培训人员共同开发设计的 CAMEO 软件中的一个风险模拟程序。它包括一个近 1000 种常用化学品的数据库，这个数据库的信息包括化学品类型、意外事故位置、天气情况(温度、风速和风向)和泄漏源情况(存储物料、泄漏孔尺寸、存储压力)等。利用它能够模拟毒性、可燃性、热辐射和超压等与化学品泄漏而导致毒性气体扩散、火灾或爆炸相关的主要危害，可以快速预测出对人体产生立即健康影响的毒气浓度范围以及可燃性气体爆炸所能波及的范围。ALOHA 采用的数学模型有：高斯模型、DEGADIS 重气扩散模型、蒸气云爆炸模型、BLEVE 火球模型等。目前，ALOHA 已经成为危险化学品事故应急救援、规划、培训及学术研究的重要工具，广泛应用于风险评价和应急辅助决策等领域。

4 场景假设

4.1 事故环境与条件

某接收站 LNG 接卸船作业过程卸料臂预冷不合格，发生 LNG 连续泄漏，泄漏孔的直径分别取 5mm、25mm、100mm；泄漏场地：开放区域；气象条件：风向为 E，风速(2m/s、5m/s、10m/s)；泄漏时间：5min。

4.2 事故情景

(1) 泄漏气体未被点燃，在不同气象条件下扩散。

(2) 泄漏气体扩散过程被点燃，发生蒸气云爆炸事故。

(3)泄漏气体被直接点燃，发生喷射火事故。

5 场景假设

5.1 泄漏扩散

LNG 泄漏扩散是一种非常复杂的扩散问题，影响因素众多。本文进行模拟，主要考虑风速、孔径、泄漏量等因素。

在操作压力和管道直径确定的情况下，泄漏孔径的大小决定了泄漏事故的严重程度。LNG 的泄漏速率主要取决于泄漏孔径大小和管道的操作压力，泄漏量还与泄漏事件直接相关，由于码头工艺系统采用了流量、压力检测与控制技术，同时现场有设置有可燃气体检测仪、火灾探测仪等安全设施，且安排有操作人员值班、巡查，泄漏发生 5min 后就会被及时发现并控制。

根据泄漏模型，在不同泄漏孔径下，计算结果见表 1。

表 1 模型不同泄漏孔径下计算结果

孔径，mm	泄漏面积，cm^2	管道操作压务，KPa	液体密度，kg/m^3	泄漏速率，kg/s	泄漏量，t
5	0.2	2400	445	88.76	2.66
25	4.9	2400	445	2216.31	664.89
100	78.5	2400	445	35506.14	10651.84

由于与环境存在较大的温差，LNG 吸收热量不断蒸发，形成蒸汽云团。由于天然气密度比空气大，本文采用重气扩散模型，模拟 LNG 泄漏扩散过程，并讨论风速、泄漏量对泄漏扩散的影响。

ALOHA 评估根据扩散云团中天然气浓度水平划分可燃区域，浓度分别采用爆炸下限 LEL，50% LEL 和 25%LEL。

5.1.1 不同风速

不同风速下模拟基本参数：开放区域，风向为 E，风速(2m/s、5m/s、10m/s)，泄漏孔径为 100mm。泄漏扩散空间分布如图 1~3 所示。

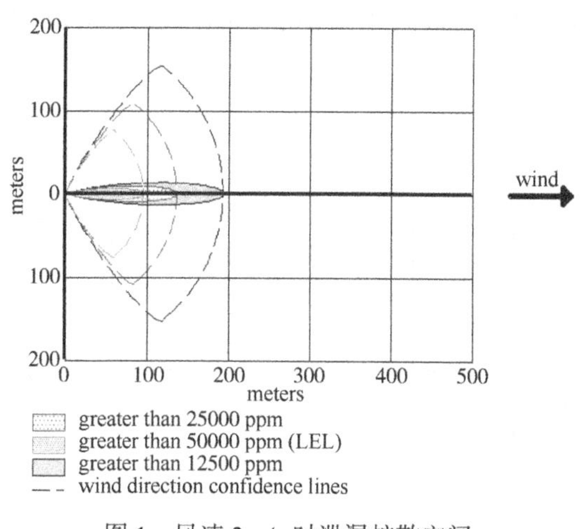

图 1　风速 2m/s 时泄漏扩散空间

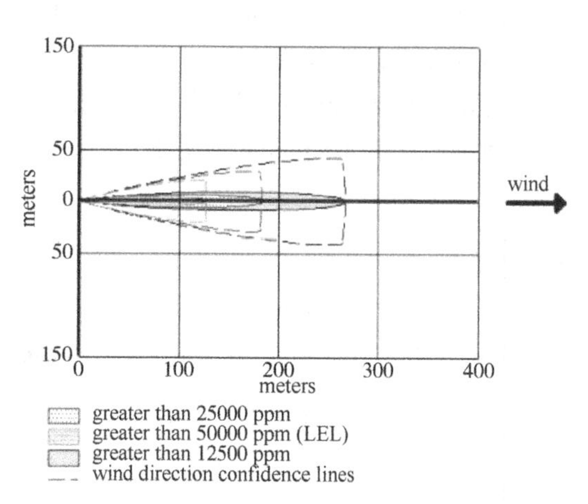

图 2　风速 5m/s 时泄漏扩散空间

由上图分析可知，在给定的浓度范围内，在风速较小时，随着风速增大，天然气泄漏扩散的范围越大；在达到一定风速的时候，随着风速增大，天然气泄漏扩散的范围越小。原因是，风速较小时，天然气受到风的带动作用，风速越大，使天然气更有利于气化释放到空气中。但当风速增大到一定程度时，风速越大，风对云团输送作用越显著，大气湍流时的空气卷吸量增加，云团浓度下降。同时空气的对流换热使云团温度上升，密度减小，在大气中更易扩散。不同风速下 LNG 泄漏扩散浓度范围见表 2。

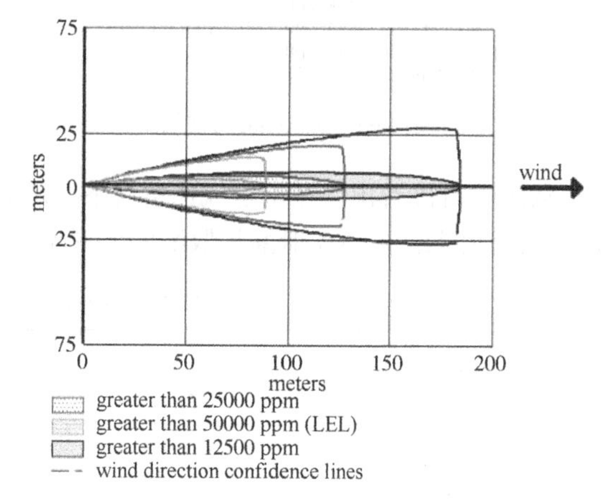

图 3　风速 10m/s 时泄漏扩散模型

表 2　不同风速下 LNG 泄漏扩散浓度范围

天然气浓度	不同风速下泄漏下风向浓度达到最大距离(m)		
	2m/s	5m/s	10m/s
LEL	97	128	89
50%LEL	137	185	128
25%LEL	194	268	185

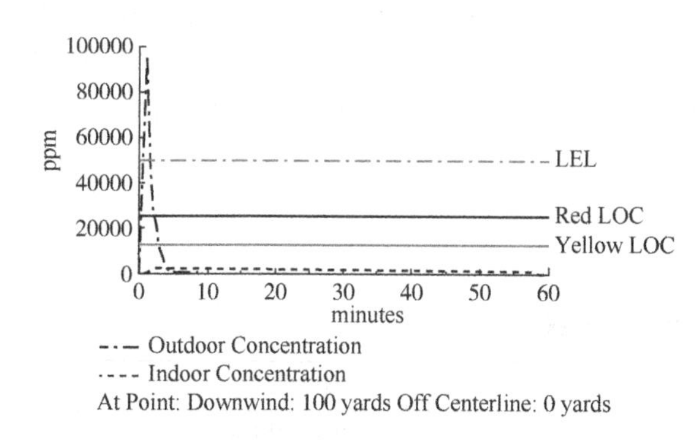

图 4　LNG 泄漏后 1.5min 达到最大值

该位置以 E 向风出现的频率最大，且从资料可知风速 5m/s 到 10m/s 的频率最大，而前面分析可知，在 5m/s 的情况下，泄漏影响范围较大，因此本文选用该风速进行浓度与扩散计算。

从图 4 中可以看出，LNG 泄漏后，下风向轴向方向 100m 处天然气浓度迅速上升到 LEL 浓度，在 1.5min 左右达到最大值。

5.1.2　不同孔径

不同孔径下模拟基本参数：开放区域，风速 5m/s，泄漏孔径（5mm、25mm、100mm）。泄漏扩散空间分布如图所示。

（1）泄漏孔径为5mm的情况下，达到LET(爆炸下限)的最大距离小于10m，达到50%的距离为11m，达到25%的距离为16m。

（2）泄漏孔径为25mm的情况下，如图5~6所示：

（3）泄漏孔径为100mm的情况下：

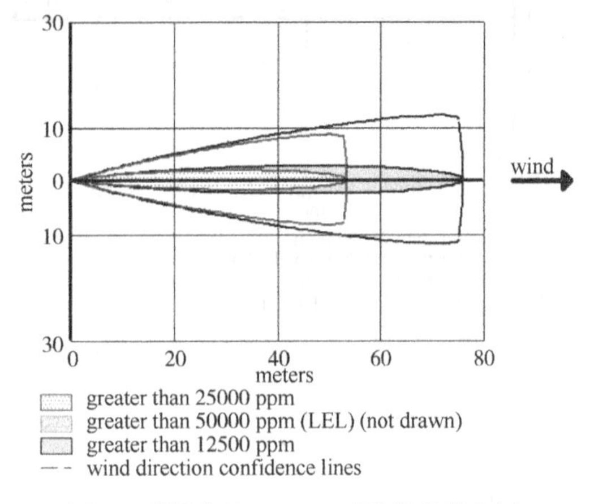

图5　泄漏孔径=25mm时泄漏扩散空间

150
50
0
50
150
meters
wind
0
100
200
300
400
meters
greater than 25000 ppm
greater than 50000 ppm (LEL)
greater than 12500 ppm
wind direction confidence lines

图6　泄漏孔径=100mm时泄漏扩散空间

从图中可以看出，在给定风速情况下，随着孔径的增大，LNG泄漏量增大，其扩散影响范围越大。不同泄漏孔径LNG泄漏扩散浓度范围见表3。

表3　不同孔径下LNG泄漏扩散浓度范围

天然气浓度	不同孔径下泄漏下风向浓度到达最大距离(m)		
	5mm	25mm	100mm
LEL	<10	38	128
50%LEL	11	53	185
25%LEL	16	76	268

5.2　蒸汽云爆炸

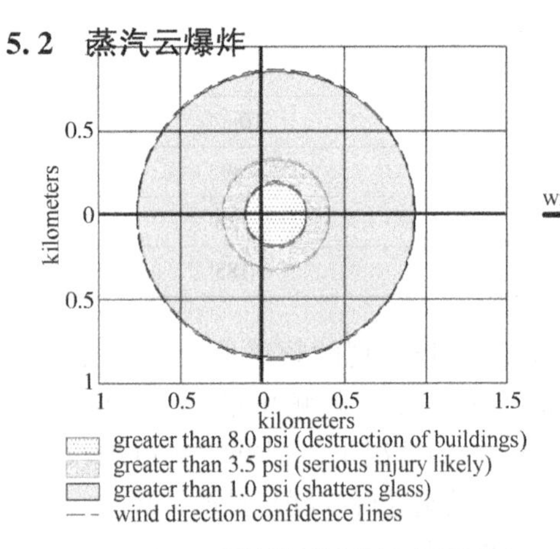

图7　泄漏模型计算影响范围图

蒸气云爆炸是由于气体或易挥发液体可燃物大量快速泄漏，之后迅速与周围空气混合形成大范围的预混气体云团，在一定空间某一时刻遇点火源而发生爆炸。

本文假定泄漏孔径为100mm，泄漏的LNG形成蒸气云团，延迟5分钟点火，泄漏量为10651.84t，对其事故后果进行模拟计算(风速5m/s)。经泄漏模型计算，影响范围图和爆炸事故后果如下图7、表4所示。

表4　喷射火后果影响距离

超压强度(psi)	影响范围(m)	影响后果
>8.0	273	建筑物坍塌
>3.5	413	人员重伤
>1.0	935	玻璃破碎

从以上图、表可以看出，本项目发生泄漏蒸汽云爆炸的导致建筑坍塌、人员重伤、玻璃破碎的半径分别为273m，413m和935m，事发现场的人员和设备将遭受致命伤害和破坏，码头面卸料臂、管道、泊位的船舶等设备设施，在遭受火灾破坏后，很可能发生次生的火灾爆炸等事故。

5.2 喷射火

LNG泄漏后如果未与空气形成爆炸性混合物，遇火源立即点火，则在泄漏处形成喷射火。本文喷射火模拟条件同VCE。经泄漏模型计算影响范围图和爆炸事故后果如下图8、表5所示。

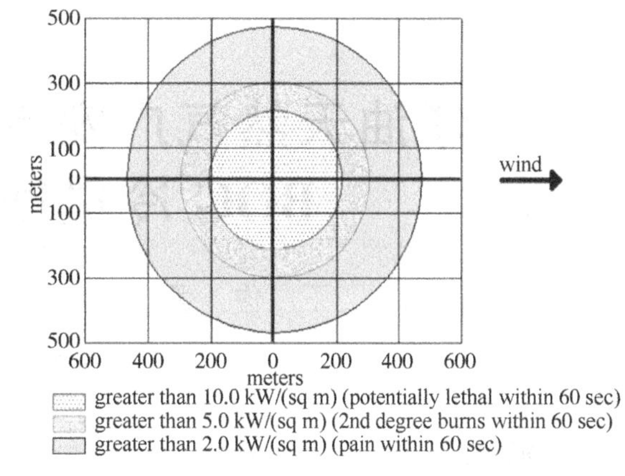

图8 泄漏模型计算影响范围图

表5 喷射火后果影响距离

辐射热强度(KW/m²)	影响范围(m)	影响后果
10KW/m²	219	暴露60秒可能致死
5KW/m²	307	暴露60秒会造成二度烧伤
2KW/m²	475	暴露60秒会约烫有疼痛感

从以上图8、表5可以看出，本项目发生泄漏并导致喷射火的死亡半径、重伤半径和轻伤半径分别为219m，307m和475m，事发现场的人员和设备直接陷于火海之中，遭受致命伤害和破坏，其次是现场周围的人员和设备遭受强烈的热辐射危害。

6 结论

（1）在给定的浓度范围内，在风速较小时，随着风速增大，天然气泄漏扩散的范围越大；在达到一定风速的时候，随着风速增大，天然气泄漏扩散的范围越小。因此应注意对作业现场的风速监控以便采取对应措施。

（2）在给定风速情况下，随着孔径的增大，LNG泄漏量增大，其扩散影响范围越大。因此应注意加强对设备设施维护、保养、检测、监控和人员安全操作的管理，杜绝发生大孔径泄漏。

（3）在假定条件下，LNG从卸料臂发生泄漏并导致蒸汽云爆炸导致建筑坍塌、人员重伤、玻璃破碎的半径分别为273m，413m和935m，事发现场的人员和设备将遭受致命伤害和破坏，码头面卸料臂、管道、泊位的船舶等设备设施，在遭受火灾破坏后，很可能发生次生的火灾爆炸等事故。因此在码头发生泄漏时，泊位前沿的船舶应立即驶离本码头至应急锚地停靠，以免被波及引发次生事故。

（4）在假定条件下，LNG从卸料臂发生泄漏并导致喷射火的死亡半径、重伤半径和轻伤半径分别为219m，307m和475m，均在码头控制区域内，事发现场的人员和设备直接陷于火海之中，遭受致命伤害和破坏，其次是现场周围的人员和设备遭受强烈的热辐射危害。因此在码头发生泄漏并导致喷射火时，泊位前沿的船舶应立即驶离本码头至应急锚地停靠，以免被波及引发次生事故。

参 考 文 献

[1] 宋媛玲，白改玲，周伟，等．HAZOP分析方法在液化天然气接收站的应用[J]．化学工程，2012，(2)：74-78.

[2] 马小茜，王晶晶．液化天然气BLEVE机理研究及其事故后果评价．华南理工大学学报(自然科学版)2007，35(10)：189-193.

[3] 周品江，江福才，马全党．基于熵权云模型的LNG码头安全评价．安全与环境学报．2016，16(2)：61-64.

[4] 魏立新，辛颖，余斌．大庆油田天然气管道泄漏事故后果模拟[J]．油气储运，2008，27(6)：41-43.

[5] 占小跳．液化天然气储存中的安全问题及应对措施．水运科学研究，2006年第1期．

[6] 绍辉，侯丽娟，段国宁，等．ALOHA在苯泄漏事故中的模拟分析．常州大学学报．

华油天然气广安有限公司 LNG 工厂 BOG 冷量回收工艺研究

王加壮　丁　俊　孟　伟　何晓波　李　林　陈　力　李华成

（华油天然气广安有限公司）

摘　要　摘要随着环境保护的需要和能源的日益紧张，国内液化天然气（LNG）行业发展速度越来越快。LNG 气化产生蒸发（BOG）冷量如何回收，降低生产能耗，成为制约 LNG 工厂运行的一大阻力。因此，BOG 冷量回收工艺成为 LNC 工厂的重要组成部分。由于不同规模的 LNG 工厂产生的 BOG 蒸发量不同，致使各 LNG 工厂的 BOG 冷量回收工艺各不相同，本文主要针对再冷凝液化工艺、混合冷剂制冷液化工艺 BOG 冷量回收技术的适用条件，工艺流程优化建议。

关键词　LNG；液化天然气；BOG 再液化；BOG 冷量回收

1　项目背景

华油天然气广安有限公司 LNG 工厂是中石油为实现"以气代油"战略及"气化广安"项目而建设的一座液化天然气生产装置。工厂位于国家级经开区—广安经济技术开发区内，设计处理能力为 100 万标方/天，采用美国 BLACK VEATCH 技术，年生产 LNG 产品 22 万吨，项目于 2012 年 4 月开车投产。由于装置建设时期较早，设计流程中 BOG（LNG 储罐蒸发气）经压缩机增压后作为再生气使用，并最终返回至末站，未设计 BOG 再液化流程。当前流程中存在 BOG 冷量回收效率较低、天然气进入冷箱前温度过高，重复耗能、液化率低的问题，导致产品单耗增大。

广安公司组建技术攻坚团队，针对当前存在问题深入研究，发现天然气进入冷箱前温度在冬季一直处于 35℃左右、夏季一直处于 48℃左右，提出可以通过冷却水及 BOG 冷量将进入冷箱的天然气进行降温，从而降低冷剂压缩机能耗，起到节能降耗的目的，也为后续不凝气回收项目奠定基础。

2　改造目的及预期效果

2.1　原工艺流程简述

天然气经供气末站进入厂区后通过增压、脱碳单元进行处理后，进入脱水单元进行脱水处理，最后经冷箱冷却后形成 LNG 产品进入储罐进行储存，LNG 储罐闪蒸出的 BOG 经压缩机增压后作为再生气进入脱水单元对分子筛进行再生，再生后的天然气部分经再生气压缩机加压后返回至原料气入口，另一部分进入低压管网输送至末站。

原工艺流程如下：

2.2　改造目的

通过在增压、脱碳单元后增设天然气水冷器 E-107，冷箱入口增设天然气缓冲罐 V-308，BOG 单元增设 2#蒸发气换热器 E-510，达到降低冷箱入口温度，降低冷剂压缩机功耗的目的，如图 1 所示。

技改后流程如图 2 所示：

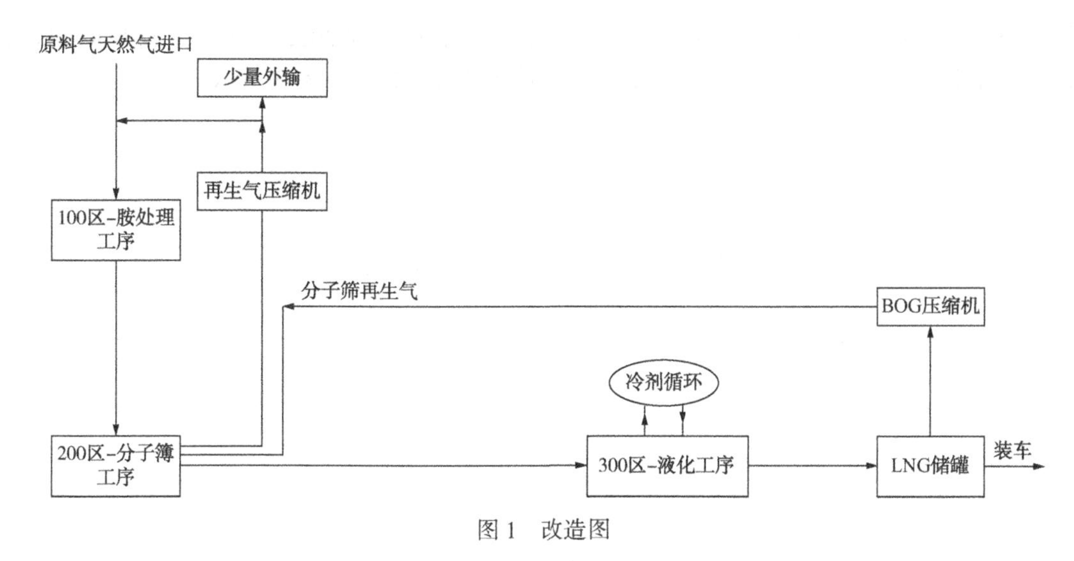

图 1　改造图

图 2　技改后流程图

2.3　预期效果

（1）增设天然气水冷器 E-107 将天然气进入冷箱温度在冬季由 35℃降低至 22℃、在夏季由 48℃降低至 38℃；

（2）增设天然气缓冲罐 V-308 将与 BOG 换热后的天然气与主流道天然气混合，充分利用 BOG 冷量，降低冷箱入口温度，将冷机压缩机功率降低 900KW 左右(90%负荷)；

（3）增设 2#蒸发气换热器 E-510 利用净化后的天然气与 BOG 进行换热，回收 BOG 冷量；

（4）增设液化天然气缓冲罐 V-309 闪蒸出 LNG 产品中的氮气同时也为后续提氦装置奠定基础；

（5）增设再生气压缩机 C-502B 避免因单台设备运行故障时造成天然气放空。

3　项目实施

3.1　前期准备工作

广安公司组织相关专业技术人员进行技术攻关并通过与设计院进行沟通交流后，得出目前广安工厂 BOG 在生产过程中存在多余冷量未得到有效利用，可通过净化后的天然气与 BOG 进行换热将这部分冷量进行回收利用，技改方向确定后编写初步技改方案和请示上报分公司，于 2020 年 7 月，四川分公司下达《关于开展 BOG 再液化项目前期工作的请示》的批复。

得到分公司批复后，广安公司立即与设计院进行沟通，截止到2022年底，完成BOG再液化项目可行性研究报告以及初步设计、会审、安全预评价等相关工作，如图3所示。

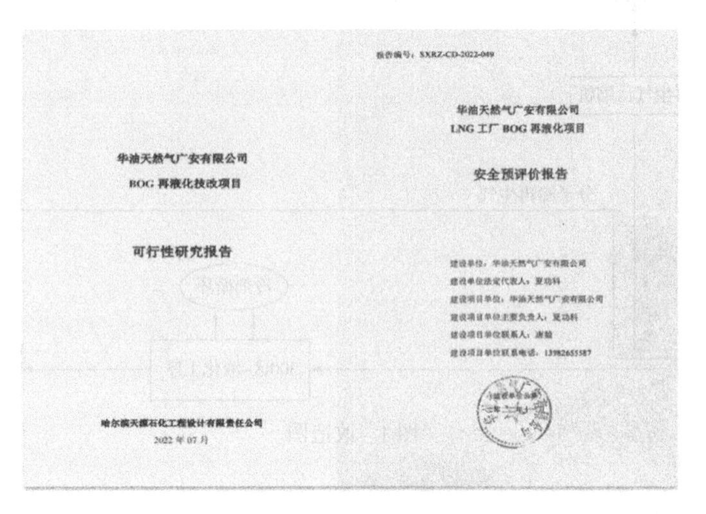
华油天然气广安有限公司

BOG再液化技改项目

可行性研究报告

哈尔滨天源石化工程设计有限责任公司

2022年07月

报告编号：SXRZ-CD-2022-049

华油天然气广安有限公司

LNG工厂BOG再液化项目

安全预评价报告

建设单位：华油天然气广安有限公司

建设单位法定代表人：夏劲科

建设项目单位：华油天然气广安有限公司

建设项目单位主要负责人：夏劲科

建设项目单位联系人：唐颖

建设项目单位联系电话：13982655587

图3　可行性研究报告

3.2　项目施工

高效组织，减少停产损失。2023年广安工厂开展春季检修期间，顺利完成BOG再液化项目管线甩头工作，为后期设备安装做好准备工作，同时也能实现装置不停产的情况下BOG再液化装置投入系统的目的，如图4所示。

图4　2023年春季检修期实现装置不停产

精细管理，保证施工质量。同年8月，BOG再液化项目正式开始入场施工，12月完成BOG再液化项目设备及管线焊接施工，并完成管道及设备吹扫、试压等相工作。在项目实施过程中，公司对设备材料、施工、焊接等关键环节严格把关，确保了项目施工质量，如图5所示。

图5　BOG再液化项目设备及管线焊接施工

3.3 试投运阶段

(1) 编制试运行方案，确认试运行条件。BOG 再液化项目现场完成设备及管道吹扫置换后向四川分公司进行试投运报备，如图 6 所示。

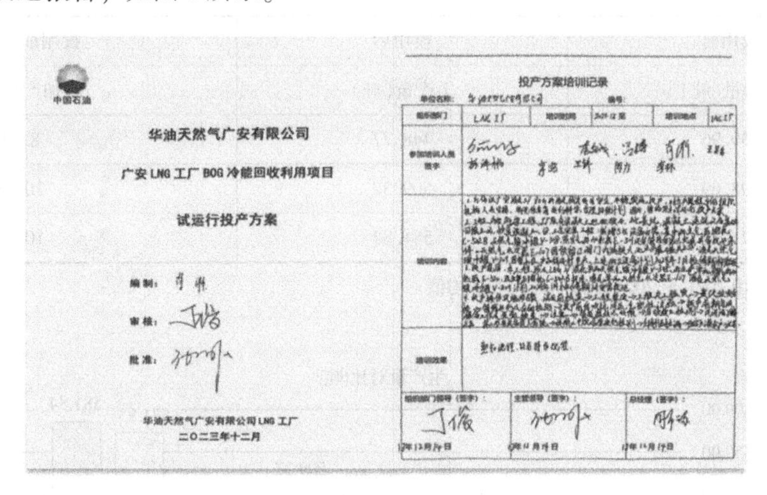
中国石油

华油天然气广安有限公司

广安 LNG 工厂 BOG 冷能回收利用项目

试运行投产方案

编制：

审核：

批准：

华油天然气广安有限公司 LNG 工厂
二〇二三年十二月

投产方案培训记录

图 6　试运行方案

(2) 精细化操作，试运行一次性成功。报备审批完成后，广安公司立即组织各专业技术人员对现场进行最后的检查确认，确认无误后 BOG 再液化项目一次性完成设备及管线的试运行，截止到 2024 年 2 月 20 日，BOG 再液化装置运行正常，各项参数均在正常控制范围内，后续将根据环境温度以及生产负荷的变化对参数做进一步调整。

4 经济性分析

BOG 再液化项目运行期间，项目日均负荷达到 80.42 万立方米/天，涵盖 70 万至 98 万立方米/天的生产负荷范围。

通过试运行，天然气进冷箱温度(TI-31105)由改造前的 35℃降低至改造后的 22℃，进冷箱温度降低了 13℃，降幅达到 37%。同时冷剂压缩机在相同负荷下，功率下降达到 8%以上，如表 1 所示。

表 1　C-301 各负荷下功率对比

	投用前	投用后	降幅
70%	8563.104	7210.94	15.79%
80%	9098.298	8126.36	10.68%
90%	10574	9646	8.78%

BOG 再液化项目通过目前的试运行数据，各负荷阶段的产量均实现稳步增长，同时吨电耗也有所下降。具体的数据对比如表 2 所示：

表 2　BOG 液化项目运行数据

	投用前		投用后		投用前后对比	
负荷	生产量(吨)	单位电耗(度/吨)	生产量(吨)	单位电耗(度/吨)	增加产量(吨)	降低电耗(度/吨)
70%	439.96	635.66	448.77	592.43	8.81	43.23
80%	498.69	608.76	509.37	563.96	10.68	44.8
90%	571.83	590.58	581.84	555.59	10.01	34.99

增产量变化：2021年至2023年相同负荷下生产量平均值与投用后生产量进行对比，各负荷下增产明显，如表3、4所示。

表3　BOG项目投产前后对比

负荷	投用前	投用后	投用前后对比
	生产量（吨）	生产量（吨）	增加产量（吨）
70%	439.96	448.77	8.81
80%	498.69	509.37	10.68
90%	571.83	581.84	10.00

备注：投产前数据采用2021至2023年相同负荷下平均值

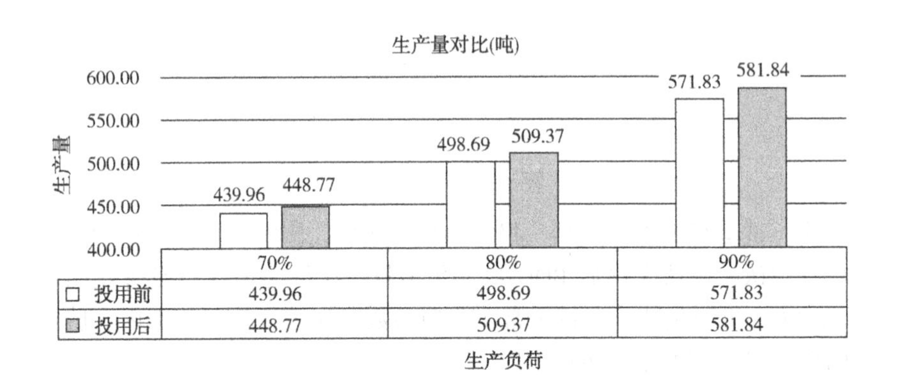

图7　BOG再液化项目投用前后日生产量对比

单位电耗降低变化：2023年相同负荷下投用前单位电耗与投用后单位电耗进行对比，各负荷下单位电耗降低明显，如表4、5所示。

表4　BOG项目投产前后对比

负荷	投用前	投用后	
	单位电耗（度/吨）	单位电耗（度/吨）	降低电耗（度/吨）
70%	635.66	592.00	43.66
80%	608.76	564.00	44.76
90%	590.58	556.00	34.58

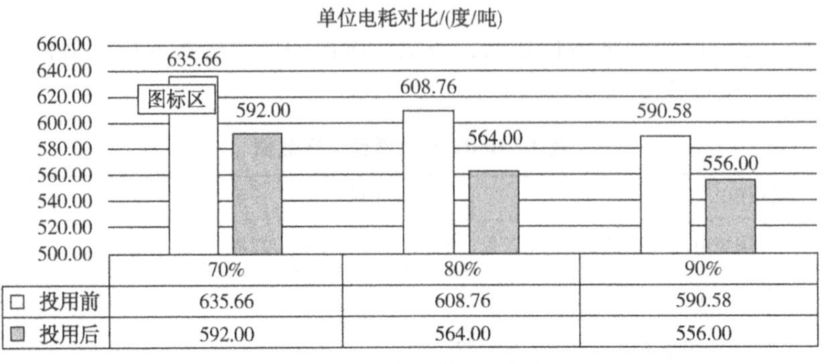

图7　BOG再液化项目投用前后单独电耗对比

通过 BOG 再液化项目方案对比，目前广安工厂采用《华油天然气广安有限公司 BOG 再液化技改项目可行性研究报告》中方案一予以实施。通过对比报告中“4.3. 技术改造方案比选中的对比表”，可见方案一在 100%负荷下每日 LNG 产量可提高 7 吨，吨电耗降低 11 度/吨。如表 7 所示：

表 5　4.3 技术改造方案比选中的对比表

分项	单位	现有工艺流程	方案一	方案二
一、综合工况对比				
装置界区处进气量	100.0000Nm^3/D	1.000	1.000	1.000
BOG 返回至原料气进口处气量	100.0000Nm^3/D	0.0537	0.0687	0
BOG 输送至下游低压管网	100.0000Nm^3/D	0.015	0	0
BOG 再液化	100.0000Nm^3/D	0	0	0.0617
富集氮气放空	100.0000Nm^3/D	0	0.004	0.007
再生气压缩机处理量	Nm^3/h	0.0537	0.0647	0
原料气压缩机处理量	100.0000Nm^3/D	1.0326	0.0687	1
液化工序处理量	100.0000Nm^3/D	1.0326	1.0687	1.1317
冷却水循环量	m^3/h	3300	3345	3300
二、综合能耗对比				
C-301 功率(压缩机额定功率 12500KW)	KW	10797	10645	10555
循环水泵增加功率	KW	—	9	—
原料气压缩机功率(注 2)	KW	—	—	—
再生气压缩机功率(注 2)	KW	—	—	—
LNG 产量	吨/天	656	663	661
富集氮气放空	100.0000Nm^3/D	0	0.004	0.007
吨产品用电量(注 3)	<度电/吨>	615	604	602
三、经济指标对比				
投资	万元		479.03	1910.05
总投资收益率	%		23.08	6.67
项目投资回收期(含建设期)	年	5.56	10.19	

经对比分析，本次 BOG 再液化项目在试运行过程中，在不同生产负荷下，增产量、吨产品电耗下降均超过设计值。在试运行期间，工厂原料气中二氧化碳含量升高至 1.9%，与可研期间二氧

化碳含量 1.4%相差甚大，后期如果二氧化碳降低至 1.4%还将在现有基础上每天增加 2.6 吨 LNG 产量。

按照目前运行情况进行测算，每天负荷按 90 万方每天，全年运行 330 天，电费按照 0.551 元每度，全年可增产 2570.7 吨，节电 663.96 万度、节电费用为 365.84 万元、单位加工成本降低 0.012 元/方。

参 考 文 献

[1] 仇德朋 LNG 接收站中再冷凝工艺的技术分析及优化[J]，当代化工，2017.46(6)：1165-1167.

[2] 鹿晓斌.BOG 回收处理工艺比选[J]，天然气化工，2017.42(1)：93-97.

[3] 艾绪斌，陈昂，臧垒垒，等.LNG 储存过程中 BOG 的处理工艺研究[J].化工管理，2016(30)：95-97.

LNG 接收站设备设施在不同应用场景下的腐蚀防护策略

李锐锋[1]　吕惠海[2]

［1. 国家石油天然气管网集团有限公司液化天然气接收站管理分公司；
2. 国家石油天然气管网集团有限公司（福建）应急维修公司］

摘　要　LNG 接收站设备设施防腐是接收站设备完整性管理的重要工作之一。LNG 接收站地处沿海，设备设施腐蚀防护工作的成效关系到设备设施本质安全。本文重点介绍了 LNG 接收站重点区域、不同类型设备设施腐蚀防护工作策略，包括接收站钢结构、码头钢桩、建构筑物金属罩棚、设备设施异形件以及建构筑物混凝土类设备设施的防腐，对 LNG 接收站设备设施防腐工作策略的制定提供参考借鉴。

关键词　LNG 接收站；腐蚀防护策略；设备设施

1　引言

在国内“双碳”目标加速实现的背景下，国内清洁能源行业大力发展，LNG 作为清洁能源其使用量逐年攀升，LNG 接收站作为连接天然气产地和消费地的桥梁，其设备设施的完整性管理对于保障能源安全和稳定供应具有重要意义。

为了便于运输，LNG 接收站大多地处沿海地区，高湿度、高盐雾的恶劣环境使 LNG 接收站设备设施面临着严重、复杂的腐蚀问题，混凝土结构或钢结构在建设与投入使用的过程中，都会产生较强烈的腐蚀现象。LNG 接收站每年腐蚀维护成本高达数百万元、甚至上千万元，腐蚀防护成本平均约占接收站维修费的 10-15%，且这一数字呈逐年增长趋势。在 LNG 接收站全生命周期运营时间内，由腐蚀导致的运营成本将十分巨大。因此，有必要对 LNG 接收站出现的腐蚀问题进行分析，本文在以往良好工作实践的基础上，以现行标准要求为主要依据针对不同应用场景下的腐蚀制定防护策略。

2　LNG 接收站设备设施防腐表面处理

常言道“三分料七分工”，表面处理是涂装施工的关键，表面处理质量直接影响后续涂层的防腐性能和防腐寿命，表面处理程度及粗糙度应满足所选涂层系统的要求。首先，去除切割尖角、焊接表面和飞溅物、夹层等结构缺陷。其次，注意施工环境，当基材表面温度低于露点以上 3℃或空气相对湿度>85%时，禁止除锈、涂装作业。再次，针对接收站不同环境采用相应的表面处理方式：在大面积防腐维保工程中，结合安全质量要求，推荐碳钢基材表面采用湿法喷射清理，除锈等级达到 Sa2. 5 级（近白级）；对于不能进行喷射处理的部位或者零星腐蚀维保，进行溶剂清洗并采用动力或手工工具进行处理，除锈等级应达到 St2 级；不锈钢基材表面应采用非金属磨料轻喷射，锚纹深度宜为 20um～40um。最后，表面处理后灰尘、喷射磨料等应该从表面清除，同时严格控制能加速腐蚀、降低涂层附着力的可溶性盐浓度不应高于 $50mg/m^2$。

3 LNG 接收站设备设施腐蚀防护策略

3.1 LNG 接收站碳钢、合金钢设备设施腐蚀防护策略

钢结构是 LNG 接收站防腐工作量中占比最大的金属结构，其多采用碳钢、低合金钢材质的工字钢、槽钢、角钢、扁钢和筋板等。LNG 接收站所处环境大部分为海洋性腐蚀环境，普遍来看钢结构存在腐蚀量较大、腐蚀情况复杂、同时伴有涂层老化的现象。

一般的，LNG 接收站主要采用最经典钢结构防腐涂装配套方案：环氧富锌底漆+环氧云铁中间漆+丙烯酸聚氨酯面漆。近年来随着氟碳面漆价格下降，其户外超长耐候性、自清洁属性的特性优势越发显著，越来越多 LNG 接收站采用户外超长耐候钢结构配套方案：环氧富锌底漆+环氧云铁中间漆+氟碳面漆。

此外，为适应 LNG 接收站潮湿环境和动火作业管理要求，兼顾防腐作业安全、质量、效率，近年来正逐步采用适用于低表面处理要求钢结构防腐方案，低表面钢结构涂装配套方案：纳米改性低表面处理底漆+高固环氧云铁中间+高固含脂肪族面漆，详见表 1。

表 1　LNG 接收站碳钢、合金钢结构防腐体系

序号	表面处理	底漆		中间漆		面漆		应用范围
		类型	厚度(μm)	类型	厚度(μm)	类型	厚度(μm)	
1	St2/Sa2.5	环氧富锌底漆2道	≥80	环氧云铁中间漆2道	≥120	丙烯酸聚氨酯面漆2道	≥80	适用于接收站所有碳钢结构，对基材打磨要求偏高
2	St2/Sa2.5	环氧富锌底漆2道	≥80	环氧云铁中间漆2道	≥120	氟碳漆2道	≥80	适用于接收站所有碳钢结构，高耐候、低污染对基材打磨要求偏高
3	St2/Sa2	纳米改性低表面处理底漆1道	≥100	高固环氧云铁中间漆1道	≥120	高固含脂肪族面漆2道	≥80	适用于接收站所有碳钢结构，对基材打磨要求较低

3.2 LNG 接收站不锈钢设备设施腐蚀防护策略

LNG 接收站中大部分管道为不锈钢材质，在特定的环境下如表面划伤、表面污染、不锈钢本身材质缺陷等因素会出现点蚀、应力腐蚀、晶间腐蚀等现象。同时 LNG 接收站卸料臂长期处于超低温(-162℃)和常温的冷热循环工况中，涂层容易脱落，一般选用具有较高的交联密度、优异的防腐蚀性能和耐热循环开裂性能的酚醛环氧漆。

对于不锈钢管线、设备，通常采取轻微“扫砂”对其表面进行处理以增加表面粗糙度，增强防腐涂层在不锈钢表面的附着性能，粗糙度不宜过大，过于粗糙会导致防腐涂层难以完全覆盖所有波峰，在氯离子存在的环境下可能会导致点蚀发生，而在波谷位置涂层会因为过厚而容易开裂。由于金属磨料喷砂后的颗粒可能会嵌入到不锈钢基体，形成电位差造成电化学腐蚀，所以对不锈钢表面进行喷砂处理时不宜采用金属磨料，见表 2。

表 2　用于结构、设备、管道和管道支架的奥氏体不锈钢的常用涂层

工作温度(℃)	隔热或防火	表面处理	底漆		面漆	
			一般描述	干膜厚度(μm)	一般描述	干膜厚度(μm)
-170~120	隔热	St2/Sa1	环氧酚醛底漆2道	100	—	—

3.3 镀锌钢结构防腐策略

镀锌件表面经过镀锌处理，非常的光滑，附着力差，干燥后油漆就会成片的掉落，镀锌件上用

醇类油漆，会发生皂化反应，不仅涂层失效且原有的镀锌层也会受损，必须采用专用油漆。低表面容忍环氧涂料附着力好、适用于镀锌表面，能够提供足够的防腐性能，可用作 LNG 站场消防管线、结构碳钢镀锌材质底漆，见表 3。

表 3　镀锌钢结构防腐体系

工作温度(℃)	隔热或防火	表面处理	隔热或防火	底漆		面漆	
				一般描述	干膜厚度(μm)	一般描述	干膜厚度(μm)
低于 120	无需防火	St2/Sa1	无需防火	环氧树脂底漆 2 道	≥50	氟碳面漆 2 道	≥80

4　码头钢管桩的腐蚀防护策略

LNG 接收站码头及栈桥处的钢管桩一般位于潮差区和浪花飞溅区，其工作环境一般处于干湿交替、盐分富集、阳光照射、浪花冲击等较为苛刻腐蚀环境。钢桩在浪花飞溅区的腐蚀速率，一般为全浸区的 3-10 倍，是海洋腐蚀的“短板”问题。图 1 显示国内某码头钢管桩腐蚀情况，其表面漆膜已出现局部剥离、大范围点蚀。此外，浪花飞溅区海生物寄居集中，防腐层一旦失效将严重影响着码头设备寿命安全。

图 1　国内某码头钢管桩腐蚀情况

目前，复层矿脂包覆防腐蚀技术（Petrolatum Tape and Covering system，简称 PTC），在多个 LNG 接收站进行了良好实践，腐蚀防护效果优良。PTC 由四层紧密相连的保护层组成，即矿脂防蚀膏、矿脂防蚀带、密封缓冲层和防蚀保护罩，该技术表面处理要求低，可以带水施工；膏和带为非固化的有机整体，缓蚀效果好；整体耐冲击性能优良；防腐寿命 20 年以上。然而，该技术也存在施工工序较多、前期投入成本较高等劣势。

5　建构筑物金属罩棚的腐蚀防护策略

LNG 接收站现有罩棚主要用于槽车装车、BOG 压缩机等工艺装置区域。罩棚屋面通常采用彩钢板，涂层一般为两涂两烘环氧树酯防锈底漆和树酯面漆。LNG 接收站罩棚在高温、高湿、高盐雾的恶劣环境下,，锈蚀速度较快，维护周期短通常在 3~5 年且维护方式往往采用整体更换。由于罩棚钢架跨度一般在 15 米以上，并且大多未设计维修作业平台，极大增加了防腐维修工作难度和安全风险。因此，LNG 接收站金属罩棚建议推广使用效果更加的耐腐蚀材料。例如，某 LNG 接收站将彩钢瓦更换为 0.7mm 厚 316L 不锈钢瓦，虽一次性投入成本较高，但接收站全生命周期综合成本更低,，降低了频繁维修维护的作业风险，如图 2、3 所示。

图 2　某接收站槽车彩钢瓦罩棚腐蚀

图 3　某接收站槽车不锈钢瓦罩棚

6 接收站设备设施异形件的腐蚀防护策略

LNG 接收站工艺管线、公用工程管线一般具有大量的法兰/阀门及螺栓，其材质多为 Q235B 等碳钢材质，耐腐蚀能力不佳。同时，法兰/阀门/螺栓属于异形件结构，常规涂装难以有效防护，作业难度较大。

LNG 接收站异形件通常需要拆装检修，可较好应对该腐蚀防护场景的解决方案中，可考虑使用包覆型防腐方案。包覆材料有氧化聚合型包覆、黏弹体、可剥离高弹性防护材料、万黏胶等(图4)。这些材料对法兰表面处理要求低，对复杂结构适应性好；施工简单，腐蚀防护效果良好，见图 4。

表 4 接收站常用异形件包覆防腐方案

序号	方案名称	施工内容
1	氧化聚合型包覆	1、异形件基材表面处理；2、涂抹氧化聚合防蚀膏；3、缠绕氧化聚合防蚀带；4、涂刷外防护剂
2	黏弹体	1、异形件基材表面处理；2、涂抹黏弹体膏，确保缝隙填充平整；3、缠绕黏弹体带；4、涂刷外防护剂
3	可剥离高弹性防护材料	1、异形件基材表面处理；2、涂抹油性缓蚀剂；3、弹性防护材料的涂装；4、涂刷外防护面漆
4	万黏胶	刷涂万黏胶，保证每层厚度≥0.5mm

图 4 接收站包覆材料应用

目前包覆防腐材料存在的问题是市场无序恶性竞争，有些不良厂商把材料品质降低，材料和施工队伍分别选商质量责任不分，质量良莠不齐，包覆材料回收二次使用不便。需要优化选商尽量选择优质厂家、最好选择有专业施工团队的厂家，同时加强施工过程管理。

7 接收站混凝土储罐设施的腐蚀防护策略

大体积混凝土分段浇注过程中不可避免产生了部分细小裂缝，预应力钢筋混凝土外罐容易遭受氯离子、二氧化碳侵蚀，导致内部钢筋锈蚀，引发锈胀开裂，严重影响储罐耐久性能。同时，北方 LNG 接收站还存在冻融破坏等潜在风险。冬季在受冻过程中，冰冻应力使混凝土产生裂纹；在冻融反复交替的情况下，这些裂纹会不断地扩展，相互贯通，使得表层的砂浆或净浆脱落。冻融破坏不仅引起混凝土表面剥落，而且导致混凝土力学性能的显著降低。

一般来看，LNG 储罐混凝土外罐采用传统环氧+聚氨酯面漆防腐工艺。在海岸码头环境中，其在海风及紫外线的长期侵蚀下，混凝土自身热涨冷缩频繁，导致防腐涂层开裂失效。虽然防腐设计年限 10~15 年，但实际上每 3~5 年需对 LNG 外罐进行重新修补或整体重涂。

聚脲涂层由于耐老化性能好、高拉伸强度和高断裂伸长率、更符合 LNG 储罐等大体积混凝土设施的长效防腐要求。聚脲材料虽一次投入成本较大，但全生命周期具有综合性价比优势。目前新建 LNG 储罐、裸罐的防腐推广使用聚脲材料进行防腐，见表 5。

表 5　LNG 接收站混凝土储罐防腐体系

序号	底漆		腻子	中间漆		面漆		应用范围
	类型	厚度(μm)	类型	类型	厚度(μm)	类型	厚度(μm)	
1	环氧封闭底漆 2 道	≥80	环氧腻子	环氧云铁中间漆 2 道	≥120	丙烯酸聚氨酯面漆 2 道	≥80	旧漆翻新、修补
2	底胶 1 道	≥80	环氧腻子	聚脲 1 道	≥1000	氟碳漆 2 道	≥80	新建储罐、裸罐的防腐

8　结论

当前，国内 LNG 接收站建设、投产规模不断加大，在役 LNG 接收站生产运维工作愈发重要。设备设施腐蚀防护工作做为 LNG 接收站生产运维管理的重要工作，其成本投入、作业风险、防护效果等综合性因素是 LNG 接收站制定腐蚀防护策略的重要考量因素。

普遍来看，LNG 接收站所处环境对于防腐工作并不友好，站内设备设施结构、材质、工况等又各不相同。制定科学的防腐策略，要根据各自特点从耐侯性、延展性、附着力、耐老化等多方面考虑，让整个涂层系统满足腐蚀防护要求，保障 LNG 接收站安全平稳运行。

针对维修难度大、作业风险高的防腐场景，综合考虑全生命周期维护成本，可依据接收站实际情况适当进行设备和涂料选材优化。综合看，腐蚀防护是系统性工程，要从 LNG 接收站设计、施工、检验、维护等各个环节进行把控，才能保证 LNG 接收站长效防腐。

参　考　文　献

[1] 曲超，石卫国，陈旭超，闫言 . LNG 接收站不锈钢管道涂装设计与优化研究[J]. 涂料技术与文摘，2020，041(012)：10-13.

[2] 曾伟 . 超低温防腐蚀涂层体系的选择与应用[J]. 涂料工业，2016，46(4)：58-60，65.

谈大型 LNG 船舶装货

杨 冲

(浙江浙能温州液化天然气有限公司)

摘 要 随着整个世界经济格局的日新月异，越来越恶劣的生态环境逐渐引起全世界各国的重视。众所周知，对环境影响最剧烈的就是碳排放问题，汽车尾气的排放往往会对一个城市甚至一个国家产生巨大的影响。所以推广新能源一直是当今世界各个国家所追求的目标。天然气无疑是一种优于石油等化工产品的清洁能源，并且受到越来越多国家的认可和越来越大的需求。本文根据笔者在 17.4 万立方米 LNG 船上的实习经历和 LNG 接收站作为 Loading Master 的工作经历，详细叙述了大型 LNG 船舶装货的一系列程序，包括装货前准备、装货前冷管、装货前冷舱、岸臂的连接、停止装货及一系列需要注意的问题，以及合理的解决办法，保证在装货过程中财产和人员的安全。

关键词 LNG；船舶；装货；LNG 接收站；天然气；冷管

随着全球各个地区天然气需求的增加，船厂接到越来越多的液化天然气船制造订单，造船工艺也逐渐优化，最新一代液化天然气船几乎都为薄膜型，而这也正是新型液化天然气船建造难度极大的原因之一，她的建造难度不亚于航母。除去造船之外，LNG 船的另一重大难点就是装卸货，需要准确的控制装货速率，控制舱压以及一系列调试程序。由于 LNG 船舶行业在我国起步较晚，目前对于这一行业的学术研究基本上处于空白，本文主要对薄膜型 LNG 船舶装货的操作程序予以研究，以便在货物操作过程中能够更加安全高效，同时提出 LNG 船装货操作相关参考意见。

1 LNG 船舶特性

液化天然气(Liquefied Natural Gas)，主要成分是甲烷(CH_4)。LNG 无色、无味、无毒且无腐蚀性，其体积约为同量气态天然气体积的 1/600，是由天然气通过加压、降温或者两种方式相结合，液化得到的一种无色、挥发性液体。

液化天然气船按所装货物的液化方法分为全冷式(又称低温常压式)、半压半冷式(又称低温加压式或冷压式)、全压式(也称常温压力式)。

笔者所在的船为全冷式薄膜型液化天然气船，总共四个大舱，各舱独立互不影响，采用-162℃极低温运输，推进器采用 6600V 高压电推，由五台发电机给全船所有设备供电。考虑到经济实惠性，船上不设货物再液化设备，为了控制舱压和温度，主机设计为双燃料，一般直接使用货物蒸汽为燃料，当货物蒸汽不够用时可以用到货物蒸发器，直接从货舱抽取液货，进行强制蒸发，以供主机使用，若公司有特别规定无法强制蒸发液货时，亦可使用燃油；当货物蒸汽太多主机无法消耗时，可以通过 GCU(Gas Combustion Unit)气体燃烧装置直接烧掉。

液化天然气船最需要提防的货物危险就是低温冷脆，液货如果泄露到甲板上会使甲板钢材发生低温冷脆断裂，极度危险，防止货物泄露是日常工作中和装卸货过程中的重中之重，见表 1。

表 1 相关船舶参数

总吨	113397t	包装容积	174000m³
净吨	39967t	液货容积	174000m³
全长	290m	主机型号	L51/61DF

续表

总吨	113397t	包装容积	174000m^3
船宽	45.6m	锅炉型号	OS-TCi
船深	26.5m	燃油种类	180Cst/50℃
夏季吃水	12.7m	每日消耗量	5.2t LNG
载重量	84064.5t	燃料舱容	HFO3612m^3+MDO741m^3
空船排水量	36622t	推进器	7.200m/1.050m
淡水吃水差	283mm	设计航速	19.5kn
每厘米吃水吨数	116.05tpc	主机功率	40000kW/min rpm514

2 LNG 装货前准备

装货前准备根据码头的要求不同而不同，分为靠港前的准备和靠港后的准备。

2.1 码头的一般要求

靠港前每一艘船都会先进行船岸匹配，LNG 船舶的设备必须和岸基设备相匹配，主要是通讯光纤和电缆兼容性、船舶干舷高度与岸方卸料臂包络线范围等，没通过船岸匹配不被允许靠泊该码头。必须严格遵守码头的装货程序，包括以下方面：

a、驶入码头的程序；b、系泊程序；c、卸料臂的连接程序；d、装货程序；e、卸料臂的拆卸程序；f、离泊程序。

2.2 靠港前 Cooling Down

以澳大利亚东部的格拉德斯通港为例。

2.2.1 Cooling Down 的要求

码头要求 ATR 为-130℃（抵港前温度要求），所以在抵港前，船方会用留底液将货仓和管线冷却至-130℃。由于对货仓的冷却是通过留底液所在的货仓喷淋泵，输送至各货仓喷淋管线，通过各货仓顶部的喷淋头进行喷淋达到降温目的，此过程中会产生大量的 BOG 蒸发汽，为了减少货物消耗量，船方分为 3 天对船舱进行均匀冷却。由于装货过程中的舱压必须维持在 6~10KPa 之间，所以一般需要启动船上的 H/D 压缩机，当舱压高于此压力时通过压缩机将产生的 BOG（蒸发汽）抽出送回码头气相管线。当舱压控制比较稳定且不超出此范围时，通过 Free Flow（自流）的方式控制舱压。

2.2.2 Cooling Down 具体操作

以 4 号货舱作为留底液货仓讨论。一般卸货后我们的 4 号舱是要留存 3000m^3 左右的液货以支持我们海上航行和装货前的冷却使用。（图 1）

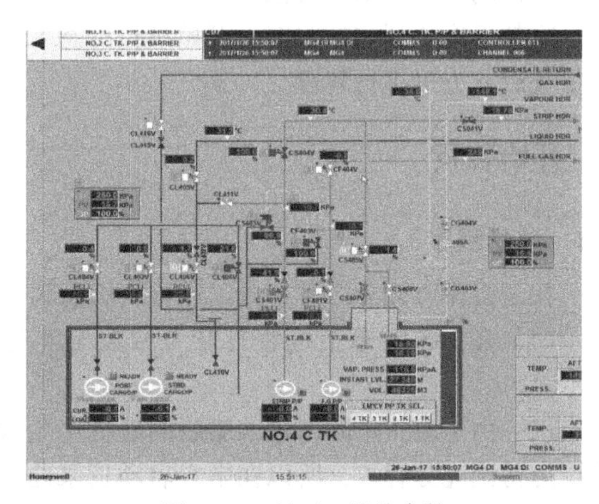

图 1　IAS 显示 4 号舱参数

Cooling Down 时，先进行“Line up”，开启喷淋主管线上的各个阀门，以及各个舱的分支阀门、喷淋阀，例如 3 舱的 CS305、CS308；待管线阀门备妥以后，再打开 4 号舱的喷淋泵出口阀 CS401 至小开度，启动 4 号舱喷淋泵，根据泵负荷及时调整出口阀开度。

由于管线中的相对高温，冷却管线时液体立刻就会蒸发为气体，管线压力会迅速上升，所以各个阀门起始时的开度先打开至 10%，防止管线超压，冷却进行一段时间相对稳定后再逐渐关小阀门，达到所要求的温度即可进行装货。

2.3 岸臂的连接

以左舷靠泊为列。

总共四个货舱，一般使用三根液相管线进行装货，manifold 压力为 240KPa 时装货速率可达到 12500m³/h，十四个小时即可装货完毕(由于达到 12500m³/h 之前需要一小时左右缓慢提速，完货之前一小时逐步降速，所以不能用单纯的十四小时乘以 12500m³/h 来计算装货总量)。

接管时，为了防止紧急情况下舱压无法控制，优先连接气体管线，然后再连接液相管线；连接岸臂时，码头会安排专职人员负责操作，船上的 Cargo Engineer 现场监督确保不损坏船舶设备。

图 2　船岸 ESD Cable 连接位置

除了卸料臂臂的连接之外，还有一个非常重要的线路连接---ESD Cable 的连接(图 2)；ESD Cable 承担船岸通讯、紧急切断信号的功能，当发生紧急情况时，任何一方触发 ESD 都会同时切断船方和岸方设备。若船岸双方缆绳监控系统兼容，ESD Cable 也可以起到传输缆绳张力的作用。

ESD Cable 由岸方提供，传递到船上之后由 Cargo Engineer 负责连接。

2.4 岸臂连接后的各项测试

气相管和液相管线连接完成之后，需要完成一系列测试，包括压力测试、泄漏测试和 ESD 测试。

压力测试：液相管线的压力必须满足 5bar，气体管线的压力需满足 2bar；压力测试一般是岸方提供氮气，直接采取向卸料臂内充压至规定的压力，维持 10 分钟不出现泄漏以及接口脱离等问题。

泄漏测试：船上习惯用肥皂水进行测漏，一般泄漏测试和压力测试可以同步进行；待两项测试完成之后，就可以对卸料臂进行泄压、充氮吹扫，直至管线内氧气含量低于 1%，露点低于-40℃吹扫合格。

吹扫合格以后进行热态 ESD 测试，根据 SIGGTO 规定，在装货前应进行 ESD 测试，为了保证阀门在冷热两种工况下动作正常，码头通常都会要求在冷热两种状态下都进行 ESD 测试。

2.5 靠港后 Cooling Down

靠好码头之后的冷却包括从 Double shut 阀到整个岸管，由码头进行冷却，其实就是缓慢装货的过程，把阀门开至 10%使液货缓慢经过管线。

冷却温度达到-100℃时，开始进行冷态 ESD 测试，方法和热态 ESD 测试相同。完成 ESD 测试并重置后，方可进行装货。

3 开始装货

3.1 装货程序

在经得岸方同意之后，可以进行装货前阀门准备：

(1) 在 IAS 屏幕上远程打开 1 号舱至 4 号舱的 Branch valve 和 Filling valve，IAS 屏幕如图 3 所示：

(2) 由于装货期间，进入船舱的液货产生大量 BOG 气体，使船舱压力迅速升高，为了保证船舱压力得到充分释放，所以在岸方启动货泵之前，船方要先启动船上的 H/D 压缩机，准备随时往岸上输送 BOG 蒸发汽；

(3) 打开 Manifold 液相管线 ESD 阀；

(4) 请求岸方以低压力、低流量从三个液相管线供应货物；

（5）当岸臂管线冷却接近-100℃时，可以开始 Cold ESD 测试，完成后重置；

注意：此低速过程属于预冷，必须严格监控温度和压力。

开始装货

（1）检查无误后，再次执行装货程序，根据装货前和码头开会所协商的数据逐步进行提速，船方需要通过控制装货阀的开度维持货物的配载，始终保持船舶正浮状态；

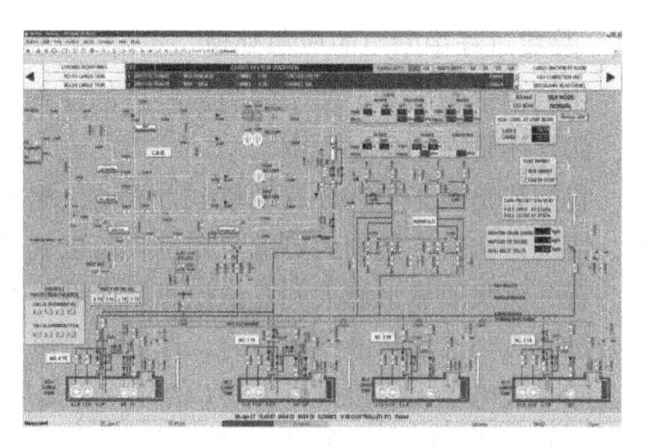

图 3　IAS 显示甲板管线

（2）打开 Manifold 气相 ESD 阀，控制船舱压力在 6-10Kpa 之间，使得气体由于压力通过自由流动的方式释放船舱增加的压力，如果压力过高，无法及时排出时，一旁准备好的 H/D 压缩机就派上了用场，及时进行介入，将多余的舱压返回给岸方；

（3）打开气相总管到 H/D 压缩机的阀门 CG462、两台压缩机的进出口阀以及压缩机的 Vapour crossover 阀，防冲撞阀会自行开启，为了避免货物被进行重复计算，此时一定要确认 Manifold 的 Vapour crossover 阀处于关闭状态；

（4）装货平稳后就可以开始排压载水程序，根据制定的压载水计划，严格控制压载速率，密切监视船舶吃水、横倾、纵倾等各项参数处于可允许范围内；

3.2　装货过程中的监控和检查

在整个装货过程中，船岸两方人员必须一直对装货状态持续监控，船上大副和气轨主要对货物的装卸速率、舱压、配载量等持续监控；船舶驾驶员主要监控压载水状态和缆绳松紧程度，保证船舶不发生移动；值班水手负责每小时向船舶货控室报告船位、缆绳松紧程度、管线甲板和 Manifold 是否存在泄漏以及各个管线的压力数值。

直到货舱接近满舱时，缓步调节各货舱装货阀，同时要求岸方降低供应速率；当达到下列舱容时会有警报提醒：①高位报警 97.0%，②高高位报警 98.0%，③非常高位报警 98.7%，④极高位报警 99.0%。一般情况下只装货至货舱舱容的 98.0%。

3.3　装货过程中注意事项

（1）到达 98.7%非常高液位之后，会触发 TPS 系统自动关闭各舱装货阀门，达到 99.0%极高位报警之后，会直接触发 ESD 紧急切断信号。非常高位报警和极高位报警只是作为应急情况下的保护功能，不可作为正常装卸货操作中的一部分；

（2）靠港之后，船舶会补充物料、伙食或者送垃圾到岸等，这就涉及到使用船吊，使用船吊必须得到 Loading Master 同意，正常来说，装货过程中任何有可能影响货物操作安全的工作都被禁止；

（3）不允许在甲板上使用非防爆电子产品，使用防爆相机拍照时，需要先征得大幅和 Loading Master 双方许可，否则不得进行拍照；

（4）装货开始前冷态 ESD 测试时，处于 Manifold 的人员应该全部撤离，因为当 ESD 阀关闭时，管内液货所有的压力全部冲击在阀门上，如果接管处没有连接牢固或者管内压力过大，存在岸臂被崩开的潜在危险，若崩开后打到人或者被管内液货接触到人体，将会是致命的危险；

（5）整个装货过程中，Manifold 的值班人员除了每个小时报告压力之外，其余时间不可一直待在 Manifold，防止某一环节出现问题导致泄漏等将会危及船员生命；

（6）ESD 分为“1”和“2”，ESD1 激活主要是关闭船岸所有的 ESD 阀门、停止卸料泵；当 ESD2 被激活时，则是直接脱离岸臂，所以正常情况下 ESD2 都严禁手动触发，当船位发生偏移超过卸料臂包络线范围会自动触发 ESD2 信号，防止岸臂被拖拽断裂。（ESD2 信号的操作权限只有岸方，船方无权操作）

3.4 装货过程中断电的应急处理

相信很多跑了大半辈子船的老船员都没有遇见过全船失电的情况，很巧在我第一次实习就遇上了，而且还是在装货过程中。

我们船是属于 DFDE 双燃料电力推动，配备了五台发电机给全船送电，可以想象这种船一旦跳电，情况是非常危急的，更危险的是我船正处于全速装货过程中。

有一次我船靠泊澳大利亚格拉德斯通港，在全速装货过程中，全船突然失电，由于 ESD 阀门都是通过液压马达输送液压油压力，保证随时可以开关阀门，失电之后液压马达停止，液压油压力骤降。同时失电也会直接触发 ESD1 信号，但是船方液压油管路已经失压，无法通过此方式关闭 ESD 阀门，此时船上配置的另外一套设备就会开始工作，当压力传感器检测到 ESD 阀门液压油压力低时，会自动释放处于 Manifold 下方 passageway 内三个氮气瓶里氮气给液压油加压，使得立即关闭 ESD 阀；当传感器或者氮气钢瓶出现问题不能正常工作时，就只能取出船上配备的手摇泵，连接液压管线进行手动关闭。

当跳电之后压缩机房的上方通风口处不断冒出大量白烟，这种现象是由于断电，导致压缩机房的冷凝水回流出现问题，蒸汽无法进行回流，才直接从出气孔溢出。所以，当遇到此类情况切记不要惊慌，查明情况之后沉着应对。

建议：在船舶设计之初，可以采取另外一种 ESD 阀门控制逻辑，例如，通过液压油压力使阀门保持打开状态，当失电之后，液压油压力下降，不足以提供足够的压力使阀门保持打开，这时阀门会自动保持关闭，若是采取这样的方式可以节省船上两套设备(左右各一套)的采购费用和维护费用，降低成本。而且减少了控制逻辑链，反应更为迅速。逻辑流程越复杂，越容易出现问题。虽然需要一直提供液压油压力使阀门保持开度，但是也只有装卸货的十余个小时期间才需要打开 ESD 阀门，且就算不采用此种方式，液压油泵也是持续运行给管路提供油压，可以忽略能耗考量。相比较之下，采取液压油泵直接提供压力使阀门保持开度的方式相对较优，可考虑推行。

4 结束装货

4.1 降速及排凝、吹扫

根据装货计划，各个货舱达到既定减速液位时可以开始向岸方申请逐步放慢装货速度。

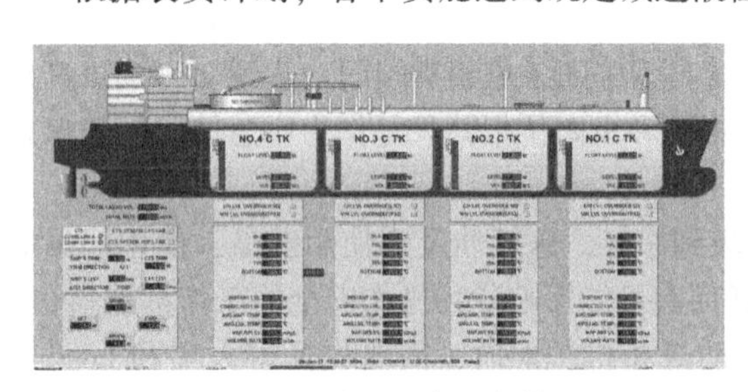

图 4.1 完货后各舱参数

(1) 减速开始并且货舱压力降低到要求后，即可停止 H/D 压缩机，不过需保持所有压缩机阀门都打开让气体通过旁通阀自由传送到码头；装货完成后，首先向岸方申请关闭所有液货管线的 Double shut 阀。残留在管线内剩余的液货，将采用氮气充压的方式将其通过排液管线排入 4 号货舱，管线里面大概残余 50m^2 的货物，这对于我们的船舶货舱来讲液位几乎不会发生变化，如图 4 所示。

(2) 如何进行排凝：

由于卸料臂的最高点高于船侧和岸侧的货物管线(图 5)，所以管线残余液体排凝分为岸侧排凝和船侧排凝，一般情况下都是先进行岸侧排凝，再进行船侧排凝。

岸侧排凝：不同的码头有不一样的残液收集方式，配备有凝液收集罐的码头会先将卸料支管内的残液排至凝液收集罐，再通过给凝液收集罐充氮加压排至卸料总管；没有凝液收集罐的码头基本都配备了凝液收集立管，往凝液收集立管排凝的同时直接利用支管排过去的压力将立管内的液体排至卸料总管。

船侧排凝：

① 关闭 Double shut 阀(如图 3，CL811 为左舷 1 号管线 Double shut 阀)，打开 ESD 阀和喷淋管线与液相总管的跨线阀门，请求岸方对液相管线加压至 400Kpa；

② 打开 Manifold 的 Cooldown 阀(图 6)利用压力将残液排入 Cooling down 管线，再通过跨线阀门送到液相总管，最后回到船舶货舱。这里需要注意的是两根管线的 Cooldown 阀门不能同时打开，否则容易出现两条液相支管串液的可能。

图 5　两部分排凝分界线

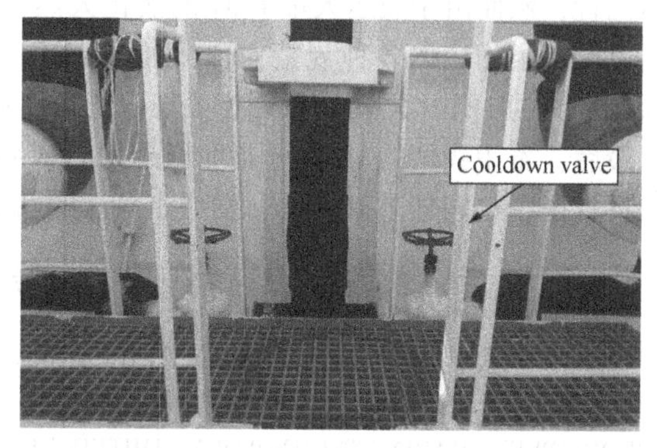

图 6　Cooldown 阀门

③ 当压力从 400Kpa 降至 50Kpa 时关闭 Cooldown 阀，重复加压至 400Kpa 和第②项操作直到管线内不再有液体；通过听声响的方式判断管线是否有液体，若有液体流过，会有很明显的液体撞击管壁的声音，无液体流过的声响后，可以采取微开放残阀检查是否有液体流出的方式确认，若有液体，及时关闭放残阀，重复上面操作直到无液体货物流出；；

④ 一旦完成排凝作业，必须得到码头确认，随即开始吹扫置换工作；

⑤ 与排凝相同的方式给卸料支管充氮加压至 400KPa，然后通过同样的管路将压力泄放至船舱，重复多次，微开放空阀，用气体检测仪(图 7)检测支管内 CH4 含量，直到含量低于 1%；(关于吹扫泄压：船舶通常做法是直接通过放空阀排放到大气，免去了吹扫过程中频繁动作 Cooldown 阀，且存在船舶管线内 BOG 回流导致一直无法吹扫合格的问题。)

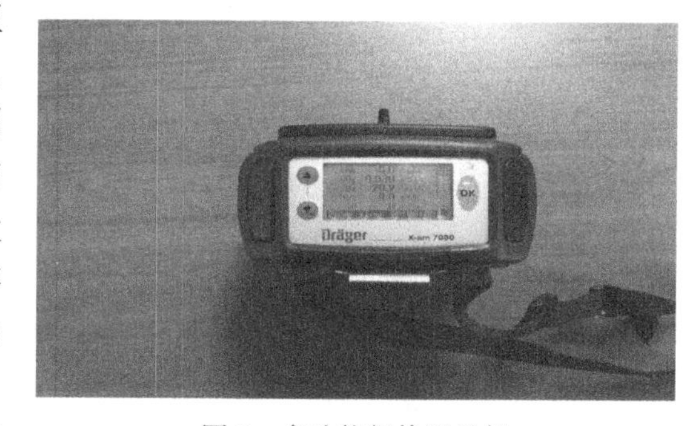

图 7　多功能气体测量仪

⑥ 所有液相管线吹扫完成以后，如若船方已经准备就绪，可以自行控制舱压，就可以开始进行气相臂的吹扫置换工作，流程与液相臂相同；

⑦ 吹扫完毕以后，当 Manifold 除了放空阀之外的所有阀门都已经关闭，并且压力降低到零之后，则可以请求码头进行岸臂的拆卸。

4.2　岸臂的拆卸

为了控制舱压稳定，岸臂拆卸时和连接相反，先拆卸液相管线，最后拆卸气体管线。

最后拆卸的是船岸连接的 ESD 电缆置。

(1) 拆卸岸管时，由岸方人员来拆卸；

(2) 装货完成后，值班驾驶员和水手需要进行全船检查，检查所有管线及设备处于正常状态，确保未由于装货而造成明显形变或异常；

(3) 即使装货结束，只要船舶在港未离泊，缆绳和船位也必须持续监控。

5 结论与展望

结合作者的实际工作经验，详细叙述了大型LNG船舶从到港前的准备至装货完成的整个过程，提到了很多的注意要点和容易忽视的问题，避免发生低级错误从而引发危险。

液化天然气不止作为清洁能源供民众使用，同时也作为国家的战略储备，始终处于一个十分重要的位置，然而由于载运大量LNG的液化天然气船也号称“移动的海上氢弹”，危险系数极高，国际上也出版了相应的各种规范，旨在加强LNG船舶、LNG接收站安全管理水平，消除事故因素。所以在平时的工作中需严格按照相关规范进行作业，安全第一。

最后，希望我国的LNG行业发展越来越成熟，更繁盛；同时，作为一个中国民众，又希望我国能早日摆脱从国外进口LNG，发展出自己的新能源，祝我们的国家繁荣、昌盛、富强。

参 考 文 献

[1] 中国海事服务中心组织．液化气船货物操作(基本).

[2] 中国海事服务中心组织．液化气船货物操作(高级).

[3] WORLDWIDE MARINE TECHNOLOGY LIMITED. UK. LNG CARGO MANUAL.

[4] WITHERBY&CO. LTD. ISGOTT.

[5] WITHERBY&CO. LTD. SIGTTO.

[6] 中海油大连液化天然气有限公司．LNG接收站投产运行关键技术．石油工业出版社．2015.

[7] 莫克哈塔布．中海石油气电集团有限责任公司技术研发中心．液化天然气手册．石油工业出版社．2016.

LNG 船舶综合安全评估专家系统模型

许 琦

（中海油能源发展股份有限公司销售服务分公司）

摘 要 针对当前石油公司在LNG船舶安全检查和准入审查中存在的非定量、非智能评估问题，引入人工智能技术构建LNG船舶综合安全评估(Formal safety assessment，FSA)专家系统模型。该模型将FSA方法与专家系统进行组合，前者通过危险识别、风险衡准和风险量化，解决报告的非定量评估和审查的主观性问题；后者引入K最近邻算法、加权赋值算法等解决审查评估的非智能化和效率低的问题。选取官方案例进行模型检验，其结果表明提出的模型能有效地帮助石油公司实现LNG船舶准入审查的定量化、智能化，并能显著提高审查效率，降低人为评估的主观性影响。

关键词 LNG船舶；船舶检查报告；专家系统；海事管理；综合安全评估(FSA)

航运是一个高风险行业，而LNG船舶运输因为其货物本身的高危性，海上航行风险进一步增加。一旦出现事故对人命安全、财产损失、海洋环境所造成的危害十分严重，影响极大。目前，船舶安全检查主要是以国际海事组织(International Maritime Organization，IMO)和国际劳工组织(International Labor Organization，ILO)颁布的有关法令法规为依据开展工作，而各行业组织的行业检查同样以上述方式展开。其中，在石油行业中，OCIMF(Oil Company International Maritime Forum)作为目前最权威的非盈利组织，针对液货船提出了船舶检查报告系统(Ship Inspection Report Exchange，SIRE)和液货船管理自评估(Tanker Management and Self-Assessment，TMSA)两大主要安全检查手段，两者的应用对象分别为液货船、液货船所属船公司。

其中，SIRE系统要求第三方安全检查人员以船舶检查问卷(Vessel Inspection Questionnaire，VIQ)的方式对液货船进行全方位检查。在进行检查时，安检员会对存在船舶安全缺陷的项目，即VIQ报告中的“观察项”，标注上“No”，并附上相应缺陷的定性描述。近年来，随着全球海上石油开发和油气运输业的快速发展，及世界各国对海洋环境保护的日益重视，基于VIQ检查报告的液货船准入审查现已成为油气生产运输行业用船前的必经环节，审查的结果也成为决定船舶能否进入液货船运输市场的关键指标。上述液货船准入审查机制在为液货船运输新添一道重要安全防线的同时，又因审查过程所需的大量主观判断和重复劳动及对专家历史审查经验开发利用的缺失而增添了安检员的工作压力。LNG海上运输行业亟需一种能进行智能定量评估的船舶安全评估模型，以降低人员工作强度、提高工作效率、规范审查标准。基于上述需求，本文提出了一种LNG船舶综合安全评估专家系统(An Expert System Model for LNG Vessels based on Formal Safety Assessment，ELF)模型。

1 LNG 船舶综合安全评估前的风险识别与判断准则

1.1 评估方法的选定

目前，围绕VIQ报告展开的研究多停留在制度研究、应用研究等定性层面，难以满足石油公司对以定量的VIQ报告评估结果为评判标准的用船准入审查机制的迫切需求，同时也制约着该行业的智能化发展，而以属性匹配为基准，采用定量评估组合智能算法的方式可解决上述问题。经过对各评估方法的遴选，最终选用FSA方法进行VIQ报告的定量化，该定量评估方法已被IMO采纳和推广。该方法从风险的角度进行危险识别、风险衡准(包含危险发生频率指数和严重度指数的定义与取值）等方面定量计算出相关危险对应的风险值，并给出建议。而由第三方安全检查机构和石油公司审查人员分步进行的液货船安全检查同样是一个进行风险识别、风险衡准，并给出决策建议的过程，FSA 方法的分析思路与目前液货船安全评估的流程特点高度契合，且该方法在各种航运风险的定量评估上表现优异，故作为本研究中 VIQ 定量评估的方法。

FSA 方法的引入虽实现了 VIQ 报告的量化，但仍无法实现智能化计算。通过分析可知，液货船安全检查与评估具有很强的专业领域属性，这与 ES 的应用属性高度匹配。目前，ES 作为一种模拟人类专家认知的智能算法，被广泛应用于众多领域。评估领域便是其一，如电厂风险评估、企业服务质量评估等。通过专家系统构建面向航运业的评估模型更是成为近些年的研究热点。如 Tang 等学者将模糊专家系统和评分系统集成对马来西亚海上油气平台安全性进行了评估；Losiewicz 等学者运用专家系统帮助船东遴选合格的船员；Piotr 介绍了一种用于自动稳定船舶航向的专家系统以实现船舶自动航行；胡锦晖等则将专家系统应用于船舶训练模拟器操作考核评估；He Wei 等学者利用智能专家系统对三峡船闸航行风险进行评估。目前在与液货船评估相关的研究领域，结合 FSA 方法与 ES 技术而进行的研究较为匮乏。

通过 ES 进行的安全评估，一方面，有效地开发和利用了专家历史审查经验，在提高审查智能性的同时，也大幅提高了审查工作的效率；另一方面 ES 具有的可解释性能很好地满足了该行业的服务性要求，如：船舶准入审查工作需要告知船公司拒绝其船舶准入的原因，这是包括神经网络算法在内的所有涉及“黑箱操作”的智能算法所不具备的。

综上所述，作为近年来研究领域的新热点——风险评估技术与专家系统的组合研究，能实现传统评价技术与前沿人工智能技术的优势互补，但在 LNG 船舶安全评估领域缺少类似的研究。为此，本研究基于 OCIMF 成熟的液货船安全检查框架，构建一种 FSA 方法和 ES 技术的组合模型。该模型首先通过 FSA 方法对定性的评估进行量化，再利用 ES 技术对量化数据进行智能计算，从而实现对 LNG 船舶安全的智能量化评估。

1.2 风险识别

依据 FSA 方法的危险识别步骤，并结合液货船的船货属性以及 OCIMF 的 VIQ7 问卷结构，本研究提出了由分属 12 大类的 425 项风险因素所构建的液货船综合安全评估指标体系（下文简称指标体系），图 1 所示：

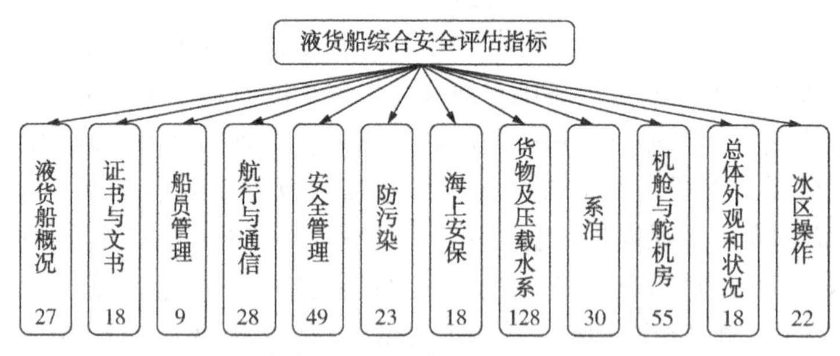

图 1 液货船综合安全评估指标体系构建

图 1 展示了该指标体系的 12 个一级大类，各大类所含二级风险因素限于篇幅不便列出，仅由下标数字表示该大类所含二级风险因素的数量。一级大类及二级风险因素共同组成了一套全面的液货船二层级检查体系，每份液货船检查报告均涵盖了指标体系的全部二级风险因素。

1.3 风险衡准

为量化 VIQ 报告中观察项的风险，根据 FSA 方法，定义缺陷项风险为缺陷项发生的频率与缺陷项产生的后果的组合，可用公式(1)表示：

$$R=F\cdot C \tag{1}$$

式(1)中，R 为缺陷项风险；F 为缺陷项发生的频率；C 为缺陷项产生的后果。对公式(1)进行指数形式转化可实现对如公式(2)所示的风险矩阵的构建。

$$I_R=I_F+I_C \tag{2}$$

式(2)中，I_R为缺陷项风险指数；I_F为缺陷项频率指数；I_C为缺陷项严重度指数。因此，通过定义指数形式即可实现风险矩阵的构建。不同公司对上述指数会有不同的定义。表 1 和表 2 依据中国海洋石油集团有限公司的文件，定义了缺陷项的频率指数和严重度指数。

表 1　概率/频率指数的定义和取值

频率	描述	I_F
频繁	每 1 份报告均会出现	5
相当可能发生	每 5 份报告均会出现	4
有时发生	每 10 份报告均会出现	3
少见	每 50 份报告均会出现	2
罕见	每 100 份报告均会出现	1

表 2　严重度指数的定义和取值
(中国海洋石油总公司企业标准《事故调查与分级、统计要求》(Q/HS4018-2015))

后果	描述	I_C
灾难性	导致 3 人以上死亡或 10 人以上重伤(包括急性工业中毒，下同)；或直接经济损失 1000 万以上；或溢油量 100t 以上。	5
严重	导致 1 至 2 人死亡或 3 至 9 人重伤；或直接经济损失 100 万元以上 1000 万元以下；或溢油量 10t 以上 100t 以下。	4
重	导致 1 至 2 人重伤或有损失工作日；或直接经济损失 10 万元以上 100 万元以下；或溢油量 1t 以上 10t 以下。	3
较轻	未造成损失工作日的可记录伤害事故；或直接经济损失 1 万元以上 10 万元以下；或溢油量 0.1t 以上 1t 以下。	2
极轻	简单医疗处理；或直接经济损失 1 万元以下；或溢油量 0.1t 以下。	1

注：当后果程度为重和严重时，如果事故满足 2 项以上条件时，事故等级上调一级。

根据表 1 和表 2 的划分，以及风险的定义，即可给出风险矩阵，如图 2 所示。图中风险矩阵值反映的是该观察项对应的风险大小，值越大意味着风险程度越高。但是该数值并不代表审查员对该指标的赋分值。具体赋分值需要依据行业对该风险的容忍度进行。风险容忍度是一种相对值，代表着行业对该风险的接受程度，是企业目标实现过程中对差异的可接受程度，是在风险偏好的基础上，设定的对相关目标实现过程中所出现差异的可容忍限度。

1.4　观察项赋值

为将风险大小转化为对应的赋分值，依据风险理论和 FSA 方法，将风险矩阵划分为不可接受风险区(Unacceptable Region，UR)、最低合理可行原则区(As Low As Reasonably Practicable，ALARP)和可忽略风险区(Negligible Risk，NR)，见图 3 所示。

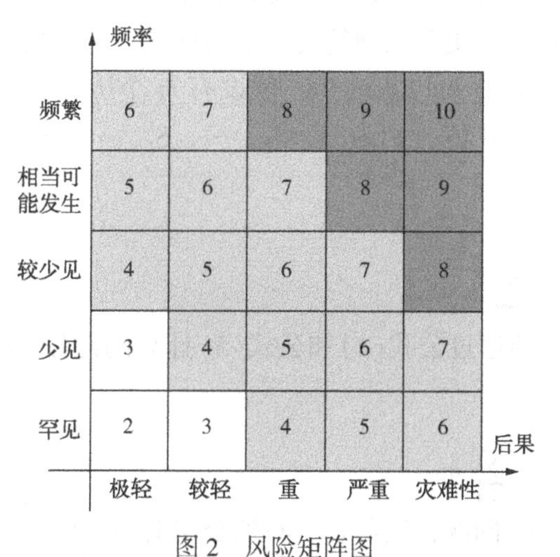

图 2　风险矩阵图

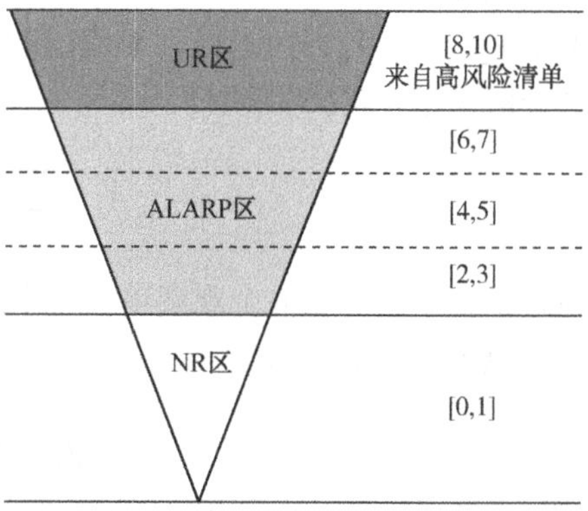

UR区　[8,10] 来自高风险清单
[6,7]
ALARP区　[4,5]
[2,3]
NR区　[0,1]

图 3　指标风险与扣分赋值转化准则

UR 区是重点识别和布控区，对处于 UR 区的观察项给予扣除 8 到 10 分的处罚，并建议审查人员使用液货船准入审查高风险项清单[3]辅助定量评估。NR 区为可忽略风险区，给予 0 或 1 分的扣分赋值。该部分一般是有着较轻或极轻后果，且很少或极少发生的观察项，该类观察项的扣分很小，对审查结果影响较小。将 ALARP 区进一步划分成三级，以辅助审查人员赋值。其中对后果严重，且相当可能发生的观察项赋 6 或 7 分；对后果较重，且有时发生的观察项给予 4 或 5 分的扣分赋值；对后果较轻，且比较少见的观察项给予 2 或 3 分的扣分赋值。因此，审查员在对液货船安全检查报告中的观察项进行量化打分时，需要根据自己的专业知识将观察项归类到上述三个风险区间中的一个，并进行相应的扣分赋值。每个区间的扣分赋值范围见图 3 所示。

由此可知，对观察项的扣分赋值过程，实质是审查人员对观察项进行专业风险判断的过程，是对该项风险容忍程度的内在体现。

2 LNG 船舶综合安全评估专家系统模型

将综合安全评估与专家系统结合是 EFL 模型的优势之一，前者设计标准扣分赋值准则以实现液货船检查报告的科学量化，后者引入语义匹配算法以及观察项扣分赋值综合算法进行智能计算，满足评估的智能化需求。

2.1 K 最近邻算法

EFL 模型中采用经典的 K 最近邻算法（K-Nearest Neighbor，KNN）作为相似度匹配算法。KNN 是一种简单有效的有监督机器学习算法，本研究采用基于欧式距离的 KNN 算法，其公式表达式如下：

$$S(X,\ X_k) = 1 - \sqrt{\sum_{i=1}^{n} w_i \cdot (x_i - x_{k_i})^2} \tag{3}$$

在 EFL 模型中，$S(X,\ X_k)$ 表示新 VIQ 报告中某个新观察项 X 与知识库中对应历史观察项 X_k 的相似度。新观察项 X 可以表示为 $X=\{x_1,\ x_2,\ \cdots,\ x_n\}$，$x_i(i=1,\ 2,\ \cdots,\ n)$ 表示 X 的第 i 个关键词的值；第 k 条历史观察项 X_k 可以表示为 $X_k=\{x_{k_1},\ x_{k_2},\ \cdots,\ x_{k_n}\}$，$x_{k_i}(i=1,\ 2,\ \cdots,\ n)$ 表示 X_k 的第 i 个关键词的值。历史观察项的关键词值恒为 1，当新关键词与历史关键词相同时，新关键词值为 1，否则值为 0。n 为关键词的数量，w_i 为第 i 个关键词的权重，满足公式(4)的约束。

$$\sum_{i=1}^{n} w_i = 1 \tag{4}$$

相似度的有效阈值为 80%。推理机将满足条件的观察项及其历史赋值结果记录到综合数据库的适当空间中。在推理机模块中，如果从知识库中检索到一个观察项语义相似度≥80%，则直接选用该观察项的分值作为新观察项的分值；如果存在 m 个历史观察项符合上述条件时，则以相似度为权重，进行加权组合计算。称之为加权赋值算法。其过程可以表述为：假设有 m 个历史观察项的得分，记为 $V_1,\ V_2,\ \cdots,\ V_k,\ \cdots,\ V_m$，对应的相似度计算值分别为 $S_1,\ S_2,\ \cdots,\ S_k,\ \cdots,\ S_m$，则新观察项的赋分分值通过公式(5)求取。

$$V = \sum_{i=1}^{m} V_i \cdot \frac{S_i}{\sum_{k=1}^{m} S_k} \tag{5}$$

假设检查报告中包含有 n 个观察项，每个观察项通过公式(4)和公式(5)计算的得分为 q_i 时，则该检查报告的总得分值 Q_V 为：

$$Q_V = 100 - \sum_{i=1}^{n} q_i \tag{6}$$

满分为 100 分，不设下限。本文不探讨“及格线”问题，这与各个石油公司的内部要求、市场竞争的行为、以及当前市场供求关系等均有关联。

2.2 模型构建

基于 FSA 方法和 KNN 匹配算法，本课题提出 EFL 结构模型，如图 4 所示：

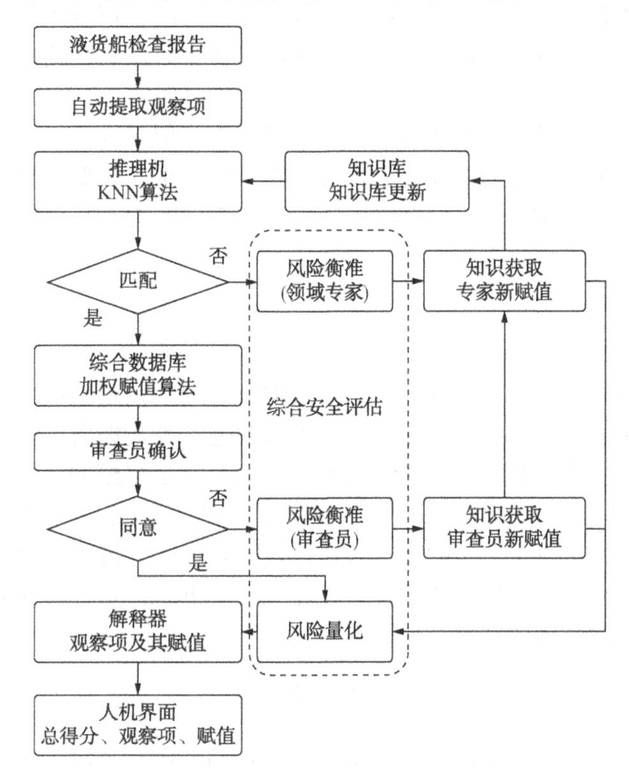

图 4　EFL 结构模型

对于指标因素多达 425 项的 EFL 模型，知识库及其知识的获取至关重要，且需要大量基础数据作为算法的基础。所有液货船检查报告中观察项扣分赋值记录构成了知识库的内核，对于没有扣分赋值记录的指标因素，仍然需要审查人员进行人为的风险衡准，以对知识库进行更新和补充。由于专业的特殊性，知识的更新和补充须由液货船安全检查领域人员进行。

为了提高知识获取的可靠性，定义了如下获取规则：(1)如果新报告中匹配到相似度在[60%，80%)的观察项时，则按相似度由高到低出现两个历史相似观察项的扣分赋值情况，辅助专家进行人为的风险衡准；(2)如果未能匹配到历史记录或者相似度<60%时，则需要领域专家进行人为的风险衡准；(3)知识获取的另一个扩充途径是通过观察项自动赋值确认模块。如果审查人员认为自动赋值结果明显偏离实际情况，则可以手动赋值，并自动更新到知识库中。

EFL 模型中的解释器用于对求解过程做出说明，包括相似语句的个数、相似度计算值、新报告观察项的赋值等。而在人机界面模块仅展示新报告观察项内容、赋值、新报告的总得分。

另外，EFL 模型可以通过对知识库的逐步补充实现分步智能化战略目标。在当前知识库不充分的情况下，可以通过审查人员手动赋值的方式实现定量评估和对知识库的更新，随着知识库数据的积累及其迭代更新，该模型将逐渐趋于完善，并更加智能化。

3　模型应用及比较分析

为了验证 EFL 模型的有效性，本文选取在 OCIMF 官网发布的 20 艘 LNG 船舶 SIRE 报告为验证案例。

通过 EFL 模型计算和石油公司审查人员人工计算进行比较，模型计算结果和审查人员计算结果基本一致，在一定程度上表明了 EFL 模型的有效性。随着观察项数量增多，结果偏差有所增大，但是对船舶准入决策影响不大。造成上述结果偏差变大的原因：一方面是 EFL 模型存在运算误差，另一方面是人工扣分赋值时，审查员带有主观情感因素。

在效率方面，以进行相同的审查问卷打分为例，该模型平均用时约为 3 分钟，人工平均用时则为 25 分钟左右。此处的人工用时是指电脑将一份报告的观察项自动筛选并汇总到一个页面，后让审查员对观察项进行直接打分和对存疑报告通篇阅读所需的时间。审查人员通篇阅读报告后进行观察项筛选和综合评判，并给出分数的传统审查流程则需要 2 小时左右。由此可见，模型自动计算效率远高于人工判断效率。

通过进一步的分析得知，模型最高用时为为 7 分钟左右，但是检索基本控制在 4.6 秒左右。审查确认是为避免在数据数据不完备的情况下，出现检索不到历史扣分赋值记录的问题，而设计的一个需要人工确认打分的附加模块，且比较费时。随着数据丰度的提高，审查确认操作所用的时间也将大大降低，最终该模块将不再发挥作用。

4 结论

依据船舶安全检查报告对船舶进行准入审查是石油公司判断使用该船与否的主要依据。针对这一过程中存在的非定量化、非智能化、工作效率低下等问题，本文提出将量化评估 FSA 方法和人工智能 ES 技术相结合，构建了一种 LNG 船舶综合安全评估专家系统模型。该模型计算结果与人工计算结果对比显示 EFL 模型具有较高的计算精度，并且评估效率大大提高，具有较好的应用前景。此外，对模型中知识获取规则进行了一定的修改，让该模型知识库进行了自动更新，扩大了 EFL 模型的使用场景。下一阶段目标是对高风险清单进行补充和实时更新，并融入到 EFL 系统中进行自动识别和扣分赋值，以加强对高危项的精准把控。

参 考 文 献

[1] LEGIEC W. Position Cross-Checking on ECDIS in View of International Regulations Requirements and OCIMF Recommendations[J]. TransNav, 2016, 10(1): 105-113.

[2] 辛英祺. 中国版“OCIMF 组织”如何破题[J]. 中国船检，2020，1：83-86.

[3] 路友于，郑录岩. 在 SIRE 检查中如何避免高风险项的发生[J]. 天津航海，2015，4：44-46.

[4] ASUELIMEN G, Blanco-Davis E, WANG J, et al. Formal Safety Assessment of a marine seismic survey vessel operation, incorporating risk matrix and fault tree analysis[J]. Journal of Marine Science and Application, 2020.

[5] KHORRAM S. A novel approach for ports ‘container terminals’ risk management based on formal safety assessment: FAHP 81 3.6 A532 entropy measure—VIKOR model[J]. Natural Hazards, 2020.

[6] ISLAM M. S, NEPAL M. P, SKITMORE M, et al. A knowledge-based expert system to assess power plant project cost overrun risks[J]. Expert Systems with Applications, 2019(136): 12-32.

[7] ZUZCAK M, ZENKA M. Expert system assessing threat level of attacks on a hybrid SSH honeynet[J]. Computers & Security, 2020(92): 1-18.

[8] TANG K. H. D, DAWAL S. Z. M, OLUGU E. U. Integrating fuzzy expert system and scoring system for safety performance evaluation of offshore oil and gas platforms in Malaysia[J]. Journal of Loss Prevention in the Process Industries, 2018, 56: 32-45.

[9] LOSIEWICZ Z, NIKONCZUK P, PIELKA D. Application of artificial intelligence in the process of supporting the ship owner's decision in the management of ship machinery crew in the aspect of shipping safety[J]. Procedia Computer Science, 2019, 159: 2197-2205.

[10] BORKOWSKI P. Inference Engine in an Intelligent Ship Course-Keeping System[J]. Computational intelligence and neuroscience. 2017: 1-9.

[11] 胡锦晖，胡大斌，何其伟. 基于专家系统的船舶训练模拟器考核评估算法[J]. 中国航海，2015，38(04)：59-63.

[12] HE W, CHU X. M, ZHOU Y. M, et al. Navigational risk assessment of Three Gorges ship lock: Field data analysis using intelligent expert system[J]. JOURNAL OF INTELLIGENT & FUZZY SYSTEMS, 2020, 38: 1197-1202.

[13] 张华年，卜凡亮. 公安智能应急预案系统的设计与实现[J]. 中国人民公安大学学报(自然科学版)，2019，25(03)：65-69.

LNG 加注船与码头泊位兼容性研究

冯志明

（深圳燃气集团华安 LNG 接收站）

摘　要　LNG 加注船由于其体积较小、船体两侧平板长度短，与目前国内主流 LNG 码头的蝶形泊位兼容性差，导致码头可用的 LNG 加注船少。本文以华安 LNG 码头加注泊位与市场上不同型号的 LNG 加注船兼容性研究分析，通过 OPTIMOOR 计算软件模拟靠泊，再进行船岸设备设施兼容研究，分析影响 LNG 加注船与码头靠泊安全与工艺设备设施兼容的关键要素，针对 LNG 加注船平板长度较短与受注中心偏移等特点，提出其他接收站码头新建或改建时的优化建议，使接收站增加可匹配的 LNG 加注船舶数量。

关键词　LNG 加注；船舶；靠泊；兼容

1　前言

船舶尾气排放已经成为长三角、大湾区地区主要气体污染物来源，使用 LNG 代替重油作为海运船舶的燃料，可显著降低 NOx 与 SO_X 排放，近年我国沿海地区积极发展海上 LNG 加注业务。海上 LNG 加注技术分别有槽车加注、岸基加注、趸船加注、加注船加注方式，国际上主流的海上加注中心都采用加注船加注的方式，加注船在加注母港装货后，转运到采用天然气动力的受注船，提高加注灵活性。目前长三角地区与大湾区已完成海上加注母港的建设，深圳燃气华安 LNG 调峰库码头成为国内首个取得 LNG 反输资质的港口。

LNG 加注船相对普通 LNG 运输船体积较小，船厂为确保船舶航速与设备布置，其船体线性与大型 LNG 运输船有较大差异，LNG 加注母港大多数由大型 LNG 接收站泊位改建，泊位往往可以兼容 LNG 加注船与 LNG 运输船，在进行靠泊与兼容性分析时存在差异，由于目前全球市场只有 30 艘 LNG 加注船，加注母港应尽可能采取优化措施以匹配到更多加注船。

2　LNG 加注船靠泊安全分析

靠泊安全是 LNG 加注船靠泊码头前进行的研究重点。通过靠泊安全分析，确定加注船在极端气象条件下，是否能够安全地靠泊在泊位上。可采用《港口工程荷载规范》各类载荷的计算方法，通过船舶横向与纵向受风面积，计算船舶风载荷与流载荷，计算缆绳角度与受力，护舷接触与受力情况。目前行业内主要通过专用的模拟计算软件 OPTIMOOR，模拟 LNG 船靠泊后遇到极端气象环境情况，从两个维度进行分析，分别是船舶平板中体与码头护舷接触情况和缆绳数量、角度与拉力。

根据《系泊设备指南》船舶极端环境条件设定，首先完成 OPTIMOOR 靠泊模拟环境参数输入：①船首与船尾的水流，最大流速 3kn；②与轴向中心线 10°水流，最大流速 2kn；③船横向的水流，0.75kn；④任意风向及最大的风速 60kn。

另外，OPTIMOOR 靠泊模拟还要进行船舶与靠泊设备坐标数据输入：①码头泊位设计最高水位与最低水位；②船舶满仓吃水与空仓吃水；③快速脱缆钩数量、最大载荷、与泊位中心点(气相臂接口界面)相对的坐标与高程；④护舷板形状与面积、坐标与高程、护舷橡胶体压缩量与反推力；⑤泊位水深；⑥船舶最大位移量；⑦船舶平板区域数据。

完成参数输入，即可进行靠泊模拟分析，图 1 为 3 万立方船型的 LNG 加注船与华安码头加注泊

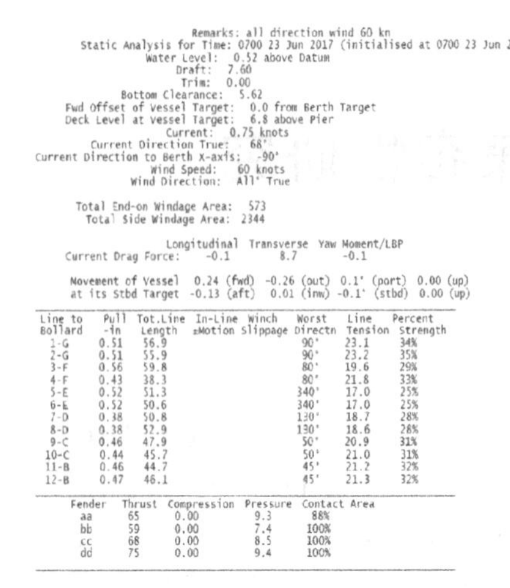
Remarks: all direction wind 60 kn
Static Analysis for Time: 0700 23 Jun 2017 (initialised at 0700 23 Jun 2017)
Water Level: 0.52 above Datum
Draft: 7.60
Trim: 0.00
Bottom Clearance: 5.62
Fwd Offset of Vessel Target: 0.0 from Berth Target
Deck Level at Vessel Target: 6.8 above Pier
Current: 0.75 knots
Current Direction True: 68°
Current Direction to Berth X-axis: -90°
Wind Speed: 60 knots
Wind Direction: All° True

Total End-on Windage Area: 573
Total Side Windage Area: 2344

	Longitudinal	Transverse	Yaw Moment/LBP
Current Drag Force:	-0.1	8.7	-0.1

Movement of Vessel 0.24 (fwd) -0.26 (out) 0.1° (port) 0.00 (up)
at its Stbd Target -0.13 (aft) 0.01 (inw) -0.1° (stbd) 0.00 (up)

Line to Bollard	Pull -in	Tot.Line Length	In-Line ±Motion	Winch Slippage	Worst Directn	Line Tension	Percent Strength
1-G	0.51	56.9			90°	23.1	34%
2-G	0.51	55.9			90°	23.2	35%
3-F	0.56	59.8			80°	19.6	29%
4-F	0.43	38.3			80°	21.8	33%
5-E	0.52	51.3			340°	17.0	25%
6-E	0.52	50.6			340°	17.0	25%
7-D	0.38	50.8			130°	18.7	28%
8-D	0.38	52.9			130°	18.6	28%
9-C	0.46	47.9			50°	20.9	31%
10-C	0.44	45.7			50°	21.0	31%
11-B	0.46	44.7			45°	21.2	32%
12-B	0.47	46.1			45°	21.3	32%

Fender	Thrust	Compression	Pressure	Contact Area
aa	65	0.00	9.3	88%
bb	59	0.00	7.4	100%
cc	68	0.00	8.5	100%
dd	75	0.00	9.4	100%

图 1　OPTIMOOR 分析结果

位模拟分析后输出内容，对该船输出结果进行重点分析。

OPTIMOOR 输出结果：在 LNG 加注船空仓叠加潮位最高时与满仓叠加潮位最低时，遇到极端天气，缆绳拉力与码头护舷板接触、挤压是否在规定范围内。

2.1　缆绳的分析

按照石油公司国际海事论坛的相关要求，钢丝缆绳拉力不应超过破断力的 55%，合成缆拉力不应超过破断力的 50%，高分子尼龙缆拉力不应该超过破断力的 45%。该 3 万立方船采用尼龙缆，最大拉力出现在 2-G 号缆绳，强度为破断力的 35%，缆绳最大拉力为 23. 3t，未超过脱缆钩的许可载荷 75t，在满仓最低潮位与极端气象环境下，缆绳均满足靠泊要求。

2.2　护舷板接触与推力分析

船舶平板中体与护舷的接触受力分析，华安 LNG 加注泊位共有四个护舷，内侧护舷相距 55m，外侧护舷相距 80m，护舷最大允许变形为 55%，单个护舷产生最大反推力为 1368KN。同时也要考虑面板接触压力是否在船侧平板外壳许用应力，避免出现超压导致船体变形破裂受损，LNG 加注船船壳许用应力不超过 20t/m²。从输出结果可以看到 3 万立方加注船四个护舷都可以接触，其中船头外侧护舷只能接触 88%，但面板压力与橡胶变形量均在许可范围，最大压力位 750KN，护舷最大变形量 16%，船外壳最大受力 9. 4t/m²，在满仓最低潮位与极端气象环境下，船舶与护舷接触情况符合要求，如图 2、表 1 所示。

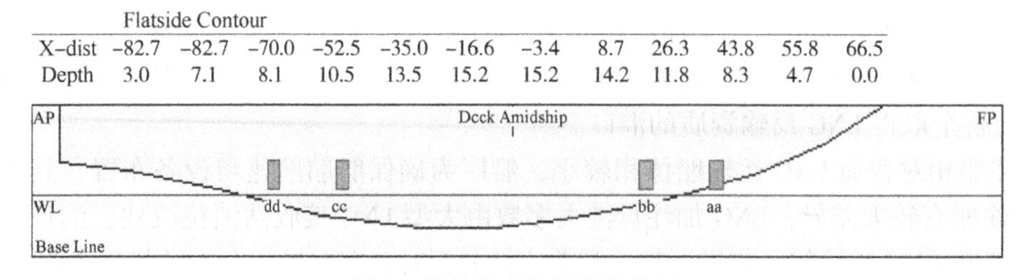

图 3　模拟靠泊护舷接触情况

表 1　部分船型与华安码头匹配情况

船型(m³)	舱型	空载艏艉平板长度(m)	OPTIMOOR 结果
7500	C 型舱	22. 3(艏)/28. 9(艉))	空载高水位时，平板区前侧未接触到码头护舷；总长度不满足码头护舷要求
10000	C 型舱	27. 6(艏)/37. 5(艉)	可安全靠泊
18600	GTT MARK Ⅲ FLEX(薄膜舱型)	25(艏)/42. 5(艉)	空载高水位时，平板区前侧只是接触到护舷板 14%，未满足 50%的要求
30000	C 型舱	27. 2(艏)/38. 8(艉)	可安全靠泊

目前市场上主流的 LNG 加注船船型与华安 LNG 加注泊位匹配，经过 OPTIMPOOR 软件模拟分析后，可以总结各类船型与码头匹配的主要限制因素。

2.4　限制因素

对不同船型匹配分析，导致船岸未能匹配成功的主要限制：

（1）目前新造船舶追求平滑船舶线性与较高航速，能降低航行能耗，但在空仓状态与高水位时，小型加注船普遍存在平板长度不足，前后两侧无法接触码头护舷，接触位置为船体带弧度区域，靠泊时船壳应力过大、护舷推力方向不垂直的问题。

(2) 部分 LNG 加注船在空仓与高水位时，平板长度可满足靠泊要求，但由于受注口偏离平板中心(多数靠前)，导致船岸双方对准接口时，船舶平板前侧或后侧将无法接触护舷。

(3) 部分 LNG 加注船平板长度满足要求，

由于华安码头护舷高程较低，需要根据潮位情况，合理安排靠泊计划，乘潮靠泊，避免同时出现高水位与船舶空仓状态。

3 设备设施兼容研究

完成 LNG 加注船靠泊安全分析后，还需要进一步研究船岸与接收站工艺设备设施兼容情况，才能决定船舶是否与码头匹配。

3.1 装货臂包络

经过流量设计核算，目前华安公司可使用两条臂(气相臂与液相臂)进行 LNG 加注船装货，即可满足最大装货流量要求。使用气相臂与加注船对中，加上船舶靠泊移动范围，计算装货臂在各个方向最大位移必须在包络范围内。装货臂的包络边界包括预报警、连锁报警、ERC 紧急脱离报警三道限位。影响装货臂是否在包络范围内的关键因素包括：加注船吃水、受注口高程、气态液态受注口间距、受注口船边距离、受注口与平板中心偏离，另外需考虑受注口区域顶部是否存在障碍物，妨碍装货臂自由浮动，如图 3 所示。

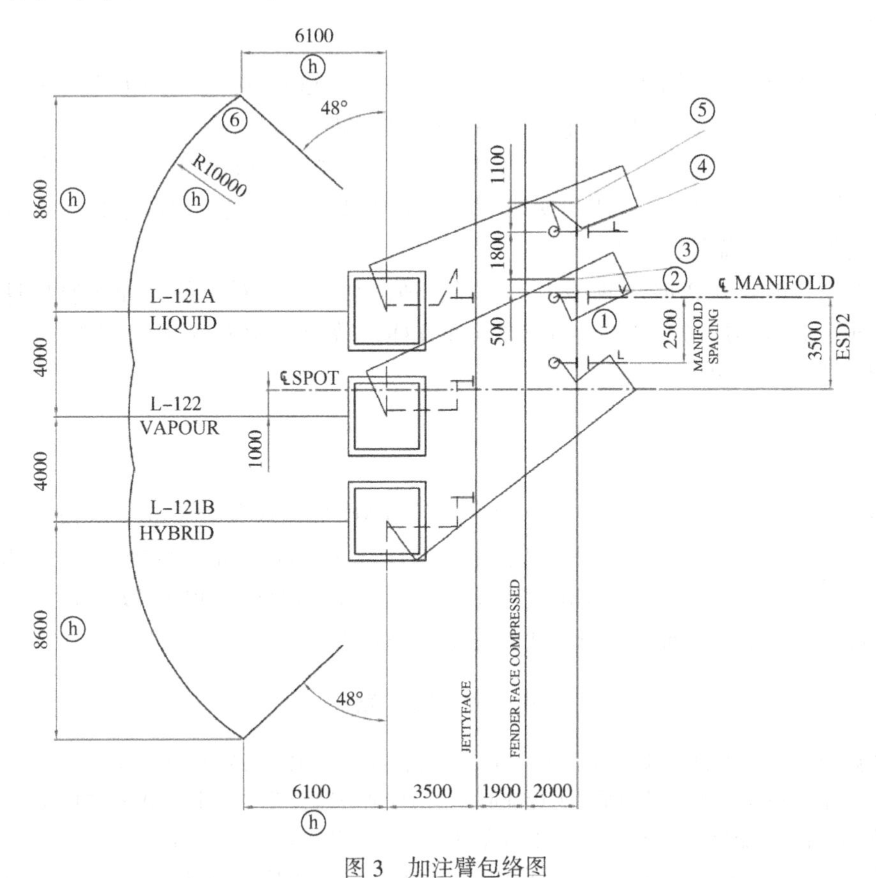

图 3 加注臂包络图

3.2 接口法兰

LNG 码头用臂接口连接主要采用快速连接方式(QCDC)，连接速度快且安全性高，法兰整体受力均匀，但对法兰厚度和法兰平面要求高，船岸双方必须采用一致的法兰标准，华安码头的 LNG

装船臂采用 ANSI B16.5 法兰标准。对于部分船舶在海上运行时间长，法兰锈蚀厚度减薄，或采用不同标准的法兰进行强行组对连接，会导致 QCDC 接口发生泄漏。另外部分加注船接口法兰平面带水纹，而 QCDC 法兰通常采用密封圈(两圈或三圈)结构，与波纹平面配合时，密封不严，容易导致法兰泄漏。

3.3 船岸连接与登船梯

LNG 船岸连接系统有光纤、电缆、气动三种连接方式，主要交换船岸双方 ESD1、通讯、辅助靠泊数据，优先选择使用光纤连接，其次选择电缆。目前市场上主流采用英国 SeaTechik 公司的船岸连接设备，船舶靠泊前必须审查船岸连接接头和系统是否匹配，或配备相应的信号转接设备。LNG 船应留有足够空间允许登船梯摆放，避免周边有异物阻挡，保证船舶位移与潮位吃水变化时，登船梯自由摆放。

3.4 BOG 处置

加注船货舱温度受下游加注业务影响大，如 LNG 受注船为薄膜燃料舱时，要求货温低，LNG 饱和蒸汽压不能超过 15kPa，导致加注船装船产生大量的 BOG 需要处置；另外货舱温度较高的船舶，装船也会产生大量的 BOG，通过返回岸方储罐才能维持船舱压力稳定。目前市场上小部分 LNG 加注船已配备再液化装置，可以完全消纳装船产生的 BOG。部分加注船采用 C 型舱结构，通过提升舱内压力，可减少 BOG 返回量。国内大多数已建接收站在设计时并未考虑装船工况下的 BOG 回收，船舶装船时产生的 BOG，接收站无法全部回收，需充分考虑该部分 BOG 的处置方式。

4 优化建议

（1）根据 OPTIMOOR 模拟结果与设备设施兼容研究，新造和改扩建码头应尽量缩短护舷间距或提高护舷的高程、增大护舷面板面积，提高 LNG 加注船舶匹配成功率。

（2）新建或改建码头可增加气液相装货臂相互切换的选择，例如由 L-V-L/V 的模式，改为 L/V-L/V-L/V 模式，通过装货臂气液相切换船岸接口对中线，使受注口偏离平板中心线船舶靠泊时前移或后移，增加码头可靠泊的船型。

（3）接收站应根据自身 BOG 处理能力，选择合适的加注船。对于部分加注船自身不能处置装船时产生的 BOG，接收站应考虑能够处置该部分的 BOG，如提前降低岸上储罐货物的饱和蒸汽压，未能回收的 BOG 只能通过火炬燃烧掉。

5 结论

国际 LNG 燃料动力船爆发时增长，目前我国海上 LNG 加注业务处于起步阶段，沿海地区应加快 LNG 加注业务的发展，对于新建与改建的 LNG 加注码头，应尽可能匹配更多的 LNG 加注船船型，增加操作灵活性。对于 LNG 加注船的匹配研究，先通过 OPTIMOOR 模拟确定 LNG 加注船靠泊安全性，再进行设备设施兼容研究，最终才能确定船舶是否与接收站码头匹配。

参 考 文 献

[1] 周玉良．船舶 LNG 加注的市场前景及发展建议[J]. 中外企业家，2020(12)：109-110.

[2] 孙英广，朱利翔，谷文强．码头结构系缆力标准值计算方法研究[J]. 港工技术，2017，54(4)：39-45.

[3] 叶银苗．码头设计中船舶风荷载中英规范标准研究[J]. 水运工程，2014(7)：46-50.

[4] 于军民，王立昕，肖礼军，等．液化天然气码头操作规程：SYT 6929—2012[S]. 北京：石油工业出版社，2012：7-20.

浅谈城区油气管道泄漏智能视频监控报警技术与应用

马　驰

（中油辽河油田公司兴隆台采油厂）

摘　要　兴隆台采油厂作为开发50余年的的老油田来说，地处城区，管网错综复杂，与市政管网、电缆交错并行，主干河流为六零河、螃蟹沟，管道多为沿线或穿跨越铺设，日常采取一天4次的人工巡检，但管道泄漏存在突发性、偶然性以及不确定性，一旦发生泄漏，存在严重的安全环境风险，因此急需通过搭建管道泄漏报警平台，对重点敏感区域进行实时视频监测报警。保障"全流程、全区域、全生命周期"的完整性管理有序推进，维持管道低失效率目标，促进管道和站场本质安全水平提升。

关键词　城区油气管道；智能视频监控报警；辽河油田

1　实施背景

管道运输因为它的经济性和安全性，现在被应用的越来越广泛，随着管道技术的快速发展，管道运输已成为世界第五大运输工具。原油管道是将原油从油田运输到炼油厂和港口的重要通道。然而，原油管道泄漏是一个常见的问题，可能对环境和社会造成严重影响。泄漏事件可能导致原油的污染和泄漏量的损失，对土壤、地下水和水域造成污染，甚至引发火灾和爆炸等安全事故。因此，建立一套可靠的原油管道泄漏检测系统对于保障管道运营的安全性和环境保护至关重要。

兴隆台采油厂所属油田1971年投入开发，1972年建厂，是辽河油田的发祥地，也是辽河油田组建最早的采油厂，主要业务包括采油、采气、注水、注气、油气集输与污水处理等。辖区面积1600平方公里，占辽河盆地陆上26%，地跨盘锦、鞍山两市。共投入开发8个油田和4个断块区（双曙欢冷），横跨西部凹陷、东部凹陷。探明含油面积243.17平方公里，探明石油地质储量3.32亿吨，动用面积205.9平方公里，动用储量2.74亿吨，如图1所示。

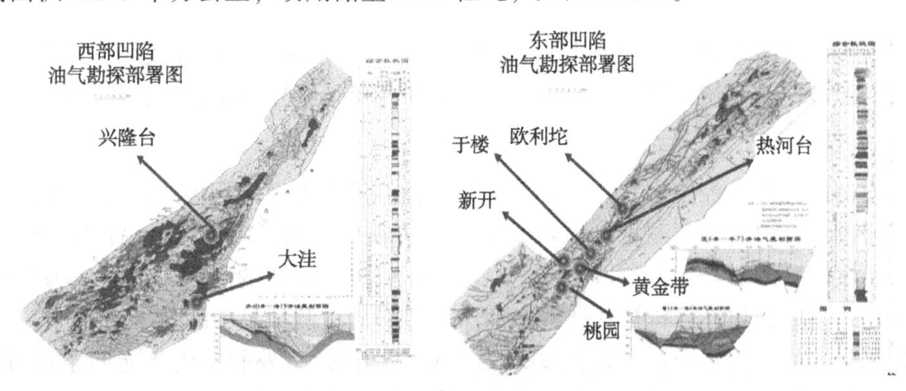

图1　东、西部凹陷油气勘探部署图

兴采厂开发50年，共有各类管道近2000条长度1700多公里，管道运行超过20年占比33%、11~20年占比30%、10年以内占比37%，城区内管道占比32%。各类管道遍布城市中心区与市政管网并行交叉，穿跨河流干渠与稻田苇田交相辉映，运行风险高、泄漏后果重、管理难度大，如图2、3所示。

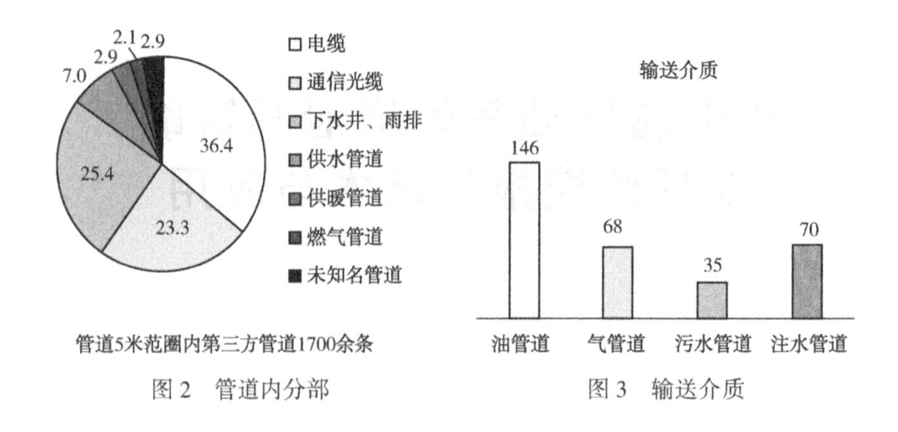

图2　管道内分部　　　　图3　输送介质

2　主要研究内容及取得的成果

2.1　成果内涵

本项目的目标是建立一套可靠、高效的管道泄漏监测系统，能够准确监测管道泄漏，并在泄漏事件发生时及时报警和采取应急措施。该系统旨在确保原油管道的安全运营、环境友好和合规性，降低泄漏事件对环境的影响。

2.2　主要研究方向

(1) 环境保护：原油管道泄漏可能对土壤、地下水和水域造成污染，对生态系统和生物多样性产生负面影响。建立原油管道泄漏检测系统可以及时发现泄漏事件并采取措施，减少对环境的污染，保护生态环境。

(2) 经济损失减少：泄漏事件可能导致原油的损失和修复成本的增加，对相关产业和经济造成严重影响。通过建立可靠的泄漏检测系统，可以及时发现和处理泄漏事件，减少原油损失和经济损失。

(3) 安全保障：泄漏事件有可能引发火灾、爆炸和其他安全事故，对人员和设施安全构成威胁。原油管道泄漏检测系统的建设可以帮助及时发现泄漏，及早采取应急措施，确保人员和设施的安全。

(4) 合规性要求：原油管道运营需要符合法规和标准的要求，包括环境保护、安全性和法律合规等方面。建设泄漏检测系统可以帮助满足这些要求，并确保管道运营符合相关的法律和行业规范。

(5) 声誉保护：泄漏事件对公司的声誉和形象产生负面影响，可能导致公众的不信任和投诉。通过建立有效的泄漏检测系统，可以展示公司的负责任和可持续发展意识，保护公司的声誉。

2.3　主要技术介绍

目前油田内部的视频监控技术多数用于长输管道，但仅作为高清摄像头使用，无法做到监测油水泄漏与实时报警，管道泄漏监测报警平台基于计算机视觉技术，配套搭载 AI 智能识别，使其具有其高准确性、实时监测、自动化和远程监测以及数据分析和预测的能力，得以成为改进管道泄漏监测的重要工具。下面探讨计算机视觉技术在油田管道漏油检测项目中的技术可行性。

(1) 图像采集：油田管道通常布设在复杂的环境中，包括室外和室内，光照条件可能不稳定。为了实现可行的油田管道漏油检测，首先需要进行高质量的图像采集。这可以通过使用高分辨率的摄像头、红外摄像头或无人机进行实现。这些设备能够捕获管道表面的细节，并提供可靠的图像输入。

(2) 图像处理：获取到的图像需要进行处理，以便更好地检测漏油情况。图像处理技术可以用于降噪、增强对比度、图像分割等操作，以提取出管道表面和周围环境的特征。这些处理操作可以通过传统的图像处理算法或深度学习模型来实现。

(3) 漏油检测算法：计算机视觉技术的关键是设计和实现高效准确的漏油检测算法。针对油田管道漏油检测，可以使用传统的特征提取算法，如边缘检测、纹理分析等，结合机器学习算法进行分类。另外，深度学习技术，特别是卷积神经网络(CNN)，已经在图像识别和检测任务中取得了巨大成功。可以使用预训练的CNN模型，并进行微调以适应漏油检测任务。

(4) 实时监测：油田管道漏油检测需要及时响应，因此实时监测是必要的。计算机视觉技术能够快速处理图像，并在短时间内检测出漏油情况。结合高性能的计算设备和优化的算法，可以实现实时的漏油检测和报警。

(5) 系统集成：计算机视觉技术可与其他传感器和系统集成，以获取更全面的数据和信息。例如，可以与温度传感器结合，通过检测温度异常来进一步确认漏油情况。此外，与数据管理系统集成，可以对漏油数据进行记录、分析和可视化，提供更好的管理和决策支持。

2.4 经济可行性

根据研究估计，一个中等规模的油田管道泄漏事件可能导致数千万人民币的清理和修复费用。根据历史数据，油田管道泄漏事件可能导致生态系统恢复所需的时间和费用，这对当地城市建设、舆论压力等造成了严重的影响。

2.5 操作可行性

评估系统的运维和维护需求，包括设备维修、数据管理和人员培训等方面。确保系统能够长期稳定运行，并能及时响应泄漏事件。考虑项目在法律法规和行业标准方面的合规性要求，确保项目建设符合相关规定。制定相应的操作流程和应急预案，培训相关人员并进行定期演练。

3 管道泄漏检测发展现状

(1) 国外现状

在国际上，各国在管道泄漏检测领域采用了各种先进的传感技术，包括声学、光学、气体传感等。德国研究人员 R. xsermannl 和 H. siebert 历时数年，终于找到可以将输有效率的对微小泄漏进行检测的方法，该方法可以对管道输送的流量和产生的压力信号展开处理，而后进行有关分析，很大程度上使微小泄漏检测的灵活性和准确性得到了提升。

这些技术能够提供更高的检测精度和实时监测能力。越来越多地将计算机视觉技术应用于管道泄漏检测中。计算机视觉技术可以通过图像处理和模式识别算法，识别管道表面的泄漏迹象。这些方法基于机器学习和深度学习技术，能够提高泄漏检测的准确性和效率。

(2) 国内现状

我国对于油田原油管道泄漏检测相关标准和规范逐渐完善，包括石油行业的标准、环保要求和安全规范等。国内在管道泄漏检测方面采用传统的物理传感器和流量计等方法。

2013年，天津大学的技术研究人员赵尉普在既往研究的基础上，使用以管道首末站的特征参数之间的差分阈值为基础的检测算法，以此来对输送管道中的微小泄漏进行检测和定位。现如今研究者们将关注点放在粒子群优化支持向量机，这种方法是通过借助超声波生成的波速信号在输送管道正常工作与发生微小泄漏时工作所产生的差异值，来提取其时域特征与波形。

这些方法存在定位不准确、灵敏度不高以及无法实时监测等问题。红外热成像技术在国内得到广泛应用，可通过监测管道表面的温度变化来检测泄漏。然而，该技术受环境因素和温度变化的干扰，对小型泄漏的检测灵敏度有限。超声波检测技术可以通过检测管道中传播的波动来识别泄漏。在国内，该技术已经得到广泛应用，但受到管道材质、背景噪音等因素的影响，准确性和稳定性仍然需要改进。

计算机视觉技术在管道泄漏检测领域具有明显的优势。其高准确性、实时监测、自动化和远程监测以及数据分析和预测的能力，使其成为改进管道泄漏检测的重要工具。随着技术的不断发展和应用，计算机视觉在该领域的应用前景将更加广阔。

4 方案制定

4.1 原有方案的优缺点、局限性及存在的问题，原有方案是通过人工方式进行巡查，其优点包括：

（1）人工巡检可以提供一种基本的检查手段，能够发现一些明显的泄漏迹象。

（2）巡检人员可以根据经验和直觉判断是否存在泄漏情况，尽快采取措施进行修复。然而，原有方案存在一些缺点、局限性和问题，如下所示：

（1）人工巡检存在时间延迟：人工巡检需要周期性地进行，无法实现实时监测，因此可能会导致泄漏情况延迟被发现，延误了处理的时机。

（2）人工巡检存在主观判断：人工巡检很大程度上依赖于巡检人员的主观判断，可能存在主观偏差或疏漏，导致一些泄漏情况被忽视。

（3）人工巡检难以覆盖全面：油田输油管道通常长度较长且分布广泛，人工巡检难以覆盖到每个位置，特别是对于临近水源的地区，更难以保证全面检测。

（4）人工巡检存在人力资源成本高的问题：进行人工巡检需要投入大量的人力资源，包括培训和管理巡检人员，增加了成本和工作量。

总体而言，原有方案的主要问题在于无法实现及时、准确和全面的泄漏检测，特别是在临近水源处可能导致水污染的情况下，如图4所示。

图4 临近水源污染情况图

4.2 可重用的系统，与要求之间的差距

现有人工巡检系统的基本的处理流程和数据流程基本稳定，但人工方式工作量大、繁琐，容易漏检，完成周期长，依赖于大量的人力和物质投入，工作效率较低和成本较高，基本功能。

因此，现有人工巡检系统作为可重用系统方案的基础框架，并将检测泄漏报警、地点标识定位、处置方法和巡检等功能判断主体由人转变为机器，通过合理选择和集成相应的技术和组件，以满足要求并提高管道安全性和效率。通过搭建管道漏监测报警平台，将现场视频监控内容以SIM卡的方式传输至服务器，服务器采取图像处理与数据分析，将信息反馈至管道泄漏监测系统，以短信的形式通知属地等管理人员，做到及时报警，第一时间发现，从而确保管道运行安全和环境保护，如图5所示。

4.3 试验效果

针对城区内河流沿线的跨河段管道，选取2处跨越点安装4套视频监控报警系统，主要针对河

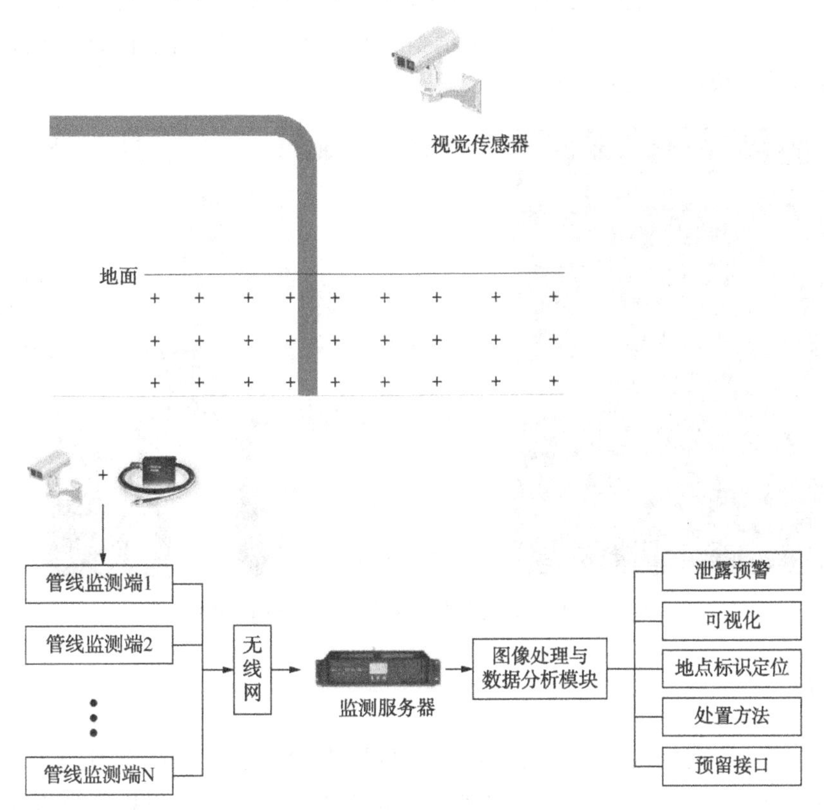

图 5　管道泄漏监测系统

面及管道出入土处进行试验。由于处在实验阶段，临时搭建管道泄漏监测报警平台，仅有异常报警模块可以正常使用，其余模块尚未进行开发，如图 6 所示

图 6　临时管道泄漏检测报警平台

9 点 40 分，组织进行泄漏试验，分别在河流上下游处布置隔油栏，通过采取向沟内倒入少量原油的方式进行监测试验。

9 点 53 分，收到短信报警，提示有区域内发生疑似漏油情况，随即登录管道泄漏检测报警平台，在主界面显示异常报警，进入界面后，报警区域为辽油-设备 2 高亮提醒，点击设备 2，显示视频实时监控画面，河流内存在少量油花，如图 7 所示。

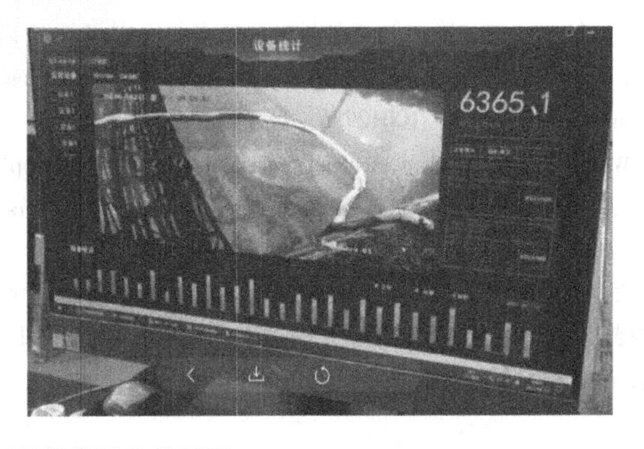

图 7　短信报警及监控画面

10点06分，再次收到短信报警，提示辽油-设备1发生疑似漏油情况，点击设备1，显示河流北侧桁架入土段存在明油，通过两次试验，短信报警与现场实际发生泄漏时间间隔不足30秒，证明视频监控系统智能、快速、识别准确。

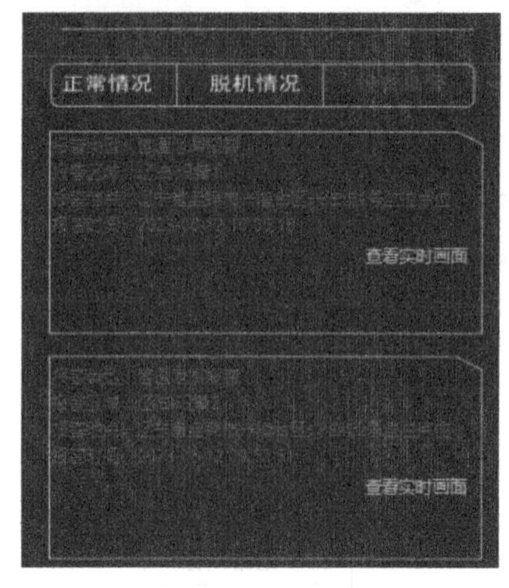

图8　短信报警与现场实际发生时间不足30秒

5　结论与建议

（1）据统计在近5年时间内，城区沿河管道泄漏共计32次，因未能及时组织应急抢修造成直接或间接经济损失高达1280万元，通过搭建管道泄漏监测报警平台，可以实现安全风险的有效预防，推动完整性常态化管理；强化了“人防”、“技防”、“物防”的有机融合，有效消除此类风险。提高了完整性管理的科技创新水平，为兴采厂安全运营和可持续发展提供了有力支撑。

（2）未雨绸缪，防微杜渐。面对油田地面生产系统逐年老化、安全风险日益增多的严峻形势应该继续保持危机意识和忧患意识，迎难而上、常抓不懈，将“事后被动抢险维修”变为“基于风险的监测”扎实推进管道和站场完整性管理，坚决为采油厂和油田公司安全稳健高质量发展提供坚强保障。

参 考 文 献

[1] 原油长输管道泄漏监测与报警技术．山东省，中国石油大学，2010-01-01.

[2] 原油输送管道泄漏实时监测系统．辽宁省，东北大学，2004-01-01.

[3] 王立宁．原油输送管道泄漏检测理论及其监测系统的研究[D]．天津大学．

[4] 高子昂．原油输送管道微小泄漏检测方法研究[D]．辽宁石油化工大学，2021. DOI：10.27023/d.cnki.gfssc.2021.000248.

[5] 张涛．原油管道泄漏检测若干关键技术的探析[J]．中国石油和化工标准与质量，2021，41(07)：53-54.

[6] 吕孝波，杨斌．原油输送管道泄漏检测技术及应用[J]．中国石油和化工标准与质量，2020，40(05)：56-57.

[7] Wu T，Chen Y，Deng Z，et al. Oil pipeline leakage monitoring developments in China[J]. Journal of Pipeline Science and Engineering，2023：100129.

[8] Liu，Wei，Wenqing，et al. A novel noise reduction method applied in negative pressure wave for pipeline leakage localization[J]. Transactions of The Institution of Chemical Engineers. Process Safety and Environmental Protection，Part B，2016，104(Nov. Pt. A)：142-149.

[9] 王雪亮，苏欣，杨伟．油气管道泄漏检测技术综述[J]．天然气与石油，2007(03)：19-23.

[10] 赵尉普．基于压力和流量的输油管道微弱泄漏检测定位研究[D]．天津：天津大学，2014.

[11] 刘浩宇，燕宗伟．基于PSO-SVM的管道小泄漏检测[J]．油气田地面工程，2019，38(S1)：105-110.

LNG 高压泵急停故障分析及解决建议

王庆军[1]　崔　均[1]　李东旭[1]　赖亚标[2]　王世超[3]

（1. 国家官网集团大连液化天然气有限公司；2. 中海福建天然气有限责任公司；
3. 中石化青岛液化天然气有限公司）

摘　要　某接收站 LNG 高压泵正在运行过程中，突然显示泵井液位不稳，最后 DCS 上显示自动停车，本文介绍了高压泵故障现象，分析了自动停车的原因并提出解决建议。

关键词　LNG 高压泵；故障现象；自动停车；原因分析；解决建议

天然气作为清洁能源其中的一种，已经开始被广泛应用，中国也正在成为世界天然气第二大进口国，进口渠道其中之一是海运到 LNG 接收站，再使用高压泵升压，气化，输送到远端用户。

高压泵是接收站重要设备，工作在温度-160.5℃，运行工况相对苛刻。目前国内 LNG 接收站在役的高压泵主要为国外进口，厂家为 Ebara、Nikkiso 和 JC Carter；为了打破技术壁垒和垄断，国内已有泵厂产品通过鉴定并在试用，并有数个工厂在研制和试制中。高压泵因其特殊的运行工况，无法采用常规手段对泵运行状态监测，只能依靠安装在泵体出口锥段低温振动探头对泵进行监测。在此监测条件下，分析泵故障，是一大难点。

本文试图通过对高压泵结构、设计参数、流程的分析讨论高压泵 A 运行中自停，拆检发现中间轴承，平衡盘严重损坏原因，寻找当前存在的不足和设备现有条件下的最优运行、维护、检修模式，尽可能延长高压泵使用寿命。

1　基本情况

某 LNG 接收站并联安装 7 台高压泵，常规运行在 1 台到 4 台之间，余下为备用。其中 P-1401A 高压泵发生了在运行中自停现象，至此之前设备已安全平稳运行了近 13000 小时。泵性能参数见表 1，各泵具体流量下运行时间见表 2。

表 1　泵参数表

名称	入口压力	入口饱和蒸汽压差	设计流量	最小流量	扬程	轴功率	额定功率	效率	额定电流	启动电流	汽蚀余量	电压
数值	0.8	0.1	435	166	2342	1764.2	2096	73.1	242.5	1506	1.74	6000
单位	MPag	MPag	m^3/h	m^3/h	m	kW	kW	%	A	A	m	V

表 2　高压泵运行流量与时间对照表

流量范围（t/h）	P-1401A	P-1401B	P-1401C	P-1401D	P-1401E	P-1401F	P-1401G
<100	0	48	312	293	0	1825	0
100~110	0	152	96	77	0	310	0
110~120	0	193	166	201	0	84	0
120~130	1147	352	791	263	0	144	0
130~140	1178	3357	1192	8042	0	496	0

续表

流量范围（t/h）	P-1401A	P-1401B	P-1401C	P-1401D	P-1401E	P-1401F	P-1401G
140~160	2524	2549	5161	4218	366	1751	20
160~180	3278	4308	4218	3609	690	1488	0
180~200	2946	4191	4489	1734	807	846	0
≥200	1605	1562	2862	2530	1	384	0
合计	12678	16712	19287	20967	1864	73284	20

7 台泵是并列安装运行，简易工艺流程如图 1、2 所示：

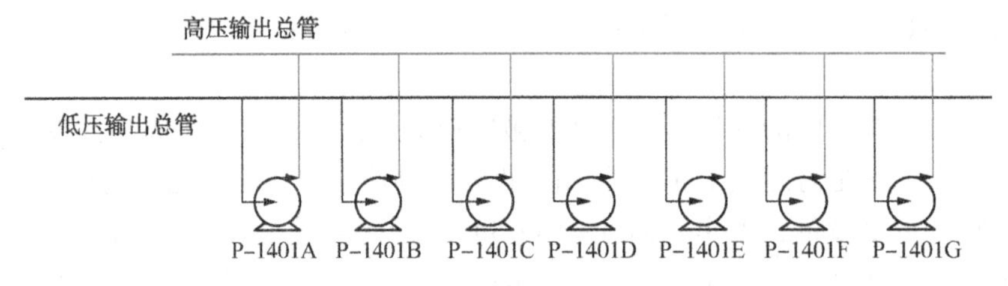

图 1　泵工艺流程

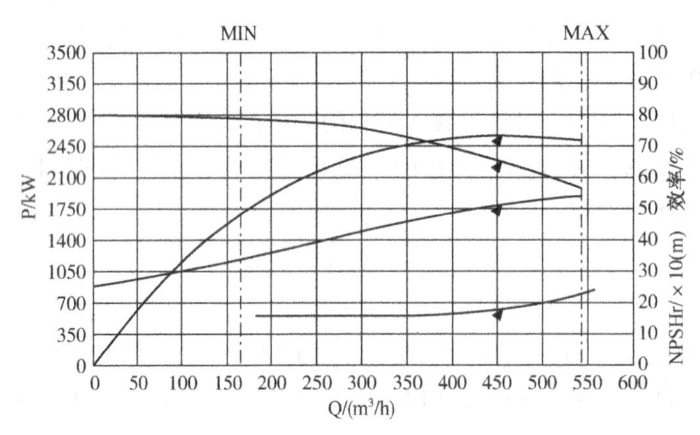

图 2　泵性能曲线

2　故障期间运行现象

2.1　故障的出现

从 2011 年 12 月投产运行后，P1401A 泵运行 12600 多小时，运行工况详见表一数据，同时因为下游的用量以及泵系统维护等问题，泵启停和升降温相对频繁，运行中电流、流量、出口压力、振动和声音都正常。

2019 年 11 月 11 日 17 点 22 分 DCS 发现高压泵 P1401A 自动停机，停机前后泵井液位有频繁的波动。

2.2　故障期间运行现象

泵自停前，泵井液位不稳定，波动较大且频繁(图 3)；此时稳定外输 2200WNm3/d，共有四条线外输，运行高压泵为 P-1401A/C/E/F。

从图 4 可以看出：高压泵 P-1401A 在 15：55 左右流量开始下降(但其他泵在增加)，至 16：00 趋于稳定，持续大约 10 分钟(至 16：10)流量恢复至正常值。但从 16：10 至 P-1401A 停止流量一直存在波动现象。

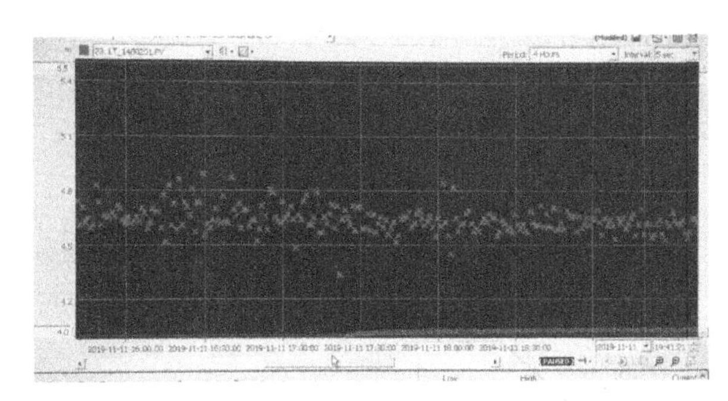

图 3 高压泵 P1401A 泵井液位

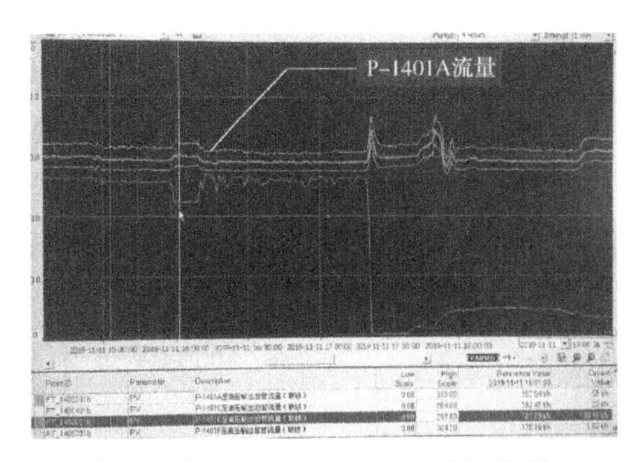

图 4 高压泵 P1401A 出口流量曲线

从图 5 看出：高压泵 P-1401A/C/E/F 在 15：55 左右出口压力开始下降，至 16：00 趋于稳定，持续大约 10 分钟(至 16：10)压力恢复至正常值，直至 P-1401A 停车。

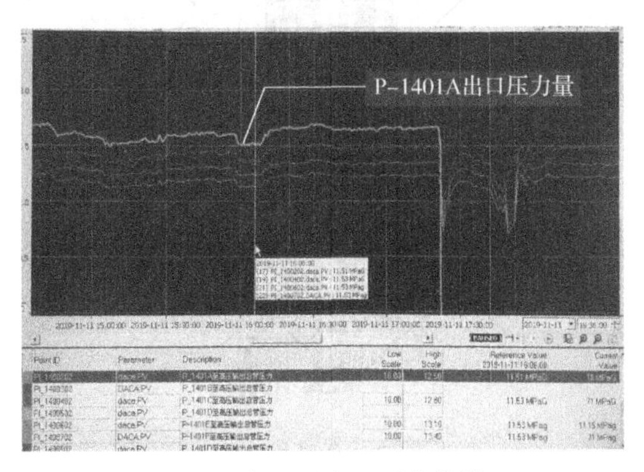

图 5 高压泵出口压力曲线

3 泵体结构及维修检查

3.1 泵的结构

P1401A 离心泵为立式、15 级带有诱导轮，电机与泵共轴并且整个电机转子和定子浸泡在 LNG 介质中。在顶部、中部和底部设置三组轴承，用于承载转子的径向力。

为保证电机冷却，在电机下端设计与平衡盘想通的通孔，顶端设置了减压孔和回流管，减压孔讲泵出口高压液体与电机内部冷却液压力平衡，回流管将电机内部介质引流到第三级叶轮出口处，使得电机内部的液体介质得以循环流动，有效的带走电机产生的热量，避免电机顶端介质因电机发热产生汽化的现象。

运行中泵的轴向力是通过平衡盘与特殊设计的末级叶轮之间间隙的变化来平衡。由于推力平衡机构的上部磨损环直径大于下部磨损环直径，因此潜液泵工作过程中受到液压合力竖直向上，使转子向上移动，导致推力平衡机构和静态止推片之间的轴向间隙减小，平衡腔的压力增大。当平衡腔的压力增大至大于液压合力时转子部件又向下移动，推力平衡机构和静态止推片之间的轴向间隙增大，平衡腔压力减小。经过推力平衡机构反复连续的自调节可以使泵的轴向力完全平衡，如图 6、7 所示。

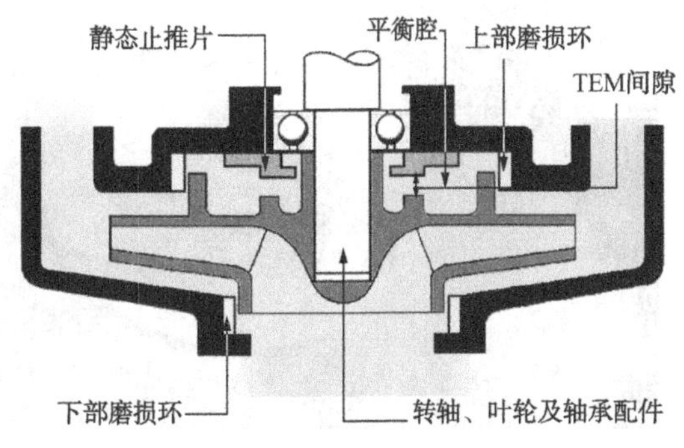

图 6 泵轴向力平衡机构图

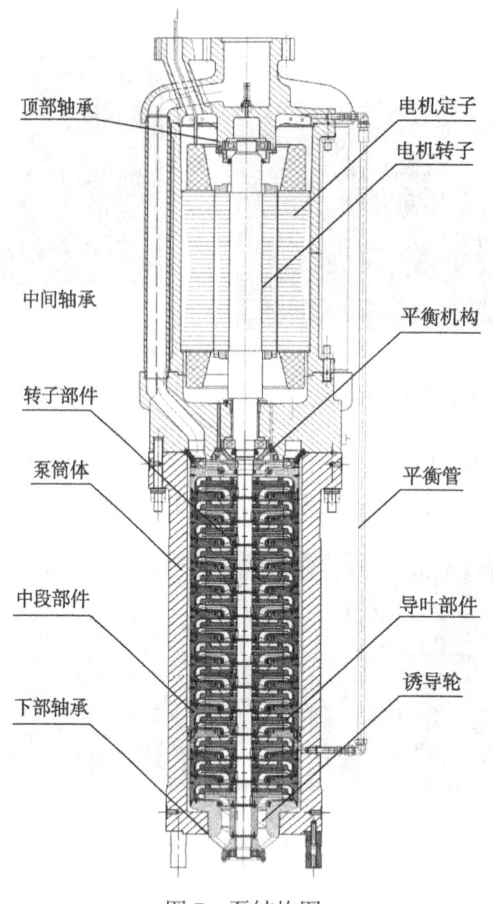

图 7　泵结构图

3.2　泵解体检查

针对泵的具体情况，对泵进行解体维修，发现如下现象(图 8-10)：

(1) 泵与电机间轴承严重损坏。

(2) 平衡盘严重磨损，轴承滚珠进入到平衡盘内部。

(3) 末级叶轮严重磨损，背侧盖板已经融化。

(4) 泵与电机间轴承位置泵轴磨损严重，有宽 30mm，深 5mm 沟槽。

(5) 除第 8 级外，其余各级叶轮密封环都比壳体密封环突出 1cm。

(6) 整个转子存在下沉现象。

(7) 泵平衡盘与电机之间节流套磨损严重。

图 8　末级叶轮(TEM 叶轮)损坏

图 9　平衡盘损坏

4 故障分析

图 10 轴承损坏

综合泵运行中其他因素均未出现明显异常，仅流量、压力及液位出现波动，同时由于功率、电流未能采集到，无法对比泵特性曲线判断 P-1401A 在 15：55~16：10 左右是否偏了泵正常特性。从结果看，高压泵 P-1401A 在 15：55 左右可能已经出现损坏，从而使得之后流量及液位波动，直至最后泵抱死造成连锁停车。根据以往经验，高压泵液位波动主要原因是入口过滤器堵塞导致泵井顶部压力较低，无法使得顶部 BOG 顺畅排向再冷凝器，同时引起再冷凝器波动。P-1401A 入口压力正常，且再冷凝器液位、压力都在正常范围内。

轴向力平衡不完全，使轴承在轴向力不平衡状态运转，导致轴承过度疲劳损坏，使得转子动平衡破坏，造成转自整体下沉。

4.1 故障根源

基于 P1401A 泵拆解检查，判断故障根源为：P1401A 泵频繁启停，以及启动过程中出口流量达不到泵设计最小流量造成轴向力平衡机构失效，使轴承承受轴向力，导致中间轴承严重磨损损坏，使得整个转子支撑被破坏，转子大幅度下移，造成平衡盘和末级叶轮严重磨损、轴及轴承衬套等处摩擦副接触、摩擦，最终叶轮口环与壳体口环粘连在一起抱死。

4.2 轴向力分析计算

4.2.1 高压泵轴向力平衡原理

高压泵轴向力的平衡结构采用平衡盘来平衡轴向力，通过平衡盘间隙的变化达到轴向力的动态平衡，如图 11 所示。

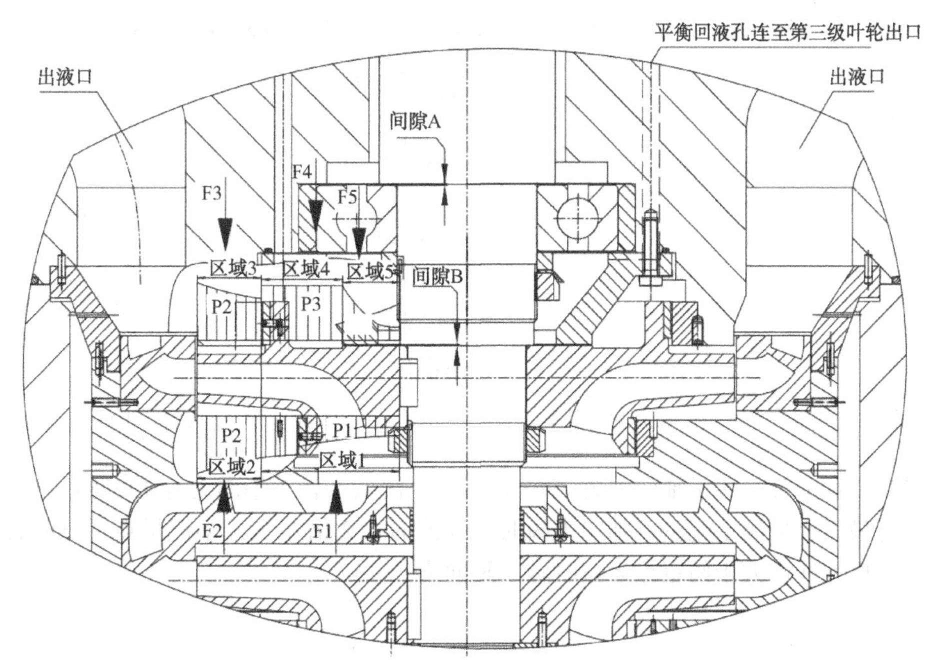

图 11 高压泵末级叶轮区域压力分布

转子部件总的轴向力为：

$$F = F3 + F4 + F5 - F2 - F1 \tag{1}$$

其中，由于区域2和区域3压力均为$P2$，面积相等，这两个区域对前后叶轮盖板的力是相反的，两者抵消。总的轴向力为：

$$F=F4+F5-F1 \tag{2}$$

由此可见，轴向力决定于$F4$、$F5$和$F1$。

高压泵起泵前，转子受自重影响，转子落至最低位置，间隙A达到最大值AMAX，间隙B也达到最大值BMAX。启动瞬间，区域1受到前面所有叶轮扬程产生的作用力$F1$，区域4和区域5受到平衡回液孔与之相连的前三级叶轮产生的作用力$F4$和$F5$，$F1>F4+F5$，轴向力向上指向电机侧，推动转子上浮，间隙A由AMAX慢慢变小。同样，间隙B由BMAX慢慢变小，介质通过间隙B节流降压，区域4中的压力P3数值逐渐增大并接近$P2$，区域5中的压力$P4$依然为前三级叶轮产生的作用力，导致$F4+F5$慢慢变大。当转子上浮至最大极限，间隙A变为零，间隙B变小至BMIN，轴承承受了转子向上瞬时最大轴向力。此时，$F4+F5$已经增大到大于F1，转子开始向下移动，间隙A和间隙B慢慢变大，间隙B节流降压能力下降，区域4中的压力$P3$由$P2$减小并接近$P4$，$F4+F5$慢慢变小。当间隙A和间隙B变大到AMAX和BMAX值时，$F1$已经增大到大于$F4+F5$，转子开始上浮。如此反复多次，调整至$F4+F5$与$F1$相等，轴向力得到平衡，转子平稳运转。

4.2.2 高压泵轴向力模拟分析

采用UG10.0软件对LNG高压输送泵整个流体域进行三维建模。流体域由进水段、诱导轮及15级叶轮、15级导叶及叶轮前后腔间隙、出水段和后端平衡部件组成。下图中序号1处为前密封环间隙，序号2处为导叶与转轴间隙间隙，序号3处为平衡盘间隙。

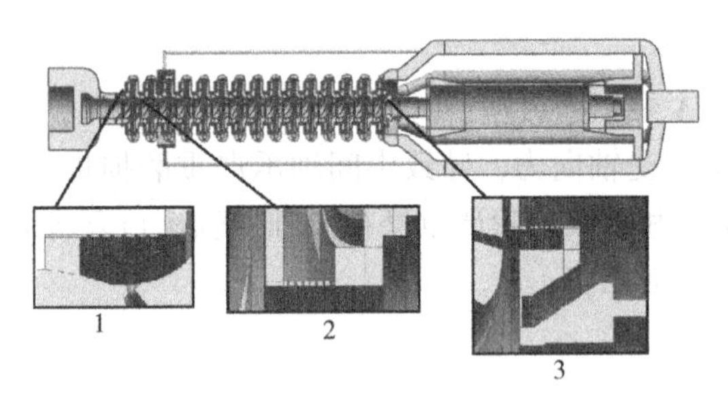

图12 高压泵水力模型总装剖视图

转子上浮至最大高度时，间隙A和间隙B达到最小间隙，对小流量和额定流量轴向力进行模拟计算，如图12所示。

对泵小流量点和额定点运行时轴向力计算，计算分析云图如图13、14所示：

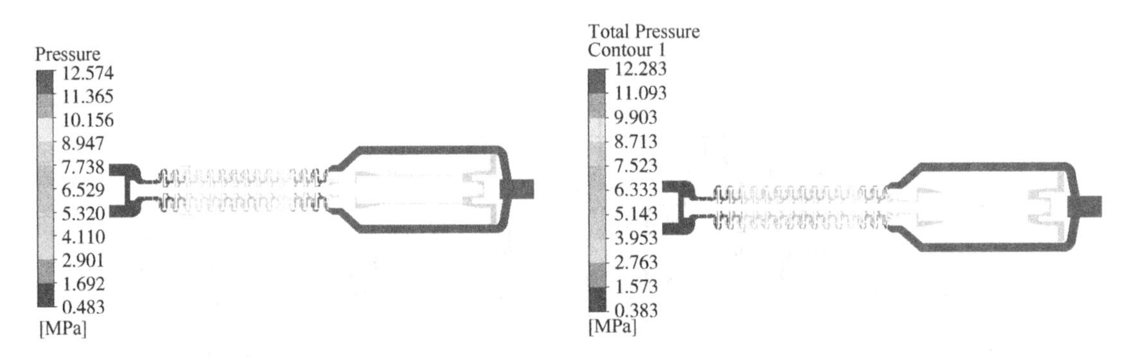

图13 泵小流量点（230m³/h）的压力分布图　　图14 泵额定流量点（450m³/h）的压力分布图

经计算得知，额定流量转子轴向力为32686.4N，小流量点转子轴向力为136784.4N，小流量点转子轴向力瞬时最大值是额定流量点轴向力瞬时最大值的4.2倍左右，小流量点运行时转子轴向力对轴承的冲击破坏力远远大于额定点运行时转子轴向力。

5 结论

（1）LNG高压泵频繁起停过程中产生的轴向力对泵整体支撑造成巨大冲击，是泵在运行中突然发生故障的根源。

（2）LNG高压泵最小流量线无法满足泵启动条件造成的骤停产生的轴向力也对泵的支撑造成巨

大冲击。

(3) 支撑轴承应设计能承受一定轴向力的推力轴承，以达到启停是平衡部分轴向力。

(4) 泵振动监测应增加频谱反馈模块，以便根据振动频谱分析振动超差的根源，推断泵是否出现早期故障。

(5) 泵故障的发生不是偶然现象，它会伴随其它异常情况出现。如流量和压力异常、声音异常、功率异常等等，坚强巡检，并结合振动频谱提前预判异常现象，避免设备产生停机故障。

参 考 文 献

[1] 周华，张一范，陈帅，等 . LNG 接收站试运投产中高压泵的冷却技术[J]。流体机械 2013，41(1)：56-58.

[2] 王立昕，田士章，等 . LNG 接收站投产运行关键技术[M]. 石油工业出版社，2015. 14.

[3] 陈雪，马国光，付志林，等 . 我国 LNG 接收站终端的现状及发展新动向[J]. 煤气与热力，2007，8(8)：63-66.

[4] 丁洪霞，杨利峰，崔胜，等 . LNG 高压外输泵预冷检测方案比较[J]. 石油和化工设备，2013，16(4)：48-49.

[5] 童文龙，李佳林 . 入口 LNG 温度对高压泵稳定运行影响的探讨[J]. 化工管理，2019，6：144-146.

[6] 彭超 . 多台 LNG 高压泵联动运行的优化与改进[J]. 天然气化工，2019，9：110-116.

[7] 王学丽，曹天帅，冷志强，等。国内首台 LNG 接收站用大型 LNG 高压外输泵的国产化工程应用[J]. 通用机械，2019，(9)：28-32.

[8] 顾安忠，鲁雪生等 . 液化天然气技术手册[M]. 机械工业出版社 2010. 1.

[9] 陈经锋 . 延长 LNG 高压泵大修周期的可行性分析[J]. 石油和化工设备，2016，19(3)：42-45.

[10] 李世斌 . 液化天然气高压泵泵井液位波动的原因分析及措施[J]. 上海煤气，2014，(1)：7-10.

[11] 孔令杰，雒晓辉，宋立，等 . 核电厂离心泵叶轮裂纹故障分析与研究[J]. 水泵技术，2019，(4)：37-40.

[12] 张翊勋，罗志远，王争光，等 . 核主泵流体静压轴封插入件和静环座碰磨原因分析[J]. 水泵技术，2018，(6)：37-40.

[13] 虎兴娜 . DG 型多级泵平衡盘-转子系统启动过程的瞬态特性研究[J]. 流体机械，2019，47(6)：24-28.

[14] 雪增红，刘兴发，白小榜，等 . 离心泵轴向力测试系统的设计[J]. 流体机械，2018，46(2)：46-49.

[15] 张忆宁，曹卫东，姚凌钧，等 . 不同叶片出口角下离心泵压力脉动及径向力分析[J]. 流体机械，2017，45(11)：34-40.

[16] 李俊庆，王忠军 . 重整 P-205B 泵轴承过热原因分析及处理方法[J]. 石油化工设备，2017，46(4)：68-70.

[17] Johann Friedrich Gulich. Centrifugal Pumps[M]. Library of Congress Control Number：2010928634.

[18] 梁武科，何庆南，董玮，等 . 高压离心泵进口压力与轴向力特性关联[J]. 机械科学与技术，2020，01.

[19] 刘在伦，卢维强，赵伟国，等 . 理性泵平衡孔和背叶片对轴向力特性影响[J]. 排灌机械工程学报，2019，37(10)：834-840.

[20] 邱靖松，王世杰 . 轴承串对轴向力的均压作用仿真分析[J]. 机械工程师，2019，(10)：59-61.

[21] 薛自华 . 多级离心泵轴向力及平衡鼓尺寸计算研究[J]. 水泵技术，2019，(4)：23-26.

利用LNG冷能实现轻烃和BOG回收的综合工艺系统

白宇恒[1]　田晓龙[2]　王　峰[3]　刘家洪[1]

（1. 中国石油工程建设有限公司西南分公司；
2. 中国石油天然气股份有限公司天然气销售分公司；
3. 大同华新液化天然气有限公司）

摘　要　目前中国液化天然气(Liquefied Natural Gas，LNG)进口量已超过天然气进口总量的50%，LNG的组分会因产地不同产生差异，76.6%以上的进口LNG中轻烃摩尔含量超过5%。同时LNG中蕴含有大量冷能，利用LNG冷能回收富LNG中含有的轻烃，其利用效率高达90%。提出了一种利用LNG冷能实现轻烃和闪蒸气(Boil off Gas，BOG)回收的综合工艺系统，以国内某LNG接收站富液为例进行了模拟计算，并对关键运行参数进行了分析研究。结果表明，采用新工艺系统，轻烃回收率高达95.7%，单位轻烃回收能耗只有688MJ/t，同时实现了低能耗回收接收站BOG，系统各项指标均达到了国内外先进水平。研究结果为LNG接收站轻烃回收装置建设提供借鉴。

关键词　轻烃回收；LNG；冷能利用

截至2022年底，中国已建成液化天然气(Liquefied Natural Gas，LNG)接收站24座，接收能力超1×10^8t/a。2022年中国进口天然气总量10924.8×10^4t，其中进口LNG量6344.2×10^4t，占中国进口天然气总量的50%以上。

以国内某LNG接收站为例，70%以上LNG资源来自卡塔尔、澳大利亚和俄罗斯，76.6%的LNG中轻烃摩尔含量超过5%，最高到11.85%。

LNG中所含轻烃回收后可以分离得到乙烷、液化石油气，二者均是重要的化工原料、民用燃料、工业燃料。其中，乙烷主要用于裂解制乙烯，乙烯下游产品包括聚乙烯、乙二醇、苯乙烯和环氧乙烷等，采用乙烷为原料制乙烯收率显著升高，公用工程消耗降低，单位能耗和装置投资降低；液化石油气除用于裂解制乙烯外，还可进一步分离得丙烷、丁烷，并可用于合成丙烯、顺酐、甲基叔丁基醚等产品。

近年来，乙烷的应用需求不断增加，乙烷应用生产的经济价值也不断上升，在这样的背景下，我国乙烷生产规模扩张、产能提升，逐渐步入了高峰期。2020年我国乙烷行业市场规模为19.3亿元，同比增长17.0%。现阶段中国对乙烷的需求依然未达到完全饱和的状态。

随着中国LNG接收站的蓬勃发展，对LNG的冷能利用逐步引起重视。中国从2012年开始引导LNG冷能利用，目前冷能利用已纳入LNG接收站项目核准评估内容，与接收站同步建设，减少对海水生态环境的影响，提高能源综合利用效率，实现节能减排并提高能效。2011年边海军对不同LNG冷能利用方式的效率进行了比较，其中轻烃回收的利用效率最高为91.0%，其次为直接膨胀发电。

综上所述，从富LNG液中回收轻烃，既可以得到高附加值化工原料、民用燃料、工业燃料，又可以高效利用LNG冷能。

20世纪60年代，国外已开始进行从LNG中分离轻烃的研究及工程应用，但是早期的工艺如Processing Liquefied Natural Gas US2952984、Processing Liquefied Natural Gas to Deliver Methane-enriched Gas at High Pressure US3837172、Liquefied Natural Gas Processing US5114451、Recompression Cycle for Recovery of Natural Gas Liquids US5588308，其分离出的甲烷是气态，为了满足外输压力要求，需要用大功率压缩机将甲烷增压，功耗较大，削弱了LNG轻烃回收带来的经济效益。随着LNG贸易、应用的发展，美国和欧洲众多学者研究改进了早期的LNG轻烃回收工艺，如System and Method for Recovery of C2+ Hydrocarbons Contained in Liquefied Natural Gas US0158458A1、Liquid Natural Gas processing US6604380B1（以下简称US6604380B1）、Liquid Natural Gas Processing US0188996A1、Process and Apparatus for Separation of Hydrocarbons from Liquefied Natural Gas EP1734027A1、Cryogenic Liquid Natural Gas Recovery Process US0005636A1、Cryogenic Liquid Natural Gas Recovery Process US6907752B2、Liquid Natural Gas Processing US6941771B2（以下简称US6941771B2）、Process and Apparatus for Enriching in Methane US6986266B2、System and Method for Recovery of C2 + Hydrocarbons Contained in Liquefied Natural Gas US7069743B2（以下简称US7069743B2），先通过压缩机提高贫甲烷气压力，再利用LNG冷能将大部分甲烷气液化，利用泵进行增压后外输，大大降低了功耗。

中国于21世纪开始LNG接收站的建设，之后迅速发展，逐步开始对LNG轻烃回收技术开展研究并取得了一定成果，主要研究团队有华南理工大学和上海交通大学，华南理工大学华贲教授的团队主要致力于利用能量分析模型优化单位产品能耗，上海交通大学顾安忠教授的团队尝试了采用脱甲烷塔在高压工况下分离轻烃，回收率约90%左右，能耗较高。

2014年，中国首个LNG轻烃分离装置在山东建成、投运，流程相对较复杂，运行、操作要求较高，但这是中国研究LNG轻烃回收技术投入工程应用的重要里程碑。

2015年，王雨帆等提出了一种利用LNG冷能回收轻烃的工艺方法，采用贫甲烷气对富LNG进行复热，先进入闪蒸罐闪蒸，后进入脱甲烷塔分离轻烃。该方法利用脱甲烷塔进料为脱乙烷塔塔顶冷凝器提供冷量，提高了冷能利用率；流程中未设置贫气压缩机，但再液化后的贫气可能产生甲烷不凝气，需采用压缩机升压外输，提高了外输能耗。

2016年，丁乙等优化了国内外现有流程，采用贫LNG作为脱甲烷塔的回流液，得到较高的轻烃回收率，能耗也处于较低水平。但是其流程产出了2种压力等级的贫LNG产品，需要分别增压后外输，另将部分贫LNG过冷后回注入储罐，需要额外冷源，提高了该部分能耗。

2020年，李站杰等介绍了一种LNG接收站利用LNG冷能从富LNG液中回收轻烃的方法，该方法采用LNG两级升压，一级闪蒸无压缩流程，以及脱甲烷塔中压操作进行轻烃分离，流程简单、操作弹性大，但是回收率较低，另产出的贫LNG产品闪蒸后可能产生大量的BOG，增加了BOG的处理能耗。

2021年，闫伟峰等公开了一种利用LNG冷能对油气回收进行逐级冷凝的方法，将LNG作为冷源，对原料油气逐级进行冷却，回收原料油气中的轻烃，使处理后的气体达到挥发性有机化合物直排标准。该方法LNG冷能利用效率高，但其局限性在于LNG接收站与油库毗邻建设才能实现工程应用，另原料油气量不足已支撑较大规模的装置建设。

1 LNG轻烃分离流程

由于LNG中各轻烃组分性质不同，所以其相变温度也不同，轻烃分离就是建立在LNG中各组分相变温度不同实现分离。

US6604380B1、US6941771B2、US7069743B2为较典型的3种LNG轻烃分离流程。US6604380B1将富LNG增压后分为两路，一部分作为后端分离罐(D1)和脱甲烷塔(T1)的塔顶回流；大部分被增压后的贫天然气复热后进入分离罐(D1)分离，液相进入脱甲烷塔(T1)，气相与脱甲烷塔顶气相混合后进入贫气压缩机(K1)；贫气经压缩机增压后在换热器(E1)中与富LNG换热，被冷却液化为贫LNG，经贫LNG增压泵(P2)增压至外输压力后进入下游气化设施气化外输。工艺流程图详见图 1。

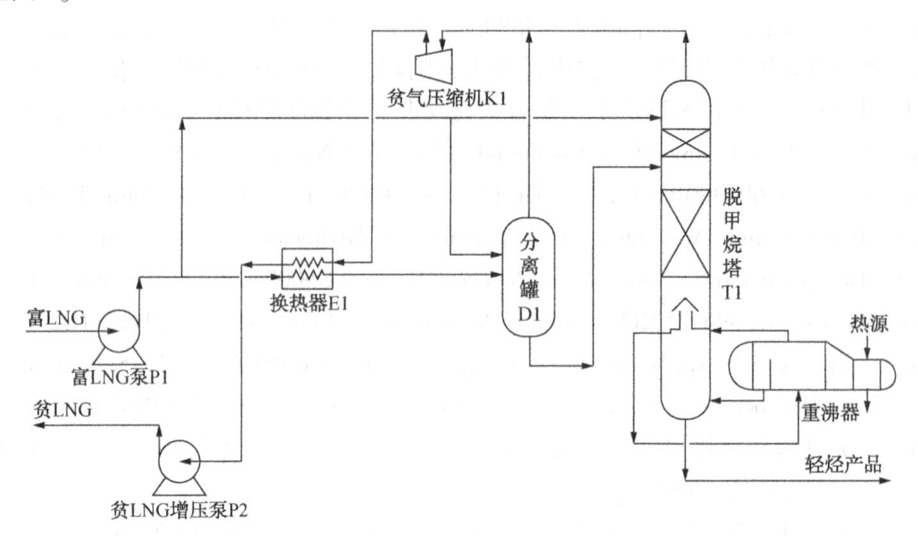

图 1 液化天然气工艺流程图

US6941771B2 工艺流程与 US6604380B1 工艺流程基本一致，主要区别在于分离罐(D1)未设置回流，导致其回收率较低，同时为了保证轻烃的回收率，富 LNG 被复热的温度较低，导致脱甲烷塔能耗较高。工艺流程图详见图 2。

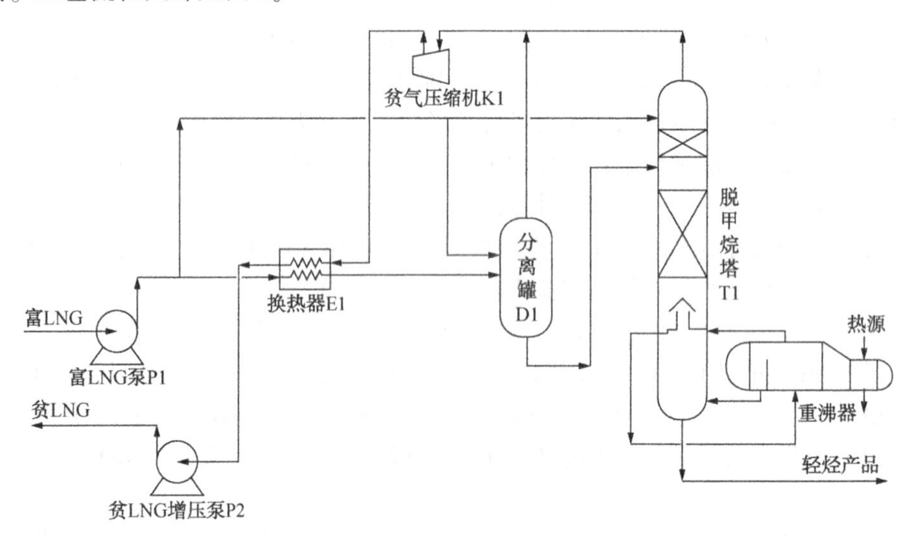

图 2 液化天然气工艺流程图

US7069743B2 将富 LNG 增压后，先后与脱甲烷塔塔(T1)顶气、分离罐(D1)气相换热后进入脱甲烷塔(T1)；脱甲烷塔顶气与富 LNG 换热，重组分被冷凝为液相，进入分离罐(D1)分离，液相经增压后作为脱甲烷塔(T1)的塔顶回流，气相进入贫气压缩机(K1)；贫甲烷气经贫气压缩机(K1)增压后与富 LNG 换热被冷却液化为 LNG，经贫 LNG 增压泵(P2)增压至外输压力后进入下游气化设施气化外输。工艺流程图详见图 3。

分析可知国内外已有轻烃分离流程具有如下特点。

(1) 原料 LNG 均采用分离罐或脱甲烷塔塔顶气进行加热，同时将气相甲烷进行再液化，便于后续增压外输。

(2) 脱甲烷塔的运行压力与回收率、单位产品能耗关系极大，压力太低会导致大量 C_{2+} 随气相排出，压力太高会导致脱甲烷塔重沸器负荷增加。

(3) 甲烷塔设置了回流，回收率较高，但是直接采用低温位物流(原料 LNG)作为回流，会提高脱甲烷塔重沸器的能耗；

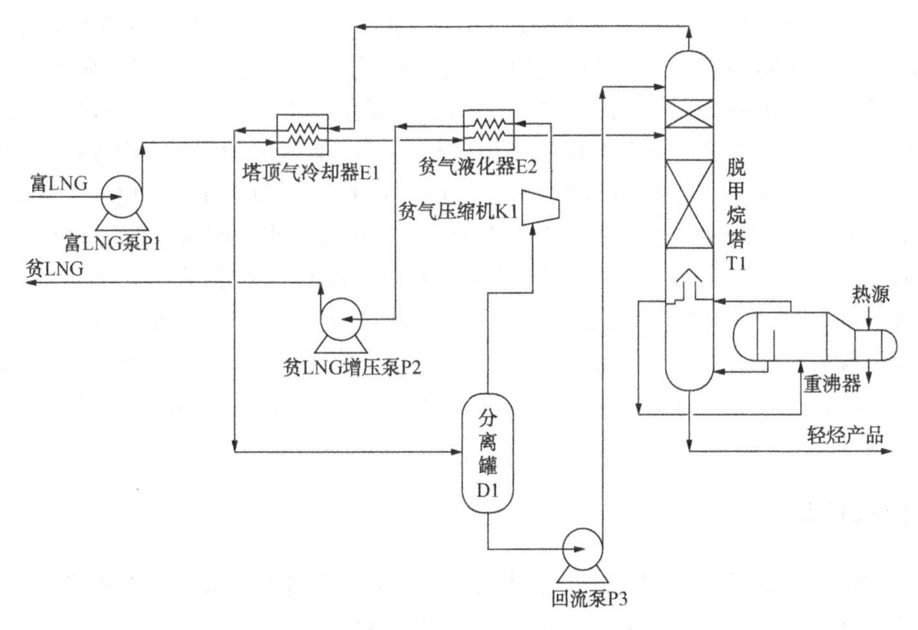

图 3　液化天然气回收轻烃系统工艺流程图

(4) 收率与能耗成正比，收率在 95%以下，能耗水平适中，收率提高到 95%以上时，单位产品的能耗会成倍数的增加。

现有轻烃分离流程还存在如下不足。

(1) 原料 LNG 经过脱烃后，必然造成冷量损失，不宜再返回 LNG 储罐储存，节流降压后会产生大量 BOG，增加 BOG 处理回收的成本。

(2) 应尽量避免产生甲烷不凝气。产生的甲烷不凝气只能通过压缩机增压后外输，会导致后续外输能耗大大增加。

(3) LNG 接收站成熟的 BOG 回收工艺为再冷凝回收工艺，设置轻烃回收装置后，有必要通过轻烃回收装置回收 BOG，否则会增加接收站 BOG 增压外输的能耗。

基于现有流程的优点及不足，提出了一种利用 LNG 冷能实现轻烃和 BOG 回收的综合工艺系统，能够较好弥补现有技术的不足。LNG 轻烃和 BOG 回收工艺流程见图 4。

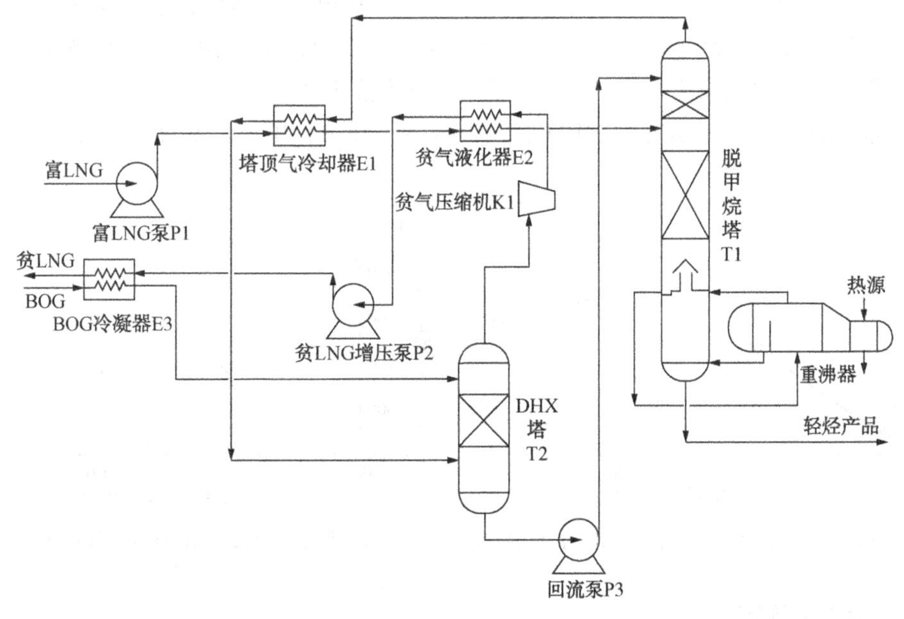

图 4　LNG 轻烃和 BOG 回收工艺流程图

(1) 原料预热：低压 LNG 外输管道来的富 LNG 经泵(P1)增压后，先后与脱甲烷塔塔顶气、增压后的 DHX 塔(T2)塔顶气换热，富 LNG 被加热后，轻组分气化，气液两相进入脱甲烷塔(T1)。

(2) 脱甲烷：富 LNG 呈气液两相从中上部进入脱甲烷塔(T1)，气相上行与塔顶回流液逆流接触传热、传质，气相中轻烃被洗涤成液相，液相下行，与塔釜蒸出的甲烷气体逆流接触传热、传质，液相中甲烷气体被蒸出。脱甲烷塔(T1)塔顶气被富 LNG 液冷却，部分液化进入 DHX 塔(T2)底部。脱甲烷塔(T1)塔釜液即为轻烃产品，进入下游工序，可进一步分馏为乙烷和 LPG。

(3) BOG 回收及贫气再液化：经 BOG 压缩机增压后的 BOG 进入装置，经过高压贫 LNG 冷却，液化为过冷液体进入 DHX 塔(T2)顶部，与底部进料逆流接触传热、传质，轻烃被洗涤至塔底流出，经泵增压后作为脱甲烷塔(T1)塔顶回流。DHX 塔(T2)顶气相经贫气压缩机增压后，与富 LNG 液换热，被冷却为液体，经贫 LNG 增压泵增压至外输压力，与 BOG 换热回收部分冷量后进入下游气化设施气化外输。

2 流程模拟与优化

以国内某 LNG 接收站为例，模拟输入条件见表 1 所示。使用图 1 所示的工艺装置，采用 Aspen Plus 流程模拟软件，通过主要参数优化，获得最优操作条件。

表 1 模拟输入条件表

物流	温度/℃	压力/kPa	质量流量/$t \cdot h^{-1}$	摩尔组成					
				甲烷	乙烷	丙烷	异丁烷	正丁烷	氮气
LNG	-162.6	0.8	350.0	89.41%	5.75%	3.29%	0.78%	0.66%	0.11%
BOG	40	1.6	6.0	94.48%	0.01%	-	-	-	5.51%

2.1 脱甲烷塔运行压力的确定

脱甲烷塔运行压力为系统核心参数之一，脱甲烷塔运行压力确定后，为了保证较高的收率和较低的能耗，富 LNG 进塔温度需与进塔压力匹配，使进塔物料中轻组分呈气相、轻烃呈液相的理想状态，故富 LNG 进塔温度亦随之确定。脱甲烷塔运行压力、进塔物料温度确定后，重沸器的负荷亦随之确定。

脱甲烷塔运行压力与系统轻烃回收率的关系见图 5，与单位产品能耗的关系见图 6。由图 3 可见，轻烃回收率随着脱甲烷塔运行压力的升高而增加，但是超过 1.6MPa 后开始降低。说明脱甲烷塔运行压力对轻烃回收率是有影响的，而且存在一个最优的运行压力。随着脱甲烷塔运行压力的升高，单位产品能耗随之降低，超过 1.2MPa 后，影响逐渐减小，单位产品能耗为系统总能耗与轻烃产量的比值。

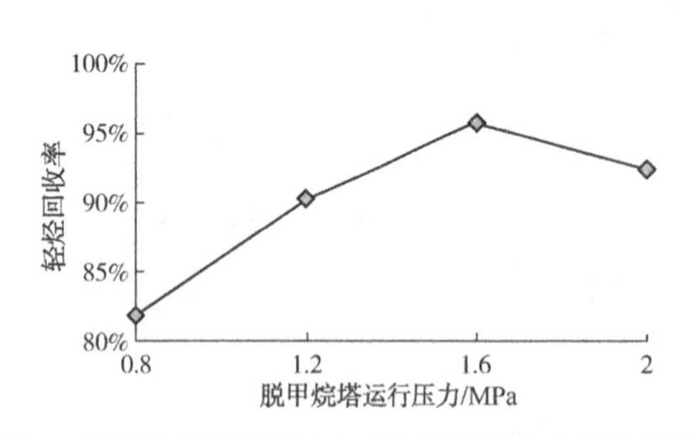

图 5 脱甲烷塔运行压力与系统轻烃回收率的关系图

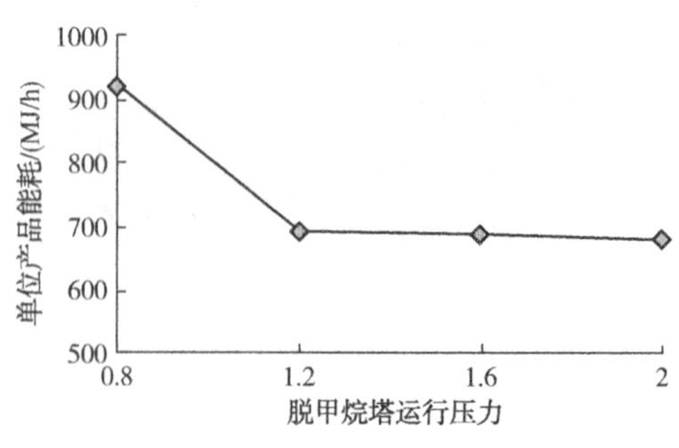

图 6 脱甲烷塔运行压力与能耗的关系图

2.2 其他主要参数的确定

富 LNG 液进脱甲烷塔的温度主要由脱甲烷塔运行压力确定，同时确保脱甲烷塔塔顶气、增压后贫甲烷气全部液化。BOG 进 DHX 塔的温度应尽量低，但是需与增压后的贫 LNG 保持 5℃以上的温差，节省换热器的换热面积。贫甲烷气增压压力应使被冷却后的贫甲烷气能够全部液化，且有一定的过冷度，防止贫 LNG 增压泵入口产生汽蚀。

在上述工艺条件下，流程模拟软件计算结果见表 2。

表 2　模拟结果表

物流	温度/℃	压力/kPa	质量流量/t·h^{-1}	摩尔组分					
				甲烷	乙烷	丙烷	异丁烷	正丁烷	氮气
1	-162.2	1.6	350.0	89.41%	5.75%	3.29%	0.78%	0.66%	0.11%
2	-100.0	1.6	350.0	89.41%	5.75%	3.29%	0.78%	0.66%	0.11%
3	-130.0	1.6	94.48	94.48%	0.01%	—	—	—	5.51%
4	-108.0	1.6	291.8	98.53%	1.27%	0.08%	—	—	0.12%
5	-107.9	1.6	13.8	81.99%	15.98%	1.89%	0.09%	0.04%	0.02%
贫 LNG	-128.7	10.0	284.0	99.14%	0.63%	—	—	—	0.23%

富 LNG 中轻烃总量为 76.44t/h，经过本文流程装置处理后，轻烃产量为 73.15t/h，轻烃回收率为 95.70%。单位轻烃回收能耗为 688MJ/t。

3　结论

基于表 1 所述的输入条件，利用 Aspen Plus 流程模拟软件，将本文工艺系统与国外较先进的工艺系统，如 US7069743B2、US6604380B1、US6941771B2，进行了模拟分析，对比结果见表 3。

表 3　关键指标对比表

模型	装置总能耗/MJ·h^{-1}	轻烃产量/t·h^{-1}	单位轻烃产品能耗/MJ·t^{-1}	轻烃回收率
US7069743B2	46781	72.70	643	95.11%
US6604380B1	60733	72.91	833	95.38%
US6941771B2	63858	69.39	920	90.77%
本文工艺系统	50362	73.15	688	95.70%

注：富 LNG 中轻烃总含量为 76.44t/h。

本文工艺系统轻烃回收率为 95.70%，单位轻烃回收能耗为 688MJ/t，均优于 US6604380B1、US6941771B2；与 US7069743B2 相比，轻烃产量高，单位轻烃产品能耗略高，是因为本文工艺系统兼顾了 BOG 的回收，增加了系统的总能耗，故总体性能仍优于 US7069743B2。

通过对比分析，本文工艺系统能够同时实现轻烃回收和 BOG 回收的目的，且系统各项关键指标均达到了国内外先进水平。

参 考 文 献

[1] 边海军．液化天然气冷能利用技术研究及其过程分析[D]．广州：华南理工大学，2011：24-28.

[2] BIAN HaiJun. Study and analysis on the utilization technique of liquefied natural gas cryogenic energy [D]. GuangZhou, South China University of Technology, 2011 : 24-28.

[3] Marshall W. H. Processing liquefied natural gas: US2952984[P]. 1960-09-20.

[4] Markbreiter Stephen J, Weiss Irving. Processing liquefied natural gas to deliver methane-enriched Gas at High Pressure: US3837172[P]. 1974-09-24.

[5] Rambo C. L. , John D. Wilkinson, Hank M. Hudson. Liquefied natural gas processing: US5114451[P]. 1992-05-19.

[6] Tamara L, Daugherty, Christopher F. Harris. Recompression cycle for recovery of natural gas liquids: US5588308 [P]. 1996-10-31.

[7] Eric Prim. System and method for recovery of C2+ hydrocarbons contained in liquefied natural gas: US0158458A1[P]. 2003-08-04.
[8] Kenneth Reddick, Noureddine Belhateche. Liquid natural gas processing: US6604380B1[P]. 2003-08-12.
[9] Kenneth Reddick. Liquid natural gas processing: US0188996A1[P]. 2003-10-09.
[10] Yokohata Hiroshi. Process and apparatus for separation of hydrocarbons from liquefied natural gas: EP1734027A1[P]. 2005-06-14.
[11] Scott Schroeder. Cryogenic liquid natural gas recovery process: US0005636A1[P]. 2005-05-13.
[12] Scott Schroeder, Kenneth Reddick. Cryogenic liquid natural gas recovery process: US6907752B2[P]. 2005-07-21.
[13] Kenneth Reddick, Noureddine Belhateche. Liquid natural gas processing: US6941771B2[P]. 2005-09-13.
[14] George B. Narinsky. Process and apparatus for enriching in methane: US6986266B2[P]. 2006-01-17.
[15] Eric Prim. System and method for recovery of C2+ hydrocarbons contained in liquefied natural gas: US7069743B2[P]. 2006-07-04.
[16] 熊永强，李亚军，华贲．液化天然气冷能利用与轻烃分离集成优化[J]．现代化工，2006，26(3)：50-53.
[17] XIONG Yongqiang, Li Yajun, Hua Ben. Integrated and optimization for recovery light hydrocarbon from liquefied natural gas with its cryogenic energy utilized[J]. Modern Chemical Industry, 2006, 26(3): 50-53.
[18] 华贲，熊永强，李亚军等．液化天然气轻烃分离流程模拟与优化[J]．天然气工业，2006，26(5)：127-129.
[19] HUA Ben, Xiong Yongqiang, Li Yajun, Hua Ben, et al. Simulation and optimization of the process of light hydrocarbons recovery from LNG[J]. The natural gas industry, 2006, 26(5): 127-129.
[20] 熊永强．液化天然气(LNG)冷量利用的集成与优化研究[D]．广州：华南理工大学，2007：106-136.
[21] XIONG Yongqiang. Integrated and optimization of liquefied natural gas cold energy utilization[D]. GuangZhou, South China University of Technology, 2007 : 106-136.
[22] 高婷，林文胜，顾安忠．利用LNG冷能的轻烃分离高压流程[J]．化工学报，2009，60：73-76.
[23] GAO Ting, Lin Wensheng, Gu Anzhong. Light hydrocarbons separation at high pressure from liquiefied natural gas with its cryogenic energy utilized[J]. CIESC Journal, 2009, 60 (17): 73-76.
[24] 王雨帆，李玉星，王武昌等．LNG接收站冷能用于轻烃回收工艺[J]．石油与天然气化工，2015，44(3)：44-49.
[25] WANG Yufan, Li Yuxing, Wang Wuchang, et al. Process of light hydrocarbons recovery from LNG with cryogenic energy utilized in LNG terminal[J]. Chemical Engineering of Oil & Gas, 2015, 44 (3): 44-49.
[26] 丁乙，朱建鲁，王雨帆．LNG冷能利用工艺技术研究[J]．天然气与石油，2016，34(5)：25-34.
[27] DING Yi, Zhu Jianlu, Wang Yufan. Study on LNG cold energy utilization technology[J]. Natural Gas and Oil, 2016, 34 (5): 25-34.
[28] 李站杰，何建明．高热值LNG储存及轻烃回收冷能利用[J]．炼油技术与工程，2020，50(11)：46-49.
[29] LI Zhanjie, He Jianming. Storage of high heat value LNG and cold energy utilization of light hydrocarbon recovery [J]. Petroleum Refinery Engineering, 2020, 50 (11): 46-49.
[30] 闫伟峰，徐德亨．一种利用LNG冷能对油气回收进行逐级冷凝的方法：CN 113018891 A[P]．2021-06-25.
[31] YAN Weifeng, Xu Deheng. The Invention relates to a step-by-step condensation method for oil and gas recovery using LNG cold energy: CN 113018891 A[P]. 2021-06-25.

LNG 接收站智能化现状、思路与展望

左晓丽[1]　陈小宁[1]　冷绪林[1]　陈　伟[1]　李增材[2]　李　简[1]

（1. 国家管网集团工程技术创新有限公司；2. 国家石油天然气集团有限公司）

摘　要　当前大数据、工业互联网、人工智能等信息技术不断发展，能源行业面临着数字化转型和智能化发展的新机遇。随着全球 LNG 接收站的不断建设和投产，LNG 接收站面临产能过剩、竞争加剧、运行负荷率下降的问题，且国家安全监管要求日益严格，LNG 接收站面临的巨大的经营压力，通过数字化智能化建设提升运营管理水平，实现降本增效是必行之路。本文通过对能源行业智能化发展的国家政策、行业政策解读，以及国内外 LNG 接收站智能化现状对比分析，提出 LNG 接收站智能化发展的目标和发展思路，关键技术，提出智能化的解决方案，揭示智能化在提高接收站运行效率、优化生产、提升本质安全等方面的应用，本文的研究成果为 LNG 接收站智能化建设提供有益的参考和借鉴，有助于推动 LNG 接收站卓越运行和降本增效。

关键词　LNG 接收站；智能化；关键技术；前景展望

1　LNG 接收站智能化发展背景

截止到目前，全球已投产的 LNG 接收站 204 座，以陆上为主，浮式 54 座，75%建成于近 20 年（2002-2023 年），亚太地区数量最多，日本是全球 LNG 接收站数量最多的国家，也是最早建成的国家之一（1969 年建成）。

LNG 接收站作为我国海上油气战略通道，对全国的天然气安全供应、保供调峰起到了重大的作用。随着国家管网集团漳州 LNG 投产，国内已投产 29 座大型沿海 LNG 接收站（不含港澳台），国家管网集团现有 10 座 LNG 接收站（8 座在役，2 座在建），由 LNG 管理公司统一运营管理。随着接收站建设和投产，总体规模的持续增长，接收站设备设施平均利用率将出现回落，且在不断加速的能源转型、国家“双碳”战略、日益严格的监管要求和不断变化的市场需求推动下，接收站需通过寻求新的发展模式，降低运行成本，提高运行安全性，全面提升生产效率和经济效益成为当务之急。发展数字化转型和智能化升级是接收站转型的重要途径，有助于推动接收站实现降本增效和效率变革，推动接收站向少人化和智能化发展，更好的支撑“全国一张网”建设。

2022 年 3 月，国家发改委、国家能源局发布《“十四五”现代能源体系规划》。《规划》阐明我国能源发展方针、主要目标和任务举措，是“十四五”时期加快构建现代能源体系、推动能源高质量发展的总体蓝图和行动纲领。《规划》中明确提出加快能源产业数字化智能化升级，推动能源基础设施数字化，加快信息技术和能源产业融合发展，推动能源产业数字化升级，加强新一代信息技术、人工智能、云计算、区块链、物联网、大数据等新技术在能源领域的推广应用。建设智慧能源平台和数据中心，实施智慧能源示范工程。

2023 年 3 月，国家能源局发布《关于推进能源数字化智能化发展的若干意见》，《意见》提出针对油气行业数字化智能化转型发展需求，通过数字化智能化技术融合应用，急用先行、先易后难，分行业、分环节、分阶段补齐转型发展短板，为能源高质量发展提供有效支撑，到 2030 年，能源系统各环节数字化智能化创新应用体系要初步构筑、数据要素潜能充分激活，能源系统运行和管理模式向全面标准化、深度数字化和高度智能化加速转变。

国家管网集团作为国家能源基础设施运营商，落实习近平总书记“四个革命、一个合作”的能源安全新战略，制定了“市场化、平台化、科技数字化、管理创新”四大战略，明确了构建大业务、大党建、大监督及数字化“四大体系”，持续推进智慧管网建设工作，LNG 接收站作为“全国一张网”的重要组成部分，积极响应国家政策和集团战略规划，在自动化水平提升、感知智能化提升、数字工厂等方面积极部署接收站智能化建设，深度融合 5G、大数据、云计算等信息技术，输出“数据+算法+场景”的智能化服务，精准赋能赋智，打造“智能 LNG 接收站”。

2 LNG 接收站主要工艺及特点

LNG 接收站分为卸船系统、LNG 储存系统、蒸发气(BOG)处理系统、LNG 外输系统、高压气化外输系统、火炬系统、燃料气系统、槽车装车系统等，典型工艺流程图如图 1 所示：

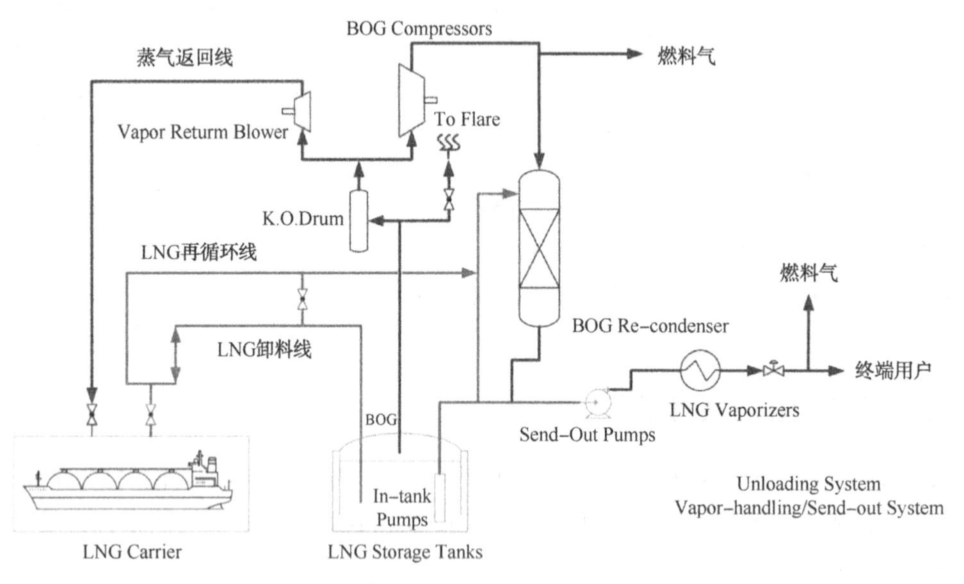

图 1　典型 LNG 接收站工艺流程图

LNG 接收站具有如下的特点：

(1) 介质危险性高，运行条件苛刻

接收站主要介质是 LNG 和 BOG，具有易燃、易爆、易蒸发、易扩散及低温等特点，极易发生火灾、爆炸及人员低温冻伤、窒息事故，在运行过程中发生 LNG 泄漏、储罐翻滚、快速相变等事故可导致严重后果。接收站处于沿海地区，环境具有高盐雾、高湿度、光照强烈的特点，腐蚀情况复杂，腐蚀维保成本高。

(2) 生产工况多样，运行调控复杂

接收站按照作业类型可以分为卸料模式、装船模式、零外输模式、液态外输模式、高压气化外输模式、BOG 外输模式等六大生产工况，控制运行复杂，且针对不同生产模式切换时，工况条件变化带来的扰动如何进行自动调节是生产控制的重点。

(3) 生产装备复杂

接收站生产装备种类多，以管网集团某 LNG 接收站为例，根据集团公司设备完整性管理要求，设备分级分类管理，现场设备共分为 38 类，涵盖了机械、电气、仪控、特种设备、取样分析设备、通讯设备等，设备设施共计 8816 台套，其中 A 类关键设备 268 台套，B 类设备 564 台套，C 类一般设备 7984 台套。设备种类和数量众多，给生产和设备设施维护带来了很大的挑战。

(4) 安全环保及监管要求高

LNG 接收站内存在多处一级重大危险源，国家应急部相继发布《落实大型油气储存基地安全风险管控措施工作方案》、《危险化学品企业双重预防机制数字化建设指南》、《工业互联网+危化安全生产试点建设方案》等一系列的政策文件，推动流程工业在危险化学品领域融合信息技术和安全管理，推进安全管理数字化、网络化、智能化变革。

3 国内外 LNG 接收站智能化现状分析

3.1 国外 LNG 接收站智能化建设

国外一些先进的公司在 LNG 接收站智能化方案方面取得了显著进展。以韩国的 Kogas 为例，介绍国外 LNG 接收站智能化发展现状：

韩国 KOGAS 是全球最大的液化天然气进口商，目前经营 6 个 LNG 接收站，天然气销售占韩国消费量的 83.4%。其中仁川 LNG 接收站运行 23 座储罐，为世界超大型 LNG 接收站。仁川 LNG 接收站在如下方面进行自动化和智能化的提升建设：

（1）自动控制

实现 ORV、SCV 自动切换，控制泵启停和 NG 温度、压力，实现工艺设备一键启停，简化操作人员决策，以中央控制室为中心，可对 LNG 生产全流程实时监控、远程操作及指挥调度。

（2）信息化建设

建立企业运营信息系统，所有流程数据可视化，可以清晰地了解业务计划的执行情况，创建最佳的 LNG 供应链场景，并做出快速决策和及时调整，最大限度地提高运行效率。

（3）智能化建设

通过应用机器人、无人机等设备实现接收站智能巡检。综合控制系统集成生产、日常巡检、资产管理、培训管理、产品分析、设备集成等多个功能，协助实现 LNG 接收站的全自动化管理，如图 2 所示。

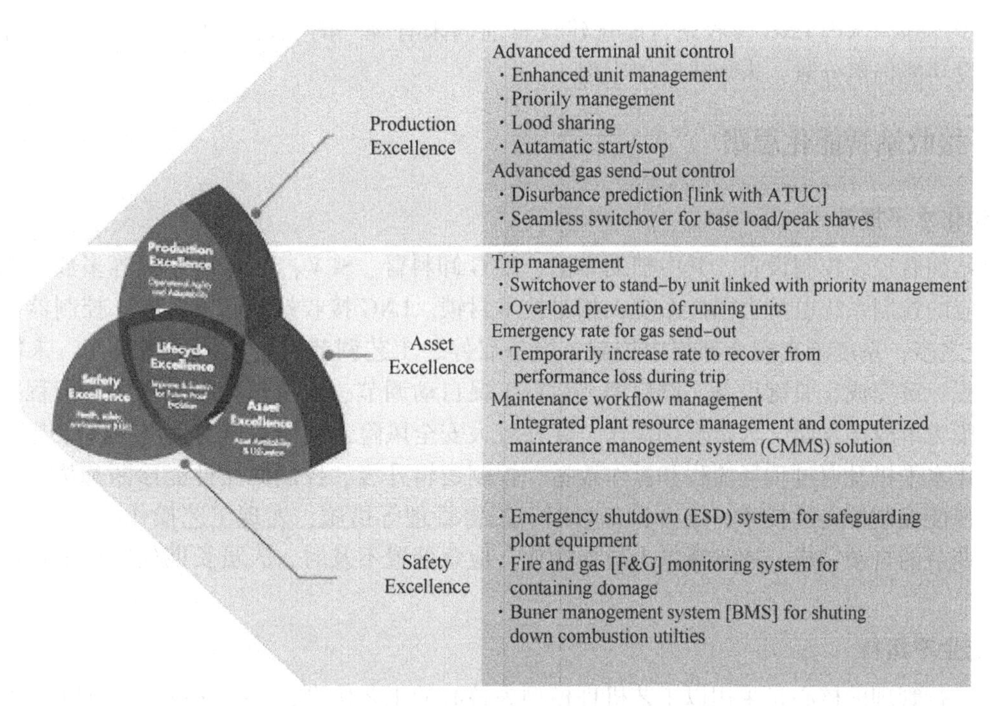

图 2 国外某 LNG 接收站智能化功能应用

BP 和 Shell 公司的 LNG 接收站智能化应用案例中，涵盖了管道监测、设备维护、能源管理、生产计划、设备监测和安全管理等方面。

（1）智能化管道监测：

BP 的 LNG 接收站采用了智能化管道监测系统，该系统通过多种传感器和数据采集设备实时监测管道的温度、压力、流量等参数，以及管道内部的腐蚀和损伤情况。系统中的数据可以通过大数据分析和机器学习等技术进行处理和分析，以提高管道的安全性和可靠性。此外，该系统还可以预测管道故障的可能性，以便采取相应的预防措施。

（2）智能化设备维护：

BP的LNG接收站采用了智能化设备维护系统，该系统基于人工智能技术和数据分析，可以实时监测设备的运行状态和性能，预测设备的故障和维护需求，提高设备的可靠性和降低维护成本。该系统可以在设备故障前预测维护需求，提前安排维护计划，避免设备故障对生产造成损失。

（3）智能化能源管理：

BP的LNG接收站采用了智能化能源管理系统，该系统通过多种传感器和数据采集设备实时监测能源的使用情况和效率，以及能源消耗的成本和环境影响。系统中的数据可以通过大数据分析和机器学习等技术进行处理和分析，以优化能源的使用和降低成本和环境影响。该系统可以通过模型计算实现能源的智能控制并优化，避免能源浪费和冗余使用，降低能源成本和环境影响。

3.2 国内LNG接收站智能化建设现状

国内LNG接收站在自动化、智能化方面工作以国家管网、中海油为主进行研发和试点，目前工艺和控制回路还是以远程手动操作为主，部分接收站实现关键设备一键启停、再冷凝器回路自动调节、部分信息平台建设。国内某LNG接收站采用西门子gPROMS建设了工艺孪生系统，实现基于能耗分析的系统优化、生产预测，能够优化低压泵、压缩机、高压泵、ORV、海水泵等设备的运行参数，降低系统能耗。

3.3 差距对比分析

相比国外LNG接收站，国内LNG接收站在自动控制投用和自主操作上需要进一步进行提升。国内接收站数字化智能化大部分停留在目视化和信息化阶段，真正的高阶分析和机理模型优化应用需要进一步加强。国内LNG接收站智能化建设目前尚未有统一的建设标准和评价体系，各接收站智能化建设功能仍然分散，未形成整体应用。

4 LNG接收站智能化思路

4.1 自动化水平提升

接收站拥有较多控制设备，其中辅助靠泊、LNG卸料臂、SCV、BOG压缩机等多数采用国外进口，其相应的控制系统也配套国外系统，相对技术封锁。LNG接收站成套设备多，控制器数量一般达到20套之多，系统未实现全部集中控制，设备启停、工艺调节需要人员现场操作，未能实现复杂工艺流程一键完成、关键设备一键启停、运行工况自动调节、安全保护可靠投运。流程操作、设备启停阶段为事故多发期，人员现场操作，存在较大安全风险，现场本质安全水平有待提高。

自动化水平提升通过现场流程和操作改造、控制逻辑升级、控制回路性能诊断和优化、控制策略提升、智能控制等先进技术，结合设备诊断、报警管理等措施，实现工艺操作、关键设备启停、运行工况调节的自动完成，逐步降低人员误操作、应急处置不及时、人员长期处于高危场所的各种风险。

4.2 智能生产运行

生产运行管理的核心是采用以工艺机理模型为核心的工艺仿真，结合先进控制APC、实时优化RTO以及大数据分析和模型，建立生产优化模型，实现基于模型的预测预警、智能控制，实现接收站装置自动化运行到自主化运行的转变和迭代，降低现场人员操作和劳动率。

仿真软件模型可精确描述工厂实际生产过程和预测未来生产运营，辅助工厂全生命周期的决策优化，仿真模拟基于机理的稳态、动态建模，实现工艺过程孪生，为生产过程优化、培训仿真、预测分析、诊断决策提供更为准确的数据支撑，工艺孪生通过与数字孪生技术结合，可建立全要素孪生的智能工厂，实现传统工厂的智能化转型，助力企业降本增效和节能减排，提高核心竞争力。

智能接收站中智能控制优化可通过各类工具实现现场的自动化仪表与控制系统运行状态的可视化与预测性分析，基于数据采集技术、PID 回路状态分析技术、PID 参数整定技术、仪表状态分析技术等，构建自动化层的监控及状态分析工具。

如：码头区域的接卸回路控制和保冷，储罐、再冷凝、BOG 压缩机、外输气化 ORV 与 SCV 等运用机理模型、优化控制、大数据计算等实现操作控制自动调节、工艺控制自动寻优等，逐步减少现场人员操控，降低劳动强度，实现自动化高度自控，生产节能降耗自主运行。

4.3 调度 & 计划一体化控制

生产调度管理的一系列功能以接收站生产的稳定、连续运行为核心目标，力求生产过程的安全、协同与高效。其核心思路是通过工业软件固化生产调度管理业务的流程，明确调度过程需要管控的要素信息，形成一系列的接收站调度目标，为生产计划的执行，提供具体的科学的班组任务指令，如图 3 所示。

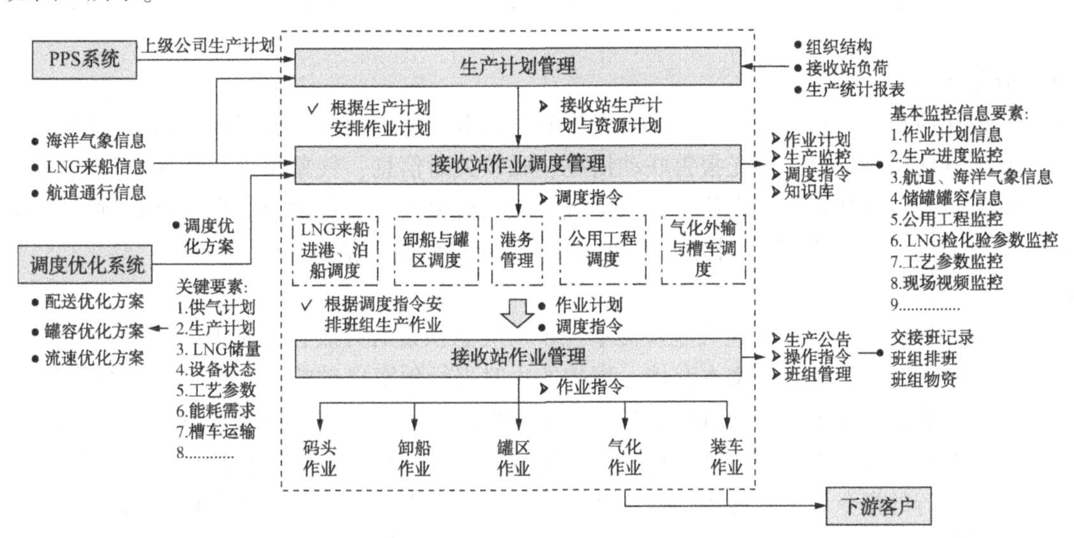

图 3　调度 & 计划一体化控制

4.5 安全环保智能化

智能安全环保管理应从 HSE 管理、安全管理、环保管理、职业健康管理等方面开展智能化建设，同时需要遵循《油气储存企业安全风险智能化管控平台建设指南》，执行工信部、应急部、国资委和管网集团联合召开的“工业互联网+安全生产”试点建设工作会议要求进行部署，实现信息化、网络化和智能化，在此基础上根据接收站实际业务，进行智能安全环保管理部署。

安全环保智能化建设的目标是以信息化促进企业数字化、智能化转型升级，推动操作控制智能化、风险预警精准化、危险作业无人化、运维辅助远程化，提升安全生产管理的可预测、可管控水平。强化企业快速感知、实时监测、超前预警、动态优化、智能决策、联动处置、系统评估、全局协同能力，实现提质增效、消患固本。

根据安全风险智能化管控平台建设指南，共计规划了 7 项功能，11 项基础设施类建设，建设内容和建设情况如下所示：

（1）系统功能类

包括安全管理基础信息、重大危险源安全管理、双重预防机制建设、特殊作业许可及作业过程管理、智能巡检、人员定位和其他。

（2）基础设施建设

基础设施建设包括气体泄漏探测系统、视频监控与智能分析、接地状态及接地设备在线监测、储罐结构变形与地基沉降监测、储罐浮顶保护（接收站不涉及）、储罐自动切水和密闭排放（接收站不涉及）、环境监测、网络改造、电子地图与数字建模、标识解析企业节点等。

(3) 其他功能

除了上述功能外，依据 LNG 接收站安全环保业务域及实际情况，梳理接收站还应具备环保管理、消防安全管理、反无人机、职业健康管理等内容。

4.6 应急智能化

应急管理体系包括应急资源管理、应急指挥、应急预案管理、应急融合融信、综合展示、调度指挥及应急联动协调、应急管理评估体系等功能。

(a) 应急资源管理

应急指挥、协同指挥的指挥基础是可供指挥的资源。指挥调度的过程伴随着应急信息的交互和应急资源搜索(包含：物资、装备、应急队伍、外部机构、紧急集合点等资源信息)，因此，对应急资源信息进行及时更新维护，是顺利开展应急指挥的前提和重要保障。应急资源管理主要用于应急物资更新维护、应急装备更新维护、装备到期信息提醒、应急专家信息更新维护、专家资质到期提醒等。

(b) 应急指挥

建立一体化应急生产指挥，当应急事故发生时，将事故发生地点、现场视频监控、应急资源分布、有毒有害气体监测信息、声光报警联动情况、联锁关断信息、气象条件、消防资源及设备运行情况等信息，以及事故现场人员定位、智能穿戴、无人机视频等信息融合，自动推送到应急指挥大屏，同时事故现场与 LNG 管理公司大屏联动，滚动展示处置进展信息。

(c) 应急预案管理

LNG 接收站属于国家规定的重大危险源单位。对应急预案的有效管理属于企业安全应急工作的重中之重。应急预案线下编制、文本存档、事故发生时进行预案启动响应，这是目前企业常见的预案工作的基本内容，过程繁琐。通过信息化的预案管理，可以满足用户在线编制预案，实现预案电子化，在线预览；同时，支持预案结构化、指令化，围绕事故响应及应急指挥全流程，将文本预案结构化成可供执行的指令，进行现场指挥；结合孪生模型应用，将预案指令与模型结合，在平台上进行应急指挥部署，形成应急指挥图，供指挥调度实盘模拟决策。

(d) 应急融合通信

通过融合通信平台，融合链接多类现场通信系统，实现通信系统互联互通，完成应急指挥平台中人员的单路、多路的固定电话、移动终端、步话机的功能建设，并对通信进行录音存档，提高应急救援人员之间的通信效率。

(e) 综合展示

系统提供辅助分析，为公司应急指挥提供辅助分析与决策支持，实时展现应急指挥情况。

(f) 调度指挥及应急联动协调

应急联动针对厂区的各类突发事件、报警等实现统一部署，协同指挥，快速响应，把危害控制到最低。通过应急联动进行模拟演练，提高企业对事件的应急响应处置能力，提升员工对突发状况的处置能力水平，达到提升企业的总体安全指数。

(g) 应急管理评估体系

应急管理评估是对应急管理体系的全方位、系统性评价和检测，是实现系统自我改进、组织机构完善、规章制度修订的一个不可或缺的重要途径。通过评估来确定企业的防灾能力与危机应对能力，根据评估结果修正防灾与管理的不足，持续改进危机管理水平。

5 LNG 接收站智能化关键技术

5.1 数字孪生技术

数字孪生智能工厂是在新一代信息通信技术和制造技术驱动下，通过成套技术的软件化封装、工程建设的数字化交付，并结合工业数据的混合建模修正，在工业互联网平台上构建以工业软件为核心的工厂数字孪生体，以数据和模型为驱动，提升资源高效利用、生产操控优化、设备可靠运行、安全环保低碳等智能化运营水平。

LNG 接收站数字孪生平台架构可以分成三个层次：物理空间、交互层和孪生空间。物理空间为实体的接收站，是数字孪生工厂的构成基础，对物理工厂的全面感知和精准控制是建立数字孪生智能工厂的前提；交互层支撑物理空间与数字空间的连接与映射，实现物联数据的采集、传输和边缘控制；数字空间是从多维度、多空间尺度及多时间尺度对物理实体的描述与刻画。

新建工厂的数字化交付、已建工厂的数字化恢复以及运行阶段的数据采集进入数据中心，在数据中心进行数据处理后，构成了接收站数字孪生平台的数据源，为接收站数字孪生模型的构建提供了数据基础，接收站数字孪生模型包括接收站资产模型、业务模型、机理模型及大数据模型。资产模型对工厂的物理资产进行描述，工艺机理模型对生产反应及运行过程进行描述，大数据模型对工厂数据统计规律进行描述，业务模型封装行业规则、经验和案例，如图 4、5 所示。

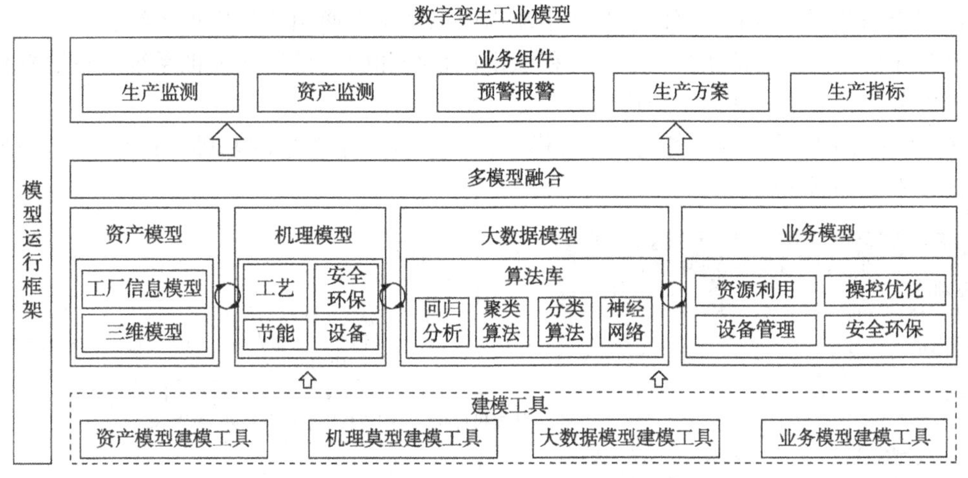

图 4　数字孪生工业模型

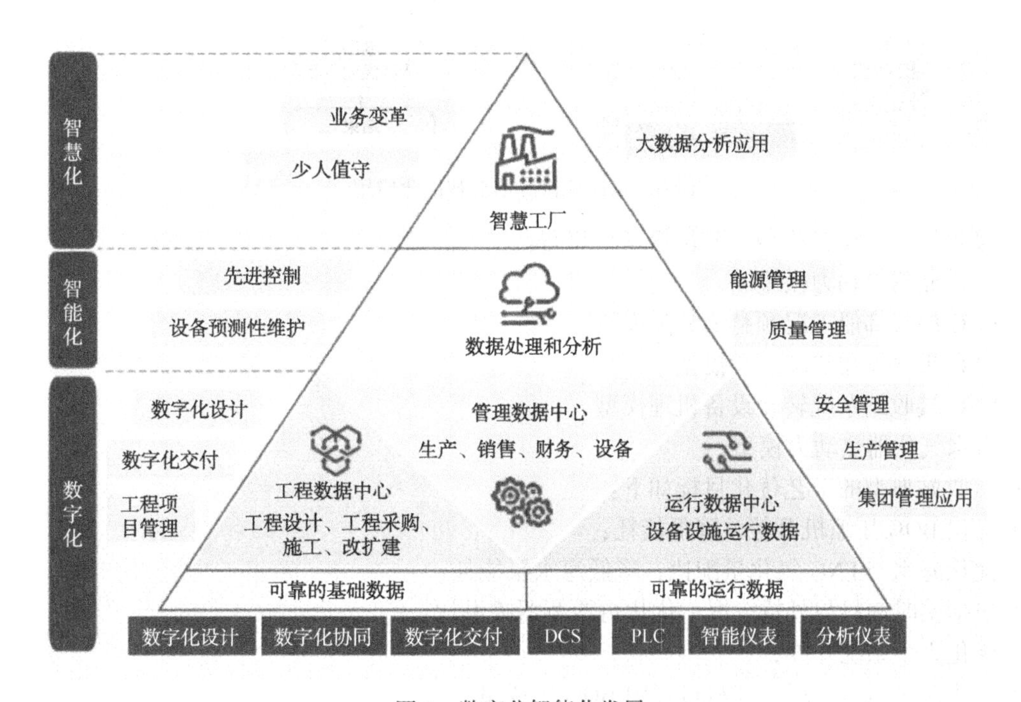

图 5　数字化智能化发展

5.2 工艺模拟技术

在数字化集成设计的基础上，搭建仿真模型，充分运用接收站实时运行数据，实现生产过程实时优化、生产工况预测预警等功能。

流程模拟是综合热力学方法、单元操作原理、化学反应等基础科学，利用计算机建立数学模型，进行物料平衡、能量平衡、相平衡等计算，以模拟过程的性能(系统内各装置特性及各装置间关系)，发现瓶颈，给出优化方案。流程模拟包括装置级、区域级、全厂级。流程模拟与先进控制、优化控制紧密结合，可以为前者提供模型和方案。

在利用流程模拟软件进行稳态流程模拟的基础上，对 LNG 接收站进行动态模拟研究，研究开停车、LNG 卸船特点，从而指导开停车、LNG 卸船过程，自动生成生产调度下的工艺操作建议方案、设备负荷匹配方案等，并可优化工艺操作参数、优化 LNG 高压泵、BOG 压缩机等关键设备的运行，降低能耗、物耗。

流程模拟方法主要有 4 种分类方法，按照模拟对象时态可分为稳态流程模拟系统和动态流程模拟系统。按照应用范围来划分，可以分为专用流程模拟系统和通用流程模拟系统，按照模拟方法来分，则可分为序贯模块法模拟系统、联立方程法模拟系统和联立模块法模拟系统。按照软件结构分的话，则可以分为灵活结构和固定结构两类。

对 LNG 接收站全厂及关键设备建立动态模型，是实现数字孪生的基础，也是建设智能 LNG 接收站的关键技术，如图 6 所示。

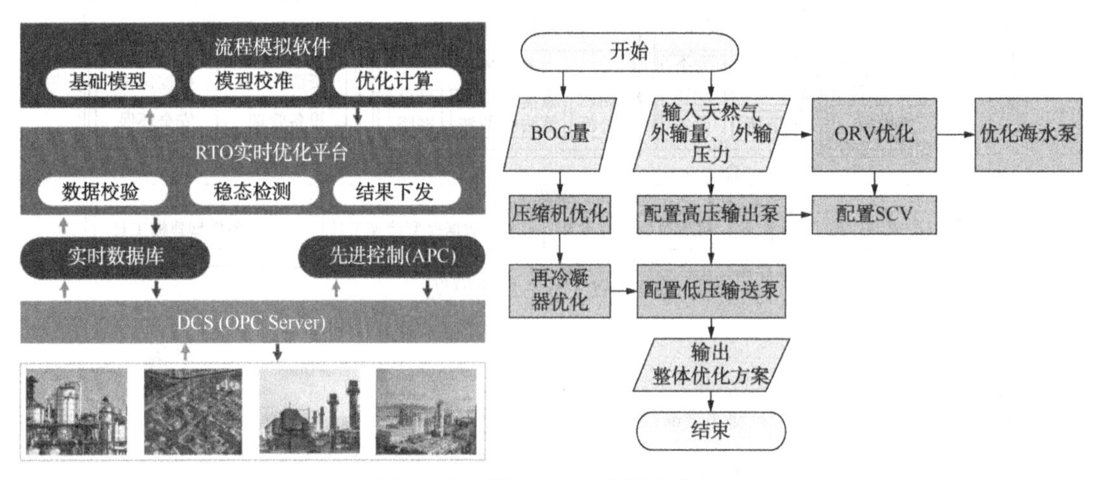

图 6 流程模拟技术在智能化应用

LNG 接收站关键动态模型主要包括以下几类：

(1) LNG 储罐热动力模型

(2) LNG 储罐卸船工况预翻滚故障模型

(3) LNG 再冷凝器热动力学模型

(4) LNG 接收站系统转动设备机理模型

(5) 海水气化器热动力模型

LNG 接收站典型的工艺优化目标如下：

(1) 优化 BOG 压缩机开停，降低能耗；

(2) 优化海水与 LNG 气化量配比，降低海水泵能耗；

(3) 根据实时卸料与外输工况，优化再冷凝器喷淋比；

(4) 优化火炬系统开停；

(5) 优化储罐压力，降低卸料过程中 BOG 生成量；

(6) 优化单位外输能耗；

(7) 指导 LNG 接收站开车，优化预冷量

（8）根据环境变化，优化 SCV 开停

6　总结与展望

因此，在信息技术及智能化工业技术蓬勃发展之时，LNG 接收站应加快推进数字孪生、大数据、云计算、人工智能和 5G 技术和业务融合发展，提升接收站数字化、网络化、智能化发展水平，实现作业方式和企业形态根本性变革。从人员配置角度，LNG 接收站应梳理整合业务流程，优化生产工艺流程，在此基础上加强技术资源配置，全面实现接收站数据自动采集与远程控制，减少一线操作人员；逐步加强信息化程度，减少线下沟通成本与人工作业；此外，应积极培养专精技术人才团队统一调配，一方面进行人力资源共享，另一方面可促进加强核心技术能源的建设。

参 考 文 献

[1] 孙博，李柏松，李雅娇，等．公平开放条件下 LNG 接收站业务发展思考[J]．油气储运，2023，42(12)：1329-1336.

[2] 孙丽丽，李凤奇．等．液化天然气接收站工艺与工程[M]．中国石化出版社，2022.

[3] 黄维和，宫敬．天然气管道与管网多能融合技术展望[J]．油气储运，2023，42(12)：1321-1328.

[4] 王小尚，陈文杰，李学涛，等．青岛 LNG 接收站气化单元优化运行模拟研究[J]．天然气化工（C1 化学与化工），2019，44(05)：63-69.

LNG 接收站试生产创新工艺研究与应用

刘　洋

（国家管网集团大连液化天然气有限公司）

摘　要　针对 LNG 接收站试生产成本高、物料消耗大、试车时间长等问题，本文结合国家管网集团深圳天然气有限公司（简称“深圳 LNG”）试生产实例，创新试生产工艺。主要包括以下三方面：1）实现预冷卸料管线后的低温氮气再利用；2）保障预冷后的氮气火炬排放安全；3）确保卸料管线、码头循环保冷管线、LNG 低压输出管线同步深冷和填充。精确设置各系统试车流程，并实现过程无缝衔接，有效降低试车物料消耗、高效掌控试车进程，缩短试生产时间，降低试生产成本。为后续 LNG 接收站试生产提供参考借鉴。

关键词　LNG 接收站；试生产；工艺创新；试车流程

液化天然气（LNG）是一种清洁高效的能源。近年来，在双碳背景下，全球 LNG 的生产和贸易日趋活跃，LNG 成为世界油气工业新的热点。国家开始越来越重视 LNG 的引进，同时加大了 LNG 接收站的兴建，在广东、福建、上海、江苏、辽宁、浙江、河北、天津、浙江、山东等地区都开展了 LNG 接收站项目。LNG 接收站是接受、存储、气化、外输天然气的中转站，可以通过外输管道供应天然气或者槽车供应液态天然气。接收站主要由卸料存储系统、蒸发气（BOG）处理系统、高压外输系统、计量系统、火炬放空系统等组成。

目前 LNG 接收站试生产工艺基本技术在行业中已较为成熟，从请国外团队开车发展到自主开车，从卸料管线最初采用船方 BOG 预冷发展到用液氮预冷。然而接收站试生产过程中依然存在成本高、物料消耗大、试车时间长等一系列问题。因此，如何在试生产过程中有效降低 LNG 物料的试车消耗，实现节能减排、降本增效目的，使试生产达到安全、平稳、高效，这已经成为 LNG 接收站试生产过程中的热点问题。本文将结合深圳 LNG 接收站试生产创新工艺进行详细论述。

1　LNG 接收站试生产流程

LNG 接收站试生产流程包括生产准备和试生产实施两个阶段。生产准备工作包括组织机构准备、生产人员准备、体系文件准备、政府许可准备、技术准备、生产物资准备、外部条件准备以及运营承包商准备；试生产实施分 6 个阶段依次进行，分别是卸料管线低温氮气预冷、首船接卸（包括储罐预冷、卸料）、BOG 处理、低压输出与循环保冷建立、槽车系统试生产、高压外输系统试生产。实施步骤如下：

（1）在 LNG 船舶靠泊前，利用低温氮气对卸料管线进行预冷；通过流程设置回收预冷氮气预冷码头循环保冷管线、LNG 低压输出管线。

（2）LNG 船舶靠岸后，停止低温氮气预冷，火炬系统点火运行。然后开始首船接卸工作，船上 LNG 通过卸料臂对卸料管线、码头循环保冷管线、LNG 低压输出管线进行深冷和填充，随后对 T-1104、T-1103 罐进行喷淋预冷、建立基础液位和卸料。

（3）当储罐预冷进行到一定程度，测得 T-1104 罐顶处 CH4 浓度超过 60%，开展低压 BOG 压缩机试车调试。

（4）卸料结束后，对 LNG 低压泵性能进行测试。完成性能测试后，启动低压泵，建立低压 LNG 输出、码头循环保冷。

（5）BOG 处理系统试生产，向下游用户高压输送 BOG 气。

（6）预冷槽车充装系统及填充 LNG，建立槽车循环保冷，进行试装车。

（7）再冷凝器及下游管线预冷、填充 LNG，高压泵、ORV 预冷，建立接收站零输出循环保冷。

（8）高压外输管线置换、升压，高压气化系统试车，向下游用户供气。

2 LNG 接收站试生产创新工艺分析

2.1 液氮预冷工艺

氮气预冷技术方案设计采取多点进气的方式，预冷工艺流程如图 1 所示。第一、第二注氮点为主注氮点，第三注氮点为辅注氮点，开始预冷卸料总管时，低温氮气从第一注氮点处进入卸料总管，经 XV-11952、XV-11901 和 XV-11001 穿越 584 米长隧道和 325 米长码头栈桥至码头卸料臂平台，通过两路排放至火炬。第一路通过码头保冷循环管线进入到 LNG 低压输出总管，通过 PCV-11203（如果需要，也可以通过 FCV-11201）进入再冷凝器，然后通过 PCV-11202 进入 BOG 管，最终通过 PCV-11951A/B 排放到火炬，如果有必要，进入低压总管的氮气也可以通过槽车 LNG 总管末端排放至大气或者通过每台槽车装车撬的安全阀旁路排放至火炬；第二路通过卸料臂 L-1101C 与气相臂 L-1102 跨接通过 PCV-11011 排放，最终通过 PCV-11951A/B 排放至火炬；原则上氮气尽可能通过第一路排放，富裕的氮气通过第二路排放，通过调整 PCV-11011 开度控制压力保证两路氮气顺利排放。当第一注氮点与第二注氮点之间的管道冷却至-120℃左右时，关闭 XV-11952，打开 T-1104 储罐倒罐阀 XV-11167，调整第一注氮点低温氮气温度，预冷低压输出总管，通过再冷凝器排放至火炬。根据卸料总管的温降和位移情况，逐渐增加第一注氮点处的注氮量和降低氮气温度。当卸料总管末端温度降低缓慢或是前后温差较大时，根据情况投入使用第二、三注氮点。

预冷后的氮气排放，因考虑到现场就地排放的安全性、原有设计能排放点的排放量及排放空间不理想等状况，预冷后的氮气排放流程设计为在码头卸货平台跨接液相与气相管线，一部分由气相返回管线通过火炬排放，这样既保证了低温氮气的排放安全及排放量足够，又能同时把气相返回管也相对预冷一遍；一部分导入码头循环保冷管线来预冷循环保冷管线和低压输出总管，使预冷卸料管线后的氮气冷量得到充分回收利用。此预冷氮气排放工艺流程设置在 LNG 接收站行业中属首次应用。应用成果，预冷 2400m、DN1050 卸料管线，共耗时 88h、消耗液氮 1322t，处于行业应用平均液氮消耗量的 48%，节能量约 1678.7tce，预冷后的低温氮气二次利用的效果理想。

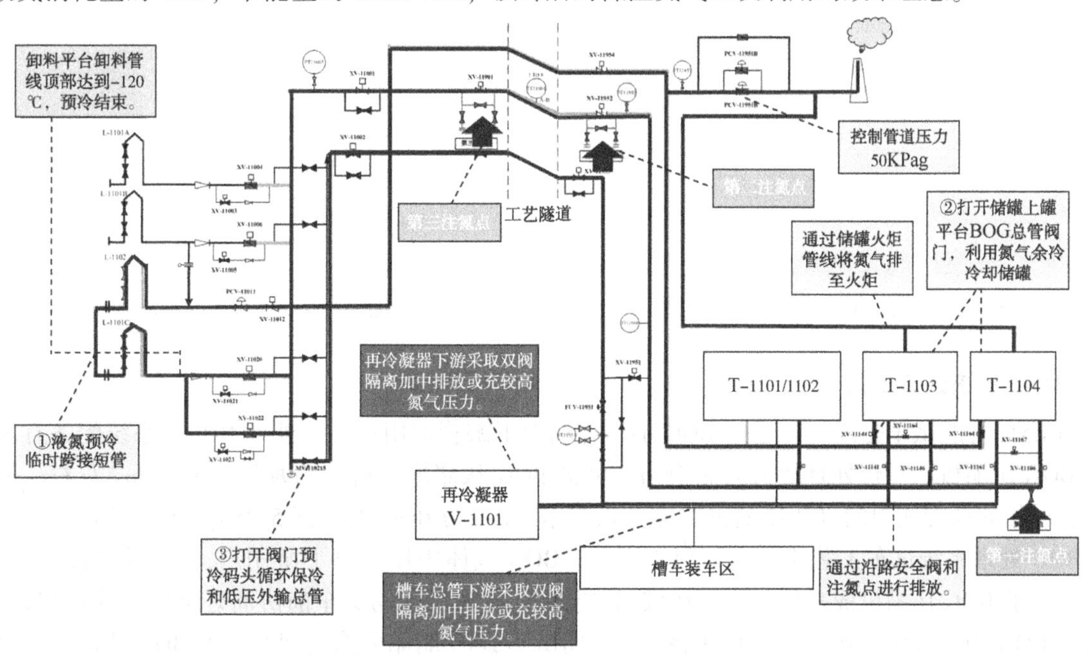

图 1　卸料总管、码头保冷循环、低压输出总管液氮预冷工艺流程图

2.2 卸料管线填充工艺

码头循环保冷管线、LNG 低压输出管线和卸料管线同步进行 LNG 填充，是基于前两条管线已利用液氮预冷卸料管线后的氮气进行过预冷，达到能与卸料管线同步进行用 LNG 深冷、填充的条件。在卸料总管氮气冷却过程结束后，为防止卸料管线温度升温，深圳 LNG 在热态 ESD 后直接通过预冷卸料臂的 LNG 对卸料管线填充。通过创新工艺流程设置，在卸料管线填充的同时，填充码头循环保冷管线和低压输出总管。当储罐 T-1104 罐顶部操作平台管线温度低于-140℃时，卸料总管、码头保冷循环、低压输出总管填充完成，2400m 卸料总管填充耗时 17h，填充 LNG 约 2400m^3。目前国内 LNG 接收站首船试车时，码头循环保冷管线和 LNG 低压输出总管通常是在首船离泊后再利用液氮预冷或储罐内低压泵输出 LNG 来进行预冷填充。相比较而言，码头循环保冷管线、LNG 低压输出管线与卸料管线同步预冷、LNG 填充，不仅节约了这两条管线单独预冷的试车时间和预冷冷源，还减少了 BOG 的燃烧排放，节约了试车成本，此创新工艺流程设置和实施在 LNG 接收站行业中属首次应用。

2.3 储罐预冷卸料工艺

预冷储罐时，卸料总管压力控制为 0.5～0.6Mpa，LNG 喷淋预冷喷淋流量由 15m^3/h 逐步加大到 70m^3/h，对 T-1104 储罐进行喷淋冷却。在 T-1104 罐喷淋冷却快完成时，考虑到船方预冷泵单泵流量过低(50m^3)无法稳定压力，且来液温度过高，经与储罐承包商协商，创新工艺设置、优化试车方案，在船方启动卸料泵对 T-1104 储罐液位填充、卸料的同时，利用 LNG 船上稳定的压力(500kpa 左右)和流量(1000-6000m^3)，开始启动对 T-1103 进行储罐喷淋预冷，既保证了喷淋预冷量的稳定和均匀，LNG 船方又不需要在预冷泵与卸料泵之间进行来回切换，无缝衔接了两个储罐的卸料和预冷，有效节约了储罐预冷试车时间。对比图 2 的 T-1104 储罐预冷曲线和图 3 的 T-1103 储罐预冷曲线可以看出，T-1103 储罐喷淋冷却效果更好，从喷淋开始储罐内温度下降趋势平缓稳定。

先预冷好的储罐进行小流量卸料，同时启动下一个储罐的预冷，这样的工艺操作保证了长距离的卸料管线内 LNG 处于过冷状态，防止卸料管线产生气堵的风险，避免了 LNG 船方在预冷泵和卸货泵之间来回切换，减少了船方与岸方的频繁操作，降低了储罐预冷 LNG 压力、流量调节控制难度，减少了 BOG 的燃烧排放，节约了试车成本和试车时间，此创新工艺流程设置和实施在 LNG 接收站行业中属首次应用。

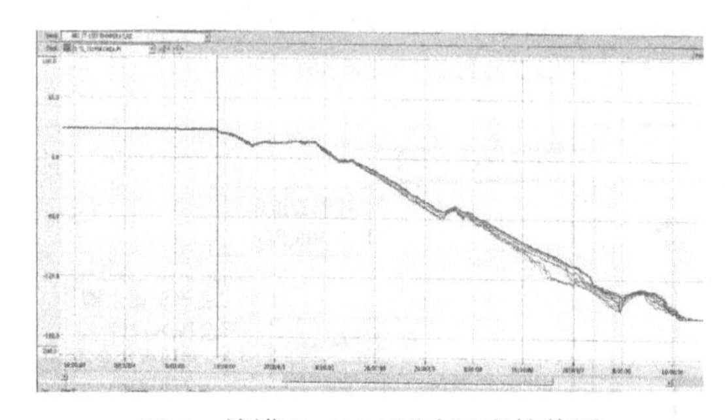

图 2　储罐 T-1104 预冷温度趋势图

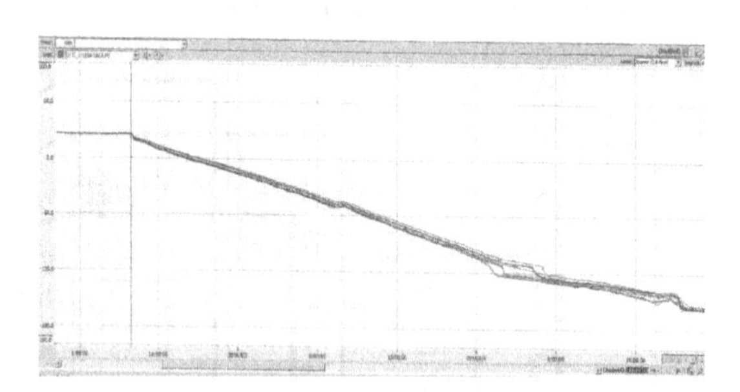

图 3　储罐 T-1103 预冷温度趋势图

2.4 BOG 系统试车工艺

当 LNG 首船试车完成后，通过 BOG 加压外输至下游管道用户方式处理 BOG，系统配备有 3 台低压 BOG 压缩机，每台处理能力为 8.5t/h，可将 BOG 从储罐运行压力加压至 0.7Mpa 左右；另外配备 2 台相同处理能力的高压压缩机，可将 0.7Mpa 左右的 BOG 加压到 5-9Mpa 然后外输至下游管网。BOG 处理系统试车工艺流程图如图 4 所示。BOG 气体中压直供下游用户，首船卸料结束的同时即实现了 BOG 压缩机成功运行，并在低/高压 BOG 压缩机联动试车前协商好下游管线用户接收，确保了 BOG 中压直供气业务的顺利开展，在首船试车 LNG 船舶离泊后即实现了 BOG 外输，关闭了火炬放空，节约了试车成本。

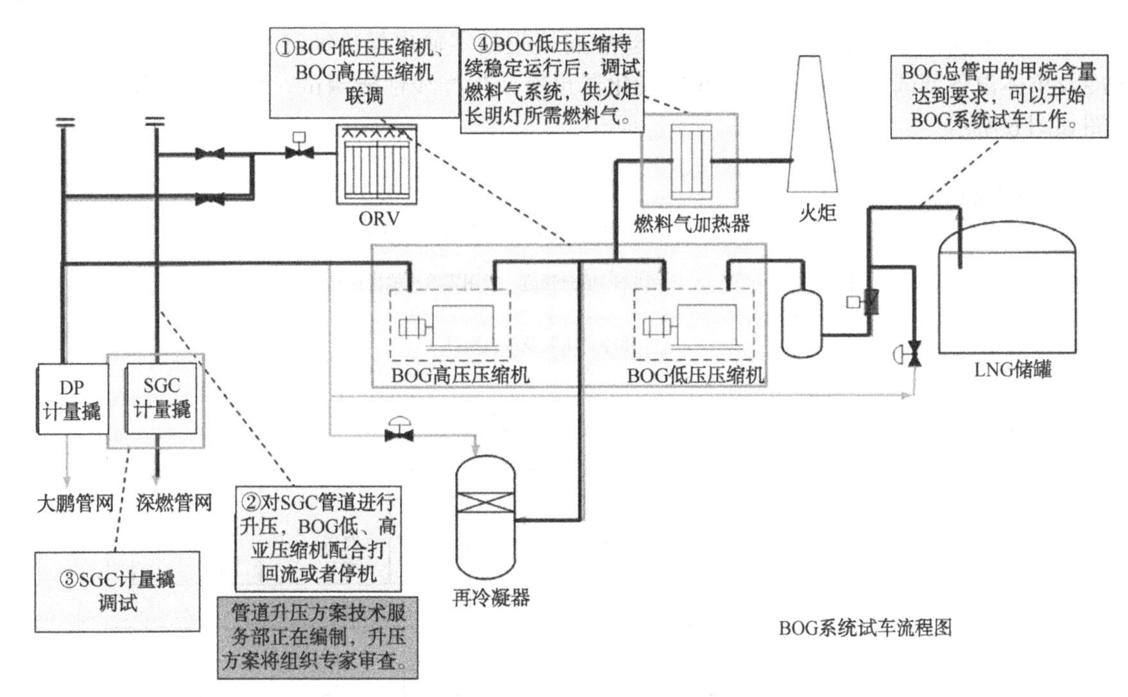

图 4　BOG 系统试车工艺流程图

2.5　槽车充装系统试车工艺

LNG 槽车充装站系统预冷、填充从主管道系统、10 个充装撬预冷到第一辆槽车充装成功出场只用时 60h，当天完成 5 辆槽车充装试车，试车过程顺利、平稳，达到系统设计要求。槽车充装系统试车工艺流程图如图 5 所示。

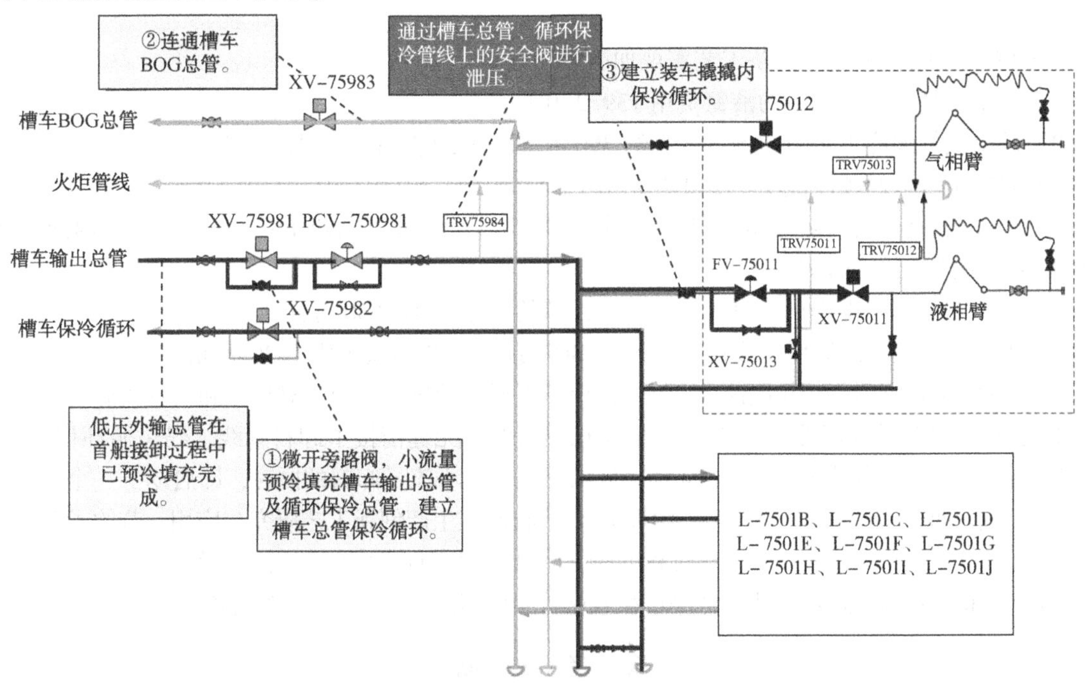

图 5　槽车充装系统试车工艺流程图

2.6　高压气化外输系统试车工艺

LNG 高压气化外输系统试车包括低压 LNG 总管的再冷凝器后半段管道、高压 LNG 总管、高压排放总管、再冷凝器、LNG 高压泵及 ORV 气化器。高压气化外输试车主要分为四个阶段：第一阶段为利用储罐 BOG 气体对高压外输系统管道及再冷凝器进行初步预冷，第二阶段为利用 LNG 对高压外输系统管道及再冷凝器进行预冷填充，建立起接收站零输出保冷循环，第三阶段为 LNG 高压泵预冷及单体设备调试，第四阶段为 ORV 气化器预冷及生产线性能测试。高压外输系统试车工艺流程图如图 6 所示。

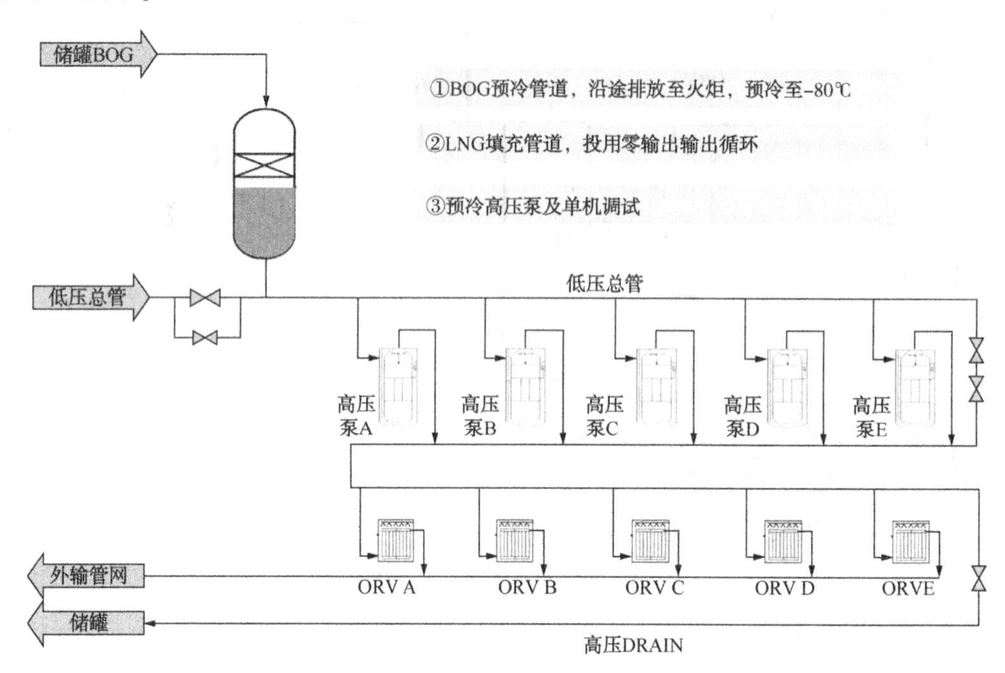

图 6　高压外输系统试车工艺流程图

3　结论

深圳 LNG 接收站试生产创新工艺实现如下经济效益：

(1) 低温氮气预冷合同节约液氮费用 139.2 万元。

(2) 低温氮气预冷工艺节约预冷成本约 390 万元，节约船期在港时间 4 天。

(3) 储罐预冷节约预冷成本约 280 万元(四个)。

(4) 码头循环保冷管线、LNG 低压输出管线与卸料管线进行同步 LNG 填充，节约预冷介质成本 80 万元，节约了预冷时间 2 天。

(5) 槽车充装站的投产试车只用了 2.5 天，节约试车成本约 30 万元。

(6) 再冷凝器及下游管线、设备试车采用 BOG 预冷，节约试车成本 30 万元

采用返回气管线通过火炬排放预冷后氮气，保障了氮气的排放安全；对预冷卸料管线后的氮气进行二次利用，预冷码头循环保冷管线和 LNG 低压输出管线，无缝衔接了卸料管线、码头循环保冷管线、LNG 低压输出管线同步预冷和填充；对先预冷好的储罐进行小流量卸料的同时，即启动下一个储罐的预冷，预冷完成后两个储罐同时全速卸料。深圳 LNG 接收站试生产创新工艺研究与应用，节约了首次接船试车时间，提高了试车工作效率和试车过程安全，降低了投产试车实施费用，试车流程达到无缝衔接，过程安全、平稳、顺利、高效，对后续 LNG 接收站首船接卸试生产有较高的参考价值。

参 考 文 献

[1] 仇德朋，陈景生．LNG 接收站卸料系统的预冷方案分析[J]．能源化工，2017，38(02)：50-54.

[2] 李昌徽．LNG 接收站工艺流程分析——以上海 LNG 接收站项目为例[J]．工程技术研究，2019，4(13)：24-25.

[3] 周树辉，范嘉堃，宋坤．LNG 接收站设备配套方案比选[J]．石油和化工设备，2019，22(06)：60-61.

[4] 宋鹏飞，侯建国，陈峰．LNG 接收站工艺流程模拟计算[J]．天然气化工(C1 化学与化工)，2014，39(04)：47-49.

[5] 刘猛．低温氮气预冷 LNG 接收站卸料管道[J]．煤气与热力，2017，37(02)：5-8.

LNG 装车站车辆安检信息系统的构想和应用展望

景佳琪

（国家管网集团大连液化天然气有限公司）

摘　要　随着信息化技术和LNG行业市场的快速发展，使得LNG装车站的充装要求也日益增高。分析目前LNG装车站安检现状，从智能化和信息化的角度，形成了LNG装车站车辆安检信息系统的业务流程图构想，并进行了该系统的未来应用价值分析。

关键词　LNG接收站；LNG槽车站；智能化；安检信息系统

随着近年来LNG行业的飞速发展，国内LNG接收站建设热潮如火如荼。LNG装车站作为LNG接收站的一个对外运输窗口，被列入LNG接收站安全管理的重中之重。因其业务特殊性，LNG接收站管理在不断提升与改善的基础上，对LNG装车站充装安全、效率、便捷的要求也日益递增，现有的人工操作方式已无法满足LNG装车站业务量大，重复性高的要求，打破旧的管理模式迫在眉睫。随着计算机网络技术的飞速发展，LNG行业对智能化、数字化、信息化技术的需求也日益增长。为此，笔者从某LNG装车站目前安检现状出发，对装车站车辆安检信息系统的做了几点构想和应用展望。

1　LNG装车站运行流程

以某LNG装车站为例，槽车进站充装前，需要先进行车辆资质和人员资质的备案，根据装车站管理流程，运输公司需派专人到接收站生产技术部门和装车站进行单位运输资质、车辆技术档案等的备案和审核，然后司机押运员需要到装车站进行安全培训，考核合格并取得安全培训证后方可进站充装。通过资质备案和人员培训后，按照接收站运行流程进行进站充装作业。LNG装车站运行流程见图1。

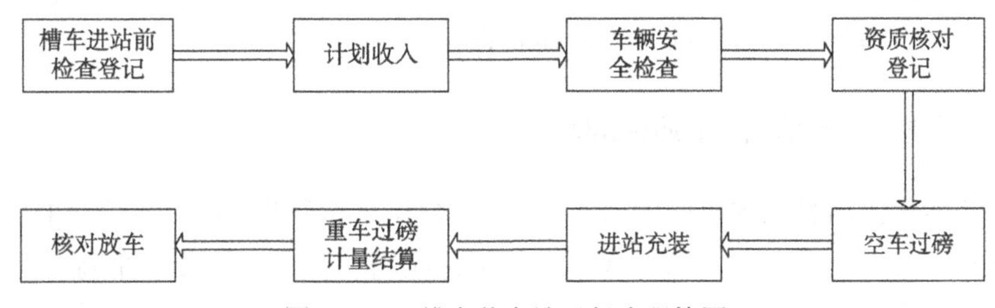

图1　LNG槽车装车站运行流程简图

2　LNG装车站车辆安检现状分析

2.1　门岗监管漏洞多、进站管理难度大

以某LNG装车站为例，槽车到站后，在门岗进行来站车辆和人员信息登记，进行手机、香烟等相关危险物品保管后，保安就可放行驶入停车场。按管理规范要求，槽车进站充装前需先进行车辆资质备案审核，司机押运人员资质的备案、安全培训考试，装车站审核通过后方可进站，而由于门岗未设专人监管造成有资质的和无资质的车辆和人员都可先进站，进站后管理难度加大。

2.1 车辆安检效率低、人力成本投入大

目前，国内多数LNG装车站车辆安检还是采用传统的人工方式进行。槽车按照装车站管理要求停入停车场指定车位后，司机和押运员下车接受进入装车区前的安全检查，目的是为排除有安全隐患的车辆进入装车区装车。槽车管理人员需先通过生产管理系统接收当日的装车计划，安检人员带着计划单按照检查表内容进行逐项检查。安检人员需手写记录受检车辆的挂车号码、检查日期和时间，并现场核查司机押运员随车携带的资质证件，检查内容情况完好后双方签字确认即完成车辆的安检工作，某LNG装车站安全检查表1。

表1 液化天然气槽车安全检查表

液化天然气槽车安全检查表

充装单位: ××液化天然气有限公司

序号	罐车牌号	日期	检查时间	进站前检查																				检查结果	签字	
				安全附件齐全、在有效期内					安全教育证	充装许可证	危险品五证齐全	灭火器完好	防火帽完好	罐体密封无泄漏	罐内压力不低于0.05MPa	罐内压力不高于0.4MPa	防爆工具	防冻服完好	行驶证	急救箱	罐体反光贴标识完好	危险品标识灯完好	导静电胶皮触地	不符合项统计	检查人	受检车辆
				气液相阀门	紧急切断阀测试合格	安全阀	液位计	压力表																		
1																										
2																										
3																										
4																										
5																										
6																										
7																										
8																										
9																										
10																										
11																										
12																										
13																										
14																										

检查情况完好的用√表示;存在问题的用×表示。危险品五证:移动式压力容器使用证、危险品准驾证、危险品押运证、牵引车、罐车危险品道路运输证。

由于安检人员以安全检查为主要工作，每天充装车辆多，检查项目多，工作量较大，安检人员基本以目检为主，重复工作时间久了人会疲劳，安检效果会打折扣。同时，受恶劣天气等因素的限制，目检和手动填写纸质检查表显得更加困难，有时还需经常拍照取证，检查内容多达二十项，平均一车安检时间在5min~15min之间。装车量大的季节，安检会特别费时费力，人力成本大大加大，同时，纸质安全检查表的存档也占空间，不方便管理。

3 LNG装车站车辆安检信息系统的构想

当前，随着智能化，信息化观念的深入人心，“大数据平台管理”时代已经到来，智能终端系统在各行业领域日渐普及。企业业务需求也逐渐向数字化应用、跨部门协作、能源使用效率和可持续发展等方向转变。顺应时代发展，分析LNG槽车站现状，采用小型智能手持设备对车辆和人员信息进行快速、批量采集，智能识别，配置拍摄功能录入车辆问题照片，电子备份存档，其小巧便携，方便存储和快速调阅的优点，将大大提高LNG槽车站车辆安检效率和质量。那么，结合目前国内大多数LNG装车站车辆安全检查实际情况，针对充装车辆进站监管漏洞多、难度大、安检工作量大、重复性高的特点，利用计算机技术、图像识别技术，开发应用一套LNG装车站车辆安检信息系统，将会为LNG装车站装车管理添上“智能化”的标签。该系统的应用一方面可有提高场站安全管理水平，另一方面可以大大提高装车效率，提升服务客户的质量。

3.1 车辆安检信息系统的功能

车辆安检信息系统可通过小型智能手持设备对LNG装车站来站装载的车辆和人员相关信息进行采集，包括车辆信息，司机、押运员的个人信息登记和采集、车辆识别的全过程，以及通过云端

服务器存储和调取相关信息，在车辆和人员进站前就可通过刷卡识别、车辆识别进行安全检查，从而实现智能化管控。

3.2 车辆安检信息系统的业务流程图构想

通过云端服务器，可实现业务功能的弹性调整，实现智能化人性化操作。LNG 槽车站装载车辆安检信息系统数据流图见图 2。

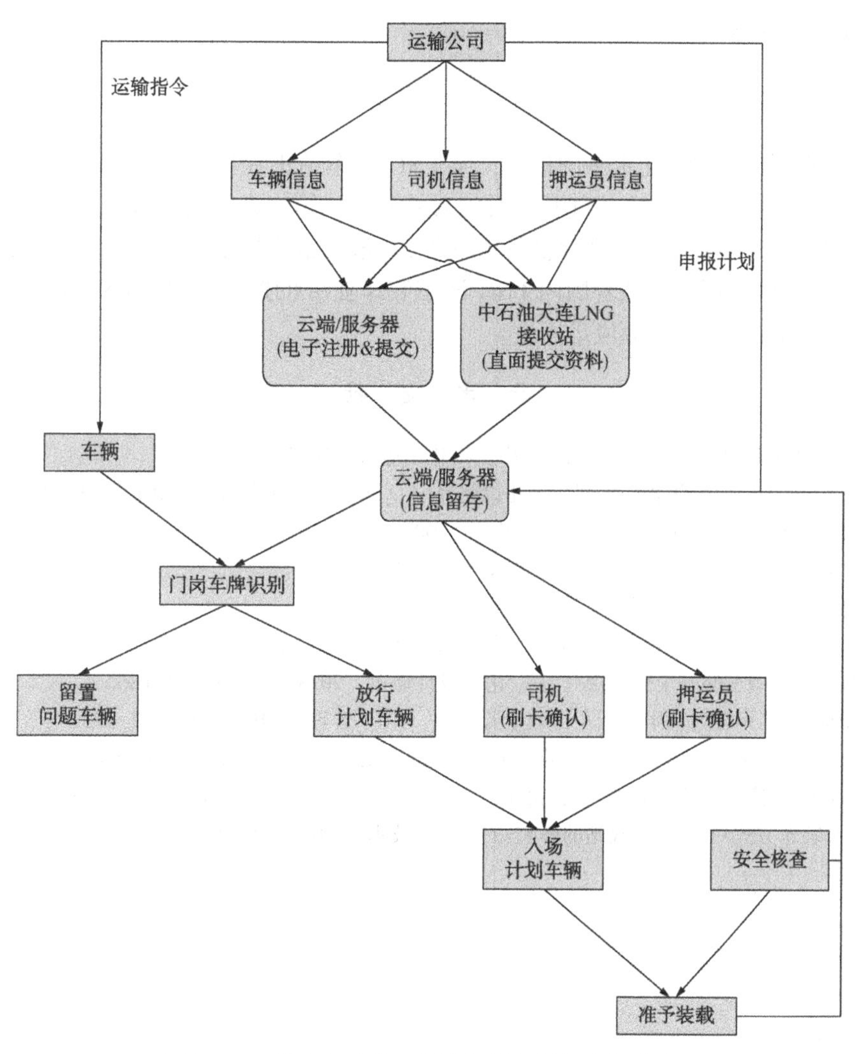

图 2　LNG 装车站装载车辆安检信息系统业务流程图

(1) 运输公司将运输车辆、司机和押运员信息录入云系统，做好信息管理和维护。

(2) 接收站根据运输公司的纸面文件和网上信息核对，确定信息是否真实。

(3) 运输公司通过云系统提交装车计划。

(4) 运输车辆根据公司指令到场装货。在车场门禁进行车牌图像识别。没有运输指令的车辆不予批准入场。有运输指令的，利用刷身份证手段核实司机和押运员身份。利用手持设备对车辆和人员进行拍照，并要求其数字签名确认。

(5) 对入场车辆进行安全检查。利用手持设备调阅车辆资料和专项检查表对照车辆进行检查。对不符合项目进行拍照，并上传云系统。对不符合装载要求的，不予批准装货。并要求双方数字签名，确保记录有效。

(6) 可以利用该系统建立与司机、押运员的信息沟通(微信小程序)机制，实现实时检斤过磅等通知功能。

(7) 利用该系统还可建立客户关系管理模块，对车辆 GPS 监控，装车状态监控和卸车信息跟踪等。

4 系统价值分析和未来应用展望

LNG 装车站车辆安检信息系统上线后，将大幅提高装车站自动化水平，大大简化工作流程，可实现信息资源共享化、人员成本轻量化、全面提升业务工作效率、管理水平和服务质量。同时，对未来 LNG 产业链高素质、高标准发展提供了优化模式；通过系统大数据平台，为分销商了解市场现状、提高产业布局提供数据支持。

5 结束语

随着 LNG 行业改革和国产化水平的提高，某 LNG 装车站正在扩建增设国产化装车撬，槽车的外输能力也将随之提高。在当前天然气基础设施对外开放、第三方市场化准入已成大势所趋的大背景下，未来大连某 LNG 接收站除冬季保供管道气外，“液来液走”的 LNG 液态运输模式或将为其市场商业化运营提供契机，那么，随着国内 LNG 液态装车业务的蓬勃发展，LNG 装车站车辆安检信息系统也该顺应信息化时代发展而应运而生。

参 考 文 献

[1] 郭揆常．液化天然气应用与安全[M]．北京：中国石化出版社，2007：1-10.
[2] 陈磊，刘萍．江苏 LNG 智能化装车管理系统建设研究[J]．天然气技术与经济，2017，11(S1)：61-63.
[3] 液化天然气技术[M]．机械工业出版社，顾安忠等，2003.
[4] TSG R4002-2011. 移动式压力容器充装许可规则[S]. 2011.
[5] TSG R0005-2011. 移动式压力容器安全技术监察规程[S]. 2011.
[6] 林少虎．某 LNG 集团槽车运营管理系统的设计与实现 [D]．厦门：厦门大学，2016.
[7] 张超，孙继伟．LNG 槽车的安全管理探究[J]．化工设计通讯，2018，44(03)：38+86.
[8] 孙强．浅述 LNG 槽车充装过程中协调工作的重要性[J]．化工管理，2019(12)：172-173.
[9] 贺耿，王正，包光磊．LNG 槽车装车系统的技术特点[J]．天然气与石油，2012，30(04)：11-14+97.
[10] 王晓刚．天津 LNG 接收站装车撬国产化问题研究[J]．石油工程建设，2018，44(04)：60-63.
[11] 肖超然．槽车装车方式对 LNG 接收站的影响[J]．石化技术，2017，24(11)：226.

基于 FLUENT 的 LNG 低温波纹软管流动和传热特性分析

杨泰鸿　刘军鹏

［中国石油大学(北京)安全与海洋工程学院］

摘　要　针对液化天然气(LNG)低温软管流动和传热特性问题，采用数值模拟的方法，分别对LNG在光管和五种不同结构参数波纹管进行了流动和传热特性进行研究，得到了波高、波距和雷诺数对管道传热特性的影响规律，并采用PEC(综合热力性能指标)值对管道传热特性进行了表征。结果表明，波纹管比光管具有更高的努塞尔数和摩阻系数，说明波纹管具有更好的传热特性。努塞尔数随着雷诺数的增大而增加，摩阻系数随雷诺数的增加而减小，在高雷诺数下逐步变得稳定。在相同雷诺数下，波纹管的努塞尔数随着波高的增加而增加，随着波距的增大而减小。摩阻系数与波高、波距的变化成正比，且波高的影响最大。波纹管 PEC 均大于光管，可通过控制波高/波距的比值来控制 PEC 的值。

关键词　LNG；低温波纹软管；换热性能；流动特性；数值分析

液化天然气(LNG)是高效低碳、燃烧污染排放较少的清洁能源，是我国"碳达峰"战略目标不可或缺的重要资源，其主要储存在深海中，浮式 LNG 生产系统是目前深海油气田开发的主流模式，LNG 低温波纹软管是实现 LNG 传输的核心装备之一。LNG 低温软管具有重量轻、补偿性高等特点，并且可以降低维护成本和运营成本，满足恶劣海况下的输送要求，因此采用 LNG 低温软管进行 LNG 装卸已成为一种趋势。目前已经研制出两种具有新概念形式的外输低温管道，分别为空中悬挂式与海上漂浮式。

针对波纹软管内部流体的流动特性，王海燕等人通过建立 LNG 低温波纹软管中流体流动的数值模型，并通过流动传热机理分析其流动特性，研究了软管入口和出口处的波纹对流体壁剪切力和流体压力的影响。杨志勋等采用数值模拟的方法建立不同结构参数的 C 形波纹管，对不同流量下软管摩阻系数及压降进行对比分析。苏桐等分析超临界 LNG 在螺旋形微细通道内的流动情况主要受到质量通量和热流密度的影响。为了深入了解强化换热的本质，过增元教授进行了比较对流换热和有内热源的导热的研究，并发现流体的流动对于换热有着不同的影响。许卫国对螺旋形波纹管进行数值模拟分析，分析结构参数对导热油的流动和传热特性的影响，基于场协同理论分析了波纹管局部换热效果。S. Siddiqa 和 Hossain 基于数值方法研究了两个波面所引起的自然对流，同时采用有限差分法求解了控制方程，并计算了局部努塞尔数和摩擦系数。目前对 LNG 低温软管的结构和设计方面进行了大量研究，但基于场协同原理对正弦型轴对称管道整体流动和传热特性的关注相对较少。如何准确描述计算流体动态模型的低温流动及传热状态，是当前研究的难点。

本文基于前期调研结果，通过数据对比，选取合理的管道材料，利用 FLUENT 软件建立 LNG 低温波纹软管几何模型，并进行网格划分及边界条件的设置，最终计算得到不同几何参数低温波纹软管内 LNG 的速度场和温度场以及综合传热系数，进而与光管分析结果对比分析，提出合理化建议以用于实际工程当中。

1　当量分析方法

海上 LNG 低温波纹软管连接在 FLNG 与油轮之间，内径较大通常为 0.2~0.4m，在卸料过程中

LNG 实际通流量约为 1000~4000m³/h，受船体晃荡以及软管结构的影响，软管内流体流动时会产生扰动。低温波纹柔性管具有非圆形横截面，不同的波纹形状会产生不同的管道横截面形状，在描述管道中 LNG 的流动特性时，主要对管道复杂段内部流体的摩阻系数及由此引起的压降进行计算。

研究发现在相同条件下，波纹软管总体传热系数比光滑软管增加了 55%~250%，平均努塞尔数是其当量直径光滑管的 1.63~2.64 倍。虽然波纹软管具有更好的柔性力学特性及柔顺性，可以实现不同方向和角度的自由弯曲，较光管相比更适用于复杂的管道布置和连接；但其传热系数更大，导致 LNG 运输过程中产生更大的热损，使其在输送过程中温度上升更快，增加了不必要的能量损失和成本。另外波纹软管的轮廓结构会使管内 LNG 运输过程中产生涡流和湍流，导致管道内部的压力损失增加，降低了 LNG 的输送效率。由此可见，针对 LNG 卸料系统中的波纹软管，需对管内流体特性以及传热机理进行研究，降低传热系数及压力损失，从而提高输送效率。

流动可以通过促进混合和增加流体与热源或热汇的接触面积来强化换热。然而，在某些情况下，流动可能对换热没有实质性的贡献，甚至可能会削弱换热。从场协同原理的基本概念出发，分析速度场与温度梯度场间的协同作用，运用这种思想对 LNG 波纹软管内流场进行当量分析，建立直角坐标系下二维边界层流动方程：

$$pc_p\left(u\frac{\partial T}{\partial x}+v\frac{\partial T}{\partial y}\right)=\frac{\partial}{\partial y}\left(k\frac{\partial T}{\partial y}\right) \tag{1}$$

引入各无量纲物理量：

$$\bar{U}=\frac{U}{U_\alpha},\ \Delta\bar{T}=\frac{\delta_t}{(T_\alpha-T_w)}\Delta T,\ y=\frac{y}{\delta_t} \tag{2}$$

将能量方程在边界层内积分可以得到：

$$Nu=Tepr\int_0^1(\bar{U}\cdot\ \nabla\bar{T})d\bar{y} \tag{3}$$

该方程中边界层内的努塞尔数 Nu 是无量纲速度与无量纲温度在整个计算域中的积分，通过改变速度场与温度场的协同程度，实现降低强化换热的目的。努塞尔数反映了软管的传热性能，摩擦阻力系数反映了软管的流动特性，是流体产生阻力的根本原因，表达式为：

$$f=\frac{8\Delta p}{pu^2}\frac{d_i}{L} \tag{4}$$

用综合热力性能指标(PEC)作为相同功耗下强化换热性能的评价方法。

$$PEC=\frac{(Nu/Nu_0)}{(f/f_0)^{1/3}} \tag{5}$$

式中，Nu 和 Nu_0 分别表示波纹管和光管的努塞尔数；f 和 f_0 分别表示波纹管和光管的摩阻系数。

2 数值模拟

2.1 几何模型

本文所建立的 LNG 低温软管模型是基于 Technip-FMC 公司产品和经典文献中的数据，据此，LNG 低温波纹软管内径为 192mm，无保冷层时为 3 层，如图 1 所示，由内到外几何结构参数如表 1 所示。

表 1　LNG 低温波纹软管详细参数

管层(由内到外)	名称	内半径/mm	厚度/mm
1	波纹软管	192	2
2	铠装层	196	6

续表

管层(由内到外)	名称	内半径/mm	厚度/mm
3	密封层	224	5
4	防磨层	232	6

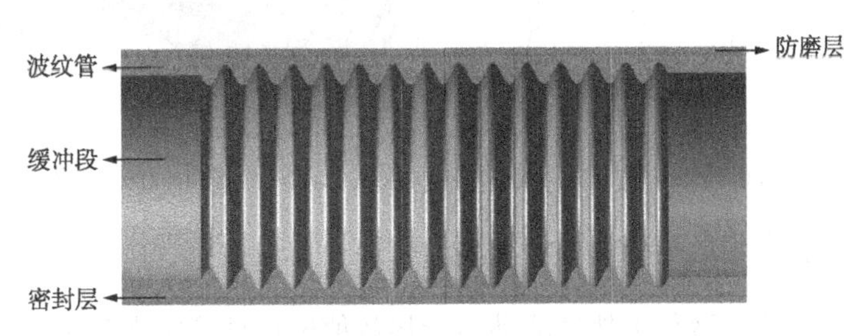

图 1　LNG 低温波纹软管示意图

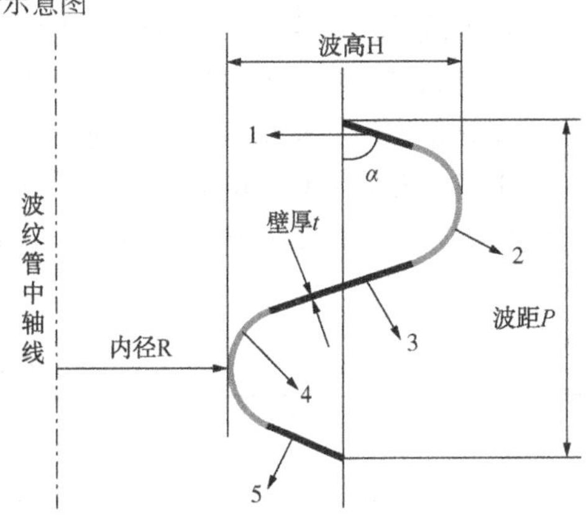

图 2　低温软管截面形状

在建立详细有限元模型之前，需分析波纹管不同几何参数之间的关系，已确立独立和相互依赖的参数。其截面细节如图 2 所示，由两个圆弧(圆弧 2 和圆弧 4)和三条线段(线段 1、线段 3 和线段 5)组成，关键几何参数有内半径 R、波高 H、波纹间距 P、倾角 α 和壁厚 t。

选择 ASTM 316L 作为波纹钢管材料，该材料在室温和 LNG 工况下都具有足够的延展性和断裂韧性，同时有很好的抗疲劳和耐腐蚀性能，且波纹管易加工成型，本文所建立的波纹管模型几何参数如表 2 所示。

表 2　波纹管几何参数

低温软管编号	波纹间距/mm	波纹高度/mm	壁厚/mm	波高/波距	长度/mm
Ⅰ(光管)	—	—	2	—	844
Ⅱ(波纹管)	20	32	2	0.625	844
Ⅲ(波纹管)	14	32	2	0.4375	844
Ⅳ(波纹管)	26	32	2	0.8125	844
Ⅴ(波纹管)	20	40	2	0.5	844
Ⅵ(波纹管)	20	24	2	0.833	844

2.2　网格划分

在对 LNG 低温波纹软管进行预冷传热特性的数值计算时，网格的数量、质量对计算结果影响很大，良好的网格是保证计算准确性的前提。为了有效模拟管层间非线性接触和相互作用属性，各层结构均采用实体单元进行建模。相较于四面体和楔形单元形状，六面体网格可以在降低布种尺寸的同时，尽可能减少单元总数，增加计算效率，更好的模拟复杂的层间非线性接触。同时为直线段区域稀疏布种，粗略划分，以减少计算时间，具体节点布局如图 3 所示。同时避免使用长窄等不规则元素，确保波纹管网格的均一性，划分网格后波纹管模型为图 4。

本文将网格质量控制在 0 到 1 之间，为了验证数值模拟结果的网格无关性，选择了 24 万到 29 万之间 5 个不同的网格数量，并进行同一工况的模拟研究。结果表明，当网格数量从 245954 增加到 290459 时，压力计算结果的相对误差小于 1%。这说明，增加网格数量并没有显著改变计算结果。为保证计算精度且计算效率较高，选用网格数量为 245954 的模型进行模拟分析。

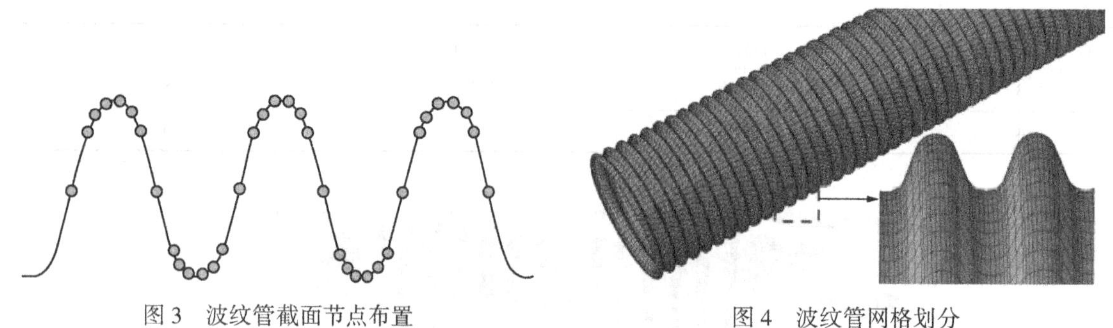

图 3　波纹管截面节点布置　　　　图 4　波纹管网格划分

2.3　材料属性及边界条件

在对 LNG 低温波纹软管内液化天然气流动与传热数值模拟计算中做如下假设：(1)液化天然气在水平管中流动，忽略体积力且壁面无滑移；(2)液化天然气为不可压缩且处于稳定状态；(3)液化天然气充满整个管，进出口界面的温度和速度分布均匀；(4)波纹管进口处截面的液化天然气温度和速度分布均匀，流动参数沿流通截面均匀分布。

对于充分发展的高雷诺数湍流，且流动过程存在大量二次流，RNG $k-\varepsilon$ 模型可以较好地模拟液化天然气进入管内产生旋转流的现象，实现较好的模拟效果。本文研究的 LNG 热物性参数如表 3 所示。

表 3　LNG 热物性参数

工作温度/K	定压比热容/kJ/(kgK)	密度/ρ	动力粘度 $*10^{-5}$/Pa·s	导热系数/W/(m·K)
112	2.56	422.93	9.75	0.22

入口采用速度边界条件，出口采用 outflow 自由流出边界条件；设置外部对流环境，温度 300K，层间传热采用耦合设置。

3　结果分析

3.1　场协同理论分析速度场和温度场

软管Ⅱ设置入口温度 112K、速度 1m/s，在后处理中得到速度场和温度场分布，如图 5 所示，由图可知，在管内流体的中心截面，流动速度呈现从中心向壁面递减的分布趋势。在管道的中心区域，流体的轴向速度最大；而在靠近管道壁面的区域，由于粘性效应的作用，流体速度逐渐降低并趋近于零，直至在管道壁面处为零，导致在近壁面处形成较大的速度梯度。入口处的速度有较大变化幅度，设置缓冲段逐渐趋于平稳，在软管中段沿轴线呈对称分布。在流体通过波纹时产生涡旋，使液体在壁面上发生分离，引起液体在边界层的扰动。随着雷诺数增加，流动将由层流迅速转为湍流。图 5 为波纹管内流体速度变化云图，由图可以看出，除入口波纹管处边界层作用使管内沿径向产生一定的速度梯度外，流体流线主要沿着轴线方向分布。在波谷位置区域流动速度小，是由于正弦型壁面导致流体通截面改变，导致速度迹线产生周而复始的改变。图 6 为波峰波谷截面处速度流线图，可以看出波纹管内波峰靠近壁面处形成几处漩涡，在一定程度上强化了壁面的换热特性，而波谷中间位置的流线趋于平稳，壁面处漩涡不明显，改善换热性能可以从波谷入手。

由图 7 可以看出，沿着波纹管径向方向，液体温度变化较为剧烈，在波纹管壁面附近温度梯度很大。通入速度为 1m/s 时产生湍流脉动效应，再加上波谷引起流体旋转流动增加湍流强度，导致其径向速度分量增加，产生的离心力使得液体以较高的速度冲向壁面，降低边界层厚度，加速对流换热性能。图 8 中的(a)、(b)分别是光管与波纹管温度迹线分布图，对比发现，光管内壁面温度

图 5 低温软管轴向速度分布

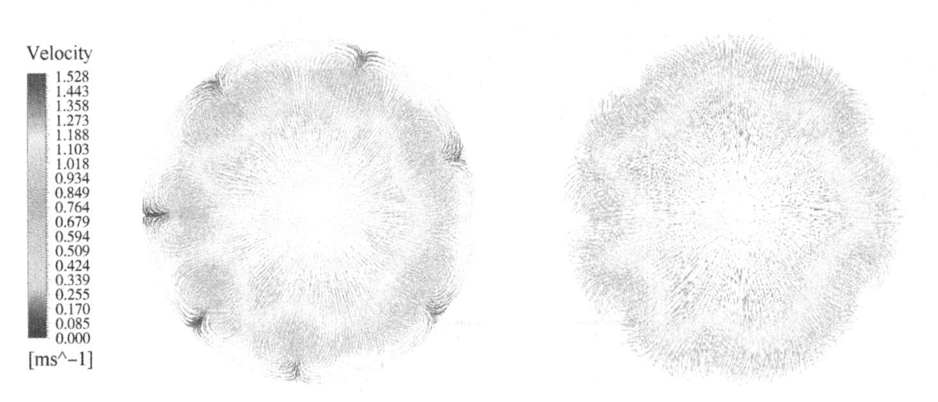

图 6 波峰与波谷截面处速度迹线

为 112. 572K，波纹管内壁面温度为 117. 727K，波纹管与外界的换热效果优于光管。这是由于波纹管内壁凸起引起的扰动作用可以使液体沿径向温度梯度变大，从而促进热边界层的充分发展，同时速度场和温度场之间也有着很好的协同性。这种协同作用可以促进热量在管道中的传递和均匀分布，提高了传热效率。

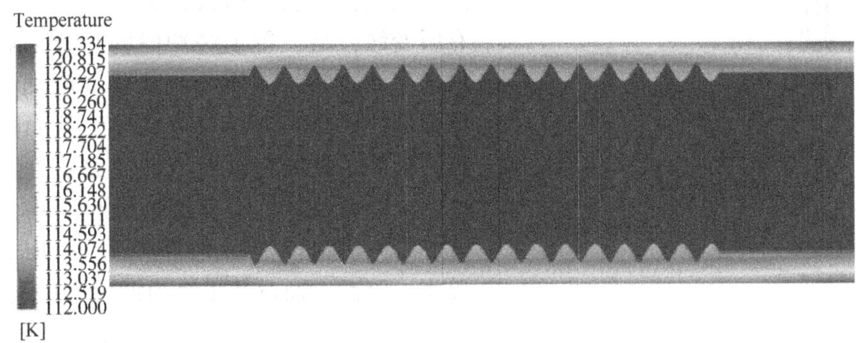

图 7 低温软管温度分布

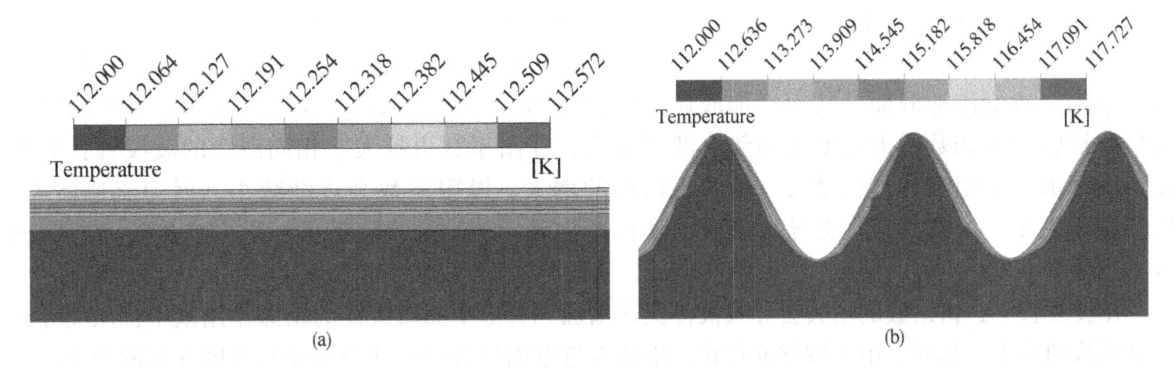

图 8 光管与波纹管温度迹线

湍动能和热边界层之间相互作用，如图9所示。在靠近壁面处湍动能较大，中心处较低。波纹管的结构作用改变液体的换热特性，这是由于连续的正弦型波纹对液体的扰动增强，平均速度呈线性增加，换热能力增强的同时摩擦阻力也相对减小。在波纹管的波纹区域，沿径向液体的湍动能先增大再减小，在波纹管中心区域，液体湍动能较低。在波峰处液体达到在附着点，热边界层厚度达到最小，因而形成小部分的湍动能梯度，随着液体的流动出现回流涡旋。在液体离开波纹管时由于连续的波纹结构突然消失，液体产生非常剧烈的扰动，掺混作用增强，形成沿着速度方向的横向涡，产生较大的湍动能。

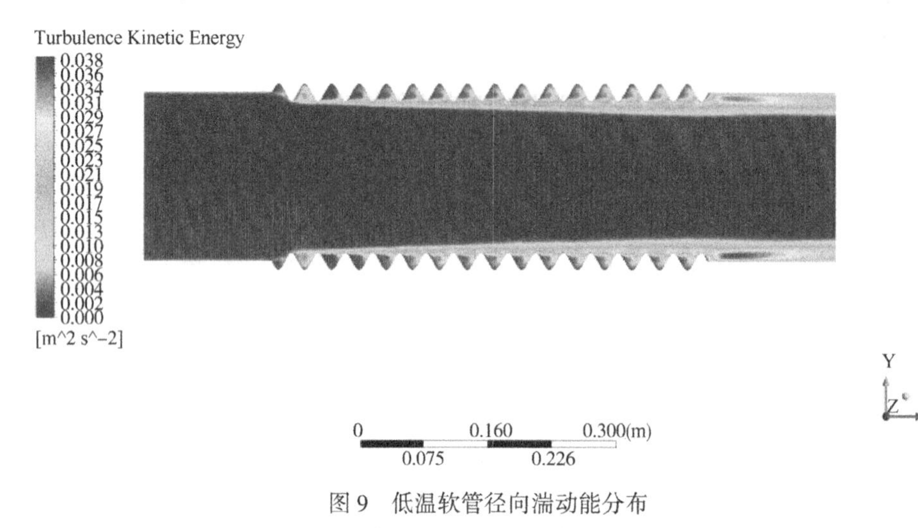

图9　低温软管径向湍动能分布

3.2　结构参数对波纹管摩擦阻力和传热性能的影响

在光管和六种不同入口雷诺数下，分别比较五种不同结构参数波纹管的流动与传热特性，研究改变波高波距对管道性能的影响。如图10所示，在波纹管内的流体流动过程中，随着雷诺数的增加，努塞尔数也随之增加，这与普通介质的强制对流传热规律相符。高雷诺数下，努塞尔数增加速度有所变缓，是设置了缓冲段的缘故。随着雷诺数的增加，波纹管内流体的流动速度增加，导致波纹管壁面形成的热边界层厚度减小，从而降低了对流热阻，提高了波纹管内对流换热系数。同时，当波高增大或波距减小时，努塞尔数也会增加，这是因为波纹管内的流体流动更加剧烈，增加了对流传热的效率。因此，通过减小管内波纹轴向与径向的比例，可以进一步增加努塞尔数，提高波纹管的对流换热效率。

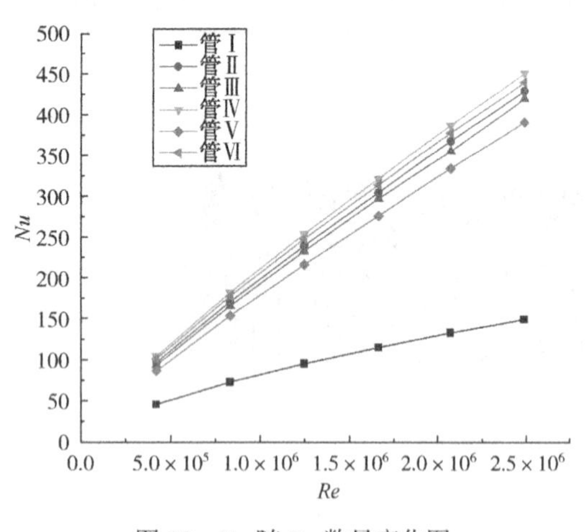

图10　Nu随Re数量变化图

在液体管内流动过程中，液体与管壁之间存在摩擦力，这种摩擦力会产生压力损失，即压降。波纹结构会改变流通截面，从而增加液体的摩阻系数，导致更大的压降。如图11为不同结构参数波纹管随雷诺数增大的变化趋势。波距越大，摩阻系数也越大。相同波距的波纹管，随着波高的增加，摩阻系数也会增大。随着雷诺数的增大，摩阻系数会逐渐减小，因为流速增大，粘性作用减小。波纹的存在会导致近壁面液体产生环向流动和涡旋运动，进而产生较大的摩擦阻力损失。

在波纹管中，雷诺数的增大会导致液体流速增加和管道壁面对流体的粘滞作用减小，从而导致摩阻系数的减小。然而，由于波纹的存在，液体在近壁面处会产生环向流动和速度分布的变化，这会导致液体流动的复杂性增加，使得摩阻系数的变化不再是简单的单调函数。当雷诺数进一步增大时，摩阻系数会趋于某一稳定值，这是由于液体流动的复杂性达到了一定的稳态，不再受到结构和雷诺数的影响。因此，波纹管的摩阻系数是一个复杂的函数，受到多种因素的影响。这些特性和现象对于波纹管的设计和优化具有重要意义。例如，可以通过优化波纹结构和选择合适的波高和波距等因素来减小液体在管内的摩阻损失和压降，提高管道的输送效率。

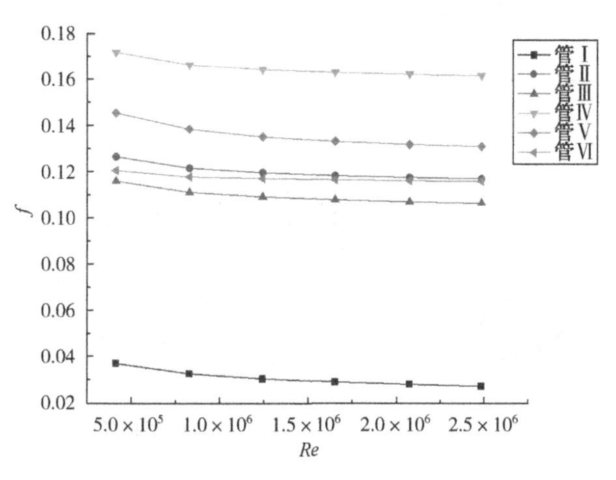

图 11　f 随 Re 数量变化图

3.3　综合性能对比分析

以综合性能评价(PEC)因子来衡量管道的传热性能，且光管的 PEC 值为 1。在图 12 中可以看出，不同结构的管道随着雷诺数的增加，PEC 值呈现出逐渐增大的趋势，并且所有管道的 PEC 值都大于 1，这表明所有管道的综合性能都优于光管。当流体速度增加时，管道内部的对流传热强度也会增加，因此热量会更快地从高温区域传递到低温区域，从而增加了管道内部的传热性能。但是，当流体速度过高时，管道内部的摩擦损失也会增加，同时也会增加流体中的湍流强度，从而影响管道内部的传热性能。

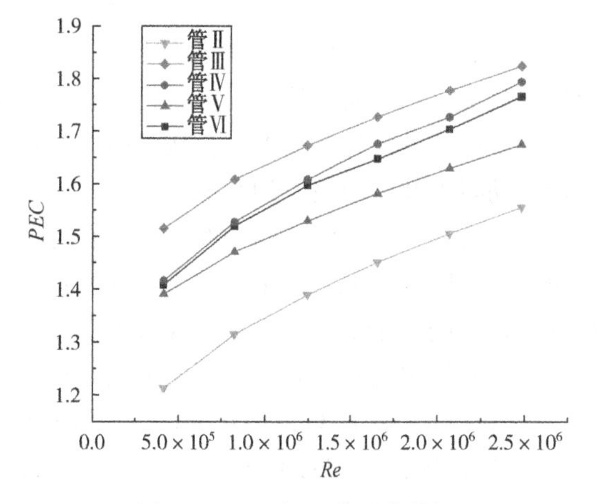

图 12　PEC 随 Re 数量变化图

在同一波距下，波高越大，PEC 呈现先降低再增加的变化，这表明波高的增加会导致管道内部的摩擦损失增加，从而降低管道的传热性能，但到达一定程度传热性能低于磨损增加量。在相同波高的情况下，随着波距的增加，PEC 呈现先降低再增加的现象。于是引入波高/波距来探讨对管道综合性能的影响因素。如图 13 所示，同一雷诺数下，随着波高/波距的增加，PEC 值呈现不规则的变化，先降低在升高再降低，说明 LNG 低温波纹软管存在最佳波高与波距之比。不同结构管道的性能评价需要考虑多个参数的综合影响，包括流体速度、摩擦损失、波高和波距等。在选择管道结构时，需要根据具体应用情况综合考虑这些参数的影响，以实现最佳的传热性能和能量利用率。

在 LNG 管道中，如果 PEC 值过大，可能会导致 LNG 在管道内部发生汽化和蒸发过程，从而增加管道内部的压力和温度，对管道的安全性和可靠性带来威胁。如果 PEC 值过小，则意味着管道的传热效率不高，会导致能量的浪费和成本的增加。在实际设计中，需要根据环境条件等因素综合考虑来确定最适合的 PEC 值范围。

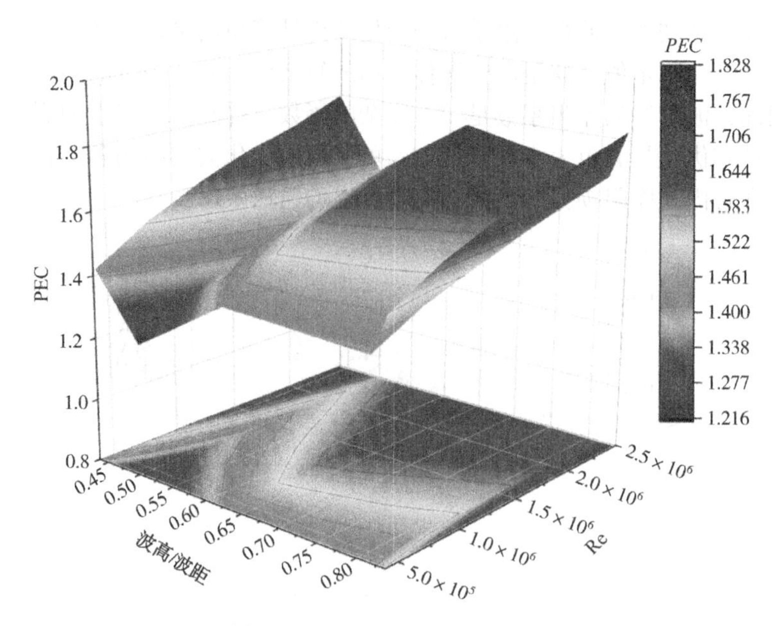

图 13　不同雷诺数下波高/波距与 PEC 变化关系图

4　结论

通过数值模拟分析 LNG 低温波纹软管的流动和传热特性，可以得到波纹管内流体速度和温度的分布情况。从场协同的角度来看，波纹管具有较好的传热特性，主要是由于波峰和波谷的存在，使得近壁面处的流体形成涡旋，从而破坏了热边界层，增强了传热。但是，管壁对流体的扰动也会导致流动阻力和压力损失的增加。

与光管相比，不同结构的波纹管具有更高的努塞尔数和摩阻系数，且努塞尔数随着雷诺数的增大而增大。摩阻系数随雷诺数的增加逐渐减小，在高雷诺数下逐渐变得平稳，不受结构和雷诺数的影响。在相同雷诺数下，五种波纹管的努塞尔数随着波高的增加而增加，随着波距的增大而减小。摩阻系数同样也受到波高和波距的影响，较大的波高和波距都会使摩阻系数增大。

综合性能系数 PEC 可以作为评价波纹管性能的指标，其值大于 1 表示波纹管的换热性能优于光管。波高/波距的增加对 PEC 值有影响，比值在 0.5~0.8 呈现先降低在升高的趋势，表明有最佳的波高/波距值。对于超低温管道来说，过高的 PEC 并不利于管道内温度和压力的控制，需要综合考虑管道材料、保冷层的设计和环境条件等因素，既要保证流体的传热效率，又要保证管道的安全可靠。

参 考 文 献

[1] 杨亮，刘淼儿，刘云，等 . FLNG 低温软管技术现状与应用前景分析[J]. 海洋工程装备与技术，2019，6(6)：810-818.

[2] 王海燕，刘淼儿，杨亮，等 . LNG 低温波纹软管内流体流动特性模拟分析[J]. 中国海上油气，2019，31(5)：183-189.

[3] 杨志勋，阎军，熊飞宇，等 . 液化天然气低温波纹柔性管的流动特性[J]. 油气储运，2017，36(09)：1089-1094.

[4] 苏桐，刘滟钰，张咏鸥 . 超临界 LNG 在螺旋形微通道中的流动传热特性[J]. 舰船科学技术，2022，44(10)：61-67.

[5] Guo Z. Y，W. Q. Tao，R. K. Shah. The field synergy (coordination) principle and its applications in enhancing single phase convective heat transfer. [J]. International Journal of Heat and Mass Transfer，48 (2005) 1797-1807.

[6] 许卫国 . 导热油螺旋波纹管内流动和传热特性研究[D]. 哈尔滨工业大学，2017.

[7] S. Siddiqa. ; Hossain，M. A. Natural convection flow over wavy horizontal surface. Adv. Mech. Eng. 2013，5，743034.

[8] Rajeev K. Jaiman, Owen H. Oakley, J. Dean Adkins. CFD MODELING OF CORRUGATED FLEXIBLE PIPE [C]. 2010. v. 6. 2010：661-670.
[9] JEAN B, PIERRE O. FLOW AND THERMAL MODELLING IN CRYOGENIC FLEXIBLE PIPE[C]. Proceedings of the Twelfth International Offshore and Polar ENGINEERING Conference, 2002.
[10] 麻剑锋 . 旋转曲线管道内湍流流动结构和传热特性研究[D]. 浙江大学，2007.
[11] 周俊杰，陶文铨，王定标 . 场协同原理评价指标的定性分析和定量探讨们 . 郑州大学学报(工学版)，2006, 27(2)：45-47.
[12] 刘秋升，李琼，李永良，等 . 波纹管结构参数对流动特性影响的数值模拟[J]. 节能，2018，37(12)：49-5.
[13] 谭秀娟，王尊策，孔令真，等 . 套管式换热器波纹管的数值模拟及结构参数优化[J]化工机械，2013，40(01)：77-81.
[14] Wiggert D C, Tijsseling A S. Fluid transients and fluid-structure interaction in flexible liquid- filled piping[J]. Applied Mechanics Reviews, 2001, 54(5).
[15] Rajeev K. Jaiman, Owen H. Oakley, J. Dean Adkins. CFD MODELING OF CORRUGATED FLEXIBLE PIPE[C]. Offshore and Arctic Engineering. 2010. v. 6. 2010：661-670.
[16]胡卓焕，黄天科，张乐毅 . LNG 输送管道耦合传热的数值模拟[U]. 化工学报，2015，66(S2)：206-212.
[17] Giacosa A, Mauries B, Lagarrigue V, et al. Joining forces to unlock LNG tandem offloading using 20" LNG floating hoses：an example of industrial collaboration [C]//Offshore Technology Conference, USA. 2016.
[18] 胡正祥 . 螺旋管内传热与流动性能的场协同研究[J]. 化学工程与装备，2021(03)：14-15.
[19] 马建新，张有忱，鉴冉冉，等 . 场协同螺杆结构参数对强化传热效果的影响[J]. 塑料工业，2019，47(07)：35-40.
[20] 曹兴，孔祥鑫，王凯，等 . 螺旋管内传热与流动性能的场协同分析[J]. 化工机械，2018，45(01)：96-101+113.

一种基于多传感器信息融合的大型 LNG 储罐监测方案

陈 焰 徐 猛 程 朗

（江苏国信液化天然气有限公司）

摘 要 大型 LNG 储罐的安全性一直都是一个研究热点问题。LNG 储罐一旦发生安全事故，极易导致重大危害。为此，本文提出了一种面向大型 LNG 储罐的监测方案，方案以“信息感知-融合预警”为主线。首先，通过先进的光纤检测、磁场检测等技术感知储罐细微的位移变化、应力变化、温度变化；其次，与存储对象的液位、密度、压力等信息进行融合，通过相应的储罐沉降模型、应力场模型、温度场模型及时发现监测数据的稳态规律和异常趋势，对潜在的危害进行预警。方案的优势是通过多信息融合，在多个维度上对监测信息校正、补充和增强，从而实现对储罐安全态势的全局把握。

关键词 大型 LNG 储罐；安全；监测方案；信息感知；融合预警

过去的近二十年里，我国 LNG 储罐的设计与建造技术得到了飞速的发展，但在对 LNG 储罐结构安全的研究方法上，仍主要依赖于有限元软件的数值模拟。这种方法虽然能够在一定程度上预测和评估储罐结构的性能，但由于缺乏实际运营数据作为支撑，其准确性和可靠性仍有待进一步提高。

鉴于 LNG 储罐尤其是大型储罐对数据监测迫切需求，依托江苏省液化天然气储运调峰工程项目，科研团队借助先进的传感器和监测技术，对 LNG 储罐开展实时、精确的监测和数据采集工作；通过对采集到的数据进行处理与分析，及时发现并解决储罐在运行过程中可能出现的各类问题，从而确保储罐的安全、稳定运行；运用这些监测数据对现有的数学模型进行验证与优化，进而提升数值模拟的精准度和可靠性；为 LNG 接收站运行提供科学、可靠的决策依据，进一步提升 LNG 储罐的安全管理水平。

1 工程项目概况

江苏省液化天然气储运调峰工程项目位于南通市如东县洋口港西太阳沙人工岛，建成后陆域总占用面积约 $24.267\times10^4m^2$（约 364 亩），海域总占用面积约 $84.6454\times10^4m^2$（约 1270 亩），项目建成后，总罐容为 $80\times10^4m^3$，装车能力为 $80\times10^4t/a$，最大气化外输能力为 $6000\times10^4m^3/d$。

本项目共建 4 个大型 LNG 全容罐，单罐容积为 $20\times10^4m^3$，内罐内表面直径 84m，外罐内表面直径 86m，罐体高度超 58m，内罐最低设计温度为-170℃。储罐结构包括钢筋混凝土外罐、钢制内罐、保冷层、穹顶、吊顶、桩基础以及其他辅助结构等，罐内外温差大，属工作环境复杂的大型复合结构。

本项目为江苏省重大工程项目，项目的核准、开工建设对加快全省天然气产供储销体系建设，构建清洁低碳现代能源体系，促进能源消费结构转型升级有重要意义。同时，本项目能带动全省天然气协调稳定发展，完善天然气供需预测预警和应急调峰机制，可很大程度上解决全省地区形成不低于保障日均 3d 需求量的储气能力的要求，保证天然气全产业链安全运行，在实现全省天然气产业供需平衡、设施完善、运行安全，切实保障民生用气安全等方面，具有显著的经济效益和社会效益。

2 国内外研究现状

国内外针对 LNG 储罐的研究已开展多年，并取得了一系列丰硕成果。相关的研究主要集中在储罐整体沉降监测、温度场及热泄露监测和应力场及异常监测等方面。例如，陈忠等采用有限元软件对某大型油罐差异沉降进行模拟，从而实现对截桩调节差异沉降效果的预测，为现场施工提供了理论参考。石继楷采用 PLAXIS 3D 岩土有限元软件对群桩基础进行三维数值模拟分析，给出适用于大型 LNG 储罐群桩基础沉降变形的计算方法。Shestakov 等介绍了液化天然气低温贮存过程中对流换热分析的数学建模流程。Baalisampang 等研究了 LNG 泄漏对金属结构完整性的影响，使用热分析来分析储层的温度分布，提出了一种方法来评估 LNG 泄漏对典型钢结构的影响。2020 年，Stochinoa 等考虑了钢制内罐的泄漏会对混凝土外层产生巨大的热梯度，分析、讨论了温度梯度对轻质粘土骨料混凝土弹性模量的影响，通过测试混凝土的应力应变，提出了混凝土弹性性质与温度场之间的关系。田昌胆运用 ANSYS 软件分析了 $16\times10^4m^3$ LNG 全容罐的温度场和等效应力场，分析了在泄漏工况下热角保护系统对储罐外壁的保护作用。李兆慈等研究了空罐、满罐风载/雪载、内罐泄漏等多种组合工况下的混凝土外罐的结构应力，进一步指出储罐在不同工况的最大应力位置及应力状态，为储罐失效分析提供了理论参考。应该说，这些研究都推进了 LNG 储罐安全监测技术的发展，也促进了安全监测从理论走向实践。

但是，就目前整体研究而言，研究工作主要集中在单个点的研究上，在 LNG 储罐整体监测和融合监测技术及其应用上尚显不足。为此，本文提出了以“信息感知-融合预警”为主线的监测方案。方案通过先进的光纤检测、磁场检测等技术感知储罐细微的位移变化、应力变化、温度场变化，通过构建有限元力学模型、温度场有限元模型研究监测数据的稳态规律和异常趋势，研究大型 LNG 储罐失效机理，设计开发大型 LNG 储罐监测数据分析及安全评价软件系统，实现大型 LNG 储罐结构安全在线监测、安全评价和及时预警。方案通过对多传感监测数据信息融合，从而实现对储罐安全态势的全局把握。

3 总体监测方案

本监测方案是一个全面且精细的基于多传感器信息融合的 LNG 储罐监测方案。从信息的流程角度出发，监测方案划分为两大核心部分：LNG 储罐信息的感知和融合预警。方案感知的对象主要是 LNG 储罐的位移变化、应力变化和温度场变化，这些变化虽然通常很小，但往往是严重事故的源头。因此有必要通过技术手段进行感知，从而为后续的预警分析和融合提供有效的信息源。监测方案的信息感知方法如图 1 所示。

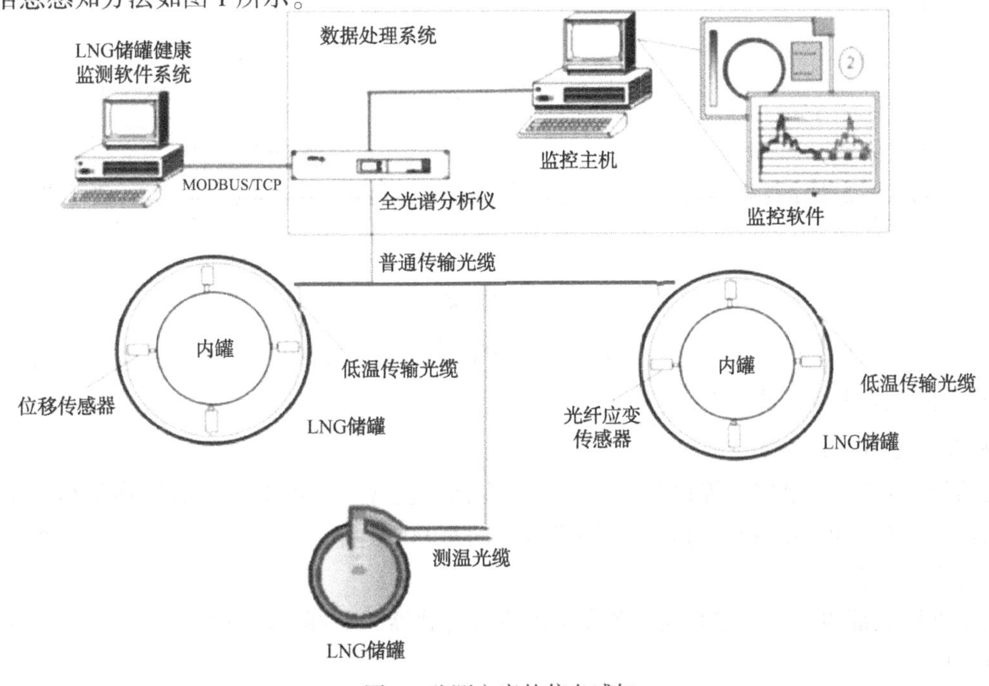

图 1 监测方案的信息感知

为全面、准确地获取储罐的运行状态，科研团队采用了多种传感器监测技术，包括位移传感器、应力应变传感器、温度传感器等。这些传感器分布在储罐的不同部位，能够实时采集储罐内外罐的相对沉降、内罐应变量、全罐体温度场等关键数据。通过光纤传输技术，这些数据被实时传输到安全评价软件系统，为后续的融合预警提供基础数据。

在接收到来自各个传感器的数据后，安全评价软件系统会运用信息融合算法对这些数据进行处理和分析。信息融合算法能够综合考虑各种传感器数据，从而更准确地判断储罐的运行状态。一旦检测到异常情况，系统会立即发出预警信号，通知生产运维人员进行处理。

3.1 传感器布置

本方案的核心传感器是位移传感器、应变传感器和温度传感器。结合 LNG 储罐的物理结构和监测预警目标，三种传感器采用不同的布置策略。位移传感器布置在罐体的上方和下方两个区域，分别监测内罐的水平位移和垂直位移。应变传感器布置在内罐外壁，监测内罐的变形。温度传感器布置在储罐内、外罐之间。

3.1.1 位移传感器布置方案

位移传感器布置在罐体的上方和下方两个区域，分别监测内罐的水平位移和垂直位移。

水平位移传感器内罐上部和下部布置两层，每层数量为 4 只，周向间隔 90°(图 2)。

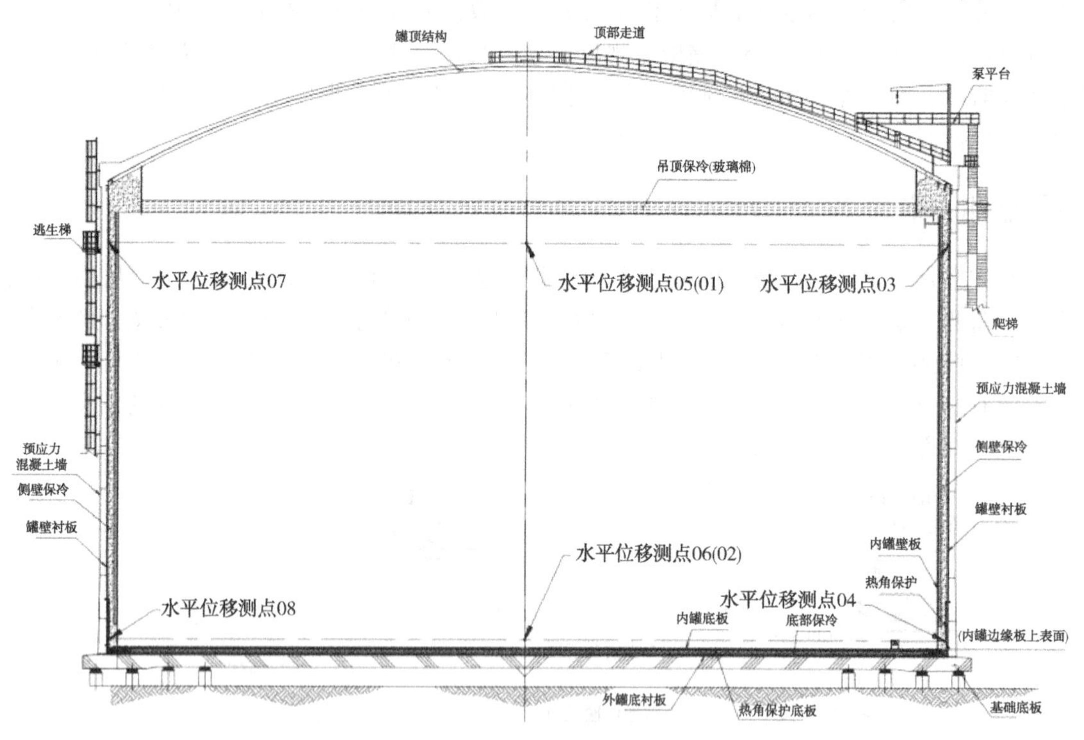

图 2　水平位移传感器布置方案

垂直位移传感器数量为 24 只，沿环向均匀布置在罐底第一层 泡沫玻璃砖下方，周向间隔 15°，监测断面与外罐 24 个沉降测点对应(图 3)。

3.1.2 应变传感器布置方案

应变监测共布置 40 组应变传感器，每组应变传感器包含一支水平放置的传感器和一支垂直放置的传感器，可分别测环向和轴向应变，储罐沿周向每 90°设置一个监测断面，传感器组沿每个监测断面垂直方向布置。

在内罐外壁底部四层钢板中心线上各设 1 组应变传感器，上部八层钢板每两层钢板设 1 组应变传感器(图 4)。

在外罐内壁与热角保护焊接点的上方、热角保护与底板焊接点的上方各设 1 组应变传感器(图 5)。

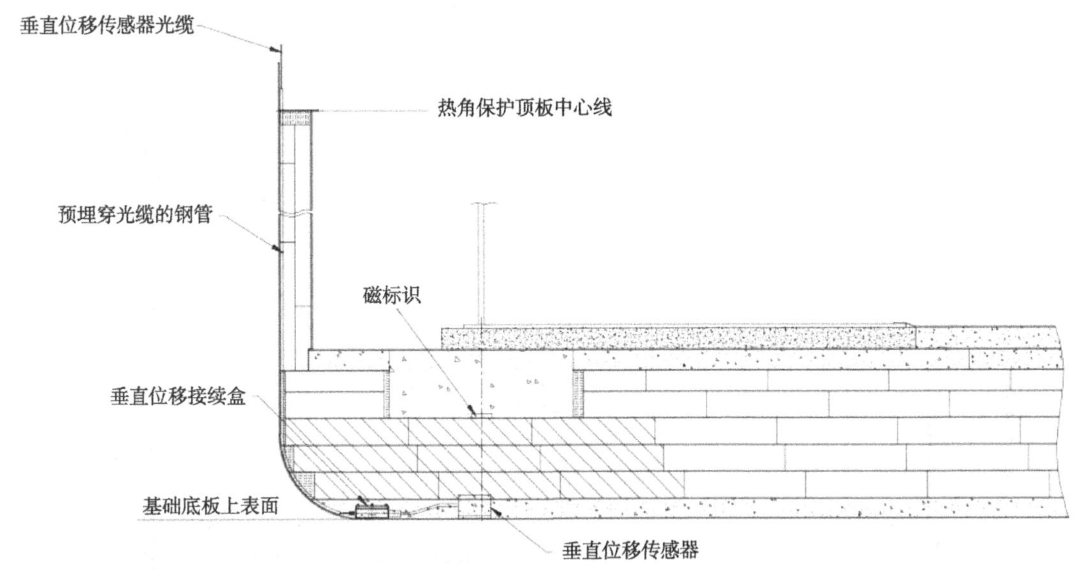

图 3　垂直位移传感器布置方案

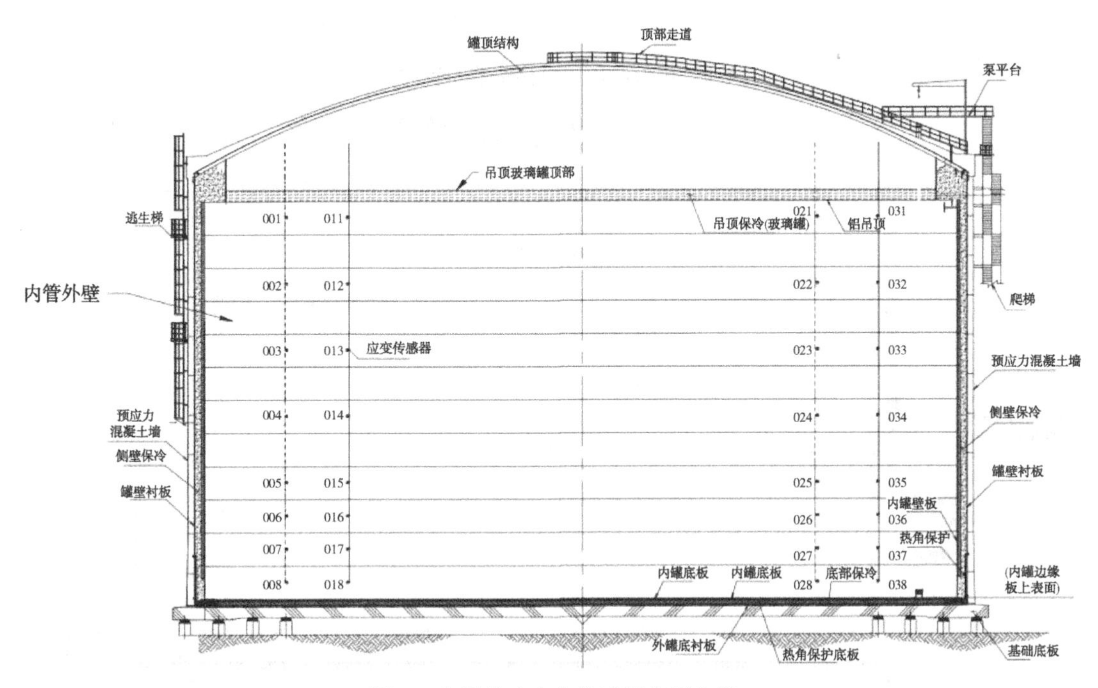

图 4　内罐外壁应力传感器布置方案

3.1.3　温度传感器布置方案

罐壁测温光缆采用“几”字型垂直敷设，将外罐内壁(图 6)、内罐外壁弹性毡外侧(图 7)分为 24 等份。

铝吊顶保温棉上按“十字”方式布置测温光缆一根；穹顶气相空间按“同心圆”方式布置测温光缆 1 根，敷设 3 圈(图 8)。

3.2　信息感知

监测方案信息感知的对象主要是 LNG 储罐的位移变化、应力变化和温度场变化，这些变化虽然通常很小，但往往是严重事故的源头。因此有必要通过技术手段进行感知，从而为后续的预警分析和融合提供有效的信息源。

其中，位移感知的原理是磁场检测原理。硬件基础是光纤 MEMS 高精度位移传感器，该传感器

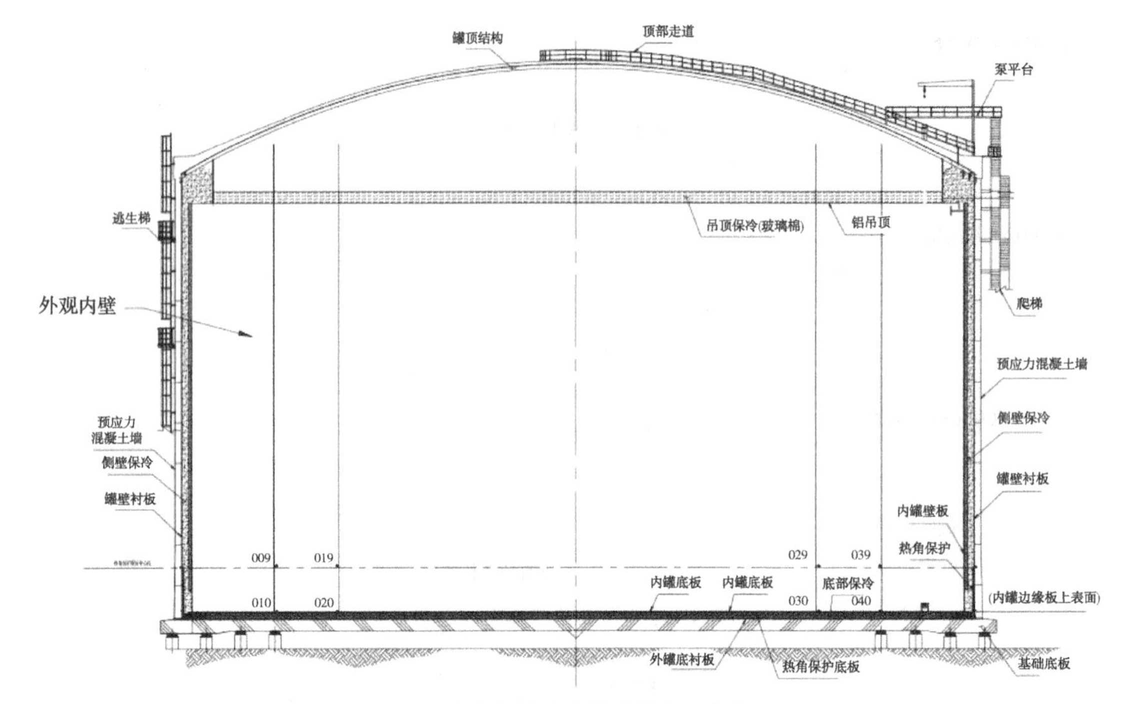

图5　热角保护应力传感器布置方案

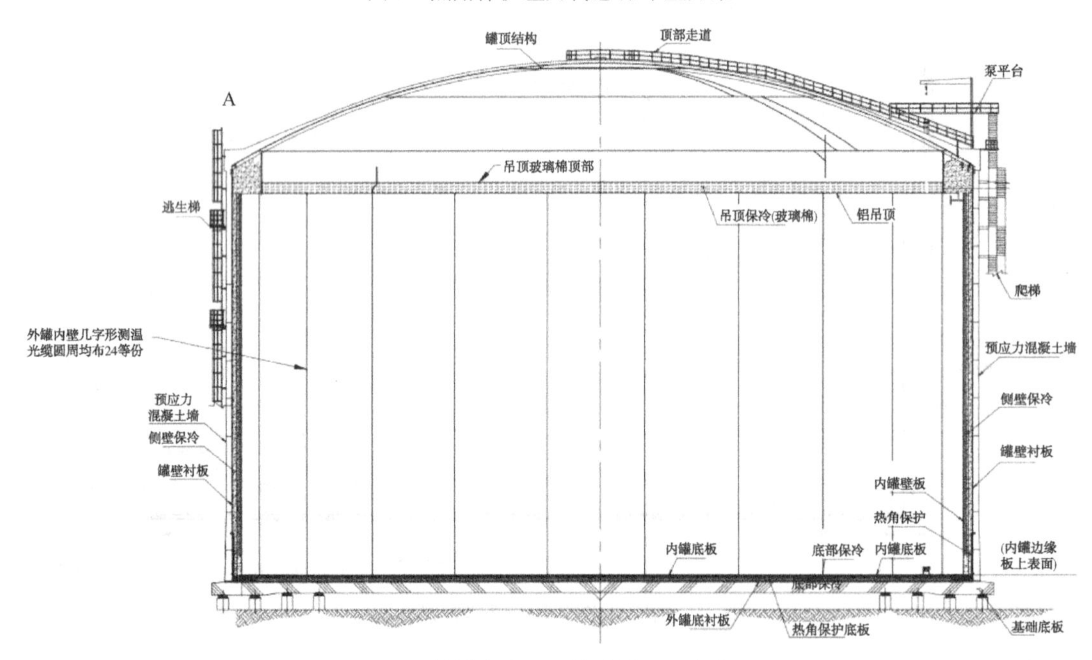

图6　外罐内壁温度传感器布置方案

对安装在LNG储罐内罐外壁的固定磁标识信号源进行感知，通过磁场强弱的变化感知内罐产生的位移。应力感知的原理是光纤布拉格光栅应变检测原理。硬件基础是光纤应变传感器，当内罐外壁产生形变时，该部分光纤的长度和直径产生变化，进而导致光纤内部的反射光相应变化，从而解算出对应的应力。温度感知的原理是拉曼光时域光纤测温原理。硬件基础是测温光缆，拉曼散射会产生一个比光源波长短的反斯托克斯光，且该反斯托克斯光信号的强弱和温度有关，检测该信号即可感知温度。本方案在外罐和内罐之间部署位移、应力和温度传感器，从而实现对信息的采集和感知。信息感知主要以硬件形式体现。

3.3　融合预警

融合预警方案的实施旨在实现对系统稳定状态异常突破的及时预警，从而有效预防安全风险和

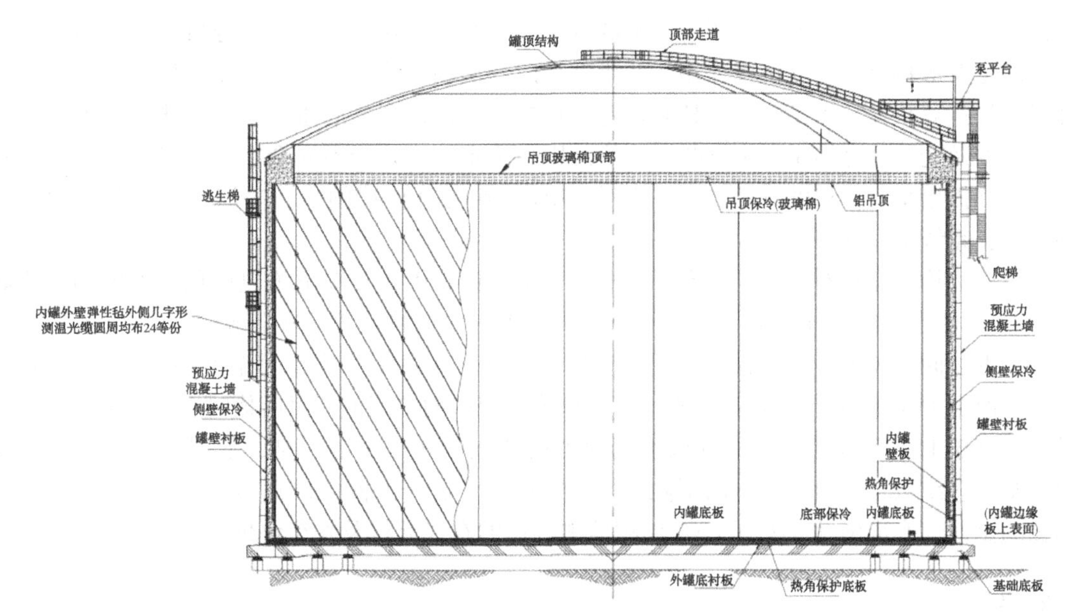

图 7　内罐外壁温度传感器布置方案

潜在事故的发生。本方案的核心在于通过深度感知和分析罐体的位移、应变以及温度场信息，从而精准捕捉可能导致不稳定的因素。预警指标主要来源于对储罐结构力学分析和温度场分析的精细计算，这些分析能够揭示罐体在不同条件下的性能变化，为预警提供科学依据。

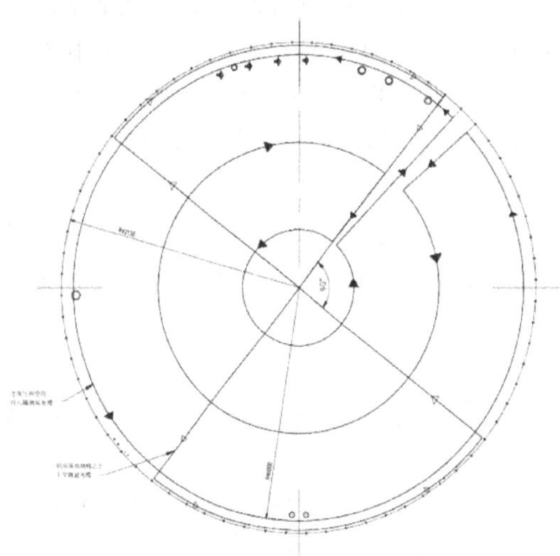

通过整合这些数据和分析结果，预警系统能够实时监测罐体的状态，一旦发现异常情况，便能迅速发出预警信号，提醒相关人员及时采取应对措施。这种预警方式不仅提高了安全管理的效率，也显著降低了事故发生的概率，为企业的安全生产提供了有力保障。技术路线如图 9 所示。

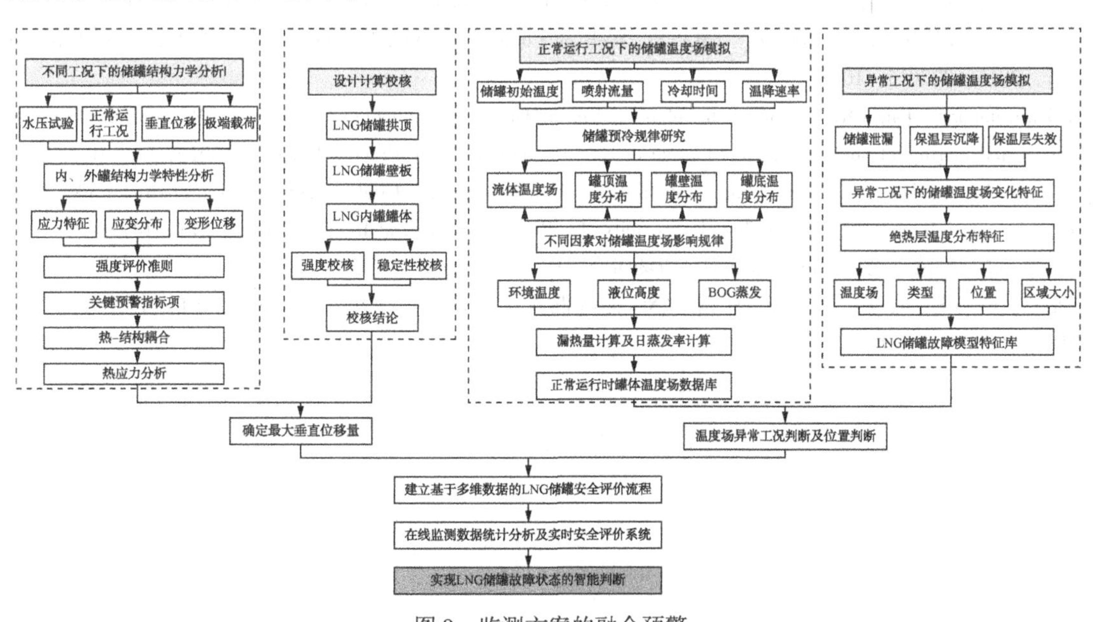

图 9　监测方案的融合预警

根据罐体的结构特征和液位、压力、密度等信息，利用有限元力学模型分析罐体的结构应力变化规律，确定变形特点，建立沉降作用下的罐壁径向变形预测公式。结合应变、位移、温度实测数据，开展设计计算校核，得到强度校核和稳定性校核结果，得到不同垂直位移变化条件下内、外罐的应力、应变及变形计算结果，依据强度评价准则，确定储罐处于不安全状态下对应的内外罐垂直位移量，最终提出垂直位移的预警指标，明确 LNG 储罐允许位移阈值。当信息感知获取的位移量超过阈值时，系统触发预警。

根据罐体结构和储存对象，利用有限元温度模型，计算正常工况下绝热层稳态温度场，获取稳态工况下 LNG 储罐温度场分布图。研究不同工况、因素对储罐温度场的影响规律，建立异常工况与温度场数据之间的关系，结合稳态工况下温度场空间分布特征，实现对温度场异常工况的判别，明确不同工况下 LNG 储罐允许温度阈值。当信息感知获取的温度值超过阈值时，系统触发预警。

最后，基于 LNG 结构力学分析和温度场模拟所建立的相关函数模型、数据处理方法及评价准则，建立基于多维数据融合的 LNG 储罐预警软件系统，融合预警可以克服单一预警手段的不足，提升预警的全面性和准确性，实现 LNG 储罐监测数据的在线分析及安全评价功能。

4 结束语

本文提出了一种面向大型 LNG 储罐的多传感信息融合监测方案，用于对大型 LNG 储罐的安全风险进行预警。方案的主要信息源包括位移传感器、应力传感器和温度传感器，并结合 LNG 储罐的物理结构和存储对象的液位、密度、压力等信息，对 LNG 储罐位移、应力和温度场进行建模分析，设计开发 LNG 储罐多状态参数的实时在线监测软件系统，实现大型 LNG 储罐结构安全在线监测、安全评价和及时预警，达到大型 LNG 储罐本质化安全管理及精准检维修运行管理，形成基于物联网的 LNG 储罐健康在线监测示范技术，为储罐的安全平稳运行提供技术保障，为大型 LNG 储罐智能化监测及预警提供一体化的解决方案。

参 考 文 献

[1] 陈忠，钱宝源，邓岳保，等．大型油库储罐桩基础差异沉降处理有限元分析[J]．工程勘察，2019，47(10)：7-13.

[2] 石继楷．大型 LNG 储存罐桩基础沉降计算方法及数值模拟研究[D]．青海大学，2020.

[3] Shestakov I，Dolgova A，Maksimov V I. Mathematical Simulation of Convective Heat Transfer in the Low-Temperature Storage of Liquefied Natural Gas[C]//MATEC Web of Conferences. Vol. 37：Smart Grids 2015.—Les Ulis，2015.[sn]，2015，372015：1050.

[4] Til Baalisampang，Faisal Khan，Rouzbeh Abbassi，Vikram Garaniya. Methodology to analyse LNG spill on steel structure in congested marine offshore facility[J]. Journal of Loss Prevention in the Process Industries. 2019，62：103936.

[5] Flavio Stochinoa，Monica Valdesa，Fausto Mistrettaa，et al. Assessment of lightweight oncrete properties under cryogenic temperatures：influence on the modulus of elas ticity[J]. Procedia Structural Integrity. 2020：1467-1472.

[6] 田昌胆．LNG 储罐外壳体泄漏状态下的应力场研究[D]．青岛理工大学，2018.

[7] 李兆慈，陶婧莹，冷明，李小红，张娜．LNG 储罐混凝土外罐稳定工况载荷及应力分析[J]．天然气工业，2018，38(11)：89-96.